D1922121

Der Drehstrommotor

Ein Lexikon für die Praxis

Dr.-Ing. Karl Falk

Der Drehstrommotor

Ein Lexikon für die Praxis

Dr.-Ing. Karl Falk

VDE-VERLAG GMBH • Berlin • Offenbach

Die Deutsche Bibliothek – CIP-Einheitsaufnahme

Falk, Karl:
Der Drehstrommotor : ein Lexikon für die Praxis / Karl Falk. - Berlin
; Offenbach : VDE-VERLAG, 1997
ISBN 3-8007-2078-7

ISBN 3-8007-2078-7

Druck: Graphoprint, Koblenz 9711

Vorwort

Der Drehstrommotor ist das häufigste Element der elektrischen Antriebstechnik. Mit ihm hat jeder auf diesem Gebiet Tätige zu tun, sei es hauptberuflich oder nur gelegentlich, sei es als Planer, Ein- oder Verkäufer, Betreiber, Service-Mann, Lehrender, Lernender oder auch Manager. Viele möchten sich die zu einer erfolgreichen Arbeit notwendigen technischen Grundkenntnisse aneignen; manche möchten auch tiefer, wenige bis in die physikalischen Grundlagen eintauchen. Allen gemeinsam ist der Wunsch, den aktuellen Informationsbedarf in kürzester Zeit mit dem geringsten Aufwand zu befriedigen. Doch mangelt es an einem geeigneten Leitfaden, der in *einem* vom trockenen Strand über das seichte Wasser allmählich zu den wirklichen Untiefen führt und es dem Leser erlaubt, gerade so weit zu waten, wie ihn Notwendigkeit oder Neugier treiben. Diesem Bedürfnis abzuhelfen, ist Aufgabe der vorliegenden alphabetisch geordneten Sammlung von Schlagwörtern und Fachausdrükken über Aufbau, Wirkungsweise, Betriebsverhalten, Aufstellen, Nutzen und Pflege des Drehstrommotors.
Die Problematik eines derartigen Werks ist nicht das Zusammenstellen und Bearbeiten der Begriffe, sondern die sinnvolle Beschränkung in der Darstellungsweise und im Umfang der Sammlung. Ein gewisses Maß an Formeln oder anderer mathematischer Darstellung schien trotzdem zweckmäßig, ist jedoch keine Voraussetzung zum grundlegenden Verständnis. Die auf internationalen Normen beruhenden Formelzeichen für elektrische Maschinen nach DIN 1304 Teil 7 wurden konsequent angewendet – der weltweiten Verflechtung von Technik und Wirtschaft angemessen. Der Leser, vertraute Schreibweisen vermissend, sei mit dem Hinweis getröstet, daß die Umstellung auf SI-Einheiten im englisch-amerikanischen Sprachraum weitaus größere Schwierigkeiten verursacht als in Deutschland die Änderung von Indizes. Trotzdem hoffe ich, das richtige Maß in allem getroffen zu haben, begrüße aber jeden Hinweis, was man besser machen kann.

Für die freundliche Unterstützung und vieles Bildmaterial gilt mein Dank:
ABB Elektromotoren GmbH, Saarbrücken,
Eberhard Bauer GmbH & Co, Esslingen
Flender ATB, Welzheim,
J. Helmke & Co., Laatzen
Hermetic-Pumpen GmbH, Gundelfingen
Hochreuter & Baum, Ansbach,
Loher AG, Ruhstorf/Rott
Mannesmann Demag Fördertechnik AG, Hamburg
Siemens Antriebs-, Schalt- und Installationstechnik ASI, Erlangen
R. Stahl Schaltgeräte GmbH, Künzelsau
VEW Vereinigte Elektrizitätswerke Westfalen AG, Dortmund
Würges Vibrationstechnik GmbH, Neusäß/Augsburg
ZVEI, Frankfurt am Main

Dem VDE-VERLAG danke ich für die Sorgfalt bei der Herausgabe des Werks. Ein herzliches Dankeschön sage ich meiner Frau, deren Ruhe und Geduld im Umgang mit den schöpferischen Wehen des Verfassers sehr hilfreich war.

Biesingen, im September 1997 — Karl Falk

Hinweise für die Benutzung

Die Begriffe sind alphabetisch geordnet.
Zusammengesetzte Ausdrücke werden nach dem sprachlichen Gebrauch eingereiht (Beispiel: „**e**lektrische Bremsung“, nicht: „**B**remsung, elektrische“).
Im erläuternden Text wird der jeweilige Begriff ohne Rücksicht auf grammatikalische Richtigkeit mit seinem(n) Anfangsbuchstaben abgekürzt.
Die wichtigsten Fachausdrücke werden auch in englischer Sprache angegeben.

Zeichen	Bedeutung
… *kursiv* …	Definition des betreffenden Begriffs.
{…}	englischer Fachausdruck.
→ …	Querverweis zu sinnverwandten oder weiterführenden Schlagwörtern.
| ……	Wichtiger Gesichtspunkt für die praktische Arbeit bzw. Hinweis auf die Sicherheit gegen Personen- und Sachschäden und auf die technische Zuverlässigkeit.
[…]	Angabe weiterführender Literatur oder technischer Regelwerke. Besonders wichtige Literaturstellen sind durch **Fettdruck** hervorgehoben.

Bild A0 Oberflächengekühlter Drehstrom-Normmotor für Niederspannung mit Käfigläufer, Baugröße 250M, 55 kW, 400 V, 50 Hz, 1500 min^{-1}, Schutzart IP55.
Zur Verdeutlichung: Ständer und Lagerung teilweise aufgeschnitten; Klemmenkastendeckel transparent dargestellt; Lüfterhaube nach hinten abgezogen.

A

Abkühlung {cooling down}
Zeitlicher Temperaturverlauf nach Abschalten der Maschine oder nach Reduzierung der Belastung.
→ Abkühlungskurve, → thermische Ersatzzeitkonstante, → Widerstandsverfahren

Abkühlungskurve {cooling-down curve}
Zeitlicher Verlauf des Wicklungswiderstands nach Abschalten am Ende der Erwärmungsprüfung.

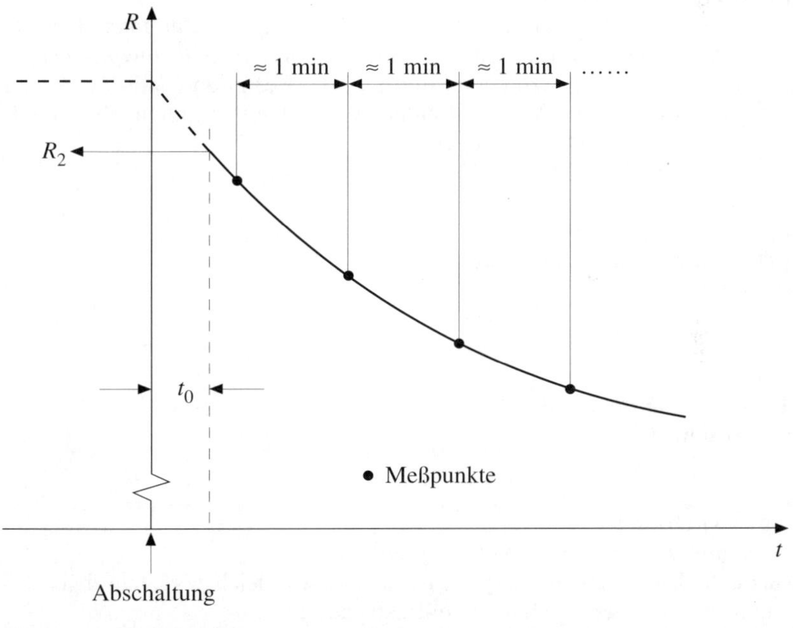

Bild A1 Abkühlungskurve einer Wicklung (schematisch) für das Widerstandsverfahren und die Bestimmung des Warmwiderstands
R Widerstand
R_2 Warmwiderstand zur Ermittlung der Übertemperatur
t Zeit
t_0 Zeit für die Bestimmung von R_2 (Tabelle W9)
Liegt der erste Meßpunkt innerhalb t_0, so gilt dieser als R_2.

Näherungsweise exponentieller Verlauf. Wird zur Ermittlung der Temperatur oder Übertemperatur am Ende einer → Erwärmungsprüfung benutzt (→ Widerstandsverfahren). In Abständen von etwa 1 min wird der Wicklungswiderstand gemessen. Aus dem Verlauf wird je nach Bemessungsleistung auf einen festgelegten Zeitpunkt (Tab. W9) extrapoliert und dieser Wert als Warmwiderstand am Ende der Erwärmungsprüfung betrachtet (**Bild A1**).
Aus der A. kann näherungsweise auch die → thermische Ersatzzeitkonstante ermittelt werden.
[A1, A16, N9.1]

Abnahmeprüfprotokoll {inspection report}
→ Prüfbescheinigung

Abnahmeprüfung {acceptance test}
Qualitätsprüfung im Beisein des Bestellers, seines Beauftragten oder einer Behörde zum Nachweis, ob die betreffende Maschine bestellgemäß ausgeführt worden ist.
Der Prüfumfang ist vor der A. festzulegen, sofern die der Bestellung und Bemessung zugrunde gelegten Normen und Vorschriften keine Angaben enthalten. Zweckmäßig: → Endprüfung und A. zusammenlegen.
[A1, A15, A16, E9, N8.16, N8.21, N8.22, N9.1]

Abnahmeprüfzeugnis {inspection certificate}
→ Prüfbescheinigung

ABS
A*merican* **B***ureau of* **S***hipping.*
→ Schiffbau-Vorschriften

Abschaltung {switch-off}
Maschinenwicklungen werden vom Netz getrennt.
Die im → Magnetfeld gespeicherte Energie wird über → Ausgleichsvorgänge abgebaut.
→ Restspannung, → Wiedereinschalten bei Restspannung
[B15, B16, B17]

Abtriebsart {transmission}
Art, wie das Drehmoment von der Motorwelle auf die Welle der Arbeitsmaschine übertragen wird.

Die Drehmomentübertragung zwischen zwei Wellen ist ein wichtige → Schnittstelle des elektrischen Antriebs. Sie muß sorgfältig geplant und ausgeführt werden, um eine ausreichende → Zuverlässigkeit zu erreichen.
→ Direktantrieb, → Getriebe, → Hülltriebe, → Kupplungstrieb, → Riementrieb
[B18, E12, E13]

Abziehen des Lagers {bearing remove}
Zerstörungsfreies Entfernen des Lagers von der Welle mit geeigneten Vorrichtungen.
Um die Oberfläche der Welle am Lagersitz nicht zu beschädigen, sind die Hinweise des Herstellers für die betreffende Maschine genau zu befolgen.
[A12]

Achshöhe H in mm {shaft height}
Abstand zwischen der Längsachse der Welle und der Fußauflagefläche in → Bauform IM B3.
Die A. wird meistens zur Größenkennzeichnung elektrischer Maschinen benutzt, auch für Bauformen, die von IM B3 abweichen.
Die A. ist die grundlegende konstruktive Abmessung einer drehenden elektrischen Maschine
→ Anbaumaße, → Normmotor
[N1.18, N1.21, N1.22]

adiabatische Erwärmung {linear temperature-rise}
Zeitlicher Temperaturanstieg bei reiner Wärmespeicherung (keine Wärmeableitung)
A. E. liegt beim Drehstrommotor in der Anfangsphase des Temperaturverlaufs sowohl des Ständers als auch des Läuferkäfigs vor, wenn der Läufer blockiert ist. Allgemein läßt sich der Temperaturanstieg direkt aus der → Stromdichte und den Werkstoffeigenschaften berechnen, ohne daß man die Abmessungen des Leiters kennen muß:

$$\mathrm{d}\vartheta/\mathrm{d}t = J^2/(c \cdot \kappa \cdot \gamma),$$

mit:
ϑ Temperatur des Leiters in °C,
t Zeit in s,
$\mathrm{d}\vartheta/\mathrm{d}t$ Temperaturanstieg des Leiters in K/s,
J Stromdichte in $\mathrm{A/m^2}$,
c spezifische Wärmekapazität in Ws/(kg K),

κ elektrische Leitfähigkeit in S/m,
γ Dichte in kg/m^3.

Für Kupfer ergibt sich bei 20 °C:

$\mathrm{d}\vartheta/\mathrm{d}t \approx (J/14)^2$,

mit:
$\mathrm{d}\vartheta/\mathrm{d}t$ in K/s,
J in A/mm^2.

Bei 14 A/mm^2 steigt die Temperatur anfänglich also mit rund 1 K/s. Zu berücksichtigen ist, daß sich mit zunehmender Temperatur die → elektrische Leitfähigkeit verringert, also der Temperaturanstieg noch schneller erfolgt. Die Anfangstangente der Erwärmungskurve hat eine Steigung gleich der a. E.
→ Erwärmung, → thermische Zeitkonstante, → Zeit t_E

AEE
A*sociación* **E***lectrotécnica* **E***spanõla*
Spanischer Elektrotechnischer Verband (vergleichbar mit dem deutschen → VDE).

aerodynamisches Geräusch {aerodynamic noise}
Durch verwirbelte Luft erzeugte hörbare Luftdruckschwingungen, hauptsächlich Strömungsgeräusche der Kühlluft.
→ Einzeltöne, → Gehör, → Geräusch, → Geräuschpegel, → Geräuschspektrum
[A2, B20, E10, E11]

ätz- und säurefeste Ausführung {corrosion-resistant design}
Maschinenausführung, die gegen Laugen und Säuren geschützt oder beständig ist.
Nicht genormter Begriff. Soll die ä. u. s. A. als Qualitätsbegriff einer Bestellung oder Bemessung zugrunde gelegt werden, ist die Angabe von Merkmalswerten für auftretende oder zulässige Beanspruchung erforderlich, z. B. Art des → aggressiven Mediums, Konzentration, Beanspruchungsstellen, Dauer der Einwirkung. Gefährdete Teile der Maschine je nach → Kühlart, → Schutzart und Beanspruchung: Wellenende, Lager, Wicklung, elektrischer Anschluß, Kühlsystem, Oberfläche.
Allgemeine Regeln für die ä. u. s. A. gibt es nicht. Käufer muß Beanspruchungen oder Hersteller muß zulässige Grenzwerte angeben.
→ Anstrich, → Imprägnierung, → Korrosionsschutz
[N8.2, N8.8 bis N8.12, N8.14, N8.19, N8.20]

AFNOR
*A*ssociation *F*rançaise de *N*ormalisation
Französischer Normenverband (vergleichbar mit dem deutschen → DIN → VDE).

aggressive Medien {aggressive substances}
Chemische Stoffe in der Umgebung einer elektrischen Maschine, die zur Korrosion der Maschinenteile und damit möglicherweise zum Ausfall führen können.
→ ätz- und säurefeste Ausführung, → Anstrich, → Korrosionsschutz

Aktivteile {core-and-winding-assembly; active parts}
Teile der elektrischen Maschine, in denen sich die Energieumwandlung vollzieht.
A. bei der → Asynchronmaschine sind → Ständerpaket mit → Ständerwicklung und → Läuferpaket mit → Läuferwicklung (Bild A0). Beim Motorbetrieb wird in den A. die vom Netz gelieferte elektrische Energie mit Hilfe des → Drehfelds im → Läufer in mechanische Arbeit umgewandelt. Dabei entsteht Wärme; die Temperaturen der einzelnen A. steigen. Um bestimmte → Grenztemperaturen einzuhalten, ist → Kühlung erforderlich.
Das Gewicht der A. wird von → Grenztemperatur, → Kühlung und vor allem vom → Bemessungsdrehmoment (nicht der Bemessungsleistung) festgelegt.
[A5]

Alleinschutz {motor protection exclusively by PTC-thermistors}
→ Thermischer Maschinenschutz mit → Kaltleiterfühlern, der alle für den → Explosionsschutz relevanten Überlastungen und Störfälle überwacht.
Weitere Schutzmaßnahmen sind nicht erforderlich. Nur möglich für Maschinen, bei denen mit → Temperaturfühlern in der Ständerwicklung auch die Übertemperatur im Läufer überwacht werden kann.
→ Motorschutz bei Niederspannung, → Umrichterspeisung und Explosionsschutz
[A2, A14, A21, E41]

Aluminium {aluminium}
Leichtmetall, mechanischer und Leiterwerkstoff
Wird wegen seiner geringen Dichte (ca. 2,7 kg/dm^3) für Leichtbaukonstruktionen eingesetzt. Ist wegen des verhältnismäßig niedrigen Schmelzpunkts (ca. 660 °C) im Druckgußverfahren leicht verarbeitbar und ermöglicht die Herstellung auch komplizierter Teile (→ A.-Gehäuse). Beim → Druckgußläufer dient A. als Werkstoff für die → Käfigwicklung, wobei neben Rein-A. auch Legierungen mit erniedrigter elektrischer Leitfähigkeit (→ Silumin) zur Erzielung besonderer Betriebseigenschaften eingesetzt werden. Für Wickeldrähte wird A. selten benutzt.

Bei direkter Berührung zwischen A. und anderen Metallen (vor allem Kupfer) entsteht unter dem Einfluß von Feuchtigkeit ein elektrolytisches Element, das zur Korrosion der Kontaktflächen führt. Kupfer und A. sollten im Freien und in feuchten Räumen nur über besondere AlCu-Klemmen verbunden werden.
[A20]

Aluminiumgehäuse {aluminium housing}
Gehäuse für Motoren, das im Druckgußverfahren aus Aluminium oder einer A.-Legierung hergestellt ist.
Die Herstellung erfordert teure Gußformen, ermöglicht aber das Gießen des Gehäuses mit Kühlrippen, Füßen, Klemmenkasten-Unterteil und anderen mechanischen Ausbildungen in einem Schuß (**Bild A2**). Dadurch kann die spanende Formgebung auf ein Minimum beschränkt werden. Einsatz bei ausgesprochener Serienfertigung, d. h. kleinen und mittleren Motoren (bis ca. 50 kW). Vorteil für den Anwender gegenüber einem → Graugußgehäuse: kleineres Motorgewicht. Nachteilig ist die größere Korrosionsanfälligkeit Aluminiums gegenüber Seewasser und anderen aggressiven Medien. Dies macht spezielle Legierungen und einen besonderen Anstrich erforderlich.

Bild A2 Gehäuse eines Drehstromnormmotors der Baugröße 132 in Aluminium-Druckguß mit angegossenen Füßen

Anbaumaße {mounting dimensions}
Alle Maße der drehenden elektrischen Maschine für die Anbringung des Motors an der Arbeitsmaschine oder am Fundament, die Anbringung von Zubehörteilen, Luftkanälen, Rohrleitungen usw., die Anbringung elektrischer Verbindungen zum Netz oder zu anderen Einrichtungen, die Montage und Aufstellung der Maschine, ein-

schließlich des Raumbedarfs, der Befestigungsmaße (z. B. Fußlochabstände), der Lage der Tragösen.
Der verantwortungsbewußte Hersteller wird alle für den Betreiber relevanten A. in einem → Maßbild angeben.
Bei → Normmotoren sind die wichtigsten A. in Normen festgelegt.
[N1.1 bis N1.17, N1.21, N1.22]

angebaute Bremse {built-on brake}
Bremse, die außerhalb des Ständergehäuses am Motor befestigt ist.
→ Bremsmotoren

angestelltes Lager {spring-loaded bearing}
Axial federnd vorgespanntes Rillenkugellager.
Bei Motoren mit Rillenkugellagern auf → AS und → NS muß das → Loslager axial verschiebbar sein (Ausgleich von Toleranzen und unterschiedlichen Wärmedehnungen zwischen Ständer und Läufer). Um die radiale → Lagerluft auszuschalten, wird der Außenring über Federn in axialer Richtung gegen den Innenring verspannt

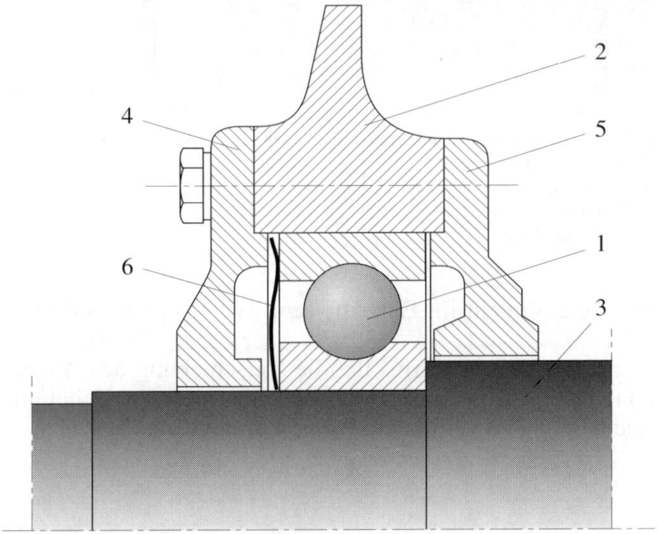

Bild A3 Loslager mit axialer Vorspannung durch zentrale Wellfeder
1 Lager
2 Lagerschild
3 Welle
4 innerer Lagerdeckel
5 äußerer Lagerdeckel
6 federnde Ausgleichsscheibe

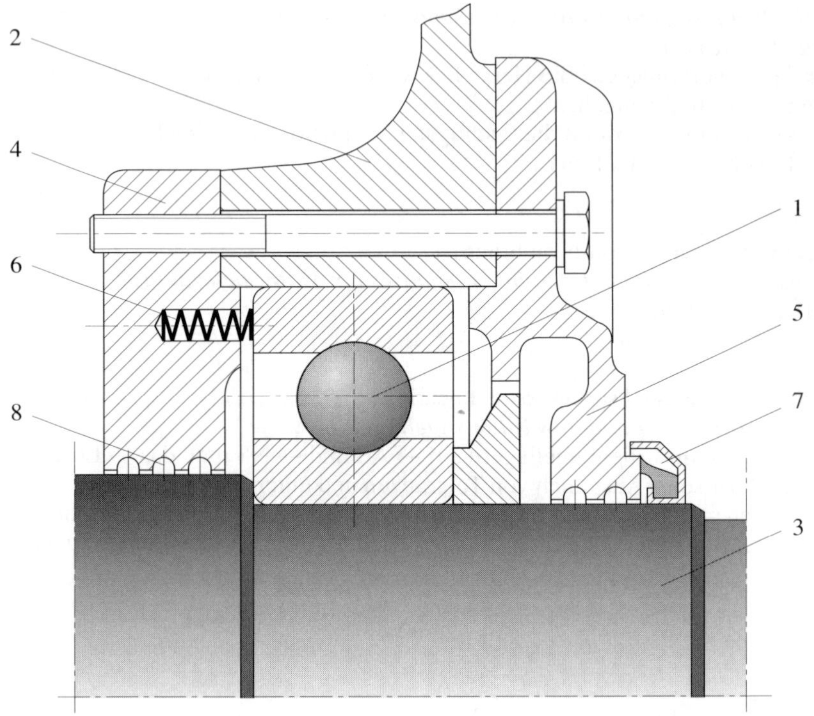

Bild A4 Loslager mit axialer Vorspannung durch Druckfedern (mehrfach am Umfang verteilt)

1 Lager
2 Lagerschild
3 Welle
4 innerer Lagerdeckel
5 äußerer Lagerdeckel
6 Druckfedern
7 Dichtring
8 Dichtrillen

(**Bild A3**, **Bild A4**). Folge: alle Kugeln im Eingriff; zentrischer, ruhiger und verschleißarmer Lauf.

Bei größeren Motoren (Lagerabstand > 1 m) sollte die Verschiebung des Außenrings in derselben Richtung erfolgen, in der sich die Welle thermisch ausdehnt, um ein Blockieren der Wärmedehnung zu verhindern (sonst Lagerschäden!).
[A12]

ANIE
*A*ssociazione *N*azionale *I*ndustrie *E*lettrotecniche.
Nationaler Italienischer Verband der Elektroindustrie (vergleichbar dem deutschen → ZVEI)

Anlaßdrossel(spule) {starting choke}

Dreiphasige Drosselspule mit Eisenkern, die beim Anlassen zwischen Netz und Wicklung geschaltet wird.

Die Netzspannung wird im Verhältnis der Blindwiderstände aufgeteilt; der Motor liegt an einer Teilspannung. Nach dem Anlauf wird die A. überbrückt. Linear mit der Klemmenspannung verringert sich der Anlaufstrom, das Drehmoment jedoch quadratisch. Das Verfahren wird für große Käfigläufermotoren bei kleinen Lastmomenten während des Anlaufs benutzt.

Um eine möglichst große Stromreduzierung bei noch befriedigendem Beschleunigungsverhalten zu erzielen, muß die Induktivität der A. sehr präzise festgelegt werden. Deshalb wird die A. meistens mit Anzapfungen versehen, um auch noch nach der Inbetriebnahme eine Korrekturmöglichkeit zu haben (**Bild A5**).

→ Anlassen von Käfigläufermotoren, → Anlaßtransformator

[A2, A3, A5, A6, B18]

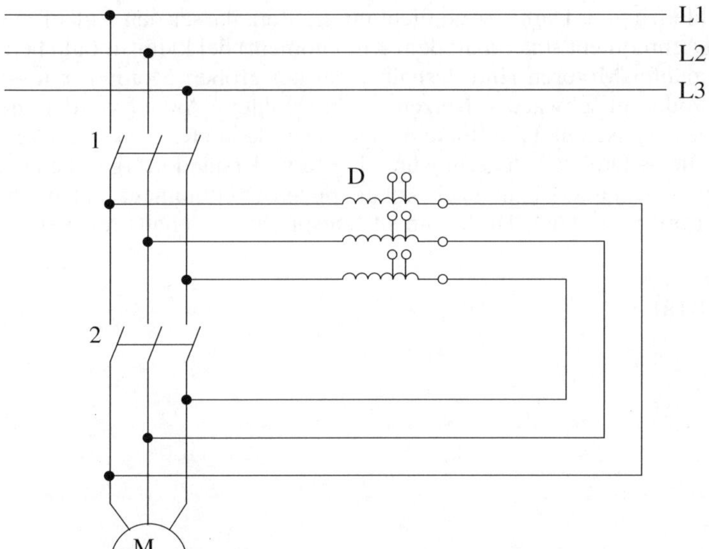

Bild A5 Anlassen eines Käfigläufermotors mit Anlaßdrosselspule
D Drosselspule mit Anzapfungen
1 Hauptschalter
2 Überbrückungsschalter
Stellung beim Anlassen: 1 ein, 2 aus; Stellung im Betrieb: 1 ein, 2 ein

Anlassen {starting}
Gesteuerter →Anlauf von Motoren mittels besonderer Schaltungen oder Schaltgeräte
Zweck: Strombegrenzung und/oder Momentenanpassung während des Anlaufs.
→ Anlassen von Käfigläufermotoren, → Anlassen von Schleifringläufer-Motoren

Anlassen von Käfigläufermotoren {starting cage motors}
Übersicht über die verschiedenen Verfahren: **Tabelle A6**. Einzelheiten unter dem Stichwort des betreffenden Verfahrens.
[A2, A3, A5, A6, **A21**, E27]

Anlassen von Schleifringläufer-Motoren {starting slip ring-motors}
Durch Einschalten von Vorwiderständen R_{2v} in jeden Strang der Läuferwicklung (Widerstand R_2)*) tritt jedes Wertepaar von Drehmoment und Ständerstrom bei einem Schlupf auf, der um den Faktor $(R_{2v} + R_2)/R_2$ größer ist als der Schlupf bei kurzgeschlossenen Schleifringen. Damit ermöglicht ein Läuferanlasser den Anlauf mit größtmöglichem Drehmoment (maximal: dem Kippmoment) bei kleinstmöglichem Strom. Schleifringläufer-Motoren sind deshalb ideal bei großen Motoren mit → Schweranlauf und/oder an schwachen Netzen. Nach erfolgtem Anlauf werden die Schleifringe kurzgeschlossen und die Bürsten abgehoben (keine Reibung, kein Verschleiß), sofern keine → Drehzahlsteuerung über Läuferwiderstände vorgesehen ist. Die Aufteilung des → Anlassers kann nach Anlaufspitzen-Drehmoment (entspricht → Anlaßspitzenstrom) und Schalt-Drehmoment (entspricht → Schaltstrom) erfolgen (**Bild A7**).
→ Schleifringläufer
[A2, A3, A5, A6, B18]

---

*) DIN 1304 Teil 7 sieht zwar den Index „s" für Ständer und „r" für Läufer vor, erlaubt aber auch „1" und „2" für die Kennzeichnung von Primär- und Sekundärteil. Da bei Asynchronmaschinen bis auf wenige Ausnahmen der Ständer den Primärteil und der Läufer den Sekundärteil darstellt, werden in diesem Buch die Indizes „1" und „2" verwendet. Damit fällt auch der Übergang zu der angegebenen Literatur leichter, die fast ausnahmslos mit den Indizes „1" und „2" arbeitet.

Anlaßverfahren (→ …)		Anlaufstrom I_{an}/I_{direkt}	Anlaufmoment M_{an}/M_{direkt}	Anlaufwärme im Läufer W_{an}/W_{direkt}	Bemerkung
direkte Einschaltung		1	1	1	einfachste Art volles Anlaufmoment, jedoch voller Anlaufstrom
Wicklungsumschaltung	Y-Δ-Anlauf	0,33	0,33	1	Strom und Moment werden gleichermaßen und im gesamten Drehzahlbereich reduziert
	verstärkter Y-Δ-Anlauf	0,33 bis 1	0,33 bis 1	1	je nach Wicklungsanzapfung liegt das Verhalten zwischen Y-Δ-Anlauf und direkter Einschaltung
	Teilwicklungsanlauf	≈ 0,5	≈ 0,5	1	wie bei Vordrosselspulen, jedoch günstigeres Drehmoment bei gleichem Strom
	Polumschaltung	≈ 0,5 bis 1	≈ 0,3 bis 1	≈ 0,5 bis 1	Daten abhängig vom Polzahlverhältnis
Spannungsverstellung	Kusa-Schaltung	≈ 1	≈ 0,3 bis 1	> 1	unsymmetrischer Betrieb; verwendet zur Reduzierung des Anzugsmoments bei kleineren Motoren
	dreiphasige Widerstände	≈ 0,8 bis 1	≈ 0,8 bis 1	1	hoher Aufwand für geringe Wirksamkeit; ungebräuchlich
	Anlaßdrosselspule	≈ 0,5 bis 1	≈ 0,25 bis 1	1	mehr zur Momenten- als zur Stromreduzierung geeignet; selten verwendet
	Anlaßtransformator	≈ 0 bis 1	≈ 0 bis 1	1	Spannungsverstellung nahezu in beliebiger Höhe und beliebig vielen Stufen; nur für Leeranlauf geeignet; wirtschaftlich nur ab rund 1 000 kW Motorleistung
	Sanftanlauf-Gerät	0,33 bis 1	0,1 bis 1	1	über Drehstromsteller Strom- und Momentenreduzierung; geführter Anlauf
Frequenz-Anlauf		≈ 0,2 bis 1	≈ 0,2 bis 1,2	< 0,1	Daten abhängig von Strombegrenzung, Schlupf und kleinstmöglicher Frequenz
Anwurfmotor		≈ 0,5	≈ 1	0,25	eigener Schleifringläufermotor doppelter Polzahl erforderlich; wirtschaftlich nur bei größten Leistungen
Anlaufkupplung		1	1	< 1	Motor muß nur seine eigene Drehmasse beschleunigen, deshalb kurze Anlaufzeit; Anlaufwärme für die Beschleunigung der übrigen Drehmassen entsteht in der Kupplung; vorteilhaft bei großen Lastmomenten und Trägheitsmomenten der angetriebenen Arbeitsmaschine

Tabelle A6 Anlaßverfahren für Drehstrom-Käfigläufermotoren (Grobvergleich)

I_{an} Strom im betreffenden Anlaßverfahren bei beliebiger Drehzahl
I_{direkt} dito bei direkter Einschaltung
M_{an} Drehmoment des Motors im betreffenden Anlaßverfahren bei beliebiger Drehzahl
M_{direkt} dito bei direkter Einschaltung
W_{an} im Läuferkäfig entstehende Wärme für einen vollständigen Anlauf bei dem betreffenden Anlaßverfahren
W_{direkt} dito bei direkter Einschaltung

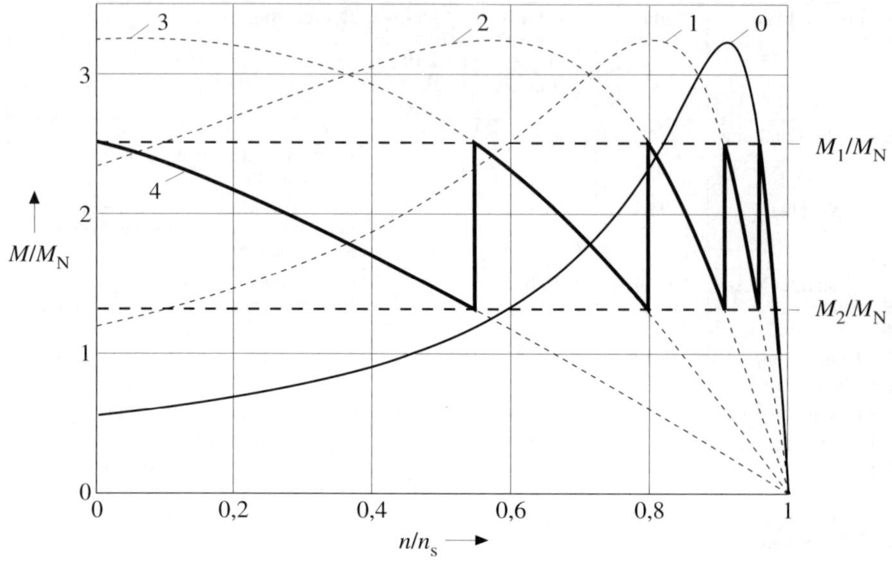

Bild A7 Anlaufmoment beim Schleifringläufermotor mit vierstufigen Läufervorwiderständen (Ausführungsbeispiel)

M Drehmoment
M_1 Anlaßspitzen-Drehmoment (entspricht dem Anlaßspitzenstrom)
M_2 Schalt-Drehmoment (entspricht dem Schaltstrom)
M_N Bemessungsmoment
n Drehzahl
n_s Synchrondrehzahl

Kennlinie	0	1	2	3	4
R_{2v}/R_2	0	≈ 1,2	≈4	≈ 10	≈ 25

Anlasser {motor starter}
Schaltgeräte mit Widerständen zum stufenweise oder kontinuierlichen Steuern von Strom und/oder Moment während des → Anlaufs von Schleifringläufer-Motoren
Bei Dimensionierung und Auswahl des A. berücksichtigen: → Anlaßhäufigkeit, → Anlaßschwere, → Anlaßspitzenstrom (**Bild A8**), → Anlaßzahl, → Anlaßzeit, → mittlerer Anlaßstrom, → Schaltstrom, → Stufenzahl
Für Motorleistungen von 1,7 kW bis 1000 kW sind für mehrere Eigenschaften Mindestbedingungen genormt [N4.10].
→ Anlassen von Schleifringläufer-Motoren
[A2, A3, A5, A6]

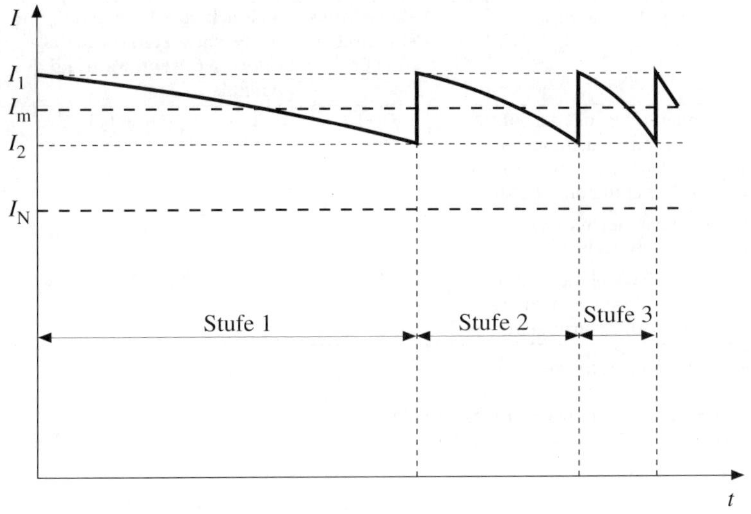

Bild A8 Stromverlauf beim Anlassen (schematisch)
I_1 Anlaßspitzenstrom
I_2 Schaltstrom
I_m mittlerer Anlaßstrom
I_N Bemessungsstrom des Motors (bei Schleifringläufern: Bemessungsstrom des Läuferkreises)

Anlaßhäufigkeit {starting frequency}
Zulässige Anzahl/h der dauernd in gleichmäßigen Abständen wiederholten vollständigen Anlaßvorgänge mittels eines →Anlassers.
Die A. ist bedingt durch die höchstzulässigen Temperaturen. Mindestwerte für die A.: [N4.10].
→ Anlassen von Schleifringläufer-Motoren
[A2, A6]

Anlaßschwere {starting-duty rating}
Verhältnis der Leistungsaufnahme während des Anlassens zur Leistungsaufnahme im Bemessungspunkt.
≈ Verhältnis des → mittleren Anlaßstroms zum Bemessungsstrom des Motors
Normwerte für die A. : **Tabelle A9**
→ Anlaufart, → Anlasser
[A2, A6]

Anlaufart	Definition der Anlaufart	Anlaßschwere Normwerte	ausreichende Beschleunigung bei Normwerten für Anlaßschwere *f*, wenn während des Anlaufs ...
Halblastanlauf	Leeranlauf (z. B. mit Anlaufkupplung) oder Lastmoment wächst quadratisch mit der Drehzahl (z. B. Ventilatorantrieb)	$f = 0{,}7$	$M_L/M_N \leq 0{,}5$
Vollastanlauf	Lastmoment gleich Bemessungsmoment (z. B. Hebezeug)	1,4	1,0
Schweranlauf	große Trägheitsmomente erfordern hohes Beschleunigungsmoment (z. B. Zentrifugen)	2,0	1,4

Tabelle A9 Anlaufart und Anlaßschwere
f Anlaßschwere
M_L Lastmoment durch die angetriebene Arbeitsmaschine
M_N Bemessungsmoment des Motors

Anlaßspitzenstrom {peak starting current}
Strom in einem → Anlasser unmittelbar nach dem Schalten einer → Stufe
→ Anlassen von Schleifringläufer-Motoren, → Anlasser, Bild A8
[A2, A6]

Anlaßtransformator {autotransformer starter}
Transformator für das stromreduzierte Anlassen von Käfigläufermotoren
Grundsätzlich kann die Motorspannung mit einem A. nahezu beliebig zwischen Null und dem vollen Wert und in beliebig vielen Stufen verstellt werden. In der Praxis wird man jedoch so wenig Stufen wie möglich wählen. Der Anlaufstrom verringert sich quadratisch mit dem Spannungsverhältnis, allerdings auch das Drehmoment. Dieses Verfahren eignet sich deshalb nur für kleine → Lastmomente, vorzugsweise für den Leeranlauf, und aus Kostengründen nur für Bemessungsleistungen ab rund 1 000 kW, d. h. → Hochspannungsmotoren. Der A. wird als Spartransformator ausgeführt (**Bild A10**). Er wird nach erfolgtem Hochlauf überbrückt.
→ Anlassen von Schleifringläufer-Motoren
[A2, A3, A5, A6, B18]

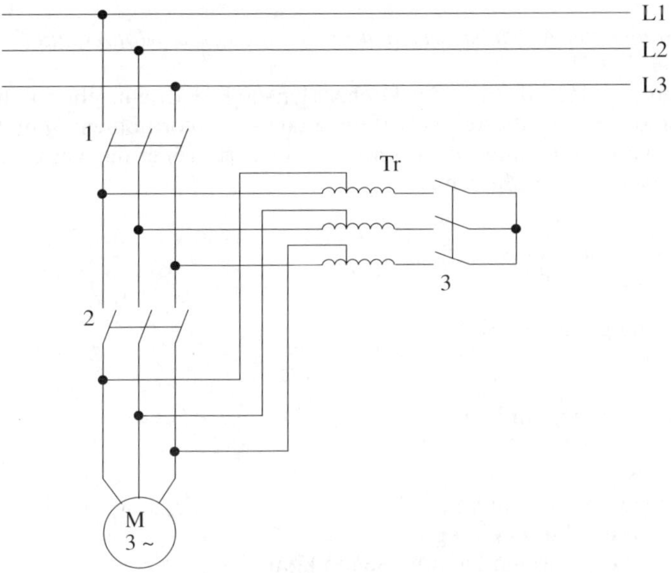

Bild A10 Anlassen eines Käfigläufermotors mit Anlaßtransformator (Prinzip)
Tr Anlaßtransformator 2 Überbrückungsschalter
1 Hauptschalter 3 Sternpunktschalter
Stellung beim Anlassen: 1 ein, 3 ein; Stellung beim Betrieb: 1 ein, 2 ein, 3 aus

Anlaßwiderstand
→ Anlasser, → Anlassen von Schleifringläufer-Motoren

Anlaßzahl {permissible number of starts in succession}
Zulässige Anzahl der hintereinander (mit einer Pause = 2 × Anlaßzeit) erfolgenden Anlaßvorgänge mittels → Anlasser.
Kriterium: Erreichen der zulässigen Temperaturen während des Anlassens.
→ Anlassen von Schleifringläufer-Motoren
[A2, A6]

Anlaßzeit {starting time}
Dauer des Anlaßvorgangs von Motoren mittels → Anlasser = Dauer, in der der Anlasser Strom führt.
→ Anlassen von Schleifringläufer-Motoren
[A2, A6]

Anlauf {start-up}

Beschleunigungsvorgang eines Antriebs zwischen Einschalten eines Motors und Erreichen des stationären Betriebs

Die Winkelbeschleunigung $\mathrm{d}\Omega_\mathrm{m}/\mathrm{d}t$ bzw. der Drehzahlanstieg $\mathrm{d}n/\mathrm{d}t$ entsteht durch das Beschleunigungsmoment M_B, dieses als Differenz von → Motormoment M und → Lastmoment M_L. Die Beschleunigung ist um so kleiner, je größer das gesamte Trägheitsmoment der rotierenden Massen ist.

$$\frac{\mathrm{d}\,\Omega_\mathrm{m}}{\mathrm{d}t} = \frac{M_\mathrm{B}}{J} = \frac{M - M_\mathrm{L}}{J_\mathrm{M} + J_\mathrm{ext}} \quad \text{oder} \quad \frac{\mathrm{d}n}{\mathrm{d}t} = 9{,}55 \cdot \frac{M - M_\mathrm{L}}{J_\mathrm{M} + J_\mathrm{ext}}.$$

Ω_m Winkelgeschwindigkeit der Welle in s^{-1},
n Drehzahl in min^{-1},
t Zeit in s,
M_B Beschleunigungsmoment in Nm,
M Motormoment in Nm,
M_L Lastmoment in Nm,
J gesamtes Trägheitsmoment in kgm^2,
J_M Trägheitsmoment des Motors in kgm^2,
J_ext Trägheitsmoment der übrigen Drehmassen in kgm^2.

Da M und M_L – manchmal auch J_ext – von der Drehzahl abhängig sind, läßt sich der zeitliche Drehzahlverlauf und damit die → Anlaufzeit meist nur mit Näherungsverfahren ermitteln. Ob der A. zuverlässig erfolgt, kann jedoch allein an den Momentkennlinien von Motor und Last beurteilt werden. Beispiel für einwandfreien A.: **Bild A11**, **Bild A12**.

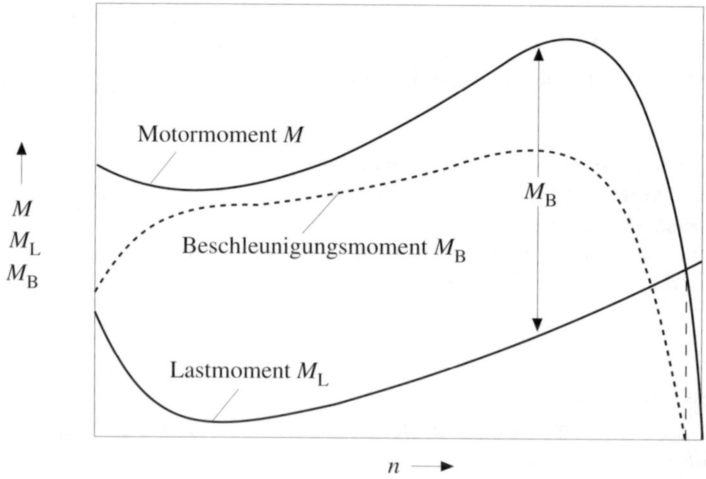

Bild A11 Beispiel von Momentenkennlinien für einen einwandfreien Anlauf

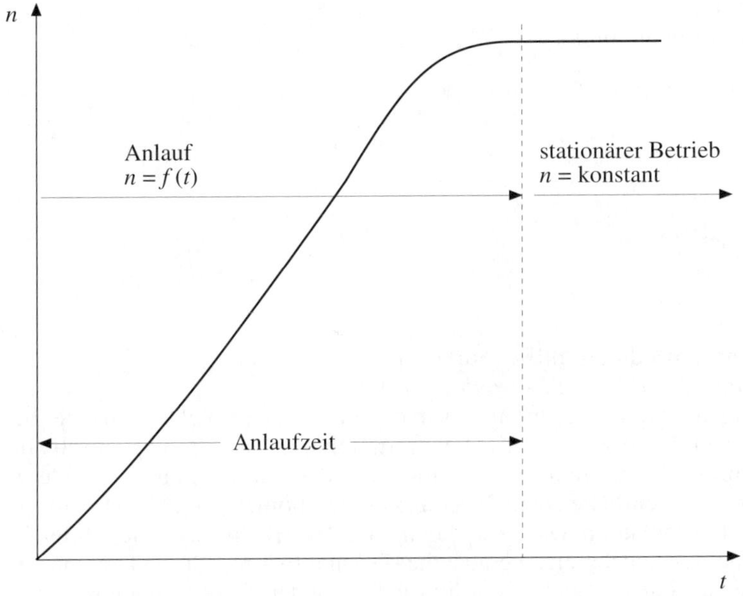

Bild A12 Zeitlicher Verlauf der Drehzahl mit Momentenkennlinien nach Bild A11

Der A. ist ein wichtiges Kriterium für die Bemessung eines Motors und muß bei Antriebsplanung und Motorauswahl sorgfältig untersucht werden.
Zwischen Stillstand und Betriebsdrehzahl muß das Motormoment auch unter ungünstigsten Bedingungen (z. B. niedrige Klemmenspannung) um einen ausreichenden Betrag über dem größtmöglichen Lastmoment liegen. Bei Festlegung des Anlaßverfahrens beachten!
Bei hoher → Schalthäufigkeit und → Schweranlauf müssen auch die Übertemperaturen und ihre möglichen Folgen während des A. berücksichtigt werden.
→ Anlassen von Käfigläufermotoren, → Anlassen von Schleifringläufer-Motoren, → Anlaufverhalten, → Anlaufwärme, → Anlaufzeit, → Arbeitspunkt, → Lagertemperatur, → Spannungs- und Frequenzschwankungen, → Toleranzen, → Wellendehnung
[A2 bis A7]

Anlaufart {starting duty}
Grobe Klassifikation nach Höhe des Lastmoments und des Trägheitsmoments der Arbeitsmaschine während des → Anlaufs (Tabelle A9).
Die A. ist gekennzeichnet durch den Zahlenwert für die → Anlaßschwere. Von dieser geht die Dimensionierung eines → Anlassers aus.
[A2, A6]

Anlauferwärmung
→ *Übertemperatur beim Anlauf*

Anlaufkäfig
→ Käfigformen

Anlaufkennlinien
→ Anlaufverhalten

Anlaufkupplung {speed-controlled coupling}
Kupplung, die dem Motor einen Leeranlauf gestattet.
Die Übertragung des vollen Drehmoments in der Kupplung erfolgt erst ab einer bestimmten Drehzahl durch Fliehkraft (Fliehkraftkupplung), elektromagnetisch (Induktionskupplung) oder hydraulisch (Strömungs- oder Turbokupplung). Dadurch kann der Motor im wesentlichen ohne Einfluß des Drehmoments und der Drehmasse der Arbeitsmaschine anlaufen. Die Beschleunigung der Arbeitsmaschine erfolgt für den Motor aus dem Arbeitsbereich heraus; die → Anlaufwärme für die Drehmassen der Arbeitsmaschine entsteht nicht mehr im Läufer, sondern in der Kupplung. Auch die beim Einschalten auftretenden Stoßmomente werden durch eine A. unschädlich gemacht.
Motoranlauf muß vollständig beendet sein, bevor die volle Momentübertragung wirkt. Ansonsten Wiederholung der Anlaufstromspitze; evtl. Läufer- und Lagerschäden!
→ Anlassen von Käfigläufermotoren, → Anlaufwärme, → Lagertemperatur, → Stoßmoment und Stoßstrom
[A6, A21, E13, E27]

Anlaufmoment {start-up torque}
Drehmoment des Motors während des → Anlaufs, meist dargestellt als → Momentenkennlinie
Das A. muß unter ungünstigsten Bedingungen größer als das → Lastmoment sein, damit der Antrieb bis zum Betriebspunkt hochlaufen kann.
A. nicht verwechseln mit → Anzugsmoment.
[A5, A6]

Anlaufschaltung {starting circuit}
→ Anlassen von Käfigläufermotoren

Anlaufsekunden
→*Anlaufzeit*

Anlaufverhalten {starting performance}
Gesamtheit aller Eigenschaften eines Motors oder Antriebs während des →Anlaufs.
Für das A. des Antriebs interessiert der zeitliche Verlauf von Drehmoment und Drehzahl, für Netz- und Leitungsbelastung der Verlauf für Strom und aufgenommene Leistung, für die thermische Motorbelastung die → Anlaufwärme. Ausgangspunkt für die Ermittlung des A. sind die *Anlaufkennlinien*, das sind die Motorgrößen abhängig von der Drehzahl (**Bild A13**).
[A2, A5, A6, A21, E27, B18]

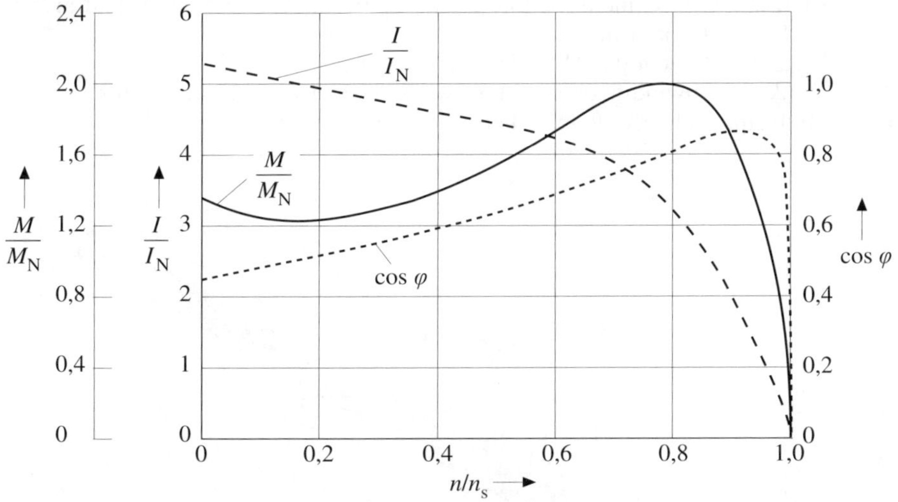

Bild A13 Typische Anlaufkennlinien eines Drehstrom-Käfigläufermotors

Anlaufwärme im Läufer {rotor starting-heat}
Während des Anlaufs im Stromkreis des Läufers entstehende Wärmemenge.
Die A. i. L. einer → Asynchronmaschine hat zwei Anteile: Die durch die *Beschleunigung* entstehende Wärmemenge ist unabhängig von der Läuferausführung, der Spannung, der → Anlaufzeit und dem → Anzugsstrom/→ Anlaufstrom; sie entspricht exakt der nach erfolgtem Anlauf in den Drehmassen gespeicherten kinetischen Energie. Wird die Motorwelle während des Anlaufs zusätzlich mit einem Lastmoment beaufschlagt, kommt ein *Lastanteil* der A. i. L. hinzu, dessen Höhe von dem Verlauf der Momentkennlinien von Motor und Last abhängt; er kann mit einem

Korrekturfaktor zur Beschleunigungswärme (→ Schalthäufigkeit) näherungsweise erfaßt werden. In vielen Fällen setzt das Lastmoment aber erst nach erfolgtem Hochlauf ein, so daß nur die Beschleunigungswärme betrachtet werden muß. Der Einfluß der Reibungsverluste des Motors kann während des Anlaufs vernachlässigt werden.

$$W_{A2} \approx FI \cdot W_{A20},$$

$$W_{A20} = \frac{J_M}{2} \cdot \Omega_m^2 = \frac{J_M}{2} \cdot \left(\frac{n}{9,55}\right)^2,$$

mit:

W_{A2} gesamte Anlaufwärme im Läuferstromkreis in Ws,

W_{A20} Beschleunigungswärme im Läuferstromkreis ohne Trägheitsmoment der Last (d. h. $J_{ext} = 0$) = kinetische Energie im Läufer nach erfolgtem Anlauf in Ws,

FI → Trägheitsfaktor in 1,

J_M Trägheitsmoment des Motorläufers in kgm^2,

Ω_m Winkelgeschwindigkeit der Motorwelle nach erfolgtem Anlauf in s^{-1},

n Drehzahl nach erfolgtem Anlauf in min^{-1}.

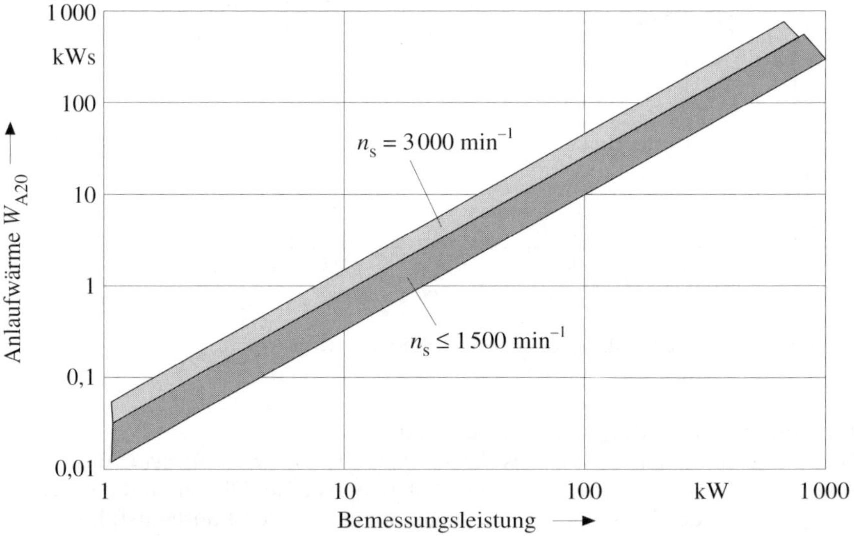

Bild A14 Kinetische Energie = Anlaufwärme W_{A20} (Streubereich) im Käfigläufer einer Reihe von oberflächengekühlten Drehstrommotoren ohne externe Drehmasse ($FI = 1$)
n_s Synchrondrehzahl

Die A. i. L. (evtl. zusammen mit der Bremswärme) ist bei Antrieben mit hoher → Schalthäufigkeit und großen Trägheitsmomenten der wichtigste Faktor für den Energieverbrauch. Bei → Schleifringläufer-Motoren teilt sich die A. i. L. im Verhältnis der Widerstände zwischen Läuferwicklung und → Anlasser auf und entsteht deshalb vor allem außerhalb der Maschine. Bei dieser Maschine besteht aus diesem Grund normalerweise nicht die Gefahr einer zu großen Übertemperatur in Läufer- und Ständerwicklung. Beim → Käfigläufermotor ist dies anders: Die volle A. i. L. entsteht in der Käfigwicklung und kann dort hohe Übertemperaturen hervorrufen. Bei Motoren ohne inneren Kühlkreislauf kriecht ein Teil der A. i. L. auch in die Lager; möglicherweise werden die → Schmierung und die → Lagerluft beeinträchtigt. Reduzierung der A. i. L. durch → Anlaufkupplung, → Anwurfmotor, → Polumschaltung, → Frequenzanlauf. Werte der Beschleunigungswärme W_{A20} bei Leeranlauf (kein Lastmoment, keine zusätzliche Drehmasse) von Käfigläufermotoren: **Bild A14**. Die A. i. L. nimmt stärker zu als die Leistung; die zulässige Leerschalthäufigkeit nimmt deshalb mit wachsender Leistung ab.
→ Anlassen von Käfigläufermotoren, → Aufzugmotoren, → Bremswärme im Läufer, → Bremswärme im Motor, → Bremswärme im Ständer, → Schalthäufigkeit, → Übertemperatur beim Anlauf, → Grenzwerte der Übertemperatur, → Lagertemperatur
[A3, A5, A6, **E34**]

Anlaufwärme im Motor {motor starting-heat}
Während des Anlaufs im Motor entstehende Wärmemenge
Zur Wärmebildung durch Beschleunigung und Lastmoment kommt noch die Wärme durch die → Eisenverluste im Blechpaket hinzu, deren Betrag in vielen Fällen vernachlässigt werden kann. Ansonsten gelten die gleichen Aussagen wie bei der → Anlaufwärme im Läufer und der → Anlaufwärme im Ständer.

$$W_A = W_{A1} + W_{A2} \approx W_{A2} \cdot \left(1 + R_1 / R_2'\right),$$

mit:
W_A gesamte Anlaufwärme im Motor in Ws,
alle anderen Größen: → Anlaufwärme im Läufer, → Anlaufwärme im Ständer.
Bei Antrieben für hohe Schalthäufigkeit und/oder große Trägheitsmomente erfolgt die Bemessung der → Aktivteile des Motors und seiner Lagerkonstruktion möglicherweise nach der A. i. M.
→ Anlassen von Käfigläufermotoren, → Aufzugmotoren, → Bremswärme im Läufer, → Bremswärme im Motor, → Bremswärme im Ständer, → Schalthäufigkeit, → Schlupfläufer, → Übertemperatur beim Anlauf, → Grenzwerte der Übertemperatur, → Lagertemperatur
[A3, A5, A6, **E34**]

Anlaufwärme im Ständer {stator starting-heat}

Während des Anlaufs in der Ständerwicklung entstehende Wärmemenge.

Es gelten grundsätzlich die gleichen Aussagen wie bei der → Anlaufwärme im Läufer mit einem wesentlichen Unterschied: Durch Erhöhung des ohmschen Widerstands im Läufer läßt sich die A. i. S. auch beim Käfigläufermotor in gewissen Grenzen verringern.

$$W_{A1} \approx W_{A2} \cdot R_1 / R_2',$$

mit:

W_{A1} bei einem Anlauf entstehende Wärmemenge in der Ständerwicklung in Ws,
W_{A2} → Anlaufwärme im Läufer in Ws,
R_1 ohmscher Strangwiderstand der Ständerwicklung in Ω,
R_2' ohmscher Strangwiderstand der Läuferwicklung, bezogen auf die Ständerwicklung in Ω.

→ Anlassen von Käfigläufermotoren, → Aufzugmotoren, → Bremswärme im Läufer, → Bremswärme im Motor, → Bremswärme im Ständer, → Schalthäufigkeit, → Schlupfläufer, → Übertemperatur beim Anlauf, → Grenzwerte der Übertemperatur, → Lagertemperatur

[A3, A5, A6, **E34**]

Anlaufzeit t_A {running-up time (*RT*)}

Dauer eines Anlaufs vom Einschalten bis zum Erreichen des → stationären Betriebs.

$$t_A = J \int \frac{1}{M(\Omega_m) - M_L(\Omega_m)} \cdot d\,\Omega_m \text{ oder } t_A = 0{,}105 \cdot FI \cdot J_M \cdot \int \frac{1}{M(n) - M_L(n)} \cdot d\,n,$$

mit:

t_A Anlaufzeit in s,
Ω_m Winkelgeschwindigkeit in s^{-1},
n Drehzahl in min^{-1},
$M(\Omega_m)$ Drehmoment des Motors, abhängig von der Winkelgeschwindigkeit in Nm,
$M_L(\Omega_m)$ Drehmoment der Last, abhängig von der Winkelgeschwindigkeit in Nm,
$M(n)$ Drehmoment des Motors, abhängig von der Drehzahl in Nm,
$M_L(n)$ Drehmoment der Last, abhängig von der Drehzahl in Nm,
J_M Trägheitsmoment des Motors in kgm^2,
J gesamtes Trägheitsmoment (Motor + Arbeitsmaschine)in kgm^2,
FI → Trägheitsfaktor in 1.

Die tatsächliche A. muß kleiner sein als die → zulässige Anlaufzeit. Zur genauen Ermittlung der A. müssen die Momentenkennlinien grafisch oder rechnerisch integriert werden [A2, A3, A6, B18]. Zweckmäßigerweise wird die Rechnung mit entsprechenden Programmen auf einem PC durchgeführt. Dazu müssen die Momentkennlinie des Motors und der Last mit mehreren Punkten eingegeben werden, sowie das Trägheitsmoment.

Der Rechnung werden die quasi-stationären Kennlinien zugrunde gelegt. In Wirklichkeit aber wird der Anlauf durch die transienten Einschaltvorgänge (→ dynamische Momentkennlinie) verlangsamt. Ferner treten bei seriengefertigten Motoren natürliche Streuungen im Drehmomentverlauf und im Trägheitsmoment auf (→ Toleranzen). Ähnliches gilt für Arbeitsmaschinen. Schließlich ist die Höhe der Klemmenspannung während des Anlaufs in den wenigsten Fällen bekannt. Deshalb: Genauigkeit bei Ermittlung der A. nicht übertreiben!

Abschätzen der Größenordnung der A. für Drehstrom-Käfigläufermotoren:

$$t_A \approx \left(\frac{100 \cdot J_M}{P_N}\right) \cdot \left(\frac{n_s}{100}\right)^2 \cdot FI,$$

mit:

t_A Anlaufzeit in ms,

J_M Trägheitsmoment des Motors in kgm^2,

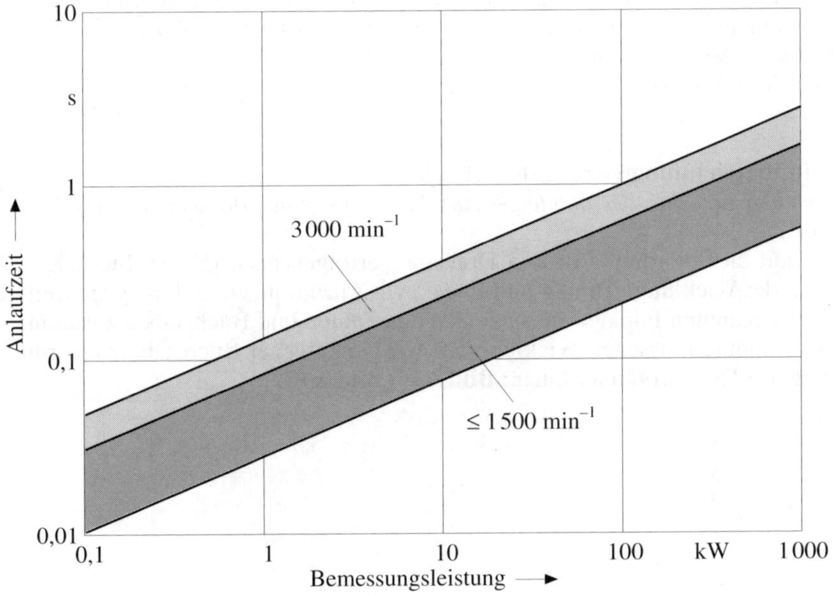

Bild A15 Größenordnung (Streubereich) der Anlaufzeit einer Reihe von oberflächengekühlten Drehstrom-Käfigläufermotoren ohne zusätzliche Drehmasse ($FI = 1$) (mittleres Beschleunigungsmoment = Bemessungsmoment)

P_N Bemessungsleistung des Motors in kW,
n_s Synchrondrehzahl in min^{-1},
FI Trägheitsfaktor in 1.
Annahme: Es wird ein mittleres Beschleunigungsmoment in Höhe des Bemessungsmoments angesetzt.
Typischer Streubereich für die A. bei Drehstrom-Käfigläufermotoren: **Bild A15**.
→ Anlauf
[A6, A21, E27]

Anschluß {termination}
Elektrischer Anschluß = Art der Verbindung elektrischer Geräte mit den Zuleitungen, auch mit Erdungs- oder Schutzleitern.
Der A. muß den elektrischen Kontakt dauerhaft und sicher herstellen; er muß für alle betrieblich vorkommenden Belastungen, auch bestimmte Störfälle, geeignet sein. Durch Temperaturwechsel, Korrosion und Materialermüdung kann der A. altern. Für die konstruktive Gestaltung, die Installation und die Kennzeichnung des A. bestehen zahlreiche Vorschriften [Reihe N4].
Die Überprüfung des A. ist fester Bestandteil der → Instandhaltung
→ Anschlußbezeichnung, → Anschlußstellen, → Drehsinn und Anschlußbezeichnung, → Klemmenanordnung, → Klemmenbrett, → Klemmenkasten, → Klemmenplatte, → Verdrehschutz
[A1, A2, A20, N4, N9.8]

Anschlußbezeichnung {terminal marking}
Kennzeichen für eine bestimmte → Anschlußstelle einer drehenden elektrischen Maschine.
Die A. und die Zuordnung des → Drehsinns erfolgen nach [N9.8]. Sie zeigt die Funktion der Wicklung, Anfang und Ende, evtl. Anzapfungen und die gegenseitige Lage der genannten Punkte. Sie setzt sich aus Zahlen und Buchstaben zusammen; jedem stromdurchflossenen Wicklungsteil wird ein eigener Buchstabe zugeordnet. Beispiele für Drehstrommaschinen: **Bild A16**, **Bild A17**.

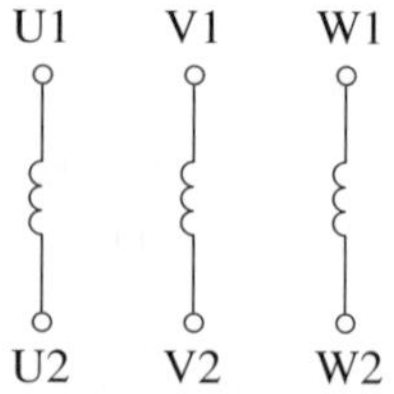

Bild A16 Drehstrom-Käfigläufermotor in offener Schaltung

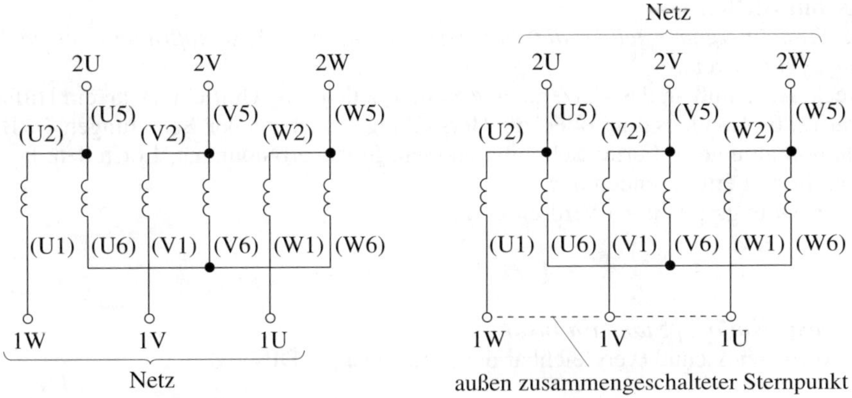

Bild A17 Drehstrom-Käfigläufermotor für zwei Drehzahlen in Dahlanderschaltung Y/YY
a niedrige Drehzahl; Reihen-Stern-Schaltung; 1U, 1V, 1W mit dem Netz verbunden
b hohe Drehzahl; Parallel-Stern-Schaltung; 2U, 2V, 2W mit dem Netz verbunden; 1U + 1V + 1W zum Sternpunkt verbunden

Alle Anschlüsse müssen gekennzeichnet werden. In welcher Form die Kennzeichnung geschieht, ist nicht genormt.
Die Kennzeichnung muß jedoch mit der Maschine fest verbunden bleiben, auch nach Entfernen der Anschlußleitungen, und muß der richtigen Anschlußstelle zugeordnet werden können.
[N9.8]

Anschlußbolzen {terminal stud}
Gewindebolzen aus leitendem Material zum Anschließen von elektrischen Leitern mittels Kabelschuhen.
[N4.2, N4.13, N4.16, N4.24, N4.25]

Anschlußkasten
→ Klemmenkasten

Anschlußkastenlage
→ Klemmenkastenlage

Anschlußstellen
Alle Stromübergangsstellen, die üblicherweise in einen Anschlußraum oder nach außen geführt sind.
Zweck: Anschluß an das Netz, an eine Stromquelle (z. B. Umrichter), an ein Hilfsgerät (z. B. Kondensator) oder zur Herstellung verschiedener Schaltungen (z. B. Polumschaltungen). Form: Schraubklemmen, Steckverbindungen, Lötstellen, herausgeführte Leitungsenden o. ä.
→ Verbindungsstellen, → Verdrehschutz

ANSI
***A**merican **N**ational **S**tandard **I**nstitution*
US-Normenausschuß (vergleichbar dem deutschen → DIN)

Anstrich {coating, paint system}
Beschichtung des Motors und seiner Einzelteile als → Korrosionsschutz und zur farblichen Abstimmung mit dem angetriebenen Aggregat.
Alle Metalle können unter dem Einfluß von Feuchtigkeit und Chemikalien mit unterschiedlicher Empfindlichkeit korrodieren. Reinaluminium und die meisten seiner Legierungen sind z. B. sehr empfindlich gegen Salzwasser. Grauguß andererseits wird durch seine glasharte Gußhaut gegen viele Chemikalien geschützt – nicht aber an den bearbeiteten Stellen wie Bohrungen und Zentrierrändern. Das A.system muß deshalb die Art des Werkstoffs, seine Bearbeitung, Temperaturen und Temperaturwechsel der Oberflächen, Art und Konzentration der korrosiven Medien, vor allem ihr mögliches Zusammenwirken mit Feuchtigkeit berücksichtigen. Wichtige Gesichtspunkte für Auswahl und Aufbau eines A.: **Tabelle A18**. Ausführungsbeispiele für A.: **Bild A19**.

Merkmal	Beurteilung
Untergrund	fett-, öl-, staub-, schmutzfrei; metallisch blank (ohne Zunder, Rost etc.)
Haftfestigkeit	Anstrich muß auf Untergrund oder vorhergehender Anstrichschicht gut haften
Verträglichkeit	alle Stoffe eines Anstrichs müssen miteinander chemisch verträglich sein
Schichtdicke	je dicker die Schicht, desto geringer die Wahrscheinlichkeit von Fehlstellen, aber desto höher die Empfindlichkeit gegen Abplatzen und desto höher die Kosten
Temperaturbeständigkeit	richtet sich nach der Temperatur der beschichteten Oberflächen und damit nach der Kühlart und der Übertemperatur der Maschine; typische Werte: – 40 °C bis 130 °C dauernd; – 60 °C bis 150 °C kurzzeitig

Tabelle A18 Merkmale für Beurteilung und Auswahl eines Anstrichsystems für drehende elektrische Maschinen

Merkmal	Beurteilung
Art der Anstrichstoffe	überwiegend Stoffe auf der Basis von Kunstharz, Epoxid- oder Polyurethanharz; teilweise mit Füllstoffen zur Passivierung des Untergrunds und der Erhöhung der Beständigkeit
chemische Beständigkeit	Feuchtigkeit, Säuren, Laugen, Fette, Öle, Lösungsmittel als Nebel oder Schicht, je nach Einsatzbedingungen, erfordern teilweise sehr unterschiedlichen Aufbau des Anstrichs. Sonderanstrich für den Fall radioaktiver Verseuchung muß abwaschfest sein und darf keine Füll- oder Farbstoffe enthalten, die durch die Bestrahlung selbst radioaktiv werden (dekontaminierbarer Anstrich).
sonstige Eigenschaften	abriebfest, elastisch, kratzunempfindlich, schlagfest, lichtbeständig, physiologisch unbedenklich

Tabelle A18 Merkmale für Beurteilung und Auswahl eines Anstrichsystems für drehende elektrische Maschinen (Fortsetzung)

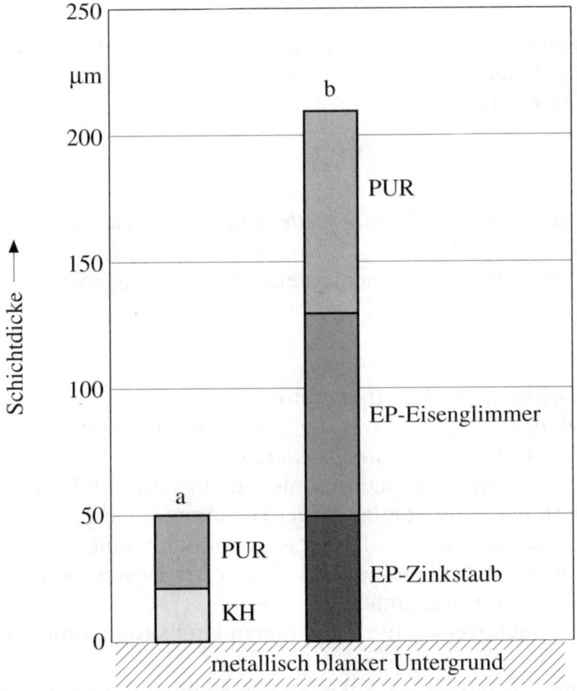

Bild A19 Ausführungsbeispiele von Anstrichen bei oberflächengekühlten Drehstrommotoren

a Anstrich für Innenraumaufstellung, Klimagruppe „gemäßigt", geringe chemische Belastung

b Anstrich für Off-shore-Aufstellung, Klimagruppe „global", aggressive Atmosphäre

PUR Lack auf der Basis von Polyurethanharz

KH Lack auf der Basis von Alkydharz

EP Lack auf der Basis von Epoxidharz

Der A. ist wichtiger Bestandteil des Korrosionsschutzes; jedoch Anforderungen nicht übertreiben (Kosten!).
Während Transport und Installation entstehen Schäden; sorgfältig nach Anweisung des Herstellers ausbessern!
Bei Verletzungen wird der A. von der Korrosion unterwandert und platzt ab. Pflege des A. ist deshalb Teil der → Instandhaltung.
→ ätz- und säurefeste Ausführung, → Korrosionsschutz
[N8.8 bis 8.15, N8.19, N8.20]

Antrieb {drive}
Einheit aus Elektromotor, seinen Stromversorgungs-, Steuer- und Schutzeinrichtungen und den Bauteilen zur Drehmomentübertragung, die eine Arbeitsmaschine mit mechanischer Energie speist.
→ Schnittstellen
Die → Qualitätssicherung beginnt bereits bei der A.-Planung: Es müssen alle → Betriebsbedingungen berücksichtigt werden.
[A1, A4, A6, A7, B18, B19, E9, N9.1, N9.2]

Antriebsseite (AS) {drive end (DE)}
Seite, auf der das Wellenende sitzt oder das dickere Wellenende (bei Maschinen mit zwei Wellenenden).
Der → Drehsinn (→ Bild D9) oder die → Klemmenkastenlage wird angegeben „gesehen auf AS“.

Anwurfmotor (auch: Anwurf-Hilfsmotor){starting motor}
Schleifringläufer-Motor, der doppelte Polzahl wie der anzulassende Hauptmotor hat und diesen bis zur halben Betriebsdrehzahl hochschleppt.
Der A. braucht nur für die verhältnismäßig kleine Beschleunigungsleistung bemessen werden und nur für die sehr kurze Einschaltdauer. Der Hauptmotor wird erst bei halber Betriebsdrehzahl eingeschaltet, hat deshalb einen wesentlich kleineren Anlaufstrom, doch genügend großes Anlaufdrehmoment. Wegen der Kosten ist dies eine Anlaßmethode vorzugsweise für große Einheiten.
Diese Definition des Begriffs A. nicht verwechseln mit einem Drehstrommotor bei → Zweiphasenlauf.
→ Anlassen von Schleifringläufer-Motoren, → Anlassen von Käfigläufermotoren
[A6]

Anzugsmoment M_1 (früher M_A); in Nm {starting torque T_S}
Kleinstes gemessenes Drehmoment, das der Motor bei festgebremstem Läufer bei Bemessungsspannung und Bemessungsfrequenz entwickelt.
Bei Drehstrom-Käfigläufermotoren mit Polzahlen 2 bis 8 für Spannungen bis 690 V, 50 Hz sind für Bemessungsleistungen bis 630 kW Mindestwerte für das A. bezogen auf das Bemessungsmoment festgelegt [N9.10, N9.11].
→ Anlauf, → Ausführung N, → Ausführung NY, → Drehmomentkennlinie, → Toleranzen

Anzugsstrom I_1 (früher I_A) in A {starting current I_S}
Gemessener Effektivwert des stationären Stroms, den der Motor bei festgebremstem Läufer bei Bemessungsspannung und Bemessungsfrequenz aufnimmt.
Bei Drehstrom-Käfigläufermotoren mit Polzahlen 2 bis 8 für Spannungen bis 690 V, 50 Hz sind für Bemessungsleistungen bis 630 kW Höchstwerte für die → Kurzschluß-Scheinleistung bezogen auf die Bemessungsleistung festgelegt [N9.10, N9.11]. Daraus ergeben sich zwangsläufig Höchstwerte für den Effektivwert des A., die auch bei evtl. Anwendung der → Toleranz auf einen gewährleisteten Wert nicht überschritten werden dürfen.
Bei explosionsgeschützten Käfigläufermotoren in → Zündschutzart Erhöhte Sicherheit „e" ergeben sich weitere Bedingungen für den A*).
→ Anlauf, → Ausführung N, → Ausführung NY, → Einschalten, → Motor für allgemeine Zwecke, → Zeit t_E
[A1, A2, A13, A14, A15, A17, N3.1, N3.4, N9.1]

Arbeit W in J {energy, mechanical energy}
Form der Energie
Entsteht die A. gleichmäßig in der Zeit:

$$W = P \cdot t,$$

mit:
W Arbeit in J,
P Leistung in W,
t Zeit in s.
Beim Drehstrommotor wird elektrische Energie aufgenommen und mit Hilfe des → Drehfelds in mechanische A. umgewandelt, die über das → Wellenende an die → Arbeitsmaschine übertragen wird.

---

*) In der Norm [N3.4] für Zündschutzart Erhöhte Sicherheit „e" wird der A. mit I_A bezeichnet und so in der Konformitätsbescheinigung und dem Prüfschild angegeben.

Arbeitskäfig
→ Käfigformen

Arbeitspunkt {operating point}
Gewollter und stabiler Schnittpunkt der → Drehmomentkennlinie des Motors mit der → Lastkennlinie.
Ein Antrieb, bestehend aus Motor und Arbeitsmaschine, behält eine bestimmte Drehzahl nur bei, solange Motormoment und Lastmoment gleich groß sind; diesen Betrieb heißt man *stationär.* Ob der betreffende Punkt dagegen *stabil* oder *instabil* ist, hängt von der Steigung beider Kennlinien in diesem Punkt ab.
Stabilitätskriterium: $dM_L/dn > dM/dn$. In Worten: Stabiler Betrieb, wenn das Lastmoment mit zunehmender Drehzahl größer wird als das Motormoment und mit abnehmender Drehzahl kleiner wird als das Motormoment. Diese Bedingung ist nicht erfüllt für Punkt 2 in **Bild A20**; hier ist kein stabiler Betrieb möglich (geringfügige Störungen des Momentgleichgewichts: Antrieb beschleunigt zu Punkt 1 oder bremst

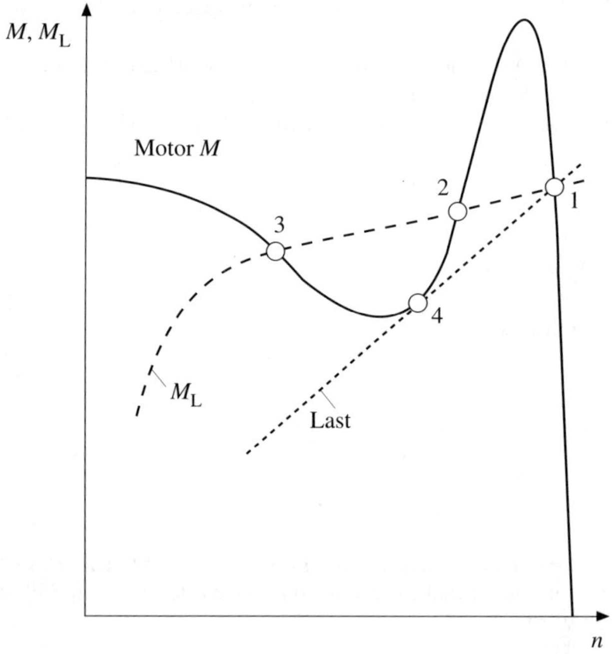

Bild A20 Motormoment und Lastmoment – Schnittpunkte (schematisch)
1 stabil, Arbeitspunkt
2 instabil
3 stabil, ungeeignet als Arbeitspunkt
4 indifferent, ungeeignet als Arbeitspunkt

zu Punkt 3). Den stabilen Punkt 3 wird man sowohl wegen des Motors (hoher Strom, hohe Verluste, Motor verbrennt) als auch wegen der Arbeitsmaschine (kleine Drehzahl, kleine Leistung) vermeiden. Wenn sich beide Kurven nur berühren (Punkt 4), ist das Momentengleichgewicht indifferent: Der Antrieb kann weiterbeschleunigen, er kann bei dieser Drehzahl auch hängenbleiben. Dieser Fall ist ebenso zu vermeiden. Nur Punkt 1 ist als Arbeitspunkt geeignet.
| Bei der Antriebsplanung auf einen stabilen Arbeitspunkt achten!
→ Anlauf
[A2, A3, A4, A6]

Arbeitsstrom-Prinzip {make-current function}
Eektromechanisches Gerät arbeitet bei fließendem Steuerstrom
Beispiel: Elektromagnetisch betätigte Bremse; diese bremst (arbeitet), wenn der Strom den Magneten erregt. Für → Bremsmotoren nicht geeignet, weil bei Stromausfall die Bremswirkung nicht vorhanden ist (Sicherheit!). Gegenteil des A.: → Ruhestromprinzip.

ART
allowable running-up time = → zulässige Anlaufzeit

AS
→ Antriebsseite

AS
Australian Standard
Australische Norm (vergleichbar → DIN und → VDE)

Asynchrongenerator {induction generator}
Generatorisch arbeitende → Asynchronmaschine.
Nimmt an der Welle mechanische Energie auf und gibt an den Klemmen elektrische Energie ab.
Voraussetzungen: 1. Antrieb an der Welle mit $n > n_S$; 2. Welle und Drehfeld drehen in dieselbe Richtung; 3. → Blindstrom wird von außerhalb der Maschine bezogen (Tabelle A22).
Letzteres setzt den Anschluß an einem bestehenden Drehstromnetz voraus. Im sogenannten *Inselbetrieb* (einzige Spannungsquelle im Netz ist ein A.) ist eine Kondensatorbatterie erforderlich. In diesem Fall sind bestimmte Eigenschaften des magnetischen Kreises erforderlich, damit der A. sich selbst bis zur Betriebsspannung

erregen kann und elektrisch stabil arbeitet (→ Selbsterregung von Asynchronmaschinen). Die Klemmenspannung ist sehr lastabhängig. Aus diesen Gründen wird der A. meistens nur zur Einspeisung in bereits bestehende Netze eingesetzt. Verwendung bei Windkraftwerken (→ Windgenerator) und kleinen Wasserkraftwerken.
Bei Bremsvorgängen kann die Asynchronmaschine vorübergehend ebenfalls als Generator arbeiten (Nutzbremsung), indem im Lauf eine Wicklungsumschaltung auf höhere Polzahl vorgenommen wird (→ Polumschaltung) oder über → Frequenzumrichter eine Synchrondrehzahl eingestellt wird, die kleiner als die Drehzahl der Welle ist. [A2, A5]

Asynchronmaschine (Induktionsmaschine) {(asynchronous) induction machine}
Drehende elektrische Maschine mit induktiver Übertragung der Energie vom → Ständer auf den → Läufer. Die Erregung erfolgt mit Wechselstrom über ruhende → Ständerwicklungen. Das vom Ständer erzeugte → Drehfeld und der Läufer laufen asynchron, d. h. mit unterschiedlicher Drehzahl.
Der → Schlupf zwischen beiden bestimmt ganz wesentlich das Betriebsverhalten.
| Die A. kann vielseitig, nicht nur als Motor, eingesetzt werden (**Bild A21**, **Tabelle A22**).

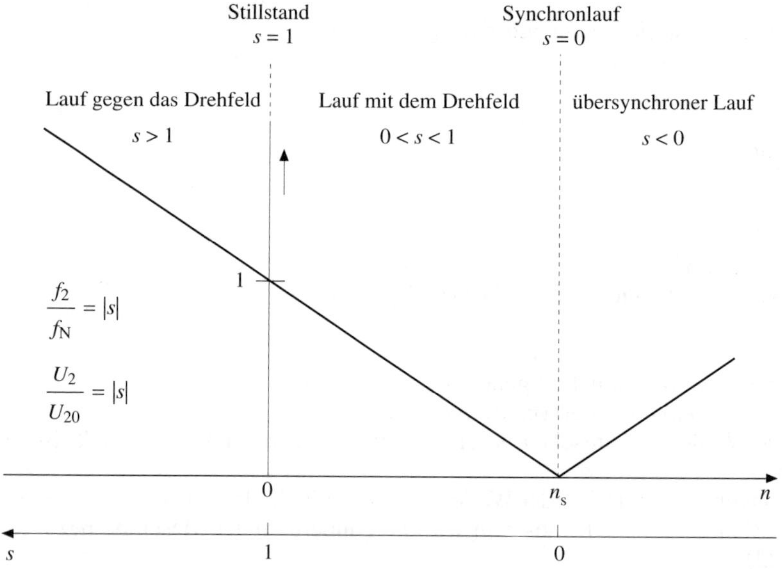

Bild A21 Frequenz f_2 und induzierte Spannung U_2 im Läuferkreis abhängig von der Drehzahl n bzw. vom Schlupf s
n_S Synchrondrehzahl
U_{20} Stillstandsspannung im Läuferkreis

	Gegenlauf (Gegenstrombetrieb)		Stillstand	asynchroner Lauf	Synchronlauf	übersynchroner Lauf	
Läufer …	… dreht gegen das Drehfeld		… ruht	… dreht mit dem Drehfeld, aber langsamer	… dreht gleichschnell mit Drehfeld	… dreht schneller als Drehfeld	
Drehzahl n	$n < 0$ (negativ)		$n = 0$	$0 \le n < n_S$	$n = n_S$	$n > n_S$	
Schlupf s	$s > 1$		$s = 1$	$1 > s > 0$	$s = 0$	$s < 0$ (negativ)	
Frequenz im Läuferkreis f_2	$f_2 > f_N$		$f_2 = f_N$	$f_N > f_2 > 0$	$f_2 = 0$	$f_2 > 0$	
induzierte Spannung im Läuferkreis U_2	$U_2 > U_{20}$		$U_2 = U_{20}$	$U_{20} > U_2 > 0$	$U_2 = 0$	$U_2 > 0$	
Anwendung	Frequenzumformer	Bremse (Gegenstrombremsung)	Drehregler (Regeltransformator)	Motor	Phasenschieber	Asynchrongenerator	Bremse (Nutzbremsung)
Voraussetzung des Systems	Schleifring-Läufer von außen angetrieben	Vertauschen zweier Anschlußleitungen im Ständer während des Laufs	gewickelter Läufer durch selbsthemmendes Getriebe am Laufen gehindert, kann jedoch gegen den Ständer um einen begrenzten Winkelbereich verdreht werden	Läuferkreis geschlossen	Läufer von außen angetrieben		im Lauf Umschalten auf höhere Polzahl oder kleinere Speisefrequenz
	zum Aufbau des Magnetfelds ist immer Blindstrombezug erforderlich						

Tabelle A22 Anwendungsmöglichkeiten der Asynchronmaschine – Eigenschaften und Voraussetzungen
f_N Frequenz des speisenden Netzes
U_{20} Stillstandspannung im Läuferkreis
n_S Synchrondrehzahl

Theorie, elektromagnetische Berechnung, Ermittlung der Betriebseigenschaften: [B1 bis B14, B18, B19]; Instationäre Vorgänge: [B15 bis B17]; Konstruktion, Herstellung: [B20]; Prüfung: [A15, A16]; Anwendung, Betrieb, Planung: [A1 bis A9].

Asynchronmotor (Induktionsmotor) {(asynchronous) induction motor}
Häufigste Anwendung der → Asynchronmaschine.
→ Betriebsverhalten des A. hängt entscheidend von der Art des → Läufers ab.
[A2, A3, A4, A5, A6]

Atmung {respiration}

Bei der Erwärmung geschlossener Maschinen dehnt sich die Innenluft aus; bei Abkühlung zieht sie sich zusammen – die Maschine atmet durch die konstruktiv vorhandenen Spalte. Die Volumenvergrößerung hängt ab von der Temperaturdifferenz gegenüber der umgebenden Luft und – geringfügig – auch von der Umgebungstemperatur selbst. Wird die Innenluft an der Ausdehnung gehindert (z. B. bei → staubdichten oder → gasdichten Motoren), so erhöht sich entsprechend der Druck der Innenluft. Bei Ausnutzung der → Grenzwerte für die Übertemperatur der Wicklung ergeben sich je nach Wärmeklasse Erhöhungen zwischen rund 20 % und 50 % (**Bild A23**)! Diese Druckdifferenzen lassen sich vor allem an den Spalten zwischen drehenden und stehenden Teilen (→ Lagerabdichtung) nur mit erheblichem Aufwand (z. B. durch Gleitringdichtungen mit Ölschmierung) dauerhaft abdichten. Dies ist der Hauptgrund, warum nach Norm [N9.6] der Schutzgrad IP6X (staub**dicht**) für drehende elektrische Maschinen nicht vorgesehen ist und man sich mit dem Schutzgrad IP5X (staub**geschützt**) begnügt. Beim „Einatmen" (Abkühlung) können in und vor den Spalten sitzende Staubkörner und Flüssigkeitstropfen eingesaugt werden, die den Innenraum (Lager, Anschlußteile) möglicherweise verschmutzen und Schäden verursachen. Der Nutzen von → Kondenswasser-Abflußlöchern besteht deshalb auch darin, daß die Atmung **nicht** über die Lager und den Klemmenkasten erfolgt (sofern die Abflußlöcher immer frei gehalten werden, was in den meisten Fällen bezweifelt werden muß).

→ Feuchtigkeit, → Kondenswasser, → Schutzart IP

[E38]

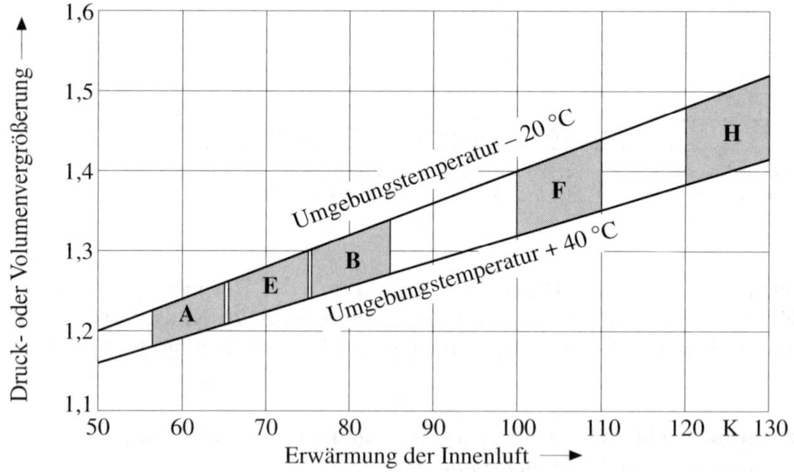

Bild A23 Druck- oder Volumenvergrößerung (ungefähr) der Innenluft von geschlossenen Maschinen. Schraffur: Bereich der maximalen Erhöhung für die Wärmeklassen A bis H

Aufstellung im Freien
→ *Außenraum-Aufstellung*

Aufstellungshöhe H_S in m über Normalnull (NN) {site altitude}
Normalbedingung: Der Aufstellungsort liegt nicht über 1000 m über NN. Mit zunehmender Aufstellungshöhe wird die Luft dünner, die Wärmeabfuhr bei luftgekühlten Maschinen wird schlechter. Allerdings nimmt mit zunehmender Höhe auch die Lufttemperatur ab. Folgerichtig geht [N9.1] davon aus, daß die sich durch die Höhe ergebende verminderte Kühlung durch eine Abnahme der maximalen Umgebungstemperatur unter 40 °C (**Bild A24**) ausgeglichen wird und die → Grenzwerte der Temperatur der betreffenden → Wärmeklasse nicht überschritten werden. Das bedeutet, daß die Bemessungsleistung einer bestimmten Maschine in Höhen über 1000 m nicht reduziert werden muß. Soll eine Maschine höher als in 4000 m über NN aufgestellt werden, müssen die Grenzwerte der Übertemperatur zwischen Hersteller und Käufer vereinbart werden.
→ Kühlmitteltemperatur
[A1, N9.1]

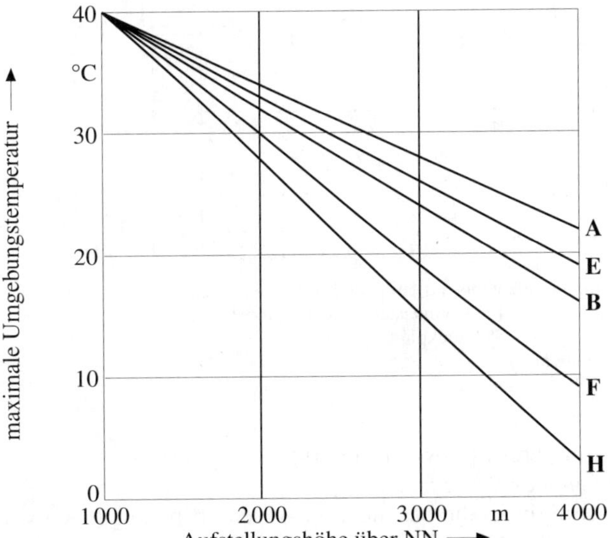

Bild A24 Maximale Umgebungstemperatur in Aufstellungshöhen über 1000 m bis 4000 m, abhängig von der Wärmeklasse

Aufziehen von Übertragungselementen {fitting transmission components}
Muß schlagfrei erfolgen, um Lagerschäden zu vermeiden. Vorgehen bei zylindrischem Wellenende: Wellenende und Bohrung des Übertragungsteils mit Lösungsmittel (nicht Schmirgelleinen!) von evtl. Korrosionsschutzmitteln und Schmutz säubern. Bei Preßpassungen Übertragungsteil anwärmen. Wellenende und Bohrung mit Gleitmittel dünn und gleichmäßig einstreichen. Gewindestange oder -spindel in die Zentrierbohrung mit Gewinde des Wellenendes einschrauben. Übertragungsteil mittels Gewindestange, Druckplatte, Scheibe und Mutter aufbringen (**Bild A25**).
| Bedienungsanleitung des Herstellers streng beachten!
→ Wellenende

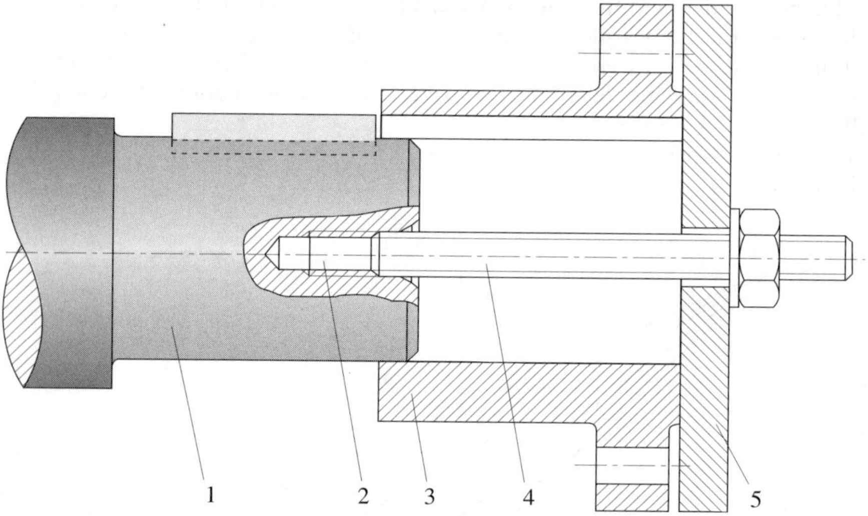

Bild A25 Aufziehen eines Übertragungselements auf ein zylindrisches Wellenende
1 Wellenende
2 Zentrierbohrung mit Gewinde
3 aufzuziehendes Übertragungselement
4 Gewindestange oder -spindel
5 Druckplatte

Aufzugmotoren (auch: Liftmotoren) {elevator motors}
Drehstrommotoren mit Käfigläufer für Aufzuganlagen.
A. sind elektrisch und konstruktiv an die besonderen → Betriebsbedingungen von Treibscheibenaufzügen angepaßt. Die → Bemessung erfolgt meist für → Betriebsart S5 40 % ED (periodischer Aussetzbetrieb mit elektrischer Bremsung) mit unterschiedlicher → Schalthäufigkeit (90, 120, 180 oder 240 Schaltungen/Stunde), wobei in erster Linie das Bemessungsdrehmoment zugrunde gelegt wird. Die Leistungsangabe ist als → Nennwert zu betrachten; sie wird aus dem Bemessungsmoment und

Bild A26 Käfigläufer für Aufzugmotoren größerer Leistung. Hochstäbe aus Kupfer; Kurzschlußringe aus spezieller Widerstandslegierung. Die besondere Stab-Ring-Anordnung dient als wärmeabgebende Oberfläche für den Läufer und zugleich als Lüfter für die Maschine. Innere Kurzschlußringe dienen als Sicherung gegen radiale Stabschwingungen.

92 % der → Synchrondrehzahl ermittelt. Die Läufer sind mit speziellen Käfigen für hohen Widerstand versehen (**Bild A26**), um eine von der Dynamik der Aufzuganlage geforderte → Momentkennlinie ohne ausgeprägtes → Kippmoment (**Bild A27**)

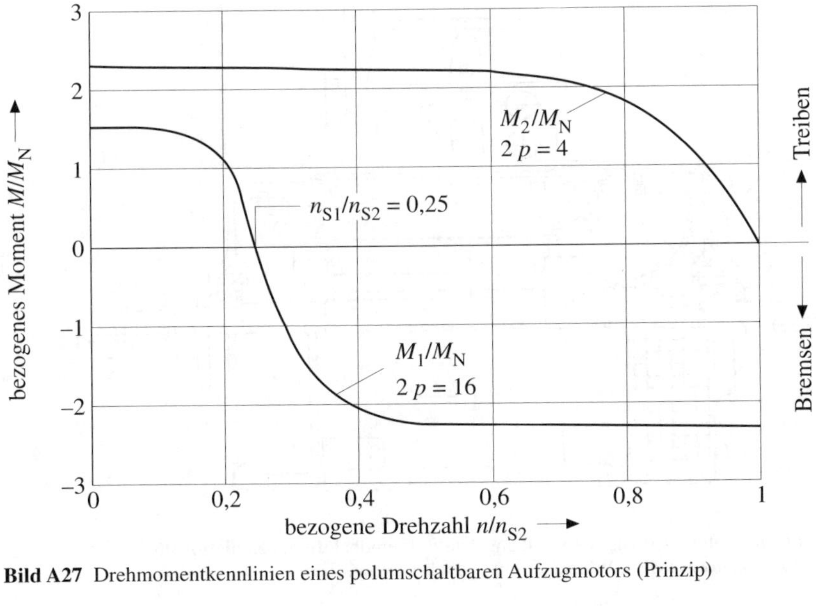

Bild A27 Drehmomentkennlinien eines polumschaltbaren Aufzugmotors (Prinzip)

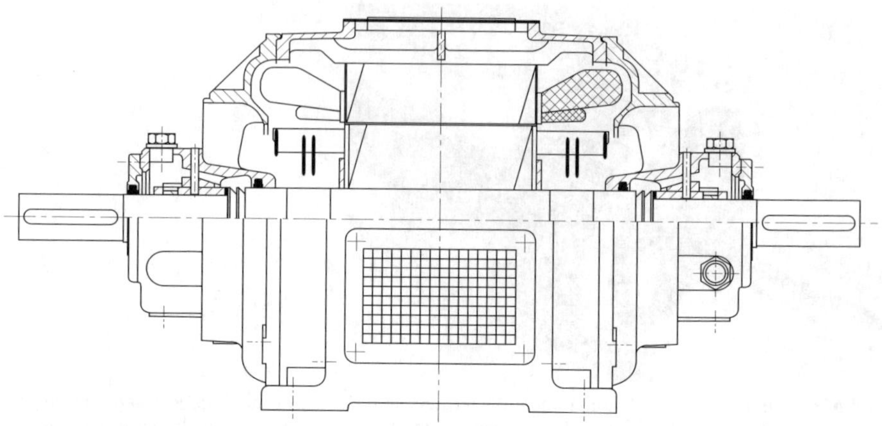

Bild A28 Innengekühlter Aufzugmotor mit Eigenbelüftung über besondere Stab-Ring-Verbindung des Käfigläufers. Kühlart IC01 (IC0A1), Schutzart IP10, Bauform IMB3, Gleitlager mit Öl-Ringschmierung.

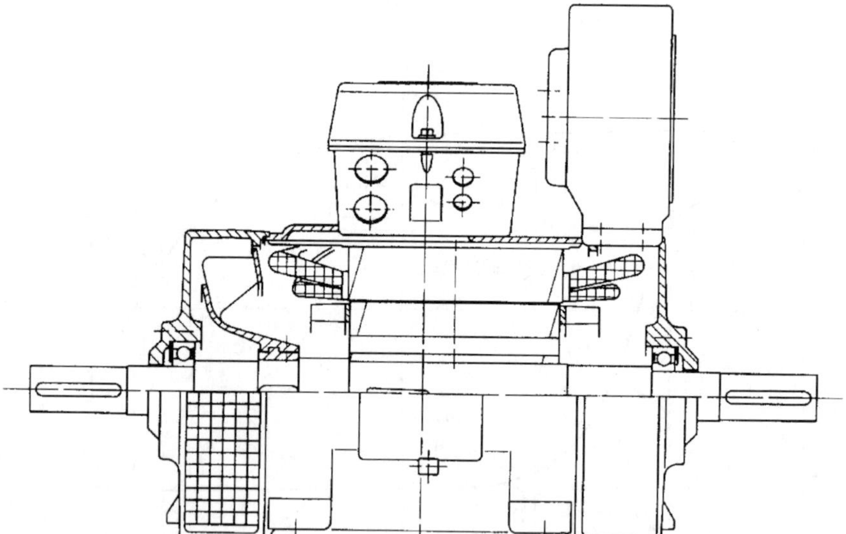

Bild A29 Innengekühlter Aufzugmotor mit angebauter Fremdbelüftung. Kühlart IC06 (IC0A6), Schutzart IP21, Bauform IMB3, Wälzlager mit Fettschmierung.

zu erzielen. Durch die häufigen Anläufe und Bremsungen mit großen Massen entsteht vor allem im Läufer viel Wärme; zur besseren Wärmeabfuhr sind deshalb die A. meistens durchzugsbelüftet mit → Innenkühlung (Kühlart IC01, **Bild A28**) oder mit aufgesetzter → Fremdbelüftung (Kühlart IC06, **Bild A29**). Gelegentlich werden A. auch oberflächengekühlt mit Eigenkühlung (Kühlart IC411) oder mit Fremdbelüftung (Kühlart IC416) ausgeführt. Kleine Geräusche lassen sich erzielen mit Typvergrößerung bei gleichem Drehmoment, Eigenkühlung und Gleitlagern (Bild A28). Für Aufzuganlagen in explosionsgefährdeten Bereichen sind A. in → Zündschutzart Druckfeste Kapselung „d" erforderlich.
Konventioneller Antrieb ist der netzgespeiste polumschaltbare A. mit zwei getrennten Wicklungen (gebräuchliche Polzahlen: 4/16 und 6/24). Anfahren und stationärer Betrieb geschieht mit der niederpoligen Wicklung, Schleichfahrt zum Einfahren in die Haltestelle und generatorisches Abbremsen mit der hochpoligen. Um die Beschleunigungswerte und den Ruck beim Anfahren zu begrenzen, ist meistens eine zusätzliche Schwungmasse (dient als Handrad für Notbetrieb) erforderlich.
→ Anlaufwärme, → Aufzugmotoren mit Regelung, → Übertemperaturen beim Anlauf, → Unterölmotoren
[E28, E30, E33]

Aufzugmotoren mit Regelung {controlled elevator motors}
Ein zweifach polumschaltbarer A. läßt sich auch als geregelter Antrieb verwenden. Dazu wird die niederpolige Wicklung über einen Drehstromsteller und die hochpolige Wicklung über einen steuerbaren Gleichrichter gespeist (**Bild A30**). Damit kann

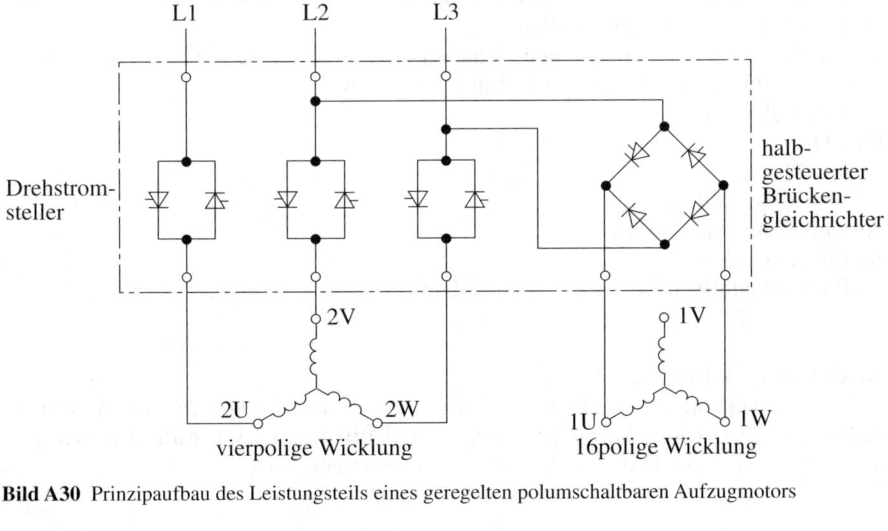

Bild A30 Prinzipaufbau des Leistungsteils eines geregelten polumschaltbaren Aufzugmotors

man über die an den Wicklungen liegenden Spannungen die Drehmomente in beiden Richtungen (Treiben und Bremsen) verstellen. Ein überlagerter Drehzahlregler gibt das Drehmoment vor; er ermittelt die jeweils erforderliche Höhe durch einen Soll-Ist-Vergleich. Als Drehzahl-Ist-Wert dient das Ausgangssignal eines → Tachogenerators oder → Drehimpulsgebers. Durch eine entsprechende Soll-Fahrkurve mit einstellbaren Beschleunigungswerten wird ein komfortables Fahrverhalten mit weichen Übergängen, Ruckfreiheit und erhöhter Einfahrgenauigkeit erzielt. Auf zusätzliche Schwungmassen kann verzichtet werden; dies führt zu Energieeinsparungen des gesamten Antriebs von 25 % bis 40 %. Ferner sind in der niederpoligen Wicklung wesentlich kleinere Drehmomente erforderlich; dadurch verringert sich der Anzugsstrom um 20 % bis 30 %.
→ Aufzugmotoren
[E28 bis E33]

Augenblickswert (auch: Momentanwert) {instantaneous value}
Wert einer → Wechselgröße im betrachteten Zeitpunkt
[N6.9, N6.10]

Ausfall {failure}
Verlust der Nutzungsfähigkeit eines Geräts oder Systems.
A. entstehen durch → Schäden. Die Folgekosten durch Verluste der mit dem Antrieb versorgten Produktion übersteigen oft die Instandsetzungskosten am Antrieb selbst. Betriebswichtige Antriebe werden deshalb oft mit Überwachung (→ Schutz und Überwachung) versehen, um durch rechtzeitige Instandsetzung *vor* dem A. die Nutzungsfähigkeit wiederherzustellen.
A. durch sprunghaft entstehende Schäden (z. B. plötzliches Werkstoffversagen) können durch keine Maßnahme verhindert werden.
→ Instandhaltung
[N8.1]

Ausfall eines Netzleiters
→ *Phasenausfall*
→ Phasenausfallschutz, → Zweiphasenlauf

Ausführung N {design N}
„Grundausführung N" [N9.10]; enthält genormte Grenzwerte für das Anlaufverhalten von Drehstrom-Käfigläufermotoren **bei direktem Einschalten** *gegen quadratisch mit der Drehzahl wachsendes Gegenmoment.*

Geltungsbereich: Motoren für → Betriebsart S1 (Dauerbetrieb); beliebige → IP-Schutzart, Polzahlen 2 bis 8 (ohne Polumschaltung); Spannungen ≤ 690 V bei 50 Hz; 0,4 kW bis 630 kW; auch für → Zündschutzart Erhöhte Sicherheit „e" [N9.11].
Es werden festgelegt: Mindestwerte für → Anzugs-, → Sattel- und → Kippmoment; Maximalwerte für die → Kurzschluß-Scheinleistung (dadurch indirekt Höchstwerte für den → Anzugstrom); zulässiges → Fremdträgheitsmoment bei vorgegebener Anlaufhäufigkeit; → Spannungs-Oberschwingungsfaktor *HVF* ≤ 0,03.
Diese Normung erleichtert die Antriebsplanung für Kreiselpumpen und Lüfter bei direktem Einschalten

Ausführung NY {design NY}
„Abgeleitete Ausführung NY" [9.10]; enthält genormte Grenzwerte für das Anlaufverhalten von Drehstrom-Käfigläufermotoren **bei Stern-Dreieck-Einschaltung** *gegen quadratisch mit der Drehzahl wachsendes Gegenmoment.*
Gleicher Geltungsbereich und gleiche Grenzwerte wie für → Ausführung N, ergänzt um Mindestwerte für Anzugs- und Sattelmoment.
Diese Normung erleichtert die Antriebsplanung für Kreiselpumpen und Lüfter bei Stern-Dreieck-Einschaltung. Gegebenenfalls muß das Gegenmoment reduziert werden, wenn die Anlaufmomente in der Sternschaltung für einwandfreien Hochlauf nicht ausreichen.

Ausgleichsvorgänge (auch: transiente Vorgänge, Einschwingvorgänge) {transient reactions}
Treten auf in elektrischen Kreisen bei Schalthandlungen oder schnellen Zustandsänderungen, auch mechanischer Größen des Antriebs. Typische A. : → Stoßmoment und Stoßstrom, → Wiedereinschalten bei Restspannung, alle Umschaltungen. Die elektrischen A. durch transiente Ströme und transiente Spannungen haben meist auch transiente Drehmomente zur Folge (Beispiel: → Drehschwingungen, → dynamische Momentkennlinie) oder umgekehrt.
Die elektrischen und mechanischen Komponenten drehender Maschinen können durch A. zusätzlich belastet werden. Der Hersteller muß dies bei der Bemessung seiner Produkte berücksichtigen, oder er muß Grenzbedingungen für die A. angeben.
[B15, B16, B17, B18]

Auslauf {run down}
Drehzahlverlauf nach dem Abschalten des Motors mit oder ohne Arbeitsmaschine
Die in den Drehmassen steckende kinetische Energie wird durch die Reibung in Wärme umgewandelt. Dabei verringert sich die Drehzahl bis zum Stillstand.
→ Auslaufversuch

Auslaufversuch {run-down test}
Beim A. wird der zeitliche Drehzahlverlauf nach dem Abschalten aufgenommen. Aus der Steigung der Auslaufkurve kann das → Trägheitsmoment der elektrischen Maschine oder des gesamten Antriebs ermittelt werden. Dazu müssen allerdings die Reibungsverluste bekannt sein.
→ Leerlaufversuch
[A6, A16]

Auslösegerät {tripping control}
Steuergerät, das kritische Widerstandsänderungen von angeschlossenen → Temperaturfühlern in eine Schaltfunktion umsetzt.
Über das A. kann bei Überschreiten kritischer Temperaturen Alarm gegeben oder der Motor ausgeschaltet werden.
→ thermischer Maschinenschutz
[A2, N4.26, N4.27]

Auslösekennlinie {tripping characteristic}
Abhängigkeit der Auslösezeit vom Ansprechstrom (oder vom Verhältnis Ansprechstrom/Einstellstrom).
Die A. ermöglicht eine Beurteilung, ob das Schutzelement (z. B. Bimetall) den Motor bei allen möglichen Störfällen (Überlast, Blockieren, Zweiphasenlauf) ausreichend schützt. Für die Auslösezeiten bei bestimmten Überströmen und bestimmten Temperaturen bestehen international genormte Grenzwerte [N4.26], nach denen die Bemessung der Auslöseelemente erfolgen muß. Beispiel der A. eines Bimetallauslösers für einen → Motorschutzschalter : **Bild A31.**
→ Schutz und Überwachung
[A2, A5, A17, A21]

Auslösezeit {tripping time}
→ *Auslösekennlinie*

Außenläufermotor {external-rotor motor}
Motor für Dreh- oder Einphasenwechselstrom, dessen Käfigläufer um den innensitzenden Ständer dreht.
Leistungsbereich des A.: < 1 kW. Häufig: Verwendung in kompakten Gebläsen. Diese werden auch bei kleineren Industriemotoren als → Fremdbelüftung eingesetzt.

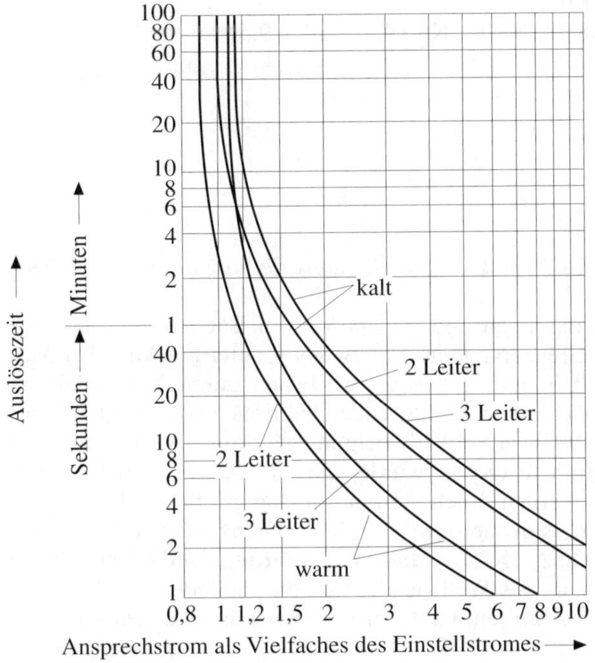

Bild A31 Auslösekennlinie eines Bimetallschalters für einen Einstellbereich von 16 A bis 25 A

Außenleiter
→ Drehstromnetz

Außenlüfter {external fan}
Außerhalb des Maschinengehäuses auf der Welle sitzender Lüfter.
→ Kühlart IC, → Oberflächenkühlung, → Bild A0

Außenraum-Aufstellung {outdoor-installation}
Bei → Motoren für allgemeine Zwecke in A.-A. sind mehrere klimatische Beanspruchungen genormt [N9.2], die der Hersteller der Maschinenbemessung zugrunde legt (→ Feuchtigkeit, Tabelle F5). Diese Merkmalswerte allein sind für die konstruktive Bemessung der Maschinen nicht ausreichend.
Die darüber hinaus sich bei A.-A. ergebenden Bedingungen sollten einzeln quantifiziert werden durch Wasser- und Fremdkörperschutz, Klimaart und evtl. weitere relevante Merkmalswerte (z. B. für Art und Konzentration von Chemikalien)

→ Feuchtigkeit, → Schutzart IP
[A1, E38, N8.8 bis N8.12, N8.14, N8.15, N8.19, N8.20, N9.5]

Aussetzbetrieb
→ Betriebsart S3 bis S5

Auswuchten {balancing}
Vorgang zur Überprüfung oder Korrektur der Massenverteilung an einem drehenden Teil
Ziel: Umlauffrequente Schwingungen und Lagerkräfte im Bereich der Betriebsdrehzahl(en) in festgelegten Grenzen halten. Das A. von Läufern elektrischer Maschinen geschieht dynamisch in mindestens zwei Ebenen durch Materialabtrag (Bohrungen; vorzugsweise bei kleinen Läufern) oder Anbringen von Ausgleichsgewichten (**Bild A32**). Bis 1.6.1993 war Vollkeilwuchtung genormt. Maschinen, deren Ausführung vor diesem Datum festgelegt wurde, dürfen noch bis 1.6.1998 mit Vollkeilwuchtung ausgeführt werden. Nach diesem Stichtag gilt für Drehstrommaschinen (Achshöhe ≥ 56; Bemessungsleistung ≤ 50 MW; Drehzahlen 600 min^{-1} bis 3600 min^{-1}) gemäß DIN ISO 8821 [N2.18] **Halbkeilwuchtung**. Ist die Nabenlänge des Übertragungsteils kürzer als das Wellenende, ragt die Paßfeder aus der Nabe heraus und führt zu Unwucht. Abhilfen: Paßfeder mittlerer Länge, abgesetzte Paßfeder, Ausgleichsbüchse.
Die Wuchtmethode von Läufer und Übertragungselementen muß übereinstimmen, sonst unruhiger Lauf, im Extremfall Lagerschäden! Dies betrifft vor allem schnelllaufende und kleine Maschinen.

Bild A32 Läufer eines schnell laufenden Käfigläufermotors mit Wuchtscheiben und Ausgleichsgewichten

Ab 1.6.1998: Umstellung auf Halbkeilwuchtung (sofern zwischen Käufer und Hersteller nichts anderes vereinbart) und Kennzeichnungspflicht „F" für Vollkeil-{full key}wuchtung, „H" für Halbkeil-{half key}wuchtung (z. B. in Wellenstirn oder Leistungsschild).
Maschinen mit Halbkeilwuchtung, die mit eingesetzter Paßfeder, aber ohne aufgesetztes Übertragungsteil laufen, haben starke Unwucht!
In schwingungstechnisch kritischen Fällen ist eine Komplettwuchtung des Läufers mit aufgesetzten Übertragungsteilen beim Hersteller empfehlenswert.
→ Schwingstärke, → Wuchtgüte
[A11, N2.17 bis N2.20]

Axiallast {(axial) thrust}
Kraft in Längsrichtung der Welle.
Bei Getrieben mit schräg verzahnten Ritzeln, Pumpen, Axialventilatoren, allen Antrieben mit senkrechter Welle u. ä. tritt A. auf, die im Festlager aufgenommen werden muß. Dies ist eine zusätzliche Belastung und verkürzt die → Lagerlebensdauer.

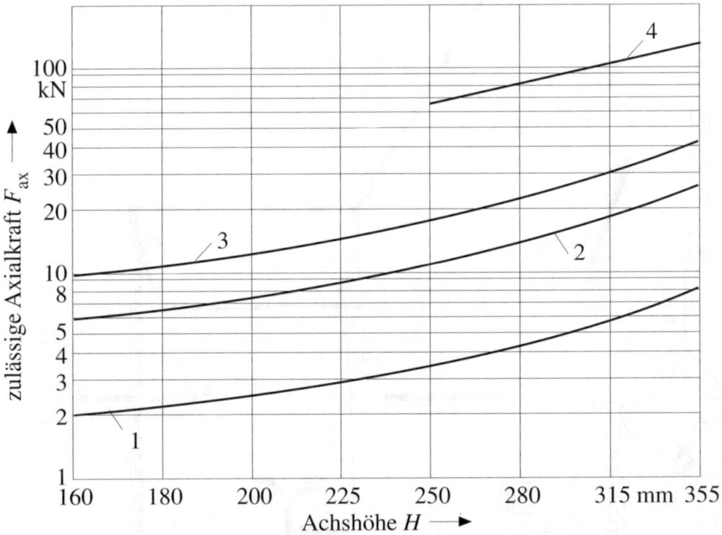

Bild A33 Richtwerte von zulässigen Axialkräften (Lastrichtung: nach unten) einer Reihe von oberflächengekühlten Drehstrom-Normmotoren mit Käfigläufer für 1500 min^{-1} bei senkrechter Welle
1 serienmäßige Lagerung mit Rillenkugellagern der Reihe 62 oder 63, Fettschmierung
2 zweireihige Schrägkugellager der Reihe 33, Fettschmierung
3 gepaarte Schrägkugellager der Reihe 73, Fettschmierung
4 Axialpendelrollenlager der Reihe 292, Ölschmierung

Bei besonders hoher A. sind Sonderkonstruktionen für die Lagerung unumgänglich. Sie beginnen bei kleinen Maschinen mit einfachen fettgeschmierten Schrägkugellagern und enden bei großen Maschinen mit umlaufgeschmierten Axialgleitlagern. Zulässige A. bei Drehstromnormmotoren mit verschiedenen Lagerausführungen: **Bild A33**.

Technisch richtige und kostenmäßig vernünftige Bemessung der Lagerung für hohe A. bedarf sorgfältiger Abstimmung zwischen Käufer und Hersteller.

→ Hohlwellenmotoren, → Lager, → Lagertemperatur, → Schmierung

[A12, E12, E14]

Axiallüfter {axial-flow fan}

Lüfter mit schraubenförmig gebogenen Flügeln, der die Luft axial ansaugt und ausbläst.

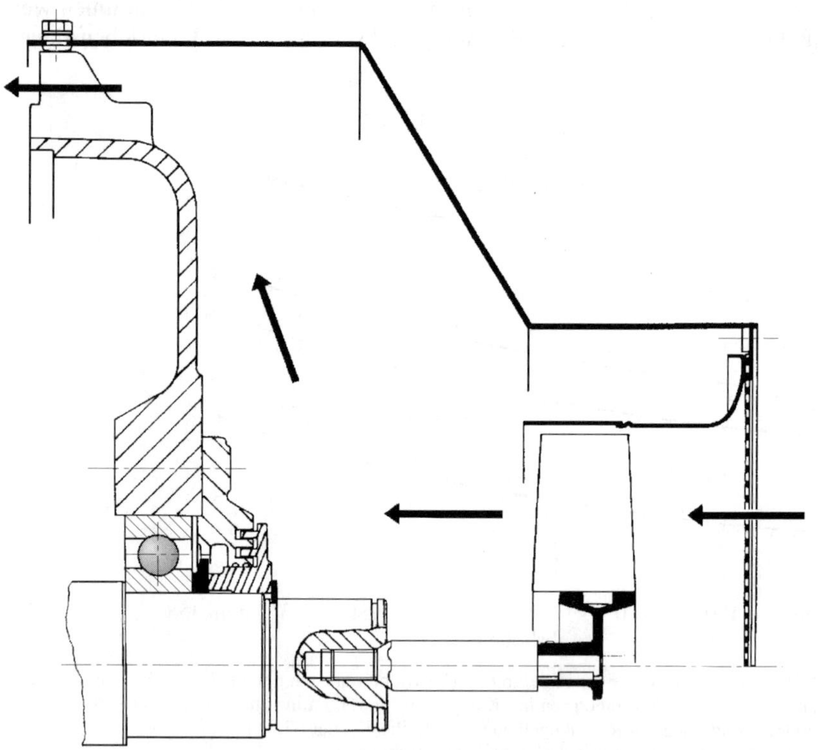

Bild A34 Axiallüfter zur geräuscharmen Belüftung eines oberflächengekühlten zweipoligen Drehstromkäfigläufermotors (nur für eine Drehrichtung geeignet; für die andere Drehrichtung: Lüfterwechsel)

A. werden bei sehr großen Maschinen oder kleineren schnellaufenden (zweipoligen) Maschinen eingesetzt, weil sie die erforderliche Kühlluftströmung mit kleinerem Leistungsbedarf (der → Wirkungsgrad der Maschine steigt) und kleinerem → aerodynamischen Geräusch zustande bringen. Bei besonders langsam laufenden und besonders kleinen Maschinen sind → Radiallüfter überlegen.
Verwendung eines A. zur geräuscharmen Belüftung eines oberflächengekühlten zweipoligen Drehstromkäfigläufermotors: **Bild A34**. Verwendung von A. zur verlustarmen Belüftung eines innen- oder kreislaufgekühlten Motors: Bild K34.
Wegen der für die Beruhigung der Strömung vor und nach dem A. erforderlichen Strecken sind bei oberflächengekühlten Maschinen längere Wellenenden und längere Lüfterhauben erforderlich. Die Baulänge der Maschinen wächst.
A. sind empfindlich gegen Hindernisse in der Zu- und Abströmung. Beim Anbringen von Kupplungen, Riemenscheiben o. ä. auf dem lüfterseitigen Wellenende vor dem Lüfter oberflächengekühlter Maschinen sind die vom Hersteller angegebenen Mindestabstände einzuhalten.
A. sind nur für eine Drehrichtung geeignet. Maschinen mit Drehrichtungswechsel dürfen nicht mit einem A. ausgestattet werden. Für die andere Drehrichtung muß der Lüfter ausgetauscht werden.
A. sind ungeeignet für die → Belüftung von drehzahlgesteuerten Maschinen (z. B. bei Umrichterspeisung), weil unter einer bestimmten Umfangsgeschwindigkeit sich die erforderliche Kühlluftströmung nicht mehr zuverlässig ausbilden kann.
→ Kühlung, → Kühlart, → Einzeltöne, → Geräusch

B

Bauartprüfung
→ *Qualitätsprüfung zur Feststellung, ob festgelegte Qualitätsmerkmale von einem materiellen Endprodukt (z. B. Motor) in Entwurf und Ausführung den vorgegebenen Werten entsprechen.*
Die B. umfaßt demnach sowohl eine → Entwurfsprüfung (bei Motoren z. B. Prüfung der Konstruktionszeichnungen von Belüftung, Anschluß u. a.) als auch eine → Musterprüfung (bei Motoren z. B. → Erwärmungsprüfung u. a.). Wichtig und verbindlich vorgeschrieben ist die B. vor allem für → explosionsgeschützte Maschinen. Damit wird der Nachweis erbracht, daß das Produkt in der vom Hersteller vorgesehenen Ausführung alle relevanten Normen, Vorschriften und Richtlinien erfüllt. Das positive Ergebnis der B. wird in einer → Konformitätsbescheinigung dokumentiert.
→ Explosionsschutz, → Zündschutzarten
[A2, A13, A14, A21, E8, N8.16, N11.8]

Bauform und Aufstellung IM {types of construction and mounting arrangements (kurz: mounting)}
B. u. A. werden mit einem international genormten IM-Code (IM = International Mounting) gekennzeichnet. Dieser Code berücksichtigt: Lage der Motorwelle, Art der Lagerschilde, Befestigung der Maschine, Aufstellungsart, Ausführung des Wellenendes.
Folgende Merkmale werden im IM-Code nicht erfaßt und müssen vereinbart werden: Klemmenkastenlage, Art des Lagers, Form des Wellenendes, Lage von Belüftungsöffnungen, Art der Drehmomentübertragung u. a. m.
Code I: geeignet nur für Maschinen mit Lagerschilden und einem Wellenende; alpha-numerische Bezeichnung, ähnlich der früheren deutschen Norm DIN 42950. Bezeichnungsbeispiel: *IM B3*.
Code II: geeignet für alle Maschinen; rein numerisch aufgebaut. Bezeichnungsbeispiel: *IM 1001*.
Einige der wichtigsten B. u. A. siehe **Tabelle B1**.
B. u. A. sind wesentlicher Bestandteil der bestimmungsgemäßen Verwendung und dürfen nachträglich nur nach Abstimmung mit dem Hersteller verändert werden. Dabei sind möglicherweise viele Details zu beachten, wie → Lagerbelastung, → Schmierung, → Kondenswasser-Ablauflöcher, Fremdkörper- und Wasserschutz u. a.
→ Axiallast, → Kondenswasser, → Lagerabdichtung, → Lagerluft, → Schmierung, → Schutzart IP
[N9.7, A2, A21]

Code I (Code II)	Skizze	Bauform		Aufstellung
IM B3 (IM 1001)	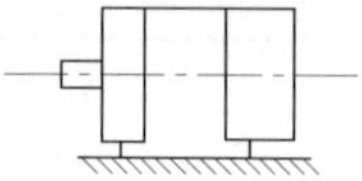	mit Füßen		Fußanbau, Füße unten
IM B5 (IM 3001)	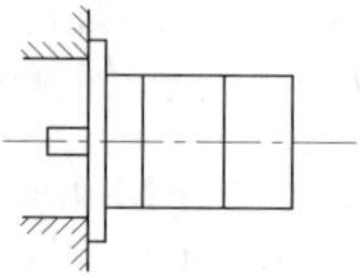	mit Flansch	Flanschlagerschild auf AS, mit Zugang von Gehäuseseite	Flanschanbau auf Antriebsseite
IM B6 (IM 1051)	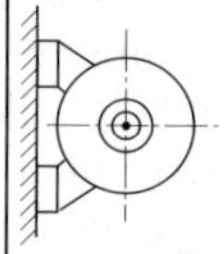	mit Füßen		Fußanbau, Füße links von AS
IM B7 (IM 1061)	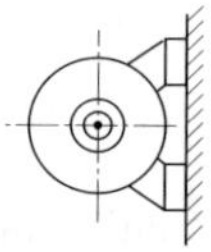	mit Füßen		Fußanbau, Füße rechts von AS
IM B8 (IM 1078)	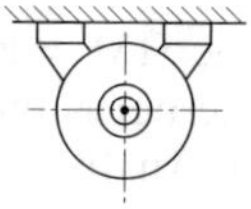	mit Füßen		Fußanbau, Füße oben
IM B14 (IM 3601)	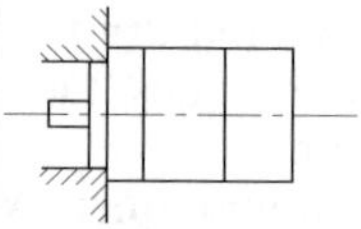	mit Flansch	Lagerschildzentrierung, Flansch auf AS; kein Zugang von Gehäuseseite	Flanschanbau auf Antriebsseite
IM B24 (IM 2101)	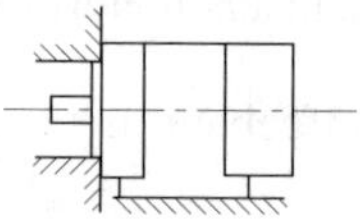	mit Füßen mit Flansch	Lagerschildzentrierung, Flansch auf AS; kein Zugang von Gehäuseseite	Fußaufstellung, Füße unten, mit zusätzlichem Flanschanbau auf Antriebseite

Tabelle B1 Einige Bezeichnungen für Bauform und Aufstellung von Maschinen mit zwei Lagerschilden und einem Wellenende
AS Antriebsseite
Code I: Kennbuchstabe „B“: horizontale Welle; Kennbuchstabe „V“: vertikale Welle

Code I (Code II)	Skizze	Bauform		Aufstellung
IM B6 (IM 2001)	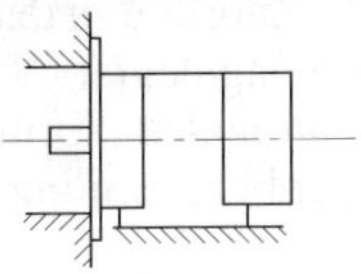	mit Füßen mit Flansch	Flanschlager-schild auf AS; mit Zugang von Gehäuseseite	Fußaufstellung, Füße unten, mit zusätzlichem Flanschanbau auf Antriebsseite
IM V1 (IM 3011)	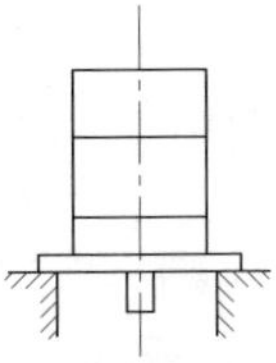	mit Flansch		Flanschanbau auf Antriebsseite, AS unten
IM V3 (IM 3031)	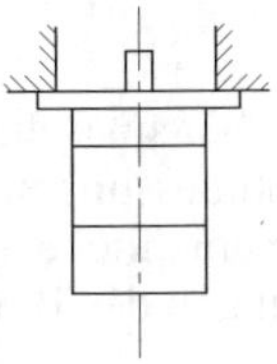	mit Flansch		Flanschanbau auf Antriebsseite, AS oben
IM V5 (IM 1011)	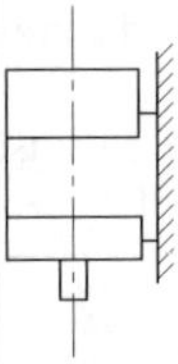	mit Füßen		Fußanbau, AS unten
IM V6 (IM 1031)	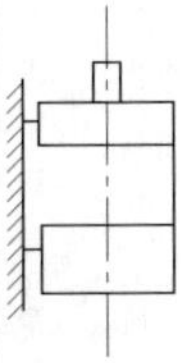	mit Füßen		Fußanbau, AS oben

Tabelle B1 Einige Bezeichnungen für Bauform und Aufstellung von Maschinen mit zwei Lagerschilden und einem Wellenende (Fortsetzung)
AS Antriebsseite
Code I: Kennbuchstabe „B“: horizontale Welle; Kennbuchstabe „V“: vertikale Welle

Baugröße {motor size}
Wird gekennzeichnet durch die Kombination der → Achshöhe und einem Buchstaben für die Gehäuselänge (z. B.160L). Abstufung der B., Zuordnung der Abmessungen und Leistungen erfolgt aufgrund international festgelegter Vorzugsreihen [N1.21, N1.22] in europäischen (→ EN, → HD) und nationalen Normen (→ DIN, → DIN-EN). Meist wird die genormte B. in der → Typenbezeichnung des Herstellers benutzt.
→ Normmotor
[Reihe N1]

BAV
→ Bürstenabhebevorrichtung

Befestigungsflansch {mounting flange}
Ermöglicht den unmittelbaren Anbau des Motors an der Arbeitsmaschine, z. B. bei Pumpen, Textilmaschinen oder an Getrieben. Die Hauptabmessungen von B. sind international genormt [N1.21, N1.22]; dort sind vier unterschiedliche Typen vorgesehen (**Tabelle B2**). Für → Normmotoren gibt es Zuordnungen des B. und der Leistungen zur → Baugröße [Reihe N1].
Art und Anordnung des B. an der Maschine sind wesentliche Merkmale der → Bauform und der Aufstellung IM.
Bei Aufstellungen mit B. nach oben müssen Wasserlachen durch zusätzliche Ablaufbohrungen vermieden werden (Gefahr des Eindringens in Lager oder Motorinnnenraum, möglicherweise Schäden).
[Reihe N1]

Beharrungszustand
→ thermischer Beharrungszustand

Typ FI	Lochkreisdurchmesser < Zentrierdurchmesser	Flansch hat Gewindelöcher
Typ FF	Lochkreisdurchmesser > Zentrierdurchmesser	Flansch hat Durchgangslöcher
Typ FT	Lochkreisdurchmesser > Zentrierdurchmesser	Flansch hat Gewindelöcher
Typ FD	ohne Zentrierung (für große Flansche ab Ø 1250)	Flansch hat Durchgangslöcher

Tabelle B2 Flanschtypen nach IEC 72

Belastung {load}
Die Gesamtheit der elektrischen und mechanischen Größen, die der Lastzustand einer Maschine zu einem bestimmten Zeitpunkt erfordert.
Für die Motorauswahl muß jede B. vollständig und zahlenmäßig festgelegt sein.

Belastungsfaktor {load factor}
→ Schalthäufigkeit

Belüftung {ventilation system}
Gesamtheit aller konstruktiven Maßnahmen zur Erzielung des für die Wärmeabfuhr notwendigen Luftstroms und seiner Strömungswege bei luftgekühlten Maschinen.
→ Kühlart IC, → Kühlung

Bemessung {rating}
Die Gesamtheit der → B.größen und der → Betriebsbedingungen.
Der Käufer gibt den → Betrieb an, der Hersteller muß danach die B. nach einer der→ Bemessungsklassen oder → Betriebsarten vornehmen und dies kennzeichnen.
Wer einen richtig bemessenen Motor will, muß den Betrieb richtig und vollständig angeben.

Bemessung für Maschinen mit veränderlichen Größen {rating of machines for variable values}
Wenn eine → Bemessungsgröße (z. B. die Bemessungsspannung) mehrere Werte annehmen darf oder in einem Bereich zwischen zwei Grenzwerten stetig veränderlich ist, so muß die B. für alle diese Werte einschließlich der Grenzen erfolgen, d. h., es müssen vor allem auch die → Grenztemperaturen bei jedem Wert eingehalten werden. (Gilt nicht für die → Sternschaltung bei → Stern-Dreieck-Anlauf und nicht, wenn die → Spannungsschwankung ± 5 % nicht übersteigt.)
Wenn sich Bemessungsgrößen in weiten Grenzen verändern, führt dies meist zu erhöhter Masse des → aktiven Materials und damit zu erhöhten Herstellkosten. Der Käufer eines Motors sollte deshalb die Betriebsbedingungen realistisch festlegen.

Bemessung für Motoren mit mehreren Drehzahlen {rating of machines with several speeds}
Die → Bemessung muß für jede Drehzahl festgelegt werden.

Bemessungsbetrieb {rated duty}
Die Gesamtheit aller elektrischen und mechanischen Größen (→ Bemessungsgrößen) in Dauer und zeitlicher Folge (→ Bemessungsklasse, → Betriebsart), wie sie vom Hersteller festgelegt sind.

Bemessungsdrehzahl n_N in min^{-1} {rated speed}
Drehzahl bei Belastung mit dem → Bemessungsmoment und Speisung mit der → Bemessungsspannung bei der → Bemessungsfrequenz.

Bemessungsgröße {rated value}
Größe, die einer Maschine grundsätzlich vom Hersteller für eine bestimmte → Betriebsbedingung zugeordnet wird.
B. sind u. a. B.leistung, B.spannung, B.drehzahl, B.frequenz. Die elektromagnetische, thermische und mechanische Maschinenauslegung richtet sich nach den B. Formelzeichen für die B. erhalten den Index N; Beispiel : U_N für B.spannung.
Wer richtig bemessene Motoren will, muß die Betriebsbedingungen richtig und vollständig angeben.

Bemessungsklasse {class of rating}
Der vom Käufer angegebene → Betrieb wird vom Hersteller bei der → Bemessung der Maschine durch Auswahl einer B. nach **Tabelle B3** berücksichtigt und gekennzeichnet. In den meisten Fällen entspricht die B. einer der genormten → Betriebsarten.

Bemessungsleistung beim Generator S_N *in VA (kVA)* {rated output of a generator}
Die an den Klemmen abgegebene elektrische → Scheinleistung, für die der Generator elektromagnetisch, thermisch und mechanisch bemessen wird.

$$S_N = \sqrt{3} \cdot U_N \cdot I_N,$$

mit:
S_N Bemessungsleistung in VA,
U_N Bemessungsspannung in V,
I_N Bemessungsstrom in A.

Bemessungsleistung beim Motor P_N in W (kW) {rated output of a motor}
Die am Wellenende verfügbare mechanische Leistung, für die der Motor elektromagnetisch, thermisch und mechanisch bemessen wird.

Bemessung für …	Kennzeichnung (unmittelbar hinter dem Wert für die Bemessungleistung)	Betrieb der Maschine
Dauerbetrieb	„S1" (oder keine Angabe)	zeitlich unbegrenzt
Kurzzeitbetrieb	Dauer der Betriebszeit (z. B. „60 min" oder „S2 60 min")	während einer begrenzten Zeit ausgehend von Umgebungstemperatur
gleichwertigen Dauerbetrieb	„equ"	bis zum Erreichen des thermischen Beharrungszustands
periodische Betriebsarten	wie für die entsprechende Betriebsart S3 bis S8	in Betriebsspielen von je 10 min Dauer und mit einer relativen Einschaltdauer der folgenden Werte: 15 %, 25 %, 40 %, 60 % (dies entspricht einer der Betriebsarten S3 bis S8)
nichtperiodische Betriebsarten	wie für die Betriebsart S9	mit nicht periodischer Last- und Drehzahländerung entsprechend Betriebart S9
bestimmte konstante Belastungen	„S10", ergänzt um den festgelegten Zahlenwert von TL (→ bezogene thermische Lebenserwartung) und um die bezogene Größe $p/\Delta t$ für die einzelne Belastung	mit nicht mehr als vier einzelnen konstanten Belastungswerten (oder gleichwertigen Belastungen); jeder dauert so lange, bis jeweils der thermische Beharrungszustand erreicht ist (zweckmäßig ist hier die Festlegung eines Referenzwerts, auf den die einzelnen Belastungen bezogen werden können)

Tabelle B3 Bemessungsklassen – Kennzeichnung, Betrieb

$$P_N = M_N \cdot n_N / 9550,$$

mit:
P_N Bemessungsleistung in kW,
M_N Bemessungsdrehmoment in Nm,
n_N Bemessungsdrehzahl in min–1.

Die → Motorgröße ergibt sich nicht aus der B., sondern aus dem Bemessungs**moment**!

Bemessungsmoment M_N in Nm {rated torque}
Das am Wellenende zur Arbeitsmaschine übertragene → Drehmoment, das der Bemessung zugrunde liegt.

$$M_N = 9550 \cdot P_N / n_N,$$

mit:
M_N Bemessungsmoment in Nm,
P_N Bemessungsleistung in kW,
n_N Bemessungsdrehzahl in min^{-1}.

→ Kühlsystem, → Wirkungsgrad und vor allem das B. (nicht die Bemessungsleistung!) bestimmen Größe und Gewicht eines Drehstrommotors (→ Motorgröße).

Bemessungsscheinleistung {rated apparent power}
→ Bemessungsleistung beim Generator

Bemessungsspannung U_N in V {rated voltage}
Spannung zwischen den Außenleitern an den Klemmen der Maschine bei Bemessungsleistung

Bemessungsspannungsbereich {range of rated voltages}
Falls eine Maschine *mehr als eine Bemessungsspannung* oder einen *B.* hat, müssen die Grenzwerte der Erwärmung und Temperatur entsprechend der Wärmeklasse für ***jeden einzelnen Wert der Bemessungsspannung*** gelten. Die Bedingungen der Spannungs- und Frequenzschwankungen müssen auf ***jeden einzelnen Wert der Bemessungsspannung*** angewendet werden. Damit ist ein Ermessensspielraum gegeben, der von Herstellern und Betreibern in eigener Verantwortung zur technisch-wirtschaftlichen Optimierung des normalen industriellen Antriebs genutzt werden kann.
Dies gilt jedoch nicht für explosionsgeschützte elektrische Maschinen! Hier sind unter allen Umständen, auch bei Spannungs- und Frequenzschwankungen, die Vorschriften und Normen des Explosionsschutzes einzuhalten.
Bemessung für einen ganzen Bereich von Spannungen erhöht den Bedarf an aktivem Material; die Maschine wird teurer. Diese Auslegung ist höchstens dort sinnvoll, wo innerhalb kürzester Frist von einem möglichst kleinen Vorratslager aus verschiedene Anlagen mit **unterschiedlicher** Bemessungsspannung bedient werden sollen.
→ Nennspannungen für elektrische Netze, → Spannungs- und Frequenzschwankungen während des Betriebs
[A1, A14, E1, E2, E3, E8, E49]

Bemessungswert {rated value}
Wert, der einer → Bemessungsgröße zugeordnet wird.

Bergbaumotoren {mining motors}
Motoren, bemessen, konstruiert und gefertigt für die besonderen Bedingungen des Bergbaus.

Bei Bergbau unter Tage ist mit Grubengas- und Staubexplosionen zu rechnen; die Maschinen und ihre Installation müssen deshalb besonderen Bau- und Errichtungsvorschriften genügen [Reihe N3, Reihe N5]. Nach den allgemeinen Schutzanforderungen der → Explosionsschutz-Richtlinie werden Elektromotoren in die Gerätekategorie *M2* eingeordnet. Eine → Baumusterprüfung durch eine autorisierte → Prüfstelle ist erforderlich. Es bestehen auch Normen für die Abmessungen und Zuordnung der Leistung [N1.1, N1.2].
→ Explosionsschutz-Richtlinie, → Zündschutzarten
[A2, A13, A14]

Berührungsschutz
→ Schutzart IP

Beschleunigung {acceleration}
Geschwindigkeitsveränderung in der Zeit
Geradlinige Bewegung:

$$a = \frac{\mathrm{d}v}{\mathrm{d}t} = \frac{F_B}{m} = \frac{F - F_L}{m},$$

mit:
a Beschleunigung in m/s^2,
v Geschwindigkeit in m/s,
t Zeit in s,
F_B Beschleunigungskraft in N,
F Antriebskraft in N,
F_L Gegenkraft der Last (Arbeitsmaschine) in N,
m gesamte zu bewegende Masse in kg.

Kreisförmige Bewegung:

$$\alpha = \frac{\mathrm{d}\Omega_m}{\mathrm{d}t} = \frac{M_B}{J} = \frac{M - M_L}{J},$$

mit:
α Winkelbeschleunigung in s^{-2},
Ω_m Winkelgeschwindigkeit in s^{-1},
t Zeit in s,
M_B Beschleunigungsmoment in Nm,
M Antriebsmoment in Nm,

M_L Gegenmoment (Lastmoment) der Arbeitsmaschine in Nm,
J gesamtes Trägheitsmoment in kgm^2.

Mit den obigen Gleichungen können alle Bewegungsabläufe untersucht werden (Bewegungsgleichungen). Da die Beschleunigungskraft oder das -moment meist von der Geschwindigkeit oder anderen Größen abhängig sind, ist die Lösung nur mit Näherungsverfahren möglich.
→ Anlauf, → Bremsung
[A2, A4, A6]

Beschleunigungsmoment {acceleration torque}
→ Anlauf, → Beschleunigung

Beschleunigungszahl (auch: B-Wert) {acceleration figure}
→ Rollgangsmotoren

bestimmungsgemäße Verwendung {specified application}
Verwendung, für die die Maschine nach Angabe des Herstellers geeignet ist.
Dazu gehören auch die ordnungsgemäße Installation und die Einhaltung der vom Hersteller vorgegebenen Betriebs- und Wartungsbedingungen. B.V. ist auch in den → EG-Richtlinien [Reihe N11] festgelegt:
Elektrische Betriebsmittel müssen so beschaffen sein, daß sie ohne Gefahren für Menschen, Nutztiere und Sachen bestimmungsgemäß verwendet werden können. Dies ist im allgemeinen erfüllt, wenn neben den allgemeinen Regeln der Technik die für das betreffende Betriebssmittel in der EU geltenden Normen und Vorschriften (→ EN, → HD) eingehalten werden und eine ordnungsgemäße → Instandhaltung gesichert ist.
Die wesentlichen Merkmale, von deren Kenntnis und Beachtung die bestimmungsgemäße und gefahrlose Verwendung abhängt, sind auf den elektrischen Betriebsmitteln oder, falls dies nicht möglich ist, auf einem beigegebenen Hinweis anzugeben.
→ CE-Kennzeichnung, → CE-Kennzeichnung explosionsgeschützter Elektromotoren

Betrieb {duty}
→ *Belastungen der Maschine nach Größe, Dauer und zeitlicher Reihenfolge, einschließlich → Anlauf, → elektrisches Bremsen, → Leerlauf und → Pausen (sofern vorhanden).*
B. mit konstanter Belastung oder mit einer sich in bekannter Weise verändernden Belastung kann durch Zahlenwerte und den zeitlichen Verlauf der veränderlichen

Größen angegeben werden. Üblich ist jedoch die Angabe der → Betriebsart und der sie kennzeichnenden Größen. Ohne Angabe gilt Dauerbetrieb (→ Betriebsart S1). Der Käufer trägt nach Norm [N9.1] die Verantwortung, daß der Betrieb so genau wie möglich angegeben wird.

Betriebsanleitung (auch: Bedienungsanleitung, Betriebsanweisung) {instruction manual}
Zusammenstellung aller für die bestimmungsgemäße Verwendung und den sicheren Gebrauch eines Produkts erforderlichen Informationen des Herstellers.
Die B. muß alle zweckdienlichen Angaben und Sicherheitshinweise enthalten über Installation, Inbetriebnahme, Betrieb, Einlagerung und → Instandhaltung. Besondere Sorgfalt ist bei der Erstellung von B. für explosionsgeschützte elektrische Betriebsmittel erforderlich; die → Explosionsschutz-Richtlinie der EU macht dazu umfangreiche Auflagen.
Alle Hinweise und Anleitungen der B. sind sorgfältig zu beachten
→ bestimmungsgemäße Verwendung
[N11.8, N11.9]

Betriebsart {duty type}
→ Dauerbetrieb, → Kurzzeitbetrieb oder → periodischer Betrieb, der durch eine oder mehrere Belastungen gekennzeichnet ist und während einer bestimmten Dauer unverändert bleibt, oder → nichtperiodischer Betrieb, bei dem sich Belastung und Drehzahl innerhalb des zulässigen Betriebsbereichs ändern.
→ Betriebsart S1 bis S10

Betriebsart S1 (Dauerbetrieb) {duty type S1 (continuous running duty)}
Betrieb mit konstanter Belastung unbegrenzter Dauer, in dem der → thermische Beharrungszustand erreicht wird.
Bild B4, [N9.1]. Kennzeichnung: z. B. „11 kW S1".
Wird eine Maschine für allgemeine Zwecke hergestellt, so muß ihre Bemessung für Dauerbetrieb erfolgen, und sie muß in S1 arbeiten können.

Betriebsart S2 (Kurzzeitbetrieb) {duty type S2 (short-time duty)}
Betrieb mit konstanter Belastung, ohne Erreichen des → thermischen Beharrungszustands und mit nachfolgender → Pause, in der die Maschinentemperatur auf die des Kühlmittels absinkt (zulässige Abweichung zwischen beiden: < 2 K).
Für Bemessungsleistungen unter 5000 kW (kVA) in S2 dürfen bei indirekt mit Luft gekühlten Maschinen die → Grenzwerte der Übertemperatur um höchstens 10 K überschritten werden.

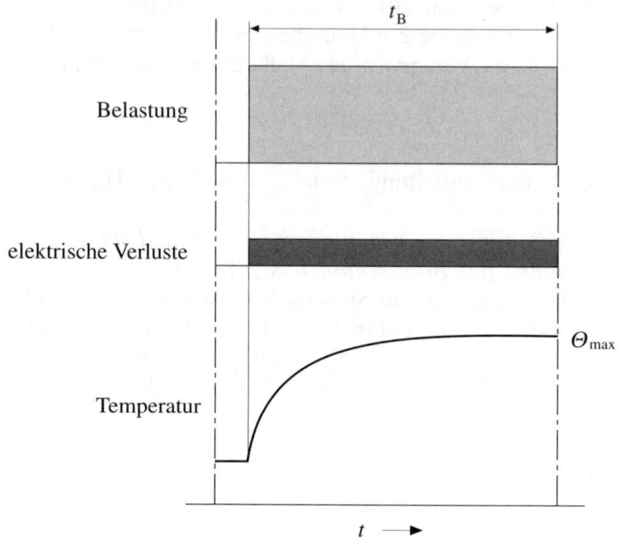

Bild B4 Dauerbetrieb (S1)
t_B Belastungszeit
Θ_{max} höchste Temperatur

Bild B5 [N9.1]. Kennzeichnung: z. B. „11 kW S2 30 min".
Eine für Dauerbetrieb (S1) bemessene Maschine kann in S2 mit höherer Leistung betrieben werden (**Bild B6**):

$$\frac{P_{S2}}{P_N} \approx \frac{1}{\sqrt{1 - e^{-t_B/T_{th}}}},$$

mit:
P_{S2} erhöhte Leistung im Kurzzeitbetrieb S2 bei gleicher Wicklung in kW,
P_N Leistung, für die die Wicklung im Dauerbetrieb S1 bemessen ist in kW,
t_B Belastungszeit des Kurzzeitbetriebs in min,
T_{th} thermische Ersatzzeitkonstante in min.

Wegen der Bedingung $M_b/M_N \geq 1{,}6$ (→ Drehmoment-Überlastbarkeit), die auch für das erhöhte Bemessungsmoment des Kurzzeitbetriebs gilt, lassen sich Leistungserhöhungen über 1,25 meistens nur mit einer anders bemessenen Wicklung verwirklichen; Erhöhungen über 1,6 lassen sich praktisch nicht realisieren. Andererseits sind Leistungserhöhungen unter 1,05 wirtschaftlich wenig sinnvoll. Aus diesen Gründen bewegen sich die Belastungszeiten im Bereich $0{,}5 < t_B/T_{th} < 2$; das bedeutet für

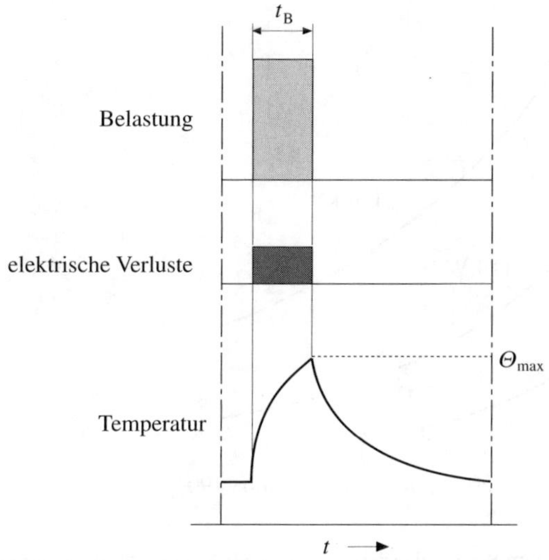

Bild B5 Kurzzeitbetrieb (S2)
t_B Belastungszeit
Θ_{max} höchste Temperatur

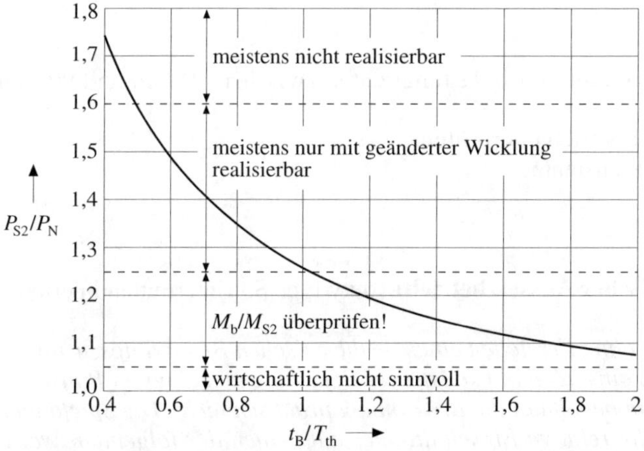

Bild B6 Leistungserhöhung im Kurzzeitbetrieb (S2) einer für Dauerbetrieb (S1) bemessenen Maschine
P_{S2} erhöhte Leistung im Kurzzeitbetrieb (S2) bei gleicher Wicklung in kW
P_N Leistung, für die die Wicklung im Dauerbetrieb (S1) bemessen ist, in kW
t_B Belastungszeit des Kurzzeitbetriebs in min
T_{th} thermische Ersatzzeitkonstante in min
M_b Kippmoment der für Dauerbetrieb (S1) bemessenen Maschine, in Nm
M_{S2} entsprechend P_{S2} erhöhtes Drehmoment im Kurzzeitbetrieb (S2), in Nm

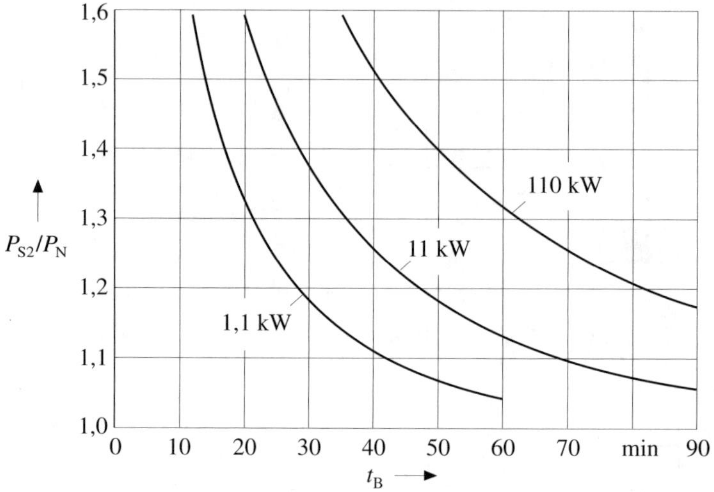

Bild B7 Leistungserhöhung (typische Werte) im Kurzzeitbetrieb (S2) von oberflächengekühlten Normmotoren mit Polzahlen vier und höher (thermische Ersatzzeitkonstanten nach Bild T10

P_{S2} erhöhte Leistung im Kurzzeitbetrieb (S2) bei gleicher Wicklung in kW
P_N Leistung, für die die Wicklung im Dauerbetrieb (S1) bemessen ist, in kW
t_B Belastungszeit des Kurzzeitbetriebs in min

oberflächengekühlte Normmotoren Belastungszeiten zwischen 10 min und 90 min (**Bild B7**).

| Kippmoment im Kurzzeitbetrieb überprüfen!
→ thermische Ersatzzeitkonstante
[A6, B18]

Betriebsart S3 (Periodischer Aussetzbetrieb) {duty type S3 (intermittend periodic duty)}
Folge identischer Spiele ohne Erreichen eines → thermischen Beharrungszustands. Jedes Spiel setzt sich aus einer Zeit mit konstanter Belastung und einer → Pause zusammen. Der Anlaufstrom beeinflußt die Erwärmung praktisch nicht. Die Spieldauer muß 10 min betragen; die relative Einschaltdauer muß einen der folgenden Werte haben: 15 %, 25 %, 40 %, 60 %.
Bild B8, [N9.1]. Kennzeichnung: z. B. „11 kW S3 25 %".
Diese Betriebsart trifft nur bei kleinen Trägheitsmomenten der Arbeitsmaschine zu. Während der Pause entsteht keine Wärme, es wird aber Wärme abgeführt, wenn auch nicht in dem Maße wie bei laufender Maschine. Auch in S3 kann die Leistung einer für S1 bemessenen Maschine erhöht werden. Unter anderem hängt dies vom

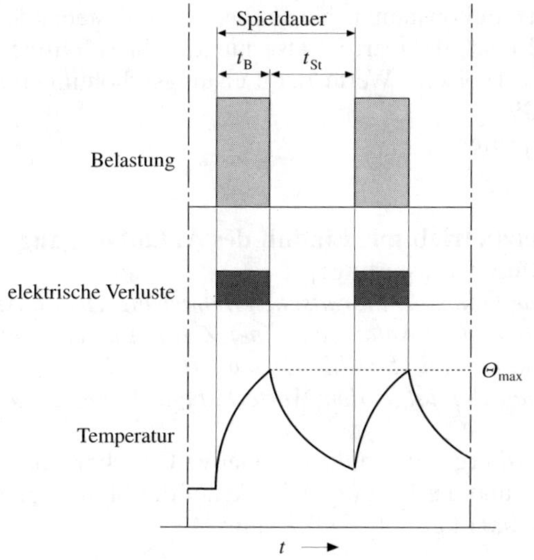

Bild B8 Periodischer Aussetzbetrieb (S3)
t_B Belastungszeit Θ_{max} höchste Temperatur
t_{St} Pause (Stillstandszeit mit stromlosen Wicklungen)
relative Einschaltdauer: $[t_B/(t_B + t_{St})] \cdot 100\,\%$

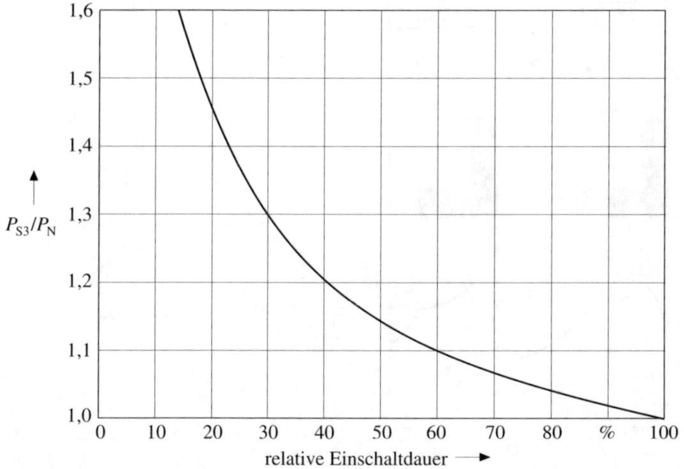

Bild B9 Leistungserhöhung (typische Werte) im periodischen Aussetzbetrieb (S3) von oberflächengekühlten Normmotoren
P_{S3} erhöhte Leistung im Aussetzbetrieb (S3) bei gleicher Wicklung in kW
P_N Leistung, für die die Wicklung im Dauerbetrieb (S1) bemessen ist, in kW

Verhältnis der → thermischen Ersatzzeitkonstanten bei drehender und stehender Maschine ab und von der relativen Einschaltdauer; ist also nicht mehr so einfach darzustellen wie im Kurzzeitbetrieb. Typische Werte der Leistungserhöhung für oberflächengekühlte Motoren: **Bild B9**.

| Kippmoment im Aussetzbetrieb überprüfen!

Betriebsart S4 (Periodischer Aussetzbetrieb mit Einfluß des Anlaufvorgangs) {duty type S4 (intermittent periodic duty with starting)}
Folge identischer Spiele ohne Erreichen eines → thermischen Beharrungszustands. Jedes Spiel setzt sich aus einer merklichen → Anlaufzeit, einer Zeit mit konstanter Belastung und einer → Pause zusammen. Die Spieldauer muß 10 min betragen; die relative Einschaltdauer muß einen der folgenden Werte haben: 15 %, 25 %, 40 %, 60 %.
Bild B10, [N9.1]. Kennzeichnung wird ergänzt um die → relative Einschaltdauer, → Trägheitsmoment des Motors (J_M) und der Last (J_{ext}), beide auf die Motorwelle bezogen. Z. B. „11 kW S4 25 % $J_M = 0{,}04$ kgm² $J_{ext} = 0{,}2$ kgm²".

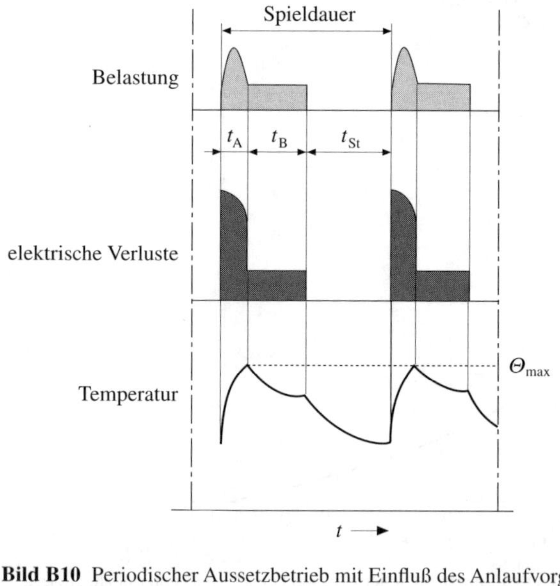

Bild B10 Periodischer Aussetzbetrieb mit Einfluß des Anlaufvorgangs (S4)
t_A Anlaufzeit
t_B Belastungszeit
t_{St} Pause (Stillstandszeit mit stromlosen Wicklungen)
Θ_{max} höchste Temperatur
relative Einschaltdauer: $[(t_A + t_B)/(t_A + t_B + t_{St})] \cdot 100$ %

Dies ist eine typische Betriebsart für den Schaltbetrieb von Werkzeugmaschinen. Der Antrieb wird dabei mechanisch gebremst. Wesentliches Merkmal für die Motorauswahl ist die → Schalthäufigkeit.
→ Anlauf, → Anlaufwärme im Läufer, → Anlaufwärme im Ständer, → Anlaufwärme im Motor, → Bremsmotor

Betriebsart S5 (Periodischer Aussetzbetrieb mit elektrischer Bremsung) {duty type S5 (intermittent periodic duty with electric braking)}
Folge identischer Spiele ohne Erreichen eines → thermischen Beharrungszustands. Jedes Spiel setzt sich aus einer Anlaufzeit, einer Zeit mit konstanter Belastung, einer Zeit schneller elektrischer Bremsung und einer → Pause zusammen. Die Spieldauer muß 10 min betragen; die relative Einschaltdauer muß einen der folgenden Werte haben: 15 %, 25 %, 40 %, 60 %.
Bild B11 [N9.1]. Kennzeichnung analog zu Betriebsart S4: z. B. „11 kW S5 25 % $J_M = 0{,}04$ kgm² $J_{ext} = 0{,}2$ kgm²".

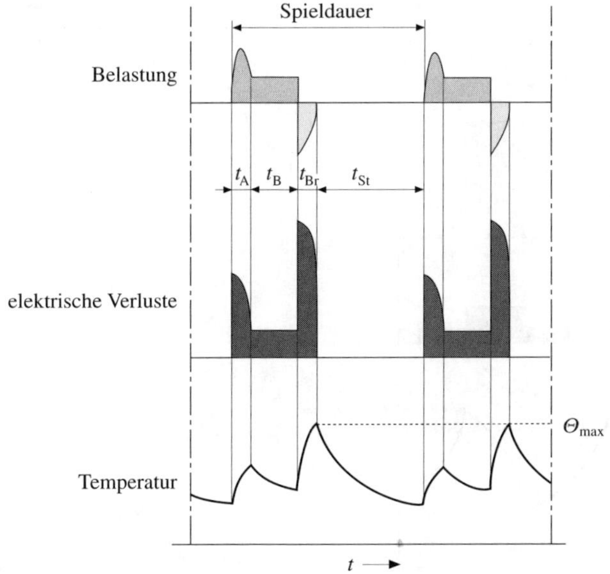

Bild B11 Periodischer Aussetzbetrieb mit elektrischer Bremsung (S5)
t_A Anlaufzeit t_B Belastungszeit
t_{Br} Bremszeit t_{St} Pause (Stillstandszeit mit stromlosen Wicklungen)
Θ_{max} höchste Temperatur
relative Einschaltdauer: $[(t_A + t_B + t_{Br})/(t_A + t_B + t_{Br} + t_{St})] \cdot 100\ \%$

S5 entspricht bis auf die elektrische Bremsung S4. Die Bremswärme entsteht jetzt in den Wicklungen, so daß die zulässige → Schalthäufigkeit geringer wird. Anlauf- und Bremswärme bestimmen ganz wesentlich die Motorgröße. Deshalb werden für S5 meistens → innengekühlte Motoren mit → Frembelüftung verwendet.
→ Anlauf, → Anlaufwärme im Läufer, → Anlaufwärme im Ständer, → Anlaufwärme im Motor, → Aufzugmotoren mit Regelung, → Gegenstrombremsung, → Gleichstrombremsung, → Schalthäufigkeit

Betriebsart S6 (Ununterbrochener periodischer Betrieb) {duty type S6 (continuous-operation periodic duty)}
Folge identischer Spiele ohne Erreichen eines → thermischen Beharrungszustands. Jedes Spiel setzt sich aus einer → Anlaufzeit, einer Zeit mit konstanter Belastung, und einer Leerlaufzeit zusammen. → Pause ist nicht vorhanden. Die Spieldauer muß 10 min betragen; die relative Einschaltdauer muß einen der folgenden Werte haben: 15 %, 25 %, 40 %, 60 %.

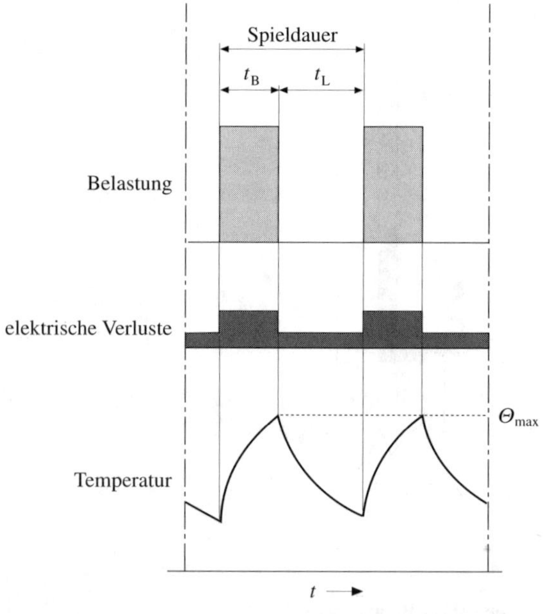

Bild B12 Ununterbrochener periodischer Betrieb mit Aussetzbelastung (S6)
t_B Belastungszeit t_L Leerlaufzeit
Θ_{max} höchste Temperatur
relative Einschaltdauer: $[t_B/(t_B + t_L)] \cdot 100\ \%$

Bild B12 [N9.1]. Kennzeichnung analog zu Betriebsart S3: z. B. „11 kW S6 25 %".
Der Motor bleibt im Gegensatz zu S3 auch ohne Belastung an Spannung und fährt im Leerlauf. Auch hier ergibt sich eine mögliche Leistungserhöhung gegenüber der Bemessung in S1; diese kann bei relativen Einschaltdauern unter 30 % nur mit einer besonders bemessenen Wicklung realisiert werden.
| Kippmoment überprüfen!

Betriebsart S7 (Ununterbrochener periodischer Betrieb mit elektrischer Bremsung) {duty type S7 (continuous-operation periodic duty with electric braking)}
Folge identischer Spiele ohne Erreichen eines → thermischen Beharrungszustands. Jedes Spiel setzt sich aus einer → Anlaufzeit, einer Zeit mit konstanter Belastung und einer Zeit mit → elektrischer Bremsung zusammen. → Pause ist nicht vorhanden. Die Spieldauer muß 10 min betragen.
Bild B13 [N9.1]. Die Kennzeichnung wird ergänzt um die Trägheitsmomente von Motor (J_M) und Last (J_{ext}), beide auf die Motorwelle bezogen. Z. B. „11 kW S7 $J_M = 0{,}04$ kg m^2; $J_{ext} = 0{,}2$ kg m^2".

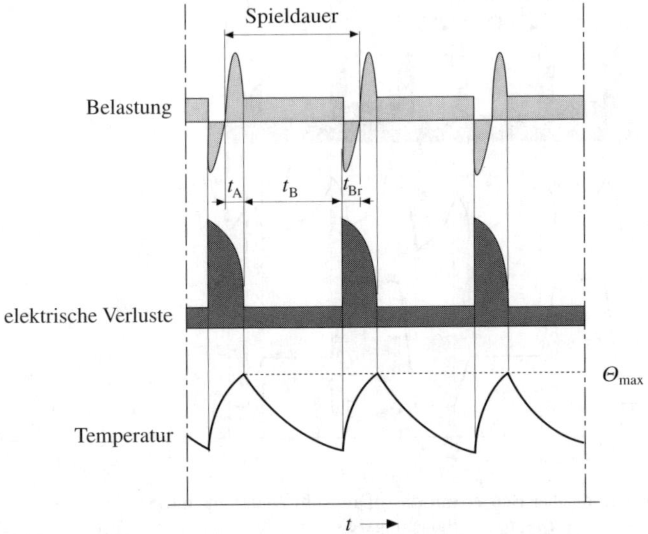

Bild B13 Ununterbrochener periodischer Betrieb mit elektrischer Bremsung (S7)
t_A Anlaufzeit t_B Belastungszeit
t_{Br} Bremszeit Θ_{max} höchste Temperatur
relative Einschaltdauer: 100 %

Diese Betriebsart trifft zum Beispiel zu für Antriebe mit ständig wiederholten Reversierungen. Ein wesentliches Merkmal für die Motorauswahl ist die → Schalthäufigkeit.

Betriebsart S8 (Ununterbrochener periodischer Betrieb mit Last-/Drehzahländerungen) {duty type S8 (continuous-operation periodic duty with related load/speed changes)}
Folge identischer Spiele ohne Erreichen eines → thermischen Beharrungszustands. Jedes Spiel setzt sich aus einer Zeit konstanter Belastung und bestimmter Drehzahl und ein oder mehreren Zeiten mit anderen konstanten Belastungen bei unterschiedlichen Drehzahlen zusammen (z. B.bei → Polumschaltung). → Pause ist nicht vorhanden. Die Spieldauer muß 10 min betragen; die relative Einschaltdauer muß einen der folgenden Werte haben: 15 %, 25 %, 40 %, 60 %.

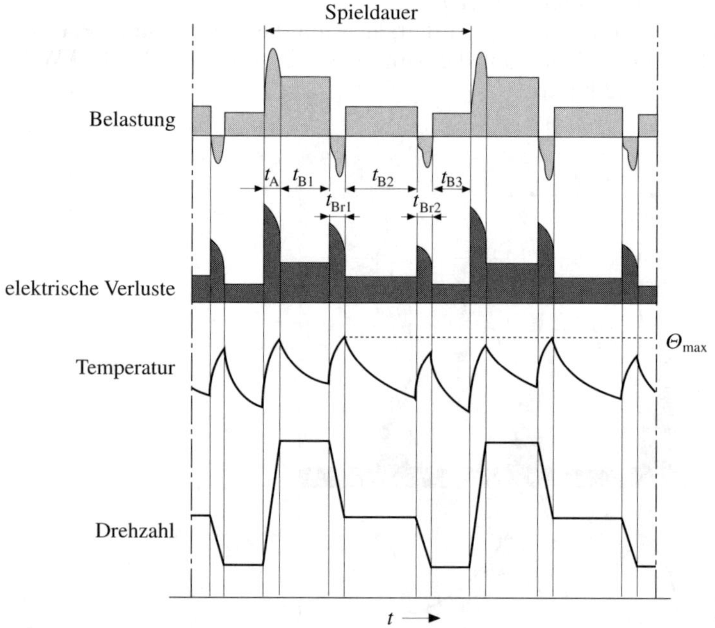

Bild B14 Ununterbrochener periodischer Betrieb mit Last-/Drehzahl-Änderungen (S8)
t_A Anlaufzeit; t_{B1}, t_{B2}, t_{B3} Belastungszeit
t_{Br1}, t_{Br2} Bremszeit; Θ_{max} höchste Temperatur
relative Einschaltdauer: $[(t_A + t_{B1})/(t_A + t_{B1} + t_{Br1} + t_{B2} + t_{Br2} + t_{B3})] \cdot 100\,\%$
relative Einschaltdauer: $[(t_{Br1} + t_{B2})/(t_A + t_{B1} + t_{Br1} + t_{B2} + t_{Br2} + t_{B3})] \cdot 100\,\%$
relative Einschaltdauer: $[(t_{Br2} + t_{B3})/(t_A + t_{B1} + t_{Br1} + t_{B2} + t_{Br2} + t_{B3})] \cdot 100\,\%$

Bild B14 [N9.1]. Kennzeichnung wird ergänzt um die Trägheitsmomente von Motor (J_M) und Last (J_{ext}), beide auf die Motorwelle bezogen, weiter die Belastung, Drehzahl und relative Einschaltdauer für jede Drehzahlstufe.

Z. B. „S8 $J_M = 0{,}5$ kg m^2; $J_{ext} = 6$ kg m^2; 16 kW 740 min^{-1} 30 %,
40 kW 1460 min^{-1} 30 %,
25 kW 980 min^{-1} 40 %".

Betriebsart S9 (Betrieb mit nichtperiodischen Last- und Drehzahländerungen)
{duty type S9 (duty with non-periodic load and speed variations)}
Belastung und Drehzahl ändern sich nichtperiodisch innerhalb des zulässigen Betriebsbereichs. Häufig treten Überlastungen auf, die weit über Vollast liegen dürfen (Beispiel: → Windgeneratoren).
Bei indirekt mit Luft gekühlten Maschinen dürfen die → Grenzwerte der Übertemperatur im Betrieb kurzzeitig überschritten werden. Die Festlegung eines → gleichwertigen Dauerbetriebs ist für Maschinen in S9 zu empfehlen (Kennzeichnung: z. B. „400 kVA equ").
Bild B15 [N9.1].

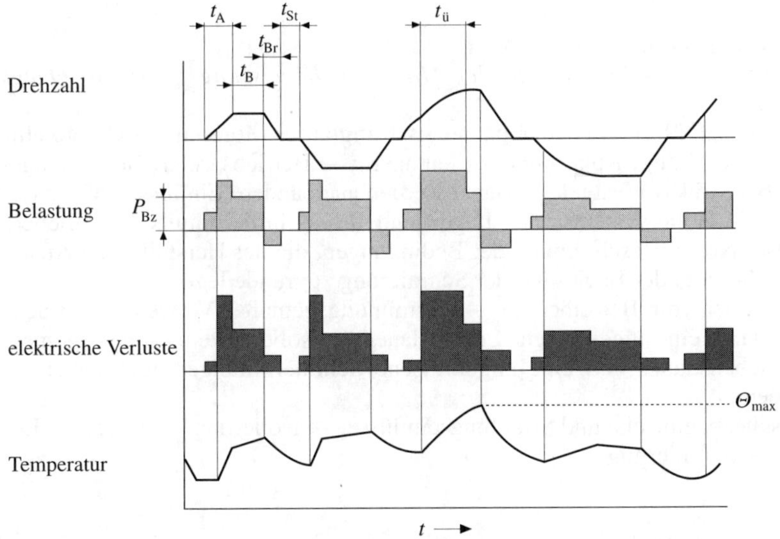

Bild B15 Betrieb mit nicht periodischen Last- und Drehzahländerungen (S9)

t_A	Anlaufzeit	t_B	Belastungszeit
t_{Br}	Bremszeit	t_{St}	Pause (Stillstandszeit mit stromlosen Wicklungen)
$t_{ü}$	Überlastungszeit	P_{bz}	Bezugsleistung
Θ_{max}	höchste Temperatur		

Betriebsart S10 (Betrieb mit einzelnen konstanten Belastungen) {duty type S10 (duty with discrete constant loads)}
Betrieb, der nicht mehr als vier bestimmte Belastungswerte enthält, worin → Leerlauf und → Pausen enthalten sein dürfen. Unter jeder der Belastungen (auch Leerlauf oder Pausen) wird → thermischer Beharrungszustand erreicht. Die maximale Belastung darf das 1,2-fache der S1-Bemessungsleistung nicht überschreiten.
Für B. S10 sollte eine der konstanten Belastungen als Referenzwert entsprechend S1 ausgewählt werden.
Die Kennzeichnung wird ergänzt um die bezogene Größe $p/\Delta t$ und ihre Einwirkdauer sowie die Größe *TL* für die → bezogene thermische Lebensdauererwartung des Isoliersystems. → Für Pausen muß die Belastung durch den Buchstaben „*r*" gekennzeichnet werden.
Bei indirekt mit Luft gekühlten Maschinen dürfen die → Grenzwerte der Übertemperatur in bestimmten Zeitspannen während des Betriebs überschritten werden.
Bild B16 [N9.1]

Betriebsbedingung {service condition}
Größe und deren Wert(e) zur Festlegung des → Betriebs.

Betriebs-Bezugsbedingungen {reference service-conditions}
Übliche Betriebsverhältnisse, die der Maschinenbemessung zugrunde gelegt werden.
Die B.-B. sind in [N9.2] für Niederspannungs-Käfigläufer-Motoren (→ Motoren für allgemeine Zwecke; mit Kugel- und Rollenlagern; → Betriebsart S1; Bemessungsleistungen bis 315 kW) festgelegt. Dabei werden auch andere Einflüsse auf die Lebensdauer des Isoliersystems, der Lager und des Schmiermittels beschrieben. Zweck dieser Norm: Beschreibung der Bedingungen, die der Hersteller der Auslegung der Isolierung, der Lager und der Schmierung zugrunde legt.
Die B.-B. müssen vom Betreiber zur → bestimmungsgemäßen Verwendung beachtet werden, damit eine angemessene Lebensdauer des Isoliersystems, eine angemessene Lagerlebensdauer und eine angemessene Schmiermittelgebrauchsdauer erreicht werden.
→ biologische, chemische und Strahlungseinflüsse, → Isolierung, → Lager, → Lebensdauer, → Schmierung

Betriebskennlinie (auch: Belastungskennlinie) {service characteristic}
*Belastungsabhängigkeit von Größen, die für den Betrieb kennzeichnend sind, z. B. Drehzahl oder Schlupf, Strom, Leistungsfaktor und Wirkungsgrad (***Bild B17***).*

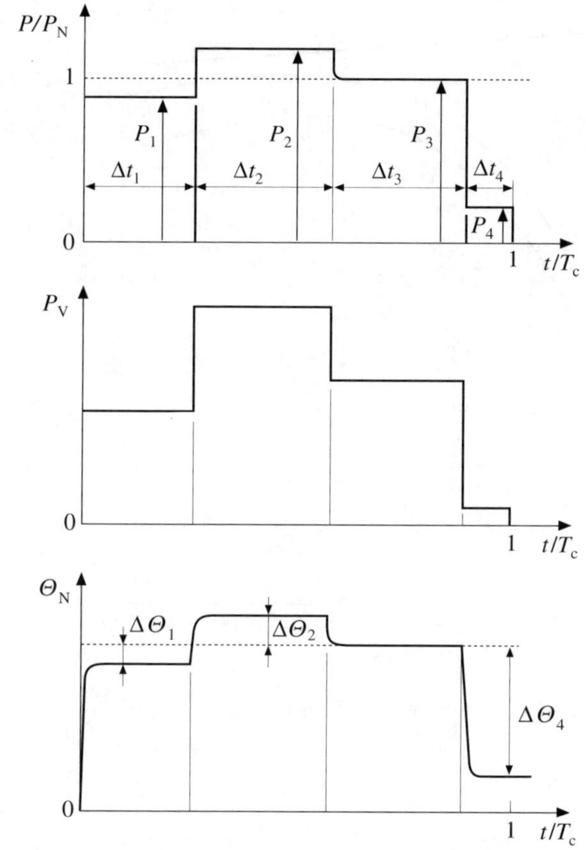

Bild B16 Betrieb mit einzelnen konstanten Belastungen (S10)

i	fortlaufende Nummer des Belastungsintervalls innerhalb eines Lastspiels
P	Belastung in kW
P_i	konstante Belastung des i-ten Intervalls in kW
P_N	Bemessungsleistung für Betriebsart S1 in kW
$p_i = P_i/P_N$	bezogene Belastung des i-ten Intervalls innerhalb eines Lastspiels
t_i	Zeit einer konstanten Belastung innerhalb eines Lastspiels in min
T_c	Spieldauer in min
$\Delta t_i = t_i/T_c$	auf die Spieldauer bezogene Dauer der i-ten Belastung
P_V	elektrische Verluste in kW
Θ	Temperatur in C°
Θ_N	zulässige Temperatur bei Bemessungsleistung in Betriebsart S1 in C°
$\Delta\Theta_i$	Differenz zwischen der Beharrungstemperatur der Wicklung in der i-ten Belastung und der zulässigen Temperatur Θ_N bei Bemessungsleistung in Betriebsart S1, in K
t	Zeit in min

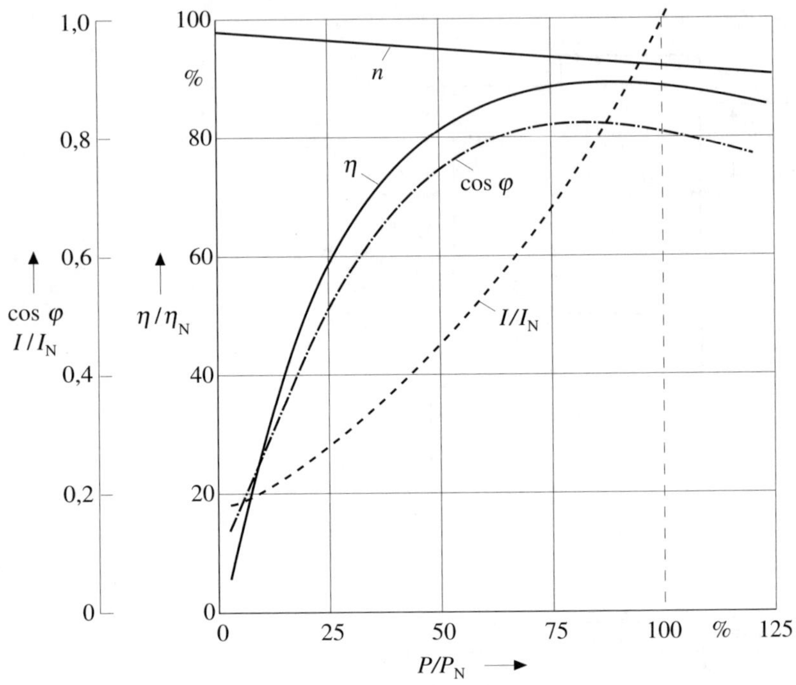

Bild B17 Typische Betriebskennlinien eines Drehstromkäfigläufermotors

n	Drehzahl	I	Strom
$\cos\varphi$	Leistungsfaktor	η	Wirkungsgrad
Index N	Werte des Bemessungsbetriebs		

Betriebsschaltung {running connection}
Schaltung der Wicklung für Betrieb
Im Gegensatz zur Anlaufschaltung, die nur für die Dauer des Anlaufs hergestellt wird. Soll z. B. ein → Stern-Dreieck-Anlauf durchgeführt werden, muß die B. die Dreieckschaltung sein.
→ Anlassen von Käfigläufermotoren

Betriebsstörung {failure}
Ungewollte vorübergehende Unterbrechung der Nutzung eines Antriebs.

Betriebsverhalten {performance}
Summe aller Eigenschaften einer elektrischen Maschine während des Betriebs.

Bewegungsgleichung
→ *Beschleunigung*

bezogene thermische Lebensdauererwartung *TL* {relative thermal life expectancy}
Schätzgröße für die Lebensdauerveränderung einer für → Betriebsart S1 (Dauerbetrieb) bemessenen Maschine, die mit mehreren konstanten, aber unterschiedlich großen Belastungen betrieben wird, wobei jede Belastung zu einer → thermischen Beharrung führt.
Bild B16 [N9.1]. Ein Motor sei für die Leistung P_N in Betriebsart S1 (Dauerbetrieb) bemessen und werde nacheinander mit i unterschiedlich großen Leistungen P_i belastet. Für jede Belastung mit der Dauer t_i stelle sich eine Beharrungstemperatur ein, deren Differenz zur zulässigen Temperatur für Dauerbetrieb $\Delta\Theta_i$ beträgt. Die Lebensdauer verändert sich gegenüber Dauerbetrieb mit P_N dann mit einem Faktor *TL*, dessen Kehrwert sich aus folgender Formel ergibt:

$$\frac{1}{TL} = \sum_{i=1}^{i=n} \Delta t_i \cdot 2^{\Delta\Theta_i / k}$$

mit:

TL	bezogene thermische Lebensdauererwartung,
$\Delta\Theta_i$	Differenz zwischen der Beharrungstemperatur der Wicklung in der *i*-ten Belastung und der zulässigen Temperatur bei Betriebsart S1, in K,
$\Delta t_i = t_i / T_c$	auf die Spieldauer bezogene Dauer der *i*-ten Belastung,
t_i	Dauer des *i*-ten Intervalls in min,
T_c	Spieldauer in min,
k	Erhöhung der Dauertemperatur, die auf halbe Lebensdauer des Isoliersystems führt (Größenordnung $k \approx 10$ K),
i	fortlaufende Nummer des Belastungsintervalls,
n	Anzahl der Belastungsintervalle (für Betriebsart S10: $n \leq 4$).

Die Größe *TL* ist wichtig für die Kennzeichnung der Bemessungsklasse S10. Der Hersteller ist für die korrekte Ermittlung von *TL* verantwortlich.
Jede der konstanten Belastungen kann auch der Belastungswert eines gleichwertigen Dauerbetriebs sein.
→ Betriebsart S10

Bezugsschalldruck {reference sound pressure}
$p_0 = 2 \cdot 10^{-5}$ N/m^2 ≈ Effektivwert des Schallwechseldrucks der menschlichen Hörschwelle bei 1000 Hz.

Auf diesen Wert werden die Schalldruckwerte bezogen und als → Schalldruckpegel im logarithmischen Maß dB angegeben.
[N8.7]

Bezugsschalleistung {reference sound power}
$P_0 = 1\ \text{pW} = 10^{-12}\ \text{W}$
Schalleistungen werden auf diesen Wert bezogen und als → Schalleistungspegel im logarithmischen Maß dB angegeben.

Bimetall-Schalter {bimetal release}
Anordnung zweier Metalle mit stark unterschiedlicher Wärmeausdehnung, die durch die Temperatur am Einbauort (z. B. Wickelkopf) und/oder durch Beheizung über den zu überwachenden Strom durch Verbiegen eine Schaltfunktion erzeugen.
Bei kleinen Strömen werden diese durch das mit Kontakten versehene Bimetall direkt geschaltet und dienen als Überlastungsschutz kleiner Einphasenmotoren. Bei größeren Strömen sind die Bimetalle Bestandteile als der Auslöser von Schutzschaltern. Nachteile der Bimetalle: Sie kühlen sich schneller ab als der zu schützende Motor. Diese Eigenschaft wird meist in der → Ausklösekennlinie (kalt/warm) angegeben und muß bei der Auswahl des Schutzschalters berücksichtigt werden.
→ Motorschutz bei Niederspannung, → Motorschutzschalter
[N4.26]

biologische, chemische und Strahlungseinflüsse {biological, chemical and radiation influences}
Ohne besondere Vereinbarung sind nach [N9.2] der Auslegung von → Motoren für allgemeine Zwecke „geringe industrielle Luftverunreinigungen" der Kühlluft oder der Umgebung zugrunde zu legen. Darüber hinausgehende Beanspruchungen durch:

- Stäube,
- Pilzbefall,
- Insekten,
- Sonnenstrahlung,
- Kernstrahlung,
- chemische Verunreinigungen

sind in den → Betriebs-Bezugsbedingungen nicht festgelegt. Der Einfluß dieser Beanspruchungen auf Isoliersystem und Schmierung und auf das Korrosionsverhalten der betroffenen Teile muß gesondert untersucht werden.
| Evtl. Beanspruchungen sollte der Käufer quantifizieren.

→ ätz- und säurefeste Ausführung, → Anstrich, → Atmung, → dekontamierbarer Anstrich, → Kondenswasser-Ablaufloch, → Korrosionsschutz, → Lebensdauer, → Schmierung, → Schutzart IP
[N8.2, N8.8 bis 8.15, N8.19, N8.20]

Blech {steel sheet}
Ausgangsmaterial (→ Elektroblech) für die Ständer- und Läuferbleche. Auch: das einzelne, bereits gestanzte → Ständer- oder → Läuferblech.

Blechpaket {core}
Aus einzelnen Blechen geschichteter Magnetteil einer elektrischen Maschine.
Das B. ist der Träger der → Wicklung (**Bild B18**). Es führt das → magnetische Feld. Bei der → Asynchronmaschine ist auch der → Läufer (herstellungstechnisch, nicht physikalisch bedingt) aus einzelnen Blechen geschichtet.

Bild B18 Ständerblechpaket eines vierpoligen Drehstrommotors der Baugröße 132, mit Schweißnähten zusammengehalten
Die Nuten sind isoliert; das Blechpaket ist bereit zum Wickeln.

Blindleistung {reactive power}
Leistung, die nur zum Aufbau magnetischer Wechselfelder (in Wicklungen) oder elektrischer Wechselfelder (in Kondensatoren) benötigt wird. Sie kann weder zur Wärmeerzeugung noch zur Verrichtung mechanischer Arbeit genutzt werden. Sie pendelt zwischen Stromerzeuger und induktivem oder kapazitivem Verbraucher mit doppelter Netzfrequenz hin und her (Feldaufbau wechselt mit Feldabbau).

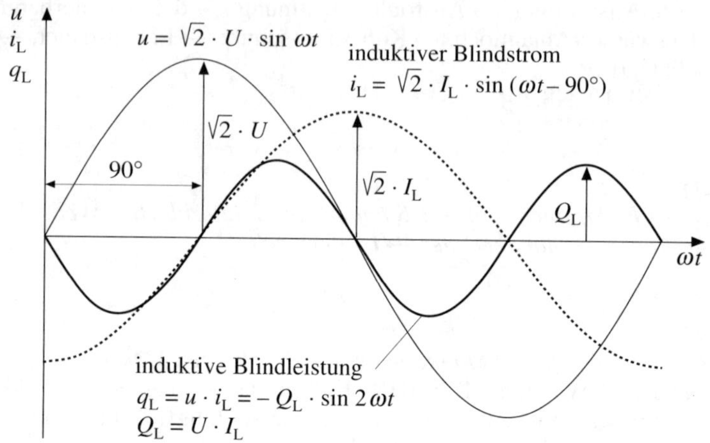

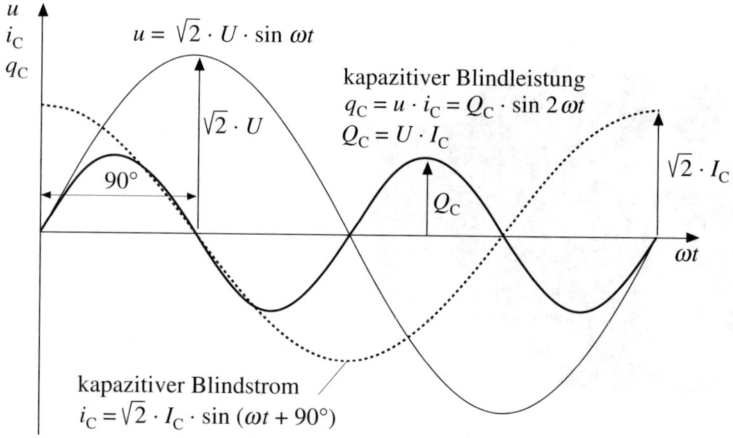

Bild B19 Zeitlicher Verlauf von induktiver und kapazitiver Blindleistung (schematisch) beim einphasigen Wechselstrom

u	Augenblickswert der Spannung	U	Effektivwert der Spannung
i_L	Augenblickswert des induktiven Stroms	I_L	Effektivwert des induktiven Stroms
i_C	Augenblickswert des kapazitiven Stroms	I_C	Effektivwert des kapazitiven Stroms
q_L	Augenblickswert der induktiven Blindleistung	Q_L	Scheitelwert der induktiven Blindleistung
q_C	Augenblickswert der kapazitiven Blindleistung	Q_C	Scheitelwert der kapazitiven Blindleistung
ω	Kreisfrequenz	t	Zeit

$q_L, q_C < 0$ Feldabbau
$q_L, q_C > 0$ Feldaufbau

Bei induktivem und kapazitivem Verbraucher erfolgt der Energiebezug im Gegentakt: Wenn eine Drosselspule ihr Magnetfeld aufbaut, entlädt sich ein an derselben Spannung liegender Kondensator gerade – und umgekehrt (**Bild B19**). Dies kann benutzt werden, um durch wicklungsnahe Installation von Kondensatoren den Stromerzeuger und die Leitungen weitgehend von dem mit der B. verbundenen → Blindstrom zu entlasten (→ Blindstromkompensation).
B. im symmetrischen Drehstromnetz:

$$Q = \sqrt{3} \cdot U \cdot I_b = \sqrt{3} \cdot U \cdot I \cdot \sin\varphi = \sqrt{S^2 - P^2},$$

mit:
- Q Blindleistung in VAr,
- U Spannung zwischen den Außenleitern in V,
- I Strom im Außenleiter in A,
- I_b Blindstrom in A,
- φ Phasenverschiebungswinkel zwischen Spannung und Strom im Bogenmaß oder Grad,
- S Scheinleistung in VA,
- P Wirkleistung in W.

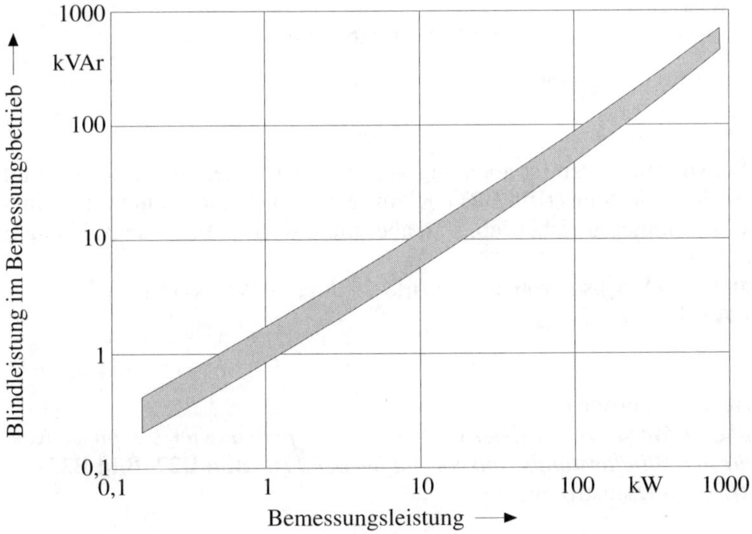

Bild B20 Blindleistung im Bemessungsbetrieb einer ausgeführten Reihe von Drehstrom-Niederspannungsmotoren mit Käfigläufer (Streubereich für die Polzahlen 2 bis 8. Tendenz: kleine Polzahlen liegen im Streubereich unten, große Polzahlen oben).

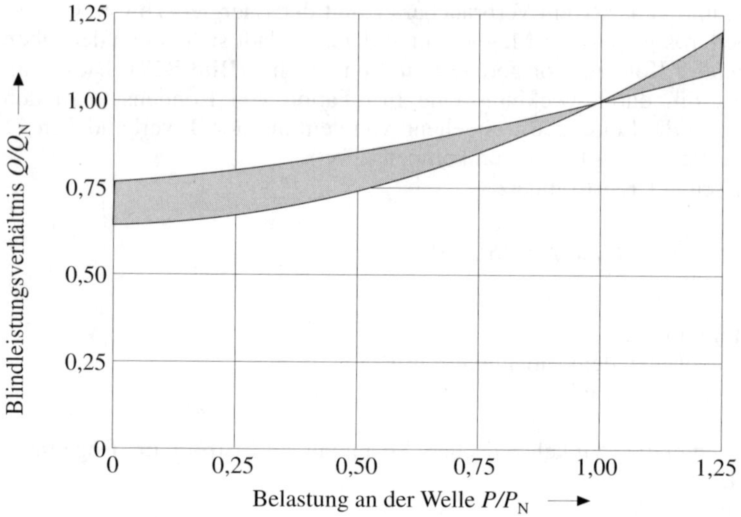

Bild B21 Abhängigkeit der Blindleistung oder des Blindstroms von der Belastung an der Welle für eine ausgeführte Reihe von vierpoligen Drehstrom-Niederspannungsmotoren mit Käfigläufer (Streubereich für die Leistungen von 1,1 kW bis 110 kW; Tendenz: kleine Leistungen haben einen flacheren, große Leistungen einen steileren Verlauf).

P abgebene Leistung an der Welle
P_N abgebene Leistung an der Welle im Bemessungspunkt (Bemessungsleistung)
Q Blindleistung
Q_N Blindleistung im Bemessungspunkt

Die B. von Drehstrommotoren ist abhängig von der Maschinengröße, der Polzahl (**Bild B20**) und der Belastung (**Bild B21**). Kleine Maschinen haben eine verhältnismäßig große B. im Bemessungsbetrieb, sind aber nicht so stark belastungsabhängig wie große Maschinen.

→ Scheinleistung, → Wechselgrößen, → Wirkleistung, → Wirkstrom
[A2, A7, A20, A22]

Blindstrom {reactive current}

*Anteil des meßbaren Wechselstroms, der gegenüber der Spannung um 90° phasenverschoben und für den Blindleistungstransport maßgebend ist (***Bild B22***,* ***Bild B23****).*

B. im symmetrischen Drehstromnetz:

$$I_b = \frac{Q}{\sqrt{3} \cdot U} = \frac{S \cdot \sin\varphi}{\sqrt{3} \cdot U} = I \cdot \sin\varphi,$$

mit:

I_b Effektivwert des Blindstroms in A,
Q Blindleistung in VAr,
U Effektivwert der Spannung (zwischen den Außenleitern) in V,
S Scheinleistung in VA,
φ Phasenverschiebungswinkel zwischen Spannung und Strom in °,
I Effektivwert des gemessenen Wechselstroms in A.

B. im Bemessungspunkt von Drehstrommotoren (aus Daten des Bemessungspunkts):

$$I_{bN} = \frac{P_N \cdot \tan \varphi_N}{\sqrt{3} \cdot U_N \cdot \eta_N},$$

mit:

I_{bN} Blindstrom im Bemessungspunkt (Effektivwert) in A,
P_N Bemessungsleistung (an der Welle) in W,
φ_N Phasenverschiebungswinkel zwischen Spannung und Strom in °,
U_N Bemessungsspannung (Effektivwert) zwischen den Außenleitern in V,
η_N Wirkungsgrad im Bemessungspunkt in 1.

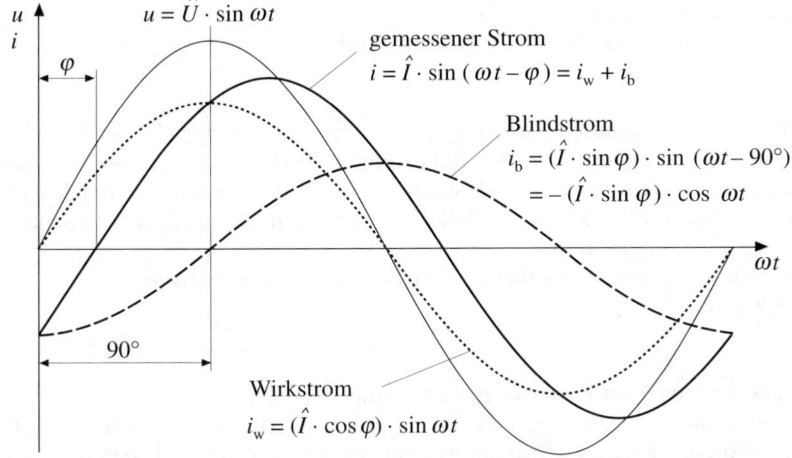

Bild B22 Zerlegung des Stroms in Wirk- und Blindstrom beim einphasigen Wechselstrom im Liniendiagramm

u	Augenblickswert der Spannung	i_w	Augenblickswert des Wirkstroms
$\hat{U} = \sqrt{2} \cdot U$	Scheitelwert der Spannung	i_b	Augenblickswert des Blindstroms
U	Effektivwert der Spannung	φ	Phasenverschiebungswinkel zwischen Strom und Spannung
i	Augenblickswert des Stroms	ω	Kreisfrequenz
$\hat{I} = \sqrt{2} \cdot I$	Scheitelwert des Stroms	t	Zeit
I	Effektivwert des Stroms		

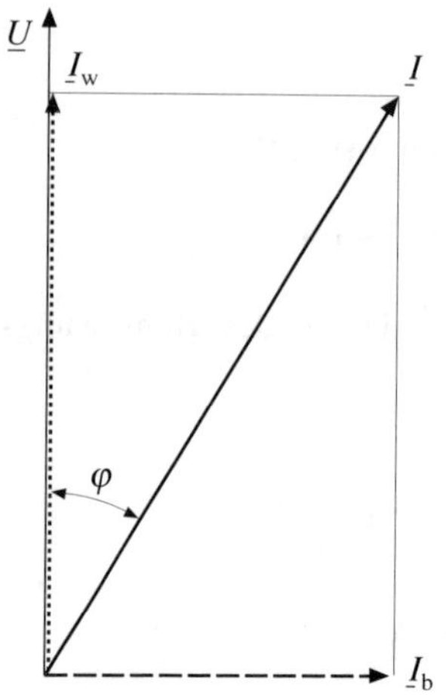

Bild B23 Zerlegung des Stroms in Wirk- und Blindstrom beim einphasigen Wechselstrom im Zeigerdiagramm. Die Unterstreichung einer Größe kennzeichnet, daß Sie als Zeiger dargestellt wird.
U Effektivwert der Spannung (Zeigerlänge)
I Effektivwert des Stroms (Zeigerlänge)
I_w Effektivwert des Wirkstroms (Zeigerlänge)
I_b Effektivwert des Blindstroms (Zeigerlänge)
φ Phasenverschiebungswinkel zwischen Strom und Spannung

Der B. von Drehstrommotoren ist abhängig von der Maschinengröße, der Polzahl, der Spannung, der Frequenz und der Belastung (Bild B21). Der B. belastet den Stromerzeuger und alle Leitungen und Geräte zwischen diesem und den induktiven Verbrauchern. Dies führt zu Spannungsfall und Stromwärmeverlusten. Deshalb häufig → Blindstromkompensation.
→ Scheinleistung, → Wechselgrößen, → Wirkleistung, → Wirkstrom
[A2, A7, A20, A22, N6.10]

Blindstromkompensation {reactive-current compensation}
Mit → Kondensatoren in unmittelbarer Nähe von induktiven Verbrauchern, z. B. Drehstrommotoren, werden der Stromerzeuger und die Leitungen und Geräte zu den induktiven Verbrauchern zum Teil von Blindstrom entlastet. Dieser fließt in voller Höhe nur noch über die Leitungen zwischen Verbraucher und Kondensator. Spannungsfall und Verluste in den Zuleitungen werden verringert.
Erste Maßnahme gegen zu hohen Blindstrom: Bei der Antriebsplanung und Motorauswahl die Motoren nicht überdimensionieren (sonst schlechter Leistungsfaktor cos φ).

Langen Betrieb im Leerlauf vermeiden; besser: Motoren von Dreieck in Stern zurückschalten oder ganz abschalten.
B. lohnt sich wirtschaftlich nur bei Verbrauchern oder Verbrauchergruppen, die einen verhältnismäßig großen Blindstrom aufweisen und kaum Schwankungen unterworfen sind. Bei kleinen und mittleren Motoren (bis zu etwa 15 kW Bemessungsleistung), die mit konstanter Belastung lange Zeiten betrieben werden, ist Einzelkompensation am einfachsten (**Bild B24**) und damit am wirtschaftlichsten. Die Kondensatorbatterie wird direkt mit den Motorklemmen verbunden.
Bei Einzelkompensation an Aufzug-, Hebezeug-, Bremsmotoren u. ä. und bei Motoren über rund 5 kW Bemessungsleistung muß die Kondensatorbatterie über ein eigenes Schütz beim Abschalten des Motors von der Wicklung getrennt werden (sonst Weiterlaufen der abgeschalteten Anlage oder Spannungserhöhungen an den Klemmen durch → Selbsterregung der Asynchronmaschine; auch erhöhte Beanspruchung des Kondensators und der Schaltkontakte.)
Aus denselben Gründen darf die kapazitive Leistung der Kompensationskondensatoren 90 % der Leerlaufblindleistung des Motors nicht überschreiten:

$$Q_C \leq 0,9 \cdot \sqrt{3} \cdot U_N \cdot I_0,$$

mit:
Q_C Kompensationsblindleistung in VAr,
U_N Bemessungsspannung in V,
I_0 Leerlaufstrom des Motors in A.
[A2, A3, A7, A20, **A22**]

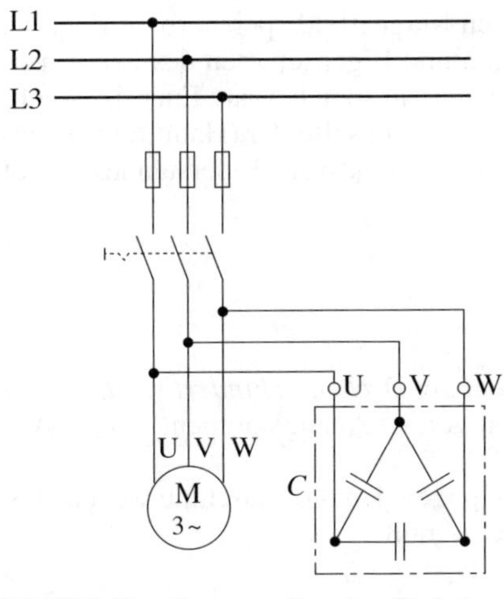

Bild B24 Einzelkompensation eines Drehstrommotors (schematisch)

Blindwiderstand (auch: Reaktanz) {reactance}
Ideale (d. h. verlustfreie) Drosselspulen und ideale Kondensatoren nehmen an Wechselspannung nur → Blindstrom auf, jedoch mit entgegengesetzter Phasenlage. Der B. ist das Verhältnis zwischen Effektivwert der Spannung und Effektivwert des Blindstroms.
Induktiver Blindwiderstand (auch: Induktanz):

$$X_L = \frac{U}{I_L} = \omega \cdot L = 2 \cdot \pi \cdot f \cdot L.$$

Kapazitiver Blindwiderstand (auch: Kondensanz):

$$X_C = \frac{U}{I_C} = \frac{1}{\omega \cdot C} = \frac{1}{2 \cdot \pi \cdot f \cdot C}.$$

X_L induktiver Blindwiderstand (Spule) in Ω,
X_C kapazitiver Blindwiderstand (Kondensator) in Ω,
U Spannung (Effektivwert) in V,
I_L induktiver Blindstrom (Effektivwert) in A,
I_C kapazitiver Blindstrom (Effektivwert) in A,
ω Kreisfrequenz in s^{-1},
L Induktivität in H,
C Kapazität in F,
f Frequenz in Hz.

Die Induktivität ergibt sich aus den Abmessungen und Eigenschaften des magnetischen Kreises und ist ein Maß für die in dessen Magnetfeld speicherbare Energie. Die Kapazität ergibt sich aus den Abmessungen und Eigenschaften des Kondensators und ist ein Maß für die in dessen elektrischem Feld speicherbare Energie. Wechsel- und Drehstrommaschinen haben magnetische Wechselfelder (Hauptfeld, Streufelder), deren Wirkungen in den Wicklungen mit induktiven Widerständen erfaßt werden (→ Ersatzschaltbild).
[A5]

blockierter Läufer {locked rotor}
Festgebremster Läufer = Läufer, der gewaltsam am Drehen gehindert wird.
Dies kann kurzzeitig gewollt sein zum Messen von → Anzugsmoment und → Anzugsstrom.
Im Betrieb ist der b. L. ein ernsthafter Störfall, gegen den die Maschine wegen drohender thermischer Zerstörung geschützt werden muß.
→ Motorschutz, → Zeit t_e.

Boston-Effekt (auch: Lerneffekt) {Boston effect}
Aus der betriebswirtschaftlichen Praxis gewonnene Erkenntnis, daß ein serienmäßig hergestelltes Gut bei Verdopplung der kumulierten Erfahrung (≅ kumulierte Stückzahl) immer dasselbe prozentuale Einsparungspotential an Herstellkosten hat
Das Einsparungspotential kann nur dann umgesetzt werden, wenn der Erfahrungszuwachs in die Produktentwicklung einfließt.
Drehstrommotoren werden seit über 100 Jahren in großen Stückzahlen und allen möglichen Ausführungen gebaut; Produkte und Herstelltechnologien sind ausgereift. Deshalb bedarf es heute und in Zukunft noch längerer Zeit und noch härterer Entwicklungsarbeit, bis durch Stückzahlkumulierung ein Erfahrungszuwachs gesammelt ist, der es technisch und kostenmäßig rechtfertigt, z. B. eine Reihe von Normmotoren durch einen neuen Konstruktionsstand zu ersetzen. Der Erfahrungszuwachs liegt auch in der Art und Weise, wie der Hersteller seine Administration und Informationsverarbeitung vom Angebot bis zum Kundendienst betreibt*).
→ Erfahrungskurve
[B5, E19]

Brandgaslüftermotor {motor for flue gas exhausters}
Motor für einen Lüfter, der im Brandfall heiße Rauchgase aus Gebäuden absaugt.
Je nach Einbauart und Rauchgasführung wird der Motor mehr oder weniger aufgeheizt. Er wird sowohl für den normalen ungestörten Betrieb nach üblichen Regeln bemessen als auch für den Brandfall, nach dessen begrenzter Dauer der Motor zerstört sein darf.
Evtl. Sondermaßnahmen richten sich nach Höhe und vorgegebener Dauer der Temperatur.
→ Kurzzeitlebensdauer, → Lebensdauer, → thermische Lebensdauer

brechersicherer Lüfter {icing fan}
Werden auf Deck von Schiffen oberflächengekühlte Motoren eingesetzt, so ist bei laufendem Motor mit einem Brecherschlag in den Lüfter zu rechnen oder bei Vereisung mit blockiertem Lüfter beim Einschalten. In beiden Fällen müssen die Konstruktion des Lüfters, dessen Kraftübertragung zur Welle, die Welle auf der Lüfterseite selbst und möglicherweise auch die Lüfterhaube für die auftretenden Momentenstöße mechanisch bemessen werden. Bei blockiertem Lüfter ist der Motor gegen den dann fließenden Anzugsstrom zu schützen.
→ Schiffbauvorschriften

---

*) Der Elektromaschinenbau – ohnehin keine Branche stürmischen Zuwachses mehr – leidet nicht selten unter Fehlentscheidungen eines Managements, das die Innovationsfähigkeit und -geschwindigkeit völlig überschätzt und aus der Nichterfüllung seiner Erwartungen heraus den irrigen Schluß zieht, Entwicklung sei keine unternehmerische Notwendigkeit.

Bremsmotoren {brake motors}
Baueinheiten aus Motor und mechanischer Bremse.
Meistens wird eine elektromagnetisch gelüftete Federdruckbremse auf der Nichtantriebsseite unter der Lüfterhaube angebaut (**Bild B25**); dies hat den Vorteil, daß die Bremswärme durch den Kühlluftstrom des Motors gut abgeführt wird. Dadurch kann die Schalthäufigkeit der Bremse erhöht oder ihre Masse verkleinert werden. Durch die Bremse wird der Motor von der Bremswärme entlastet, seine zulässige Schalthäufigkeit wird größer.

- Die Schalthäufigkeit des Motors (Anlaufhäufigkeit) und der Bremse (Bremshäufigkeit) müssen aufeinander abgestimmt sein.
- Alle mechanischen Bremsen (ausgenommen → Haltebremsen) haben Verschleiß und bedürfen besonderer Beachtung bei der → Instandhaltung.

→ Haltebremse, → mechanische Bremsung, → Ruhestromprinzip, → Schalthäufigkeit, → Sicherheitsbremse, → Verschiebeanker-Bremsmotor
[A2, A6, A8, B18]

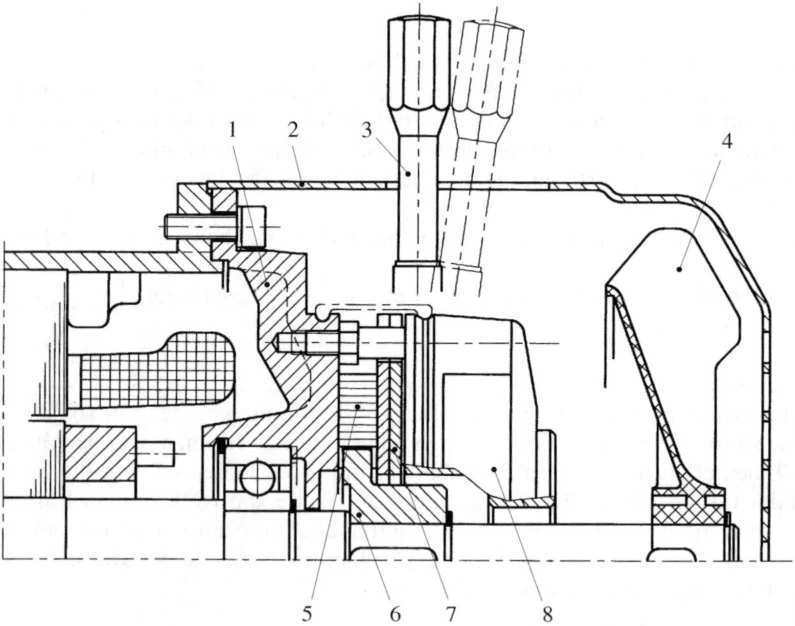

Bild B25 Ausführung eines Bremsmotors

1	Lagerschild NS	5	Bremsscheibe
2	Lüfterhaube	6	Mitnehmer
3	Handlüfthebel	7	Druckscheibe
4	Lüfter	8	Lüftmagnet

Bremsung {braking}
Gewollte Begrenzung oder Verkleinerung der Geschwindigkeit oder Drehzahl eines Antriebs nach Abschalten der treibenden Motorwirkung
Gründe: Begrenzen der Geschwindigkeit (Fahrbremse), Stillsetzen eines Antriebs zur Verkürzung von Totzeiten, Stillsetzen aus Sicherheitsgründen (z. B. bei Stromausfall). Die B. ist die Umkehrung der → Beschleunigung; das erforderliche Bremsmoment wird meist durch die Lastmomente der Arbeitsmaschine unterstützt. Die Bremsung erfolgt mechanisch (→ mechanische Bremsung, → Bremsmotor) oder elektrisch durch → Gleichstrom-, → Gegenstrom- oder generatorische (übersynchrone, → Nutz-)Bremsung.
→ Bremswärme, → Bremszeit, → elektrische Bremsung, → Sicherheitsbremse, → Verschiebeanker-Bremsmotor
[A2, A6, A8, A21, E27, B18]

Bremswächter {zero-speed relay}
Am Motor angebaute Einrichtung zur Überwachung einer Gegenstrombremsung.
Der B. schaltet den Motor nach einer → Gegenstrombremsung möglichst nahe im Drehzahlnulldurchgang ab, wenn der anschließende Anlauf in der anderen Drehrichtung unerwünscht ist.

Bremswärme im Läufer {rotor braking-heat}
Die bei einer Bremsung im Läuferkreis entstehende Wärme.
Die B. i. L. einer → Asynchronmaschine ist unabhängig von der Läuferausführung, der Spannung, der → Bremszeit und (bei elektrischer Bremsung) dem → Bremsstrom – aber abhängig von der Art der Bremsung. Wird die Motorwelle während der Bremsung zusätzlich mit einem Lastmoment (durch eine bremsende Arbeitsmaschine) beaufschlagt, so wird die B. i. L. um einen Betrag verringert, dessen Höhe von dem Verlauf des Brems- und des Lastmoments abhängt; er kann mit einem Korrekturfaktor zur Bremswärme (→ Schalthäufigkeit) näherungsweise erfaßt werden. Der Einfluß der Reibungsverluste des Motors kann während der Bremsung vernachlässigt werden.
Gegenstrombremsung:

$$W_{\mathrm{Br2}} \approx 3 \cdot W_{\mathrm{A2}}.$$

Gleichstrombremsung:

$$W_{\mathrm{Br2}} \approx W_{\mathrm{A2}}.$$

Mechanische Bremsung:

$$W_{Br2} = 0.$$

W_{Br2} gesamte Bremswärme im Läuferstromkreis in Ws,
W_{A2} → Anlaufwärme im Läufer in Ws.

Die B. i. L. ist zusammen mit der Anlaufwärme bei Antrieben mit hoher → Schalthäufigkeit und großen Trägheitsmomenten der wichtigste Faktor für den Energieverbrauch. Bei → Schleifringläufer-Motoren teilt sich die B. i. L. im Verhältnis der Widerstände zwischen Läuferwicklung und → Anlasser auf und entsteht deshalb vor allem außerhalb der Maschine. Bei dieser Maschine besteht aus diesem Grund normalerweise nicht die Gefahr einer zu großen Übertemperatur in Läufer- und Ständerwicklung. Beim → Käfigläufermotor ist dies anders: Die volle B. i. L. entsteht in der Käfigwicklung und kann dort hohe Übertemperaturen hervorrufen, vor allem bei → Gegenstrombremsung. Bei Motoren ohne inneren Kühlkreislauf kriecht ein Teil der B. i. L. auch in die Lager; möglicherweise werden die → Schmierung und die → Lagerluft beeinträchtigt. Werte der im Motorläufer gespeicherten kinetischen Energie = Beschleunigungswärme W_{A20} bei Leeranlauf von Käfigläufermotoren: → Bild A14. Bei mechanischer Bremsung entsteht die Wärme in der Bremse, nicht im Motor.
→ Anlassen von Käfigläufermotoren, → Aufzugmotoren, → Bremsmotoren, → Bremswärme im Motor, → Bremswärme im Ständer, → Grenzwerte der Übertemperatur, → Lagertemperatur, → Schalthäufigkeit
[A3, A5, A6, E34, E35]

Bremswärme im Motor {motor breaking-heat}
Während der Bremsung im Motor entstehende Wärmemenge.
Zur Bremswärme kommt bei elektrischer Bremsung die durch → Eisenverluste im Blechpaket verursachte Wärme hinzu, deren Betrag in vielen Fällen vernachlässigt werden kann. Ansonsten gelten die gleichen Aussagen wie bei der → Bremswärme im Läufer und der → Bremswärme im Ständer.
Gegenstrombremsung:

$$W_{Br} \approx W_{Br1} + W_{Br2} \approx 3 \cdot W_{A2} \cdot \left(1 + \frac{R_1}{R_2'}\right).$$

Gleichstrombremsung:

$$W_{Br} \approx W_{Br1} + W_{Br2} \approx W_{A2} \cdot \left(1 + \frac{R_1}{R_2'}\right).$$

Mechanische Bremsung:

$$W_{Br} = 0.$$

W_{Br} gesamte Bremswärme im Motor in Ws,
W_{A2} → Anlaufwärme im Läufer in Ws.
Alle anderen Größen : → Bremswärme im Läufer, → Bremswärme im Ständer.
Bei mechanischer Bremsung entsteht die B. nicht im Motor; es ergeben sich deshalb die höchsten Schalthäufigkeiten. Die Summe von Anlauf- und Bremswärme eines Arbeitsspiels steht im ungefähren Verhältnis:
mechanische Bremsung : Gleichstrombremsung : Gegenstrombremsung ≈ 1 : 2 : 4 – die Leerschalthäufigkeiten jedoch nur im Verhältnis von grob 1 : 1,5 : 2,5 (→ Schalthäufigkeit).
Bei Antrieben für hohe Schalthäufigkeit und/oder große Trägheitsmomente erfolgt die Bemessung der → Aktivteile des Motors und seiner Lagerkonstruktion möglicherweise nach der Anlauf- und B. i. M.
→ Anlassen von Käfigläufermotoren, → Anlaufwärme im Motor, → Aufzugmotoren, → Bremsmotoren, → Gegenstrombremsung, → Gleichstrombremsung, → Grenzwerte der Übertemperatur, → Lagertemperatur
[A3, A5, A6, E34, E35]

Bremswärme im Ständer {stator breaking-heat}
Während der Bremsung in der Ständerwicklung entstehende Wärmemenge:
Es gelten grundsätzlich dieselben Aussagen wie bei der → B. im Läufer mit einem wesentlichen Unterschied: Durch Erhöhung des ohmschen Widerstands im Läufer läßt sich die B. i. S. auch beim Käfigläufermotor in gewissen Grenzen verkleinern (→ Schlupfläufer).
Gegenstrombremsung:

$$W_{Br1} \approx 3 \cdot W_{A2} \cdot \frac{R_1}{R_2'}.$$

Gleichstrombremsung:

$$W_{Br1} \approx W_{A2} \cdot \frac{R_1}{R_2'}.$$

Mechanische Bremsung:

$$W_{Br1} = 0.$$

W_{Br1} bei einer Bremsung entstehende Wärmemenge in der Ständerwicklung in Ws,
W_{A2} → Anlaufwärme im Läufer in Ws,
R_1 ohmscher Strangwiderstand der Ständerwicklung in Ω,
R_2' ohmscher Strangwiderstand der Läuferwicklung, bezogen auf die Ständerwicklung, in Ω.

Alle anderen Größen: → Bremswärme im Läufer.

→ Anlassen von Käfigläufermotoren, → Aufzugmotoren, → Bremsmotoren, → Bremswärme im Motor, → Gegenstrombremsung, → Gleichstrombremsung, → Grenzwerte der Übertemperatur, → Lagertemperatur, → Schalthäufigkeit
[A3, A5, A6, E34, E35]

Bremszeit {braking time}
Dauer einer Bremsung vom Ausschalten des Motors bis zum Erreichen des Stillstands

$$t_{Br} \approx t_0 + J \cdot \frac{\Omega_m}{M_{Brm} \pm M_{Lm}} \approx t_0 + 0{,}105 \cdot FI \cdot J_M \cdot \frac{n}{M_{Brm} \pm M_{Lm}},$$

mit:
t_{Br} Bremszeit in s,
t_0 Einfallzeit der mechanischen Bremse oder Umschaltzeit bis zum Wirksamwerden der elektrischen Bremsung in s,
J gesamtes Trägheitsmoment (Motor + Arbeitsmaschine) in kgm^2,
J_M Trägheitsmoment des Motors in kgm^2,
Ω_m Winkelgeschwindigkeit, von der aus die Bremsung einsetzt, in s^{-1},
M_{Brm} mittleres Bremsmoment in Nm,
M_{Lm} mittleres Drehmoment der Arbeitsmaschine während der Bremsung in Nm + Zeichen: passives (bremsendes) Lastmoment, – Zeichen: aktives (treibendes) Lastmoment),
FI → Trägheitsfaktor in 1,
n Drehzahl, von der aus die Bremsung einsetzt, in min^{-1}.

Die Einfalls- oder Bremsverzögerungszeit t_0 kann bei elektromagnetisch gelüfteten Bremsen verkürzt werden, wenn auf der Gleichstromseite der Bremse geschaltet wird. Größenordnung der B. für Drehstrom-Käfigläufermotoren (ohne zusätzliche Drehmasse; Einfallzeit vernachlässigt) = Anlaufzeit nach → Bild A15.

→ Bremsmotoren, → Bremsung, → Gegenstrombremsung, → generatorische Bremsung, → Gleichstrombremsung, → mechanische Bremsung
[A2, A6, A8, B18]

Bruchlochwicklung {fractional-slot winding}
Wechselstromwicklung, bei der die Nutenzahl (Lochzahl) je Pol und Wicklungsstrang eine gebrochene Zahl ergibt.
Bei Asynchronmaschinen vermeidet man B. nach Möglichkeit. Gelegentlich lassen sie sich nicht umgehen, z. B. für seltene Polzahlen, die in vorhandenen Blechen verwirklicht werden sollen.

BS {non-drive end}
Bedienungsseite (veraltet für → Nichtantriebsseite)

BS
British **S**tandard
Norm des United Kingdom

Bürste (auch Kohlebürste) {brush}
Kontaktteil für die Stromübertragung zu drehenden Wicklungen.
B. sitzen in → B.haltern und schleifen auf den → Schleifringen. Ihr Werkstoff besteht meistens aus gepreßten oder gesinterten Mischungen zwischen Graphit und Kupfer-staub, gelegentlich aus reinem Graphit. Die B.sorte wird hauptsächlich von Gleitgeschwindigkeit, Spannung, Stromdichte sowie deren betriebsmäßiger Schwankung bestimmt und muß vom Hersteller sorgfältig festgelegt werden.

- Für die Instandhaltung von B. , B.haltern und Schleifringen die Anleitungen des Herstellers sorgfältig beachten!
- Bei B.wechsel immer die vom Hersteller festgelegte Qualität und Abmessung verwenden!

→ Bürstenabrieb, → Bürstenabhebevorrichtung, → Bürstenfeuer, → Bürstenhalter, → Schleifringe
[A2, N4.7, N4.8, N4.9]

Bürstenabhebevorrichtung (BAV) {brush lifting and short-circuiting device}
Genauer: *Kurzschließ- und Bürstenabhebevorrichtung (KBAV) = Vorrichtung, mit der nach erfolgtem Anlauf erst die Schleifringe und damit die Läuferwicklung kurzgeschlossen wird und anschließend die Bürsten von den Schleifringen abgehoben werden.*
Ausführungsbeispiel: **Bild B26**. Anwendung der B. bei großen Schleifringläufermotoren für Schweranlauf oder zur Netzentlastung (nicht bei Drehzahlverstellung über Läufervorwiderstände). Vorteil: Keine Bürstenreibungs- und Bürstenübergangsverluste. Praktisch kein Verschleiß an Schleifringen und Bürsten. Mit einer

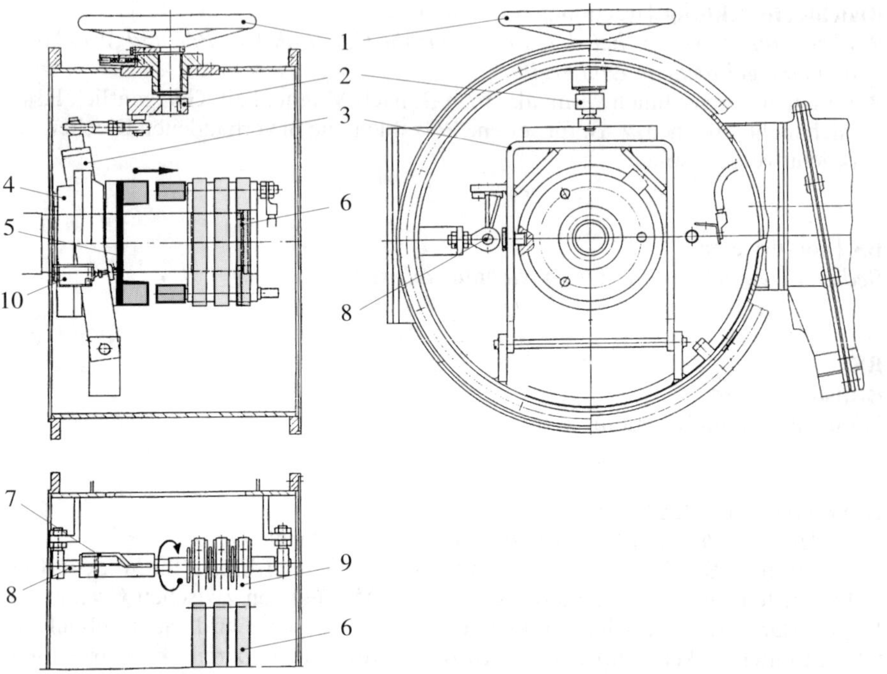

Bild B26 Ausführungsbeispiel einer Kurzschließ- und Bürstenabhebevorrichtung mit Handbetätigung. Über Handrad **1**, Exzenter **2** mit Gestänge, und Schwenkbügel **3** wird ein nicht umlaufendes Gleitstück **4** axial verschoben. Dieses greift über ein Rillenkugellager auf ein mit der Welle umlaufendes Gleitstück (nicht dargestellt), an dem ein Kurzschlußring **5** mit Messerkontakten sitzt. Diese schieben sich in Federkontakte des Schleifringkörpers **6** – die Läuferwicklung wird kurzgeschlossen. Der Schwenkbügel **3** bewegt sich noch weiter und verdreht über Stufenbleche **7** die drehbar gelagerten Bürstenbolzen **8** samt Bürstenhaltern **9** – die Bürsten heben sich von den Schleifringen ab (Betriebsstellung). Über einen Mikroschalter **10** kann eine Verriegelung erfolgen, so daß Einschalten nur in der Anlaufstellung (aufliegende Bürsten, kein Kurzschluß, voller Läufervorwiderstand eingeschaltet) möglich ist.

motorbetätigten B. läßt sich der Kurzschließ- und Abhebevorgang in den Anlaßvorgang integrieren und automatisieren.

Nach einer Motorabschaltung muß durch Verriegelung sichergestellt sein, daß die B. auf Anlaßstellung gebracht ist (Kurzschluß aufgehoben, Bürsten aufliegend, Anlasser voll eingeschaltet), bevor der nächste Anlaßvorgang beginnt. Sonst erhebliche Schäden an Läuferwicklung und B., evtl. auch an Ständerwicklung.

→Anlassen von Schleifringläufer-Motoren, →Anlasser, →Anlaßschwere, →Anlauf
[A2]

Bürstenabrieb {brush wear}
Ist abhängig von Bürstensorte, Schleifgeschwindigkeit, Bürstendruck, Stromdichte, deren betriebsmäßiger Schwankung und dem Zustand der Teile. Muß durch regelmäßige Inspektionen überprüft werden.
Geringe Luftfeuchtigkeit führt zu übermäßigem B. Bei besonders heißen Schleifringläufermaschinen auf Luftwechsel mit normaler Umgebungsluft achten. Notfalls Ausgleichskanäle (nach Rücksprache mit Hersteller!) zum Schleifringraum vorsehen.
→ Bürsten, → Bürstenabhebevorrichtung, → Bürstenfeuer, → Bürstenhalter, → Instandhaltung, → Schleifringe
[A2]

Bürstenfeuer {brush sparking}
Sichtbares B. an Schleifringläufermaschinen ist immer ein Zeichen für Unregelmäßigkeiten: Überlastung, schlecht eingeschliffene Bürsten, zu geringer Bürstendruck, Beschädigungen am Schleifring u.ä. Es führt zu erhöhtem Bürstenabrieb, möglicherweise vorzeitigem → Ausfall.
B. kann durch sachgemäße → Instandhaltung vermieden werden.
→ Bürsten, → Bürstenabhebevorrichtung, → Bürstenhalter, → Schleifringe

Bürstenhalter {brush holder}
Hält und führt die Bürsten, erzeugt den erforderlichen Anpreßdruck (≈ 2 N/cm²) und trägt die Klemmen für die Anschlüsse (**Bild B27**). B. sollen radial zum Schleifring

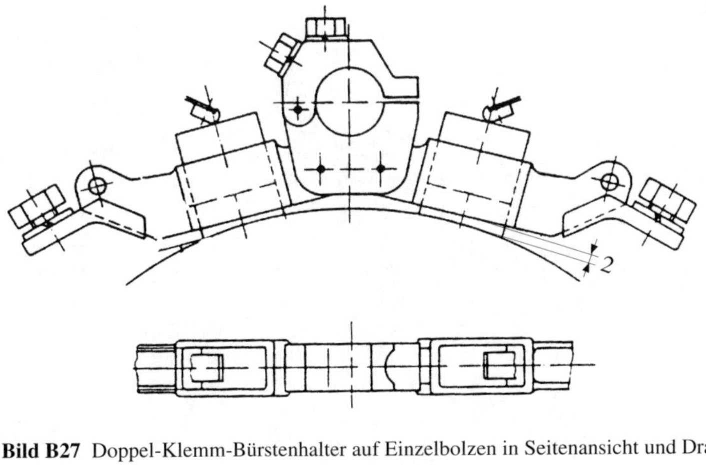

Bild B27 Doppel-Klemm-Bürstenhalter auf Einzelbolzen in Seitenansicht und Draufsicht

stehen mit einem größten Abstand von 2 mm zur Lauffläche, um Beschädigungen der Bürsten zu vermeiden.

| Regelmäßige Überprüfung der B. ist Teil der → Instandhaltung.

→ Bürsten, → Bürstenabrieb, → Bürstenabhebevorrichtung, → Bürstenfeuer, → Schleifringe

[A2, N4.7, N4.8, N4.9]

C

CE
***C**ommunauté **E**uropéen = Europäische Union (EU)*
Das Europäische Parlament und der Rat der Europäischen Union erlassen Richtlinien. Diese sollen die Rechtsvorschriften der Mitgliedsstaaten angleichen, um Handelshemmnisse abzubauen und einen gleichartigen Sicherheitsstandard innerhalb der EU zu erreichen. Diese Richtlinien müssen von jedem Mitgliedsstaat in nationales Recht umgesetzt werden.
→ EG-Richtlinien [Reihe N11]

CEB
*Comité **É**lectrotechnique **B**elge*
Belgisches Elektrotechnisches Komitee (vergleichbar der deutschen → DKE)

CEF
*Comité **É**lectrotechnique **F**rançais*
Französisches Elektrotechnisches Komitee (vergleichbar der deutschen → DKE)

CEI
*Comité **É**lectrotechnique **I**nternational = → IEC*
Internationale Elektrotechnische Kommission

CE-Kennzeichnung {CE-Marking}
Genauer: CE-Konformitätskennzeichnung (**Bild C1**).

- Die CE-K. bestätigt die Übereinstimmung des Produkts mit **allen** Richtlinien, in denen für dieses Produkt Anforderungen und Bewertungsverfahren festgelegt sind (z. B. für bestimmte elektronische Geräte in Niederspannungs- **und** EMV-Richtlinie).
- Während festgelegter Übergangsfristen kann die CE-K. auch **mit Angabe von Richtlinien** erfolgen (die Nummern der betreffenden Richtlinien – entsprechend ihrer Veröffentlichung im Amtsblatt der Europäischen Gemeinschaften – müssen in den Unterlagen, Hinweisen oder Anleitungen angegeben sein, die dem Produkt beiliegen). Dies bestätigt die Übereinstimmung mit allen in den **genannten** Richtlinien für dieses Produkt festgelegten Anforderungen und Bewertungsverfahren.

Bild C1 CE-Kennzeichnung von Produkten, die einer oder mehreren Richtlinien der EU entsprechen

→ CE, → CE-Kennzeichnung explosionsgeschützter Elektromotoren, → EG-Richtlinien [E61, N11.7]

CE-Kennzeichnung explosionsgeschützter Elektromotoren {CE-marking of explosion protected electrical motors}
Für explosions- und schlagwettergeschützte elektrische Betriebsmittel bestehen mit den Europäischen Normen [Reihe N3] einheitliche Bau- und Prüfvorschriften sowie Regeln für die Kennzeichnung der Art und des Umfangs des Explosionsschutzes. Deren Einhaltung wird nach einer erfolgreichen Baumusterprüfung durch eine der autorisierten → Prüfstellen der EU in einer → Konformitätsbescheinigung (Baumusterprüfbescheinigung) bestätigt. Darüber hinaus gilt die europäische → Explosionsschutz-Richtlinie [N11.8], die weitere Besonderheiten auf dem Gebiet des Explosionsschutzes regelt (z. B. Bewertung des Qualitätssicherungs-Systems des Herstellers durch eine autorisierte Stelle). Darin ist auch die CE-Kennzeichnung nach einer Übergangsfrist (**Bild C2**) zwingend vorgeschrieben. Diese Kennzeichnung besteht aus den Buchstaben „CE“ (Bild C1) und einer Kenn-Nummer der für die Überwachung des QS-Systems verantwortlichen Stelle. Sie wird vom Hersteller oder seinem in der EU ansässigen Bevollmächtigten am Produkt deutlich sichtbar und unauslöschlich angebracht.

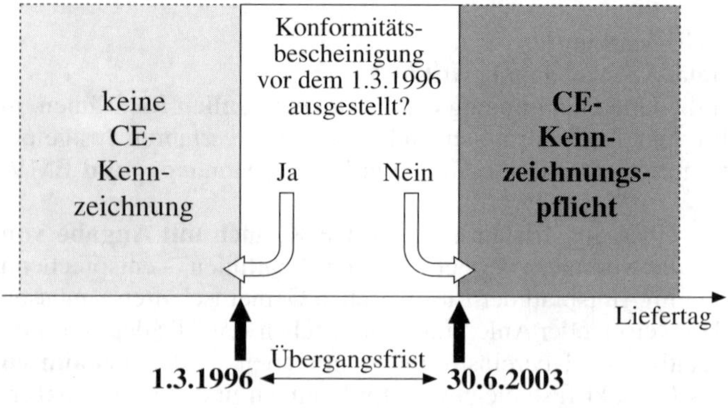

Bild C2 Fristen für die CE-Kennzeichnung von explosionsgeschützten Elektromotoren

Die CE-Kennzeichnung bestätigt die Übereinstimmung mit allen in den gemeinschaftlichen Rechtsvorschriften für dieses Produkt festgelegten Anforderungen und Bewertungsverfahren.
→ CE, → Explosionsschutz, → Zündschutzarten
[A13, A14, E61]

CEMA
***C**anadian **E**lectrical **M**anufacturers **A**ssociation*
Verband der kanadischen Elektroindustrie (vergleichbar dem deutschen → ZVEI)

CEMEP
***C**omité **E**uropéen de Constructeurs de **M**achines **E**lectriques et d'Electronique de **P**uissance*
Fachverband der europäischen Hersteller von elektrischen Maschinen und Leistungselektronik (deutsche Mitarbeit durch den → ZVEI). CEMEP vertritt die Interessen der Herstellerfirmen bei der Europäischen Kommission. Es hat Empfehlungen für die Anwendung der die Antriebstechnik betreffenden → EG-Richtlinien erarbeitet.
→ CE, → CE-Kennzeichnung

CEN
***C**omité **E**uropéen de **N**ormalisation*
Europäisches Komitee für Normung (vergleichbar dem deutschen → DIN und → VDE)

CENELEC
***C**omité **E**uropéen de **N**ormalisation **É**lectrotechnique, Europäisches Komitee für Elektrotechnische Normung*
C.-Mitglieder sind die nationalen elektrotechnischen Komittees der Länder Belgien, Dänemark, Deutschland, Finnland, Frankreich, Irland, Italien, Niederlande, Norwegen, Österreich, Portugal, Schweden, Schweiz, Spanien und Vereinigtes Königreich. Sitz des C.-Generalsekretariats: Brüssel. Das C. erarbeitet auf elektrotechnischem Gebiet Europäische Normen (EN ...). Alle C.-Mitglieder sind verpflichtet, jeder EN ohne jede Änderung den Status einer nationalen Norm zu geben.
Europa erhält in den nächsten Jahren ein einheitliches elektrotechnisches Normenwerk.

CEP
Comissão ***E****lectrotécnica* ***P****ortuguêse*
Portugiesische Elektrotechnische Kommission (vergleichbar der deutschen → DKE)

CES
Comité ***É****lectrotechnique* ***S****uisse*
Schweizerisches Elektrotechnisches Komitee (vergleichbar der deutschen → DKE)

chemische Einflüsse
→ biologische, chemische und Strahlungseinflüsse

CIGRE
Conference ***I****nternationale des* ***G****randes* ***R****éseaux* ***E****lectriques*
Internationale Konferenz für Hochspannungsnetze. Ihre Ergebnisse fließen in die nationale und internationale Normung auf dem Gebiet der elektrischen Hochspannungstechnik ein.

cos φ {power factor (pf)}
Leistungsfaktor; φ : Winkel der → Phasenverschiebung zwischen Strom und Spannung.
Der cos φ gibt an, welcher Anteil des Gesamtstroms mit der Spannung in Phase ist (Wirkstrom, Bilder B22, B23); nur dieser kann nutzbare Leistung (Wirkleistung) transportieren. Der cos φ ist von Maschinengröße und Polzahl abhängig; Tendenz: größere Maschine – höherer cos φ; höhere Polzahl – kleinerer cos φ. Außerdem ist der cos φ stark von der Belastung abhängig (**Bild C3**). Er wird mit abnehmender Belastung kleiner und ist im Leerlauf am kleinsten wegen der geringen Leistungsaufnahme (nur die verhältnismäßig kleinen Leerverluste müssen gedeckt werden).
Für die Motorauswahl ist der cos φ von untergeordneter Bedeutung. Bei der energetischen Optimierung von ganzen Anlagen muß er jedoch berücksichtigt werden (→ Blindstromkompensation).
→ Blindleistung, → Blindstrom, → Wechselstrom, → Wirkleistung, → Wirkstrom

CSA
Canadian ***S****tandards* ***A****ssociation*
Kanadischer Normenverband (vergleichbar dem deutschen → DIN und → VDE)

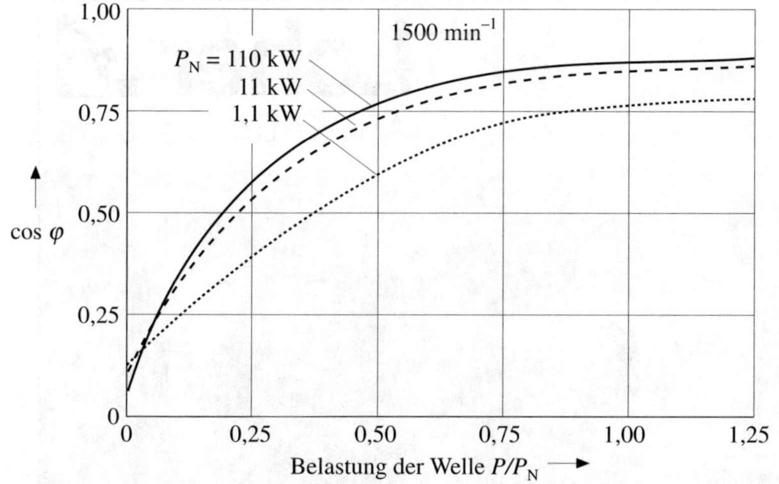

Bild C3 Leistungsfaktor cos φ von vierpoligen Drehstrom-Käfigläufermotoren für Niederspannung, abhängig von der Belastung (typische Werte)

P Teillast in kW

P_N Bemessungsleistung in kW

D

Dahlanderschaltung {Dahlander circuit}
Ständerwicklung von Käfigläufermotoren, bei der jeder Strang in zwei symmetrische Teilwicklungen aufgeteilt ist. Durch entsprechende Umschaltung ergibt sich eine Polzahländerung im Verhältnis 1 : 2.
Prinzip der Polzahländerung durch D.: **Bild D1**. Die Teilwicklungen können unabhängig von der Drehzahlstufe in Stern oder Dreieck ans Netz gelegt werden (**Bild D2**). Die Höhe des Drehmoments hängt von der Schaltung ab; damit ergeben sich mehrere Schaltungskombinationen, mit denen die Drehmomentkennlinien des Motors der Arbeitsmaschine angepaßt werden können (**Tabelle D3**).
In der hohen Drehzahlstufe treten meist deutliche Drehmomentsättel auf. Möglicherweise muß deshalb der Anlauf über die niedrige Stufe erfolgen.
Grundsätzlich könnte in jeder Dreieckschaltung auch ein Stern-Dreieck-Anlauf gemacht werden. Es hängt von der Lastkennlinie und dem Anlaufstrom der jeweiligen Sternschaltung ab, ob dies möglich ist und ob sich dabei eine wesentliche Stromreduzierung ergibt. Im Gegensatz zu → getrennten Wicklungen werden alle Wick-

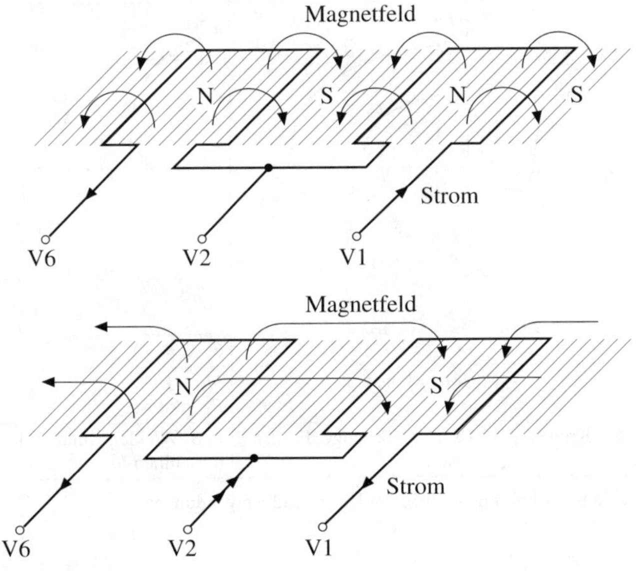

Bild D1 Prinzip der Polzahländerung bei Dahlanderschaltung

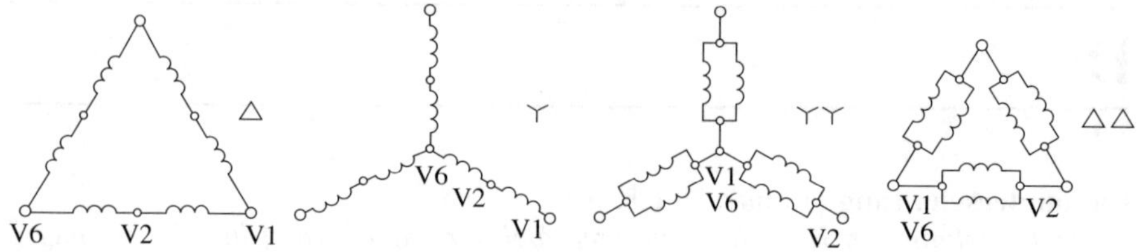

Bild D2 Die wichtigsten Möglichkeiten einer Dahlanderschaltung (Anschlußbezeichnungen nur für Strang V)

Schaltung niedrige Drehzahl/hohe Drehzahl	**Δ/ΔΔ**	**Δ/YY**	**YY/Δ**
Drehmomentkennlinie $M = f(n)$ (schematisch)	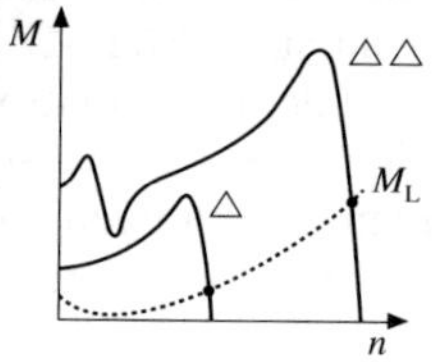	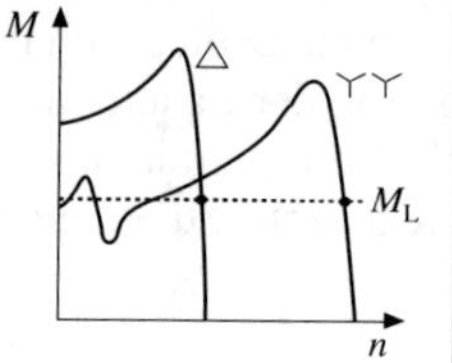	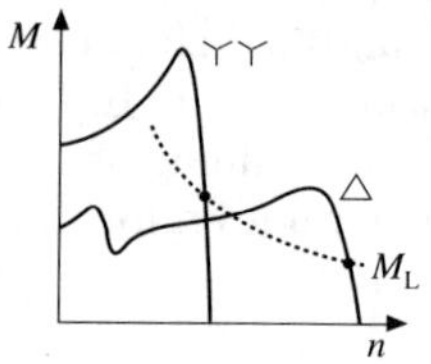
Stromkennlinie $I = f(n)$	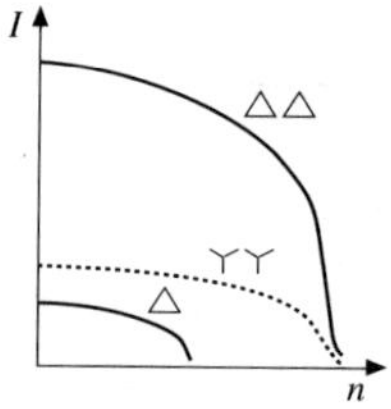	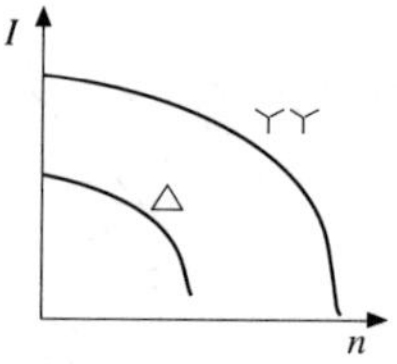	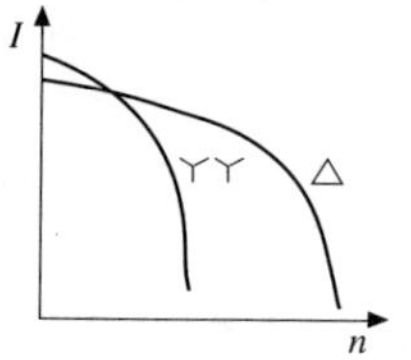
Bemessungsmoment M_{N1}/M_{N2}	≈ 1/2	≈ 3/2	≈ 8/3
Bemessungsleistung P_{N1}/P_{N2}	≈ 1/4	≈ 3/4	≈ 4/3
Klemmenzahl	9	6	6
Anwendung für Lastmoment	$M_L \sim n$ $M_L \sim n^2$	$M_L \approx$ konst.	$M_L \sim 1/n$ $P_L \approx$ konst.
Arbeitsmaschinen	z. B. Lüfter, Kreiselpumpen	z. B. Hebezeuge, Förderbänder	z. B. Wickler, Rundschälmaschinen

Tabelle D3 Die häufigsten Dahlanderschaltungen – Eigenschaften und Anwendungen

lungsteile an der Drehmomentbildung beteiligt; in D. läßt sich eine höhere Leistung bei gleicher Motorgröße erzielen.
→ Anlassen von Käfigläufermotoren, → Polumschaltung, → Pol-Amplituden-Modulation
[A2, A3, A4, A6, **E4**]

Dauerbetrieb
→ Betriebsart S1

Dauerschmierung {permanent lubrication}
Schmierung eines Wälzlagers, dessen Fettfüllung während der Gebrauchsdauer nicht erneuert zu werden braucht oder nicht erneuert werden kann.
→ Schmierung

DEK
D*ansk* **E***lektroteknisk* **K***omite*
Dänisches Elektrotechnisches Komitee (vergleichbar mit der deutschen → DKE)

dekontaminierbarer Anstrich (kurz: Dekont-Anstrich) {decontaminable painting}
Sonderanstrich für den Fall radioaktiver Verseuchung
Muß abwaschfest sein und darf keine Farb- oder Füllstoffe enthalten, die durch Bestrahlung selbst radioaktiv werden*).
→ Anstrich

DEL-Notiz
Deutsche Elektrolytkupfer-Notiz
Die einzige Börse der Welt für Edel- und Buntmetall ist die „London Metal Exchange (LME)". Der dort notierte Stand für elektrolytisch gewonnenes Kupfer in Barren wird mit dem Tageskurs der Währung in DM/100 kg umgerechnet und täglich in der D. veröffentlicht. Um das Kursrisiko für das wichtige elektrotechnische Metall Kupfer aufzufangen, enthalten alle Kaufverträge industrieller elektrotechnischer Güter eine Preisgleitklausel. Diese sieht abhängig von der Art des Produkts eine meist gestaffelte Preiserhöhung vor, wenn die D. einen bestimmten Wert (z. B. 450 DM/100 kg) überschreitet.

---

*) Der Autor hofft dringend, daß in Zukunft keine Notwendigkeit für eine derartige technische Ausführung besteht.

Diagnose {diagnosis}
Zustandserkennung und Bewertung; bei technischen Systemen ein Bestandteil der → Instandhaltung.
Auch bei sorgfältig ausgeführtem → Motorschutz altern die Maschinen. D. hat den Zweck, aus meßbaren Maschinengrößen und ihrer Veränderung Schlüsse auf die → Zuverlässigkeit zu ziehen und daraus Maßnahmen für die Instandhaltung abzuleiten. Genau wie bei Lebewesen (biologischen Systemen) läßt die D. bei technischen Systemen Aussagen nur mit einer bestimmten Wahrscheinlichkeit zu. Um diese möglichst hoch zu halten, sind so viele relevante Meßgrößen wie möglich einzubeziehen. Dies erfordert bei der Ausstattung der Maschine, den Meß- und Auswertegeräten als auch den Bewertungs- und Entscheidungsvorgängen einen Aufwand, der nur für große betriebswichtige Einheiten gerechtfertigt ist.
Die subjektiven Erfahrungen des Bedienungs- und Instandhaltungspersonals müssen unbedingt in die Bewertung der Meßdaten einbezogen werden! D. kann deshalb nicht automatisiert werden*).
→ Schnittstelle
[A2, B22, E21]

Dielektrikum (Nichtleiter) {dielectric}
Allgemeiner Ausdruck für einen festen, flüssigen, gasförmigen oder gemischt zusammengesetzten Isolierstoff oder das elektrisch belastete Vakuum.
Aufgaben des D.: galvanische Trennung spannungsführender Teile, Wärmeabfuhr aus dem Leiter, Schutz des Leiters vor Feuchtigkeit und Korrosion, mechanische Funktion (z. B. als Füllstoff, zur Abstützung). Nur Vakuum ist ein absoluter Nichtleiter. Das Isoliervermögen aller anderen D. hängt von vielen Einflußgrößen ab (Temperatur; elektrische, mechanische und chemische Beanspruchung). Bei hoher elektrischer Feldstärke (z. B. Nutisolation von Hochspannungsmaschinen, Drahtisolation von Niederspannungsmotoren mit Umrichterspeisung) führen Feuchtigkeit, Fremdkörper (besonders Metallspäne) oder Gaseinschlüsse (Luftblasen) durch → Teilentladung zur Herabsetzung der → Durchschlagsfestigkeit.
→ dielektrische Beanspruchung, → elektrisches Feld, → Hochspannungswicklung, → Isolationswiderstand, → Isolierstoff, → Isoliersystem, → Tränkung, → Wicklung
[A2]

*) Auch „Kollege Computer“ kann dem Menschen die Verantwortung für ein technisches System nicht abnehmen – wohl aber die Entscheidungsfindung erleichtern und beschleunigen.

dielektrische Beanspruchung {dielectric stress}
Beanspruchung eines → Dielektrikums (Isolierstoffs) durch ein → elektrisches Feld
→ Durchschlagsfestigkeit

DIN
DIN Deutsches Institut für Normung e. V. (Burggrafenstraße 6, 10787 Berlin)
Gemeinnütziger Verein; Institution der Selbstverwaltung der an der Normung interessierten Kreise. Durch Vertrag mit der Bundesrepublik Deutschland ist das DIN die für das Bundesgebiet zuständige Normenorganisation. Schließt die Aktivitäten des → VDE auf dem Gebiet der elektrotechnischen Sicherheitsnormen ein und bildet gemeinsam mit dem VDE die für elektrotechnische Normung zuständige → DKE. Die Normungsarbeit wird auf nationaler (DIN-Normen, DIN-VDE-Normen), regionaler (DIN-EN-Normen) und internationaler Ebene (DIN-ISO-Normen, DIN-IEC-Normen) durchgeführt.

DIN EN ...
Deutsche Fassung einer Europäischen Norm.
Alle → CENELEC-Mitglieder sind verpflichtet, jeder Europäischen Norm (→ EN ...) in wörtlicher Übersetzung den Status einer nationalen Norm zu geben.
| Jede DIN EN ... elektrischer Natur ist zugleich VDE-Bestimmung.

DIN IEC ...
Deutsche Normenfassung eines → IEC-Schriftstücks.
Unter dieser Bezeichnung werden relevante Schriftstücke der IEC in deutscher Sprache, inhaltlich nach Möglichkeit unverändert in das deutsche Normenwerk übernommen.
| Jede DIN IEC ... ist zugleich VDE-Bestimmung.

DIN ISO ...
Deutsche Fassung einer internationalen Norm der → ISO.
Unter dieser Bezeichnung werden relevante Schriftstücke der ISO in deutscher Sprache inhaltlich unverändert in das deutsche Normenwerk übernommen.

DIN VDE ...
Deutsche elektrotechnische Normen (VDE-Bestimmungen) erscheinen teilweise unter diesem Zeichen (→ DIN).

direktes Einschalten {direct-on-line starting (DOL)}
Die Wicklung wird mit einem einzigen Schaltvorgang direkt mit dem Netz verbunden.
Einfachste Art des → Anlassens von Käfigläufermotoren. Durch das Anlegen der vollen Spannung entstehen große Anlauf- und Stoßströme (→ Stoßmoment und Stoßstrom). Um Störungen anderer Verbraucher durch den mit dem d. E. verbundenen Spannungsfall zu vermeiden, wird d. E. von Käfigläufermotoren von den Energieversorgungsunternehmen auf bestimmte Bemessungsleistungen (z. B. 4 kW) beschränkt. Größere Motoren müssen dann in einem besonderen Anlaßverfahren gestartet werden. D. E. beansprucht die Wicklung durch große, wenn auch nur kurzzeitig vorhandene elektrodynamische Kräfte.
Bei zu häufigem d. E. (z. B. im Tippbetrieb beim Einrichten eines Antriebs) wird die Lebensdauer der Wicklung vermindert.
[A2, A6]

direkt-leitergekühlte Wicklung {direct-cooled conductor winding}
Kühlmittel steht in unmittelbarem Kontakt mit der gekühlten Wicklung. Die von ihm durchflossenen Hohlleiter, Röhren, Schlitze oder Kanäle sind Bestandteil der Wicklung innerhalb der Hauptisolierung.
D.-l. W. ist nur bei Grenzleistungsmaschinen (Generatoren) wirtschaftlich. Jede Wicklung, die anders gekühlt wird, ist eine „indirekt gekühlte Wicklung".

Direktumrichter {direct converter}
Frequenzumrichter ohne Zwischenkreis, bei dem die Kommutierung (Stromübergang von einem Stromrichterzweig zum folgenden) von der Spannung des speisenden Wechselstromnetzes gesteuert wird (netzgeführter Umrichter).
Die Ausgangsspannung des Umrichters wird aus Abschnitten der Netzspannung zusammengesetzt; deshalb ist die Ausgangsfrequenz kleiner als die Netzfrequenz. Bereich: (0 … 0,4)-fache Netzfrequenz. Aus diesem Grund wird der D. vor allem bei langsam laufenden Antrieben großer Leistung (> 800 kW), z. B. Zementmühlen, Schachtfördermaschinen u. ä., eingesetzt. Meistens wird ein → Synchronmotor verwendet, weil durch entsprechende Erregung ein Maschinenleistungsfaktor von $\cos \varphi = 1$ eingestellt und dadurch Stromrichter und Netz vom → Blindstrom entlastet werden können (kleinere Geräte- und Energiekosten).
[A2, A6, A7]

DKE
Deutsche Elektrotechnische Kommission im DIN und VDE (DKE), Stresemannallee 15, 60596 Frankfurt am Main
→ VDE und → DIN bilden die DKE. Sie ist in Deutschland für die elektrotechnische Normung zuständig. Die Normen werden in Komitees (K …), gegebenenfalls

auch in Unterkomitees (UK ...) erarbeitet, die sich aus Fachleuten von Herstellern und Betreibern, von Hochschulen, Behörden und anderen interessierten Kreisen zusammensetzen. Für drehende elektrische Maschinen sind zuständig:
Komitee K 311 „Drehende elektrische Maschinen“
Unterkomitee UK 311.1 „Elektrische Maschinen, Leistungen und Abmessungen“
Unterkomitee UK 311.2 „Stromerzeugungsaggregate für Ersatzstrom“
Aus diesen Komitees heraus werden meist auch die deutschen Delegierten für die → IEC- und → CENELEC-Arbeit benannt.
In Europa bedarf die Erstellung nationaler elektrotechnischer Normen der Abstimmung in CENELEC.

DNV
Det Norske Veritas
→ Schiffbauvorschriften

Doppelkäfigläufer
→ Käfigformen

Doppelmotor {twin motor}
Zwei konzentrisch ineinander gebaute Käfigläufermotoren, wobei der innere in der Art eines → Außenläufers gebaut ist. Allerdings ist der innere bewickelte Teil (mit Welle) ebenfalls drehbar, seine Wicklung wird über Schleifringe von demselben Netz gespeist wie der äußere Ständer. Beide Käfigwicklungen sitzen in einem gemeinsamen, drehbar gelagerten Blechpaket und bilden einen „Zwischenläufer“.
Bei zweipoliger Ausführung dreht der innere bewickelte „Läufer“ gegenüber dem Zwischenläufer mit rund 3000 min^{-1}, dieser aber wird vom Ständer ebenfalls mit der gleichen Drehzahl angetrieben, so daß sich an der Innenwelle eine Drehzahl von rund 6000 min^{-1} ergibt. Benutzt wird dies z. B. bei Holzbearbeitungsmaschinen. Technisch ist der D. durch umrichtergespeiste Käfigläufermotoren (Frequenzen > 50 Hz) überholt.

Doppelnutläufer
Doppelkäfigläufer
→ Käfigformen

Doppelschutzart {double explosion-safety}
Kombination der → Zündschutzarten Druckfeste Kapselung „d“ und Zündschutzart Erhöhte Sicherheit „e“.

Käfigläufermotoren, die sowohl in „d" als auch in „e" ausgeführt sind, haben ein noch geringeres Explosionsrisiko. Gelegentliche Anwendung im Schiffbau für Antriebe auf Flüssiggastankern. Ausführung z. B. EEx d II C T4/EEx e II T3.
→ Explosionsschutz
[A14]

Doppelstabläufer
Doppelkäfigläufer
→ Käfigformen

Drahtisolierung {strand insulation}
Isolation um einen Rund- oder Profildraht oder gemeinsame Isolation um mehrere solcher Drähte, die zusammen einen elektrischen Leiter bilden.
Der Aufbau der D. hängt hauptsächlich von den elektrischen und thermischen Beanspruchungen (Spannung und Temperatur) ab. Auch die mechanische Beanspruchung während der Herstellung wird bei der D. berücksichtigt. Gelegentlich kommen weitere Einflußgrößen vor, z. B. die Ölbeständigkeit bei → Unterölmotoren. Lackdrähte werden am häufigsten verwendet; dazu solche mit Glasseideumspinnung, die besonders für hohe Spitzentemperaturen eines wechselnden Betriebs geeignet sind (z. B. Lokomotivmotoren). Die Lackierung erfolgt mit polimerisierenden Kunstharzen in mehreren Schichten (fünf bis zehn), um die D. biege-elastisch zu machen und um die Wahrscheinlichkeit von Fehlstellen zu reduzieren. Die durchmesserabhängige Dicke des Lackauftrags bei runden Wickeldrähten zum Beispiel liegt in der Größenordnung von nur 0,01 mm bis 0,2 mm. Trotzdem beträgt die Durchschlagsfestigkeit zwischen zwei verdrillten Drähten 2000 V und mehr. Für Niederspannungsmaschinen bis rund 600 kW ist diese D. die häufigste. Sie ergibt eine hohe Nutfüllung mit dem Leitermaterial; dies führt zu einem hohen Wirkungsgrad oder erlaubt bei vorgegebener Leistung einen geringeren Aufwand für das → Aktivmaterial.
Die D. ist meistens der am stärksten beanspruchte Teil eines → Isoliersystems; die Eigenschaften für Betrieb und Herstellung und die Prüfmethoden von Wickeldrähten sind deshalb in zahlreichen Normen festgelegt [Reihe N10].
→ Leiterisolierung
[E9]

Drehfeld {rotating field}
Magnetisches Feld, das entlang des Umfangs der Ständerbohrung läuft.
Zur Erzeugung eines D. werden mindestens zwei → Wechselfelder benötigt, die räumlich und zeitlich versetzt sein müssen (**Bild D4**). Beim Drehstrommotor werden drei Wicklungsstränge, die um je 120°/p (p = Polpaarzahl) räumlich gegenein-

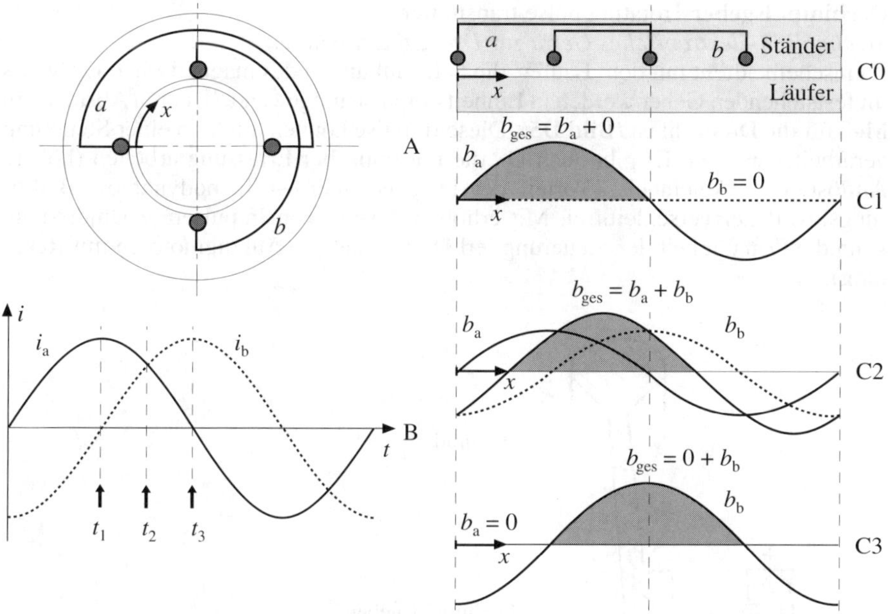

Bild D4 Entstehung eines Drehfelds (schematisch)

A	zweipoliges Modell mit zwei getrennten Wicklungen. Strang b gegen Strang a um 90° räumlich versetzt.
B	Speisung mit getrennten Wechselströmen. Strom i_b gegen Strom i_a um 90° zeitlich nacheilend.
C0	Modell aufgeschnitten und gestreckt
C1, C2, C3	magnetische Wechselfelder, dargestellt als räumlicher Verlauf der Feldliniendichte (Induktion) b_a und b_b (idealisiert als Sinuskurven)
C1	Zeitpunkt t_1; i_a, b_a im zeitlichen Höchstwert; i_b, $b_b = 0$
C2	Zeitpunkt t_2; i_a, $b_a \equiv i_b$, b_b
C3	Zeitpunkt t_3; i_a, $b_a = 0$; i_b, b_b im zeitlichen Höchstwert

(Um die Bewegung des Gesamtfelds zu verdeutlichen, ist eine Halbwelle schattiert.)
Gesamtinduktion $b_{ges} = b_a + b_b$ hat in jedem Augenblick gleiche räumliche Verteilung, wandert aber auf den phasenverschoben gespeisten Strang b zu (Wanderfeld; benutzt bei Linearmotoren). Im runden Orginalmodell dreht das resultierende Magnetfeld um den Mittelpunkt (Drehfeld).

ander versetzt sind, mit um je 120° zeitlich verschobenen Spannungen gespeist. Das D. dreht – nur abhängig von Polzahl und Netzfrequenz – mit konstanter → Synchrondrehzahl. Durch Induktionswirkung entstehen in der Läuferwicklung Ströme, die mit dem Drehfeld zusammen ein Drehmoment entstehen lassen.
→ elliptisches Drehfeld, → kreisförmiges Drehfeld
[A2, A4]

Drehimpulsgeber {rotating pulse transmitter}
Mechanisch-elektronisches Gerät zur Drehzahlerfassung.
Zahnscheibe dreht mit dem Läufer; die Schwankungen des magnetischen Leitwerts im feststehenden Geber werden in Einheitsimpulse umgewandelt, deren Abstand ein Maß für die Drehzahl ist (**Bild D5**). Diese Impulse können direkt in einer Steuerung verarbeitet werden. Es gibt auch D., die mit optischer Erfassung arbeiten (höhere Auflösung/Winkeleinheit). Vorteil der D. gegenüber → Tachodynamos: Berührungslos, daher verschleißfrei. Mit erhöhter Anzahl von Impulsen je Umdrehung kann die Genauigkeit der Steuerung erhöht werden (→ Aufzugmotoren mit Regelung).

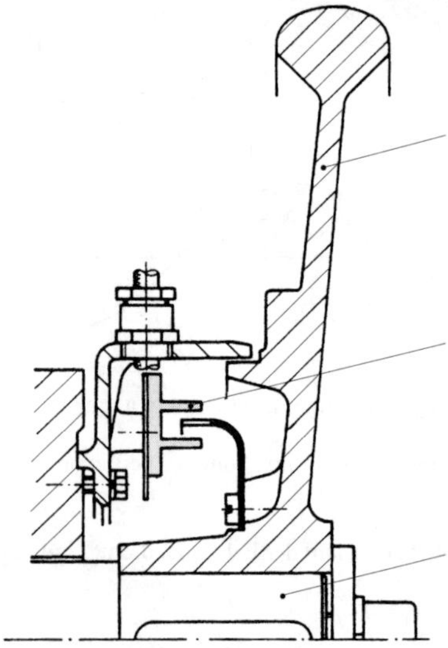

Bild D5 Drehimpulsgeber, angebaut an einem Aufzugmotor

Drehmagnet (auch: Drehmomentmotor) {torque motor}
Drehstrommotor für Betrieb bei dauernd im Stillstand festgehaltenem Läufer
Anwendung bei begrenzter Drehbewegung oder wenn dauernd ein winkelunabhängiges Drehmoment ausgeübt werden soll. Einsatz z. B. bei Kabeltrommeln, bei denen durch den D. das ausgerollte Kabel unter ständig gleichem Zug gestrafft werden soll.

Drehmoment M in Nm {torque T}
Wirkung einer Kraft auf kreisförmiger Bahn um den Mittelpunkt der Bewegung (**Bild D6**).
Formelzeichen für das D. ist auch T. Wird im deutschen Elektromaschinenbau wegen der Verwechslungsgefahr mit dem Zeichen T für Zeitkonstante und Periodendauer meist nicht benutzt. Die Einheit Nm für das D. ist zu Recht auch die der → Arbeit: Das D. entspricht der bei der Drehung um einen Winkel von 1 rad (= 180°/ π = 57,296°) verrichteten mechanischen Arbeit. Die damit verbundene → Leistung ist um so größer, je schneller diese Drehung erfolgt, d. h. je größer die → Winkelgeschwindigkeit ω bzw. die → Drehzahl n ist.

$P = M\,\Omega_m = M\,2\,\pi\,n$ oder $P = M\,n\,/\,9550$

P Leistung in W,
M Drehmoment in Nm,
Ω_m Winkelgeschwindigkeit in rad/s,
n Drehzahl in s^{-1}.

P Leistung in kW,
M Drehmoment in Nm,
n Drehzahl in in min^{-1}.

Wellen, Flansche, Fundamente, Befestigungs- und Übertragungselemente müssen nach dem D. bemessen werden.

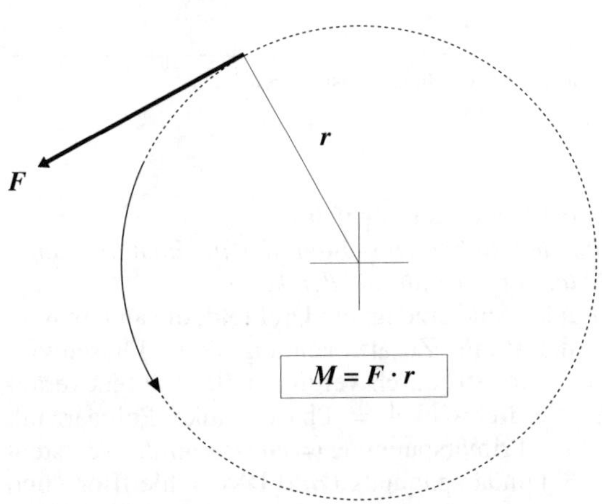

Bild D6 Drehmoment bei kreisförmiger Bewegung
F Umfangskraft in N
r Radius der Kreisbahn in m
M Drehmoment in Nm

Drehmomentkennlinie {speed-torque curve}
Zeichnerische Darstellung des → Drehmoments in Abhängigkeit von der → Drehzahl.
Z. B. Bild A11, Bild A13
→ dynamische Momentenkennlinie

Drehmoment-Überlastbarkeit {excess-torque capacity}
Motoren müssen bei Bemessungsspannung und Bemessungsfrequenz im Drehmoment kurzzeitig überlastbar sein, ohne daß ein Stehenbleiben oder ein plötzlicher Drehzahlabfall eintritt. **Tabelle D7**.

	Maschinenart	**Drehmoment-Überlastbarkeit**
1	Drehstrommotoren unabhängig von ihrem Betrieb und ihrer Ausführung (Ausnahmen: 2 bis 4)	$M_b/M_N \geq 1{,}6$ 15 s lang
2	Motoren der Betriebsart S9	Höhe und Dauer durch Betrieb festgelegt
3	Käfigläufermotoren für Anzugsstrom/Bemessungsstrom < 4,5	$M_b/M_N \geq 1{,}5$ 15 s lang
4	Sonderanwendung für erhöhtes Drehmoment (z. B. Hebezeugmotoren) Motoren für besondere Anlaufbedingungen (z. B. umrichtergespeiste Motoren) Einphasenmotoren	zwischen Hersteller und Käufer zu vereinbaren

Tabelle D7 Kurzzeitige Drehmoment-Überlastbarkeit von Induktionsmotoren
M_b Kippmoment
M_N Bemessungmoment

Drehregler (auch: Drehtransformator) {induction regulator}
Drehstrom-Aynchronmotor mit ruhendem Schleifringläufer, der in einem bestimmten Winkelbereich gegenüber dem Ständer verdreht werden kann.
Eine der Wicklungen wird ans Netz gelegt und erzeugt ein Drehfeld; die andere wird von diesem Drehfeld induziert und liefert eine Zusatzspannung, deren Phasenwinkel zur Primärspannung zwischen 0° und 180° durch Verdrehen des Läufers verändert werden kann. Mechanischer Verdrehwinkel = Phasenwinkel/Polpaarzahl. Durch Addition der Zusatzspannung zur Primärspannung (= Netzspannung) entsteht eine in gewissen Grenzen regelbare Sekundärspannung (**Bild D8**). Schleifringe und Bürsten werden durch flexible Leitungen ersetzt. Der Läufer wird über ein selbsthemmendes Getriebe motorisch oder von Hand verdreht.
→ Asynchronmaschine

Drehrichtung
→ *Drehsinn*

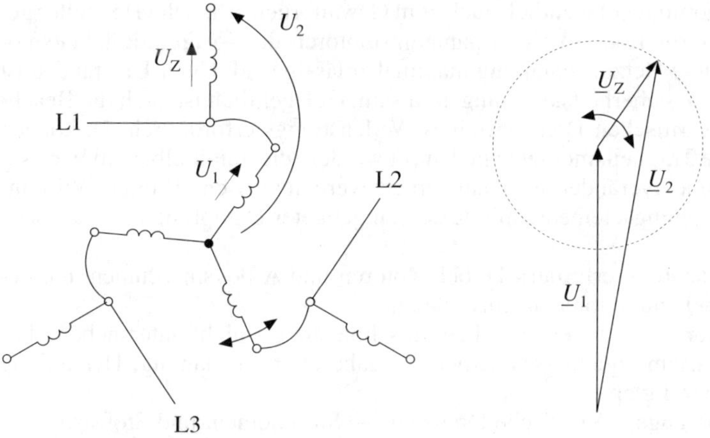

Bild D8 Drehregler in Sparschaltung mit Zeigerdiagramm für die Spannungen:
U_1 ungeregelte primäre Strangspannung
U_Z Zusatzspannung im induzierten Teil
U_2 geregelte sekundäre Strangspannung

Drehrichtungspfeil {rotation arrow}
Dient zur Kennzeichnung des → Drehsinns an leicht erkennbarer Stelle auf Maschinen, die nur für eine Richtung geeignet sind. Unter diesem Pfeil müssen die Anschlüsse in der Folge angegeben werden, in der sie mit den aufeinander folgenden Netzphasen verbunden werden müssen.
| Bei Installation und Inbetriebnahme muß ein D. unbedingt beachtet werden
→ Drehsinn und Anschlußbezeichnungen

Drehschwingungen {torsional vibration}
Periodisch mit der Zeit veränderliche Verdrehung zwischen den einzelnen Teilen eines Wellenstrangs.
D. können durch winkelabhängige Drehmomente von Arbeitsmaschinen (z. B. Kolbenmaschinen, Pressen) oder Pendelmomente von Motoren als Dauererscheinung hervorgerufen werden. Die Drehbewegung ist dann gekennzeichnet durch periodische → Drehzahlschwankungen, die je nach Lage im Wellenstrang unterschiedlich groß sein und unterschiedliche Phasenlage haben können. Auch durch sprunghafte Erhöhung oder Verringerung des Lastmoments und durch Schalthandlungen kann ein Wellenstrang (= mehrere mechanisch verbundene Wellen, z. B. von Motor und Arbeitsmaschine) zu D. angeregt werden, die meistens nach kurzer Zeit abgeklungen sind. Trotzdem kann die Torsionsbelastung unter Umständen so hoch werden, daß es bei häufigem Auftreten zum Ermüdungsbruch der Welle oder der Übertra-

gungselemente kommt, gelegentlich auch zum Gewaltbruch. Manche Hersteller geben aus diesem Grund bei → Hochspannungsmotoren die → Fremdträgheitsmomente an, die bei → Netzumschaltung maximal zulässig sind. Unter Umständen ist der Einsatz von → Sicherheitskupplungen ratsam. Gelegentlich ist auch die Beachtung der torsionskritischen Drehzahl eines Wellenstrangs erforderlich. D. können durch zusätzliche Trägheitsmomente gedämpft werden, die unmittelbar am Verursacher der Drehmomentveränderungen angebracht werden müssen. Ähnliche Wirkungen haben Übertragungselemente mit gezielt eingebauter Dämpfung (→ elastische Kupplung).

- Besondere Beachtung erfordern D. bei Motoren und Arbeitsmaschinen, die betriebsmäßig → Pendelmomente entwickeln.
- D. kann der Hersteller der elektrischen Maschine alleine nicht untersuchen; dies ist eine gemeinsame qualitätssichernde Aufgabe aller an Planung, Herstellung und Betrieb Beteiligten.

→ Ausgleichsvorgänge, → kritische Drehzahl, → Stoßmoment und Stoßstrom, → Wellenende
[B18]

Drehsinn {direction of rotation}
Wird angegeben „gesehen auf Antriebsseite" (**Bild D9**). Ist eine Maschine nur für eine Richtung geeignet, muß dieses entsprechend gekennzeichnet werden.
→ Drehsinnumkehr, → Drehsinn und Anschlußbezeichnungen, → Drehrichtungspfeil

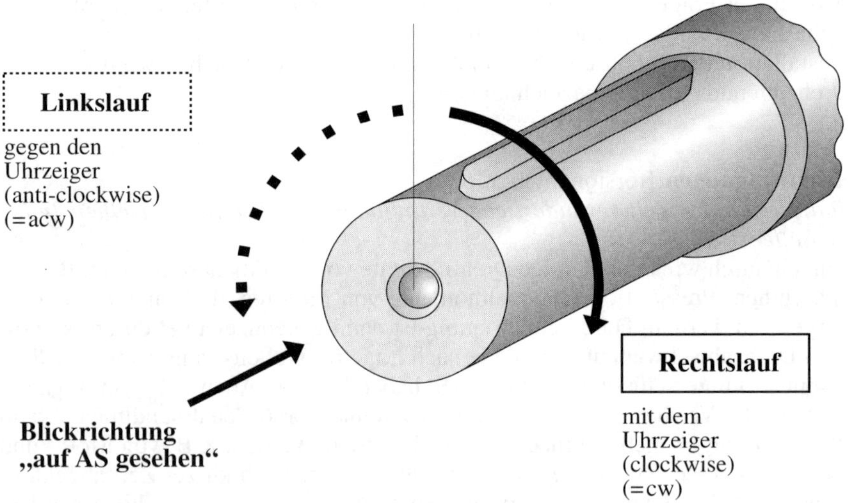

Bild D9 „Gesehen auf AS"

Drehsinnumkehr {reversal}

Erfolgt beim → Drehstrommotor durch Vertauschen zweier Außenleiter an den Motorklemmen, beim zweisträngigen → Einphasenmotor durch Vertauschen von Wicklungsanfang und -ende eines Wicklungsstrangs (nicht möglich beim → Spaltpolmotor). Erfolgt diese Umkehr aus dem Lauf heraus, läuft die Maschine gegen das Drehfeld; der Läufer wird bis zum Stillstand abgebremst, läuft aber sofort in die andere Richtung bis zum stationären Betrieb an.
→ Asynchronmaschine, → Gegenstrombremsung

Drehsinn und Anschlußbezeichnungen {direction of rotation and terminal marking}

Die Anschlußstellen sind so zu bezeichnen, daß die alphabetische Reihenfolge der Klemmenbezeichnungen (z. B. U1, V1, W1) der zeitlichen Phasenfolge der Spannung (Netzleiter L1, L2, L3) bei **Rechtslauf** entspricht. Das gilt auch für → polumschaltbare Motoren.
Es gilt auch dann, wenn die Maschine nicht für Rechtslauf geeignet ist [N9.8].
Um bei Linkslauf jede Änderung der Anschlußbezeichnungen an den Maschinen zu vermeiden, muß der Anschluß mit zwei vertauschten Netzphasen erfolgen. Beispiel: **Tabelle D10**.
Ist nur ein Drehsinn möglich, muß er durch einen Pfeil gekennzeichnet werden. Unter diesem Pfeil müssen die Anschlüsse in der Folge angegeben werden, in der sie mit den aufeinander folgenden Netzphasen verbunden werden müssen.
Kennzeichnungsbeispiel für Linkslauf: $\overleftarrow{\text{V1 U1 W1}}$
→ Drehrichtungspfeil

Klemme	U1	V1	W1
	angeschlossen an …		
Rechtslauf	L1	L2	L3
Linkslauf	L2	L1	L3

Tabelle D10 Anschluß und Drehsinn bei Motoren mit einer Drehzahl

Drehstrom {three-phase current}

Dreiphasiger Wechselstrom (→ Drehstromnetz)

Drehstrommotor {three-phase induction motor}

Drehstromasynchronmotor, Drehstrominduktionsmotor

Der D. ist ein → Asynchronmotor, dessen → Drehfeld über eine dreisträngige Wicklung durch Speisung aus einem dreiphasigen Wechselstromnetz (→ Drehstromnetz) erzeugt wird.
Der D. ist das häufigste Antriebselement.

Drehstromnetz {three-phase supply system}

Dreiphasiges → Wechselstromnetz

Das D. ist meist symmetrisch, d. h., die Spannungen und die Ströme sind in den drei Netzsträngen gleich groß und jeweils um ein Drittel der → Periodendauer gegeneinander zeitlich verschoben. Dann ist die Summe der Spannungen oder der Ströme in jedem Augenblick Null (**Bild D11**, **Bild D12**). In Niederspannungsverteilungen werden dreisträngige Verbraucher an die Außenleiter geschaltet, einsträngige Verbraucher meist zwischen Außenleiter und Mittelpunktsleiter (**Bild D13**).

Das D. ist für die Energieverteilung die günstigste Form eines mehrphasigen Wechselstromnetzes.

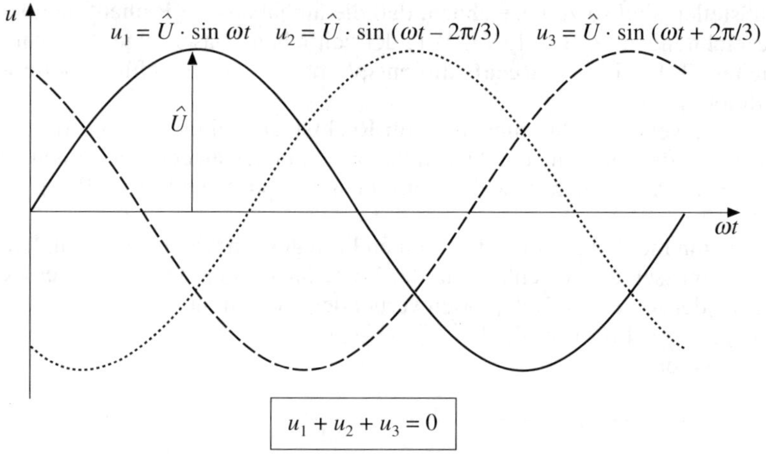

Bild D11 Spannungen eines symmetrischen Drehstromnetzes im Liniendiagramm

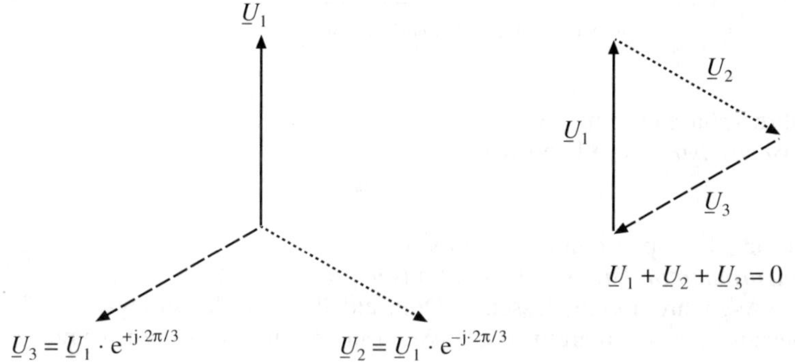

Bild D12 Spannungen eines symmetrischen Drehstromnetzes im Zeigerdiagramm

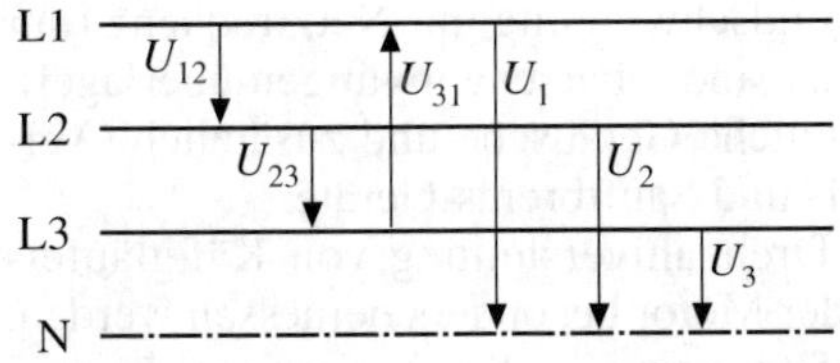

Bild D13 Leiter und Spannungen eines Drehstromnetzes
Beträge der Spannungen bei Symmetrie:

$U_1 = U_2 = U_3 = U_{12} / \sqrt{3}$ (z. B. 220 V)

$U_{12} = U_{23} = U_{31} = \sqrt{3} \cdot U_1$ (z. B. 380 V)

Drehstromsteller {three-phase a. c. power controller}
*Gerät mit steuerbaren, antiparallel geschalteten Halbleitern (z. B.Thyristoren) in dreiphasiger Schaltung (**Bild D14**), das durch unterschiedlichen Phasenanschnitt den Verlauf der Spannung und damit des Stroms zwischen ungefähr Null und dem vollen Wert stetig verstellen kann.*
Der Verlauf von Strom und Spannung am Ausgang des D. ist nicht mehr sinusförmig, sondern teilweise stark verzerrt (Bild D14). Er hängt vom Steuerwinkel, der

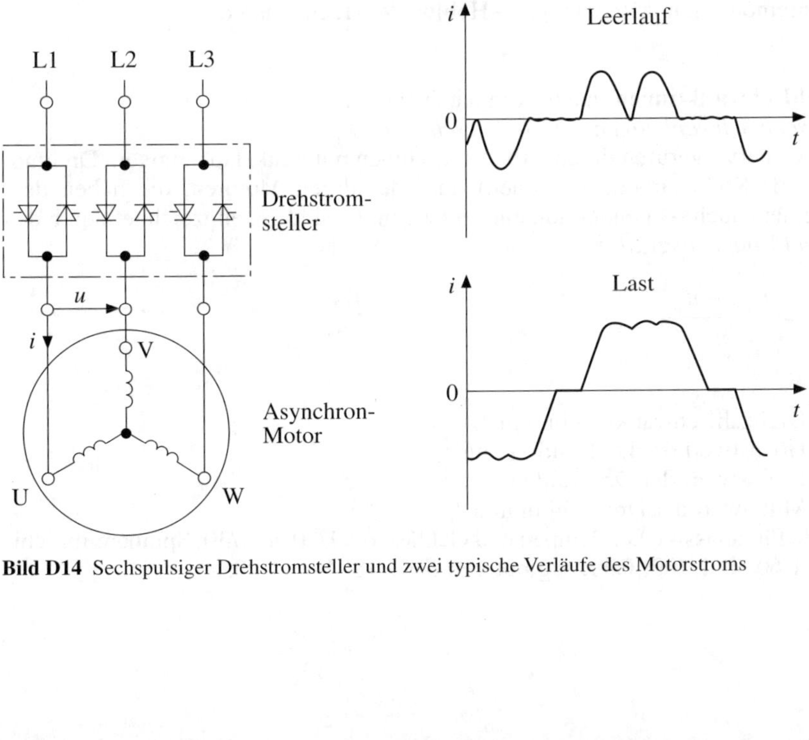

Bild D14 Sechspulsiger Drehstromsteller und zwei typische Verläufe des Motorstroms

Last und der Art der D.schaltung ab. Der Grundschwingung mit Netzfrequenz (nur diese ist für die Drehmomentbildung nutzbar) sind Oberschwingungen überlagert; diese verursachen → Pendelmomente, zusätzliche Geräusche und zusätzliche Verluste. D. werden angewendet für Sanftanlauf- und Sanftbrems-Geräte.
Bei Verwendung von D. für die dauernde Drehzahlverstellung von Käfigläufermotoren müssen sowohl das Gerät als auch der Motor besonders bemessen werden.
→ Aufzugmotoren mit Regelung, → Schlupfsteuerung, → Sanftanlaufgerät
[A5, E4, B19]

Drehzahl n in min^{-1} {speed}
Drehfrequenz = Anzahl der Umdrehungen/Zeit

Drehzahlgeber {speed transmitter}
Gerät zur Erfassung der Drehzahl und des Drehsinns in Form einer elektrischen Spannung
Die Erfassung erfolgt analog über einen Gleichstromgenerator (→ Tachodynamo) oder digital mit einem induktiv oder optoelektronisch arbeitenden → Drehimpulsgeber. Neben mechanischen Eigenschaften (z. B. Anbauart, Schutzart IP) sind die von der Regelung des Motors geforderten Eigenschaften (vor allem die Winkelauflösung) für die Wahl des D. ausschlaggebend. Der Anbau erfolgt meistens direkt an der Motorwelle (Bild D5, Bild H13).
→ Aufzugmotoren mit Regelung, → Hohlwellen-Tachdynamo

Drehzahlschwankungen (auch: Rundlauf) {hunting}
Periodische Schwankungen der Drehgeschwindigkeit
D. werden hervorgerufen durch Arbeitsmaschinen mit winkelabhängigem Drehmoment (z. B. Kolbenarbeitsmaschinen) und/oder durch Motoren, die neben dem Nutzmoment auch → Pendelmomente erzeugen. D. sind gekennzeichnet durch den *Ungleichförmigkeitsgrad* δ:

$$\delta = \frac{\Delta n}{n_\text{m}} = \frac{n_\text{max} - n_\text{min}}{n_\text{m}},$$

mit:
Δn Drehzahlschwankung in min^{-1},
n_max Höchstwert der Drehzahl in min^{-1},
n_min Kleinstwert der Drehzahl in min^{-1},
n_m Mittelwert der Drehzahl in min^{-1}.
Beispiele für zulässige D.: Pumpen und Gebläse $\delta = 1/20$ bis $1/30$; Spinnereimaschinen $\delta = 1/60$ bis $1/100$; Fahrzeugmotoren $\delta = 1/180$ bis $1/300$.

Nimmt man ein sinusförmiges Pendelmoment an (**Bild D15**), ergibt sich an einem drehstarren Wellenstrang eine ebenfalls sinusförmig verlaufende D. von:

$$\Delta n = \frac{1}{2 \cdot \pi} \cdot \frac{\Delta M}{J \cdot f_{\mathrm{p}}},$$

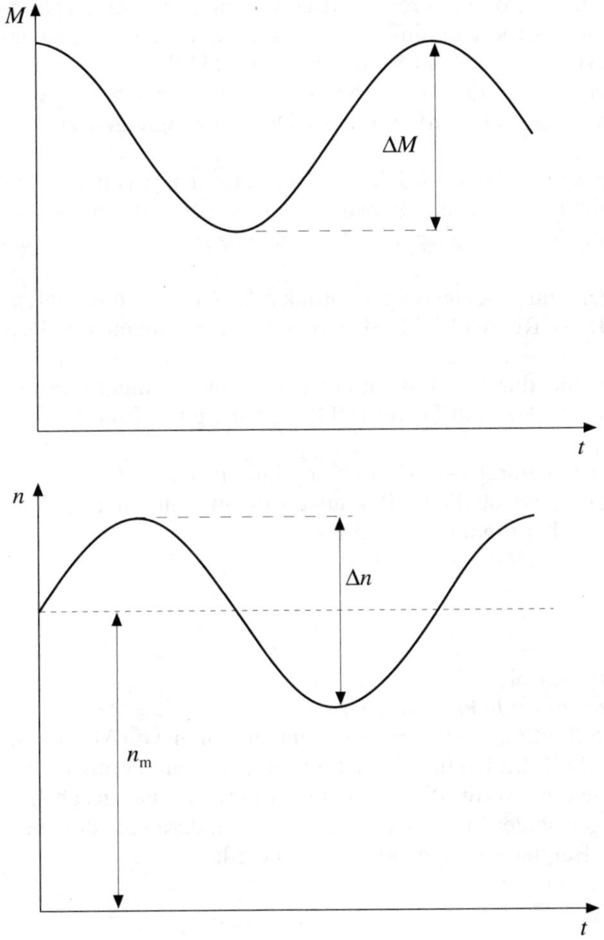

Bild D15 Drehzahlschwankung eines starr gekuppelten Antriebs durch ein sinusförmiges Pendelmoment (schematisch)

mit:

Δn Drehzahlschwankung in min–1,
ΔM Pendelmoment in Nm,
J Trägheitsmoment des gesamten Wellenstranges in kgm^2,
f_p Frequenz des Pendelmoments in Hz.

Maßnahmen zur Verbesserung des Rundlaufs:

- Pendelmoment verkleinern (nicht möglich an einer gegebenen Arbeitsmaschine. Bei umrichtergespeisten Drehstrommotoren: Feldschwächung bei kleinen Drehzahlen durch Verstellen der Steuerkennlinie Spannung/Frequenz; → Sechsphasenmotor, wirtschaftlich sinnvoll nur bei Leistungen über 500 kW).
- Schwungrad einbauen (Vergrößern des Trägheitsmoments; muß auf der Welle des Pendelmomenterzeugers eingebaut werden, um → Drehschwingungen zu vermeiden).
- Frequenz des Pendelmoments erhöhen (nicht möglich an einer gegebenen Arbeitsmaschine. Bei umrichtergespeisten Drehstrommotoren: Motor mit höherer Polzahl wird mit höherer Frequenz gespeist; Pulsfrequenz des Umrichters erhöhen).
- Kraftübertragung vom Pendelmomenterzeuger zur nächsten Welle mit dämpfenden Eigenschaften (z. B. → Riementrieb, → elastische Kupplungen mit Reibungsdämpfung)

Drehstrommotoren mit Speisung durch → U-Umrichter: Bei sinusförmiger Pulsmodulation und Pulsfrequenz > 1 kHz sind D. vernachlässigbar ; guter Rundlauf bis Drehzahl null.
Drehstrommotoren mit Speisung durch → I-Umrichter: Guter Rundlauf erst ab Frequenzen von 3 Hz bis 5 Hz (oder zusätzlicher Pulssteuersatz im Umrichter zur Verringerung des Pendelmoments bei Frequenzen < 5 Hz).
→ Umrichterspeisung
[A6, A8, E4]

Drehzahlsteuerung {speed control}
Absichtliche Verstellung der Drehzahl eines Antriebs.
Die Drehzahl ist durch den Schnittpunkt der Drehmomentkennlinien von Motor und Arbeitsmaschine bestimmt. Soll die Drehzahl verstellt werden, muß demnach der Schnittpunkt verschoben werden. Wenn dies über die Motorkennlinie geschehen soll, sind dazu Umschaltungen an der Motorwicklung oder Veränderungen des speisenden Netzes erforderlich. Bei der → Asynchronmaschine gilt :

$$n = \frac{60 \cdot f}{p} \cdot (1 - s),$$

Steuerverfahren	Polumschaltung	Schlupfsteuerung		Frequenzverstellung
		Spannungs-steuerung	Widerstands-steuerung	
Läuferart	Käfigläufer	Käfigläufer	Schleifringläufer	Käfigläufer
Verstellung über …	Wicklungs-umschaltung	Drehstromsteller	Läufervorwiderstände oder Stromrichterkaskade	Frequenzumrichter
Veränderung der Momentenkennlinie	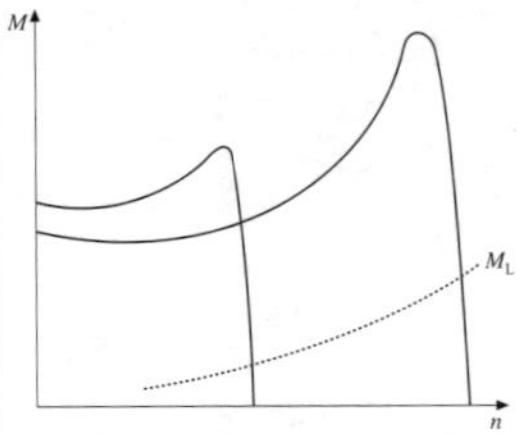	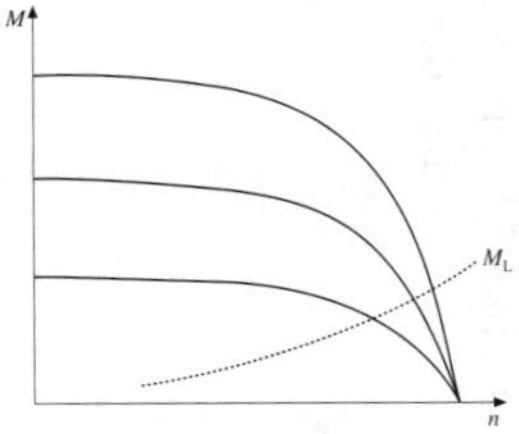	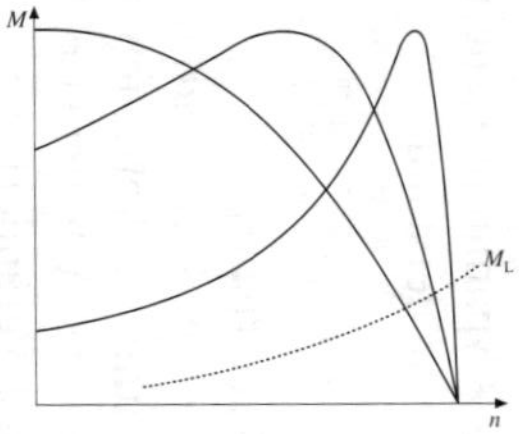	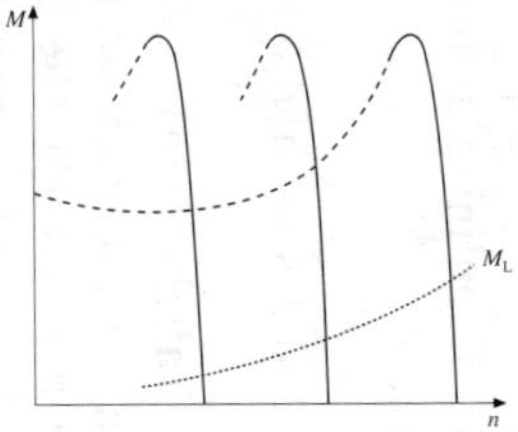
Verstellung erfolgt …	in Stufen; verlustarm	stetig; verlustbehaftet	stufig/stetig; verlustbehaftet	stetig; verlustarm
Leistungsbereich	bis ≈2000 kW (abhängig von Polzahl)	nur bei kleinen Leistungen und begrenztem Stellbereich (≈ 1 : 2)	nur bei kleinen Leistungen (< 10 kW) oder Aussetzbetrieb; für große Leistungen 1000 kW bis 20000 kW) mit untersynchroner Stromrichterkaskade	von 0,1 kW bis ≈ 20000 kW

Tabelle D16 Grundsätzliche Möglichkeiten zur Drehzahlverstellung von Drehstrommotoren

mit:

n Drehzahl der Welle im Schnittpunkt der Kennlinien in min^{-1},
f Frequenz der Klemmenspannung in Hz,
p Polpaarzahl der Ständerwicklung in 1,
s Schlupf zwischen Drehzahl der Welle und des Drehfelds in 1.

Es gibt also grundsätzlich drei Methoden (**Tabelle D16**): → Polumschaltung, → Schlupfsteuerung und → Frequenzsteuerung, die heute nicht mehr über drehende Umformer, sondern über statische → Umrichter erfolgt. Die Schlupfsteuerung erfolgt beim Schleifringläufer über verstellbare Läufervorwiderstände (→ Widerstandssteuerung), beim Käfigläufer über → Spannungssteuerung, meistens unter Verwendung eines Sonderläufers mit hohem Widerstand.

Drehzahlverhalten {speed regulation characteristic}
Abhängigkeit der Drehzahl vom Drehmoment im Arbeitsbereich
Bei drehzahlgesteuerten Antrieben wird häufig das Verhalten der Drehzahl gegenüber dem Drehmoment betrachtet, das ja von der Arbeitsmaschine vorgegeben wird und mathematisch gesehen die unabhängige Veränderliche ist. Die Kennlinie $n = f(M)$ im Arbeitsbereich (**Bild D17**) für das D. eines Motors ist lediglich eine andere Darstellung der Momentenkennlinie $M = f(n)$ (sie wird an der Winkelhalbierenden durch den Ursprung gespiegelt).

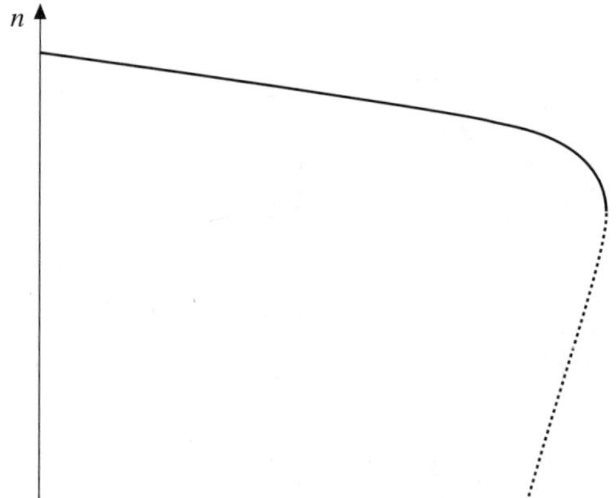

Bild D17 Drehzahlverhalten $n = f(M)$ eines Drehstrom-Käfigläufermotors (schematisch)

Drehzahlverstellung
→ *Drehzahlsteuerung*

Drehzahlwächter
→ *Bremswächter*

Dreieckschaltung {delta (D) connection}
Dreisträngige Wicklung (Drehstromwicklung), bei der das Ende eines Strangs mit dem Anfang des nächsten verbunden ist. Die Verbindungsstellen sind Anschlußstellen für das Netz.
An jedem Strang liegt die volle Netzspannung. Der Strom im Netzleiter setzt sich jeweils aus zwei um 120° zeitlich verschobenen Strangströmen zusammen und ist dadurch um den Faktor $\sqrt{3}$ größer (**Bild D18**).
→ Drehsinn und Anschlußbezeichnungen, → Drehstromnetz, → Stern-Dreieck-Anlauf, → Sternschaltung

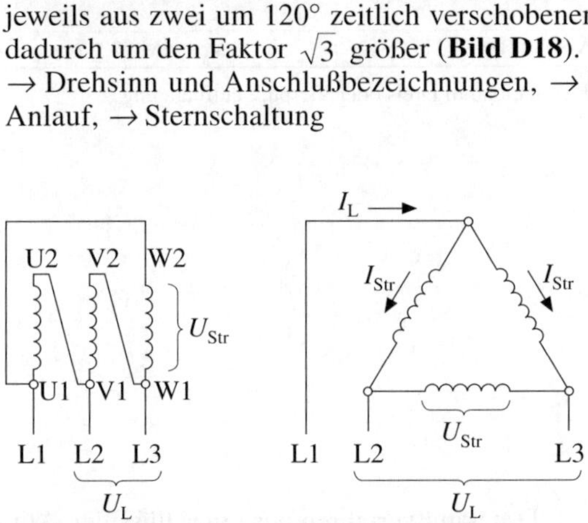

Bild D18 Dreisträngige Wicklung in Dreieckschaltung (zwei verschiedene Darstellungen)
U_L Netzspannung zwischen den Leitern L1, L2, L3
U_{Str} Strangspannung
I_L Netzstrom in den Leitern L1, L2, L3
I_{Str} Strangstrom

Dreipunktaufhängung {three-point fixing}
Befestigung eines fuß- und flanschlosen Motors an drei Pratzen, die am Lagerschild oder Gehäuse sitzen.
Analog: Vierpunktaufhängung.
Anwendung bei Freistrahlgebläsen oder Schachtventilatoren wegen des günstigeren Strömungsprofils. Meist erfolgt der Anschluß ohne Klemmenkasten über → frei herausgeführte Kabel; oft wird auch auf einen eigenen Lüfter verzichtet und der Motor durch den Förderstrom des Ventilators gekühlt (→ Kühlung durch Relativbewe-

gung). Dabei sind die erforderlichen → Kühlluftmengen zu beachten. Motoren mit Pratzenanbau sind durch eigene → Bauformen im IM-Code gekennzeichnet (**Tabelle D19**).
[N9.7]

horizontale Welle	**vertikale Welle**	
	Antriebsseite unten	**Antriebsseite oben**
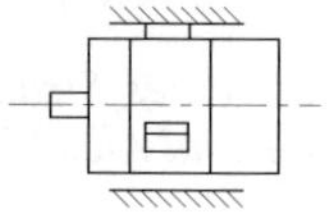	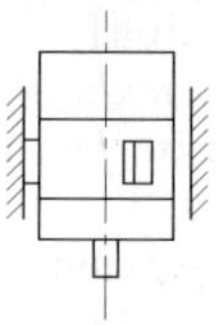	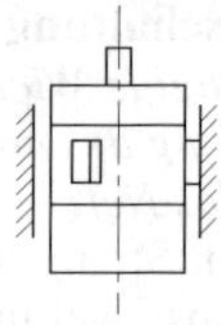
IM B30 (IM 9201)	IM V30 (IM 9211)	IM V31 (IM 9231)

Tabelle D 19 Merkmale im IM-Code für Pratzenanbau in Drei- oder Vierpunktaufhängung (vollständiger IM-Code in Klammern)

Druckabfall

→ Kühlluftmenge und Druckabfall

druckfeste Kapselung „d“

→ Zündschutzart

Druckgußläufer {die-cast rotor}

Die → Käfigwicklung des D. wird im Druckgußverfahren aus einer flüssigen Aluminiumlegierung gespritzt. Dazu wird das Läuferblechpaket auf einen Hilfsdorn geschichtet und in eine Gießform eingesetzt. Die Nuten können nahezu beliebige Zahl, Form und Größe haben. Durch gezielte Abwandlung dieser Eigenschaften kann das Betriebsverhalten, vor allem die → Drehmomentkennlinie, weitgehend optimiert werden. Nach dem Erkalten hält der Käfig das Läuferpaket zusammen. Es wird eine mechanisch sehr robuste Ausführung erzielt (**Bild D20**).
Der D. ist bei kleinen und mittleren Drehstrommaschinen (bis rund 160 kW) die übliche Ausführung.

Druckverlust

→ Kühlluftmenge und Druckabfall

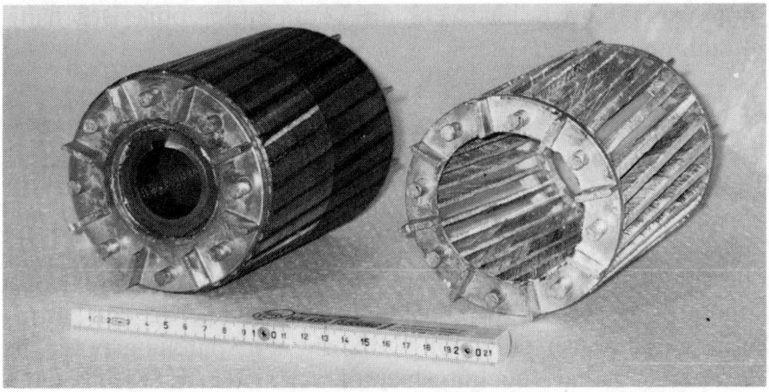

Bild D20 Druckgußläufer eines vierpoligen 4-kW-Motors
links: komplett, nach dem Druckgießen
rechts: Käfigwicklung allein; zwecks Anschauung durch Entfernen des Blechs entstanden

Durchflutung {magnetomotive force}
Summe aller Ströme („Ampère-Windungen“), die ein bestimmtes Magnetfeld erzeugen.
Die von den geschlossenen Feldlinien des Feldes gebildete Fläche wird von diesen Strömen durchsetzt („durchflutet“).
Sie verursachen dieses Feld.
→ magnetische Feldstärke
[A8]

Durchlaufbetrieb
→ Betriebsart S6 bis → Betriebsart S8

Durchschlagsfestigkeit {dielectric strength}
Größte elektrische Feldstärke, mit der ein → Dielektrikum beansprucht werden kann, ohne daß ein Durchschlag erfolgt.
Die D. hängt im wesentlichen ab von Materialart und -aufbau, Dicke, Temperatur, Feuchtigkeit; bei Gasen auch vom Druck. Ferner hat auch die Anstiegsgeschwindigkeit der Feldstärke einen gewissen Einfluß. Bei Überschreitung der D. kommt es zu → Glimmentladungen und zum Duchschlag (Verlust der Isolierfähigkeit, örtliche Zerstörung des Isolierstoffs). Beispiele für die D. in kV/mm: Luft (normaler Luftdruck, 20 °C, trocken) ≈ 2; Isolierpapiere (getränkt) ≈ 40 … 50; Hartpapiere ≈ 10 … 20; Tränkharze ≈ 25 … 45; Glimmer ≈ 200. Die teilweise hohe D. der Isolierstoffe

kann betriebsmäßig nur ausgenützt werden, wenn die Verarbeitung ohne Beschädigung und ohne Verschmutzung erfolgt.
→ elektrisches Feld

Durchschlagsicherung {protective break-down}
Überspannungsableiter zum Schutz von Meßkreisen in Hochspannungsmaschinen gegen Überspannungen
Beim Überschreiten bestimmter Spannungen gegen Erde (z. B. 500 V) schlägt ein in der D. sitzender Isolator (z. B. eine dünne Glasplatte) durch und erdet den betroffenen Stromkreis. Damit wird eine Verschleppung gefährlichen Spannungspotenials in Stromkreise der Meß-, Steuer- und Regelungstechnik vermieden. Der Einbau der D. erfolgt im Anschlußkasten zwischen der Anschlußstelle des zu schützenden Stromkreises und Masse.

Durchziehwicklung {pull-through winding}
Leiter (meistens aus Litzen rechteckigen Querschnitts) werden in axialer Richtung durch die Nut gezogen, wobei das restliche, noch nicht mit Leitern belegte Volumen der Nut durch Holz- oder Metallkeile ausgefüttert ist.
Dadurch wird eine gute Füllung der Nut mit Leitermaterial (kleinere Kupferverluste) erreicht, und es können (halb)geschlossene Nuten (bessere magnetische Eigenschaften der Maschine, kleinere Eisenverluste) verwendet werden. Werden dabei hintereinander geschaltete Spulengruppen eines Strangs in einem Zug gewickelt, verringert sich die Anzahl der Verbindungsstellen. Nicht zuletzt dadurch wird die Betriebssicherheit der Maschine erhöht. Allerdings ist der Arbeitsaufwand für diese Herstellungsart höher als für eine → Träufelwicklung mit Spulen aus Runddrähten. Anwendung meistens für mittlere Schleifringläufer- und große Niederspannungs-Ständerwicklungen.

Durchzugsbelüftung {enclosed ventilation}
Das Gehäuse, im wesentlichen geschlossen, hat Öffnungen nur für die Kühlluft; diese wird durch das Maschineninnere geführt.
Für D. gibt es keine genormten Konstruktions- oder Prüfmerkmale. Deshalb ist eine genauere Festlegung durch → Bauform IM, → Kühlart IC und → Schutzart IP zweckmäßig

dynamische Momentenkennlinie {dynamic speed-torque characteristic}
Drehmoment-Drehzahl-Kennlinie von Käfigläufermotoren, die überwiegend durch die elektromagnetischen → Ausgleichsvorgänge (ausgelöst von Schalthandlungen) in Ständer- und Läuferstromkreis während schneller Drehzahländerungen bestimmt wird.

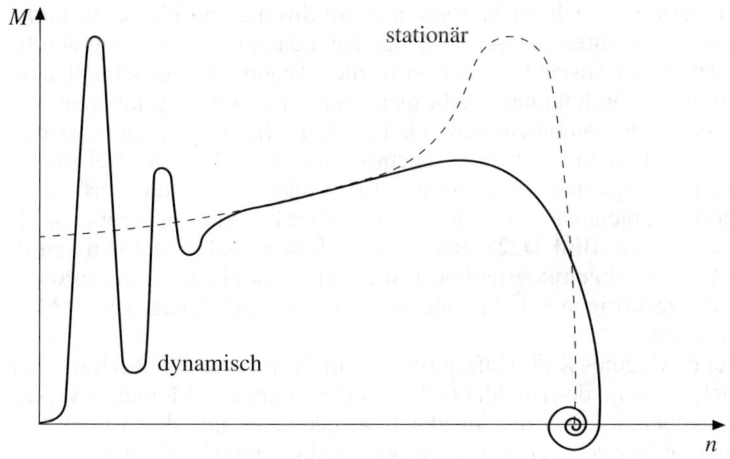

Bild D21 Dynamische Drehmoment-Drehzahl-Kennlinie (schematisch)

Beim Schalten induktiver Wechselstromkreise, wie sie z. B. durch das → Ersatzschaltbild eines Drehstrommotors dargestellt werden, entstehen Ausgleichsvorgänge. Sind dabei das Trägheitsmoment der Arbeitsmaschine und deren Lastmoment sehr klein, z. B. bei Leeranlauf, so kommen noch schnelle Schlupfänderungen hin-

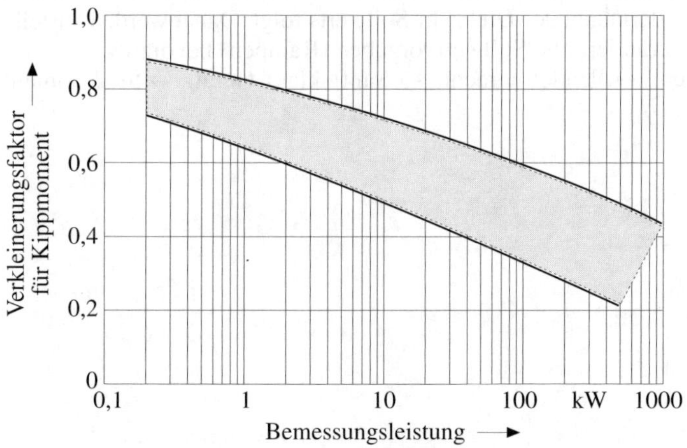

Bild D22 Verkleinerung des Kippmoments bei einer ausgeführten Reihe von Drehstrom-Niederspannungsmotoren (ungekuppelt, direkte Einschaltung). Das stationäre Kippmoment wird mit dem angegebenen Faktor verkleinert (Streubereich für die Polzahlen 2 bis 8).

zu. Diese verhindern, daß sich im Motor stationäre Ströme und Flüsse ausbilden. Das Betriebsverhalten während dieser Vorgänge kann dann nicht mehr mit den Impedanzen des stationären Zustands berechnet werden. Während eines schnellen Anlaufs z. B. beginnt das Drehmoment nicht mehr mit dem → Anzugsmoment, sondern mit $M = 0$; das → Kippmoment wird kleiner als das im stationären Betrieb gemessene; die Drehzahl schwingt über die synchrone hinaus (**Bild D21**). Bei allen direkt eingeschalteten, ungekuppelten Motoren (auch kleiner Leistung) erfolgt der Anlauf nach der d. M., nicht nach der stationären. Dieser Effekt ist bei größeren Motoren stärker ausgeprägt (**Bild D22**). Beim → Schleifringläufer-Motor treten die Einschwingvorgänge in abgemilderter Form auf, weil sie durch die Läufervorwiderstände und die dazugehörigen Schaltgeräte begrenzt werden können. Die d. M. ist deshalb nicht relevant.

Die Kenntnis der d. M. eines Käfigläufermotors ist im Normalfall nicht erforderlich. Sollte der Antrieb während des Hochlaufs durch die dynamische Momentenverkleinerung hängen bleiben, klingen die Ausgleichsvorgänge ab, und der Antrieb folgt den der Planung üblicherweise zugrunde gelegten stationären Kennlinien.

→ Drehschwingungen, → Pendelmoment, → Stoßmoment und Stoßstrom

[A6, B18, **E36**]

dynamisches Verhalten {dynamic characteristics}

Verhalten eines Antriebs während schneller Zustandsänderungen.

Bei Schalthandlungen oder sprunghaften Laständerungen ergeben sich zwangsläufig → Ausgleichsvorgänge. Die dabei auftretenden Effekte müssen gelegentlich bei der Antriebsplanung oder der Maschinenbemessung berücksichtigt werden. Bei drehzahlgeregelten Antrieben ist das d. V. durch die Schnelligkeit gekennzeichnet, mit der der Antrieb Änderungen des Drehzahl-Sollwerts folgt. Dabei werden anstelle von Sprüngen stetig veränderliche Sollwertvorgaben (Rampen) bevorzugt.

→ Drehschwingungen, → Pendelmoment, → Sanftanlauf-Gerät, → Stoßmoment und Stoßstrom

[A6, A7, **B18**]

E

ED
→ Einschaltdauer

Effektivwert {root-mean-square value, r. m .s.value}
→ Wechselgröße

EG-Konformitätserklärung {EC Declaration of conformity}
Herstellererklärung, in der die Übereinstimmung mit harmonisierten Normen oder EG-Richtlinien erklärt wird.
Sie muß enthalten:
- Beschreibung des betreffenden Geräts oder der betreffenden Geräte;
- Fundstellen (im Amtsblatt der EU) der Normen oder Richtlinien, auf die sich die Übereinstimmung bezieht, sowie gegebenenfalls unternehmensinterne Maßnahmen, mit denen die Übereinstimmung sichergestellt wird;
- Angabe des Unterzeichners, der für den Hersteller oder seinen Bevollmächtigten rechtsverbindlich unterzeichnen kann;
- gegebenenfalls die Angabe der von einer autorisierten Prüfstelle ausgestellten EG-Baumusterbescheinigung.

→ EG-Richtlinien

EG-Richtlinien {European Council (EC) Directives}
Das Europäische Parlament und der Rat der Europäischen Union erlassen Richtlinien zu technischen Produkten. Damit sollen die Rechtsvorschriften der Mitgliedsstaaten angeglichen werden, um Handelshemmnisse abzubauen und einen gleichartigen Sicherheitsstandard innerhalb der EU zu erreichen. Diese Richtlinien müssen von jedem Mitgliedsstaat in nationales Recht umgesetzt werden. Da elektrische Maschinen und Geräte der Leistungselektronik weder allein noch kombiniert miteinander selbständig gebrauchsfertige Güter darstellen, gibt es auch keine besonderen Richtlinien für sie. Sie unterliegen jedoch Richtlinien grundlegenden Charakters, die besondere Anforderungen und Bewertungsverfahren vorschreiben. Möglicherweise treffen auf ein bestimmtes Produkt mehrere dieser Richtlinien zu, die dann (nach Übergangsfristen) alle eingehalten werden müssen. Harmonisierte Bauvorschriften und Sicherheits- und andere Normen sowie Harmonisierungsdokumente (HD) der EU (→ EN) stellen üblicherweise den Stand der zugrunde gelegten Technik dar.

→ CE, → CE-Kennzeichnung, → CE-Kennzeichnung von explosionsgeschützten Motoren, → EMV-Richtlinie, → Explosionsschutz-Richtlinie, → Niederspannungs-Richtlinie
[Reihe N11]

Eigenkühlung (veraltet: Eigenbelüftung) {self-ventilation, self-cooling}
Kühlung durch ein Kühlmittel, das von der Maschine selbst bewegt wird.
Das Kühlmittel wird abhängig von der Drehzahl bewegt (Förderwirkung des Läufers allein; direkt auf dem Läufer angeordnete Baugruppe; eingebautes und von der Maschine direkt angetriebenes Lüfter- oder Pumpenaggregat).
→ Kühlart IC

Eigensicherheit „i" {intrinsic safety}
→ Zündschutzart

Einbaumotor {shell-type motor}
Motor, der in ein Gerät oder Aggregat eingebaut wird.
Der E. besteht nur aus einem Ständer und einem Läufer und ist im Lieferzustand nicht betriebsfähig. Seine Funktionsfähigkeit erhält er erst durch den Einbau in das Gerät.
Der E. ermöglicht eine besonders kompakte Gerätebauweise.
- Die Teile sind besonders verletzlich, deshalb muß eine zweckentsprechende Verpackung für den Transport vorgesehen werden (zusätzliche Kosten!)
- Das Kühlsystem, die Lagerung, der Anschluß und die Schutzart eines E. bedürfen einer engen Abstimmung zwischen Hersteller und Käufer.
- Die Garantie für die Funktionsfähigkeit sollte vertraglich abgegrenzt werden durch Festlegung von meßbaren Qualitätsmerkmalen und deren Grenzwerte, die der E. im Lieferzustand erfüllen muß.

→ Kühlart IC, → Kühlluftmenge und Druckabfall, → Luftführung bei eingebauten Motoren, → Schutzart IP

Einheiten {units}
In der Antriebstechnik werden weltweit die Einheiten des Internationalen Einheitensystems (SI-Einheiten) verwendet (**Tabelle E1**), meistens auch in den Ländern, deren gesetzliche Einheiten heute noch von den SI-Einheiten abweichen.
[N6.2]

Größe	Name der Einheit	Zeichen	Umrechnungen
Basiseinheiten			
Länge	Meter	m	–
Masse	Kilogramm	kg	–
Zeit	Sekunde	s	–
elektrische Stromstärke	Ampère	A	–
thermodynamische Temperatur	Kelvin	K	–
Stoffmenge	Mol	mol	–
Lichtstärke	Candela	cd	–
abgeleitete Einheiten			
Frequenz	Hertz	Hz	1 Hz = 1/s
Kraft	Newton	N	1 N = 1 kg m/s^2
Druck	Pascal	Pa	1 Pa = 1 N/m^2
Leistung	Watt	W	1 W = 1 J/s = 1 N m/s
Energie, Arbeit, Wärme	Joule	J	1 J = 1 Ws = 1 N m
Temperatur	Grad Celsius	°C	Der Grad Celsius ist der besondere Name für das Kelvin bei der Angabe von Celsius-Temperaturen. Nullpunkt der Celsius-Skala: 0 °C = 273,15 K
elektrische Spannung	Volt	V	1 V = 1 W/A
elektrischer Widerstand	Ohm	Ω	1 Ω = 1 V/A = 1/S
elektrischer Leitwert	Siemens	S	1 S = 1 A/V = 1/Ω
elektrische Ladung	Coulomb	C	1 C = 1 As
elektrische Kapazität	Farad	F	1 F = 1 C/V
magnetischer Fluß	Weber, Voltsekunde	Wb, Vs	1 Wb = 1 Vs
magnetische Flußdichte (Induktion)	Tesla	T	1 T = 1 Vs/m^2
Induktivität (magnetischer Leitwert)	Henry	H	1 H = 1 Vs/A

Tabelle E1 SI-Einheiten

Einmotorenantrieb (auch: Zentralantrieb) {single-motor drive}
Antrieb einer Maschine oder einer Anlage mit nur einem einzigen Motor.
Das Drehmoment der Motorwelle muß über Vorgelege und Transmissionen auf die einzelnen Bewegungsvorgänge verteilt werden, die sich deshalb nicht über den Motor steuern lassen. In vielen Fällen besser: → Einzelantrieb.

Einphasenbetrieb von Drehstrommotoren
→ Steinmetzschaltung

Einphasenmotor {single-phase motor}
Einphaseninduktionsmotor, Wechselstrominduktionsmotor
→ Asynchronmotor, der vom einphasigen → Wechselstromnetz gespeist wird. Es werden mindestens zwei Wicklungsstränge mit räumlichem Versatz benötigt. Die notwendige → Phasenverschiebung der Spannung in einem der Stränge wird meist durch Kondensatoren (Betriebskondensator nach **Bild E2b**, Anlaufkondensator nach **Bild E2a**, Doppelkondensator nach **Bild E2c**) erreicht. Auch der → Drehstrommotor kann in der → Steinmetzschaltung am einphasigen Netz betrieben werden. Ein → kreisförmiges Drehfeld kann beim E. mit wirtschaftlich vertretbarem Aufwand nur in einem einzigen Betriebspunkt erzielt werden. In allen anderen

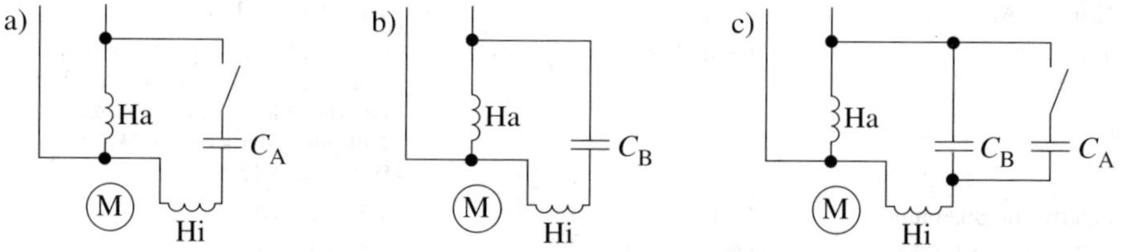

Bild E2 Schaltungen eines zweisträngigen Induktionsmotors mit Hauptstrang (Ha) und Hilfsstrang (Hi)
a mit Anlaufkondensator C_A (Hi und C_A werden nach dem Hochlauf abgeschaltet)
b mit Betriebskondensator C_B (Hi und C_B sind ständig angeschlossen)
c mit Doppelkondensator $C_B + C_A$ (C_A wird nach dem Hochlauf abgeschaltet)

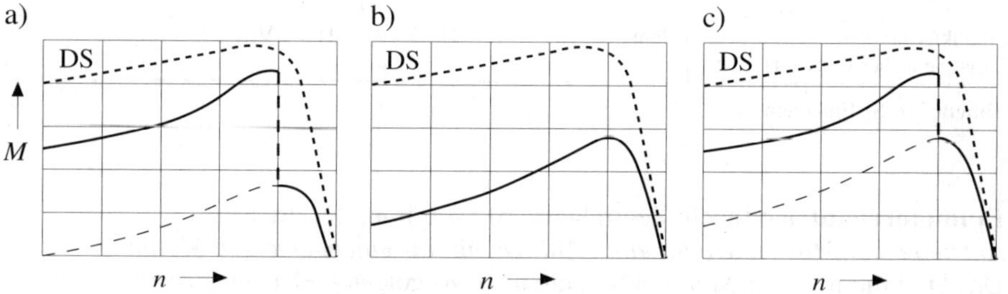

Bild E3 Drehmomentkennlinien (Prinzip) des zweisträngigen Induktionsmotors
a) mit Anlaufkondensator C_A (Schaltung nach Bild E2a)
b) mit Betriebskondensator C_B (Schaltung nach Bild E2b)
c) mit Doppelkondensator $C_B + C_A$ (Schaltung nach Bild E2c)
DS: mit dreisträngiger Wicklung am Drehstromnetz

Punkten arbeitet der E. mit einem→ elliptischen Drehfeld. Nachteile: kleinere → Drehmomente (vor allem im Anlaufbereich), höhere → Verluste, größeres → Geräusch. Damit verbunden sind auch → Pendelmomente mit doppelter Netzfrequenz. Wirtschaftlicher Einsatz des E. bis rund 1 kW.
Drehmomentkennlinie des E. siehe **Bild E3**.
[A2, A4]

Einquadrantenbetrieb {one-quadrant drive}
→ Vierquadrantenbetrieb

Einschaltdauer {cyclic duration factor}
Dauer, während der die Wicklung an Spannung liegt.
Wird meistens als relative E. (auch abgekürzt mit „ED") in % der Spieldauer angegeben.
→ Betriebsart S3 bis Betriebsart S8

Einschalten {switch-on}
Wicklungen werden mit dem spannungsführenden Netz verbunden.
Beim E. entstehen kurzzeitige → Ausgleichsvorgänge, die zu erhöhten Beanspruchungen der Wicklungen, Klemmen, Leitungen, Schaltgeräte und Übertragungselemente führen können.
→ Stoßmoment und Stoßstrom [B17]

Einschalt-Momentenstoß
→ Stoßmoment und Stoßstrom

Einschaltscheinleistung {locked-rotor apparent-power}
→ *Kurzschluß-Scheinleistung*

Einschalt-Stromstoß
→ Stoßmoment und Stoßstrom

Einschichtwicklung {single layer winding}
Jede Nut des Blechpakets wird von einer einzigen Spulenseite ausgefüllt (**Bild E4**).
Die E. ist für die Herstellung von Drahtwicklungen sehr günstig, vor allem für das Einziehverfahren.
→ Einziehwicklung, → Zweischichtwicklung

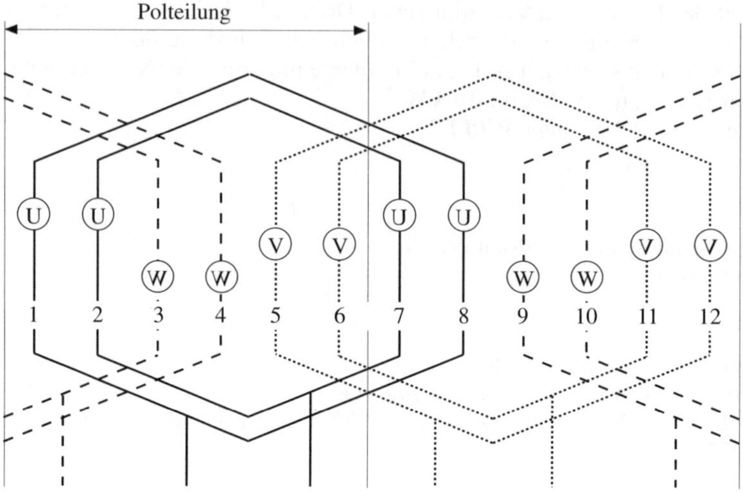

Bild E4 Beispiel für eine Einschichtwicklung (schematisch)

Einschubstator {press-in stator core}

Ständerblechpaket, das außerhalb des Gehäuses gewickelt und getränkt und dann erst in das Gehäuse eingeschoben (eingepreßt) wird.

Die Technik des E. ermöglicht leichteres Wickeln, Schalten, Verschnüren, Tränken. Außerdem wird die Durchlaufzeit in der Produktion verkürzt, weil Ständerwicklung und Gehäuse zeitlich parallel gefertigt werden können. Diese Technik ist weder durch die Maschinengröße noch durch die Wicklungsart begrenzt (**Bild E5**).

Bild E5 Einschubstator für einen vierpoligen Normmotor der Baugröße 132

Einschwingvorgang
→ *Ausgleichsvorgang*

Einzelantrieb {single drive}
Jede Teilbewegung einer Maschine hat einen eigenen Motor.
Der E. ist heute die gängige Lösung, während früher der → Einmotorenantrieb bevorzugt wurde. Mit einem E. ist jede Bewegung für sich steuerbar. Vorgelege oder Transmissionen (Reibungsverluste, Störanfälligkeit, Gefahrenquellen) entfallen, dadurch steigt der Gesamtwirkungsgrad; die Arbeitssicherheit und Zuverlässigkeit werden größer.

Einzelton {single sound}
Hörbare Luftdruckschwingung einer einzigen Frequenz.
Einzelne Töne in einem → Geräusch können sehr lästig sein. Sie können auch bei unbeschädigten Maschinen auftreten und entstehen hauptsächlich durch Sirenenwirkung drehender Teile, durch magnetische Kräfte, aufgrund mechanischer Ursachen und durch Resonanzen (**Bild E6**).
E. können der Diagnose dienen: Ihr plötzliches Auftreten kann auf entstehende Schäden deuten, ihre Frequenz auf mögliche Ursachen. Entsprechenden Hinweisen des Bedienungspersonals sollte sofort nachgegangen werden. Allerdings setzt die richtige Bewertung akustischer Unregelmäßigkeiten die Kenntnis des normalen Betriebszustands und der konstruktiven Eigenschaften des betreffenden Aggregats (nicht nur des Elektromotors) voraus – und viel Übung.
Falls bei einer drehenden elektrischen Maschine mit dem Ohr aus dem Geräusch einzelne Töne wahrgenommen werden, ist das Maschinengeräusch an festgelegten Meßpunkten in Frequenzbänder geeigneter Breite (i. a. Oktavbänder) zu zerlegen [N9.9]. Wenn der Meßwert in einem beliebigen Band um wenigstens 5 dB größer ist als in jedem der beiden unmittelbar benachbarten Bänder, wird ein „heraushörbarer Einzelton“ angenommen (**Bild E7**).
E. sind nicht zulässig, wenn der A-bewertete Meßflächenschalldruckpegel > 80 dB (A) ist.

Einzelverlustverfahren {loss-summation method}
→ Ermittlung der Verluste und des Wirkungsgrads

Einziehwicklung {pull-in winding}
Wicklung aus Runddrähten, deren vorgewickelte Spulen maschinell in axialer Richtung durch die Ständerbohrung gezogen und dabei schräg-radial durch die Nutschlitze in die Nuten gedrückt wird.

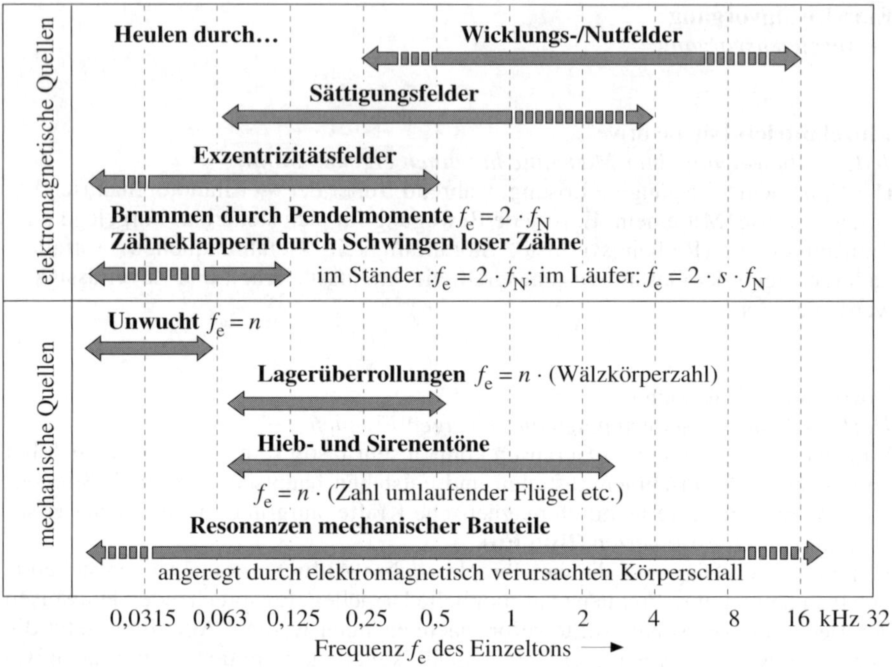

Bild E6 Brummen, Heulen und Zähneklappern (Frequenz von Einzeltönen bei netzgespeisten Asynchronmaschinen und die möglichen Ursachen)
n Umlauffrequenz in s^{-1}
f_N Netzfrequenz in Hz
s Schlupf

Bei kleinen Maschinen, die fast ausnahmslos eine → Einschichtwicklung haben, kann man die komplette Wicklung meistens in einem Schritt einziehen (**Bild E8**). Bei größeren Maschinen läßt sich jeweils nur der Spulensatz eines Pols und Strangs einziehen. Damit können auch → Zweischichtwicklungen mit maschineller Unterstützung in die Nuten eingebracht werden. Die E. ermöglicht eine rationelle Herstellung von Wicklungen aus Runddraht.

- Die → Drahtisolierung muß für die beim Einziehen auftretende mechanische Beanspruchung bemessen sein.
- Der einwandfreie Zustand des Einziehwerkzeugs bedarf einer ständigen sorgfältigen Überprüfung.
- Kritische Drahtdurchmesser, die durch Selbsthemmung in den Führungskanälen des Werkzeugs zu Draht- oder Maschinenschäden führen, sind durch Parallelschalten dünnerer Drähte zu vermeiden [E37].

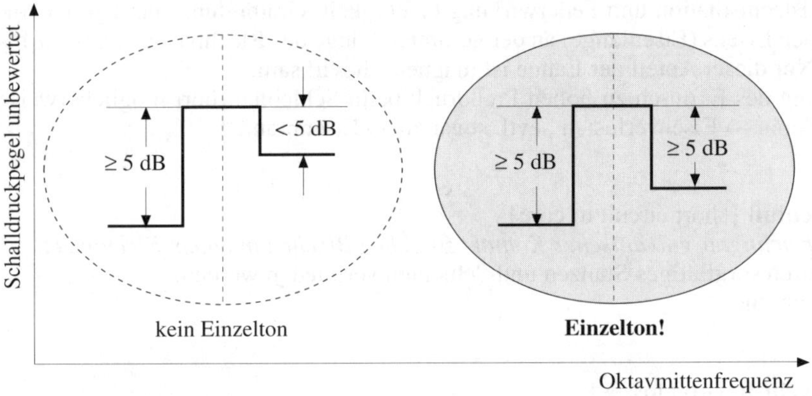

Bild E7 Definition eines Einzeltons nach DIN VDE 0530

Eisenbrand {core burning}
Örtliche Zerstörung der Blechisolation und Verschmelzen der Bleche.
E. entsteht meistens durch örtlich begrenzten → Eisenschluß, der durch hohe → Wirbelstromverluste zu Temperaturspitzen führen kann. Möglicherweise wird ein Blechpaket samt Wicklung durch Anwachsen des E. auf größere Flächen irreparabel geschädigt. [A19]

Eisenfüllfaktor (auch: Stapelfaktor) {stacking factor}
Verhältnis der reinen Eisenlänge in einem Blechpaket zu dessen mechanischer Gesamtlänge.

Bild E8 Komplett-Einziehen einer vierpoligen Drehstrom-Einschichtwicklung

Durch Blechisolation und Federwirkung (Welligkeit, Gratbildung) beträgt der Anteil reinen Eisens (Eisenlänge) an der gesamten Länge des Blechpakets nur 90 % bis 96 %. Nur dieser Anteil der Länge ist magnetisch wirksam.
Erhöhung des E. durch zu hohen Preßdruck beim Schichten führt möglicherweise zu größeren → Eisenverlusten , evtl. sogar zu → Eisenbrand.

Eisenschluß {short circuit to core}
Unbeabsichtigter galvanischer Kontakt zwischen Blechen in einem Blechpaket.
Muß durch sorgfältiges Stanzen und Schichten vermieden werden.
→ Eisenbrand

Eisenverluste {iron losses}
Wirkleistung zur Deckung der in den Blechpaketen durch Hysterese und Wirbelströme erzeugten Wärme.
Die Höhe der E. wird bestimmt von der → Verlustziffer der verwendeten Blechsorte, der Frequenz der Ummagnetisierung und der Höhe und räumlichen Verteilung der → Feldliniendichte (Induktion). Deshalb treten im Läufer von Asynchronmaschinen bei kleinem Schlupf (kleiner Läuferfrequenz) praktisch keine E. auf. Anders ist dies bei Schleifringläufermotoren, die zur Drehzahlregelung benutzt werden, und möglicherweise auch bei Käfigläufermotoren mit → Umrichterspeisung (Oberschwingungen in der Spannung können auch im Läufer zusätzliche E. hervorrufen; diese werden als Zusatzverluste betrachtet). Die E. bei netzgespeisten Drehstrommotoren sind praktisch belastungsunabhängig und konstant, während sie bei → Umrichterspeisung von Frequenz, Spannung und evtl. Oberschwingungsgehalt abhängen.
E. können aus den Meßwerten eines → Leerlaufversuchs ermittelt werden.
→ Ermittlung der Verluste und des Wirkungsgrads, → Spannungs-Oberschwingungsfaktor, → Verluste

elastische (nachgiebige) Kupplung {flexible coupling}
Kupplung mit nachgiebigen Elementen, die eine Axial-, Radial- und Winkelverlagerung der gekuppelten Wellen ermöglicht.
Für e. K. bestehen Begriffs-, Größen- und Auslegungsnormen [N2.5]. Diese gelten für drehnachgiebige als auch drehstarre Ausführungen und umfassen auch die Behandlung dynamischer Vorgänge, wie Drehmomentstöße und → Drehschwingungen. Am häufigsten werden für Drehstrommotoren drehelastische Kupplungen verwendet (Beispiel: **Bild E9**). Diese können durch ihre Federwirkung kurzzeitig in begrenzter Höhe Energie speichern. Sie eignen sich besonders, um → Pendelmomente zu glätten, Momentenstöße auszugleichen und die torsionskritische Drehzahl eines Wellenstrangs zu beeinflussen. Es sind auch e. K. mit Dämpfungselementen verfüg-

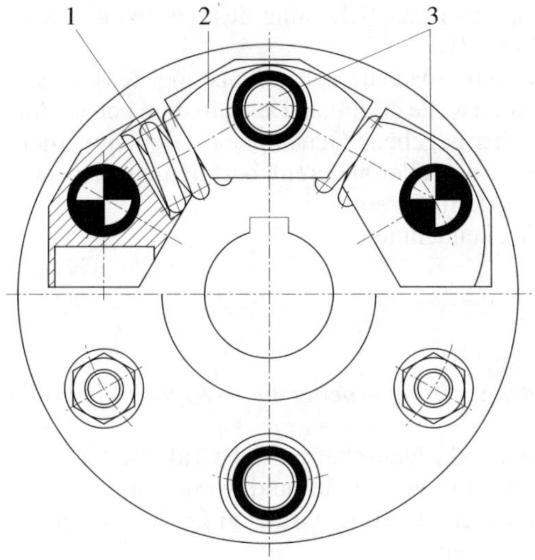

Bild E9 Ausführungsbeispiel einer elastischen Kupplung mit Stahldruckfedern als Übertragungsglieder
1 Schraubendruckfeder, unter Vorspannung in 2 geführt, überträgt das Drehmoment
2 Führungselement, drehbar und axial verschiebbar auf 3
3 Mitnehmerbolzen, abwechselnd in der linken und rechten Kupplungshälfte befestigt
(System Cardeflex, Hochreuter & Baum, Ansbach)

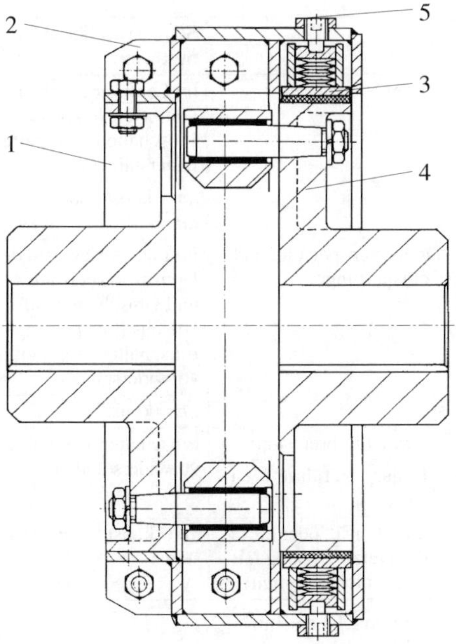

Bild E10 Ausführungsbeispiel einer stahlelastischen Kupplung mit einstellbarer Reibungsdämpfung
Eine Hälfte **1** der stahl-elastischen Kupplung (Prinzip: Bild E9) trägt das starr angeflanschte Gehäuse **2** einer Dämpfungsbremse. Darin befinden sich federnd angestellte Bremsschuhe **3**, die auf den Außenflansch der zweiten Kupplungshälfte **4** wirken. Drehschwingungen als auch Axialschwingungen werden als Relativbewegungen zwischen den beiden Kupplungshälften unabhängig von der Schwinggeschwindigkeit gedämpft. Das Dämpfungsmoment bzw. die -kraft kann von Hand eingestellt und verändert (**5**) werden.

bar, mit denen dauernde Drehschwingungen zur Schonung des gesamten Wellenstrangs verringert werden können (**Bild E10**).

- Der zulässige axiale, radiale und winklige Versatz von e. K. ist meistens wesentlich größer als es Motorlager und Motorwelle erlauben. Deshalb muß bei der Ausrichtung der Wellen die vom Motor her gegebene Genauigkeit beachtet werden.
- Die Zustandsüberprüfung von e. K. – wie aller anderenÜbertragungselemente – muß fester Bestandteil der → Instandhaltung sein.

→ Axialbelastung, → Querkraft, → Wellendehnung
[A19, B18, E12 bis E14, E38, N2.5]

elektrische Bremsung {electric braking}
Durch Umschaltung oder Änderung der Speisung arbeitet die → Asynchronmaschine als Bremse.
Übersicht über Methoden, Maßnahmen und Eigenschaften siehe **Tabelle E11**.

- Die e. B. arbeitet berührungslos und damit verschleiß- und wartungsfrei.
- Die den Drehmassen entzogene kinetische Energie wird zum großen Teil in den Motorwicklungen in Wärme umgewandelt.
- Bei einigen Methoden kann das Bremsmoment stufig oder stufenlos gesteuert werden.

<table>
<tr><th></th><th colspan="2">Käfigläufermotoren</th><th>Schleifringläufermotoren</th></tr>
<tr><td rowspan="2">Gegenstrombremsung
bei $n = 0$: Motor treibt</td><td colspan="2">im Lauf Vertauschen von zwei Netzphasen</td><td>im Lauf Vertauschen von zwei Netzphasen; Einschalten von Läuferwiderständen</td></tr>
<tr><td colspan="2">„$n \Rightarrow 0$“</td><td>„n = konst“ oder „$n \Rightarrow 0$“</td></tr>
<tr><td rowspan="2">Gleichstrombremsung
bei $n = 0$: kein Haltemoment</td><td colspan="2">im Lauf Abschalten der Drehstromspeisung und Umschalten auf Gleichstromspeisung</td><td>im Lauf Abschalten der Drehstromspeisung und Umschalten auf Gleichstromspeisung; Einschalten von Läufervorwiderständen</td></tr>
<tr><td colspan="2">„$n \Rightarrow 0$“ oder „n = konst“</td><td>„n = konst“</td></tr>
<tr><td rowspan="3">übersynchrone (generatorische) Bremsung</td><td>Polumschaltung</td><td>Umrichterbremsung</td><td rowspan="2">Einschalten von Läufervorwiderständen</td></tr>
<tr><td>im Lauf Umschaltung auf höhere Polzahl</td><td>frequenzgeführte Bremsung</td></tr>
<tr><td>„n = konst“ (Nutzbremsung)</td><td>„n = konst“ oder „$n \Rightarrow$ 0“ (Nutzbremsung teilweise nicht möglich)</td><td>„n = konst“ (Nutzbremsung)</td></tr>
</table>

Tabelle E11 Elektrische Bremsung von Asynchronmotoren – Übersicht
„$n \Rightarrow 0$“: Antrieb wird bis zum Stillstand gebremst (Stillstandsbremsung)
„n = konst“: Bremsung erfolgt zur Begrenzung der Geschwindigkeit (Senkbremsung)

→ Bremswärme im Läufer, → Bremswärme im Motor, → Bremswärme im Ständer, → Gegenstrombremsung, → Gleichstrombremsung, → generatorische Bremsung, → Schalthäufigkeit
[A2, A3, A6, A7, A21, B18, E26, E27]

elektrische Feldstärke
→ elektrisches Feld

elektrisches Feld {electric field}
Gesamtheit aller elektrischen Feldlinien in einem → Dielektrikum (Isolierung) zwischen Flächen unterschiedlichen Potentials.
Das e. F. ist gekennzeichnet durch die *elektrische Feldstärke* (in V/m); das ist die Spannung je Längeneinheit zwischen zwei beliebigen Punkten. Bei *homogenen* e. F. ist die Feldstärke an jeder Stelle im Dielektrikum gleich groß (Beispiel: Metall-Papier-Kondensator; näherungsweise auch: Kernisolierung von Hochspannungsspulen zwischen Leitern und Blechpaket). An Störungsstellen im Dielektrikum (z. B. leitender Fremdkörper, Luftblase) kann die Feldstärke große Werte annehmen. Liegen sie über der → Durchschlagsfestigkeit des Stoffs, kommt es zu → Glimmentladungen oder Durchschlägen, letzlich zur Zerstörung des Isolierstoffs. Bei drehenden elektrischen Maschinen ist damit meistens ein Wicklungsschaden verknüpft.
Das Wicklungs- und Isoliersystem elektrischer Maschinen, vor allem bei Hochspannungsmaschinen, muß sorgfältig entworfen, hergestellt und geprüft werden. Eine besondere Bedeutung kommt dabei der → Tränkung zu, deren Aufgabe es u. a. ist, die im Isoliersystem eingeschlossene Luft durch festen Isolierstoff zu ersetzen und damit für ein homogenes e. F. zu sorgen.
→ Verlustfaktor, [A8]

elektrische Welle {self-synchronous system; selsyn}
Schaltungen von zwei oder mehr Drehstrom-Schleifringläufermotoren, um auch bei unterschiedlicher Belastung alle Wellen zu derselben Drehzahl zu zwingen.
Im einfachsten Fall werden die Läuferstromkreise zweier Schleifringläufermotoren elektrisch verbunden und an einem gemeinsamen Widerstand angeschlossen. In dem gemeinsamen Stromkreis stellt sich zwangsläufig eine gemeinsame Läuferfrequenz ein; d. h., der Schlupf und damit die Drehzahl beider Maschinen sind gleich. Möglich ist auch, je eine der Maschinen („Hintermaschine") mit einem Käfigläufermotor („Hauptmaschine") zu kuppeln und die Läuferstromkreise ohne zusätzliche Widerstände miteinander zu verbinden. Auch hier wird derselbe Schlupf an beiden Wellen erzwungen. Anwendung: Gleichlaufsteuerung für Motoren, die auf denselben Bewegungsvorgang einwirken, deren Wellen aber aus räumlichen Gründen

nicht mechanisch miteinander verbunden werden können (z. B. parallele Kranfahrwerke).
→ Asynchronmaschine [B18]

Elektroblech {magnetic sheet steel}
Ausgangsmaterial der → Bleche für Ständer und Läufer
Das E. wird in verschiedenen Sorten hergestellt. Die magnetischen u. a. Eigenschaften sind genormt [N10.6]. Hauptsächlicher Bestandteil des E. ist Eisen, um eine hohe Magnetisierbarkeit zu erreichen. Es wird vor allem mit Silizium legiert, um eine kleine → Verlustziffer zu erzielen. Das E. ist meistens einseitig oder beidseitig isoliert (lackiert, phosphatiert), um in den → Blechpaketen zusätzliche Wirbelströme und damit eine Erhöhung der → Eisenverluste zu vermeiden.
Die Wahl der E.sorte ist eine technisch und wirtschaftlich wichtige Optimierungsentscheidung des Herstellers einer elektrischen Maschine. Für den Betreiber ist sie nicht interessant.

elektromagnetische Verträglichkeit
→ EMV

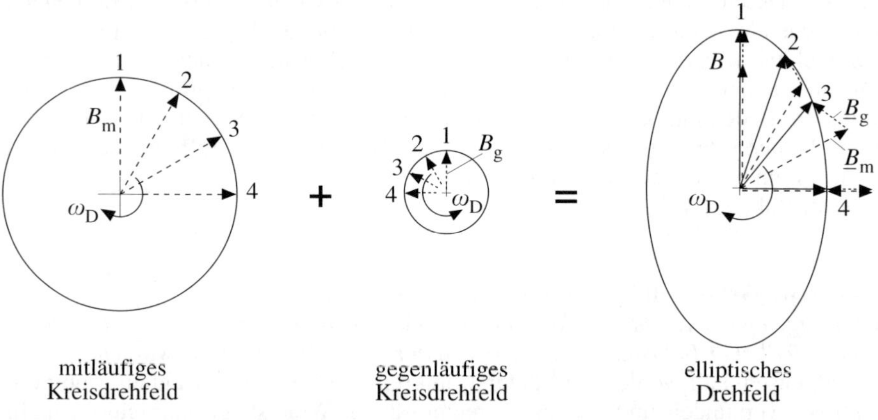

Bild E12 Entstehung eines elliptischen Drehfelds aus zwei gegenläufigen, unterschiedlich großen Kreisdrehfeldern gleicher Geschwindigkeit (Prinzipdarstellung)
Zeigergröße ≡ Drehfeldamplitude; Lage des Zeigers ≡ Lage der Drehfeldamplitude in der Ständerbohrung
Zeigeraddition: $B = B_m + B_g$

B_m	Amplitude des mitläufigen Kreisdrehfelds
B_g	Amplitude des gegenläufigen Kreisdrehfelds
B	Amplitude des elliptischen Drehfelds
ω_D	Winkelgeschwindigkeit der Kreisdrehfelder
1, 2, 3, 4	in gleichen Zeitabständen aufeinander folgende Lagen der Drehfeldamplitude in der Ständerbohrung

elliptisches Drehfeld {elliptical field}
Magnetisches Feld, das entlang des Umfangs der Ständerbohrung läuft und eine lageabhängige Amplitude hat.
Das elliptische D. tritt auf, wenn das speisende Netz oder die Maschinenwicklung Unsymmetrien aufweist. Beispiel: → Einphasenmotoren. Das e. D. kann man sich aus zwei mit gleicher Geschwindigkeit, aber entgegengesetztem Drehsinn laufenden → Kreisdrehfeldern unterschiedlicher Amplitude entstanden denken (**Bild E12**). Folgerichtig kann man sich das Betriebsverhalten der realen Maschine erklären als das von zwei miteinander gekuppelten symmetrischen Maschinen glei-

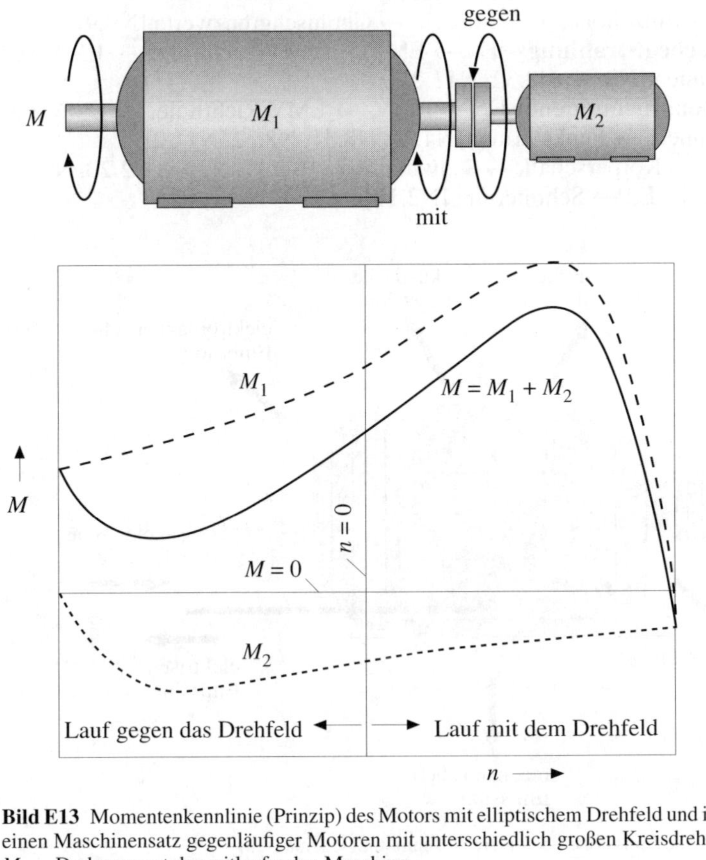

Bild E13 Momentenkennlinie (Prinzip) des Motors mit elliptischem Drehfeld und ihre Entstehung durch einen Maschinensatz gegenläufiger Motoren mit unterschiedlich großen Kreisdrehfeldern.
M_1 Drehmoment der mitlaufenden Maschine
M_2 Drehmoment der gegenlaufenden Maschine
M resultierendes Drehmoment an der Welle
n Drehzahl

cher Polzahl, aber unterschiedlicher Drehmomentkennlinie, die gegeneinander drehen (**Bild E13**).
[A4, A6, B14, B18]

Emissionen {emission}
Während der Nutzungsphase gehen auch von einem Drehstrommotor E. aus (**Bild E14**). Sie sind im Vergleich zu anderen technischen Gütern gleicher Größe/Leistung weder materiell noch energetisch bedeutsam (Ausführliche Untersuchungen über E. siehe [A14]). Außerdem bestehen für mehrere E. genormte Grenzwerte.
Thermische E.: → Verluste, → Wirkungsgrad
Akustische E.: → Einzeltöne, → Geräusch, → Geräuschgrenzwerte [N9.9]
Elektromagnetische (Strahlungs-)E.: → EMV, → EMV-Richtlinie, → EMV von Asynchronmaschinen [N8.31, N8.32, N11.2]
Elektrische (leitungsgebundene) E.: → EMV, → EMV-Richtlinie, → EMV von Asynchronmaschinen, → Funkstörung [N4.28, N8.31, N8.32, N11.2]
Mechanische E.: → Körperschall, → Schwingstärke [N2.17, N2.18, N2.20, N9.12]
Stoffliche/chemische E.: → Schmierung [N2.17]

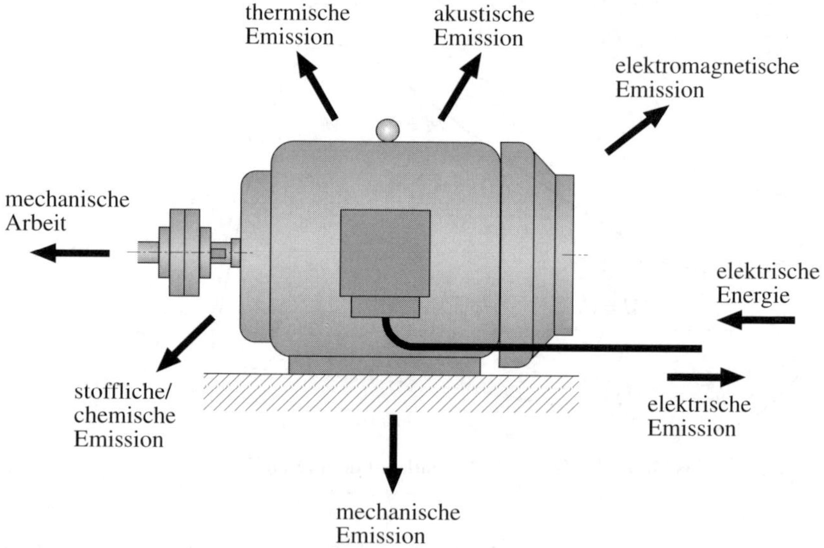

Bild E14 Energiefluß und Emissionen beim Drehstrommotor (schematisch)

EMV (Elektromagnetische Verträglichkeit) {electromagnetic compatibility, EMC}
Die Fähigkeit eines Geräts (= Apparat, Anlage, System), in der elektromagnetischen Umwelt zufriedenstellend zu arbeiten, ohne dabei selbst elektromagnetische Störungen zu verursachen, die für alle in dieser Umwelt vorhandenen Geräte unannehmbar wären.
Die EMV wird also durch die zwei Merkmale gekennzeichnet:

- **elektromagnetische Störung** = *jede elektromagnetische Erscheinung, die zu einer Funktionsbeeinträchtigung führen könnte (elektromagnetisches Rauschen; unerwünschtes Signal; Veränderung des Ausbreitungsmediums).*
- **Störfestigkeit** = *Fähigkeit des betreffenden Geräts, während einer elektromagnetischen Störung ohne Beeinträchtigung zu funktionieren.*

Zur Zeit bestehen über die EMV erst *Fachgrundnormen* [N8.26 bis N8.29]; Produktnormen sind in Vorbereitung. Trotzdem müssen auch heute schon bestimmte Grundanforderungen gemäß → EMV-Richtlinie eingehalten werden.
Mit fortschreitendem Ausbau zu einem selbständig betriebsfertigen Gerät/System/Anlage erhöht sich das Potential für Störaussendung und Störempfang. Dies macht eine schnittstellenübergreifende Abstimmung auch bezüglich der EMV erforderlich.
→ CE-Kennzeichnung, → EMV von Asynchronmaschinen, → Funkstörgrad, → Funkstörung, → Schnittstelle
[A21, N4.28, N11.2, N11.3, N11.9, N11.10]

EMV-Richtlinie {EMC-directive}
Angleichung der Rechtsvorschriften in den Mitgliedsstaaten der EU über die → EMV.
Die EMV-R. [N11.2] – bereits umgesetzt in deutsches Gesetz [N11.9 (EMVG)] – gibt allgemeine Grundsätze für die EMV. Die wesentlichen Schutzanforderungen (1. Begrenzung der elektromagnetischen Störung auf ungefährliche Werte, 2. Störfestigkeit gegenüber solchen Störungen) gelten für eine Reihe aufgeführter Geräte, darunter auch *Industrieausrüstungen*. Demnach sind elektrische Antriebe mit ihren Komponenten von der EMV-R. direkt oder indirekt betroffen. Das → CEMEP – es vertritt die Interessen der Hersteller von drehzahlveränderbaren Antrieben bei der Europäischen Kommission – hat eine Empfehlung [N11.10] erarbeitet über das Vorgehen und die Zuständigkeit bezüglich der EMV eines elektrischer Antriebs. Vorgehen und Zuständigkeit sind abhängig von dem Werdegang des elektrischen Antriebs zwischen Herstellung und Anwendung (**Tabelle E15**).

- Ist ein elektrischer Antrieb oder sind seine Komponenten mit der → CE-Kennzeichnung versehen und enhält die dazugehörige → EG-Konformitätserklärung des Herstellers keine Beschränkung auf einzelne → EG-Richtlinien, dann darf vermutet werden, daß die EMV-R. eingehalten ist.

	Gültigkeitsfeld der EMV-Richtlinie	Bedeutung für elektrische Antriebe AS Antriebssystem AM Antriebsmodul AG Antriebsgrundeinheit	Beschreibung, EMV-Verantwortung	EG-Konformitätserklärung + CE-Kennzeichnung erforderlich?
1	**Komponenten zum direkten Einsatz beim Verwender**	allgemein erhältliche AS/AM/AG	Verantwortung für Produkte beim Hersteller. Notwendige Maßnahmen außerhalb des Geräts sind in einfacher Weise beschrieben, auch von technischen Laien durchführbar. Endgültige Verantwortung liegt beim Verwender (Einhaltung der Herstellerempfehlungen/Anwendungsbeschreibungen).	ja
2	**Komponenten zum Einsatz durch fachkundige Weiterverwender** (z. B. Maschinenbauer)	eingeschränkt erhältliche AS/AM/AG, die als Komponenten in eine Maschine/System/Anlage eingebaut werden	Anwendung Normentwurf [N8.31, N8.32]. Nur für den Fachmann (sachgerechte Installation). Nicht selbständig betreibbar im Sinne der Anwendung beim Endkunden. Komponentenhersteller stellt Installationsrichtlinien bereit. Verantwortung der endgültigen Anwendung liegt beim Maschinenbauer, System-/Anlagenerrichter.	nein
3	**Anlagen**	allgemein oder eingeschränkt erhältliches AS oder mehrere (auch unterschiedlicher Klassen), die gemeinsam in eine Anlage am Errichtungsort installiert werden	Anwendung Normentwurf [N8.31, N8.32]. Kann als eigene Funktionseinheit nicht in Verkehr gebracht werden. Entsteht durch Installation vor Ort. Muß dann als ganze Einheit in Wechselwirkung zu ihrer Umgebung EMV-Richtlinie erfüllen. Endgültige Verantwortung liegt beim Anlagenerrichter.	nein
4	**Geräte/ Systeme**	éin oder mehrere AS/AM/AG, die gemeinsam als Gerät/System allgemein erhältlich sind	Hat eine bestimmte Funktion für den Endnutzer. Ist als spezielles Gerät/System in Verkehr gebracht. Endgültige Verantwortung liegt beim Geräte-/Systemhersteller.	ja

Tabelle E15 Gültigkeitsfelder der EMV-Richtlinie und ihre Anwendung auf elektrische Antriebe nach CEMEP-Empfehlung [N11.10]

- In der Bedienungsanleitung müssen die für einen bestimmungsgemäßen Betrieb erforderlichen EMV-relevanten Angaben (z. B. zweckentsprechende Installation, Warnhinweise o. ä.) enthalten sein.

→ CE-Kennzeichnung

[A21, E61, N4.28, N11.2, N11.3, N11.9]

EMV von Asynchronmaschinen {EMC of induction machines}
Der Normentwurf [N8.31] – nach internationaler Verabschiedung als Erweiterung der VDE 0530 Teil 1 vorgesehen – gilt allein für drehende elektrische Maschinen, nicht für das endgültige Arbeitssystem oder seine Komponenten. Die in den Maschinen evtl. vorhandenen *Meß- und Überwachungseinrichtungen* sind nicht erfaßt. Es werden Grenzwerte für die *Störfestigkeit* wie auch für die *Störemission* angegeben. Störfestigkeit, allgemein: Elektrische Maschinen stellen induktive Belastungen dar; deshalb sind sie gegen hohe Frequenzen unempfindlich. EMV-Störungen mit Frequenzen oberhalb etwa 13facher Netzfrequenz beeinflussen deshalb das Verhalten der elektrischen Maschinen nicht.
Störfestigkeit: Grenzwerte sind die in [N9.1] festgelegten Bedingungen für:

- → Kurvenform und Symmetrie von Spannungen und Strömen,
- → Spannungs-Oberschwingungsfaktor,
- → Spannungs- und Frequenzschwankungen während des Betriebs.

Diese Grenzwerte gelten für den stationären Betrieb; → Ausgleichsvorgänge, wie plötzliche Spannungseinbrüche, müssen gesondert betrachtet werden.
Prüfungen der Störfestigkeit zum Nachweis der Übereinstimmung mit dem o. a. Normentwurf werden nicht gefordert.
Störemission: Bei Erfüllung der o. a. Punkte für die Störfestigkeit wird von den Maschinen keine Strahlung oder leitungsgebundene Emission abgegeben oberhalb der Grenzwerte nach **Tabelle E16** (→ Bild F20).

Maschinenart	Frequenzbereich	Grenzwerte
Strahlungsemission = abgestrahlte hochfrequente elektrische Felder		
Käfigläufermaschinen und Schleifringläufermaschinen mit Bürstenabhebevorrichtung	30 MHz bis 230 MHz	30 dB (µV/m) Quasi-Scheitelwert, gemessen in 30 m Entfernung
	230 MHz bis 1000 MHz	37 dB (µV/m) Quasi-Scheitelwert, gemessen in 30 m Entfernung
Schleifringläufermaschinen mit dauernd aufliegenden Bürsten	wie oben	Werte wie oben, jedoch gemessen in 10 m Entfernung
leitungsgebundene Emission = hochfrequente Spannung auf den Anschlußleitern		
alle Asynchronmaschinen	0,15 MHz bis 0,5 MHz	66 dB (µV) bis 56 dB (µV) Quasi-Scheitelwert 56 dB (µV) bis 46 dB (µV) Mittelwert Grenzwerte fallen linear mit dem Logarithmus der Frequenz ab
	0,5 MHz bis 5 MHz	56 dB (µV) Quasi-Scheitelwert 46 dB (µV) Mittelwert
	5 MHz bis 30 MHz	60 dB (µV) Quasi-Scheitelwert 50 dB (µV) Mittelwert

Tabelle E16 Grenzwerte für EMV von Asynchronmaschinen nach Normentwurf [N8.31].
Entsprechen die Maschinen DIN VDE 0530 Teil 1, Abschnitt 12 [N9.1] – was man ohne gesonderte Vereinbarung annehmen kann – so liegen die Meßwerte unter den o. g. Grenzwerten (→ Bild F20).

Es empfiehlt sich, EMV-Angaben entsprechend dem o. a. Normenentwurf zu machen.
→ CE-Kennzeichnung, → EMV, → EMV-Richtlinie, → Funkstörgrad, → Funkstörung [N8.32]

EN
Europäische Norm
E. elektrotechnischer Natur werden vom → CENELEC herausgegeben. Alle CENELEC-Mitglieder sind verpflichtet, jeder EN in wörtlicher Übersetzung den Status einer nationalen Norm zu geben. In Deutschland werden diese als → DIN EN-Normen herausgebracht.
Europa erhält in den nächsten Jahren ein einheitliches elektrotechnisches Normenwerk

Endprüfung {final inspection}
Letzte → Qualitätsprüfung vor Übergabe der Einheit an den Käufer
Umfang der E. liegt in der Verantwortung des Herstellers, sofern nichts anderes vereinbart oder in Normen vorgeschrieben ist.
[N8.16]

Energie *E, W* in Ws oder Nm {energy}
Arbeitsvermögen
Jeder Asynchronmotor bezieht vom Netz *elektrische E.* und transportiert sie mit Hilfe des → Drehfelds in Form *magnetischer E.* über den Luftspalt in den Läufer, wo sie in *mechanische E.* umgewandelt und über die Welle an die Arbeitsmaschine übertragen wird. Dort wird sie in Form von → *Arbeit* genutzt – letzlich wird sie irgendwo im Prozeß zu → *Wärme*.
Verbrauchskosten entstehen nicht für Strom- oder Leistungsbezug – bezahlen muß man die gelieferte E.
Wird E. gleichmäßig in der Zeit geliefert oder umgewandelt, dann ist:

$$E = P \cdot t,$$

mit:
E Energie in Ws oder Nm,
P Leistung (Wirkleistung) in W,
t Zeit in s.
→ Emissionen, → Verluste, → Wirkungsgrad [A7, A8]

Entsorgung
Drehende elektrische Maschinen sind, zumindest in der Ausführung für industriellen Einsatz, *instandsetzbare Einheiten*, d. h., sie sind demontierbar – eine wichtige Voraussetzung zur Wiederverwendung*); zum sortenreinen Trennen oder zum sortenreinen Recycling. Die allgemein problembehafteten Nichtmetalle fallen zwar

Stoffgruppe	P_N **= 1,1 kW**		**11 kW**		**110 kW**	
GG	9,6 kg	45,3 %	52,2 kg	43,3 %	319,8 kg	43,4 %
Fe siliziert	6,5 kg	30,7 %	41,0 kg	34,0 %	212,5 kg	28,8 %
St	2,5 kg	11,8 %	15,6 kg	12,9 %	107,0 kg	14,5 %
Cu	1,3 kg	6,1 %	7,0 kg	5,8 %	68,0 kg	9,2 %
Al	0,6 kg	2,8 %	2,0 kg	1,7 %	15,4 kg	2,1 %
Nichtmetalle	0,7 kg	3,3 %	2,8 kg	2,3 %	15,0 kg	2,0 %
Motor netto	**21,2 kg**	**100,0 %**	**120,6 kg**	**100,0 %**	**737,7 kg**	**100,0 %**

Tabelle E17 Stoffgruppen und Mengen im fertigen Motor.
Oberflächengekühlte Drehstrom-Normmotoren mit Käfigläufer eines deutschen Herstellers (vierpolig, Grauguß-Gehäuse).

Stoffgruppe	**Verbindung mit Nachbarteilen**	**Trennung bei Entsorgung**		**zum Abfall?**
		Methode	**Sortenreinheit**	
GG	lösbar, teils preßbar	mechanisch	ja	nein
Fe siliziert	teils preßbar, teils fest verbacken und durchdrungen	thermisch und mechanisch	größtenteils	nein
St	lösbar, teils preßbar	mechanisch	größtenteils	nein
Cu	fest verbacken	thermisch und mechanisch	größtenteils	nein
Al	fest vergossen und druchdrungen	gemeinsames Einschmelzen	nein	nein
Isolierstoffe	fest verbacken, fest haftend	thermisch	nein	ja
Anstrich	fest haftend	thermisch, chemisch, mechanisch	nein	ja
Kunststofformteile	lösbar, brechbar	mechanisch	ja	ja/nein
Gummiteile	lösbar, teils verklebt	mechanisch	größtenteils	ja/nein
Schmierstoffe	verschmiert, teils verharzt	thermisch, chemisch	nein	ja/nein

Tabelle E18 Trennung und Entsorgung der verschiedenen Stoffgruppen. Oberflächengekühlte Drehstrom-Normmotoren mit Käfigläufer eines deutschen Herstellers (vierpolig, Grauguß-Gehäuse).

*) Hier liegt nach Meinung des Autors ein unternehmerisches Potential für alle Hersteller elektrischer Maschinen. Wer sonst kann (natürlich unbeschädigte) Läufer, Lagerschilde, Lagerdeckel usw. eines bestimmten Motors wiederverwenden, wenn nicht dessen Hersteller.

mengenmäßig nicht ins Gewicht (**Tabelle E17**), aber ihre Vielzahl und vor allem die Vielfalt des Verbunds mit metallischen Teilen erschwert eine sortenreine Trennung. Dies gilt auch für den Verbund einiger metallischer Teile untereinander (z. B. → Druckgußläufer). **Tabelle E18** umreißt grob die Problematik. Es wird deutlich, daß verfahrenstechnisch bestimmte Anstrengungen für sortenreine Stofftrennung erforderlich sind.
[A14]

Entwurfsprüfung {design review}
→ *Qualitätsprüfung an einem Entwurf*
E. erfolgt anhand von Zeichnungen, Wickelangaben, Berechnungen, u. a. m.. Die zu prüfenden Merkmale und die an sie gestellten Anforderungen sind zu vereinbaren, sofern sie nicht in Normen, Vorschriften und anderen technischen Regelwerken festgelegt sind. Die E. ist immer Bestandteil einer → Bauartprüfung, die z. B. für explosionsgeschützte Maschinen verbindlich vorgeschrieben ist.
→ Explosionsschutz, → Explosionsschutz-Richtlinie, → Zündschutzarten
[A2, A13, A14, A21, E8, N8.16, N11.8]

Erdschluß {earth fault, ground fault}
→ *Isolierungsfehler*

Erdungsklemme {earth terminal, ground connection}
Vorrichtung zum Anschließen eines Erdungs- oder Schutzleiters.
Drehende elektrische Maschinen müssen mit einer (oder mehrerer) E. ausgestattet sein. Ausnahmen:

- Maschinen mit zusätzlicher Isolierung,
- Maschinen, die montiert werden in Anlagen mit zusätzlicher Isolierung,
- Maschinen mit Bemessungsspannungen bis einschließlich 50 V Wechselspannung.

Anordnung der E. siehe **Tabelle E19**; Material und Querschnitt des vorzusehenden Erdungs- oder Schutzleiters : [N9.1]; Kennzeichnung der E. mit „PE“ oder dem Erdungszeichen [N4.29]; detaillierter Kommentar siehe [A1].
Beispiele ausgeführter E.: **Bild E20**.

	Anordnung der Erdungsklemme
Bemessungsspannung 50 V < U_N ≤ 1000 V	im Klemmenkasten in der Nähe der Außenleiter-Anschlußklemme
Bemessungsspannung U_N > 1000 V und/oder Bemessungsleistung P_N > 100 kW	im Klemmenkasten und zusätzliche Erdungsklemme auf dem Gehäuse

Tabelle E19 Anordnung der Erdungsklemme für Wechselstrommaschinen

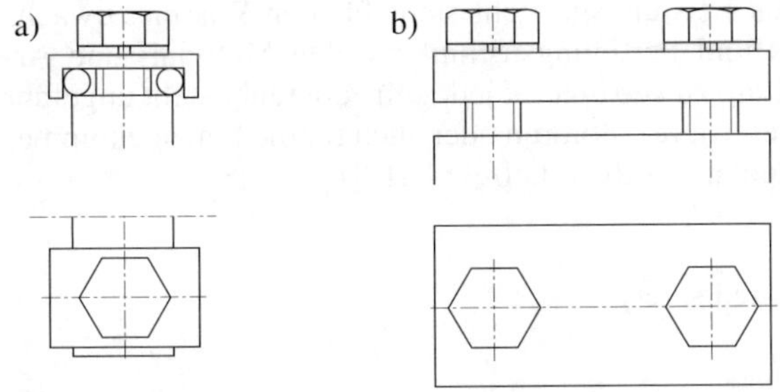

Bild E20 Ausführungsbeispiele für Erdungsklemmen (schematisch)
a mit Klemmbügel DIN 46282; zwei Größen für Anschlußquerschnitte 1,5 mm^2 bis 10 mm^2
b mit Klemmlasche; drei Größen für Anschlußquerschnitte 1,5 mm^2 bis 120 mm^2

Erfahrungskurve {know how-development}

Zeitlicher Verlauf physikalisch-technischer oder betriebswirtschaftlicher Größen eines Produkts, der den Wissenszuwachs des Herstellers dokumentiert.

Dieser Wissenszuwachs betrifft nicht nur das Produkt selbst, sondern auch dessen Herstellverfahren, Vermarktung und Anwendung und die mit all dem verbundene Administration und Informationsverarbeitung. Dieses technisch-wirtschaftliche Fortschrittspotenial wächst nach dem → Boston-Effekt immer um denselben Faktor bei Verdopplung der kumulierten Erfahrung. Dieser Zusammenhang gilt auch für den Drehstrommotor; er zeigt sich z. B. in der zeitlichen Entwicklung des → Lei-

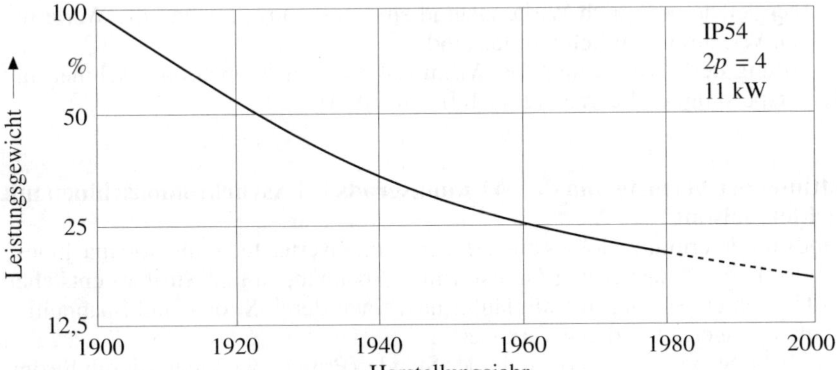

Bild E21 Abnahme des Leistungsgewichts (Trendkurve) eines Drehstrom-Käfigläufermotors 11 kW; 1500 min^{-1}; Oberflächenkühlung
Leistungsgewicht = Motorgewicht/Bemessungsleistung in kg/kW
Leistungsgewicht im Jahre 1900 ≡ 100 %

stungsgewichts (**Bild E21**). Das Leistungsgewicht steht für den Wissenszuwachs des Berechners, Konstrukteurs und Fertigungstechnikers, den Material- und Arbeitsaufwand bei gleicher Leistung zu verringern; jedes einzelne Jahr steht ungefähr für eine gleichbleibende Zahl gefertigter Motoren oder auch für die hinzugekommene Erfahrung (weiterer Kommentar: → Bostoneffekt [E19]).

erhöhte Sicherheit „e" {increased safety}
→ Zündschutzart

Ermittlung der Verluste und des Wirkungsgrads {methods for determining losses and efficiency}
Die tatsächlichen Gesamtverluste einer elektrischen Maschine und damit ihr Wirkungsgrad können nur durch Messung der aufgenommenen und der abgegebenen Leistung ermittelt werden. Dieses **direkte Verfahren** wird jedoch mit zunehmendem Wirkungsgrad immer ungenauer, weil sich die unvermeidlichen Meßfehler der Leistungsmessungen in den errechneten Gesamtverlusten als Absolutwerte addieren können. Deshalb ist bei Maschinen mittlerer und großer Leistung das **Einzelverlustverfahren** (**Tabelle E22**) zu bevorzugen. Bei sehr großen Maschinen mit Wasser als Sekundärkühlmittel können durch das **kalorimetrische Verfahren** die bei Bemessungsleistung wirklich vorhandenen Gesamtverluste sehr genau ermittelt werden. Das **Rückarbeitsverfahren** schließlich kann bei zwei identischen Maschinen eingesetzt werden, von denen die eine als Motor, die andere als Generator arbeitet; bei Asynchronmaschinen wird davon selten Gebrauch gemacht. Für Maschinen mit Umrichterspeisung müssen die o. g. Verfahren abgewandelt werden.
Produktvergleiche bezüglich Wirkungsgrad sind nur sinnvoll, wenn die Werte mit demselben Verfahren ermittelt worden sind.
→ Ermittlung der Verluste und des Wirkungsgrads bei Asynchronmaschinen mit Umrichterspeisung, → Leerlaufversuch [N9.4, N9.3]

Ermittlung der Verluste und des Wirkungsgrads bei Asynchronmaschinen mit Umrichterspeisung
{methods for determining losses and efficiency on inverter-fed induction machines}
Im Vergleich zur Netzspeisung (sinusförmige Spannungen und Ströme) entstehen bei → Umrichterspeisung in Käfigläufermaschinen durch Strom- und Spannungsoberschwingungen zusätzliche Verluste:

- zusätzliche Stromwärmeverluste in der Ständer(Primär-)wicklung (durch Stromverdrängung; im allgemeinen geringe Verluste, **Tabelle E23**)
- zusätzliche Stromwärmeverluste in der Läufer(Sekundär-)wicklung (durch Stromverdrängung; teilweise erhebliche Verluste, Tabelle E23)

konstante Verluste		
Verluste im aktiven Eisen und Leerlauf-Zusatzverluste in anderen metallischen Teilen; Reibungsverluste durch Lager, Belüftung und evtl. Bürsten	$P_{\text{konst}} = P_{10} - 3\,R_1\,I_{10}^2$	aus Leerlaufversuch
lastabhängige Verluste		
Stromwärme-Verluste in der Ständerwicklung	$P_{\text{Cu1}} = 3\,R_1\,I_1^2$	aus Belastungsprüfung
Stromwärme-Verluste in der Läuferwicklung	$P_{\text{Cu2}} = s\,P_{\text{d}} = s\,(P_1 - P_{\text{Cu1}} - P_{\text{konst}})$	aus Belastungsprüfung
elektrische Bürstenverluste (beim Schleifringläufer)	$P_{\text{Bü}} = 3\,I_2\,\Delta U$	Berechnung laut Norm
lastabhängige Zusatzverluste		
Zusatzverluste bei Last im aktiven Eisen und in anderen metallischen Teilen (nicht stromführende Leiter) Wirbelstromverluste in Leitern der Ständer- und Läuferwicklung durch stromabhängige Änderungen des Streufelds	$P_{\text{Z}} = 0{,}005\,P_{1\text{N}}\,(I_1/I_{1\text{N}})^2$	Berechnung laut Norm
Gesamtverluste	$P_{\text{d}} = P_{\text{konst}} + P_{\text{Cu1}} + P_{\text{Cu2}} + P_{\text{Bü}} + P_{\text{Z}}$	
Wirkungsgrad	$\eta = (P_1 - P_{\text{d}})/P_1$	

P_{10} Leistungsaufnahme im Leerlauf
P_1 Leistungsaufnahme bei beliebiger Belastung
P_{d} Luftspaltleistung bei beliebiger Belastung
R_1 Strangwiderstand der Ständerwicklung, bezogen auf eine bestimmte Temperatur (75 °C bei Wärmeklassen A, E, B; 95 °C bei Wärmeklasse F
I_{10} Leerlaufstrom eines Wicklungsstrangs
I_1 Strom eines Strangs der Ständerwicklung bei beliebiger Belastung
$I_{1\text{N}}$ Bemessungsstrom eines Strangs der Ständerwicklung
I_2 Strom eines Strangs der Läuferwicklung bei beliebiger Belastung
ΔU Spannungsfall für alle Bürsten eines Schleifrings (1,0 V für Kohle- und Graphitbürsten; 0,3 V für metallhaltige Kohlebürsten)
s Schlupf

Tabelle E22 Ermittlung der Gesamtverluste und des Wirkungsgrads nach dem Einzelverlustverfahren

- zusätzliche Eisenverluste (vorwiegend durch Wirbelströme als Oberflächenverluste und durch Ummagnetisierung der Streuwege).

Diese Verluste sind abhängig vom Spektrum der Oberschwingungen, für das Schaltung und Steuerverfahren des eingesetzten Wechselrichters maßgebend sind. Wegen dieser grundsätzlichen Problematik gibt es noch kein genormtes Verfahren für die E.; ein Entwurf*) ist in internationaler Beratung. Dieser empfiehlt das **direkte Verfahren** für Motoren bis rund 132 kW unter der Voraussetzung, daß Meßgeräte und

*) E-DIN VDE 0530 Teil 2 A1/12.90 : Drehende elektrische Maschinen – Ermittlung der Verluste und desWirkungsgrads – Zusätzliche Verluste von Asynchronmaschinen durch Umrichterspeisung

	Ständer	Läufer	
	$P_{Cu1, zus}/P_{Cu1, N}$	Stabform	$P_{Cu2, zus}/P_{Cu2, N}$
5,5 kW	0,1		0,3
37 kW	0,1		0,5
200 kW	0,1		1,0

Tabelle E23 Zusatzverluste in Ständer und Läufer, bezogen auf die Werte der Stromwärmeverluste des Bemessungsbetriebs bei sinusförmiger Speisung. Ausgeführte vierpolige Käfigläufermotoren unterschiedlicher Leistung. Speisung durch *I*-Umrichter und durch PWM-Umrichter bei Blocksteuerung im Bemessungspunkt (Bemessungsmoment, 50 Hz)

Zubehör dort festgelegte zusätzliche Anforderungen erfüllen. Ein **modifiziertes Einzelverlustverfahren**, für alle Maschinengrößen anwendbar, geht nach dem Schema der Tabelle E22 vor. Dazu sind Leerlaufversuch und Belastungsprüfung am Umrichter, teils auch am Netz, erforderlich. Aus deren Werten und mit modifizierten Zuschlägen für die Zusatzverluste können die Gesamtverluste und der Wirkungsgrad ermittelt werden. Der o. g. Normentwurf nennt auch **Pauschalzuschläge für die Zusatzverluste**, mit denen der Wirkungsgrad angenähert ermittelt werden kann:

Motoren am *I*-Umrichter, Bemessungsleistung > 30 kW $\Delta P_{zus}/P_1 \approx 1\ \%$
Motoren am *U*-Umrichter bei Grundfrequenztaktung $\Delta P_{zus}/P_1 \approx 1{,}5\ \%$

ΔP_{zus} Verlusterhöhung am Umrichter gegenüber Netzspeisung,
P_1 aufgenommene Leistung des Motors im Umrichterbetrieb bei gleicher Abgabeleistung wie im Netzbetrieb.

→ Ermittlung der Verluste und des Wirkungsgrads, → Leerlaufversuch, → Leistungsfluß der Asynchronmaschine, → Oberschwingungen [N9.4]

Ersatzschaltbild {equivalent circuit diagramm}
Elektrische Schaltung aus → Wirk- und → Blindwiderständen, Spannungsquellen usw., mit der man sich die reale → Asynchronmaschine ersetzt denkt.
Aus dem E. läßt sich das Betriebsverhalten (z. B. Leistungsaufnahme, → Momentenkennlinie, → Wirkungsgrad) einer gegebenen Maschine errechnen. Diese Berechnung erfolgt mit elektronischen Rechenmaschinen; die Ergebnisse werden in Tabellen und Kennlinien ausgegeben. Bevor leistungsfähige und schnelle Rechner zur Verfügung standen, wurden aus dem E. die Parameter einer → Stromortskurve

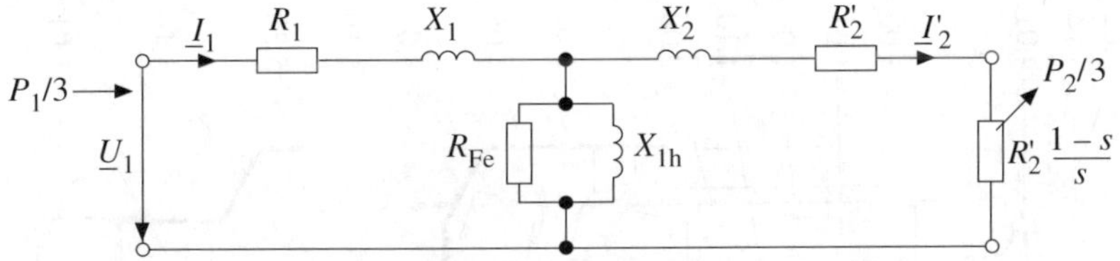

Bild E24 Einsträngiges Ersatzschaltbild eines symmetrisch gespeisten Drehstrommotors

U_1 Klemmenspannung nach Betrag und Phasenlage in V
I_1 Ständerstrom nach Betrag und Phasenlage in A
I'_2 Läuferstrom, umgerechnet auf die Ständerseite, nach Betrag und Phasenlage, in A
R_1 Wirkwiderstand der Ständerwicklung in Ω
R'_2 Wirkwiderstand der Läuferwicklung, umgerechnet auf die Ständerseite, in Ω
R_{Fe} ohmscher Ersatzwiderstand, in dem man sich die Eisenverluste als Stromwärmeverluste entstanden denkt, in Ω
X_{1h} Hauptreaktanz der Ständerwicklung in Ω
$X_{1\sigma}$ Streureaktanz der Ständerwicklung in Ω
$X'_{2\sigma}$ Streureaktanz der Läuferwicklung, umgerechnet auf die Ständerseite, in W
P_1 aufgenommene Leistung des Motors in W
P_2 abgegebene Leistung (Reibungsverluste vernachlässigt) des Motors in W, gedacht als Stromwärmeverluste des Stroms I'_2 im fiktiven Widerstand $R'_2 \cdot (1-s)/s$
s Schlupf in 1

ermittelt, diese maßstäblich konstruiert und daraus mittels diverser Hilfslinien die Werte der betreffenden Betriebsgrößen abgemessen und umgerechnet. Bei Asynchronmaschinen am symmetrischen unverzerrten → Drehstromnetz ist ein E. nach **Bild E24** üblich. Es braucht nur ein Wicklungsstrang betrachtet werden. Die Werte des Läuferstromkreises werden auf die Ständerseite äquivalent umgerechnet, so als wäre der Läufer galvanisch mit dem Ständerstromkreis verbunden. Bei Käfigläufermaschinen mit → Stromverdrängung sind auch die Werte für Läuferwirk- und Läuferblindwiderstand selbst schlupfabhängig. Läßt man den Schlupf beliebige Werte durchlaufen, kann auch der Gegenstrom- und Generatorbetrieb untersucht werden. → Eisenverluste, → Induktivität, → Käfigformen, → Oberschwingungen, → Verluste [N6.10, N6.13]

Ersatzteile {spare part}
Teile, die wegen vorhandener oder drohender Einschränkung der → bestimmungsgemäßen Verwendung ersetzt werden müssen.
Bei E.teilbestellungen braucht der Hersteller mindestens folgende Angaben:
- Typenbezeichnung der Maschine (aus Leistungsschild),
- Seriennummer oder Nummer des Fertigungsloses (aus Leistungsschild),
- Benennung des E. (aus E.teilliste).

Eine E.teilliste ist zweckmäßigerweise eine schematische Darstellung der Maschine, die es ermöglicht, die Benennung aller Teile zu finden, die nicht handelsüblich

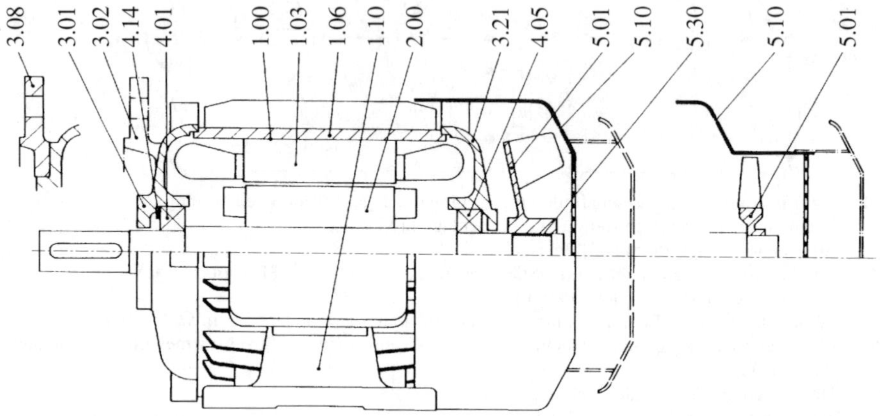

Bild E25 Beispiel für eine Ersatzteilliste (Ausschnitt)

1.00	Ständer komplett	3.21	Lagerschild NS
1.03	Ständerpaket mit Wicklung	4.01	Lager AS
1.06	Ständergehäuse	4.05	Lager NS
1.10	Füße, unbearbeitet (ein Paar)	4.14	Ausgleichscheibe AS
2.00	Läufer komplett (gewuchtet)	5.01	Lüfter komplett
3.01	Lagerschild AS	5.10	Lüfterhaube komplett
3.02	Flanschlagerschild AS	5.30	Toleranzring
3.08	Flanschteller AS		

(wie Schrauben, Muttern und andere Normteile), sondern herstellerspezifisch sind und daher nur beim Hersteller der instandzusetzenden Maschine bezogen werden können. Für diesen Zweck können auch mehrere Ausführungsvarianten des betreffenden Typs in derselben Liste aufgeführt sein (Beispiel: **Bild E25**).
Für die Instandsetzung von explosionsgeschützten Maschinen dürfen nur Original-E. verwendet werden.
→ Instandhaltung, → Reserveteile, → Verschleißteile

erschütterungsreicher Betrieb
→ rüttelfeste Ausführung

Erwärmung {temperature rise}
Allgemein: Vorgang eines Temperaturanstiegs. Speziell: → Übertemperatur (Temperaturzunahme) des betrachteten Teils gegenüber der Ausgangs- oder Bezugstemperatur.

Der Vorgang der E. wird dargestellt durch die Erwärmungskurve, das ist der zeitliche Verlauf der Übertemperatur (Bild T8). Die Steigung ihrer Anfangstangente entspricht dem Temperaturanstieg bei → adiabatischer Erwärmung.
→ Abkühlung, → thermische Zeitkonstante

Erwärmungslauf
→ *Erwärmungsprüfung*

Erwärmungsprüfung {temperature-rise test}
Belastung unter vorgegebenen Bedingungen zur Ermittlung der Temperaturen oder → Übertemperaturen der relevanten Maschinenteile, hauptsächlich der → Wicklung und der → Lager; bei → explosionsgeschützten Maschinen aller Teile, die mit der → explosionsfähigen Atmosphäre in Berührung stehen.
Dauer der E. siehe **Tabelle E26**, sonstige Bedingungen für die sachgerechte Durchführung der E. siehe [N9.1].
→ Verfahren zur Ermittlung der Temperatur oder der Übertemperatur
[A14 bis A16]

Bemessung für die Betriebsart	Dauer der Erwärmungsprüfung
S1, S9, S10 (Betrieb mit gleichwertiger Dauerleistung)	bis zum Erreichen des thermischen Beharrungszustands
S2	nach Bemessungsdaten (Betriebsdauer)
S3 bis S8 (Betrieb mit festgelegten Lastspielen)	bis zum Erreichen praktisch gleichartiger Temperaturspiele

Tabelle E26 Dauer der Erwärmungsprüfung in den verschiedenen Bemessungsklassen

Erzeugnis-Identnummer {product identification code}
Hersteller müssen das Produkt „elektrische Maschine" eindeutig und vollständig in ihren Arbeitsunterlagen (z. B. Arbeitsplänen, Stücklisten, Kalkulationsunterlagen u. ä.) festlegen; dies ist auch zur Qualitätsdokumentation notwendig. Beim Einsatz der Datenverarbeitung werden diese Informationen häufig unter einer E.-I. gespeichert; die meistens eine Mischung aus einem klassifizierenden (beschreibenden) und identifizierenden (zählenden) Teil besteht. Der Gebrauch einer E.-I. schließt eine eigene, nach technischen oder anwendungstechnischen Gesichtspunkten festgelegte → Typenbezeichnung nicht aus.

So wichtig eine E.-I. für den Hersteller auch sein mag, so wenig sollte er die Bestimmung dieser Nummer aus den technischen Merkmalswerten seinen Kunden zumuten. Allein schon aus Gründen der Qualitätssicherung liegt dies in der Verantwortung des Herstellers*).

ETF {built-in temperatur sensor}
eingebaute Temperaturfühler
→ Verfahren zur Ermittlung der Temperatur oder der Übertemperatur

explosionsfähige Atmosphäre {explosive atmosphere}
Gemisch aus Luft und brennbaren Gasen, Dämpfen, Nebeln oder Stäuben unter atmosphärischen Bedingungen, in dem sich nach einer Zündung der Verbrennungsvorgang auf das gesamte unverbrannte Gemisch fortpflanzt.
→ explosionsgefährdeter Bereich, → Explosionsschutz [A13, A14, N5.4, N5.7]

explosionsgefährdeter Bereich {hazardous area}
Bereich, in dem sich aufgrund der örtlichen und betrieblichen Verhältnisse → explosionsfähige Atmosphäre in gefahrdrohender Menge bilden kann.
→ Explosionsschutz [A13, A14, N5.4, N5.7]

explosionsgeschützte Maschine {explosion protected machine}
Maschine in einer genormten → Zündschutzart
Konstruktion, Fertigung und Prüfung erfolgen nach Bauvorschriften und den Festlegungen der nach → Bauartprüfung erteilten → Konformitätsbescheinigung. Damit soll verhindert werden, daß die Maschine in → explosionsgefährdeten Bereichen als Zündquelle wirkt.
→ Explosionsschutz, → Explosionsschutz-Richtlinie
[A2, A13, A14, A21, E1, E2, E6, E7, E8, E44, Reihe N3, N5.3, N5.4, N5.7, N5.8]

Explosionsgruppe {explosion group}
Einteilung der brennbaren Gase und Dämpfe nach ihrer Fähigkeit, bei einer Explosion die Zündung durch einen engen Spalt hindurch zu übertragen (Zünddurchschlagsfähigkeit)
Nach einem genormten Meßverfahren erfolgt eine Einteilung in die Gruppen A, B und C. Gase der Gruppe A haben die kleinste, die der Gruppe C die größte Zünd-

*) Der Autor erwähnt diesen Sachverhalt, weil er mehrfach erlebt hat, daß ausschließlich nach den Formalien der DV-Organisation entschieden wird.

durchschlagsfähigkeit. Elektrische Betriebsmittel in der → Zündschutzart Druckfeste Kapselung „d" müssen den Anforderungen für die zutreffende Gruppe entsprechen; diese Gruppe muß gekennzeichnet werden, z. B. „EExd IIC".
→ Explosionsschutz [A13, A14, N3.1, N3.3, N5.4, N5.7]

Explosionsschutz {protection against explosion}
Gesamtheit aller Maßnahmen, mit denen in → explosionsgefährdeten Bereichen ...
- *Zündungen vermieden werden oder*
- *die Wahrscheinlichkeit von Zündungen verringert wird oder*
- *die Auswirkungen einer auf die Zündung folgenden Explosion auf ein für Menschen, Nutztiere und Güter ungefährliches Maß begrenzt werden.*

Der E. ist in jedem Land auf eine nationale rechtliche Basis gestellt (in Deutschland [N5.7]). Dadurch sind z. B. in Deutschland elektrische Anlagen in explosionsgefährdeten Betriebsstätten zu *überwachungsbedürftigen Anlagen* erklärt. Dies bedeutet, daß:
- die Errichtung, Inbetriebnahme und Änderung solcher Anlagen einer Anzeige/Erlaubnis bedürfen,
- die Anlagen bestimmten technischen Anforderungen genügen müssen,
- die Anlagen geprüft werden müssen:
  1. vor Inbetriebnahme,
  2. regelmäßig wiederkehrend,
  3. bei behördlicher Anordnung.

In der EU schafft die → Explosionsschutz-Richtlinie [N11.8] eine einheitliche Vorgehensweise, um den E. in allen Mitgliedsländern auf demselben Sicherheitsniveau ohne Handelshemmnisse zu verwirklichen. Grundlage für die technische Ausführung und Prüfung sind die harmonisierten Bau- und Prüfvorschriften der EN, vor allem für explosionsgeschützte elektrische Betriebsmittel. Diese müssen in einer der genormten → Zündschutzarten ausgeführt sein und einer → Baumusterprüfung durch eine der autorisierten → Prüfstellen unterzogen werden. Nach Bestehen dieser Prüfung wird die Übereinstimmung mit den für das betreffende Betriebsmittel prüfrelevanten Normen, Vorschriften und Richtlinien von der Prüfstelle in einer → Konformitätsbescheinigung bestätigt.
→ Betriebsanleitung [A2, A13, A14, A21, E8, Reihe N3 und N5]

Explosionsschutz-Richtlinie {explosion-protection directive}
Harmonisierung der nationalen Rechtsvorschriften, den Explosionsschutz betreffend, innerhalb der Europäischen Union [N11.8].
Die technischen Bau- und Prüfvorschriften für elektrische Betriebsmittel in explosionsgefährdeten Bereichen sind seit mehreren Jahren einheitlich in Europäischen Normen (→ EN, → Zündschutzart, [Reihe N3]) festgelegt. Die E.-R. dagegen harmonisiert die einzelstaatlichen Rechtsvorschriften, die noch unterschiedlich um-

<table>
<tr><td colspan="2">Gerätegruppe I
Geräte zur Verwendung in untertägigen Bergwerken und deren Übertageanlagen, die durch Grubengas und/oder brennbare Stäube gefährdet sind</td></tr>
<tr><td>Gerätekategorie M1</td><td>Gerätekategorie M2</td></tr>
<tr><td colspan="2">Geräte sind konstruktiv so gestaltet, daß sie in Übereinstimmung mit den vom Hersteller angegebenen Kenngrößen betrieben werden können und …</td></tr>
<tr><td>… erforderlichenfalls zusätzlich mit besonderen Schutzmaßnahmen versehen, ein sehr hohes Maß an Sicherheit gewährleisten.</td><td>… ein hohes Maß an Sicherheit gewährleisten.</td></tr>
<tr><td colspan="2">Geräte müssen …</td></tr>
<tr><td>… selbst bei seltenen Gerätestörungen in vorhandener explosionsfähiger Atmosphäre weiterbetrieben werden können.</td><td>… beim Auftreten einer explosionsfähigen Atmosphäre abgeschaltet werden können.</td></tr>
<tr><td colspan="2">Explosionsschutzmaßnahmen müssen so beschaffen sein, daß die erforderliche Sicherheit …</td></tr>
<tr><td>… beim Versagen einer apparativen Schutzmaßnahme mindestens durch eine zweite unabhängige apparative Schutzmaßnahme gewährleistet ist. Gleiches gilt beim Auftreten von zwei unabhängigen Fehlern.</td><td>… bei normalem Betrieb, auch unter erschwerten Bedingungen und insbesondere rauher Behandlung und wechselnden Umgebungseinflüssen gewährleistet ist.</td></tr>
</table>

Tabelle E27 Kategorien der Gerätegruppe I – die wichtigsten Kriterien

<table>
<tr><td colspan="3">Gerätegruppe II
Geräte zur Verwendung in Bereichen, die durch eine explosionsfähige Atmosphäre durch Gase, Nebel, Dämpfe oder Staub/Luft-Gemische gefährdet sind</td></tr>
<tr><td>Gerätekategorie 1</td><td>Gerätekategorie 2</td><td>Gerätekategorie 3</td></tr>
<tr><td colspan="3">Explosionsfähige Atmosphäre besteht …</td></tr>
<tr><td>… ständig, langzeitig oder häufig</td><td>… gelegentlich</td><td>… selten und kurzzeitig</td></tr>
<tr><td colspan="3">Geräte sind konstruktiv so gestaltet, daß sie in Übereinstimmung mit den vom Hersteller angegebenen Kenngrößen betrieben werden können. Sie dürfen nicht als Zündquelle wirken …</td></tr>
<tr><td>… selbst bei selten auftretenden Gerätestörungen …</td><td>… selbst bei häufig auftretenden Gerätestörungen oder fehlerhaften Betriebszuständen …</td><td>… im normalen Betrieb …</td></tr>
<tr><td colspan="3">… und gewährleisten …</td></tr>
<tr><td>… ein sehr hohes Maß an Sicherheit</td><td>… ein hohes Maß an Sicherheit</td><td>… ein Normalmaß an Sicherheit</td></tr>
<tr><td>Explosionsschutzmaßnahmen müssen so beschaffen sein, daß beim Versagen einer apparativen Schutzmaßnahme mindestens durch eine zweite unabhängige apparative Schutzmaßnahme die Sicherheit noch gewährleistet ist. Gleiches gilt beim Auftreten von zwei unabhängigen Fehlern.</td><td colspan="2">./.</td></tr>
</table>

Tabelle E28 Kategorien der Gerätegruppe II – die wichtigsten Kriterien

fangreiche Anforderungen und Abweichungen aufweisen. Damit werden Handelshemmnisse abgebaut und vor allem grundlegende Sicherheitsaspekte vereinheitlicht. Zu diesem Zweck werden Gerätekategorien definiert, abgestuft nach der Größe des Explosionsrisikos und nach grundlegenden Schutzgedanken (**Tabelle E27**, **Tabelle E28**). Ferner wird festgelegt, wie die Konformität, d. h. die Übereinstimmung eines bestimmten Produkts mit der E.-R., nachzuweisen und zu kennzeichnen ist. Voraussetzung ist auch, daß der Hersteller ein zugelassenes → Qualitätssicherungssystem bestimmten Umfangs unterhält, welches von einer autorisierten Stelle nach erfolgter Prüfung bestätigt und zukünftig regelmäßig überwacht wird.
→ explosionsfähige Atmosphäre, → explosionsgefährdeter Bereich, → Explosionsschutz, → Zoneneinteilung in explosionsgefährdeten Bereichen
[A2, A13, A14, A21, E8, E61, Reihe N3 und N5]

F

Faserflug
→ Textilmotoren

Federdruckbremse {spring-loaded brake}
Bremse, deren Reibmoment durch die Kraft von Druckfedern zustande kommt.
Das Reibmoment (bei Bewegung) sowie das Haltemoment (im Stillstand) erhöhen sich nahezu linear mit der Zahl der Reibflächen (Mehrscheiben- oder Lamellenbremse gegenüber der Einscheibenbremse). Die Lüftung (= das Lösen) erfolgt meist mittels Elektromagnet nach dem → Ruhestromprinzip. Die F. wird für → Bremsmotoren (Bild B25) verwendet.
Die F. ist eine Sicherheitsbremse, weil ihre Wirkung bei Stromausfall selbsttätig einsetzt.

Feldschwächebetrieb {field weakening operation}
Betrieb einer → Asynchronmaschine mit kleinerem magnetischen Fluß, als er dem Bemessungspunkt zugrunde liegt.
→ Umrichterspeisung

Feldstärke {field strength}
→ elektrische Feldstärke, → magnetische Feldstärke

ferromagnetischer Stoff {ferromagnetic material}
Eisen, Kobalt, Nickel und ihre Legierungen (auch mit anderen Elementen) leiten magnetische Feldlinien besonders gut und sind deshalb für den magnetischen Kreis von elektromagnetischen Geräten, vor allem Energiewandlern, besonders gut geeignet. Sie zeichnen sich durch hohe *Permeabilität* μ aus, das ist die Eigenschaft eines Stoffs, mit der die Durchlässigkeit gegenüber magnetischen Feldlinien gekennzeichnet werden kann. Bezieht man diesen Wert auf den des Vakuums ($\mu_0 = 4\,\pi \cdot 10^{-7}$ H/m), erhält man die *relative Permeabilität* μ_r. Es gibt keinen „magnetischen Isolierstoff“; alle Stoffe sind praktisch ähnlich schlechte „Magnetleiter“ ($\mu_r \approx 1$) wie das Vakuum. Ausnahme bilden die Eisenstoffe mit $\mu_r \gg 1$ (mehrere tausend bis mehrere hunderttausend). Für die → Aktivteile von → Asynchronmaschinen werden f. S. in Form von → Elektroblechen verwendet.
[A8]

Fertigungsprüfung
→ *Qualitätsprüfung an einem in der Fertigung befindlichen materiellen Produkt (z. B. einem Motor).*
Bestimmte F. können auch im Beisein des Käufers oder seines Beauftragten durchgeführt werden (z. B. → Wellentest).
[N8.16]

Festbremssekunden
→ *t_6-Zeit*

Festlager (auch: Führungslager) {locating bearing}
Lager, das den Läufer axial führt und gegebenenfalls auch die in axialer Richtung auftretenden Kräfte übernimmt.
Bei Wälzlagern sind → Rillenkugellager bestens geeignet, ohne wesentlichen Aufwand die Funktion eines F. zu übernehmen (**Bild F1**). Bei höheren → Axiallasten müssen die den Kraftfluß übertragenden Funktionen (Lagerinnenring zur Welle, Schrauben der Lagerdeckel und Lagerschilde, Fuß- und Flanschschrauben u. a.) entsprechend bemessen werden. Ordnet man das F. auf der Antriebsseite an, so kann sich die Motorwelle zur Nichtantriebsseite hin ungehindert ausdehnen (Temperaturdifferenz zum Gehäuse) und beeinflußt das Übertragungselement nicht. Allerdings muß das F. dann bei senkrechtem Einbau neben Läufergewicht und möglicher → Axiallast zusätzlich auch die evtl. vorhandenen → Querkräfte tragen (höhere Belastung). In gewissen Grenzen ermöglichen Lager mit vergrößerter → Lagerluft höhere Belastungen.
→ Lebensdauer, → Schmierung [A12, E12, E13, E14]

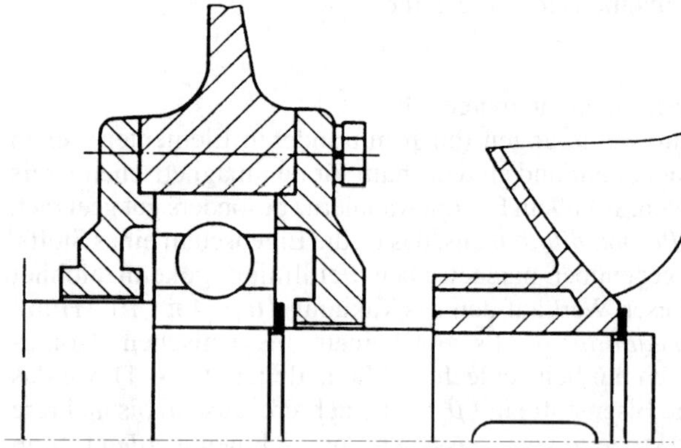

Bild F1 Festlagerkonstruktion mit Rillenkugellager für Normmotoren mittlerer Größe (Ausführungsbeispiel)

Fett (genauer: Schmierfett) {lubricating grease}
Schmierstoff, bestehend aus Grundöl, Dickungsmittel und Zusatzstoffen (Additiven).
Die Eigenschaften des Grundöls (Mineral- oder synthetisches Öl) bestimmen den Aufbau des Schmierfilms im Lager. Das Dickungsmittel, bestehend aus einer Metallseife (z. B. auf der Basis von Barium, Natrium, Lithium) und einem Quellungsmittel (z. B. Kieselgel), ist Träger des Öls. Mit Zusatzstoffen lassen sich Lasttragevermögen und Korrosionschutz beeinflussen. Ölzähigkeit und Anteil des Dickungsmittels bestimmen die *Konsistenz* des F. (das Fließvermögen). Sie wird nach *NLGI (= National Lubrication Grease Institute)* und [N7.11] in Klassen unterschiedlicher Penetrationsbereiche eingeteilt (**Tabelle F2**). *Penetration* = Eindringtiefe (in 1/10 mm) innerhalb von 5 s in das betreffende F., gemessen mit einem Prüfkörper in einer genormten Prüfeinrichtung. Hauptaufgabe des F. ist die Vermeidung von Trockenreibung im Lager durch einen tragfähigen Schmierfilm. Damit wird ein entscheidender Beitrag zur → Lebensdauer des Lagers geleistet. Die betriebs- und umgebungsbedingten Einflüsse durch Drehzahl, Temperatur, mechanische Kräfte, Verunreinigungen, Wasser, Chemikalien u. a. m. können sehr stark variieren. Bei der Auswahl des F. sind deshalb mehrere Eigenschaften zu betrachten; die wichtigsten siehe **Tabelle F3**.
Bei Drehstrommotoren für industriellen Einsatz ohne extreme Bedingungen werden meistens lithiumverseifte F. in den NLGI-Klassen 2 oder 3 mit mineralischem Grundöl verwendet.

- Das F. muß vom Hersteller unter Berücksichtigung aller betriebs- und umweltbedingten Belastungen sorgfältig ausgewählt werden.
- Bei Nachschmierung sollten nur die vom Hersteller empfohlenen F.sorten verwendet werden.
- Nur F. mit gleichem Dickungsmittel miteinander mischen.

→ Schmierung [A12, A21, E38, N7.11, N7.12, **N7.17**]

NLGI Konsistenzklasse	Penetration	Beschreibung
000	445 – 475	fast flüssig
00	400 – 430	halbflüssig
0	355 – 385	teigig
1	310 – 340	sehr weich
2	265 – 295	weich
3	220 – 250	mittelfest
4	175 – 205	fast fest
5	130 – 160	fest
6	86 – 115	besonders fest
7	< 70	brikettartig

Tabelle F2 Konsistenzklassen nach NLGI für Schmierfette; üblich für Wälzlager in elektrischen Maschinen: Klassen 2 oder 3

Eigenschaft	Definition und Prüfung	Erläuterung
Tropfpunkt	DIN 51801	Danach richtet sich die maximal zulässige Lagertemperatur. Soll ausreichend hoch liegen.
Gebrauchstemperatur	Festlegung durch Fetthersteller	Zulässiger Bereich für die Lagertemperatur. Muß die im Betrieb tiefstmöglichen Temperaturen (Fett zu zäh: Schmiermangel) ebenso ermöglichen wie die größtmöglichen (Öl zu dünn: Schmiermangel).
Walkpenetration	DIN 51804	Maß für die Reibungsverluste durch Walkarbeit im Schmierfett und für die Druckbelastbarkeit. Walkpenetration zu hoch: Große Lagererwärmung. Zu klein: Geringe Belastbarkeit.
Ölabscheidung	DIN 51817	Maß für das Ölrückhaltevermögen. Öl soll auch bei langen Stillstandszeiten nicht aus dem Dickungsmittel laufen.
Drehzahlfaktor	Festlegung durch Fetthersteller	= Drehzahl mal mittlerer Lagerdurchmesser. Maß für die zulässige Geschwindigkeit. Danach richtet sich die Paarung Lagergröße – Drehzahl. Muß ausreichend hoch liegen (sonst Schmiermangel).

Tabelle F3 Die wichtigsten Kriterien für die Auswahl des Schmierfetts

Fettmengenregler {grease slinger}
Unmittelbar auf der Welle neben dem Lager sitzendes scheibenförmiges Teil, dessen Fliehkraft überschüssiges Fett abschleudert (Bild A4).
→ Lager, → Schmierung

Fettstandzeit {grease life}
→ Schmiermittelgebrauchsdauer

Feuchtigkeit (Luftfeuchte) {humidity, moisture}
In der atmosphärischen Luft enthaltener Wasserdampf, meist angegeben als relative Luftfeuchte in %.
Die absolute Luftfeuchte ist der Wassergehalt in der Luft in g/m^3. Ihr Höchstwert (Sättigungsmenge) steigt mit wachsender Temperatur (**Bild F4**). Die relative Luftfeuchte ist das Verhältnis der vorhandenen absoluten Luftfeuchte zur Sättigungsmenge bei der vorhandenen Temperatur. Wird Luft von einem bestimmten Zustand aus abgekühlt, dann bleibt die absolute Luftfeuchte solange konstant, bis Sättigung (relative Luftfeuchte 100 %) erreicht wird. Bei weiterer Abkühlung kondensiert der überschüssige Wasserdampf als Nebel (an schwebenden Staubteilchen) oder Tau (an kalten Flächen; → Kondenswasser). Klimabedingte oder anlagenbedingte F. kann zu innerer und äußerer Korrosion und zu Beeinträchtigung der Isolierung (→

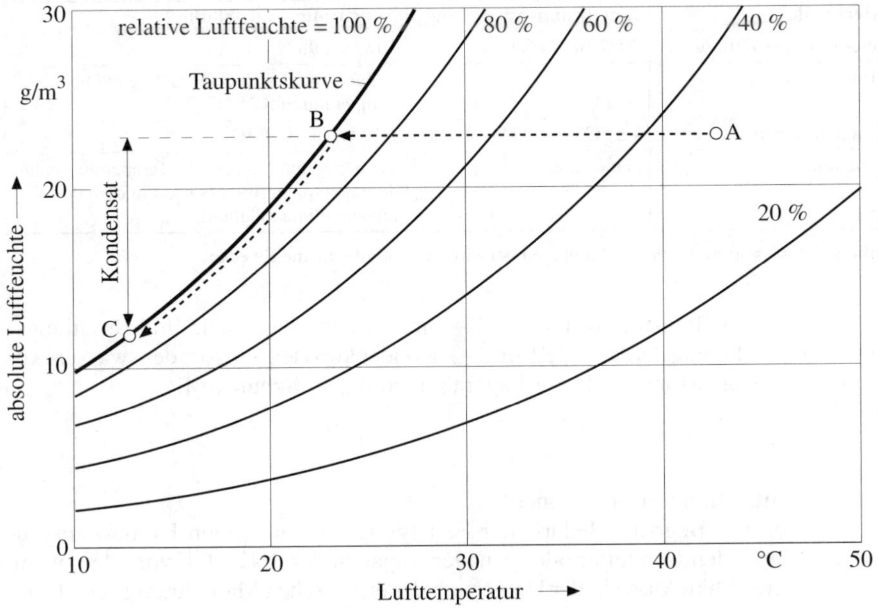

Bild F4 Luftfeuchte und Temperatur
Wird feuchte Luft von einem Ausgangszustand (Punkt A) aus abgekühlt, bleibt die absolute Feuchte solange konstant, bis Sättigung (relative Luftfeuchte 100 %, Punkt B) eintritt. Bei weiterer Abkühlung fällt die Differenzmenge zur Taupunktskurve als Kondensat aus (Punkt C).

Lebensdauer des Isoliersystems) und Schmierung (Schmiermittelgebrauchsdauer) führen. Ferner begünstigt feucht-warmes Klima das Wachstum von Schimmel und Pilzen, die unter Umständen Kriechwege zwischen blanken Teilen überbrücken und zum Überschlag führen. Dies gilt hauptsächlich für Antriebe in der Lebens-, Futter- und Düngemittelindustrie, wenn sich Eiweiß oder andere organische Stoffe im Innern von Motor und Klemmenkasten ablagern können. Man verhindert dies durch zweckentsprechende Abdichtung und Instandhaltung. Ohne geeignete Fremdstoffe bilden Isolierstoffe und Schmiermittel allein keinen Nährboden.

Bei → Motoren für allgemeine Zwecke sind nach Norm [N9.2] Bezugswerte für die F. vorgesehen (**Tabelle F5**), die der Hersteller der Motorausführung zugrunde legt. Durch Vergleich der tatsächlichen F. mit diesen Bezugsbedingungen hat der Käufer einen Anhaltspunkt über evtl. notwendige Sondermaßnahmen.

Die meisten durch Wasser verursachten Schäden an elektrischen Maschinen sind nicht auf Kondenswasser zurückzuführen, sondern auf eingedrungenes Fremdwasser.

Merkmale	Innenraum-Aufstellung	Außenraum-Aufstellung
relative Bezugsluftfeuchte	20 % bis 75 %	36 % bis 98 %
(Einschränkung: ...)		(... absolute Luftfeuchte ≤ 23 g/m^3 bei Temperaturen > 25 °C
Temperaturbereich	– 5 °C bis + 40 °C	– 10 °C bis + 35 °C
Betauung	keine Angaben	Betauung durch plötzliche Temperaturveränderungen inbegriffen (soweit in dem betreffenden Klima möglich).

Tabelle F5 Genormte Bezugsbedingungen bei Motoren für allgemeine Zwecke

→ Anstrich, → Befestigungsflansch, → biologische, chemische und Strahlungs-Einflüsse, → Lebensdauer, → Klima, → Kondenswasser, → Kondenswasser-Ablaufloch, → Korrosionsschutz, → Lagerabdichtung, → Schutzart IP
[E38]

Feuchtschutz {humidity-resistance}
Nicht genormter Begriff. Bedarf der Festlegung von zulässigen Klimabeanspruchungen durch den Hersteller oder genauer Angaben durch Käufer, vor allem wenn ein besonderes Mikroklima in der Umgebung der elektrischen Maschine vorliegt. Unter Umständen sind besondere Maßnahmen an der elektrischen Maschine vorzusehen.
→ Anstrich, → Außenraum-Aufstellung, → biologische, chemische und Strahlungs-Einflüsse, → Feuchtigkeit, → Kondenswasser, → Korrosionsschutz, → Lagerabdichtung, → Schutzart IP

Flachmotoren {flattened motor}
Motoren mit besonders kleiner Achshöhe .
Die niedrige Bauweise wird erreicht durch konstruktive Maßnahmen (Wegfall von Kühlrippen), besonders kleine Durchmesser des → Blechpakets (meistens verbunden mit größtmöglicher Blechpaketlänge), evtl. auch Abflachungen des Blechpakets (soweit magnetisch machbar). Anwendung z. B. für Kreissägen zum Erreichen einer großen Schnittiefe.

Flachriemen {flat belt}
F. ermöglichen einfache Kraftübertragung zwischen Motor und Arbeitsmaschine, wenn deren Drehzahl geändert werden soll oder wenn die Achsen nicht fluchten. Maße und Drehmomente der F.-Scheiben sind genormt [N2.1]. Im Vergleich zu → Keilriemen benötigen F. eine wesentlich größere Vorspannung, um ohne Durchrutschen ein bestimmtes Drehmoment zu übertragen. Dies trifft vor allem bei großem Übersetzungsverhältnis und damit kleinerem Umschlingungswinkel zu. Spannrol-

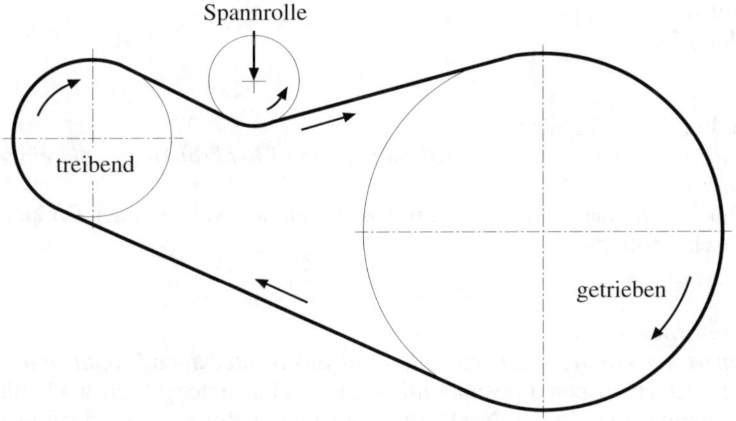

Bild F6 Wichtig bei Flachriemen: Große Umschlingung der treibenden Scheibe, z. B. durch eine Spannrolle

len mit definierter Anpressung sind in solchen Fällen zur Verringerung der → Querkraft empfehlenswert (**Bild F6**).

In der Größe der Vorspannung, die nicht direkt gemessen werden kann, liegt eine erhebliche Unsicherheit für die Lager- und Wellenbelastung eines Motors. Bei größeren Leistungen mit hohen Drehzahlen ist von F. abzuraten*).

→ Lagerlebensdauer, → Lagerschaden, → Lagerüberwachung, → Wellenbruch [A8, E12]

Flansch
→ *Befestigungsflansch*

Flanschform
→ Befestigungsflansch

Flanschgröße
→ Befestigungsflansch

*) Im Gegensatz zu den früher verwendeten Lederriemen, die sich unter zu großer Vorspannung nach kurzer Zeit bleibend dehnten (die Querkraft wurde automatisch kleiner), haben die heute üblichen Kunststoffriemen bleibende Elastizität. Trotzdem kann man in der Praxis häufig beobachten, daß der Riemen nicht im erforderlichen Maß, sondern mit größter Kraft gespannt wird. Lagerschäden und Wellenbrüche sind dadurch vorprogrammiert.

flexible Kupplung
→ *elastische Kupplung*

Fliehkraftschalter {centrifugal switch}
Am/im Motor sitzender Schalter, der durch umlaufende Fliehkraftkörper bei einer bestimmten Drehzahl anspricht.
Verwendung bei → Einphasenmotoren zum Abschalten des Anlauf- oder Doppelkondensators nach erfolgtem Anlauf.

Formspule {preformed coil}
Vor dem Einbau in das Ständerpaket geformte Spule aus rechteckigen Profildrähten.
Wird bevorzugt bei Hochspannungsmaschinen eingesetzt, gelegentlich auch für große Niederspannungsmaschinen. Nach dem Wickeln der Rohspule wird sie maschinell auf die im eingebauten Zustand erforderliche Form gespreizt (**Bild F7**). Die Isolierung erfolgt *kontinuierlich* (Isolation in Form von Bändern wird sowohl im Kernteil als auch im Wickelkopfteil aufgewickelt und meistens nach dem Einbau in das Ständerpaket mit Tränkharz im Vakuum-Druckverfahren imprägniert und danach ausgehärtet) oder *diskontinuierlich* (Kernteil wird mit harzreichen Breitbahnen bewickelt und in geheizten Kalibrierpressen ausgehärtet; Wickelkopfteil wird mit Bändern isoliert und erst mit der Imprägnierung ausgehärtet).
→ Hochspannungsmotoren, → Hochspannungswicklung

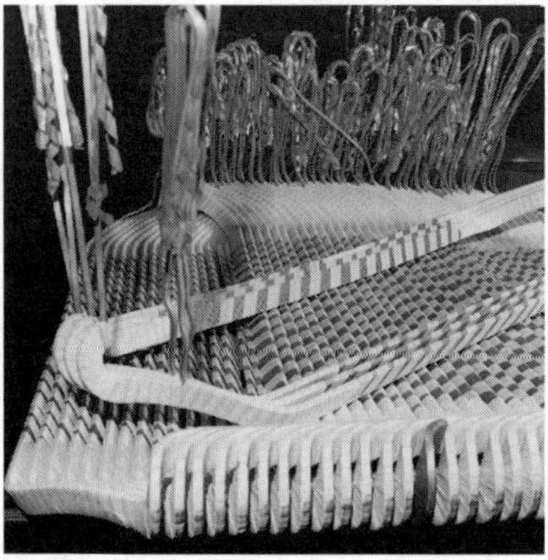

Bild F7 Formspulen nach dem Spreizen
Die Umbandlung der Spulen diente der mechanischen Festigkeit beim Formen. Sie wird wieder entfernt, bevor die Isolierung aufgewickelt wird.

freie Kühlung {natural cooling}
→ Konvektionskühlung

frei herausgeführte Kabel {motor-fixed cables}
Statt Anschlußkasten mit Klemmen erhält die Maschine vom Hersteller ein oder mehrere mit den Wicklungsenden fest verbundene Kabel (**Bild F8**); die Anschlußstellen für die Netzzuleitung sind im Gerät oder in der Anlage vorgesehen.
Anwendung bei beengtem Motoreinbau, Unzugänglichkeit des Motors oder wenn das Profil des Motors möglichst klein sein soll. Anwendung z. B. bei → Schachtlüftermotoren
Länge, Querschnitt, Art und Isolation der f. h. K. sind zwischen Hersteller und Käufer zu vereinbaren. Dabei sind die Strombelastbarkeit (Kühlung), der Spannungsfall und die Umgebungsbedingungen zu beachten. Bei besonders großer Länge ist angemessener Transportschutz vorzusehen [A20].

Bild F8 Motor mit frei herausgeführten Kabeln (zwei Energiekabel zur Wicklung; ein Meßkabel zu den Temperaturfühlern)

Freiluftaufstellung
→ *Außenraum-Aufstellung*

Fremdbelüftung {forced ventilation}
Angebaute Baugruppe mit eigenem Antriebsmotor, die gleichbleibende Kühlung für die Hauptmaschine gewährleistet, unabhängig von deren Drehzahl.
Maschinen, die von einer angebauten unabhängigen Baugruppe gekühlt werden, sind nach [N9.6] mit der Endziffer 6 in der → Kühlart IC gekennzeichnet. Beispiele

Kühlkreisanordnung	**Bezeichnung**	**Skizze**
offener Kühlkreis		
freier Kühlkreis Kühlmittel = Umgebungsluft	IC06 (IC0A6)	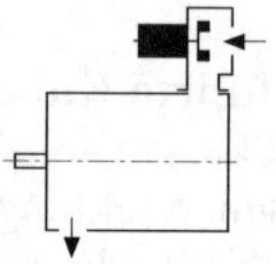
Zuführung über Rohr oder Kanal Kühlmittel wird zugeführt	IC16 (IC1A6)	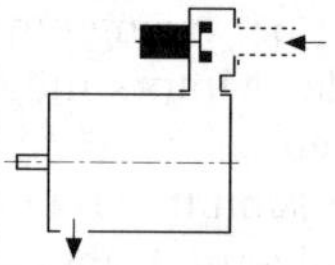
Abführung über Rohr oder Kanal Kühlmittel = Umgebungsluft	IC26 (IC2A6)	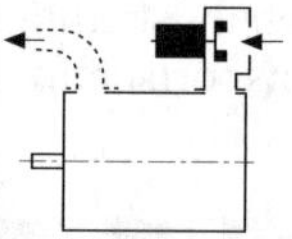
Zu- und Abführung über Rohr oder Kanal Kühlmittel wird zugeführt	IC36 (IC3A6)	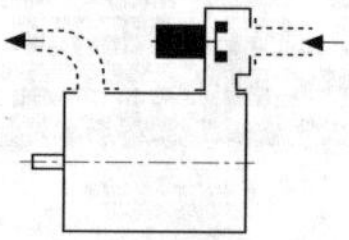
primärer Kühlkreis: geschlossen, sekundärer Kühlkreis: offen		
Oberflächenkühlung Kühlmittel = Umgebungsluft	IC416 (IC4A1A6)	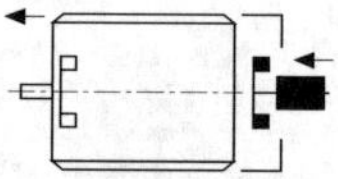
eingebauter Wärmetauscher Kühlmittel = Umgebungsluft	IC516 IC5A1A6)	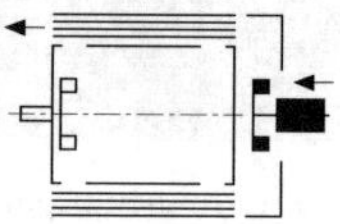
angebauter Wärmetauscher Kühlmittel = Umgebungsluft	IC616 (IC6A1A6)	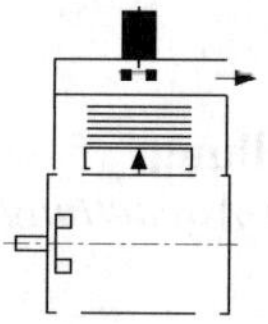

Tabelle F9 Maschinen mit angebauter Fremdbelüftung – Beispiele für die Kühlarten nach DIN VDE 0530; in Klammern: vollständiger IC-Code

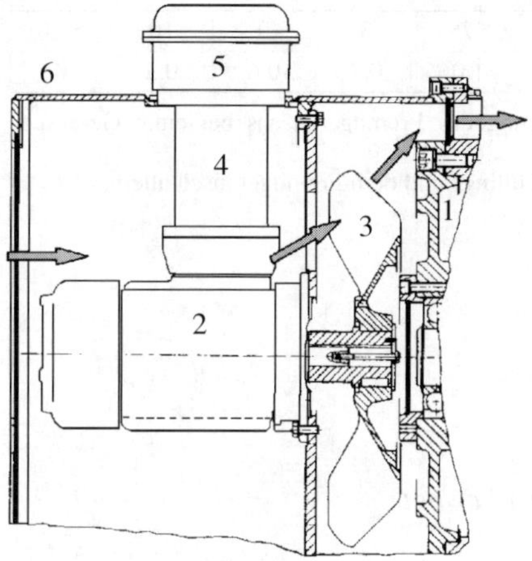

Bild F10 Axial angebaute Fremdbelüftung eines oberflächengekühlten, schlagwettergeschützten Drehstrommotors für Umrichterbetrieb

1 Hauptmotor, 350 kW, 1500 min^{-1}, EEx de I, Kühlart IC 416, Schutzart IP 54
2 Lüftermotor, 4 kW; 1500 min^{-1}, EEx de I
3 Radiallüfter
4 Anschlußschacht
5 Klemmenkasten Lüftermotor EEx e I
6 Schutzgehäuse für Fremdbelüftung

für die Kühlarten mit F. nach **Tabelle F9.** Anwendung für Maschinen bei Betriebsarten mit periodischem Aussetzbetrieb, vor allem bei starkem Einfluß der → Anlauf- und → Bremswärme, und bei dauernder Drehzahlverstellung. Die F. kann über einen Temperaturfühler am Hauptmotor ein- und ausgeschaltet werden (Energieeinsparung, zeitweilige Geräuschminderung). Die F. kann axial angebaut werden (Ausführungsbeispiel siehe **Bild F10**). Soll die Hauptmaschine ein zweites Wellenende erhalten, kann der Anbau auch seitlich erfolgen (Bild A29).
Verrieglung des Schützes für den Hauptmotor vorsehen. Dieser sollte nur in Betrieb gehen bei betriebsbereiter F.
→ Aufzugmotoren, → Aufzugmotoren mit Regelung, → Betriebsarten S3, S4, S5, → Umrichterspeisung

Fremdgeräusch {background noise}
Nicht vom Prüfling stammendes Geräusch bei einer Geräuschmessung.
Der F.pegel wird als A-bewerteter Schalldruckpegel oder unbewertet als Oktav-spektrum bestimmt,nachdem die zu untersuchende Maschine stillgesetzt ist. Beträgt der Unterschied der Meßwerte ohne und mit Fremdgeräusch mehr als 3 dB, so wird von dem Meßwert des Prüflings ein Korrekturwert nach **Tabelle F11** abgezogen [N8.7].

ΔL in dB	3	4	5	6	7	8	9	10	> 10
K_1 in dB	3	2,2	1,7	1,3	1,0	0,7	0,6	0,5	0

Tabelle F11 Korrekturwert K_1 für die Berücksichtigung des Fremdgeräuschs bei einer Geräuschmessung.
ΔL Unterschied der Meßwerte zwischen Betrieb des Prüflings und dem Fremdgeräusch allein.

Fremdkörperschutz
→ Schutzart IP

Fremdkühlung {separate cooling}
Kühlmittel wird nicht von der Maschine selbst bewegt.
→ Fremdbelüftung, → Kühlart IC

Fremdlüfter
→ *Fremdbelüftung*

Fremdträgheitsmoment J_{ext} in kgm^2 {external moment of inertia}
Die Summe aller auf Motordrehzahl umgerechneten → Trägheitsmomente von drehenden Teilen der Arbeitsmaschine und der Übertragungselemente.
Umrechnung auf Motordrehzahl bei Drehmassen:

$$J_{\text{ext}} = J' \cdot (n'/n)^2,$$

mit:
J_{ext} gedachtes Fremdträgheitsmoment auf der Motorwelle in kgm^2,
J' tatsächliches Trägheitsmoment der betreffenden Drehmasse in kgm^2,
n' tatsächliche Drehzahl der betreffenden Drehmasse in min^{-1},
n Drehzahl der Motorwelle, wenn Drehmasse mit n' dreht in min^{-1}.

Umrechnung auf Motordrehzahl bei geradlinig bewegten Massen (**Bild F12**):

$$J_{\text{ext}} = m \cdot (v/\Omega_{\text{m}})^2 = 91{,}19 \cdot (v/n)^2,$$

mit:
J_{ext} gedachtes Fremdträgheitsmoment auf der Motorwelle in kgm^2,
m Masse des geradlinig bewegten Körpers in kg,
v Geschwindigkeit des geradlinig bewegten Körpers in m/s,

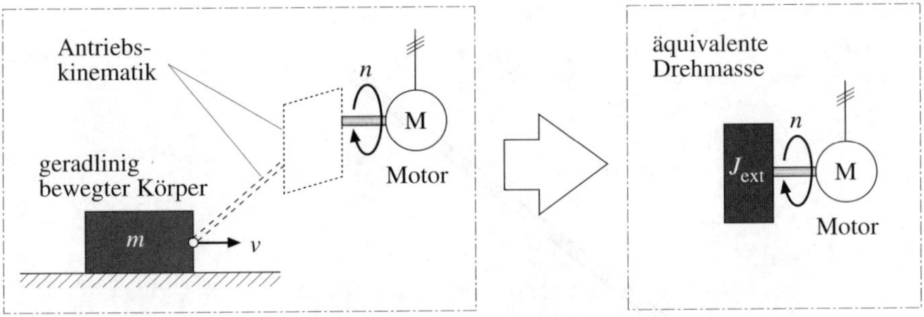

Bild F12 Zur Umrechnung Masse/Trägheitsmoment
Der geradlinig bewegte Körper wird ersetzt durch eine Drehmasse auf der Motorwelle, die gleiche kinetische Energie hat.

Ω_m Winkelgeschwindigkeit der Motorwelle, wenn der Körper sich mit v bewegt, in s^{-1},

n Drehzahl der Motorwelle, wenn der Körper sich mit v bewegt, in min^{-1}.

Frequenz f in Hz {frequency}
Anzahl der vollen Schwingungen in der Zeiteinheit bei einer zeitlichen → Wechselgröße.
Nur die F. des speisenden Netzes und die Polzahl der Asynchronmaschine bestimmen deren Synchrondrehzahl. Über F.steuerung läßt sich deshalb die Drehzahl verstellen.

Frequenzanlauf {synchronous starting}
Anlassen eines Käfigläufermotors durch Speisung mit stetig wachsender Frequenz.
Mit → Frequenzsteuerung ist eine stufenlose und vor allem verlustarme Drehzahlverstellung möglich. Diese kann auch für den → Anlauf eines Antriebs angewendet werden. Im Gegensatz zu allen anderen Anlaßverfahren (→ Anlassen von Käfigläufermotoren, Tabelle A6) ist die während des Anlaufs entstehende Wärme sehr klein (**Bild F13**). Bei einem Leeranlauf (kein Fremdträgheitsmoment; kein Lastmoment) mit *Beschleunigungsmoment = Bemessungsmoment* hängt die Läuferwärme nur vom Verhältnis der Läuferkupferverluste zur Bemessungsleistung ab:

$$W_{A20} = W_{kin} \cdot 2 \cdot P_{Cu2N}/P_N \approx W_{kin} \cdot 2 \cdot s_N/(1 - s_N),$$

$$W_{kin} = J_M \cdot \Omega_m{}^2/2 = J_M \cdot (n/9{,}55)^2/2,$$

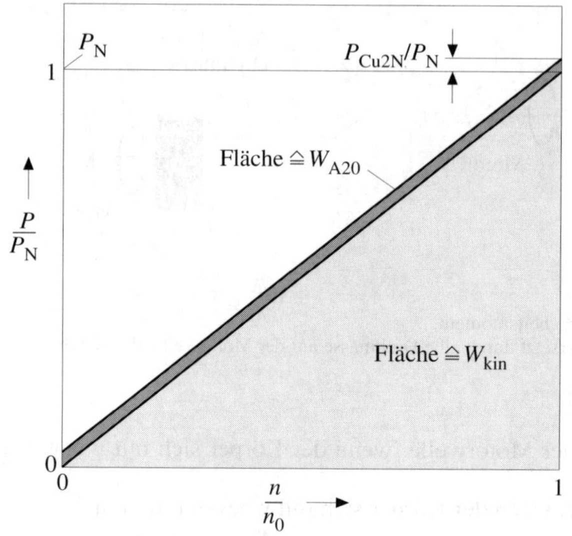

Bild F13 Anlaufwärme im Läufer bei einem Leeranlauf mit Frequenzsteuerung

P	Leistung an der Welle während des Anlaufs
P_N	Bemessungsleistung
n	Drehzahl während des Anlaufs
n_0	Leerlaufdrehzahl nach erfolgtem Anlauf
P_{Cu2N}	Läuferstromwärmeverluste im Bemessungspunkt
W_{kin}	kinetische Energie im Läufer nach erfolgtem Anlauf
W_{A20}	Beschleunigungswärme im Läuferstromkreis ohne Trägheitsmoment der Last

mit:

W_{A20}	Beschleunigungswärme im Läuferstromkreis ohne Trägheitsmoment der Last in Ws,
W_{kin}	kinetische Energie im Läufer nach erfolgtem Anlauf in Ws,
P_{Cu2N}	Läuferstromwärmeverluste bei Bemessungsbetrieb (Netzspeisung) in W,
P_N	Bemessungsleistung in W,
s_N	Schlupf bei Bemessungsleistung (Netzspeisung) in 1,
J_M	Trägheitsmoment des Motorläufers in kg m^2,
Ω_m	Winkelgeschwindigkeit der Motorwelle nach erfolgtem Anlauf in s^{-1},
n	Drehzahl nach erfolgtem Anlauf in min^{-1}.

[A21, E4]

Frequenzänderung von 50 Hz auf 60 Hz {frequency-change from 50 Hz to 60 Hz}
Motoren, die für 50 Hz bemessen sind, können ohne technische Änderung auch am 60 Hz-Netz betrieben werden. Mit der Frequenz erhöhen sich alle → Blindwiderstände proportional. Soll der Fluß in der Maschine gleichbleiben, muß die Spannung frequenzproportional höher sein. Bleibt dagegen die Spannung gleich, werden der Fluß und damit die Momente kleiner. Veränderung der Betriebsdaten siehe **Tabelle F14**.
Stern-Dreieck-Anlauf bei gleichbleibender Spannung: Drehmomente überprüfen!

	$U_{N,60} = 1{,}2\ U_{N,50}$	$U_{N,60} = U_{N,50}$
Drehzahl	× 1,2	× 1,2
Bemessungsmoment	× 0,98	× 0,83
Bemessungsleistung	× 1,18	× 1,0
Bemessungstrom	× 0,98	× 1,0
Anzugsstromverhältnis Anzugsmomentverhältnis Kippmomentverhältnis	× 1,02	× 0,83
Geräuscherhöhung	+ 3 dB bis 6 dB	+ 3 dB bis 4 dB

Tabelle F14 Betriebsdaten einer für 50 Hz bemessenen Maschine bei Speisung mit 60 Hz (die 50-Hz-Daten sind mit den o. a. Faktoren bzw. Zuschlägen zu korrigieren)
$U_{N,50}$ Bemessungsspannung am 50 Hz-Netz
$U_{N,60}$ Bemessungsspannung am 60 Hz-Netz

Frequenzschwankung während des Betriebs
→ Spannungs- und Frequenzschwankung während des Betriebs

Frequenzsteuerung {frequency control}
Drehzahlverstellung eines → Asynchronmotors mit Käfigläufer über die Speisefrequenz.
Die wichtigsten Beziehungen zum Verhalten der Maschine:
1. $n_s \sim f$ Der Synchronpunkt verschiebt sich mit der Frequenz.
2. $\Phi \sim U/f$ Solange Spannung und Frequenz sich im gleichem Maß verändern, bleibt der Fluß konstant.

Bei kleinen Frequenzen kann man den ohmschen Spannungsfall nicht mehr vernachlässigen; die Spannung muß überproportional angehoben werden. Ab Erreichen der Netzfrequenz kann die Spannung nicht weiter erhöht werden und bleibt konstant; deshalb verkleinert sich der Fluß (Feldschwächung).

3. $M \sim \Phi^2$ Im Bereich konstanten Flusses ($f \leq f_N$) sind alle Momentenwerte unverändert groß; die Momentenkennlinie verschiebt sich parallel mit der Synchrondrehzahl (**Bild F15**). Bei Feldschwächung gehen auch die Momentenwerte zurück.

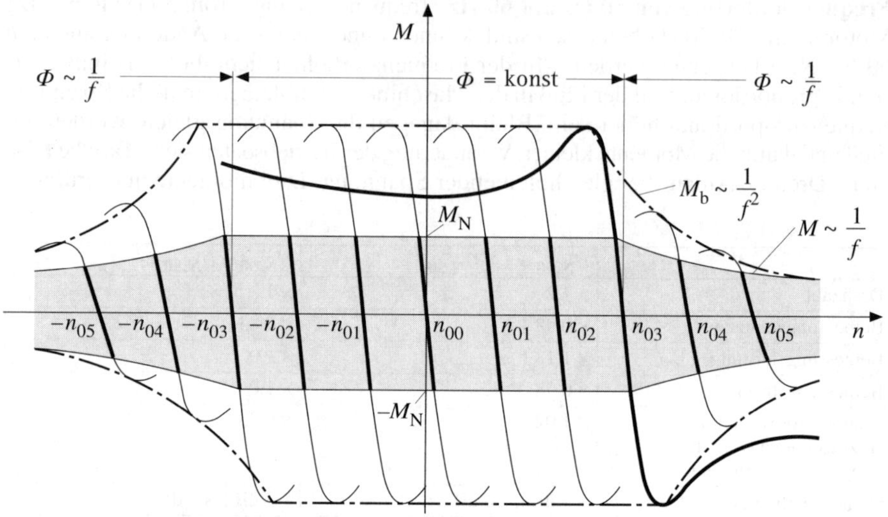

Bild F15 Kennlinienfeld für Drehmoment und Drehzahl bei Frequenzsteuerung
$n_{01}, n_{02}, n_{03}, \ldots$ Synchrondrehzahlen bei den Frequenzen $f_1, f_2, f_3, \ldots$
M_N Bemessungsdrehmoment

Tabelle F16a und **Tabelle F16b** geben die wichtigsten Motorgrößen für Frequenzsteuerung an. Da das Kippmoment im Feldschwächebereich quadratisch mit der Frequenz abnimmt, muß ab einer Grenzfrequenz f_G das Moment an der Welle noch stärker verringert werden, um unter dem Kippmoment zu bleiben (praktisch ausreichend: $M_b/M \geq 1{,}2$). Die angegebenen Verläufe sind die elektromagnetisch möglichen; ob sie auch im Dauerbetrieb möglich sind, ist eine Frage der Verlustbildung und der Wärmeabfuhr und damit der → Kühlart IC.
→ Umrichterspeisung, → Umrichterspeisung und Momentenbelastbarkeit, → Umrichterspeisung und Motorgeräusch, → Umrichter und Netzrückwirkung, → Umrichtervergleich *I*-PWM [A2, **A7**, A10, A21, **E4**, E47]

Frequenzumformer (auch: Drehfeldumformer) {frequency changer set}
→*Asynchronmaschine mit einem Schleifringläufer, der durch einen getrennten Motor gegen das Drehfeld angetrieben wird und eine Spannung hat, deren Frequenz von der Netzfrequenz abweicht (Bild A21, Tabelle A22).*
Der F. ist weitgehend durch den → Umrichter abgelöst.

Größe		bezogene Größe	Verlauf der bezogenen Größe		
			konstanter Fluß	Feldschwächung	
			M = konst	P_2 = konst	$P_2 \sim \frac{1}{n}$
Drehzahl	n	$\frac{n}{n_N}$	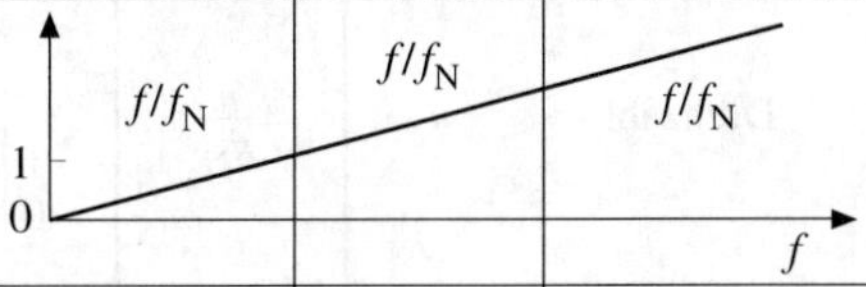		
Spannung	U	$\frac{U}{U_N}$	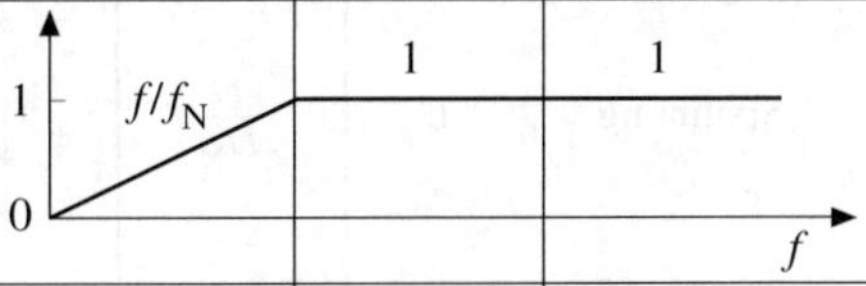		
Fluß	Φ	$\frac{\Phi}{\Phi_N}$	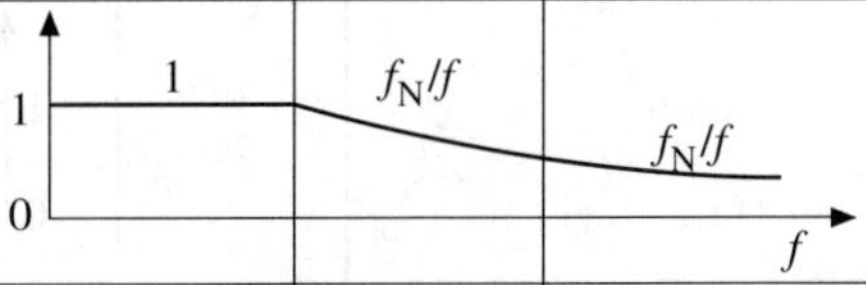		
Strom	I	$\frac{I}{I_N}$	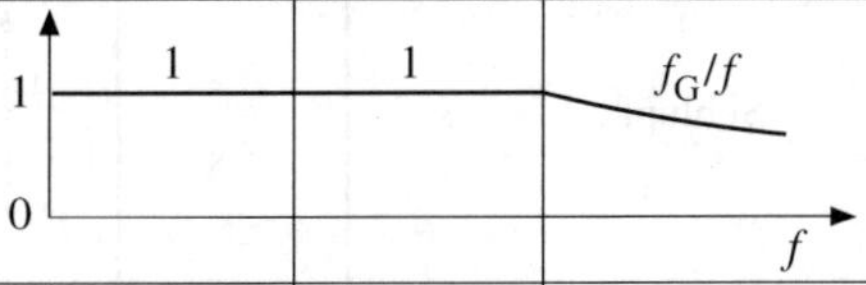		
Drehmoment	M	$\frac{M}{M_N}$	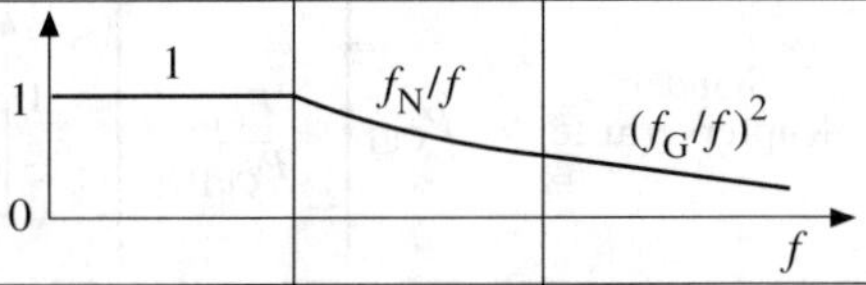		
Kippmoment	M_b	$\frac{M_b}{M_{bN}}$	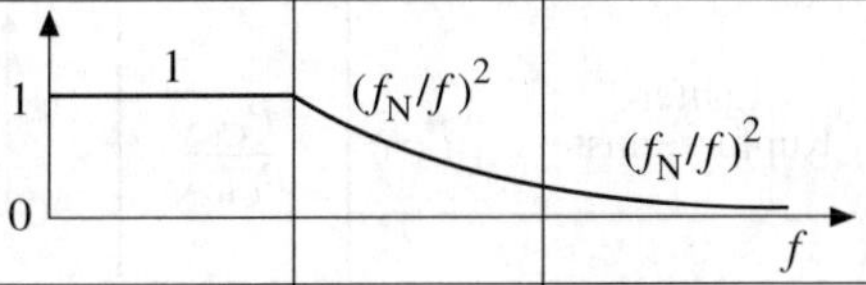		
mechanische Leistung	P_2	$\frac{P_2}{P_N}$	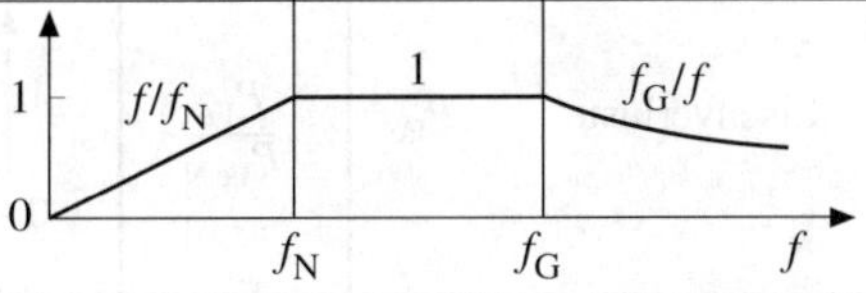		

Tabelle F16a Elektrische, magnetische und mechanische Motorgrößen, abhängig von der Frequenz
Index N: Werte des Betriebs bei Netzspeisung
$f_G \approx f_N\, M_{bN}/M_N$ (Fortsetzung in Tabelle F16b)

Größe		bezogene Größe	Verlauf der bezogenen Größe: konstanter Fluß	Feldschwächung	
			M = konst	P_2 = konst	$P_2 \sim \frac{1}{n}$
Drehzahl	n	$\frac{n}{n_N}$	f/f_N	f/f_N	f/f_N
Spannung	U	$\frac{U}{U_N}$	f/f_N	1	1
Fluß	Φ	$\frac{\Phi}{\Phi_N}$	1	f_N/f	f_N/f
Schlupf	s	$\frac{s}{s_N}$	f_N/f	1	f_G/f
Ständer-Kupferverluste	P_{Cu1}	$\frac{P_{Cu1}}{P_{Cu1N}}$	1	1	$(f_G/f)^2$
Läufer-Kupferverluste	P_{Cu2}	$\frac{P_{Cu2}}{P_{Cu2N}}$	1	1	$(f_G/f)^2$
Eisenverluste	P_{Fe}	$\frac{P_{Fe}}{P_{FeN}}$	$(f/f_N)^{3/2}$	$\sqrt{f_N/f}$	$\sqrt{f_N/f}$

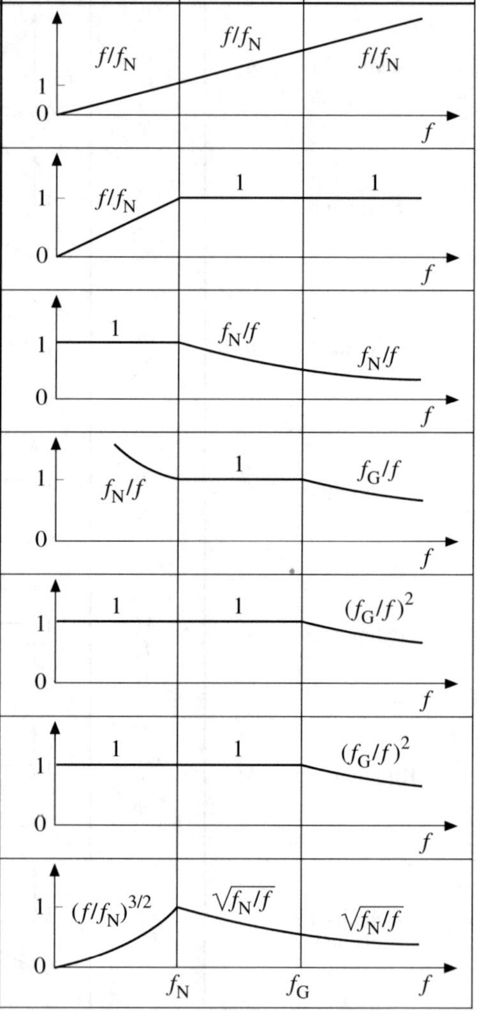

Tabelle F16b Verluste abhängig von der Frequenz; Index N: Werte des Betriebs bei Netzspeisung $f_G \approx f_N\, M_{bN}/M_N$ (Fortsetzung von Tabelle F16a. Zur besseren Übersicht sind die Verläufe von Drehzahl, Spannung und Fluß wiederholt)

Frequenzumrichter {frequency converter}
→ *Umrichter*

Fundament {foundation}
Neben den Gewichtskräften müssen alle Kräfte und Drehmomente, die bei der Energieübertragung vom Motor zur Arbeitsmaschine entstehen, vom F. aufgenommen und an den Untergrund geleitet werden. Dies gilt auch für zusätzliche Erscheinungen, wie z. B. Axialschub und Schwingungen. Das F. muß deshalb richtig gestaltet und ausreichend bemessen werden. **Tabelle F17** gibt einige grundsätzliche Gesichtspunkte für die F.gestaltung, abhängig von der Bodenart. Resonanzen zwischen den Anregungen aus den Triebwerksteilen und dem F. sind zu vermeiden. Dies gilt besonders für die meist sehr schwingungsfähigen Stahlhochfundamente, wie man sie häufig z. B. in Anlagen der Grundstoff- oder chemischen Industrie findet.

- Kräfte nicht „spazieren führen", sondern auf kürzestem Weg geradlinig ans F. leiten!
- Umlauffrequente Schwingungen (durch Restunwucht) beachten, vor allem bei schnellaufenden Triebwerksteilen.

→ Fundamentbelastung, → Fundament und Maschinenbefestigung, → Schwingstärke [E10, E13]

Bodenart	massiv, z. B. Felsboden	locker, schüttbar, z. B. Kies, Sand, Bauschutt	plastisch, z. B. Ton mit wasserführenden Zwischenschichten, Torf- und Moorboden
Schwingungsausbreitung	Schwingungsübertragung auf große Entfernungen durch Druck-, Schub- und Biegungswellen infolge Gestaltelastizität. Geringe Dämpfung.	Elastizität erst in größerer Tiefe. Schwingungsübertragung durch Druck- und Schubwellen nur in tieferen Schichten. Keine Schwingungsausbreitung an der Oberfläche durch starke Dämpfung.	Volumenelastizität führt zu Schwingungsausbreitung wie in Flüssigkeiten: im Innern als Druckwelle, an der Oberfläche als Schubwelle. Sehr kleine Dämpfung.
Fundamentgestaltung	Elastische Isolierung an der Fundamentsohle. Seitliche Luftschlitze.	Evtl. elastische Isolierung an der Fundamentsohle. Seitliche Isolierung meist nicht erforderlich.	Sondermaßnahmen, z. B. Pfahlrostgründung bis auf tragfähige Schichten.

Tabelle F17 Bodenart und Fundamentgestaltung – grundsätzliche Gesichtspunkte

Fundamentbelastung {foundation load}
Das Drehmoment und das Gewicht eines Motors stützen sich über das Gehäuse und die Füße (oder den Flansch) am Fundament ab. Bei der F. müssen deshalb die größt-

möglichen Drehmomente berücksichtigt werden. Das sind im allgemeinen die → Stoßmomente beim Einschalten der Maschine. Da diese als Pendelmoment auftreten, entstehen an den Befestigungspunkten Druck- und Zugkräfte (**Bild F18**). Alle Befestigungsmittel und deren Verankerung im Fundament müssen für diese Kräfte bemessen werden, evtl. auch für die aus Riementrieben und anderen Kraftübertragungselementen herrührenden Zusatzkräfte. Stählerne Grundrahmen sind so auszuführen, daß unter diesen Belastungen keine unzulässigen Verformungen oder Resonanzen auftreten.
→ dynamische Momentenkennlinie, → Fundament, → Fundament und Maschinenbefestigung, → Stoßmoment und Stoßstrom
[A8, E13, E39, N2.17, N2.20, N9.12]

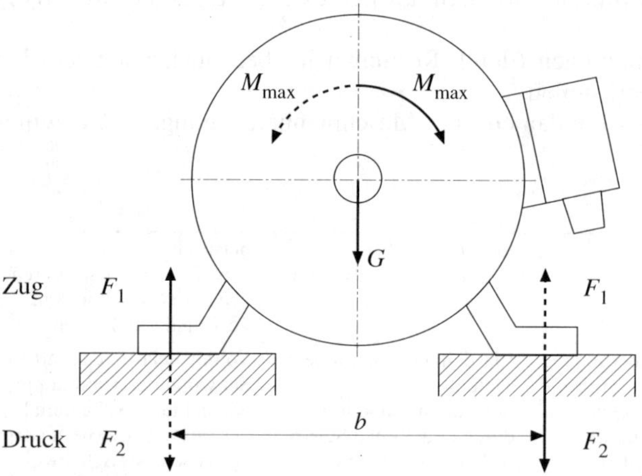

Bild F18 Wechselnde Belastung am Fundament durch das Stoßmoment beim Einschalten eines Motors mit Fußbefestigung

Zugkraft:

$$F_1 = \frac{M_{max}}{b} - \frac{G}{2}$$

Druckkraft:

$$F_2 = \frac{M_{max}}{b} + \frac{G}{2}$$

M_{max} Stoßmoment (Maximalwert) in Nm
G Gewichtskraft des Motors in N
b Fußlochabstand in m

Fundament und Maschinenbefestigung {foundation and machine mounting}
Es gibt eine Vielzahl von Möglichkeiten, um Kräfte und Drehmomente sicher und dauerhaft von der Maschine an das Fundament zu übertragen. Es hängt vom Funda-

	Befestigungsmittel	Bild	Erläuterung
	Betonfundament		
1	**mit Steinschrauben** 1 Motorfuß 2 Ausrichtbleche 3 Betonfundament 4 Betonguß 5 Eingießrinne 6 Steinschraube DIN 529 7 Beilagscheibe 8 Sechskantmutter DIN 934	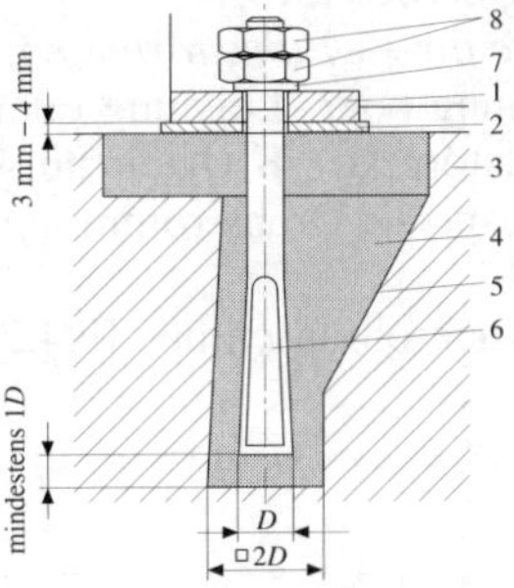	Steinschrauben in Fußlöcher stecken, mit Hilfsmanschette im Fußloch zentrieren. Motor auf Keile setzen (etwas tiefer, damit später Unterlegbleche untergeschoben werden können). Feinstausrichtung erst nach vollkommenem Abbinden des Betongusses.
2	**mit Fundamentklotz** 1 Motorfuß 2 Ausrichtbleche 3 Betonfundament 4 Betonguß 5 Eingießrinne 6 Fundamentklotz DIN 799 7 Beilagscheibe 8 Sechskantschraube DIN 933	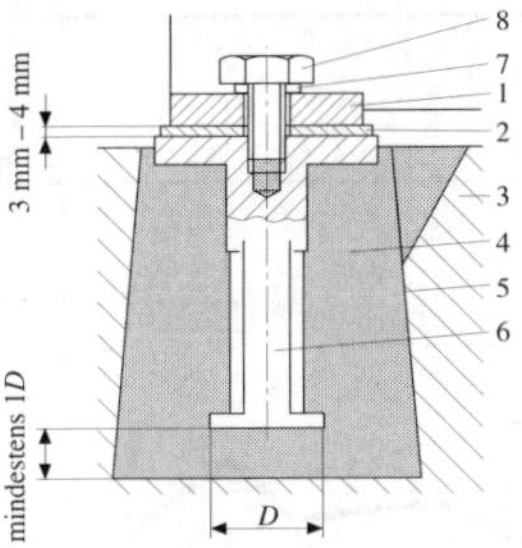	Fundamentklötze an Motorfüßen anschrauben; Motor auf Keile setzen (etwas tiefer, damit später Unterlegbleche untergeschoben werden können). Feinstausrichtung erst nach vollkommenem Abbinden des Betongusses.
	Stahlfundament		
3	1 Motorfuß 2 Ausrichtbleche 3 Stahlfundament 4 Beilagscheibe 5 Sechskantschraube DIN 933	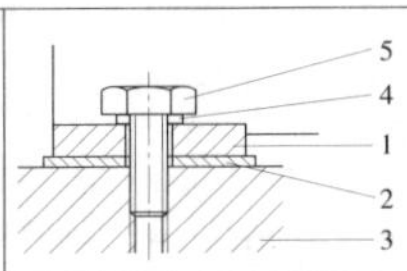	Auflageflächen für Motorfüße planbearbeitet! Ausrichten mittels Ausrichtblechen. Größere Motoren mit Kegelstiften sichern!
4	**Sichern durch Kegelstifte** 1 Motorfuß 2 Ausrichtbleche 3 Sohlplatte oder Stahlfundament 4 Kegelstifte DIN 258 5 Beilagscheibe 6 Sechskantmutter DIN 934	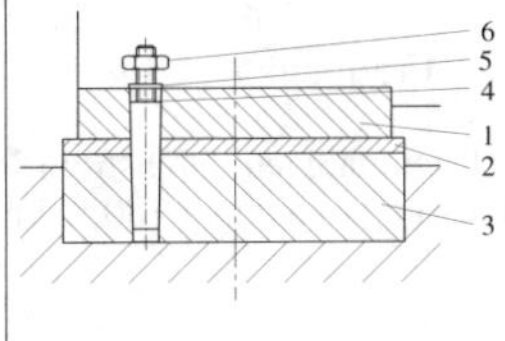	Motorfüße auf den festen Unterlagen sichern mit zwei diagonal gegenüberliegenden Kegelstiften. Bohren und Aufreiben der Löcher erst nach dem Feinstausrichten!

Tabelle F19 Maschinenbefestigung und Verankerung am Fundament (Beispiele)

ment, der Maschinengröße und den → Fundamentbelastungen ab, welche Befestigungselemente gewählt werden. **Tabelle F19** gibt einige Beispiele an.
Die endgültige Befestigung muß nach dem Ausrichten erfolgen. Alle Arbeiten sind sorgfältig unter Beachtung der Betriebsanleitung des Herstellers auszuführen.
→ Fundament, → Fundamentbelastung [E13]

Funkstörgrad {radio interference level}
Frequenzabhängige Grenze für → Funkstörungen.
Er gilt für Funkstör-Spannung oder -Leistung oder -Feldstärke. Bezeichnungen **G** (Grobstörgrad), **N** (Normalstörgrad), **K** (Kleinstörgrad), **0** (funkstörfrei).
In der Regel erfüllen netzgespeiste Drehstrommotoren mit Käfigläufer F. N, teilweise auch K (**Bild F20**).
→ EMV, → EMV von Asynchronmaschinen [N4.28]

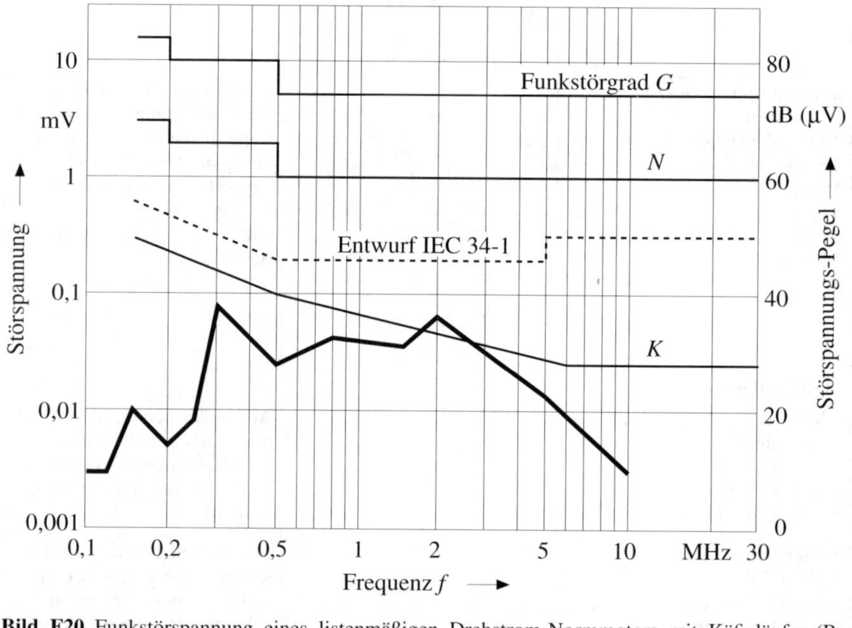

Bild F20 Funkstörspannung eines listenmäßigen Drehstrom-Normmotors mit Käfigläufer (Bemessungsleistung 30 kW, Polzahl 4, Bemessungsspannung 380 V, Frequenz 50 Hz) und die Grenzwerte der verschiedenen Funkstörgrade
Entwurf IEC 34-1 = [N8.31]

Funkstörung {radio interference}
Hochfrequente Störung des Funkempfangs, d. h. unerwünschte elektromagnetische Schwingungen werden drahtlos oder längs Leitungen auf eine Empfangsanlage übertragen und beeinträchtigen erkennbar die Wiedergabe des Nutzsignals.
Eine F. kann durch eine der folgenden Größen ausgedrückt werden:

- Funkstörspannung (wird in der Zuleitung mit einem Funkstörmeßempfänger gemessen; der gemessene Wert kann auch als Pegel in dB ausgedrückt werden). Beispiel: Bild F20.
- Funkstörleistung (wird in der Zuleitung mit einem Funkstörmeßempfänger und einer Absorptions-Meßwandlerzange gemessen; der gemessene Wert kann auch als Pegel in dB ausgedrückt werden).
- Funkstörfeldstärke (wird mit einer Antenne und einem Funkstörmeßempfänger gemessen; der gemessene Wert kann auch als Pegel in dB ausgedrückt werden).

→ EMV, → EMV von Asynchronmaschinen
[N4.28, N8.31, N11.2, N11.3, N11.9]

G

Ganzlochwicklung {integral slot winding}
Wechselstromwicklung, bei der die Nutenzahl (Lochzahl) je Pol und Wicklungsstrang eine ganze Zahl ergibt.
Die G. ist die übliche Ausführung für Drehstrommaschinen. Nur in seltenen Fällen wird eine → Bruchlochwicklung verwendet. Die G. wird als → Einschichtwicklung oder → Zweischichtwicklung ausgeführt.

Gefahrenübergang {risk transfer}
Übergang der gesamten Verantwortung (technisch und kaufmännisch) eines Produkts oder einer Dienstleistung vom Hersteller auf den Käufer.
Für Kaufverträge auf dem Gebiet elektrischer Antriebe werden üblicherweise die „Allgemeinen Lieferbedingungen für Erzeugnisse und Leistungen der Elektroindustrie" (erarbeitet vom → ZVEI) vereinbart, die Regelungen für den G. enthalten.
→ Schnittstelle

Gegenkomponente {negative phase-sequence value}
→ symmetrische Komponenten

Gegenmoment {load torque}
→ *Lastmoment*

Gegenstrombremsung {plugging, braking by reversal}
Entsteht durch Vertauschen zweier Netzanschlüsse an der Wicklung eines Drehstrommotors während des Laufs. Das Drehfeld ändert in kürzester Zeit seine Richtung, mit ihm auch das Drehmoment; der Läufer dagegen behält seine Richtung durch den Schwung der Drehmassen zunächst bei. Der Antrieb wird gebremst, läuft aber nach Erreichen der Drehzahl $n = 0$ in der anderen Richtung hoch. Ist dieser gesamte Vorgang gewollt, nennt man ihn „Reversieren". Ist der nach der G. folgende Hochlauf unerwünscht, muß er durch Abschalten möglichst im Drehzahl-Nulldurchgang unterbunden werden. Dazu ist eine Drehzahlüberwachung (→ Tachodynamo, → Drehimpulsgeber) oder der Anbau eines → Bremswächters erforderlich.
Beim Reversieren: Anlaufwärme + Bremswärme ≈ viermal Anlaufwärme! Deshalb ist die zulässige → Schalthäufigkeit bei mechanischer Bremsung (→ Bremsmotor) höher als bei G. (aber nicht viermal so groß, wegen Stromverdrängung und Leerlaufverlusten).

→ Anlaufwärme im Läufer, → Anlaufwärme im Motor, → Anlaufwärme im Ständer, → Asynchronmaschine, → Bremswärme im Läufer, → Bremswärme im Motor, → Bremswärme im Ständer, → Schalthäufigkeit [A5, A6, E27, E34]

Gegensystem {negative phase-sequence system}
→ symmetrische Komponenten

Gehäuse {housing, enclosure, frame}
Das G. hat mehrere Funktionen zu erfüllen: Sitz und Befestigung des Ständerpakets; Zentrierung des Läufers über die Lagerschilde zur Ständerbohrung, um einen gleichmäßigen Luftspalt zu erzielen; Drehmomentübertragung vom Ständerpaket zum Fundament über Füße oder Flansch; Schutz gegen Berührung, Fremdkörper und Wasser; Führen des Kühlmittels; evtl. Wärmetauscher zwischen primärem und sekundärem Kühlmittel; evtl. Druckfestigkeit bei inneren Explosionen; Tragen von Anbauteilen wie Klemmenkasten, Transportösen u. ä. Seine Gestaltung richtet sich hauptsächlich nach → Bauform IM, → Kühlart IC und → Schutzart IP.
→ Gehäusematerial, → Zündschutzart

Gehäusematerial {material for housing}
Die Wahl des G.materials liegt in der Verantwortung des Herstellers und ist nur in wenigen Fällen genormt (z. B. ist bei oberflächengekühlten → Bergbaumotoren wegen der erforderlichen Festigkeit im rauhen Untertagebetrieb kein → Grauguß mit Lamellengrafit zulässig). Bei Normmotoren kleiner Leistung wird überwiegend Aluminium im Druckgußverfahren (→ Aluminiumgehäuse), bei mittleren Leistungen bis rund 500 kW → Grauguß und bei Maschinen großer Leistung Stahl in Schweißkonstruktionen eingesetzt.
→ Aluminium, → Aluminiumgehäuse, → Grauguß, → Sphäroguß, → Stahlguß, → Stahl

Gehäuseschwingungen {housing vibrations}
Elektromagnetische Kräfte, die das Ständerpaket periodisch verformen (**Bild G1**), werden meistens auch auf das Gehäuse übertragen. Diese G. können von dessen Oberfläche in Luftdruckschwingungen umgesetzt und als → Luftschall abgestrahlt werden (Gehäuse wirkt wie die Membran eines Lautsprechers). Die genannten Kräfte sind meistens so groß, daß mechanische Versteifungen des Gehäuses wirkungslos bleiben. Deshalb sollte die Schwingungsübertragung vom Paket zum Gehäuse durch lose Kopplung unterbunden werden, ohne jedoch den zur Drehmomentübertragung notwendigen Kraftfluß zu beeinträchtigen. Bei oberflächengekühlten Maschinen ohne inneren Kühlkreislauf muß jedoch allein wegen der Wärmeüber-

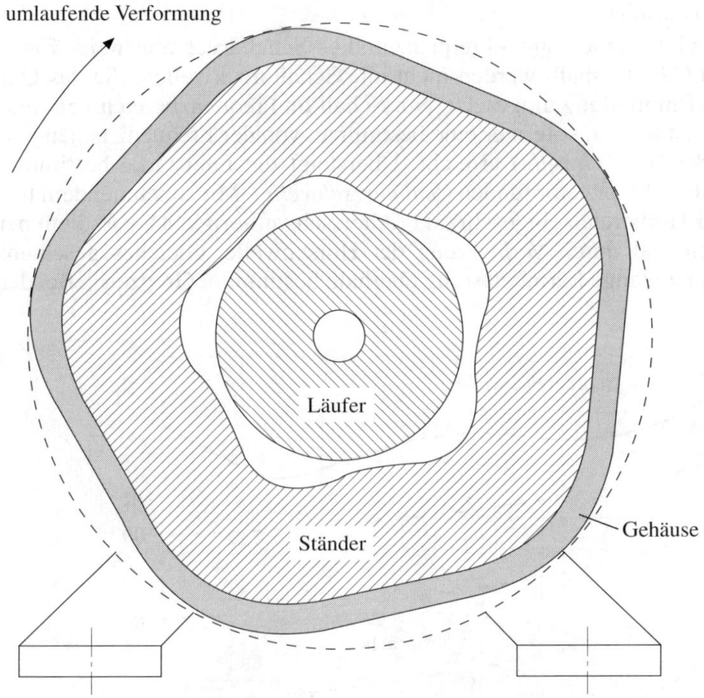

Bild G1 Umlaufende elektromagnetische Kraftwellen verursachen Paket- und Gehäuseschwingungen (schematisch)

tragung nach außen im Gehäuse ein fester Paketsitz auf voller Länge gewährleistet sein. Gerade bei diesen Maschinen ist es deshalb für die Geräuschverminderung notwendig, die elektromagnetischen Ursachen auszuschalten oder zu verkleinern. Dies sollte übrigens bei allen Maschinenausführungen vom Entwickler und Berechner angestrebt werden. Die vom Hauptfeld hervorgerufenen Radialkraftwellen regen das Blechpaket zu Schwingungen mit doppelter Netzfrequenz und mit einer Ordnungszahl gleich der Polzahl an. Dies führt vor allem bei zweipoligen Maschinen zu ausgeprägten G., die sich in der → Schwingstärke oder dem → Geräusch stark bemerkbar machen können. Auch mechanisch angeregte G. können Luftschall erzeugen sowohl direkt als auch auf dem Umweg mittels → Körperschall über Fundament und großflächige Teile.

Elektromagnetisch angeregte G. und Geräusche lassen sich an einer bestehenden Maschine nachträglich praktisch nicht beeinflussen.

→ Einzelton, → Geräusch drehender elektrischer Maschinen, → Schwingstärke
[N2.17, N9.12]

Gehör {sense of hearing}

Das menschliche G. hat eine von → Frequenz und → Schalldruck abhängige Empfindlichkeit (**Bild G2**). Deshalb werden nicht alle Schalldruckwellen, die das Ohr erreichen, in eine Empfindung umgesetzt. Nur Schall im Frequenzbereich von rund 20 Hz bis 20 kHz ist hörbar, sofern er eine bestimmte, von der Frequenz abhängige Mindest-Lautstärke (*Hörschwelle*) erreicht. Übersteigt die Lautstärke bestimmte Pegel, wird dies als Schmerz empfunden (*Schmerzschwelle*). Mit zunehmendem Lebensalter wird der Hörbereich eingeschränkt (Altersschwerhörigkeit), vor allem bei hohen Frequenzen und durch Verlagerung der Hörschwelle. Gleiches geschieht durch zu hohe oder zu lange Lärmbelastung oberhalb bestimmter Grenzen*). Bei der

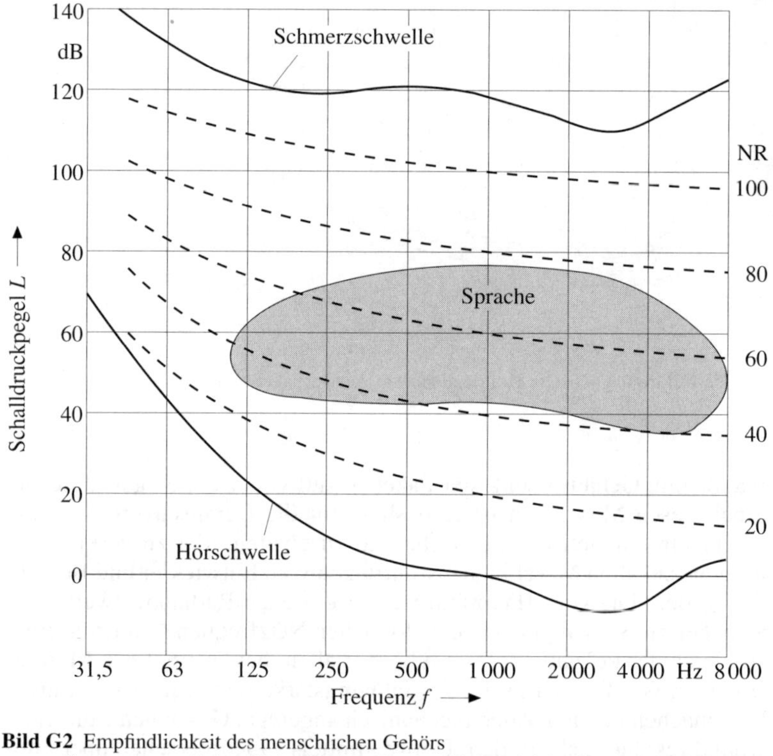

Bild G2 Empfindlichkeit des menschlichen Gehörs
------- Geräuschgrenzlinien (Noise-Rating-Curves; Linien gleichen Lautstärkeeindrucks)

*) An zu hohen Lärm kann man sich nicht gewöhnen! Wer den Eindruck hat, er habe sich an hohen Lärm gewöhnt, ist in Wirklichkeit bereits schwerhörig.

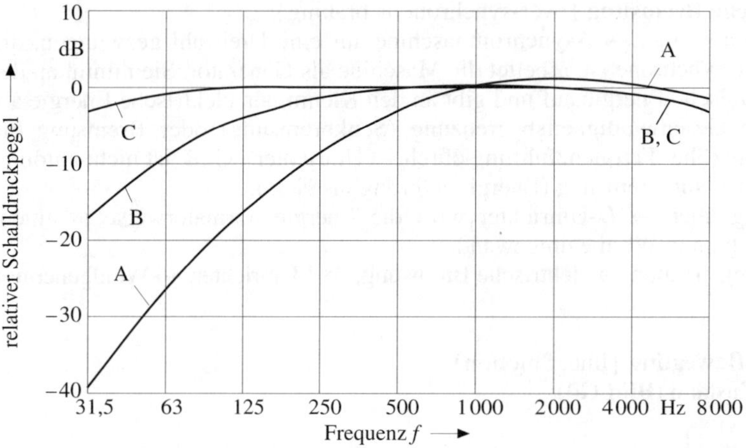

Bild G3 Bewertungskurven für Schallpegelmesser
Um die angegebenen Werte wird der gemessene lineare Schalldruckpegel frequenzabhängig verändert.

Schalldruckmessung kann durch elektrische Filter die Frequenzabhängigkeit des G. nachgebildet werden (**Bild G3**). Es entstehen „bewertete" Schallpegel. Für elektrische Maschinen ist die Angabe des „A-bewerteten" Pegels üblich.
→ Geräuschmessung, → Schalleistungspegel

gekapselte Wicklung {encapsulated winding}
Vollständig mit Gießharz umhüllte oder ausgegossene Wicklung.
Eine g. W. bedingt eine besonders sorgfältige und aufwendige Fertigung und erhöht die Herstellkosten beträchtlich. Sie empfiehlt sich nur bei besonders feuchter oder aggressiver Atmosphäre, die von der Wicklung nicht anders ferngehalten werden kann, oder bei starken und dauernden Erschütterungen.
G. W. sind für Schleifringläufer nicht geeignet (Vergußmasse erhöht die Fliehkraft; Wickelköpfe werden zerstört).
→ vergossene Ausführung, → Vibrationsmotoren

Generator {generator}
Drehende elektrische Maschine zur Stromerzeugung.
Der G. nimmt mechanische Arbeit an der Welle auf und gibt elektrische Wirkleistung ins Netz ab. → Asynchronmaschinen können unter bestimmten Voraussetzungen dauernd (→ Windgenerator) oder vorübergehend (→ generatorische Bremsung) als G. betrieben werden.
→ Asynchrongenerator

generatorische Bremsung {over-synchronous braking}
Wird der Läufer einer → Asynchronmaschine auf eine Drehzahl gezwungen, die größer als die synchrone ist, arbeitet die Maschine als Generator. Sie nimmt an der Welle mechanische Energie auf und gibt an den Klenmmen elektrische Energie ab. Anwendung: Geschwindigkeitsbegrenzung (Senkbremsung) oder Bremsung bis zum Stillstand (über Frequenzführung durch → Umrichter). G. B. ist nicht automatisch auch eine Nutzbremsung (Energielieferung ins Netz).
Bei Speisung über → *U*-Umrichter wird die Energie normalerweise in einem Bremswiderstand in Wärme umgewandelt.
→ Asynchrongenerator, → elektrische Bremsung, → *I*-Umrichter, → Windgenerator

geradlinige Bewegung {linear motion}
Stationärer Zustand (**Bild G4**):

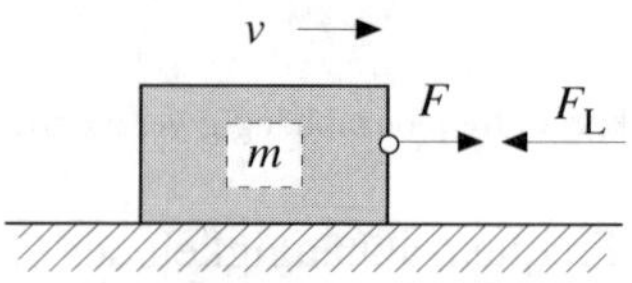

Bild G4 Geradlinige Bewegung

$$F = F_L \Rightarrow v = \text{konst},$$

$$P = F \cdot v,$$

mit:
F Antriebskraft in N,
F_L Gegenkraft (Last) in N,
v Geschwindigkeit in m/s,
P Leistung in W.
Die Umrechnung in eine Drehbewegung geht von der Leistung aus (→ Drehmoment).
Beschleunigungs- oder Bremsvorgänge: → Beschleunigung
Umrechnung des geradlinig bewegten Körpers in eine Drehmasse: → Fremdträgheitsmoment

Geräusch {noise}
Vom menschlichen → Gehör wahrgenommener → Luftschall.
Das G. von elektrischen Maschinen wird meist als → Schalldruckpegel oder → Schalleistungspegel in 1 m Abstand vom Prüfling angegeben oder als → Oktavana-

lyse des Schalldruckpegels dargestellt. Für die meisten drehenden elektrischen Maschinen bestehen Grenzwerte für den Geräuschpegel [N9.9], die den wirtschaftlich vertretbaren technischen Stand darstellen. Oft werden vom Betreiber besonders geräuscharme Maschinen gefordert. Dies führt zu Sondermaßnahmen.

Besonders leise Maschinen sind besonders teuer. Ansprüche nicht übertreiben!

→ Einzelton, → Gehör, → Geräuschdämmhaube, → Geräuschdämpfer, → Geräusch drehender elektrischer Maschinen, → Gesamtgeräusch mehrerer Quellen, → Schalldruckpegel, → Schallpegelabnahme mit der Entfernung [A21, E11]

Geräuschdämmhaube {noise reducing cover}

Reflexionsarm ausgekleidetes Gehäuse, das über den Motor oder das gesamte Aggregat gesetzt wird und die Geräuschemission verringert.

In besonderen Fällen wird eine G. eingesetzt (**Bild G5**). Sie besteht meistens aus einem Stahlblechgehäuse, das innen reflexionsarm ausgekleidet ist. Die erforderliche Kühlluft wird beim Eintritt wie beim Austritt aus der G. meistens in ebenfalls ausgekleideten Kanälen mehrfach umgelenkt. Bei sorgfältiger Konstruktion und Aufstellung am Betriebsort (gummigedämpfte Aufstellung, keine Spalte zum Funda-

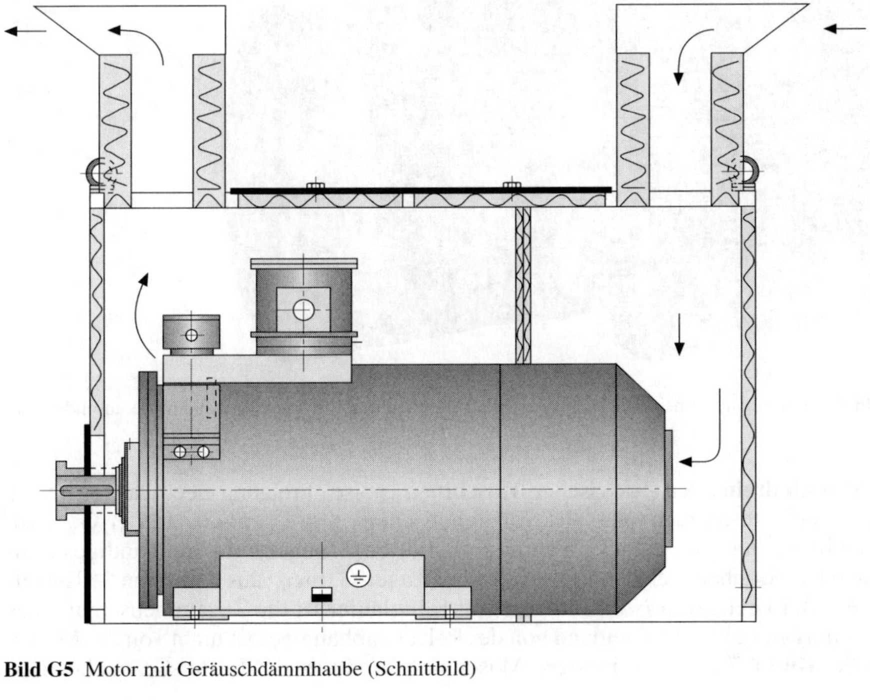

Bild G5 Motor mit Geräuschdämmhaube (Schnittbild)

ment o. ä.) kann eine Verringerung des Schalldruckpegels von 10 dB bis 15 dB erreicht werden.

- Kühlluft für den Motor darf auf keinen Fall aus der G. entnommen werden, auch nicht teilweise (Temperaturerhöhung!). Deshalb geschlossene Luftführung zwischen Eintritt in die G. und Eintrittsöffnung der Motorbelüftung vorsehen.
- Auf → Kühluftmenge und Druckabfall achten.

→ Einzelton, → Geräusch, → Luftführung bei eingebauten Motoren [E11]

Geräuschdämpfer {muffler, silencer}

In die Motorkonstruktion integrierter Ansaug- und/oder Ausblasdämpfer.

Durch Umlenkung des Luftschalls in reflexionsarm ausgekleideten Kanälen (**Bild G6**) kann der Schalldruckpegel bis zu 5 dB verringert werden.

G. bringen nur bei den Maschinen eine Geräuschreduzierung, bei denen das Lüftergeräusch überwiegt, also zweipoligen, evtl . großen vierpoligen Maschinen.

→ Einzelton, → Geräusch, → Geräuschdämmhaube [E11]

Bild G6 Lüfterhaube eines oberflächengekühlten Drehstrommotors mit eingebautem Geräuschdämpfer

Geräusch drehender elektrischer Maschinen {noise of rotating electrical machines}

Setzt sich zusammen aus elektromagnetischem G., Lager-G., Lüfter-G., evtl. Schleifring- und Bürsten-G.. Während das Lüfter-G. nahezu ein breitbandiges Rauschen ist, bestehen elektromagnetische und Lager-G. meist aus mehreren → Einzeltönen. Bei Drehstrom-Normmotoren mit Käfigläufer ist die Zusammensetzung des Schalldrucks ganz entscheidend von der Polzahl abhängig, fast nicht von der Motorgröße (**Bild G7**). Bei zweipoligen Maschinen dominiert das Lüfter-G., bei hochpo-

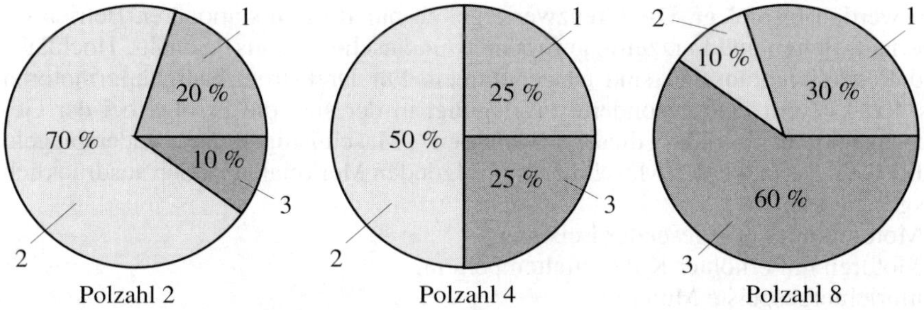

Bild G7 Zusammensetzung des Schalldrucks bei netzgespeisten Drehstromnormmotoren mit Käfigläufer
1 Grundgeräusch (Maschine im Leerlauf ohne Lüfter)
2 Lüftergeräusch (Differenz aus Leerlaufgeräuschmessung mit und ohne Lüfter)
3 Lastgeräusch (Differenz aus Geräuschmessung mit und ohne Belastung)

ligen das elektromagnetische. Gemessen wird meistens im Leerlauf; für Belastung sind Lastzuschläge von rund 3 dB (bei hoher Polzahl auch mehr) typisch. Braucht man genauere Werte, ist eine Messung im reflexionsarmen Raum (Belastungsmaschine steht außerhalb) erforderlich. Steht ein solcher Raum nicht zur Verfügung, sind drei Messungen und folgende Ermittlung erforderlich:

1. Motor mit Belastungsmaschine bei Last,
2. Motor mit Belastungsmaschine bei Leerlauf,
3. Motor ohne Belastungsmaschine bei Leerlauf.

Lastzuschlag = Meßwert 1 – Meßwert 2
G. bei Last = Meßwert 3 + Lastzuschlag

Für netzgespeiste Drehstromasynchronmaschinen mit Käfigläufern bestehen genormte → Geräuschgrenzwerte.

- Besonders leise Maschinen sind besonders teuer. Ansprüche nicht übertreiben!
- Primäre Maßnahmen zur G.-Reduzierung (elektromagnetisch, Lager, Lüfter) sind gegenüber sekundären (→ Geräuschdämpfer, → Geräuschdämmhaube) zu bevorzugen.
- Bei → Umrichterspeisung ergeben sich höhere G.-Werte als bei Netzspeisung.

→ Gehäuseschwingungen, → Geräusch, → Geräuschmessung, → Umrichterspeisung und Motorgeräusch [A21, E11, E42, N9.9]

Geräuschgrenzwerte {noise limits}
Für drehende elektrische Maschinen sind G. auf internationaler Basis genormt [N9.9]. Es wird der höchstzulässige → Schalleistungspegel für Maschinen in Normalausführung im Leistungsbereich von 1 kW(kVA) bis 5500 kW(kVA) für Drehzahlen bis 3750 min^{-1} vorgeschrieben, und die Prüfverfahren und die Prüfbedingun-

gen werden festgelegt. Die Grenzwerte gelten nur für den stationären Betrieb im Leerlauf. Selten und kurzzeitig auftretende Geräusche (Impuls-, Schalt-, Hochlauf- und Reversiergeräusche) sind ausgenommen. Für Drehstrom-Käfigläufermotoren bis 400 kW gilt eine gesonderte Festlegung, in der sich die Erfolge bei der Geräuschsenkung gerade dieser wichtigen Maschinengattung widerspiegeln (**Bild G8**). Darin werden Maschinen mit folgenden Merkmalen jedoch ausdrücklich ausgeschlossen:

- Motoren mit herabgesetzter Leistung,
- Motoren mit erhöhter Kühlmitteltemperatur,
- umrichtergespeiste Motoren,
- polumschaltbare Motoren,
- fremdgekühlte Motoren,

Geräusche von Elektromotoren werden von den Herstellern in Katalogen, Datenblättern oder Prüfbescheinigungen angegeben.
Häufig werden die Geräuschanforderungen seitens des Betreibers niedriger liegen als die genormten G. und sich auch auf Last, nicht nur Leerlauf beziehen. Wegen zusätzlicher Kosten für Sonderausführungen des Elektromotors sollten aber die Ansprüche realistisch festgelegt werden. Man beachte vor allem, daß die lauteste Kom-

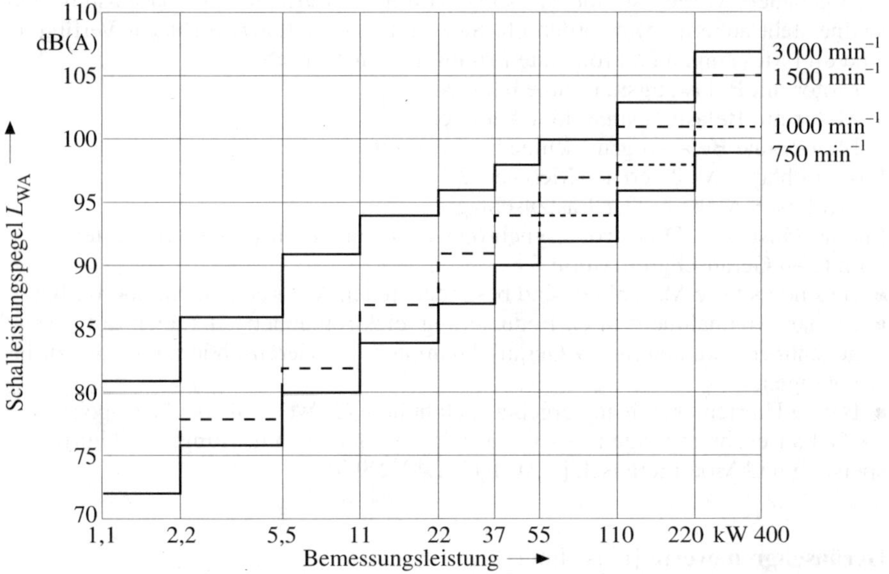

Bild G8 Höchstzulässiger Schalleistungspegel (A-bewertet) von Drehstrommotoren mit Käfigläufer im Leerlauf
Gilt für alle Kühlarten mit Eigenkühlung, bei welchen die Kühlluft der Maschinenumgebung entnommen und/oder in diese ausgeblasen wird.

ponente eines Aggregats das Gesamtgeräusch festlegt und es deshalb völlig unwirksam ist, andere Komponenten noch leiser zu machen.
→ Einzeltöne, → Gesamtgeräusch mehrerer Quellen, → Geräuschmessung
[A21, N8.7, N8.18]

Geräuschmessung {noise-level test}
Gemessen wird der → Schalldruckpegel mit Geräten genormter Eigenschaften. Die Mikrofonanordnung ist ebenfalls genormt: mehrere Meßstellen befinden sich in 1 m Abstand zu einem gedachten Bezugsquader (**Bild G9**). Der Bezugsquader ist der kleinste dem Meßobjekt umschriebene Quader (die Aufstellungsebene bildet davon eine Seite). Aus den Meßwerten wird ein Mittelwert gebildet (*Meßflächen-Schalldruckpegel* nach [N8.7]). Aus den Maßen des Bezugsquaders wird das → *Meßflächenmaß* ermittelt, dessen Summe mit dem Schalldruckpegel den → Schalleistungspegel ergibt.

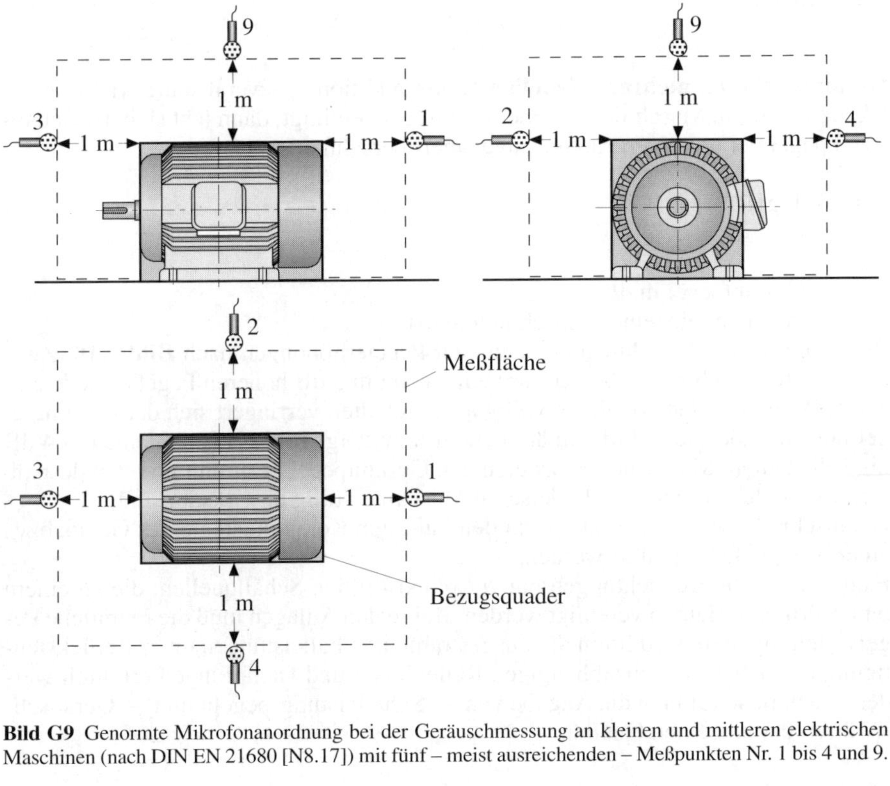

Bild G9 Genormte Mikrofonanordnung bei der Geräuschmessung an kleinen und mittleren elektrischen Maschinen (nach DIN EN 21680 [N8.17]) mit fünf – meist ausreichenden – Meßpunkten Nr. 1 bis 4 und 9.

Die Normen DIN EN 21680 [neu; N8.17] und DIN 45635 Teil 10 [überholt; N8.7] für die G. an elektrischen Maschinen unterscheiden sich in der Mikrofonanordnung und in der Ermittlung des Meßflächenmaßes. Deshalb: Bei Geräuschangaben die Norm vermerken, nach der gemessen und das Meßflächenmaß ermittelt wurde!

Geräuschpegel {noise level}
→ Schalldruckpegel, → Schalleistungspegel

Geräuschspektrum {noise spectrum}
Abhängigkeit des → Schalldruck- oder → Schall-Leistungspegels von der Frequenz.
Für Untersuchungen der Schallausbreitung und Planung von Schalldämmung in Anlagen ist die Frequenzabhängigkeit des Geräuschs erforderlich. Für elektrische Maschinen genügt meistens die Messung einer → Oktavanalyse. Schmalbandanalysen (in Terzen oder schmäler) werden nur bei der Ursachenforschung von Einzeltönen angewendet.

Gesamtgeräusch mehrerer Quellen {noise addition of several sources}
Werden mehrere Maschinen zu einem Aggregat vereinigt, dann läßt sich der Schalldruckpegel der gesamten Anlage angenähert berechnen:

$$L = 10 \cdot \log\left(10^{0,1 \cdot L_1} + 10^{0,1 \cdot L_2} + \dots\right),$$

mit:
L Gesamtpegel in dB,
L_1, L_2 Pegel der einzelnen Maschinen in dB.
Bei gleich lauten Maschinen ergeben sich Pegelerhöhungen nach **Bild G10**. Zwei gleichlaute Maschinen haben zusammen einen um 3 dB höheren Pegel als jede einzelne. Wird also eine von ihnen völlig ausgeschaltet, verringert sich der Gesamtpegel nur um höchstens 3 dB. In ähnlichem Sinn zeigt **Bild G11**, daß eine um 4 dB bis 5 dB lautere Maschine von zweien den Gesamtpegel bestimmt und daß deshalb Geräuschreduzierungen an der leiseren Maschine völlig unwirksam sind.
Geräuschreduzierung muß zuerst an den lautesten Komponenten eines Geräts bzw. einer Anlage durchgeführt werden.
Exakt gelten die Betrachtungen nur für punktförmige Schallquellen, die zu einem punktförmigen Haufen vereinigt werden. Bei realen Anlagen muß die räumliche Pegelverteilung durch Addition der ausgestrahlten Schalleistungen unter Berücksichtigung der meist frequenzabhängigen Reflexionen und Dämpfungen ermittelt werden. Dazu benötigt man die Angabe von → Schalleistungspegeln und → Geräuschspektren der einzelnen Quellen.

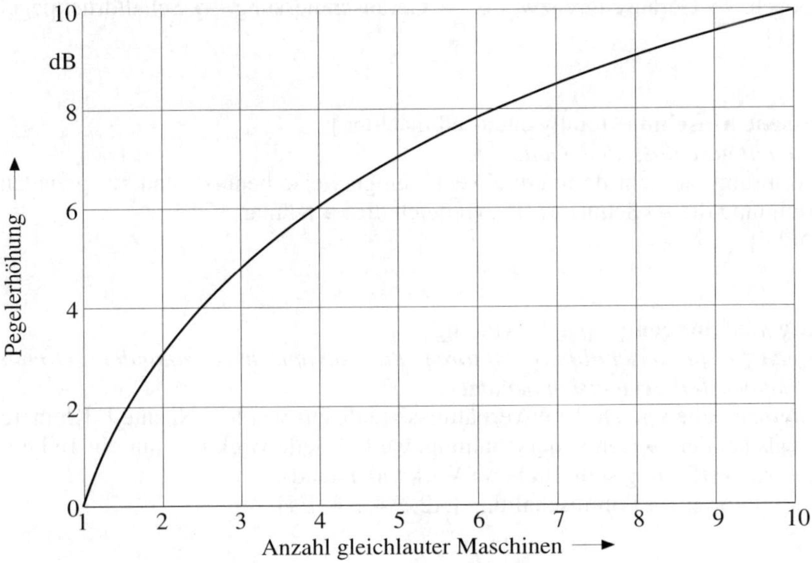

Bild G10 Pegelerhöhung ΔL (annähernd) bei mehreren gleichlauten Maschinen

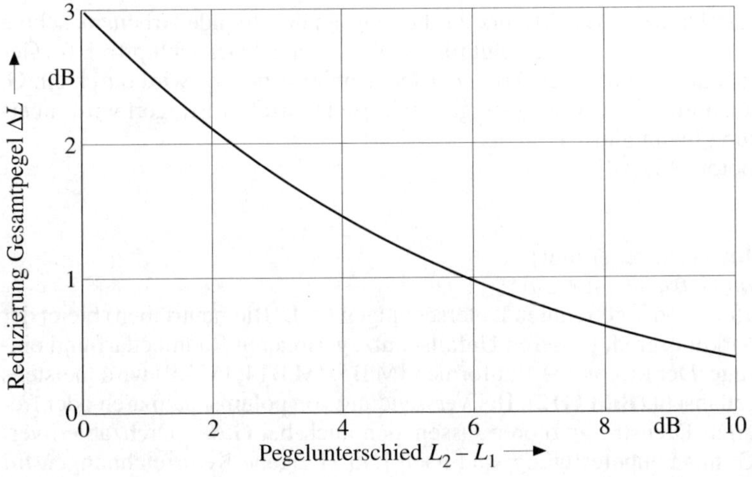

Bild G11 Reduzierung ΔL des Gesamtpegels zweier unterschiedlich lauter Quellen, wenn die leisere völlig ausgeschaltet wird.
L_1 in dB: Pegel der leiseren Maschine
L_2 in dB: Pegel der lauteren Maschine

→ Geräusch, → Geräuschgrenzwerte, → Geräuschmessung, → Schalldruckpegel [A21, E11]

geschlossene Maschine {totally enclosed machine}
Maschine mit geschlossenem Gehäuse.
Die Ausführung ist nicht definiert. Zweckmäßigerweise benutzt man zur genauen Kennzeichnung die → Schutzart IP, evtl. auch die → Kühlart IC.
[N9.5, N9.6]

getrennte Wicklungen {separate windings}
Wicklungen für polumschaltbare Motoren, die galvanisch voneinander getrennt sind und keinen Teil gemeinsam benutzen.
Damit können beliebige Drehzahlverhältnisse realisiert werden. Nachteil: Kleinere Leistung als bei der → Dahlanderschaltung, weil für jede Wicklung nur ein Teil der Nutfläche zur Verfügung steht (höherer Wirkwiderstand).
→ Aufzugmotoren, → Polumschaltung [A2, A4, A6, E4]

Getriebe {gear drive}
Drehzahl- und Drehmomentwandler durch mechanische Untersetzung mittels Zahn- und/oder Schneckenrädern.
Mit G. wird die Drehzahl des Motors an die langsamer laufende Arbeitsmaschine angepaßt. Die Kraftübertragung erfolgt formschlüssig und daher schlupffrei. Im Gegensatz zu fast allen elektrischen Arten der Drehzahlreduzierung wird durch ein G. das Drehmoment im selben Maß gesteigert, wie die Drehzahl verringert wird (übertragene Leistung bleibt gleich).
→ Getriebemotor [A7, A8]

Getriebemotor {gearmotor unit}
Baueinheit von Getriebe mit Motor
Gegenüber offenen oder getrennten Untersetzungen (z. B. Riementrieben) bietet der G. höheren Wirkungsgrad, besseren Unfallschutz, geringeren Raumbedarf und einfachere Montage. Der Motor (→ Bauformen IM B5, IM B14, IM B9) wird meistens an das G. angeflanscht (**Bild G12**). Bei Verwendung von polumschaltbaren oder frequenzgesteuerten Drehstrommotoren lassen sich auch bei G. die Drehzahlen verstellen. Für G. mit Fußbefestigung sind nach [N9.7] eigene Kennzeichnungen für die Bauform festgelegt (**Tabelle G13**).
→ Getriebe [E8, E40, E41]

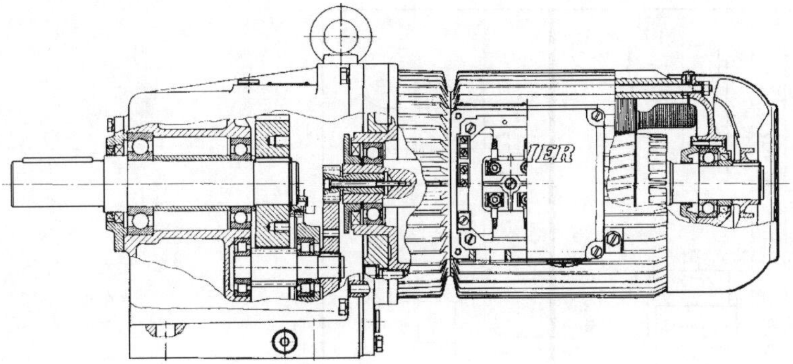

Bild G12 Drehstrom-Stirnrad-Getriebe-Motor (Schnittbild)

GG
→ *Grauguß* = → *Gußeisen mit Lamellengraphit*

GGG
→ *Gußeisen mit Kugelgraphit*

GL
Germanischer Lloyd
→ Schiffbauvorschriften

Gleichstrombremsung {D.C. braking}
→ *Bremsung eines Antriebs durch Speisung der Ständerwicklung des antreibenden Drehstrommotors mit Gleichstrom.*
Aus dem Lauf des Motors heraus wird das Drehstromnetz ab- und eine Gleichstromerregung zugeschaltet. Die Ständerwicklung baut ein stillstehendes Feld auf, durch das im drehenden Läufer eine Spannung induziert und damit ein bremsendes Drehmoment erzeugt wird. **Bild G14** zeigt den typischen Drehmomentverlauf beim G. im Vergleich zum motorischen Betrieb. Das Bremsmoment läßt sich durch Verstellen des Gleichstroms steuern. Damit ist z. B. ein Bremsen bei konstanter Drehzahl (Senkbremsen) oder auch ein Abbremsen mit genau definierter Verzögerung möglich. Nach Erreichen des Stillstands verhält sich die Maschine passiv: Sie läuft nicht in die Gegendrehrichtung an (wie bei → Gegenstrombremsung), hat aber auch kein Haltemoment.

- G. ist wie alle elektrischen Bremsmethoden berührungslos und deshalb verschleißfrei.

Befestigung	am Boden	an Wand				an Decke
GW	horizontal	vertikal		horizontal		horizontal
AS	zur Seite	unten	oben	links	rechts	zur Seite
	parallele Wellenachsen					
IM-Code	IM 1601	IM 1611	IM 1631	IM 1651	IM 1661	IM 1671
Skizze	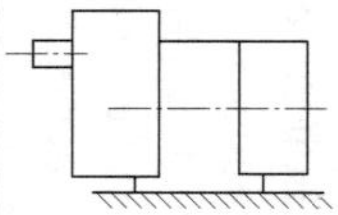	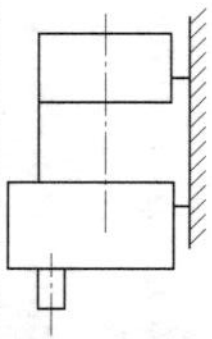	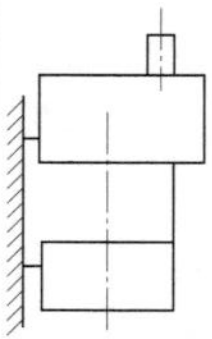	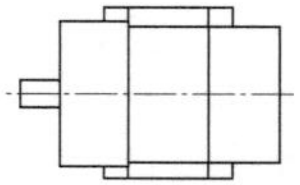	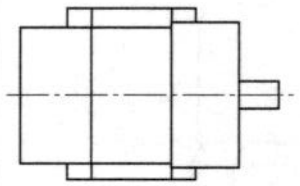	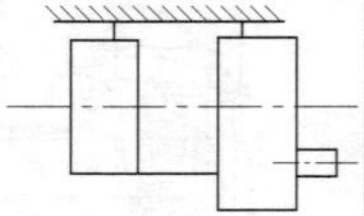
	rechtwinklige Wellenachsen					
IM-Code	IM 1701	IM 1711	IM 1731	IM 1751	IM 1761	IM 1771
Skizze	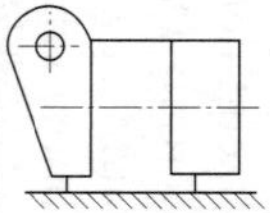	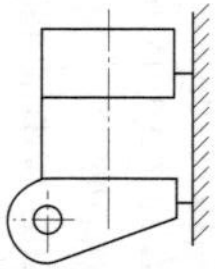	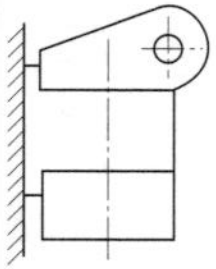	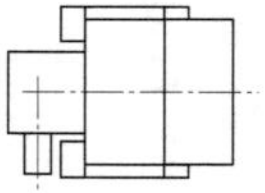	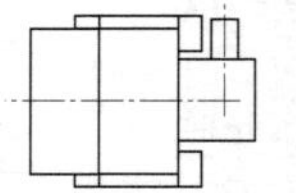	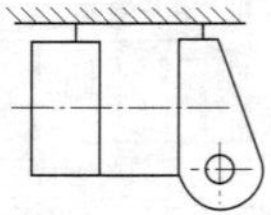

Tabelle G13 Bauformen für Getriebemotoren mit Fußbefestigung nach DIN VDE 0530
GW Getriebewellenende
AS Antriebsseite

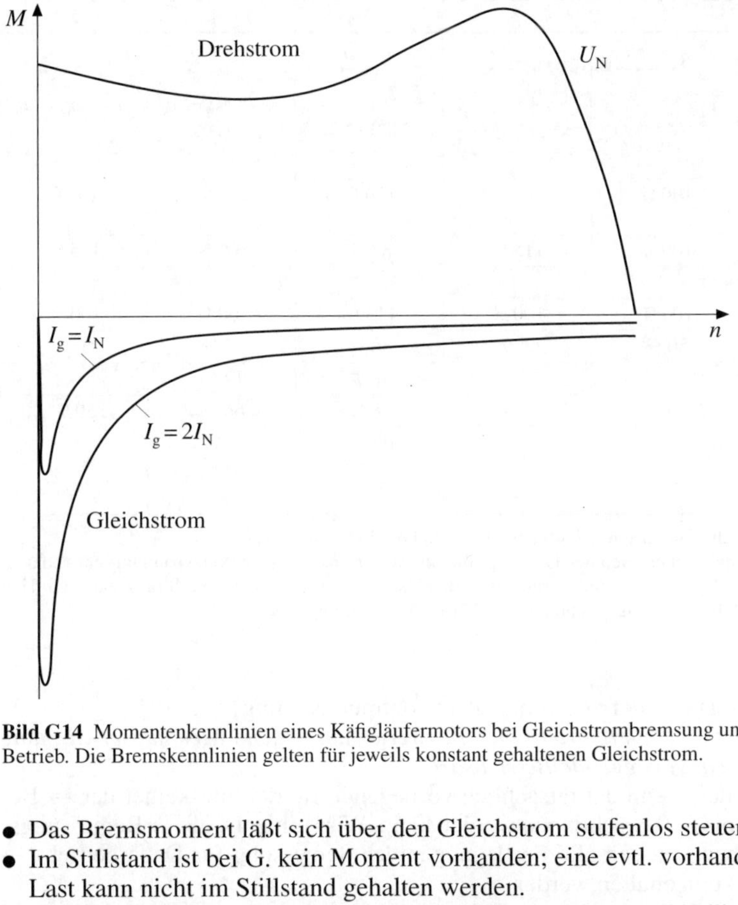

Bild G14 Momentenkennlinien eines Käfigläufermotors bei Gleichstrombremsung und im motorischen Betrieb. Die Bremskennlinien gelten für jeweils konstant gehaltenen Gleichstrom.

- Das Bremsmoment läßt sich über den Gleichstrom stufenlos steuern.
- Im Stillstand ist bei G. kein Moment vorhanden; eine evtl. vorhandene treibende Last kann nicht im Stillstand gehalten werden.

Es sind verschiedene Schaltungen für G. möglich, die unterschiedliche Verlustaufteilung während des Bremsens ergeben (**Tabelle G15**). Die Momentenkennlinie bei G. kann mit genügender Genauigkeit sehr einfach aus der des motorischen Betriebs ermittelt werden [E35]. Die Bremswärme ist wesentlich geringer als bei Gegenstrombremsung. Die G. eignet sich deshalb besser für Antriebe mit hoher Schalthäufigkeit.

→ Aufzugmotoren mit Regelung, → Bremswärme im Läufer, → Bremswärme im Motor, → Bremswärme im Ständer, → elektrische Bremsung, → Schalthäufigkeit
[A6, A21, E4, E26, E27, E35]

	1	2	3	4	5
Schaltung	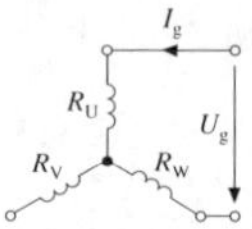	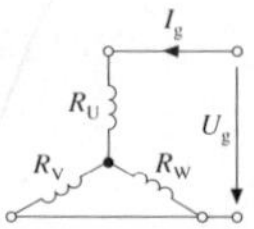	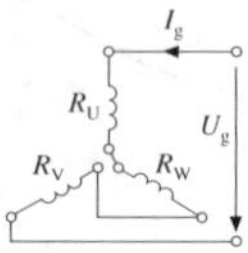	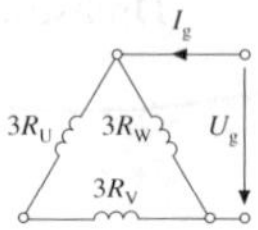	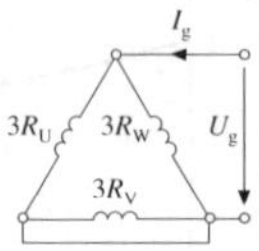
Gleichspannung U_g	100 %	87 %	130 %	100 %	87 %
Gleichstrom I_g	100 %	115 %	87 %	100 %	115 %
Verluste im Ständer					
gesamt	100 %	100 %	113 %	100 %	100 %
Strang U	50 %	66 %	38 %	17 %	50 %
Strang V	–	17 %	38 %	17 %	–
Strang W	50 %	17 %	38 %	66 %	50 %
Verluste im Läufer			100 %		
Klemmenzahl	3	3	6	3	3

Tabelle G15 Gleichstrom-Bremsschaltungen bei gleichem Bremsmoment
Basis: Asynchronmaschinen gleicher Leistung, die als Motor an derselben Netzspannung entweder in Stern oder in Dreieck geschaltet sind (Strangwiderstand bei Dreieckschaltung = 3 × Strangwiderstand bei Sternschaltung). Alle Schaltungen sind auf die Werte von Schaltung 1 bezogen.

gleichwertiger Dauerbetrieb {equivalent continuous rating}
Festlegung eines → Dauerbetriebs für Prüfzwecke, der gleiche Wicklungserwärmung ergibt wie die real vorliegende Betriebsart.
Wird angewendet, wenn der tatsächlich vorliegende Betrieb mit keiner der → Betriebsarten S1 bis S10 beschrieben werden kann. Wird ein g. D. als → Bemessungsklasse angegeben, müssen alle Festlegungen der Bemessung für Dauerbetrieb (→ Betriebsart S1) eingehalten werden.

Gleitlager {sleeve bearing, journal bearing}
Bei größeren Läufergewichten und höheren Drehzahlen sind Wälzlager mit Fettschmierung (zu geringe Tragfähigkeit, zu geringe Fettstandzeit) nicht mehr geeignet. Es werden dann ölgeschmierte G. eingesetzt. Die Schmierung kann durch Losringschmierung (**Bild G16**) oder (bei größerer Drehzahl und Lagerbelastung) durch Ölumlaufschmierung (getrenntes Pumpenaggregat wälzt Öl um; bessere Kühlung) erfolgen. G. für elektrische Maschinen werden meist in Flanschausführung (Bild G16) gebaut; dadurch wird der Lagerabstand verkleinert (→ kritische Drehzahl wird größer). Die Lagerschalen sitzen kippbeweglich im Lagergehäuse und

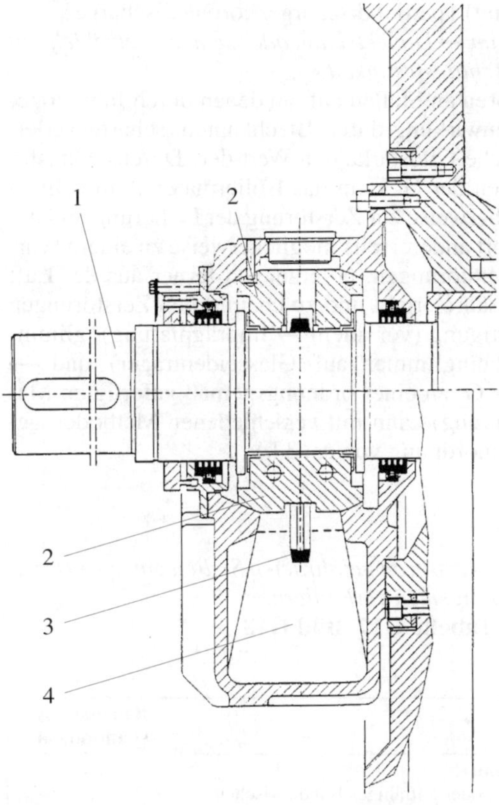

Bild G16 Flanschgleitlager mit Losringschmierung an einem Drehstrommotor
1 Welle
2 kippbewegliche Lagerschalen
3 loser Schmierring
4 Ölkammer

stellen sich auf die Wellenbiegung ein. Auch aus Geräuschgründen werden häufig G. eingesetzt, z. B. bei → Aufzugmotoren (Bild A28).

Bei regelmäßiger Wartung (Kontrolle der Lagererwärmung und Schmierung; Einhaltung der Ölwechselfristen) haben G. eine fast unbegrenzte Lebensdauer.
Für druckfest gekapselte Motoren in Zündschutzart EEx dIIC sind Gleitlager nicht zulässig!
[N7.18]

Glimmeinsatzspannung {discharge inception voltage, corona inception voltage}
→ Glimmentladung

Glimmentladung (auch: Teilentladung) {partial discharge, corona discharge}
Mikrolichtbögen an Gaseinschlüssen im → Dielektrikum oder seiner Grenzfläche zu Luft bei Überschreiten der → Durchschlagsfestigkeit.
G. treten bei → Hochspannungsmotoren an Stellen auf, an denen durch Inhomogenitäten (z. B. Lufteinschlüsse, Spitzenwirkung durch Blechkanten, scharfe Verletzungen eines Leiters) die → elektrische Feldstärke den Wert der Durchschlagsfestigkeit übersteigt. An den Fußpunkten der G. kann das Isoliermaterial allmählich geschädigt werden; es kommt möglicherweise zur Zerstörung der Isolierung und der Wicklung. Luft als Wärmeisolator führt andererseits möglicherweise zu einem Wärmestau und damit zu thermischen Zerstörungen. G. erzeugen ferner aus der Luft Ozon, das mit Feuchtigkeit Salpetersäure ergibt und zu chemischen Zerstörungen führen kann. Abhilfe: sorgfältige Fertigung (vor allem → Imprägnierung), glimmbeständiges Isoliermaterial (z. B. Feinglimmer auf Glasseidenträger) und → Glimmschutz. Die Spannung, bei der G. an einer ordnungsgemäß gefertigten Maschine einsetzt (= *Glimmeinsatzspannung*) kann mit verschiedenen Methoden gemessen werden; sie liegt in der Größenordnung von ca. 3 kV.

Glimmschutz {corona shielding}
Maßnahmen, um an den durch Feldstärkespitzen gefährdeten Stellen einer → Hochspannnungswicklung → Glimmentladungen zu verhindern.
Gefährdete Stellen und Maßnahmen: **Tabelle G17**, **Bild G18**.

gefährdete Stellen durch Lufteinschlüsse	Maßnahmen	Bemessungsspannung ab
Übergang Kupfer-Kernisolation	**Innenglimmschutz**: Leitfähiger Lack oder leitfähiges Band zwischen Leiterverband und Innenseite der Kernisolation; auf Potential des Kupfers gelegt.	≈ 21 kV
Übergang Kernisolation-Blechpaket	**Außenglimmschutz**: Leitfähiger Lack oder leitfähiges Band als äußere Schicht der Kernisolation; nimmt durch Berührung mit dem Blechpaket dessen Potential an.	≈ 5 kV
Kernisolation beim Nutaustritt	**Übergangsglimmschutz**: Potentialsteuerung durch halbleitenden Lack im Übergangsbereich von Kernisolation zu Wickelkopfisolation (Bild G18).	≈ 7 kV

Tabelle G17 Maßnahmen an Stellen von Hochspannungswicklungen, die möglicherweise durch Glimmentladungen gefährdet sind

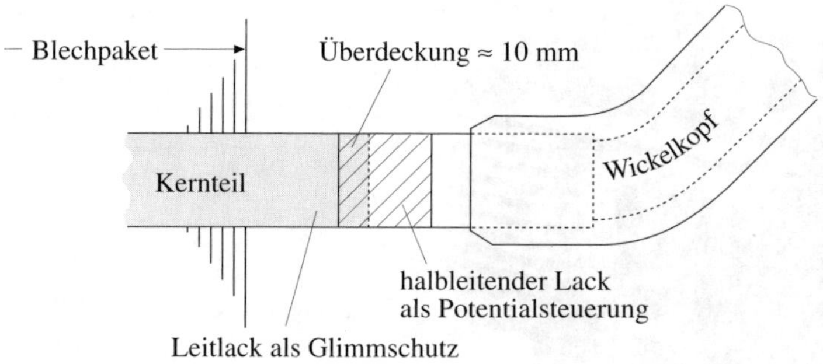

Bild G18 Glimmschutz an einer Hochspannungsmaschine für 7 kV (Ausführungsbeispiel)

Glimmtemperatur {smouldering temperature}
→ Staubexplosionsschutz

Grauguß (GG) {(grey) cast iron}
Gußeisen mit Lamellengrafit. Eisen-Kohlenstoff-Gußwerkstoff, dessen als Grafit vorliegender Kohlenstoff weitgehend lamellar ausgebildet ist.
Es stehen nach Norm [N10.2] sechs Sorten mit Zugfestigkeiten von 100 n/mm^2 bis 400 N/mm^2 zur Verfügung. Sortenbezeichnung nach der Festigkeit, z. B. GG-25. G. läßt sich leichter schmelzen als reines Eisen: Der Schmelzpunkt liegt mit rund 1200 °C um etwa ein Viertel niedriger als bei Eisen und die Schmelzwärme um etwa zwei Drittel. Deshalb wird für schwierige Motorenteile (z. B. große Rippengehäuse) und solche mit großer Wiederholhäufigkeit das Gießverfahren mit GG gewählt. Das Materialgefüge wirkt durch den eingelagerten Grafit dämpfend gegen Körperschall, was bei Stahl nicht der Fall ist. Die glasartig wirkende harte Gußhaut ist äußerst beständig gegen aggressive Stoffe (z. B. Salzwasser, verschiedene Säuren). Als Nachteile zählen das spröde Verhalten gegen Biege- und Biegeschlagbelastung und die (im Vergleich zu Aluminiumdruckguß) schlechtere Formgenauigkeit. Dies zwingt zu wesentlich höherem Bearbeitungsaufwand durch Zerspanung als bei → Aluminium.
→ Graugußgehäuse, → Gußeisen mit Kugelgraphit, → Stahl

Graugußgehäuse {cast-iron housing}
Motorengehäuse aus → Grauguß
Im Normalfall liegt die Wahl des Gehäusematerials in der Verantwortung des Herstellers. Er wird diese unter Berücksichtigung technischer und wirtschaftlicher Gesichtspunkte vornehmen. Nur in wenigen Fällen schreiben Normen bestimmte Gehäusewerkstoffe vor (z. B. Sphäroguß für Gehäuseteile von → Bergbaumotoren). Es ist deshalb eine Frage der Unternehmensphilosophie des Herstellers, ob er für

Bild G19 Grauguß-Gehäuse (Rohling) eines oberflächengekühlten Drehstrom-Normmotors der Achshöhe 160

kleinere Normmotoren Aluminium oder Grauguß wählt. Einsatzbewährt sind in diesem Bereich beide Werkstoffe. Ab Leistungen von rund 50 kW sind jedoch die maschinellen Einrichtungen für Aluminiumdruckguß so teuer, daß Grauguß bei den dort kleineren Stückzahlen wirtschaftlicher ist. Die vielfältigen Gestaltungsmöglichkeiten eines G. demonstrieren **Bild G19** und **Bild G 20**.
→ Aluminiumgehäuse

Bild G20 Grauguß-Gehäuse (Rohling) eines oberflächengekühlten Drehstrom-Hochspannungsmotors der Achshöhe 560

Grenztemperatur {temperature limit}
Höchstzulässige Dauertemperatur, bei der ein vorgesehener Wert für die thermische Lebensdauer eines Isoliersystems erreicht wird.
Für Isoliersysteme in Maschinen erfolgt die thermische Klassifizierung in → Wärmeklassen unterschiedlicher G.
[N9.14 bis N9.17, N10.7]

Grenz-Übertemperaturen
→ Grenzwerte der Übertemperatur

Grenzwerte der Übertemperatur {temperature-rise limit}
Höchstwerte für Maschinen, die bei Bemessungsleistung unter festgelegten Betriebsbedingungen am Aufstellungsort betrieben werden. Weichen die tatsächlichen Betriebsbedingungen von den festgelegten ab, müssen die G. angepaßt werden.
G. sind für alle drehenden elektrischen Maschinen in DIN VDE 0530 [N9.1] für die → Wärmeklassen A, E, B, F und H festgelegt. Sie unterscheiden sich in ihrer Höhe nach Leistung, → Kühlart, Art des Maschinenteils und dem → Verfahren zur Ermittlung der Temperatur oder der Übertemperatur. Bei bestimmten → Aufstellungshöhen oder → Kühlmitteltemperaturen sind Umrechnungen der G. erforderlich oder möglich. G. von indirekt mit Luft gekühlten Maschinen (Ermittlung im → Widerstandsverfahren) siehe **Tabelle G21**.
[A1, N9.1, N9.17]

Maschinenteil	**Wärmeklasse**				
	A	**E**	**B**	**F**	**H**
Wechselstromwicklungen $P_N \geq 5000$ kW (kVA)	60	–	80	100	125
Wechselstromwicklungen 600 W (VA) $\leq P_N < 5000$ kW	60	75	80	105	125
Wechselstromwicklungen $P_N < 600$ W (VA), gekapselte Wechselstromwicklungen , Wechselstromwicklungen bei Eigenkühlung ohne Lüfter (IC40)	65	75	85	110	130
Dauernd kurzgeschlossene Wicklungen, Schleifringe mit Bürsten und Bürstenhaltern, Eisenkerne und alle Teile, auch wenn sie mit der Wicklung nicht in Berührung sind (ausgenommen Lager).	Die Übertemperatur darf keinen Wert erreichen, der die Isolierung oder benachbarte Teile gefährdet, und darf den Wert nicht überschreiten, bei dem Bürsten und Schleifringe den Strom im gesamten Betriebsbereich noch tragen können.				
Lager	Keine Grenzwerte in DIN VDE 0530 angegeben.				

Tabelle G21 Grenzwerte der Übertemperatur (Ermittlung im Widerstandsverfahren) von indirekt mit Luft gekühlten Maschinen nach DIN VDE 0530 (Auszug)

Grundausführung N {design N}
→ *Ausführung N*

Grundfeld {fundamental field, first harmonic field}
Räumlich sinusförmig verteilte Induktion des Drehfelds mit einer Polzahl gleich der Wicklung.
Jede Asynchronmaschine hat ein → Drehfeld, dessen räumliche Verteilung mehr oder weniger von der Sinusform abweicht (**Bild G22**). Man kann es sich zusammengesetzt denken aus einem sinusförmigen G. mit der Polzahl der Wicklung und höherpoligen → Oberfeldern. Das an der Welle nutzbare Drehmoment wird von dem G. erzeugt.
→ Ersatzschaltbild

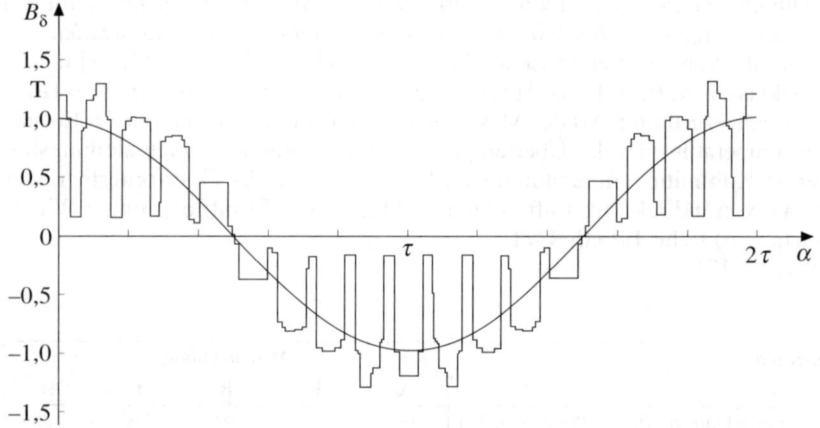

Bild G22 Luftspaltfeld eines vierpoligen Asynchronmotors mit 36 Ständernuten und sein sinusförmiges Grundfeld (rechnerisch ermittelt; nur zwei von vier Polteilungen sind dargestellt)

Grundrahmen {base-plate}
Gestell für die gemeinsame Aufstellung von Motor und Arbeitsmaschine.
Meistens stahlgeschweißte (selten: gegossene) Konstruktion. Sie muß in ausreichendem Maße verwindungs- und schwingungssteif sein, das einwandfreie Verbinden der Wellen ermöglichen und alle im Betrieb auftretenden Belastungen (Gewichtskräfte, Drehmomente, Drehmomentstöße, zusätzliche Kräfte) aufnehmen – teilweise auch an den Untergrund leiten. Für die Gestaltung eines G. gilt:

- Kräfte nicht „spazierenführen", sondern auf kürzestem Weg geradlinig durch die Struktur leiten.
- Auf Schwingungsanregung durch umlauffrequente Kräfte (Restunwucht) achten.

→ Fundament, → Fundamentbelastung, → Fundament und Maschinenbefestigung [E10, E11, E13, N2.17 bis N2.20]

Gußeisen {cast iron}
Eisen-Kohlenstoff-Gußwerkstoff, dessen Kohlenstoff größtenteils als Graphit vorliegt.
→ Grauguß GG, → Gußeisen mit Kugelgraphit [N10.2, N10.3]

Gußeisen mit Kugelgraphit (GGG)
Eisen-Kohlen-Gußwerkstoff, dessen als Graphit vorliegender Kohlenstoff nahezu vollständig in weitgehend kugeliger Form ausgebildet ist.
Es stehen nach Norm [N10.3] fünf Sorten mit Zugfestigkeiten von 400 N/mm^2 bis 800 N/mm^2 zur Verfügung. Sortenbezeichnung nach der Festigkeit, z. B. GGG-40. Gegenüber Gußeisen mit Lamellengraphit (→ Grauguß GG) ist neben der höheren Zugfestigkeit besonders die wesentlich höhere Kerbschlagzähigkeit ausschlaggebend für den Einsatz bei Gehäusen, Lagerschilden und anderen mechanischen Bauteilen von elektrischen Maschinen, die in mechanisch rauhem Betrieb eingesetzt werden (z. B. → Bergbaumotoren, → Rollgangsmotoren) und die in größerer Stückzahl gebaut werden, für die jedoch → Stahlguß oder aus Stahl geschweißte Konstruktionsteile zu teuer sind.

Gußeisen mit Lamellengraphit
→ *Grauguß GG*

H

Halbaxiallüfter {semi-axial-flow fan}
Mischform aus → Axiallüfter und → Radiallüfter.
Eingesetzt bei Maschinen mittlerer Größe (etwa 500 kW bis 2000 kW).
H. sind drehrichtungsabhängig!

Haltebremse {holding brake}
Bremse, die den Antrieb bei abgeschaltetem Motor im Stillstand festhält.
Erforderlich bei Hebezeugen und anderen Antrieben, die im Stillstand ein treibendes Moment haben.
In einer H. entsteht keine Bremswärme; sie kann deshalb bei gleichem Moment wesentlich kleiner gebaut werden als eine Verzögerungsbremse, und sie braucht keine Kühlung.
→ Federdruckbremse, → Hebezeugmotoren

Handwicklung {hand-made winding}
Wicklung, deren Spulen mit Handarbeit in die Nuten gebracht (geträufelt) werden.

Hauptfeld {main field}
Magnetisches Feld der → Asynchronmaschine, das Ständer und Läuferwicklung gemeinsam haben.
Das H. ist für die Bildung des nutzbaren → Drehmoments verantwortlich.
→ Ersatzschaltbild, → Hauptfeldreaktanz

Hauptleiter {phase conductor}
Außenleiter im → Drehstromnetz

Hauptreaktanz X_{1h} in Ω {magnetizing reactance}
Blindwiderstand eines Wicklungsstrangs, mit dem die Induktionswirkung des gemeinsamen Feldes (Hauptfeldes) von Ständer und Läufer berücksichtigt wird.

$$X_{1h} = \omega \cdot L_{1h} = 2 \cdot \pi \cdot f \cdot L_{1h},$$

mit:
X_{1h} Hauptreaktanz in Ω,
ω elektrische Kreisfrequenz in s^{-1},
f Netzfrequenz in Hz,
L_{1h} Hauptinduktivität in H.
Der → Leerlaufstrom wird hauptsächlich von der H. bestimmt.
→ Ersatzschaltbild, → Induktivität

HD
Harmonisierungsdokument der → CENELEC.
Hat den Charakter einer Norm. Vorläufer einer → EN.

Hebezeugmotoren {crane-type motors}
Drehstrom-Schleifringläufermotoren, bemessen für periodischen Aussetzbetrieb zum Antrieb von Hebezeugen.
H. werden elektrisch und thermisch für die → Betriebsarten S3 oder S5 (mit elektrischer Bremsung) bemessen. Bei der mechanischen Auslegung muß berücksichtigt werden, daß beim Senken die Last den Läufer über die synchrone Drehzahl hinaus durchziehen kann. Es werden deshalb erhöhte → Schleuderdrehzahlen vorgesehen. Im Leistungsbereich von 7 kW bis 230 kW bestehen für die Auslegung in Betriebsart S3 genormte Anbaumaße mit Zuordnung der Leistungen, Festlegung von maximalen Trägheitsmomenten für den Motorläufer, für die Stillstandspannung, für die höchstzulässige Betriebsdrehzahl und für die Schleuderdrehzahl [N1.17]. Gelegent-

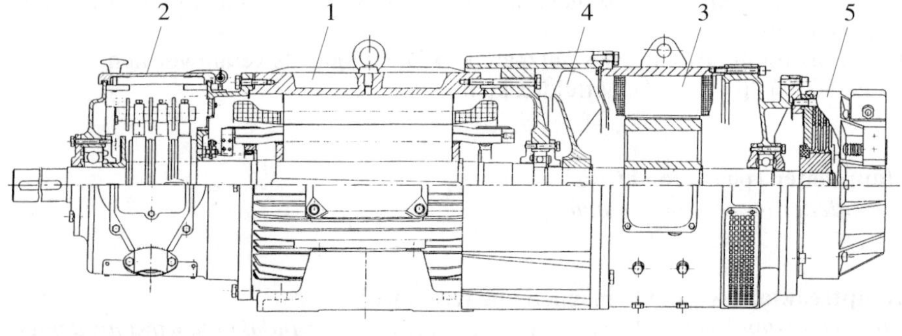

Bild H1 Kompakte Antriebseinheit für Kranfahr- oder Kranhubwerk (Ausführungsbeispiel)
1 Schleifringläufermotor, oberflächengekühlt, Schutzart IP 54
2 Schleifringkapsel
3 Wirbelstrombremse, innengekühlt, Schutzart IP 21
4 Lüfter, erzeugt den Kühlluftstrom für 1 und 3
5 Haltebremse

lich wird der H. mit einer → Wirbelstrombremse und einer → Haltebremse zu einem kompakten Baustein vereinigt (**Bild H1**).
→ Anlassen von Schleifringläufer-Motoren, → elektrische Bremsung, → Schleifringläufer

Heißleiter (genauer: Heißleiter-Temperaturfühler) {NTC thermistor; NTC = negative temperature coefficient}
Temperaturabhängige Widerstände mit negativem Temperatur-Koeffizienten.
H. sind grundsätzlich wie → Kaltleiter aufgebaut (Bild K7), haben aber einen mit wachsender Temperatur abnehmenden Widerstand – sie leiten in „heißem" Zustand den elektischen Strom besser (**Bild H2**). Der Verlauf ist zwar nicht linear, aber stetig; H. können deshalb zur Temperaturmessung dienen. Für die Temperaturüberwachung in elektrischen Maschinen werden H. selten eingesetzt: Sie sind nicht selbstüberwachend, d. h., bei Leitungsbruch ($R \to \infty$) wird eine kalte Meßstelle signalisiert, und das überwachte Gerät wird nicht abgeschaltet.

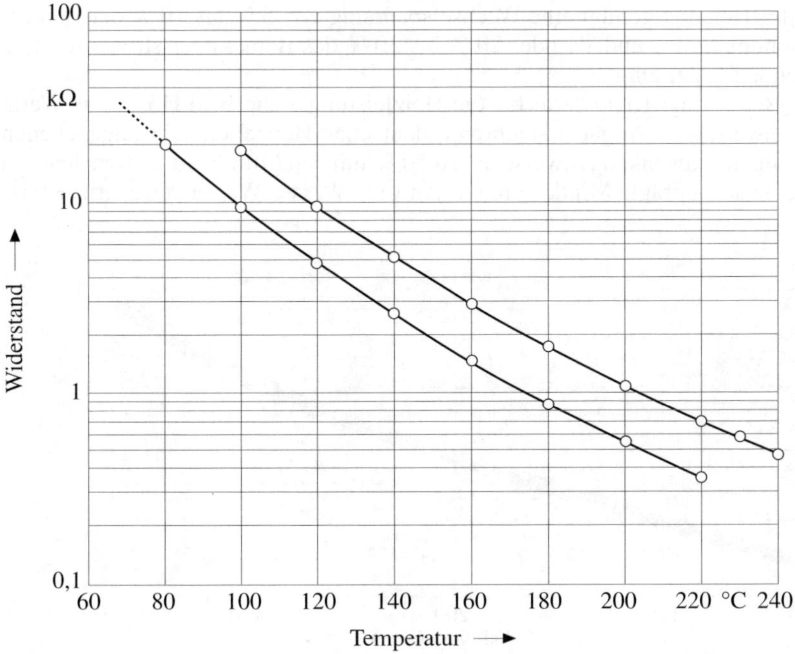

Bild H2 Temperaturgang zweier handelsüblicher Heißleiter-Temperaturfühler

Vorteil von H.: Auslösetemperaturen der zugehörigen Steuergeräte können nachträglich justiert werden. Damit ist eine optimale Anpassung des Temperaturschutzes an die Betriebsbedingungen möglich.
→ Kaltleiter, → Temperaturfühler, → thermischer Maschinenschutz [N8.3, N9.18]

Heißpunkt {hot spot}
→ *Hot spot*

Heizung (auch: Stillstandsheizung) {space heater}
Zur Vermeidung von → Kondenswasser auf Innenflächen (auch der Wicklung) einer elektrischen Maschine kann eine Heizung vorgesehen werden. Sie hält auch im Stillstand der Maschine die Temperatur der Teile über der Temperatur der möglicherweise feuchten Innenluft. Der Taupunkt (→ Feuchtigkeit) wird nicht unterschritten, und es bildet sich kein Kondensat. Die Heizung kann *indirekt* erfolgen (besondere Heizleiter in den Nuten der Ständerwicklung; Heizbänder auf dem Wikkelkopf; fest montierte Heizkörper in der Maschine) oder *direkt* (Maschinenwicklung wird während der Pausen mit Gleichstrom oder Wechselstrom beheizt).
Bei direkter Heizung genügt eine Wechselspannung von 5 % bis 10 % der Bemessungsspannung an U1 und V1 oder 20 % bis 30 % des Bemessungsstroms für eine ausreichende Erwärmung.
Indirekte Beheizung: Richtwerte für die Heizleistung siehe **Bild H3**. Diese Werte sind Mittelwerte der Angaben mehrerer deutscher Hersteller. Die angegebenen Heizleistungen schwanken teilweise bis zu 50 % um den Mittelwert – offensichtlich gibt es keine ausgeprägte Mindestgrenze. An Luft-Wasser-Wärmetauschern (Kreis-

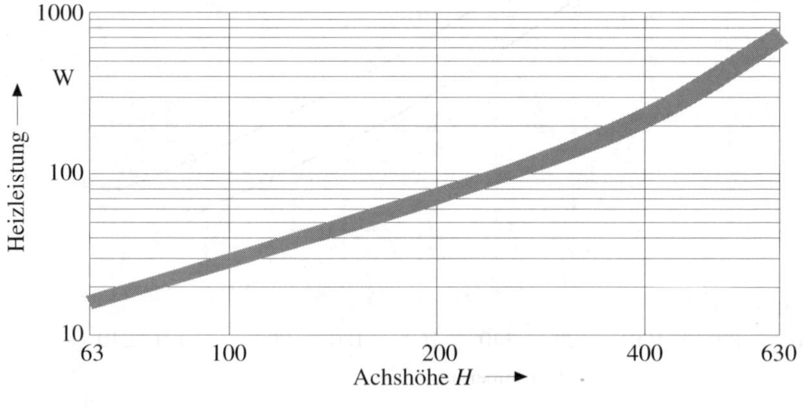

Bild H3 Heizleistung und Motorgröße (Richtwerte)

lauf-Kühlern) läßt sich Kondensatbildung fast nicht vermeiden. Hier ist beim Einbau in die Maschine darauf zu achten, daß das Kondensat nicht auf die aktiven Teile tropfen kann, sondern über Fangbleche und einen Ablauf nach außen geführt wird. Die meisten durch Wasser verursachten Schäden an elektrischen Maschinen sind nicht auf Kondenswasser zurückzuführen, sondern auf eingedrungenes Fremdwasser.
→ Schutzart IP [E38]

herausgeführte Kabel
→ *frei herausgeführte Kabel*

Heylandkreis
→ Stromortskurve

High-speed-Motoren
Undefinierter Begriff. Gemeint sind damit alle Drehstromkäfigläufermotoren, die durch → Umrichter mit höheren Frequenzen als der Netzfrequenz gespeist werden und deshalb eine Drehzahl haben, die bemerkenswert höher ist als die → Synchron-

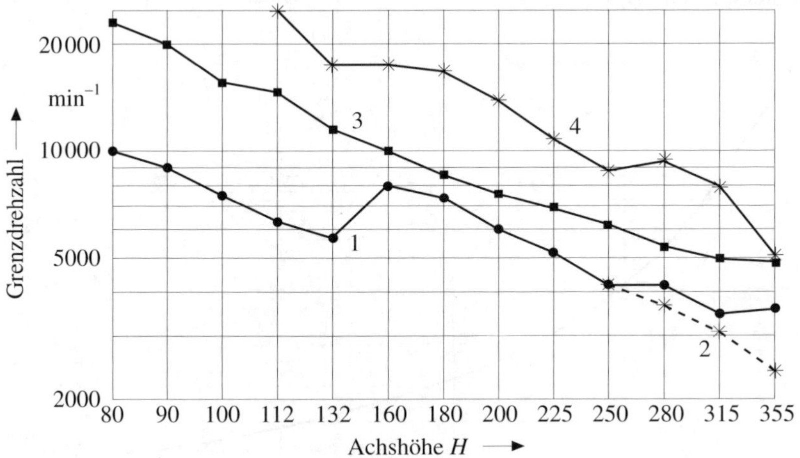

Bild H4 Grenzdrehzahlen für verschiedene Kriterien einer ausgeführten Reihe von oberflächengekühlten Drehstrom-Normmotoren mit Käfigläufer
1 fettgeschmierte Rillenkugellager bei Motoren der Polzahl 2
2 fettgeschmierte Rillenkugellager bei Motoren der Polzahlen 4 und größer
3 Festigkeit der Kurzschlußringe des Läuferkäfigs
4 biegekritische Drehzahl

drehzahl bei Netzspeisung. Sollen Drehstrom-Normmotoren (sie sind für Netzfrequenz bemessen) mit höheren Frequenzen gespeist werden, so ist die Eignung ihrer Konstruktion für die erhöhten Drehzahlen zu prüfen. Üblicherweise wird die maximal zulässige Drehzahl durch die → Schmierung der Lager bestimmt (**Bild H4**), dann erst durch die Kriterien Fliehkraft und → kritische Drehzahl. Die mit wachsender Drehzahl zunehmende Geräuschbildung kann mit → Fremdbelüftungen statt Eigenkühlung vermieden werden. Ein Betrieb von Normmotoren bis rund 100 Hz scheint ohne wesentliche Sonderausführungen bei Achshöhen unter 250 mm möglich. Mit zunehmender Maximaldrehzahl und im Achshöhenbereich ab 250 mm muß die mechanische und die elektrische Motorenausführung stufenweise angepaßt werden, z. B. durch Einsatz ölnebelgeschmierter Wälzlager, verlustarmer Elektrobleche u. a. m. Unter Berücksichtigung aller technisch-physikalischen Randbedingungen ergeben sich Grenzleistungen für die konventionelle Käfigläuferkonstruktion, die mit wachsender Drehzahl abnehmen (Richtwerte: **Bild H5**). Vorteilhaft können H. s. M. für schnellaufende Pumpen, Verdichter, Gebläse, Zentrifugen u. ä. sein, wo das normalerweise übliche Übersetzungsgetriebe vom Langsamen ins Schnelle durch direkten Antrieb entfallen kann. Dies führt zu kompakter Bauweise und höherem Wirkungsgrad.

H. s. M. müssen individuell bemessen werden je nach Größe der Maximaldrehzahl. Enge Zusammenarbeit zwischen Motorhersteller und Maschinen- oder Anlagenbauer ist erforderlich.

→ Umrichterspeisung [E43]

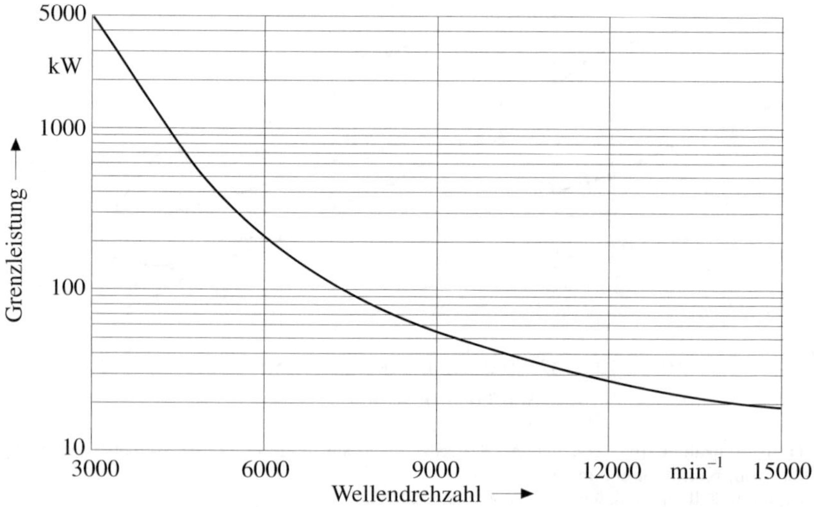

Bild H5 Grenzleistungen (Richtwerte) schnell laufender umrichtergespeister Drehstrommotoren mit konventionellem Käfigläufer

Hilfsklemmenkasten {auxiliary terminal box}
Klemmenkasten für den Anschluß von Meß-, Steuer- und Regeleinrichtungen, wie z. B. Temperaturfühler, der keine Netzspannung führende Klemmen enthält.
Der getrennte Anschluß ermöglicht die Überprüfung von MSR-Kreisen ohne Öffnen des Hauptklemmenkastens (**Bild H6**) für den Wicklungsanschluß, d. h. ohne Abschalten des Motors (was aus Sicherheitsgründen notwendig wäre). Außerdem wird durch diese Trennung eine Veschleppung energiereicher Spannung oder Hochspannung in Meßkreise verhindert.

Bild H6 Hilfsklemmenkasten für den Anschluß von Temperaturfühlern (angebaut am Unterteil des Hauptklemmenkastens)

Hilfsmotor
→ *Anwurfmotor*

Hochlaufmoment
→ *Anlaufmoment*
H. nicht verwechseln mit → *Anzugsmoment.*

Hochspannung {high voltage}
Spannung über 1 kV
→ Hochspannungsmotoren, → Hochspannungswicklung

Hochspannungsmotoren {high-voltage motors}
Drehstrommotoren für Bemessungsspannungen über 1 kV.
Die Dicke der → Leiter- und → Nutisolierung von H. hängt von der Spannung ab und wird von der Leistung praktisch nicht beeinflußt. Mit abnehmender Motorgröße verkleinert sich der in der → Nut für den elektrischen Leiter zur Verfügung stehende Querschnitt überproportional. Deshalb gibt es einen technisch-wirtschaftlich bedingten Wert für die → Bemessungsleistung, bei dessen Unterschreitung eine kleinere → Bemessungsspannung zugeordnet werden sollte (**Tabelle H7**).
→ Hochspannungswicklung
[A1, N4.5, N4.6, N4.14, N4.15, N4.22, N4.27, N5.2, N8.32, N9.1, N9.13].

Bemessungsspannung in kV	Mindestwert der Bemessungsleistung in kW (kVA)
$2 < U_N \leq 3{,}3$	100
$3{,}3 < U_N \leq 6{,}6$	200
$6{,}6 < U_N \leq 11$	1000

Tabelle H7 Empfohlene Zuordnung von Spannungen und Leistungen bei Wechselstrommaschinen für Hochspannung

Hochspannungswicklung {high-voltage winding}
Wicklung für Maschinen mit Bemessungsspannungen über 1 kV.
Für H. werden → Formspulen in → Zweischichtwicklung verwendet (**Bild H8**). Die Isolierung einer H. wird durch → elektrische Felder beansprucht, die sich zwischen den Leitern der Wicklung und Masse ausbilden. Es werden homogene Felder (= gleich bleibende elektrische Feldstärke) angestrebt, um → Glimmentladungen oder Durchschläge zu vermeiden. Als Leiter werden lackierte und mit Glasseide umsponnene Profildrähte verwendet, als Kernumpressung meistens Feinglimmer auf einem Glasseidenträger (**Bild H9**). Bei Bemessungsspannungen ab 5 kV werden die Spulen mit einem → Glimmschutz versehen. Die Wickelköpfe werden mit Glasfaserbündeln verschnürt, die nach der → Tränkung zu selbsttragenden Versteifungsringen aushärten. Dadurch werden die mechanischen Beanspruchungen ertragen, die durch transiente Ströme entstehen, z. B. bei Wiedereinschalten der Maschine, wenn das Restfeld noch nicht abgeklungen ist.
→ Hochspannungsmotoren, → Nutisolierung, → Wiedereinschalten bei Restspannung [N9.1, N9.13, N9.14, N9.17, N10.8].

Hochstabläufer {deep bar rotor}
→ Käfigformen

Bild H8 Zweischichtwicklung mit Formspulen eines Hochspannungsmotors für 5 kV (Ausführungsbeispiel)

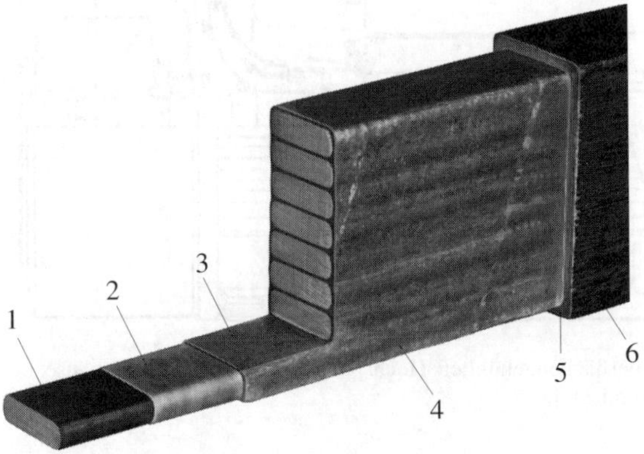

Bild H9 Aufbau einer Formspule für Hochspannung (Ausführungsbeispiel)
1 lackierter Kupfer-Flachdraht
2 Glasseidenumspinnung
3 Zwischenlagen (Glasseide, Glimmer, Harz)
4 heißgepreßte Rohspule
5 Kernumpressung (Glasseide, Glimmer, Harz)
6 Glimmschutz

Hörbereich {range of audibility}
→ Gehör

Hörschwelle {threshold of audibility}
→ Gehör

Hohlrippenkühlung {hollow-fin cooling}
Hohle Rippen oder Kanäle eines oberflächengekühlten Motors ermöglichen die Ausbildung eines inneren Kühlkreislaufs (**Bild H10**). Er transportiert einen großen Teil der Läuferverluste und der in den Wickelköpfen der Ständerwicklung entstehenden Kupferverluste direkt an die Kühlrippen des Gehäuses. Dort werden sie von dem äußeren Kühlkreislauf abgeführt. Codes für die → Kühlart sind IC 411 (bei Eigenkühlung) und IC 416 (mit → Fremdbelüftung). Die H. läßt sich sowohl mit einem stahlgeschweißten als auch einem → Grauguß-Gehäuse verwirklichen. Sie wird vorzugsweise bei oberflächengekühlten → Hochspannungsmotoren bis rund 500 kW verwendet, kann aber auch bei noch höheren Leistungen anstelle der → Röhrenkühlung verwendet werden.
[N9.6]

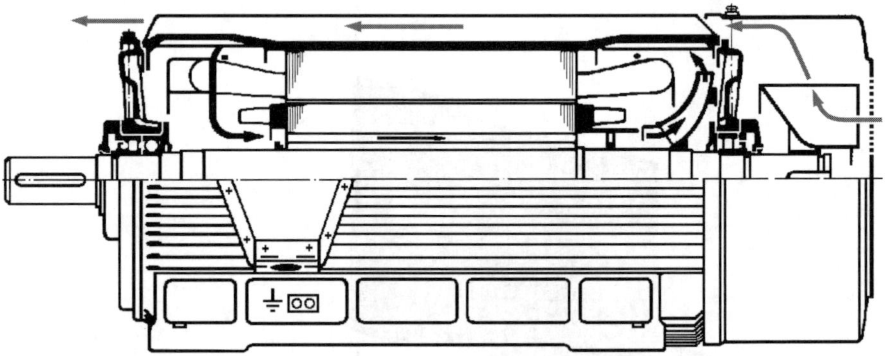

Bild H10 Hohlrippenkühlung eines oberflächengekühlten Hochspannungsmotors. Das Gehäuse mit Kanälen ermöglicht einen inneren Kühlkreislauf.

Hohlwellenmotoren {hollow-shaft motors}
Motoren, deren Welle auf voller Länge hohl ist.
Diese Ausführung kann benötigt werden, wenn in Werkzeugmaschinen (z. B. Schleifmaschinen) Kühlflüssigkeit zentrisch eingepumpt werden soll. Dabei bedarf es nur eines kleinen Öffnungsquerschnitts; die Motorkonstruktion ist ansonsten normal. Anders ist dies beim Antrieb von Tiefbrunnenpumpen, die aus mehreren hun-

dert Metern Tiefe fördern müssen. Der Motor wird dabei über das senkrecht aus dem Förderloch herausragende Pumpengestänge gesenkt, zentriert und befestigt. Über eine auf der Nichtantriebsseite sitzende Stellmutter wird das Pumpengestänge gehoben. Damit werden die elastische Dehnung der Pumpenwelle durch das Eigengewicht und die Fördersäule ausgeglichen und der optimale Spalt zwischen Lauf- und Leitrad der Pumpe eingestellt. Die Gewichtskräfte und die hydraulischen → Axiallasten müssen vom Axialtraglager des Motors aufgenommen werden. Die größte

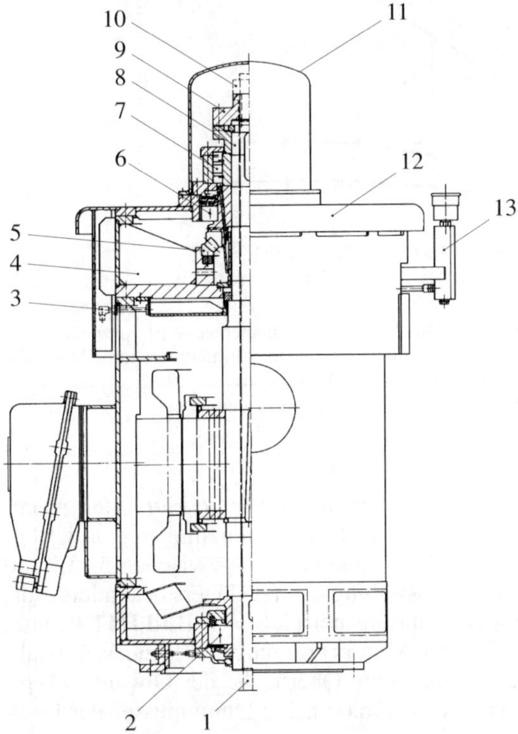

Bild H11 Hohlwellenmotor für den Antrieb einer Tieflochpumpe
Drehstromkäfigläufermotor ,Baugröße 315S, 160 kW, 1500 min^{-1}

1 Pumpenwelle
2 unteres Führungslager (Rillenkugellager, fettgeschmiert über Nachschmiereinrichtung)
3 Leckablauf
4 Ölkammer
5 Traglager (ölgeschmiertes Axial-Pendelrollenlager mit Eigenkühlung)
6 oberes Führungs- und Gegenspurlager (ölgeschmiertes Rillenkugellager, federbelastet)
7 Rücklaufsperre
8 Hohlwelle
9 Mitnehmer
10 Stellmutter
11 Schutzhaube
12 Luftführungshaube
13 Ölstandsanzeiger

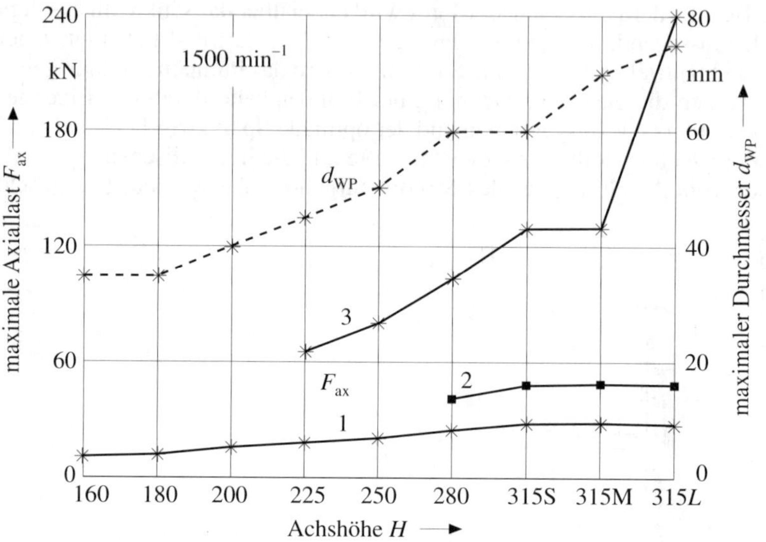

Bild H12 Zulässige Axiallast (F_{ax}) und möglicher Durchmesser der Pumpenwelle (d_{WP})einer ausgeführten Reihe von Hohlwellenmotoren auf der Basis von innengekühlten Normmotoren mit Käfigläufer
1 gepaarte Schrägkugellager der Reihe 73 in O-Anordnung, fettgeschmiert
2 gepaarte Schrägkugellager der Reihe 73 in Tandem-Anordnung, fettgeschmiert
3 Axial-Pendelrollen-Lager der Reihe 293 (315L mit 294), ölgeschmiert

Tragfähigkeit nach Axialdruck-Gleitlagern erzielt man mit ölgeschmierten Axial-Pendelrollenlagern. Die Reibungsverluste solcher Lagerungen sind wegen der hohen Axiallasten ungewöhnlich hoch – in der Größenordnung zwischen 5 kW und 15 kW. Bei der Motorkonstruktion muß der Kühlung des Traglagers besondere Aufmerksamkeit gewidmet werden. Das Ausführungsbeispiel nach **Bild H11** benutzt die angesaugte Kühlluft des innen gekühlten Motors (Kühlart IC 01) zur Wärmeabfuhr der Lagerreibungsverluste über die verrippte Oberfläche der Ölwanne. Typische Werte für die zulässige Axiallast und den maximalen Durchmesser der Pumpenwelle: **Bild H12**.

Hohlwellen-Tachodynamo {hollow-shaft tachogenerator}
→ *Tachodynamo mit hohler Welle*
Die Motorwelle kann hindurch geführt werden; ermöglicht eine kompakte Bauart bei Motoren mit zwei Wellenenden (**Bild H13**).

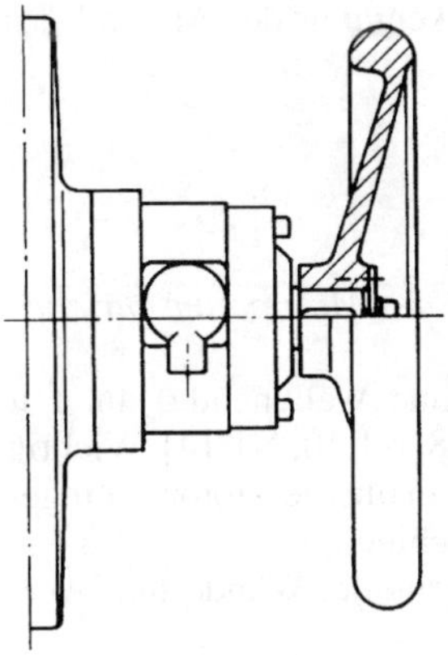

Bild H13 Hohlwellen-Tachodynamo auf der Nichtantriebseite eines Aufzugmotors ermöglicht ein zweites Wellenende zur Aufnahme eines (auch als Schwungmasse) dienenden Handrads

Hot spot (Heißpunkt)
Heißester Punkt eines Wicklungs- und Isoliersystems.
Der H. s. bestimmt die thermische Lebensdauer des Isoliersystems und der Wicklung. Seine Lage und die Höhe seiner Temperatur sind mit einfachen Mitteln nicht festzustellen. Erfahrungsgemäß liegt seine Temperatur bei indirekt gekühlten Wicklungen um 5 K bis 15 K über der im *Widerstandsverfahren* ermittelten Wicklungstemperatur. Deshalb macht DIN VDE 0530 [N9.1] einen Abschlag von den Grenztemperaturen, die nach IEC 85 [N10.12] den → Wärmeklassen zugeordnet sind (Bild W4).
Der Erfahrungsabzug zur Berücksichtigung des H. s. berücksichtigt die Eigenschaften des üblichen Meßverfahrens. Er ist keine Temperaturreserve, die im Betrieb (z. B. für Überlastungen) ausgenützt werden könnte!
→ Grenzwerte der Übertemperatur, → Kühlmitteltemperatur, → Umgebungstemperatur, → Verfahren zur Ermittlung der Temperatur oder der Übertemperatur [A1].

Hüllkurvenanalyse {enveloping measuring method}
Diagnoseverfahren für Wälzlager auf Basis einer Körperschallanalyse.
Der vom → Wälzlager ausgehende Körperschall, eine Folge von mehr oder weniger gleichmäßig wiederkehrenden Kraftimpulsen, entstehend bei Überrollungen von Unregelmäßigkeiten der Laufbahnen und Rollkörper, gleicht einem amplitudenmodulierten Signal. Durch Filterung der von einem Klopfsensor aufgenommenen Signale wird daraus die niederfrequente Hüllkurve isoliert und deren Frequenzspektrum gebildet. Dieses ist ein Maß für den Zustand des Lagers. Die Beurteilung erfolgt nicht aufgrund von Grenzwertüberschreitungen, sondern anhand von Verglei-

chen mit typischen Schadensmustern. Damit ist eine Erkennung der Art und des Ausmaßes von Lagerschäden möglich.
→ Diagnose [E25]

Hüllmaße {enveloping dimensions}
Abmessungen eines gedachten Quaders, der dem Umriß des Motors umschrieben wird.
Die H. geben den groben Platzbedarf eines Motors (ohne Wellenende) an. Für Normmotoren bestehen Höchstwerte für die H. [N1.4, N1.8, N1.10, N1.14]. Wichtig sind H. für die Planung und Konstruktion von Maschinen, in die die Motoren eingebaut werden sollen (z. B. Werkzeugmaschinen, Textilmaschinen).

- Bis zu den genormten H. dürfen umgebende Maschinenteile, Wände usw. vordringen.
- Zutritt der frischen und Abfluß der erwärmten Kühlluft darf nicht behindert werden.
- Es muß genügend Platz für das Anschließen, die Montage und Wartung vorhanden sein. Die Klemmen müssen zugänglich bleiben.
- H. sind nicht identisch mit dem Bezugsquader für → Geräuschmessungen.

100-%-Prüfung (auch: Stückprüfung) {100 %-inspection}
→ Qualitätsprüfung an allen Einheiten eines Prüfloses
[N8.16]

HVF {harmonic voltage factor}
→ Spannungs-Oberschwingungsfaktor

Hystereseverluste {hysteresis loss}
Teil der → Eisenverluste, die als Ummagnetisierungswärme unter zeitlich veränderlichem Magnetfeld entstehen.
Die H. sind dem Flächeninhalt der → Magnetisierungskurve proportional.
→ Elektroblech [N10.6]

I

IC-Code
→ Kühlart IC

IEC
I*nternational* **E***lectrotechnical* **C***ommission, Internationale Elektrotechnische Komission.*
Die IEC ist eine weltweite Normungsorganisation, die alle Nationalen Elektrotechnischen Komitees umfaßt. Sie hat das Ziel, die internationale Zusammenarbeit in allen Fragen der Normung auf dem Gebiet der Elektrotechnik und Elektronik zu fördern. Zu diesem Zweck veröffentlicht die IEC internationale Normen. Diese werden in Technischen Komitees vorbereitet. Für drehende elektrische Maschinen ist zuständig das Komitee IEC-TC 2. Die Beschlüsse dieser Komitees stellen Empfehlungen zur internationalen Anwendung dar und werden als Normen, Fachberichte oder Leitlinien veröffentlicht. Die Schriftstücke der IEC müssen so durchschaubar wie möglich in den nationalen (→ DIN, → VDE) und regionalen Normen (→ EN) angewendet werden.
Die IEC-Schriftstücke bringen das höchstmögliche Maß an internationaler Übereinstimmung für das behandelte Sachgebiet zum Ausdruck.

IM-Code
→ Bauform und Aufstellung IM

Impedanz
→ Scheinwiderstand

Impulsgeber {pulse transmitter}
→ Drehimpulsgeber

Impuls-Schalldruckpegel {impulse sound-power level}
Meßwert für die Beurteilung impulshaltiger Geräusche.
Er wird mit I.-S.-Meßgeräten erfaßt; er spielt aber bei der Geräuschbeurteilung elektrischer Maschinen keine Rolle, wie auch die anderen nur selten und kurzzeitig auf-

tretenden Schalt-, Hochlauf- und Reversiergeräusche. Für sie gibt es deshalb keine genormten Grenzwerte.

indirekt gekühlte Wicklung {indirect cooled winding}
Jede Wicklung, die anders als direkt-leitergekühlt ist.
→ direkt-leitergekühlte Wicklung

Induktion (genauer: elektromagnetische Induktion) {induction}
Vorgang, bei dem durch zeitliche Änderung von Magnetfeldern in oder um einen Leiter eine elektrische Wechselspannung erzeugt wird.
Alle elektrischen Maschinen arbeiten mit I. Es gibt mehrere Möglichkeiten, eine I. hervorzurufen (**Tabelle I1**), die alle durch das → I.-Gesetz beschrieben werden. Streng genommen treten zeitlich konstante Magnetfelder nirgendwo auf; Nebeneffekte wie → Oberschwingungen und → Oberfelder führen immer zu gewissen zeitlichen Flußänderungen, die das Betriebsverhalten teilweise stark beeinflussen. Wird der Stromkreis des betreffenden Leiters geschlossen, fließt ein Strom, der unter Wirkung des Magnetfelds eine Kraft entwickelt. Bei Elektromotoren führt diese Kraft zum → Drehmoment. Die I. kann überall im betreffenden Magnetfeld wirken und verursacht deshalb in elektrisch leitenden Teilen (z. B. den → Blechen) → Wirbelstromverluste.
→ Kraftwirkung eines durchströmten Leiters, → magnetisches Feld [A5, A8]

	Leiter	Magnetfeld		Anwendung
1	ruht	ruht	ändert sich zeitlich	Transformator
2	ruht	bewegt sich	zeitlich konstant	Synchronmaschine
3	bewegt sich	ruht	zeitlich konstant	Gleichstrommaschine
4	bewegt sich	bewegt sich	zeitlich konstant	Asynchronmaschine

Tabelle I1 Möglichkeiten der Spannungserzeugung mittels Induktion und ihre Anwendung

Induktion B in T {flux density}
Feldliniendichte (auch: Flußdichte).
Mit der I. wird die Dichte der magnetischen Feldlinien zahlenmäßig beschrieben. Typische Werte der I. bei der Bemessung von Drehstrommaschinen: 0,7 T bis 0,9 T als Höchstwert im Luftspalt; 1,2 T bis 1,5 T im Ständerjoch; 1,6 T bis 2,2 T in den Zähnen. Mit zunehmendem Wert der I. verringert sich für eine vorgegebene Leistung zwar der Materialbedarf für die → Aktivteile, aber es wachsen die → Verluste und die elektromagnetischen Kräfte, die zu stärkeren → Schwingungen und → Geräuschen führen. Maschinen, die besonders geräusch- und verlustarm sein sollen,

sind nur mit kleinen I. zu verwirklichen. Dies führt in jedem Fall zu größeren Maschinen und höheren Herstellkosten.
→ Einzelton, → Joch, → Kraftwirkung eines durchströmten Leiters, → magnetisches Feld [A8].

Induktionsgesetz {Faraday's law}
Beschreibt den Vorgang der → Induktion. Beispiel für eine konzentrierte Spule (**Bild I2**):

$$u = -N \cdot \frac{\mathrm{d}\Phi_\mathrm{t}}{\mathrm{d}t} = -N \cdot \left(\frac{\delta \Phi_\mathrm{t}}{\delta t} + \frac{\delta \Phi_\mathrm{t}}{\delta x} \cdot v \right),$$

mit:

u	Augenblickswert der induzierten Spannung in V,
N	Windungszahl der Spule in 1,
Φ_t	Augenblickswert des magnetischen Flusses, der die Spule durchsetzt, in Wb,
t	Zeit in s,
v	Relativgeschwindigkeit zwischen Spule und Magnetfeld in m/s,

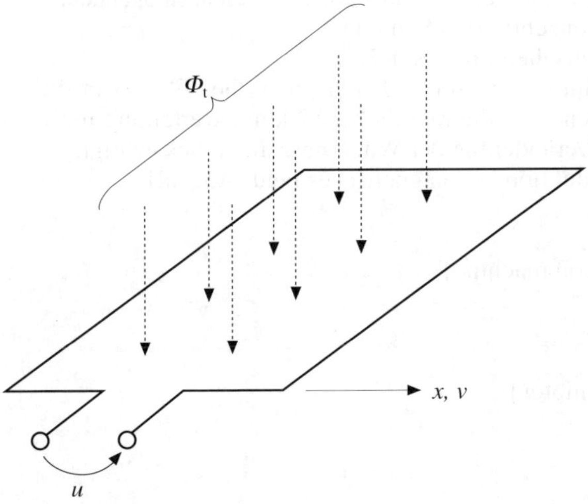

Bild I2 Spannungserzeugung in einer Spule durch transformatorische und Bewegungs-Induktion
Φ_t Augenblickswert des die Spule durchsetzenden Flusses
v Relativgeschwindigkeit zwischen Magnetfeld und Spule
x Ortskoordinate in Richtung der Relativbewegung
u Augenblickswert der induzierten Spannung

x Weg in Richtung der Relativbewegung in m,

$\dfrac{\mathrm{d}\,\Phi_{\mathrm{t}}}{\mathrm{d}\,t}$ zeitliche Flußänderung in der Spule durch Transformation und Bewegung in Wb/s,

$\dfrac{\delta\,\Phi_{\mathrm{t}}}{\delta\,t}$ Anteil der zeitlichen Flußänderung durch Transformation (keine Relativbewegung zwischen Spule und Magnetfeld) in Wb/s,

$\dfrac{\delta\,\Phi_{\mathrm{t}}}{\delta\,x}$ örtliche Flußveränderung bei Relativbewegung zwischen Mangnetfeld und Spule in Wb/m,

$\dfrac{\delta\,\Phi_{\mathrm{t}}}{\delta\,x}\cdot v$ Anteil der zeitlichen Flußänderung durch Relativbewegung zwischen Spule und Magnetfeld in Wb/s.

Ist der zeitliche Verlauf des Flusses sinusförmig, ist dies auch die Spannung (allerdings um eine Viertelperiode zeitlich nacheilend). Ihr Effektivwert lautet:

$$U = \frac{2\cdot\pi}{\sqrt{2}}\cdot N\cdot f\cdot \Phi = 4{,}44\cdot N\cdot f\cdot \Phi,$$

mit:
U Effektivwert der induzierten, zeitlich sinusförmig verlaufenden Spannung in V,
N Windungszahl der konzentrierten Spule in 1,
f Frequenz des magnetischen Flusses in Hz,
Φ Amplitude des die Spule durchsetzenden magnetischen Flusses in Wb.
Bei nicht-konzentrierten Spulen wird die räumliche Wicklungsverteilung mit dem → Wickelfaktor als gedachte Veränderung der Windungszahl berücksichtigt.
→ Asynchronmaschine, → Induktion, → magnetisches Feld [A5, A8].

Induktionsmaschine {induction machine}
→ *Asynchronmaschine*

Induktionsmotor {induction motor}
→ *Asynchronmotor*

Induktivität L in H {inductance}
Fähigkeit einer durchströmten Spule, magnetische Energie zu speichern.
Die I. ist konstruktionsbedingt und kann aus den Abmessungen und Materialeigenschaften des → magnetischen Kreises und der Windungszahl der Spule berechnet werden. Für eine konzentrierte Spule ergibt sich:

$$L = N^2 \cdot \Lambda_m,$$

mit:

L Induktivität in H,

N Windungszahl der Spule in 1,

Λ_m → magnetischer Leitwert des von der Spule durchfluteten magnetischen Kreises in Wb/A.

Aus der I. wird der → Blindwiderstand (Reaktanz) ermittelt.

→ Blindwiderstand, → Ersatzschaltbild, → Hauptreaktanz, → Streureaktanz, → Wikkelfaktor [A5, A8].

Inkrementalgeber

→ Drehimpulsgeber

Innenkühlung {open-circuit cooling}

Kühlart, bei der Luft als Kühlmittel durch das Maschineninnere strömt.

Das Kühlmittel nimmt die Wärme fast direkt an den Quellen auf und führt sie nach außen ab. Die Kühlung ist wesentlich intensiver als bei → Oberflächenkühlung – bei vor-

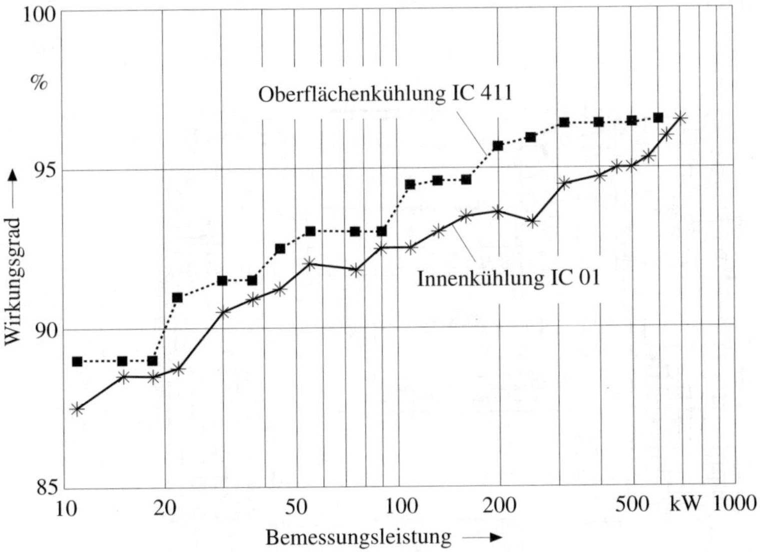

Bild I3 Wirkungsgrad zweier ausgeführter Reihen von vierpoligen Niederspannungs-Drehstrommotoren mit Käfigläufer bei Innenkühlung (Kühlart IC 01) und Oberflächenkühlung (Kühlart IC 411)

IC-Code vereinfacht (vollständig)	Skizze	Kühlkreisanordnung
IC 01 (IC0A1)	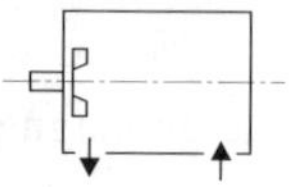	freier Kühlkreis Kühlmittel ist die Umgebungsluft
IC 11 (IC1A1)	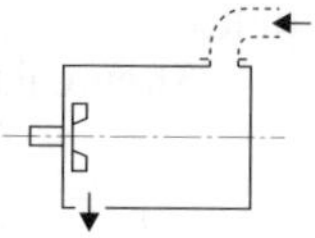	Zuführung über Rohr oder Kanal Kühlmittel ist das zugeführte Medium
IC 21 (IC2A1)	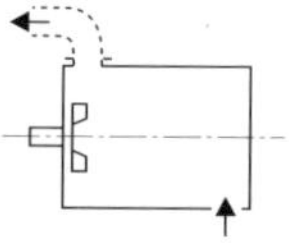	Abführung über Rohr oder Kanal Kühlmittel ist die Umgebungsluft
IC 31 (IC3A1)	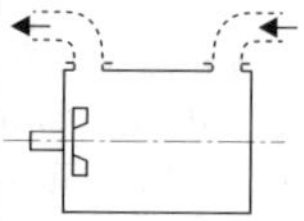	Zu- und Abführung über Rohr oder Kanal Kühlmittel ist das zugeführte Medium

Tabelle I4 Die verschiedenen Kühlarten für innen-gekühlte Maschinen bei Eigenkühlung (Lüfter sitzt auf Maschinenwelle)

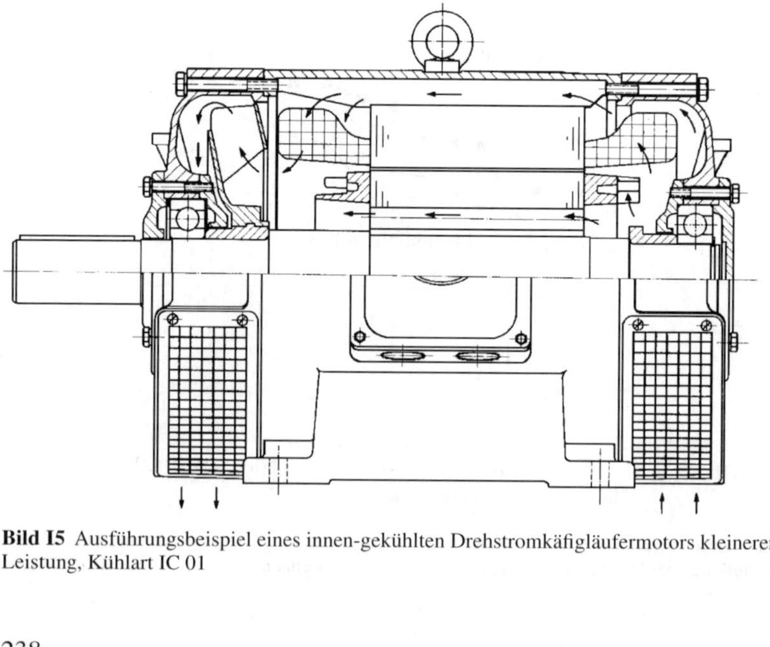

Bild I5 Ausführungsbeispiel eines innen-gekühlten Drehstromkäfigläufermotors kleinerer Leistung, Kühlart IC 01

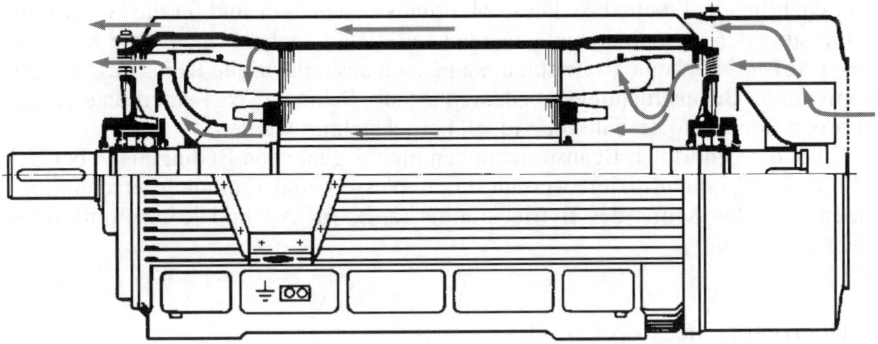

Bild I6 Ausführungsbeispiel eines innen-gekühlten Hochspannungs-Käfigläufermotors mit zusätzlicher Oberflächenkühlung

gegebener Leistung ist der Materialbedarf für die → Aktivteile kleiner und die Maschine kann kleiner gebaut werden; allerdings ist auch der → Wirkungsgrad niedriger (**Bild I3**). Im freien Kühlkreislauf wird die Kühlluft unmittelbar der Maschinenumgebung entnommen und in diese ausgeblasen. Diese Methode ist von Vorteil bei → Innenraum-Aufstellung in staub-, schmutz- und wasserfreien Räumen. Mit Zuführung und/oder Abführung über Rohre oder Kanäle kann man Unabhängigkeit vom Raumklima erreichen bzw. die Wärme aus dem Betriebsraum transportieren. Die Bewegung der Kühlluft erfolgt meistens mit Lüftern, die auf der Maschinenwelle sitzen (Eigenkühlung, **Tabelle I4**); für → Umrichterspeisung und periodische → Betriebsarten werden häufig eingebaute, angebaute (→ Fremdbelüftung) oder getrennt aufgestellte, unabhängige Baugruppen verwendet. Damit erfolgt die Kühlung unabhängig von der Drehzahl der Hauptmaschine. Die häufigste Ausführung ist Kühlart IC 01, bei der ein Innenlüfter die Umgebungsluft ansaugt und samt Wärme wieder ausbläst (**Bild I5**). Durch Kombination mit Oberflächenkühlung kann die Wärmeabfuhr verbessert werden (**Bild I6**); dies wird bei größeren Maschinen angewendet. Für innen gekühlte Niederspannungs-Drehstrommotoren mit Käfig- und Schleifringläufer gibt es Abmessungsnormen mit Zuordnung von Leistungen [N1.3, N1.4, N1.9, N1.10, N1.15].

Maschinen mit I. können wie Staubsauger wirken: die Wickelköpfe arbeiten als Staubfilter, setzen sich zu – die Wicklung wird ungenügend gekühlt und verbrennt. Deshalb: Auf größte Sauberkeit in den Betriebsräumen achten! Maschinen sorgfältig instandhalten!

→ Aufzugmotoren, → Hohlrippenkühlung [N9.6].

Innenraumaufstellung {indoor installation}

Bei → Motoren für allgemeine Zwecke in I.-A. sind mehrere klimatische Beanspruchungen genormt [N9.2], die der Hersteller der Maschinenbemessung zugrunde legt

(→ Feuchtigkeit, Tabelle F5). Diese Merkmalswerte allein sind für die konstruktive Bemessung der Maschinen nicht ausreichend. Wenn auch das natürliche Klima bei dieser Aufstellung keine Rolle spielt, kann doch das industrielle Klima des Betriebsraums starke Beanspruchungen bedeuten (Staub, Schmutz, Wasser, erhöhte Temperatur o. ä.) und muß deshalb individuell berücksichtigt werden.
Die über die genormten Beanspruchungen hinaus gehenden Bedingungen bei I.-A. sollten einzeln quantifiziert werden durch Wasser- und Fremdkörperschutz, Angaben über das Klima des Betriebsraums (z. B. für Art und Konzentration von Chemikalien) u. ä.

Inselbetrieb {solitary operation}
→ Asynchrongenerator

Inspektion (auch: Überwachung) {service}
Alle Maßnahmen und Tätigkeiten zur Feststellung, Analyse und Beurteilung des Istzustands einer elektrischen Anlage.
I. ist Teil der → Instandhaltung und dient dem Zweck, notwendig werdende Instandsetzungsarbeiten frühzeitig zu erkennen. I. kann bei laufendem Betrieb oder bei Betriebsruhe erfolgen. Bild I7, Tabelle I8.
Die Feststellung und die Beurteilung eines bereits eingetretenen und bekannten Schadens ist keine I., sondern bereits Bestandteil der Instandsetzung (Revision).
[E9, E15, E24, E41, E44, N5.2, N8.1, N9.2]

instabiler Betrieb {unstable operation}
→ Arbeitspunkt

Installation {installation}
Gesamtheit aller vorbereitenden Maßnahmen und Arbeiten zwischen Fertigung und Inbetriebnahme, um eine elektrische Maschine bestimmungsgemäß und sicher betreiben zu können.
Zur I. gehören:
- Transport und Lagerung,
- Aufstellen und Befestigen des Motors,
- Kuppeln bzw. Montieren der Übertragungselemente,
- Netzanschluß,
- Maßnahmen zum Sicherstellen der Kühlung und zum Schutz.

Die Installation ist Voraussetzung der → bestimmungsgemäßen Verwendung und damit Teil einer schnittstellenübergreifenden → Qualitätssicherung. Genormte Bedingungen und Herstellerangaben sorgfältig beachten!

→ Betriebsanleitung, → elastische Kupplung, → Flachriemen, → Installations-Bezugsbedingungen, → Keilriemen, → Kühlung, → Kuppeln zweier Wellen, → Langzeitlagerung, → Querkraft, → Riementrieb, → Schnittstellen, → Transportsicherung [A2, E9, E13, E41, N9.2].

Installations-Bezugsbedingungen {installation reference-conditions}
Genormte Bedingungen, die bei der → Installation des Motors zu beachten sind.
Bei Niederspannungs-Asynchronmotoren mit Käfigläufer für allgemeine Zwecke und Betriebsart S1 sind Bezugsbedingungen auch für die Installation festgelegt [N9.2]. Diese Festlegungen sind so allgemein formuliert, daß sie nahezu für jede Maschine anwendbar sind. Sie sind zu beachten, damit eine angemessene Lebensdauer des Isoliersystems und der Lager und eine angemessene Schmiermittelgebrauchsdauer erreicht wird.
Die Installation ist Voraussetzung der → bestimmungsgemäßen Verwendung und damit Teil einer schnittstellenübergreifenden → Qualitätssicherung. Genormte Bedingungen und Herstellerangaben sorgfältig beachten!

Instandhaltung {maintenance}
Alle Maßnahmen zur Erhaltung und Wiederherstellung (gelegentlich Erhöhung) der dauerhaften Funktionstüchtigkeit (→ Zuverlässigkeit) während der Nutzung eines technischen Geräts oder einer Anlage.

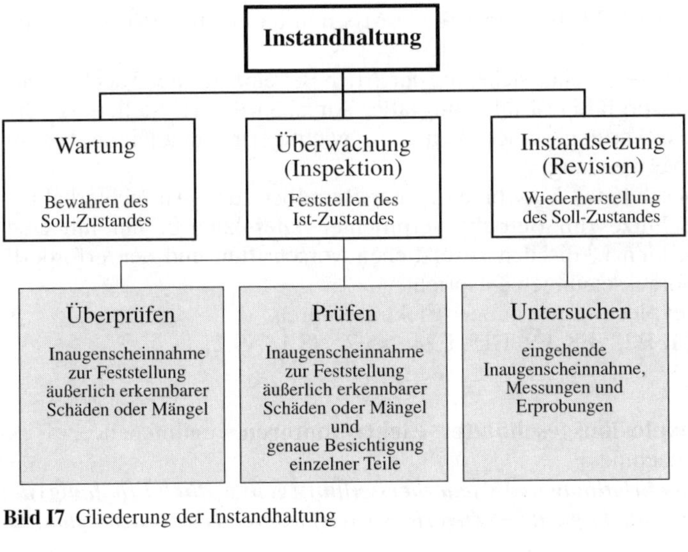

Bild I7 Gliederung der Instandhaltung

Teil der Instandhaltung	Motor …	Motor zerlegt?	Maßnahmen (Beispiele)
Wartung	dreht	nein	Fuß- oder Flanschschrauben nachziehen Nachschmieren Reinigen der Oberfäche Anstrichschäden ausbessern
Inspektion (Überwachung)	dreht	nein	Temperaturen messen Schwingungsstärke untersuchen Geräusch untersuchen
	steht	nein	Anschlüsse im Klemmenkasten nachziehen Kupplungsbolzen auf Abrieb prüfen Isolationswiderstand, auch der Zuleitung, messen Schadhafte Klemmenbretter auswechseln Schadhaftes Motorschütz auswechseln
Instandsetzung (Revision)	steht	ja	Bei Lagern mit Dauerschmierung Fett wechseln Lager und schadhafte Dichtungen wechseln Sichtprüfung der Wicklung und des Läufers Ständer säubern und nachimprägnieren Beschädigte Zuleitungskabel wechseln Ständerwicklung, Lager, Anschluß etc. erneuern Mechanische Schäden beseitigen
Anmerkung: Wenn die Wicklung durch jemand anderen als durch den Hersteller teilweise oder vollständig verändert oder instandgesetzt wird, sind in einem zusätzliche Schild anzugeben: Name des Instandsetzers; Jahr der Instandsetzung; ausgeführte Veränderungen.			

Tabelle I8 Beispiele für Maßnahmen bei Wartung, Inspektion und Revision/Instandsetzung an Drehstrommaschinen

Maßnahmen der I.: **Bild I7**. Beispiele für I.-Arbeiten an elektrischen Antrieben: **Tabelle I8.**

- I. ist Bestandteil der → Qualitätssicherung durch den Betreiber während der Nutzung.
- Bei der I. ist die sorgfältige Einhaltung aller Angaben des Herstellers (Bedienungsanleitungen, Wartungsvorschriften u. ä.) wichtiger Bestandteil der bestimmungsgemäßen Verwendung.
- Bei explosionsgeschützten Maschinen ist der Betreiber zur „Aufrechterhaltung des Explosionsschutzes im Betrieb" verpflichtet. Dies kann er nur mit einer zweckentsprechenden I., die den gesetzlichen Vorschriften und den erforderlichen formalen Voraussetzungen entspricht.

→ Instandhaltung explosionsgeschützter Elektromotoren
[A2, A13, A19, **A21**, B22, E8, E9, E15, E24, N5.7, N8.1, **N9.2**]

Instandhaltung explosionsgeschützter Elektromotoren {maintenance of explosion protected machines}
Alle Maßnahmen zur Erhaltung und Wiederherstellung (gelegentlich Erhöhung) der dauerhaften Funktionstüchtigkeit (→ Zuverlässigkeit) während der Nutzung und zu-

sätzlich alle Maßnahmen zur ***Aufrechterhaltung des Explosionsschutzes im Betrieb***.

Bei Errichtung und Betrieb von elektrischen Anlagen in explosionsgefährdeten Räumen steht die Sicherheit gegen Explosionen im Vordergrund.

Die *Verordnung über elektrische Anlagen in explosionsgefährdeten Räumen* (ElexV, [N5.7]) verpflichtet den Betreiber allgemein:

- die Anlage in ordnungsgemäßem Zustand zu erhalten, ordnungsgemäß zu betreiben, und ständig zu überwachen,
- notwendige Instandhaltungs- und Instandsetzungsarbeiten unverzüglich vorzunehmen,
- die Anlage nicht zu betreiben, wenn sie Mängel aufweist, durch die Beschäftigte oder Dritte gefährdet werden,
- vor der ersten Inbetriebnahme und in regelmäßigen Zeitabständen eine Prüfung auf ordnungsgemäßen Zustand der Anlage durch eine Elektrofachkraft (oder unter deren Aufsicht und Leitung) zu veranlassen.

Deshalb muß auch bei den elektrischen Antrieben die Instandhaltung sinn- und vorschriftsgemäß vorgenommen werden. Folgende Punkte sind besonders zu beachten:

- Arbeiten, die den Explosionsschutz beeinflussen (z. B. Reparaturen an der Ständer- und/oder Läuferwicklung, an den Klemmen, am Belüftungssystem, Zerlegen von Maschinen der Zündschutzart Druckfeste Kapselung „d"), müssen **beim Hersteller oder durch eine Fachwerkstatt für elektrische Maschinen** ausgeführt werden.
- Mit Ausnahme genormter, handelsüblicher und gleichwertiger Teile (z. B. Wälzlager) dürfen nur **Original-Ersatzteile** verwendet werden; dies gilt insbesondere auch für Dichtungen und Anschlußteile.
- Werden die Arbeiten nicht vom Hersteller ausgeführt, müssen sie durch einen **amtlich anerkannten Sachverständigen** abgenommen werden. Er muß darüber eine schriftliche Bestätigung ausstellen bzw. die Maschine mit seinem Prüfzeichen versehen.
- Die Arbeiten sind an der Maschine mit einem Reparaturschild zu kennzeichnen, ggf. mit Art der Reparatur oder Änderung und dem Prüfzeichen des Sachverständigen.

→ Explosionsschutz, → Explosionsschutz-Richtlinie, → Zündschutzarten
[A13, A14, A21, E8, E41, E44, N5.7, N8.1, N9.2]

IP-Code
→ Schutzart IP

ISO
International Organization for Standardization.

Internationale Organisation für Normung, in der alle nationalen Normungsorganisationen mitarbeiten. Wie die → IEC auf elektrotechnischem Gebiet, erarbeitet die ISO nicht-elektrische Normen, die in die nationale Normung übernommen werden (in Deutschland unter → DIN ISO) und damit praktisch weltweite Gültigkeit erhalten. Die ISO-Normen bringen das höchstmögliche Maß an internationaler Übereinstimmung für das behandelte Sachgebiet zum Ausdruck.

Isolation {insulation}
Trennung leitender Teile gegeneinander und/oder gegen Masse durch → Isolierung.
I.pegel ist die Höhe der Spannung, für die die Isolierung bemessen wird.

Isolationswiderstand {insulation resistance}
Meßwert zur pauschalen Beurteilung des Zustands einer Isolierung.
Er wird mit Gleichspannung von 500 V (bei Hochspannungsmaschinen auch 1000 V) für die Dauer von rund 1 min zwischen Wicklung (alle Stränge verbunden) und Masse (Erde) gemessen. Der I. hängt stark vom Feuchtigkeitsfilm auf und dem

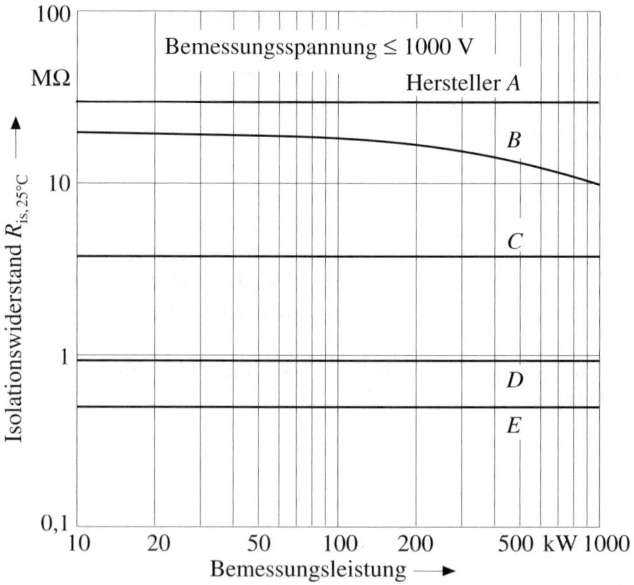

Bild I9 Mindestwerte des Isolationswiderstands (bezogen auf 25 °C) von Drehstrommaschinen für Niederspannung nach Angaben von fünf deutschen Herstellern. Werden die Werte unterschritten, sollte die Wicklung getrocknet werden.

Feuchtigkeitsgehalt in der → Isolierung ab, auch von möglicherweise leitfähigen Verschmutzungen, und dient deshalb als Entscheidungskriterium, ob nach längerem Stillstand, Wassereinbrüchen, bei → Revisionen u. ä. eine Trocknung (evtl. sogar Nachtränkung) durchzuführen ist. Es gibt keine genormten Grenzwerte; lediglich IEC 79-15 [N8.35] *empfiehlt* für *erneuerte Wicklungen* einen Mindestwert von 20 MΩ. In der Praxis richtet man sich nach den Angaben der → Betriebsanleitung. Diese sind herstellerspezifisch und streuen sehr stark: Bei Niederspannungsmaschinen unterscheiden sich die Herstellerangaben teilweise um den Faktor 100 (**Bild I9**). Richtwerte für Hochspannungsmaschinen gibt **Bild I10**. Wesentliche Einflußgröße für den I. ist auch die Temperatur der untersuchten Isolierung. Faustformel: Widerstandshalbierung bei 10 °C höherer Temperatur. Um Meßwerte des I. vergleichbar zu machen, sollten sie auf ein und dieselbe Bezugstemperatur, z. B. auf 25 °C, umgerechnet werden. Dazu wird der Meßwert bei beliebiger Temperatur mit dem zu dieser Temperatur gehörenden Umrechnungsfaktor $k_{25°C}$ (**Bild I11**) multipliziert.
Trocknen im Ofen oder mit direkter → Heizung über die Wicklung.

- Vor Messung des I. Anschlußleitungen entfernen, sonst starke Verfälschung.
- Bei zu kleinem I. zuerst Anschlußraum, Klemmenbretter, Klemmen etc. säubern und trocknen (bei druckfest gekapselten Maschinen evtl. auch die Rückseite der Leitungsdurchführungen).

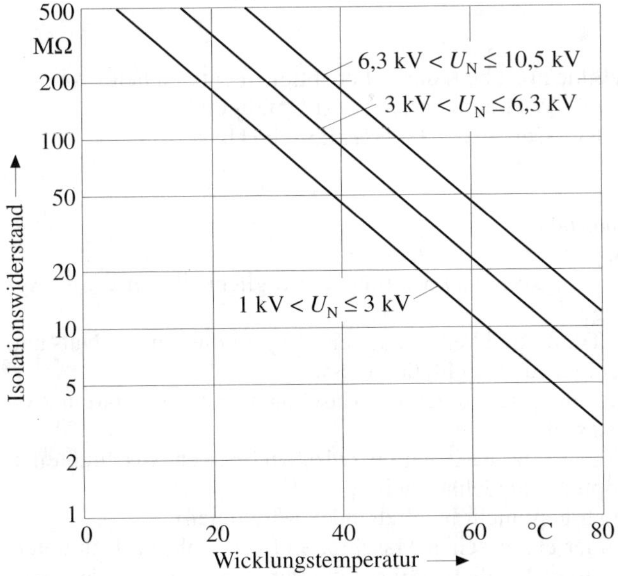

Bild I10 Mindestwerte des Isolationswiderstands von Drehstrommaschinen für Hochspannung (Isolierung auf Glimmer-Kunstharzbasis), abhängig von der Temperatur

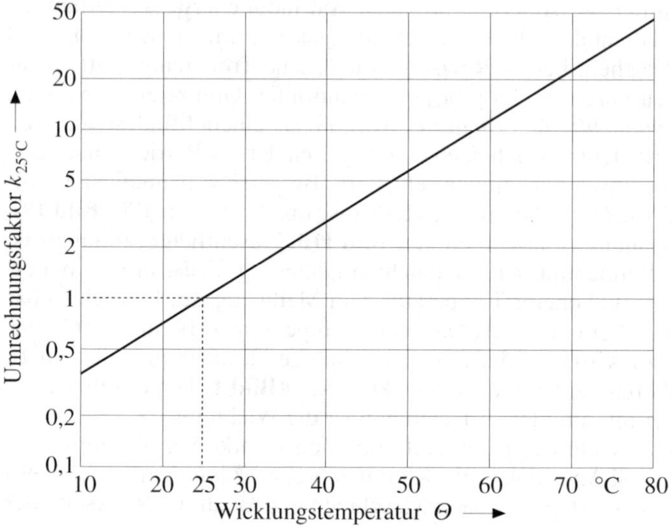

Bild I11 Umrechnungsfaktor des Isolationswiderstands auf 25 °C
Meßwert bei beliebiger Temperatur ϑ wird mit dem zu ϑ gehörenden Umrechnungsfaktor multipliziert.
Beispiel: Gemessen $R_{is,55°C} = 10\ M\Omega$. Dann ist: $R_{is,25°C} = 8 \cdot 10\ M\Omega = 80\ M\Omega$

• Beim Trocknen Lagerschilde abziehen, damit Feuchtigkeit entweichen kann. Unmittelbar nach der Messung Wicklung erden (sonst Unfallgefahr).
→ Feuchtigkeit, → Kondenswasser [A2, A21, E21, E38, E41].

Isolierstoff {insulating material}
Werkstoff, der den elektrischen Strom nicht leitet.
Es kommen je nach Zweckmäßigkeit und konstruktiver Möglichkeit Stoffe aller Aggregatzustände als I. in Frage:
- feste I. (z. B. Flächen-I., Tränk- und Vergußmassen u. ä.) für die Leiter-, Nut- und Wickelkopfisolierung, Träger für Anschlußteile usw.,
- flüssige I. (z. B. Öl u. ä.; selten bei drehenden Maschinen) für die Isolation zwischen Wicklungen und Kessel,
- gasförmige I. (z. B. Luft u. ä.) für die Isolation zwischen blanken Anschlußteilen oder zwischen Wickelköpfen und Gehäuseteilen,
- Vakuum (z. B. in Schaltgeräten; nicht bei drehenden Maschinen).

Für das → Isoliersystem einer elektrischen Maschine müssen mehrere I. in unterschiedlicher Form und mit unterschiedlichen Eigenschaften verwendet werden. Mittels Tränkung erhalten sie einen festen Verbund untereinander und mit den benachbarten Bauteilen. Aus den thermischen Eigenschaften der einzelnen I. ergibt sich

nicht unmittelbar das thermische Verhalten des daraus hergestellten Systems; deshalb werden nicht mehr die I. in I.-klassen, sondern die Isoliersysteme in → Wärmeklassen unterschiedlicher Temperaturbeständigkeit eingeteilt.
→ Grenztemperatur [A2, N10.7 bis N10.12].

Isolierstoffklasse {insulation class}
Veralteter Begriff. Die Isolierstoffe wurden nach ihrer Beständigkeit gegen Dauertemperatur in I. eingereiht und aus dieser Zuordnung heraus ein Isoliersystem zusammengesetzt. Heute dagegen ordnet der Hersteller einer elektrischen Maschine in eigener Verantwortung das verwendete Isoliersystem einer → Wärmeklasse zu. Die Beurteilung erfolgt aufgrund von meßtechnischen Vergleichen mit einem in der Praxis bewährten Referenzsystem.
[N9.1, N10.12]

Isoliersystem {insulation system}
Die Gesamtheit aller verwendeten Isolierstoffe einer Wicklung (einschließlich der Tränkung), unter den betriebsbedingten Beanspruchungen als Einheit betrachtet.
Wichtige Einflußfaktoren auf das Langzeitverhalten eines I.: **Tabelle I12**. Die wichtigsten Eigenschaften sind die Temperaturbeständigkeit und die Spannungsfestigkeit. Dem I. einer elektrischen Maschine muß eine → Wärmeklasse nach IEC 85 [N10.12] zugeordnet werden. Da die thermische Klassifizierung eines I. nicht unmittelbar mit den thermischen Eigenschaften der verwendeten Werkstoffe verknüpft ist, muß der Maschinenhersteller in eigener Verantwortung diese Zuordnung vornehmen. Innerhalb eines bestimmten Maschinentyps können mehrere I. eingesetzt werden. Diese dürfen unterschiedlichen Wärmeklassen angehören (z. B. Ständer- und Läuferwicklung). Die funktionelle Bewertung von I. erfolgt mit Hilfe von Prüfverfahren, die den im Betrieb auftretenden Beanspruchungen angepaßt sind. Die

thermisch	maximale Temperatur des heißesten Punkts des Isoliersystems; niedrige oder hohe Umgebungstemperatur; Temperaturgefälle; Wärmeschock
elektrisch	Betriebsspannung; Überspannungen; Frequenz; Teilentladungen; Kriechwegbildung; Überschlag; Kriechstrom
umgebungsbedingt	Luft; Sauerstoff; Wasserstoff; Stickstoff; inerte Gase; korrosive Atmosphäre; Schmiermittel; Feuchtigkeit; Staub; biologische Beanspruchungen (z. B. Nagetiere; Schimmel u. ä.)
mechanisch	elektrodynamische und mechanische Schwingungen und Stöße; Transportbelastungen; Biegung; Druck; Zug; Torsion
betriebsbedingt	Betriebsart; Überlastung; Schalthäufigkeit; Schweranlauf; elektrische Bremsung

Tabelle I12 Wichtige Einflußfaktoren auf das Langzeitverhalten eines Isoliersystems

elektrische Bemessung des I. für Hochspannungsmaschinen erfolgt nicht nur nach dem Isolationspegel, der von der Höhe der netzfrequenten Prüfwechselspannung abhängt, sondern auch nach der → Stoßspannung, mit der die Auswirkungen von Blitzvorgängen und Schalthandlungen praxisgerecht berücksichtigt werden.
Jedes I. kann vor Erreichen seiner geplanten Lebensdauer ausfallen.
→ Grenztemperatur, → Isolationswiderstand, → Isolierstoff
[A1, A2, E22, E46, N9.14 bis N9.17]

isolierte Lager {insulated bearings}
Werden verwendet, um beim Auftreten größerer → Wellenspannungen gefährliche Lagerströme zu verhindern. Bei größeren Gleitlagern werden die Auflageflächen der Lagerschalen im Gehäuse mit Kunststoff beschichtet. Bei Wälzlagern kann ein normales Lager durch Isolierteile im Lagerschild und den Lagerdeckeln isoliert werden; allerdings werden die Lagerkräfte durch die Isolierung übertragen und müssen daher begrenzt werden. Dieser Nachteil wird durch Lager mit Keramikbeschichtung vermieden: Der Außenring wird an Mantelfläche, Kantenverrundung und den Planflächen mit Oxidkeramik beschichtet (**Bild I13**).
Mit Keramik beschichtete Wälzlager

- sind schlagempfindlich (vorsichtig montieren!) und
- haben einen größeren Reibwert zur Lagerschildnabe (für Loslager, das sich verschieben soll, kein beschichtetes Rillenkugellager nehmen!).

I. L. nicht durch Ölleitungen o. ä. überbrücken!
[E45]

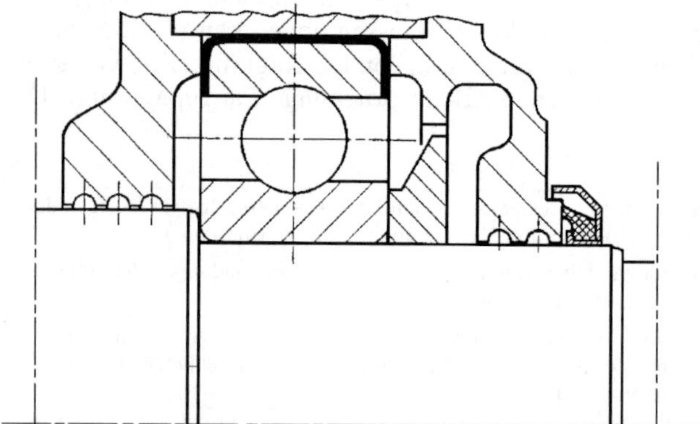

Bild I13 Isoliertes Rillenkugellager (Prinzip). Die oxid-keramische Isolierung (Dicke ≈ 0,1 mm) ist am Außenring thermisch aufgespritzt.

Isolierung {insulation}
Anordnung von Isolierstoffen in der für eine funktionsfähige Maschine erforderlichen Form.
Die Isolierung wird nach den betriebsbedingten, teilweise auch den fertigungsbedingten Beanspruchungen bemessen.
→ Grenztemperatur, → Isolation, → Isolationswiderstand, → Isolierstoff, → Isoliersystem, → Isolierungsfehler [A2, E22, N9.14 bis N9.17].

Isolierungsfehler {insulation failure}
Können an verschiedenen Stellen der Maschine auftreten (**Tabelle I14**). Schadensbilder sind typisch, aber nicht immer scharf ausgeprägt (z. B. bei flinken Schutzeinrichtungen). I. führen meist zu schweren Wicklungsschäden, die nur durch Neuwicklung zu beseitigen sind.
→ Schaden, → Schadensanalyse, → Motorschutz bei Niederspannung, → Motorschutz bei Hochspannung [A2, A17, A18, A19, A21].

<table>
<tr><th>Fehler</th><th>Beschreibung</th><th>Auswirkung</th><th>Schadensbild</th></tr>
<tr><td>Erdschluß</td><td>Kontakt der Wicklung an einer Stelle mit Masse/Erde</td><td>Bei Anschluß an Netzen mit nicht geerdetem Sternpunkt (meistens bei Hochspannungsnetzen) ist ein Erdschluß zunächst ohne Gefahr für den Motor; der Betrieb kann fortgesetzt werden. Jeder weitere Erdschluß führt jedoch zum Kurzschluß mit meist schweren Folgeschäden. Deshalb muß auch ein einfacher Erdschluß bald behoben werden.
Bei Netzen mit geerdetem Sternpunkt tritt in jedem Fall ein Kurzschluß ein.</td><td rowspan="2">Kontaktstellen verbrannt, teilweise mit Lichtbogenbildung. Wicklung teilweise stark gedunkelt.</td></tr>
<tr><td>Doppel-Erdschluß</td><td>Erdschluß in zwei verschiedenen Strängen</td><td rowspan="3">Kurzschluß und dadurch Überstrom mit Wicklungsschaden</td></tr>
<tr><td>Windungsschluß</td><td>Kontakt von Leitern innerhalb eines Strangs</td><td rowspan="2">Einzelne Windungen oder Spulen verbrannt, gelegentlich abgeschmolzen mit Lichtbogenbildung, der zum Kurzschluß führt. Bei flinker Absicherung (z. B. umrichtergespeisten Maschinen) keine sichtbaren Auswirkungen.</td></tr>
<tr><td>Doppelwindungsschluß (Phasenschluß)</td><td>Kontakt von Leitern unterschiedlicher Stränge</td></tr>
</table>

Tabelle I14 Isolierungsfehler

Isoliervermögen {insulation strength}
Wird durch eine → Spannungsprüfung mit netzfrequenter Spannung, bei → Formspulen auch durch eine → Stoßspannungsprüfung festgestellt [A1, N9.1, N9.13].

I-Umrichter {constant current dc-link converter}
Frequenzumrichter mit Gleichstrom-Zwischenkreis.
Grundsätzlicher Aufbau und Eigenschaften: **Bild I15**. Wesentliches Merkmal: Glättungsdrosselspule im Zwischenkreis zur Einprägung des Zwischenkreis-Gleich-

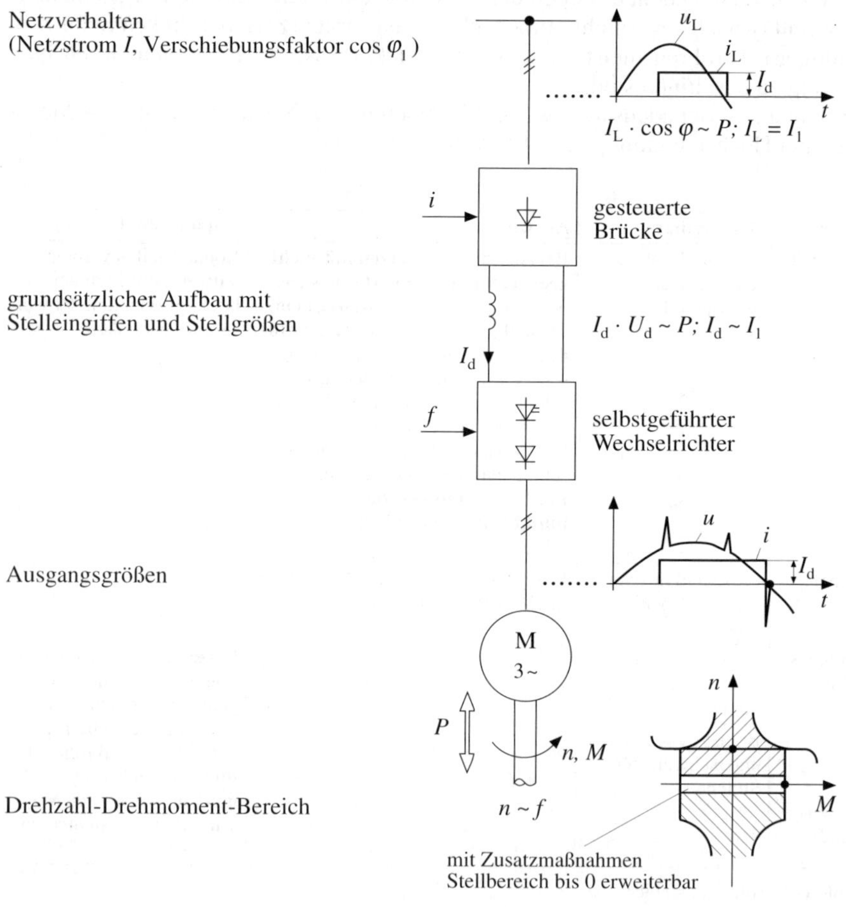

Bild I15 Grundsätzlicher Aufbau und Eigenschaften eines *I*-Umrichters

stroms. Infolge dieses eingeprägten Stroms wirken I.-U. als *Stromquellen*; diese Umrichter sind deshalb nicht leerlauffest und für Mehrmotorenantrieb nur bedingt geeignet. Die Gleichrichtung erfolgt netzseitig üblicherweise mit einer voll gesteuerten Brückenschaltung; ausgangsseitig verteilt eine Wechselrichterschaltung den Zwischenkreis-Gleichstrom mit der eingestellten Frequenz f blockförmig auf die Stränge der angeschlossenen Last. Bei einer Asynchronmaschine als Last ist der Wechselrichter selbstgeführt; er erzeugt aufgrund seines Aufbaus die Kommutierungsblindleistung selbst. Die Kommutierungskreise sind auf die Last abgestimmt; deshalb muß in gewissen Grenzen eine Anpassung von Umrichter und Maschine erfolgen. Die Stromamplitude wird mit einem überlagerten Regelkreis lastabhängig vorgegeben. Die Motorklemmenspannung bildet sich frei aus und ist nahezu sinusförmig mit impulsförmigen Spannungsspitzen an den Kommutierungsstellen.
→ Vierquadranten-Betrieb und Rückspeisung ins Netz sind möglich. Drehzahlverstellung im Frequenzbereich 5 Hz bis null ist nur mit Zusatzmaßnahmen möglich.
→ Direktumrichter, → Ermittlung der Verluste und des Wirkungsgrads bei Asynchronmaschinen mit Umrichterspeisung, → Spannungsbeanspruchung bei I-Umrichterspeisung, → Umrichterspeisung und Geräusch, → Umrichtervergleich I-PWM, → U-Umrichter
[A2, A6, A7, A13, A14, **E4** bis E7, **N9.3**]

J

Joch (auch: Rücken) {yoke}
Wicklungsloser Teil eines magnetischen Kreises, der den Rückschluß der magnetischen Feldlinien in Eisenteilen ermöglicht.
Bei Drehstrommaschinen muß das J. in allen Winkelstellungen des Drehfelds gleiche Höhe haben, um magnetische Unsymmetrien zu vermeiden. Hält man bei einem gegebenen Blechaußendurchmesser die Flußdichten im magnetischen Kreis unverändert, so kann die J.-höhe mit wachsender Polzahl verringert werden. Dies ermöglicht für die höheren Polzahlen eine größere Ständerbohrung gegenüber der zweipoligen Ausführung, bei welcher die J.-höhe am größten und die Ständerbohrung am kleinsten sind (**Bild J1**). Diese aus magnetischen Gründen mögliche J.-verkleinerung kann bei Polzahlen ab acht meist nicht mehr ganz ausgenutzt werden. Gründe: Platzbedarf für den Wickelkopf; mechanische Festigkeit; → Geräusche; Schwingungen. - Die Steifigkeit eines als massives Rohr gedachten J. gegen radiale Verformung wächst mit der Ordnungszahl*) der Biegeform; deshalb machen sich die vom Grundfeld der Maschine hervorgerufenen Zugspannungen, die mit doppelter Netzfrequenz umlaufen und die eine Ordnungszahl gleich der Polzahl haben, bei zweipoligen Maschinen in ausgeprägten → Gehäuseschwingungen bemerkbar, während

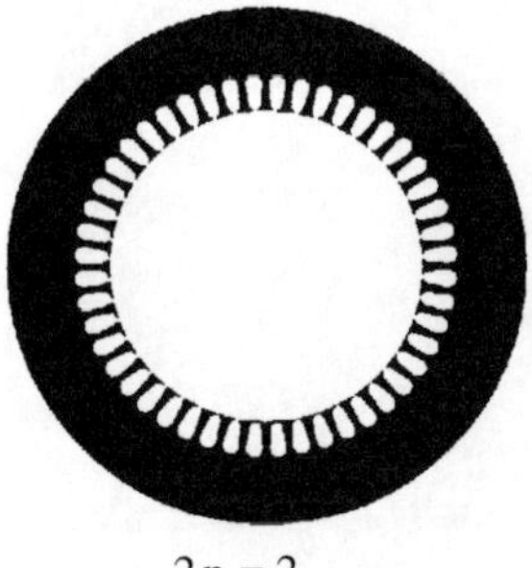

$2p = 2$
$s = 100\ \%$

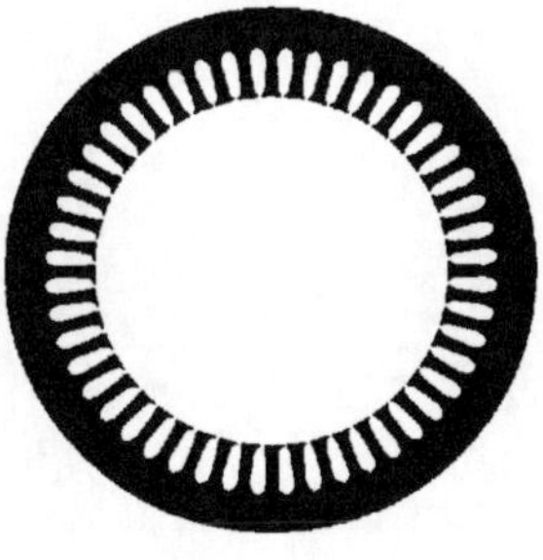

$2p = 4$
$s = 20\ \%$

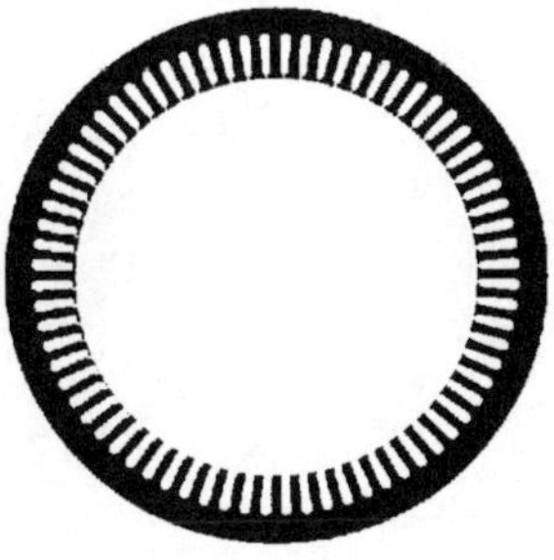

$2p = 8$
$s = 4\ \%$

Bild J1 Ausgeführte Ständerbleche gleichen Außendurchmessers (Baugröße 315) für verschiedene Polzahlen $2p$ und ihre relative Biegesteife s gegen ellipsenähnliche Verformung

---

*) Ordnungszahl: Anzahl der Biegewellen längs des Jochumfangs; Biegewelle = Buckel + Delle; ellipsenähnliche Verformung: Ordnungszahl 2; fünfeck-ähnliche Verformung (Bild G1): Ordnungszahl 5.

sie bei mehrpoligen Maschinen meist unbedeutend sind. Andererseits verringert sich die Biegesteife stark mit abnehmender J.-höhe (Bild J1), dies führt zu einer größeren Empfindlichkeit hochpoliger Maschinen gegen elektromagnetisch erregte → Einzeltöne.
→ Blech, → Läuferblech, → Schwingstärke, → Ständerblech, → Wellenspannung [A1, A5].

K

Kabel {cable}
Isolierter flexibler Leiter, ein- oder mehradrig, zur Versorgung von Betriebsmitteln mit elektrischer Energie.
K. unterliegen entlang der Verlegungsstrecke teilweise sehr unterschiedlichen Anforderungen. Vor der Auswahl von Bauart und Querschnitt müssen die Einsatzbedingungen und Umwelteinflüsse anlagenbezogen untersucht werden. Bei der Bestellung von elektrischen Maschinen sollten Käufer und Hersteller sicher sein, daß die vorgesehenen K. problemlos angeschlossen werden können. Oft ergeben sich nach der Beschaffung von Betriebsmitteln noch anlagenbedingte Änderungen, die Anpassungen oder Änderungen an der Anschlußtechnik der Geräte erfordern.

- Der Maschinenhersteller sollte die Eigenschaften des von ihm vorgesehenen Anschlusses (Kabeltyp, Querschnitt- und Durchmesserbereiche) eindeutig in Katalogen o. ä. dokumentieren.
- Der Käufer sollte seine Anforderungen in Datenblättern vollständig angeben.
- Nachträgliche Änderungen von Kabeltyp und Querschnitt verursachen oft beträchtliche Mehrkosten an den Maschinen und Verzögerungen bei der Inbetriebnahme.

→ Kabeleinführung, → Kabeleinführungsöffnung, → Kabelendverschluß, → Klemmenanordnung, → Klemmenkasten [A2, A20, N4.23]

Kabelanschluß
→ *frei herausgeführte Kabel*

Kabeleinführung {cable entry}
Element, um das Anschlußkabel an der Einführungsstelle in den Klemmenkasten festzulegen und zu schützen, unter Einhaltung der vorgesehenen → Schutzart IP.
K. müssen einen gewissen Längszug am Kabel aufnehmen können, damit die Anschlußstellen ohne mechanische Belastung bleiben. Unter Umständen ist auch ein Knickschutz vorzusehen. Je nach Art des Kabels müssen sie eine Erdung des Schutzmantels (z. B. bei Schiffskabeln) ermöglichen. Bei explosionsgeschützten Maschinen dürfen nur bauartgeprüfte K. verwendet werden. Ausführungsbeispiele: **Bild K1**, **Bild K2**.

- Hersteller elektrischer Maschinen legen üblicherweise die Klemmenkästen und K. so aus, daß ein großer Spielraum für die Art, den Querschnitt und den Durchmesser des Kabels besteht. Bei besonderen Anschlußerfordernissen Vereinbarung treffen!

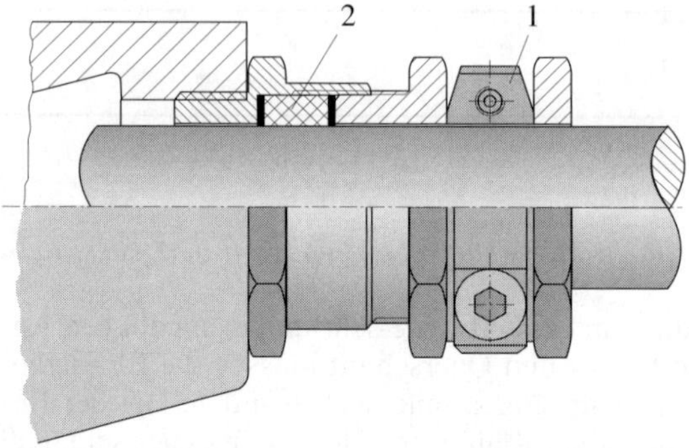

Bild K1 Stopfbuchsenverschraubung mit Zugentlastung; für Gummi- oder Kunststoffkabel
1 Zugentlastungsschelle 2 Dichtring

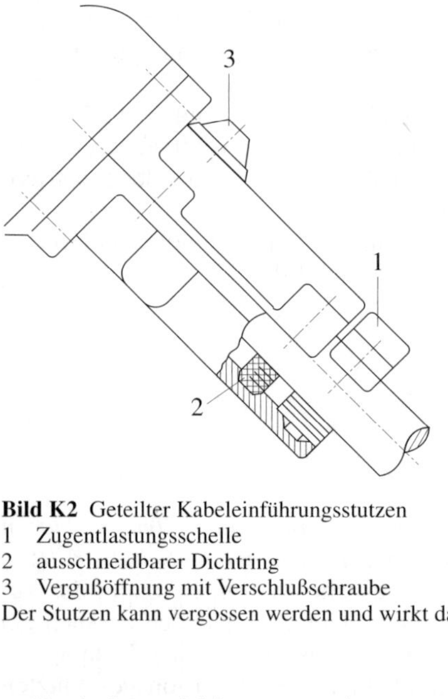

Bild K2 Geteilter Kabeleinführungsstutzen
1 Zugentlastungsschelle
2 ausschneidbarer Dichtring
3 Vergußöffnung mit Verschlußschraube
Der Stutzen kann vergossen werden und wirkt dann wie ein Kabelendverschluß.

- K. sind sorgfältig zu montieren, um einen dauerhaft sicheren Anschluß zu gewährleisten.

→ Kabelendverschluß, → Klemmenkasten [N4.3, N4.4, N4.19]

Kabeleinführungsöffnung {cable-entry hole}
Öffnung in der Klemmenkastenwand, in die → Kabeleinführungen eingesetzt werden.
Bei kleineren Maschinen sind üblicherweise zwei Öffnungen mit Pg-Gewinde in der Wand des → Klemmenkastens, in die beim Anschluß Kabeleinführungen (meist Stopfbuchsverschraubungen) eingesetzt werden. Bei größeren Maschinen, die mit Kabeln größeren Querschnitts und dadurch größerer Steifigkeit angeschlossen werden müssen, ist eine abnehmbare Einführungsplatte von Vorteil. Diese kann vor dem Anschließen des Kabels an den Klemmstellen über das/die Kabel geschoben werden; die Kabel brauchen nicht durch die K. gefädelt zu werden. Dies geht nur, wenn das Kabel seitlich in den Klemmenkasten eingelegt werden kann; dazu muß der Klemmenkasten längsgeteilt sein (Bild K19).
Abnehmbare Einführungsplatten erleichtern die nachträgliche Anpassung einer bestehenden Maschine an geänderte Kabeldurchmesser und/oder Kabeleinführungen. Nicht benutzte K. sind dicht zu verschließen, auch während des Transports und der Einlagerung (**Bild K3**).

Bild K3 Nicht benutzte Kabeleinführungen sind auch während des Transports dicht zu verschließen

Kabelendverschluß {sealing end}
Schutz für Mehrleiter-Anschlußkabel an der Verzweigung der Einzelleiter vor der Anschlußstelle.
Schützt vor Eindringen von Feuchtigkeit und Schmutz in das Kabelinnere; fixiert die Leiter zueinander; gibt mechanische Festigkeit. Wird hauptsächlich für Hochspannungsanschlüsse verwendet (Bild K45). Besteht aus Vergußmasse oder Schrumpfschläuchen. Bei 10 kV wird üblicherweise eine Potentialsteuerung an der Verzweigungsstelle vorgesehen, um → Glimmentladungen durch Feldstärkespitzen zu vermeiden.
K. sind sorgfältig auszuführen, um einen dauerhaft sicheren Anschluß zu gewährleisten.
→ Kabeleinführung

Kabelschuhe {cable lugs}
Teile für den elektrischen → Anschluß von runden oder sektorförmigen Leitern an Bolzenklemmen oder Flachanschlüssen.
Die Leiter (ein-, mehr-, fein-, feinst-drähtig) werden in die K. eingelötet oder gequetscht (Crimp-Verbindung; **Bild K4**). K. erfüllen nur dann die Anforderungen einwandfrei, wenn sie mit keinem größeren als dem Nennquerschnitt bestückt werden.
Crimp-Verbindungen müssen sorgfältig ausgeführt werden: Es dürfen keine Leiter abgequetscht werden, und es dürfen keine Leiter locker bleiben. (Sonst: Örtliche Überhitzung mit Lichtbogenbildung führt zum Abschmelzen der Leiter und zum Netzkurzschluß.)
→ Klemmenanordnung, → Klemmenplatte, → Klemmenkasten [N4.11, N4.13]

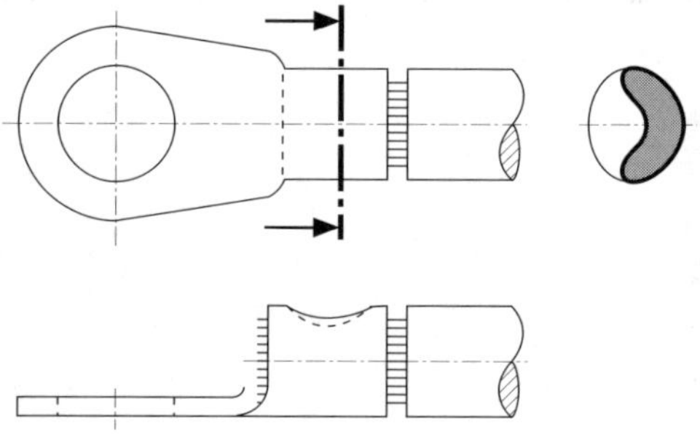

Bild K4 Crimp-Verbindung (schematisch) zwischen Kabelschuh und mehrdrähtigem Leiter

Käfigformen {kinds of cages}
Abmessungen und Werkstoff der Kurzschlußringe und Stäbe, vor allem aber die Form der Stäbe bzw. Nuten eines Käfigläufers und ihre Lage im Läuferblech bestimmen entscheidend das Betriebsverhalten, besonders die Kennlinien des Drehmoments über der Drehzahl (**Tabelle K5**, **Bild K6**). Während der Stromverlauf bei allen K. grundsätzlich gleich ist (Bild A13) und sich nur in der Höhe des → Anzugsstroms unterscheidet, läßt sich die Momentenkennlinie durch geschickte Bemessung der Wirk- und Blindwiderstände im Läuferkreis, d. h. durch Wahl der Abmessungen, Werkstoffe und Nutformen, sehr stark variieren. Damit können die Momentenkennlinie an die Lastkennlinie der Arbeitsmaschine und der Anlaufstrom an die Netzbedingungen angepaßt werden.
Bei Käfigläufermotoren von 0,4 kW bis 630 kW sind sowohl für → direkte Einschaltung (→ Ausführung N) als auch → Stern-Dreieck-Einschaltung (→ Ausführung NY) Mindestwerte für → Anzugs-, → Sattel- und → Kippmoment genormt, ferner Höchstwerte für die → Kurzschluß-Scheinleistung und damit indirekt auch

Läuferart	Stab-/Nutform	Stab/Nut	Momenten-kennlinie	M_1/M_N	I_1/I_N
Rundstabläufer		Rundstab	Ausführungbeispiel Bild K6 „R“	≈ 0,2 … 0,5	≈ 3 … 5
Stromverdrängungsläufer (Wirbelstromläufer)		Hochstab	Kennlinienbereich Bild K6 „S“	≈ 1,1 … 1,6	≈ 6 … 7
	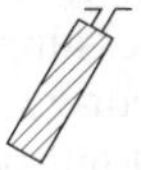	schräger Hochstab			
	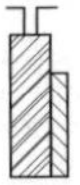	L-Stab			
		Keilstab			
Doppelkäfigläufer	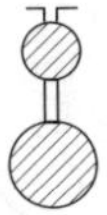	Doppel-Rundstab	Kennlinienbereich Bild K6 „D“	≈ 2 … 2,6	≈ 2 … 5
		Rund-/Rechteckstab			
		Rund-/Tropfennut (Druckgußläufer)		≈ 2,5 … 3	≈ 5 … 7
Tropfennut-Läufer	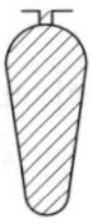	Tropfennut (Druckgußläufer)	Ausführungsbeispiel Bild K6 „T“	≈ 2 … 2,8	≈ 5 … 7

Tabelle K5 Einfluß der Käfigform auf Drehmoment und Strom für vierpolige Drehstrommotoren

für den Anzugsstrom [N9.10, N9.11]. Bei der Bemessung der Käfigwicklungen sind diese Grenzwerte zu berücksichtigen.

- Bei der Antriebsplanung Spannungsfälle beim Anlauf und → Spannungsschwankungen im Betrieb beachten, weil sich das Drehmoment quadratisch mit der Spannung ändert!
- Die Eigenschaften einer Käfigläufermaschine lassen sich nach der Fertigung nicht mehr verändern!

Rundstabläufer: Arbeiten praktisch ohne Stromverdrängung und haben deshalb ein ähnliches Betriebsverhalten wie Schleifringläufermaschinen. Vorteile des R. sind ein hohes Kippmoment und ein niedriger Schlupf im Bemessungspunkt – Überlastbarkeit und Wirkungsgrad sind deshalb hoch. Für das niedrige Anzugsmoment ist der Anzugsstrom verhältnismäßig groß. Anwendung meist nur bei kleinen Leistun-

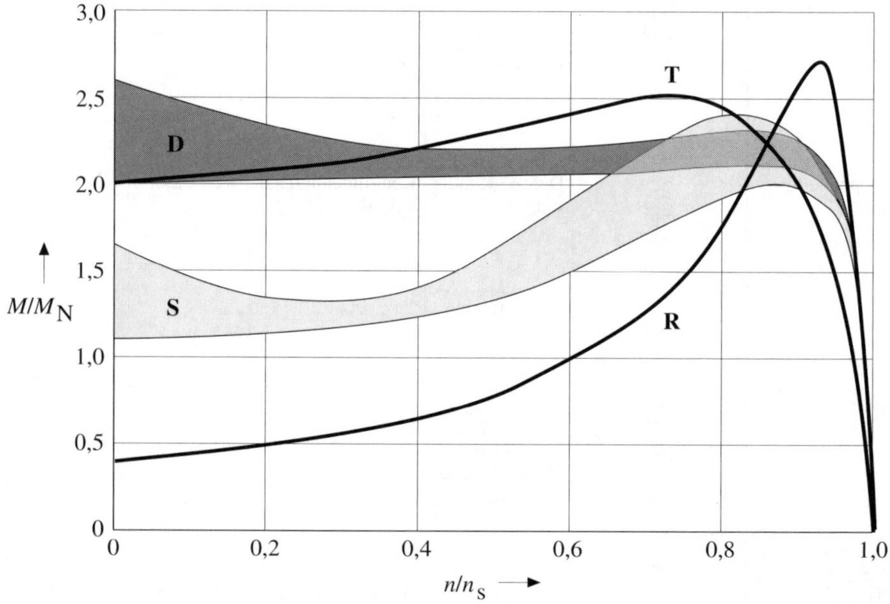

Bild K6 Typische Momentenkennlinien bzw. Kennlinienbereiche verschiedener Käfigformen

R Rundstabläufer (Ausführungsbeispiel)
S Stromverdrängungsläufer (typischer Bereich für Hoch-/L-/Keilstab)
D Doppelkäfigläufer (typischer Bereich)
T Tropfennutläufer (Ausführungsbeispiel)
M Drehmoment bei beliebiger Drehzahl in Nm
M_N Bemessungsmoment in Nm
n Drehzahl in min^{-1}
n_s Synchrondrehzahl in min^{-1}

gen für kleines Lastmoment beim Anlauf (z. B. Heizungs-Umwälzpumpen). Wird als gelöteter Kupferkäfig oder als Aluminium-Druckgußkäfig ausgeführt.
Stromverdrängungsläufer: Einseitige → Stromverdrängung zum Luftspalt hin wirkt hauptsächlich bei großen Läuferfrequenzen, d. h. großem Schlupf. Der Wirkwiderstand wächst, der Blindwiderstand des Läuferkreises wird kleiner als im Betrieb. Damit wird ein hohes Anzugsmoment erreicht bei verhältnismäßig kleinem Anzugsstrom. Beim *Hochstabläufer* tritt das Kippmoment bei größerem Schlupf auf; Drehzahl und Wirkungsgrad bei Bemessungsbetrieb zeigen die Tendenz zu kleineren Werten. Mit dem *Keilstabläufer* kann dieser Nachteil zum Teil ausgeglichen werden; dies wird allerdings mit fertigungstechnischen Nachteilen erkauft (der Keilstab muß in der Nut verklemmt werden; Risiko des Lockerwerdens!). Der *L-Stabläufer* ist ein fertigungstechnischer Kompromiß zwischen Hochstab- und Keilstabläufer. Stromverdrängungsläufer bestehen meistens aus Kupferstäben und Kupferringen.
Doppelstabläufer: Ober- und Unterstäbe haben getrennte Kurzschlußringe. Dies ermöglicht eine bessere Anpassung an die Anlaufbedingungen und vermeidet Brüche (der Oberstab wird beim Anlauf heißer als der Unterstab und dehnt sich stärker in axialer Richtung). Das Anlaufverhalten wird weitgehend vom Oberstab („Anlaufkäfig") geprägt, der zur Erhöhung des Anzugsmoments und zur Verringerung des Anzugsstroms meist aus Werkstoff mit erhöhtem Widerstand (z. B. Messing) besteht. Der Unterstab dagegen bestimmt hautpsächlich das Verhalten im stationären Betrieb; er besteht zur Erzielung eines hohen Wirkungsgrads meistens aus Kupfer. Bei Maschinen bis rund 250 kW wird der Doppelstabläufer auch aus Aluminium im Druckgußverfahren hergestellt; beide Käfige sind dann eine mechanisch feste Einheit mit galvanischer Verbindung und enger Wärmekopplung an das Blechpaket. Beide Käfige können weitgehend unabhängig voneinander bemessen werden und erlauben eine Anpassung auch an schwierige Anlaufverhältnisse. Die Momentenkennlinie kann, wenn nötig, ohne ausgeprägtes Kippmoment gezüchtet werden.
Tropfennutläufer: Wird für Aluminium-Druckgußläufer kleinerer Leistung verwendet. Das Betriebsverhalten ähnelt dem eines Stromverdrängungsläufers.
→ Kraftwirkung eines durchströmten Leiters, → Stromverdrängung
[A2 bis A6, B18, E40]

Käfigläufer (auch: Kurzschlußläufer) {squirrel cage rotor}
Läufer einer → Asynchronmaschine mit → Käfigwicklung.

Käfigwicklung {squirrel-cage winding*)}
Kurzschlußwicklung, kurzgeschlossene Wicklung.

---

*) Squirrel: nordamerikanisches Erdhörnchen. Wird dort als Haustier gehalten wie bei uns der Hamster; den Bewegungstrieb arbeiten die bedauernswerten Tiere in drehbaren trommelförmigen Käfigen ab. Daher der Name für den Läufer.

In die → Nuten des → Blechpakets werden Profilstäbe aus Kupfer oder anderem leitfähigen Material getrieben und auf beiden Seiten mit → Kurzschlußringen verbunden, meist durch Hartlöten. Bei Maschinen kleiner und mittlerer Leistung wird meist das Druckgußverfahren mit Aluminium angewendet (→ Druckgußläufer; Bild D20). Die → Momentenkennlinie des Motors wird ganz wesentlich durch die Form und das Material der Stäbe einer K. bestimmt.
→ Käfigformen [A2 bis A6].

Kaltleiter (genauer: Kaltleiter-Temperaturfühler) {PTC thermistors; PTC = positive temperature coefficient}
Temperaturabhängige Halbleiterwiderstände mit positivem Temperatur-Koeffizienten.
K. haben ungefähr die Größe eines Streichholzkopfes (Grundsätzlicher Aufbau: **Bild K7**; Ansicht, Kennlinien: Tabelle T5) und werden in die Wickelköpfe eingebaut – je Strang einer – und überwachen die Temperatur. Der Temperaturgang des Widerstands ist in typischen Grenzen festgelegt (**Bild K8**). Die Kennzeichnung der K. erfolgt nach der *Nenn-Ansprechtemperatur* (NAT), die mit einer Toleranz von ± 5 C° eingehalten werden muß. Unterhalb der NAT hat der K. einen verhältnismäßig kleinen Widerstand (er „leitet" im „kalten" Zustand; daher der Name); bei NAT ändert sich der Widerstand fast sprunghaft um den Faktor 20 und mehr. Diese Änderung ist so groß, daß auch mehrere K. (z. B. die in den drei Strängen eingebauten) hintereinander geschaltet werden können, ohne die Eindeutigkeit eines von einem einzigen Fühler ausgelösten Signals zu beeinträchtigen. Sollen mehr als drei K. in Reihe geschaltet werden (z. B. bei polumschaltbaren Motoren), muß der Widerstand jedes einzelnen Fühlers so bemessen sein, daß die Reihenschaltung den Widerstandswert von 750 Ω bei einer Temperatur von – 20 °C bis (NAT – 20 °C) nicht

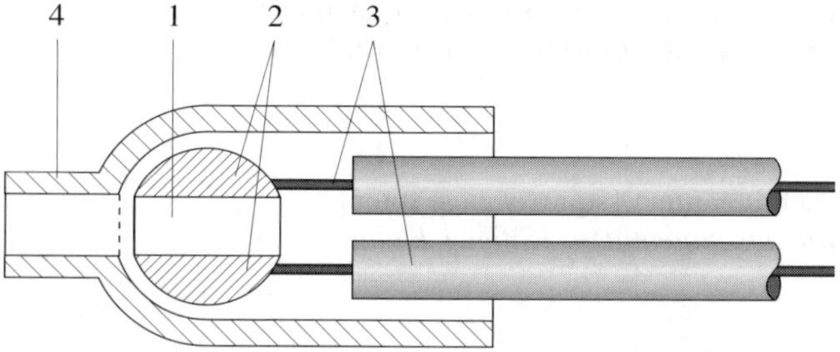

Bild K7 Aufbau (schematisch) eines Halbleitertemperaturfühlers zur Überwachung der Wicklungstemperatur
1 Halbleiterpille
2 Kontaktstellen für die Anschlußlitzen
3 Anschlußlitzen mit Isolation
4 Schrumpfschlauch zum mechanischen Schutz und zur Isolierung

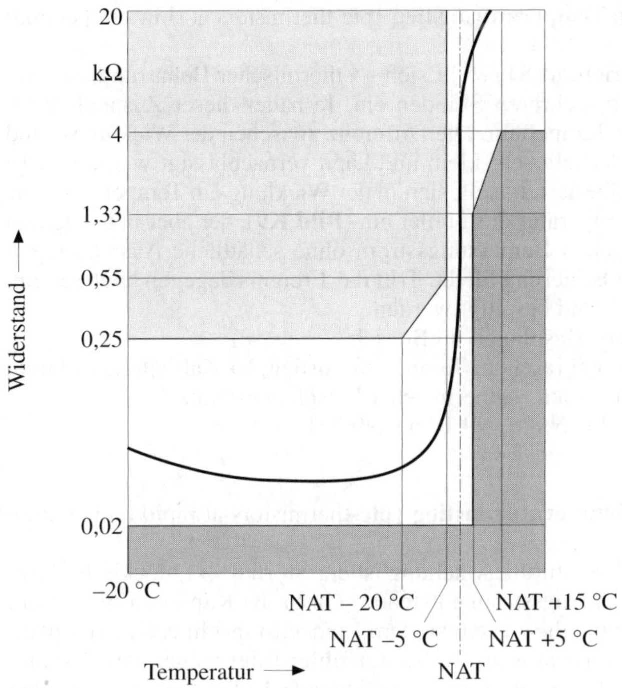

Bild K8 Typische Kennlinie eines Kaltleiter-Temperaturfühlers mit Toleranzschlauch
NAT Nennansprechtemperatur

überschreitet. Die Widerstandsänderung wird in einem Auslösegerät in einen Schaltbefehl umgesetzt; es erfolgt Meldung und/oder Abschaltung durch Steuerkreise und/oder Schaltgeräte (→ thermischer Maschinenschutz).

- Die Temperaturüberwachung mit K. ist *eigensicher*: Bei Unterbrechung im K.-kreis spricht das Steuergerät an. Deshalb: Bei Zweifeln am Signal zuerst die K.-klemmen überprüfen!
- Die Temperaturen für Warnen und Abschalten liegen durch die Kennlinie der eingebauten Fühler fest. Eine nachträgliche Einstellung der Auslösetemperatur ist daher nicht möglich.

Bei der Prüfung (Durchgangsprüfung; Widerstandsmessung) von K. darf nur eine Gleichspannung von ≤ 2,5 V je Fühler angelegt werden (sonst Gefahr der Zerstörung von Fühler und Wicklung!).

→ Kaltleiter bei langsamem Temperaturanstieg, → Kaltleiter bei raschem Temperaturanstieg, → Kaltleiterzuordnung zum Motor, → Temperaturfühler
[A2, A17, A21, E41, N8.3 bis N 8.6, N9.18 bis N9.22]

Kaltleiter bei langsamem Temperaturanstieg {ptc-thermistors at slow temperature increase}
Bei Dauerbetrieb (→ Betriebsart S1) stellt sich → thermischer Beharrungszustand in der Wicklung erst nach mehreren Stunden ein. Je näher dieser Zustand rückt, umso langsamer steigt die Temperatur. Die Differenz zwischen der Wicklungs- und der Fühlertemperatur ist deshalb sehr klein und kann vernachlässigt werden. Wird die Maschine sprunghaft überlastet, stellt sich in der Wicklung ein Temperaturüberlauf gegen die Ansprechtemperatur der Fühler ein (**Bild K9**), der aber bei seltenem Auftreten bis zum zweifachen Bemessungsstrom ohne schädliche Auswirkungen auf die Wicklung und ihre Isolierung bleibt. Tritt das Ereignis dagegen häufiger ein, sollte die Ursache ermittelt und beseitigt werden.
Kaltleiterfühler erfassen Überlastungen im Betrieb.
→ Kaltleiter, → Kaltleiter bei raschem Temperaturanstieg, → Kaltleiterzuordnung zum Motor, → Temperaturfühler, → thermischer Maschinenschutz
[A2, A17, A21, E41, N8.3 bis N 8.6, N9.18 bis N9.22]

Kaltleiter bei raschem Temperaturanstieg {ptc-thermistors at rapid temperature increase}
Kritischer Fall für die Temperaturüberwachung ist der Störfall → „blockierter Läufer". Durch den hohen → Anzugsstrom entstehen sehr große Kupferverluste in der Ständer- und Läuferwicklung, die zu sehr steilem, zunächst fast linearem Temperaturanstieg führen. Die Temperatur am Kaltleiterfühler folgt wegen des Wärmewiderstands zum Kupfer durch die dazwischenliegende Isolierung erst mit einer zeitlichen Verzögerung von 3 s bis 6 s dieser Veränderung. Wenn das Steuergerät vom Fühler ausgelöst wird (Bild K9), hat die Wicklung bereits eine höhere Temperatur als die Meßstelle erreicht. Dieser sogenannte Temperaturüberlauf ist um so kleiner, je dünner die Isolierung des Fühlers (Bild K7) und je besser der Wärmekontakt des Fühlers zur Wicklung ist. Dieses wird durch sorgfältigen Einbau **vor** dem Imprägnieren erreicht. Bei nachträglichem Einbau der Fühler ist mit größerem Temperaturüberlauf zu rechnen. Ganz entscheidend für die Höhe des Temperaturüberlaufs ist die Schnelligkeit des Temperaturanstiegs, die von der Bauart der Maschine abhängt. **Bild K10** zeigt, daß bei größeren Stromdichten im Anzugspunkt die Wicklungstemperatur auch bei sachgemäßem Fühlereinbau beträchtlich über die Abschalttemperatur des Fühlers steigt. Wird die NAT des Fühlers auf diesen Störfall ausgelegt, erfolgt bei Dauerbetrieb möglicherweise eine Abschaltung noch innerhalb zulässiger Betriebsbedingungen. Ein sogenannter *Motorvollschutz* (Schutz gegen **alle** vorkommenden Störfälle) ist deshalb über Temperaturfühler allein kaum zu erreichen. Dies gilt vor allem für → *läuferkritische* Motoren.
Soll eine explosionsgeschützte Maschine allein durch eine thermische Überwachung mittels Kaltleiter geschützt werden, muß die Maschine hierfür gesondert geprüft und bescheinigt sein.

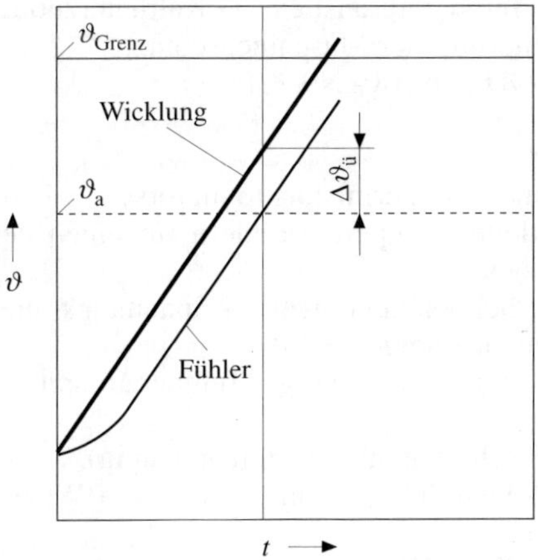

Bild K9 Temperaturüberlauf der Wicklung gegenüber einem Kaltleiter-Temperaturfühler bei raschem Temperaturanstieg

$\Delta\vartheta_{ü}$ Temperaturüberlauf der Wicklung gegen den Fühler

ϑ_a Abschalttemperatur

ϑ_{Grenz} zulässige Grenztemperatur für kurzzeitige Temperaturspitzen

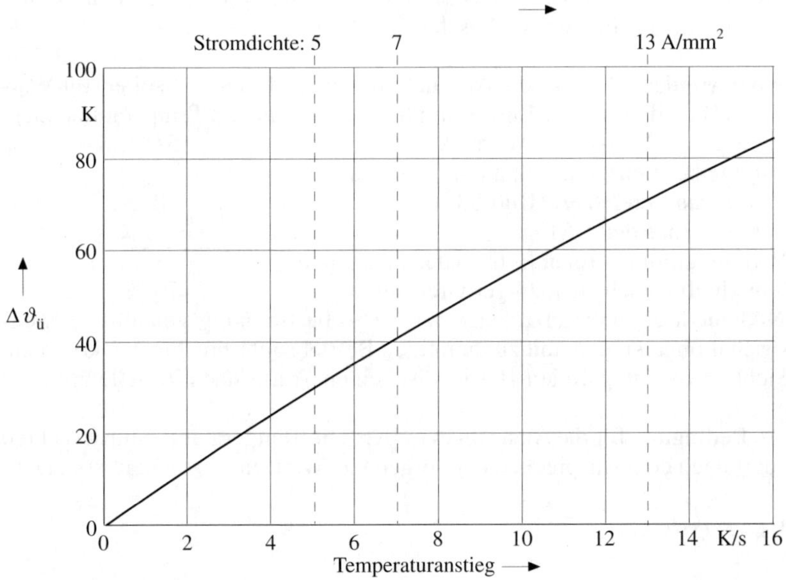

Bild K10 Temperaturüberlauf der Wicklung bei ordnungsgemäßem Fühlereinbau einer ausgeführten Reihe von Drehstrom-Normmotoren. Die angegebenen Stromdichten gelten für blockierten Läufer bei oberflächengekühlten Normmotoren.

→ Kaltleiter, → Kaltleiter bei langsamem Temperaturanstieg, → Kaltleiterzuordnung zum Motor, → Temperaturfühler, → thermischer Maschinenschutz.
[A2, A14, A17, A21, E41, N5.4, N8.3 bis N 8.6, N9.18 - N9.22]

Kaltleiterzuordnung zum Motor {assignment of thermistors to motors}
Bei der Festlegung der NAT von → Kaltleiter-Temperaturfühlern für einen bestimmten Motor müssen berücksichtigt werden:

- zulässige Betriebsbedingungen (z.B. darf bei den zulässigen → Spannungs- und Frequenzschwankungen keine Abschaltung erfolgen),
- Empfindlichkeit des → Isoliersystems gegen kurzzeitige Temperaturspitzen (kann nur der Hersteller beurteilen),
- Temperaturüberlauf (von Maschineneigenschaften und Störfall abhängig),
- → Hot spot (Fühler kann im Hot spot sitzen, Temperatur wird aus → Widerstandsverfahren ermittelt),
- Toleranz für die NAT der Fühler; von (NAT – 5 °C) bis (NAT + 5 °C).

Es wird deutlich, daß sich für die Wahl der NAT keine feste Regel aufstellen läßt; es gibt deshalb auch keine genormte Zuordnung.

- Die NAT von Kaltleitern muß vom Hersteller in eigener Verantwortung festgelegt werden.
- Die Werte der NAT für Fühler mit Warnfunktion sollten um 20 °C niedriger angesetzt werden als für Fühler mit Abschaltfunktion.

Beispiel:
Ermittlung der Mindest-NAT für die Abschaltung einer Maschine (isoliert für Wärmeklasse F) im Dauerbetrieb (→ Betriebsart S1) bei langsamem Temperaturanstieg:

Grenztemperatur im Hot spot für Wärmeklasse F	155 °C,
Mehrerwärmung bei Betrieb mit Spannungsschwankung an den Grenzen des Bereichs A (Bild S35)	≈ 10 K,
Untere Toleranzgrenze der NAT	5 K,
Mindest-NAT für störungsfreien Betrieb des genannten Beispiels innerhalb vorschriftsmäßiger Grenzen	≈ 170 °C.

Wird die NAT niedriger angesetzt, kann es trotz → bestimmungsgemäßer Verwendung zu Abschaltungen und damit zu unnötigen Betriebsunterbrechungen kommen. Aus der Sicht des störungsfreien Betriebs scheinen Werte nach **Tabelle K12** gerechtfertigt.
Eine weitere Bedingung für die Auswahl der NAT: Die Temperatur der überwachten Wicklung darf nach dem Ansprechen den folgenden Wert (in °C) nicht übersteigen:

$$\vartheta_{\max} \leq \Delta\vartheta_{34-1} + \Delta\vartheta_{34-11},$$

mit:

$\vartheta_{\max}$ Wicklungstemperatur nach dem Ansprechen des → thermischen Maschinenschutzes, ermittelt im Widerstandsverfahren in °C,

Temperaturanstieg	Wärmeklasse	A und E	B	F und H
langsam	Kategorie 1	65	65	70
	Kategorie 2	80	85	90
rasch	Kategorie 1	120	120	125
	Kategorie 2	140	145	150

Tabelle K11 Temperaturzunahme in K nach IEC 34-11 zur Ermittlung der höchsten Wicklungstemperatur nach dem Ansprechen des thermischen Maschinenschutzes (siehe Text)

Wärmeklasse	A	E	B	F	H
NAT Abschaltung	120	135	145	170	195
NAT Warnen	100	115	125	150	175

Tabelle K12 NAT von Kaltleitern (Richtwerte) bei indirekt mit Luft gekühlten Maschinen von 600 W(VA) bis 5000 kW(kVA) für den Schutz bei langsamem Temperaturanstieg

$\Delta\,\vartheta_{34-1}$ → Grenzwert der Übertemperatur nach IEC 34-1 (DIN VDE 0530-1, [N9.1]) für die betreffende → Wärmeklasse, ermittelt im Widerstandsverfahren, in K,

$\Delta\,\vartheta_{34-11}$ Temperaturzunahme nach IEC 34-11 [N9.20 bis N9.22], festgelegt in den Kategorien 1 und 2 und unterschieden nach Schnelligkeit des Temperaturanstiegs (**Tabelle K11**), in K.

Für Wärmeklasse F zum Beispiel darf diese höchste Wicklungstemperatur bei langsamem Temperaturanstieg 105 °C + 70 K = 175 °C (Kategorie 1) oder 105 °C + 90 K = 195 °C (Kategorie 2) nicht überschreiten. Der Hot spot liegt danach etwa bei 185 °C oder 205 °C – die im obigen Beispiel genannte NAT von 170 °C für den Fühler hat also auch aus diesem Blickwinkel ihre Berechtigung.

Kategorie 2 bietet weniger Sicherheit gegen thermisch verursachte Schäden und sollte nur bei genauer Kenntnis aller Betriebsbedingungen gewählt werden.

Die Zuordnung der NAT von Kaltleitern bei explosionsgeschützten Maschinen, vor allem für Alleinschutz, erfolgt nach anderen Gesichtspunkten: Es dürfen auch bei Störfällen keine Zündquellen durch heiße Oberflächen entstehen, d. h., es müssen unter Beachtung der → Zündschutzart die Grenzwerte der → Temperaturklassen T1 bis T6 unter allen Umständen eingehalten werden.

→ Kaltleiter bei langsamem Temperaturanstieg

[A2, A14, A17, A21, E41, N5.4, N8.3 bis N 8.6, N9.18 bis N9.22]

kegeliges Wellenende {conical shaft end}

Unter der Axialkraft von Schrauben (k.W. mit Innengewinde; **Bild K13a**; [N2.10]) oder Muttern (k. W. mit Außengewinde; **Bild K13b** und **Bild K13c**; [N2.9]) erzeugt die Keilwirkung des Kegels hohe Preßkräfte zwischen Wellenende und Übertra-

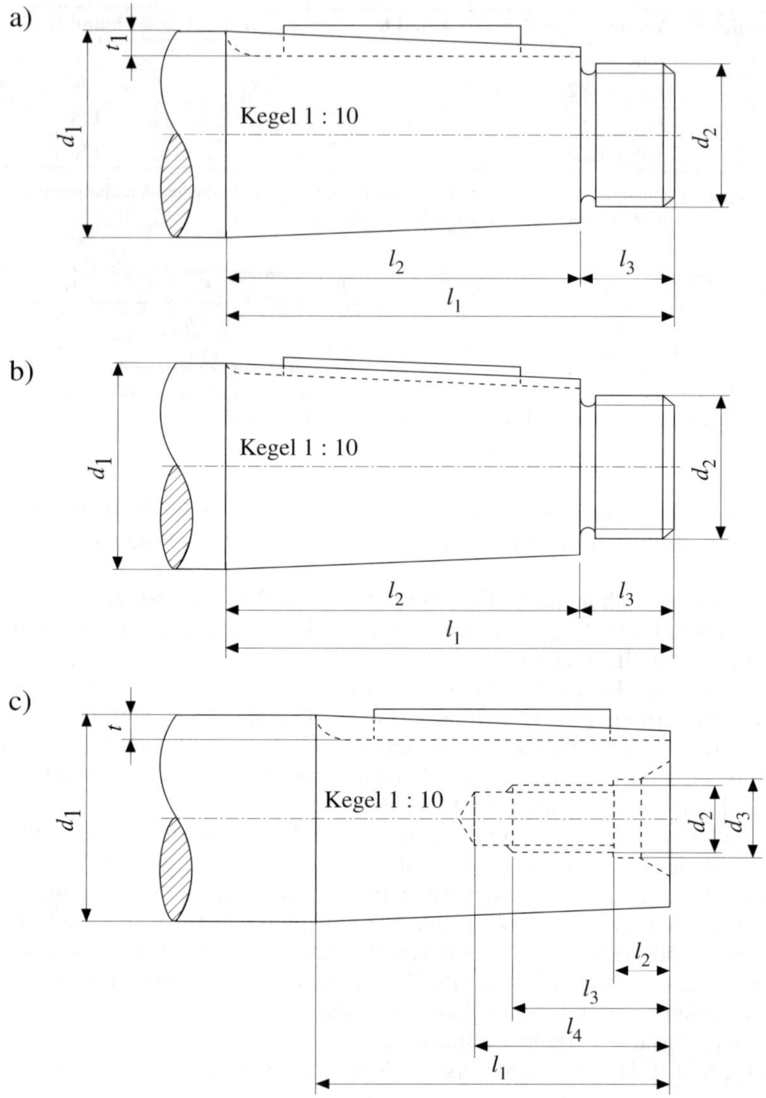

Bild K13 Kegelige Wellenenden
a mit Außengewinde nach DIN 1448 Teil 1 [N2.9]; Paßfeder achsparallel bis $d_1 = 220$ mm
b mit Außengewinde nach DIN 1448 Teil 1 [N2.9]; Paßfeder kegelparallel von $d_1 = 240$ mm bis 630 mm
c mit Innengewinde nach DIN 1449 [N2.10] bis $d_1 = 120$ mm

gungselement, die leicht dosiert (über den axialen Preßweg; meßbar mit Mikrometer) und nachgestellt werden können. Damit wird ein hoch belastbarer, absolut spielfreier Kraftschluß hergestellt. Trotzdem ist die Verbindung leicht lösbar. Die bestehenden Normen sehen einen Kegel 1:10 vor; in kritischen Fällen kann über einen flacheren Kegel eine größere Sicherheit gegen → Stoßmomente erreicht werden. Die Paßfedern dienen nur der Lagesicherung zwischen Welle und Übertragungselement, nicht zur Drehmomentübertragung. K. W. werden bei elektrischen Maschinen verwendet, die im Schaltbetrieb mit Drehrichtungswechseln und bei stoßartiger Belastung mit hohen Momenten arbeiten. Zum Beispiel werden → Hebezeugmotoren häufig mit k. W. ausgerüstet. Die dafür bestehende Norm [N1.17] ordnet jeder Motorgröße wahlweise ein zylindrisches oder k. W. zu.

Die Kegel von Wellenende und Elementbohrung müssen unbedingt übereinstimmen! Bei k. W. mit Sonderkegeln sollte das Wellenende beim Maschinenhersteller individuell an die Bohrung des Elements angepaßt werden.

Keilriemen {V-belt}

Durch die Vorspannung erzeugt die Keilwirkung des Riemens hohe Preßkräfte an der Nut (**Bild K14**). Gegenüber → Flachriemen werden die Lagerbelastungen durch → Querkräfte kleiner, und die Riemenscheiben werden schmäler.

Schmal-K. werden bevorzugt, weil sie nur ungefähr ein Drittel der Querschnittsfläche von *Normal-K.* für dieselbe Übertragungsleistung brauchen. In der Praxis der Antriebstechnik wird für einen gegebenen Motor der kleinstmögliche Riemenscheibendurchmesser angestrebt, um die getriebene Scheibe so klein wie möglich zu halten. Unter diesem Gesichtspunkt wurden in [N2.12] den → Normmotoren der Baugrößen 80 bis 250 ganz bestimmte Schmalkeilriemenscheiben zugeordnet. Dabei

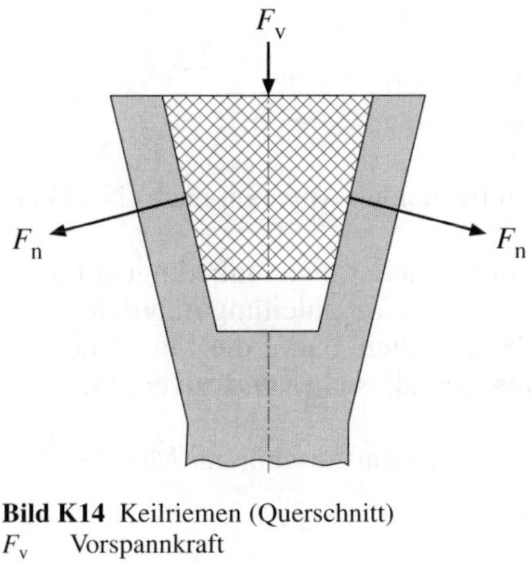

Bild K14 Keilriemen (Querschnitt)
F_v Vorspannkraft
F_n Anpreßkraft

wurden in einer Zuordnungsreihe Rillenkugellager auf der Motorantriebsseite vorausgesetzt; ab Baugröße 160 wahlweise auch Zylinderrollenlager (nur geringfügige Änderungen am Motor), wodurch kleinere Scheiben bei gleicher Leistung eingesetzt werden können. Für Baugrößen über 250 wurde keine Normung vorgenommen, weil in diesem Bereich Riementriebe gewöhnlich individuell ausgelegt werden.

- Genormte Schmalkeilriemenscheiben für Normmotoren verwenden!
- K.-scheiben bis an die Wellenschulter des Motors schieben (kleinere Biegebelastung für das Wellenende)!
- K. im warmen Zustand nicht zu stark spannen (sonst: im kalten Zustand zu hohe Querkraft)!
- K. nur satzweise austauschen (gebrauchte und neue Riemen haben unterschiedliche Dehnung; ungleiche Kraftübertragung).

[A2, E12, N2.11, N2.15]

Keilstabläufer {keyed-bar cage rotor}
→ Käfigformen

Kennzeichnung {marking}
Die K. muß für jede elektrische Maschine mit einem → Leistungsschild (mit Leistungsschildern) erfolgen. Die Einheiten der Größen und die Kennbuchstaben müssen mit IEC 27-1 [N6.14] und IEC 27-4 [N6.15] übereinstimmen. Maschinen mit Bemessungsleistungen bis einschließlich 750 W (VA) und Abmessungen, die nicht durch IEC 72 [N1.21, N1.22] abgedeckt sind, sowie Spezial-Einbaumaschinen mit Bemessungsleistungen bis einschließlich 3 kW (kVA) müssen mindestens mit folgenden Angaben gekennzeichnet werden:

- Name oder Kennzeichen des Herstellers,
- Fertigungsnummer oder Identzeichen des Herstellers,
- Bemessungsspannung(en) oder Bemessungsspannungsbereich,
- Bemessungsfrequenz oder Bemessungbereich.

In allen anderen Fällen muß die K. mit allen zutreffenden Angaben nach [N9.1] erfolgen.

Darüber hinausgehende Informationen muß der Hersteller nicht unbedingt auf Leistungsschildern angeben; dies ist z. B. in einer → Betriebsanleitung möglich.

Der Hersteller sollte alle notwendigen Angaben machen, damit die Maschine einwandfrei aufgestellt, gewartet und bestimmungsgemäß, sicher und zuverlässig betrieben werden kann.

→ CE-Kennzeichnung, → CE-Kennzeichnung explosionsgeschützter Motoren
[A1, N9.1]

Kippmoment M_b in Nm {break-down torque, pull-out torque}
Größtes stationäres asynchrones Drehmoment einer → Asynchronmaschine unter Bemessungsspannung und Bemessungfrequenz. Das K. ist nicht definiert, wenn das Drehmoment mit zunehmender Drehzahl stetig abnimmt.
Bei Drehstrom-Käfigläufermotoren mit Polzahlen 2 bis 8 für Spannungen bis 690 V, 50 Hz sind Mindestwerte für das K., bezogen auf das Bemessungsmoment, festgelegt [N9.10, N9.11]. Für alle anderen Wechselstrommaschinen siehe Tabelle D7.
Großes K. und kleiner Kippschlupf ergeben ein steifes Drehzahlverhalten.
Wie alle Werte des Drehmoments verändert sich auch das K. mit dem Quadrat der Klemmenspannung. Bei schwachen Netzen muß dies für den Anlauf, den Wirkungsgrad und die Temperaturen bei Vollast beachtet werden!
→ Anlauf, → Drehmomentkennlinie, → Drehmoment-Überlastbarkeit, → Toleranzen [A1, N9.1].

Kirchhoffsche Gesetze
Grundlegende Gesetze zur Berechnung elektrischer Netze und Geräte.
Knotenpunktregel: Eine Verbindungsstelle verschiedener Leiter kann keine Ladung speichern, deswegen werden in jedem Augenblick ebensoviele Ladungen zu- wie abgeführt. Es gilt also: *„Die Summe der Ströme ist Null“:*

$$\sum i = 0.$$

Dabei werden z. B. die zufließenden Ströme als positiv, die abfließenden als negativ gezählt (**Bild K15**).
Maschenregel: In einem auf beliebigem Weg geschlossenen Umlauf (einer Masche) stellen sich die Ströme so ein, daß die treibenden Spannungen mit den Spannungsfällen im Gleichgewicht stehen. Es gilt also: *„Die Summe aller Spannungen im geschlossenen Umlauf ist Null.“*:

$$\sum u_q + \sum u = 0.$$

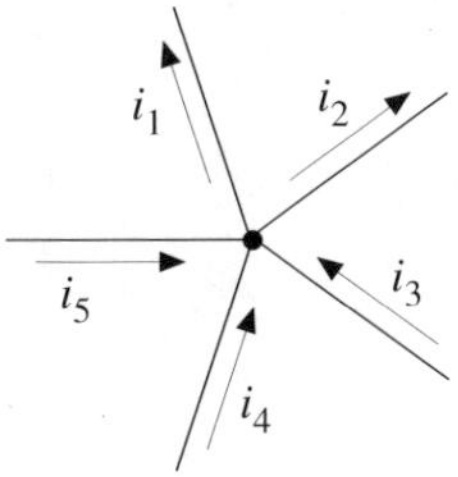

Bild K15 Beispiel für die Knotenpunktregel: $-i_1 - i_2 + i_3 + i_4 + i_5 = 0$.
Gilt auch bei Wechselstrom für die Augenblickswerte.

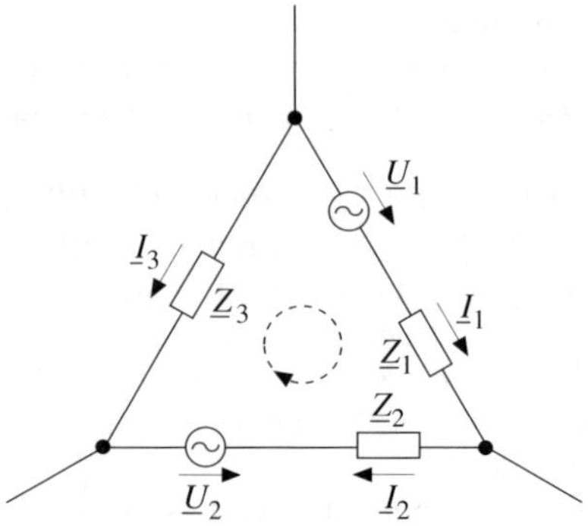

Bild K16 Beispiel für die Maschenregel; Umlauf im Uhrzeigersinn:
$+ \underline{U}_1 + \underline{I}_1 \cdot \underline{Z}_1 + \underline{I}_2 \cdot \underline{Z}_2 - \underline{U}_2 - \underline{I}_3 \cdot \underline{Z}_3 = 0$
Spannungen und Ströme sind nach Größe und Phasenlage, die Impedanzen nach Zusammensetzung (d. h. nach Wirk- und Blindwiderstand) zu berücksichtigen.

Dabei werden z. B. die mit dem gedachten Umlaufsinn gleichsinnigen Spannungen als positiv, die entgegengesetzt gerichteten als negativ gezählt (**Bild K16**).
Die K. G. gelten für jede Stromart. Bei Wechselstrom erfolgt die Berechnung über komplexe Rechnung oder mit Zeigerdiagrammen (→ Blindwiderstand, → Scheinwiderstand, → Wechselgrößen, → Wirkwiderstand) [A5, A8].

Klemmenanordnung {terminal lay-out}
Räumliche Anordnung der Anschlußstellen im → Klemmenkasten.
Es müssen die erforderlichen → Luft- und Kriechstrecken zwischen den Anschlußstellen untereinander und zur Masse eingehalten werden. Dies gilt auch für die fertig ausgeführten Anschlußteile. Außerdem muß genügend Platz für die Kabelführung von der Einführungsstelle zu den Anschlußstellen vorhanden sein. Bei Niederspannungsmaschinen ergibt sich die K. durch Verwendung von → Klemmenplatten und/

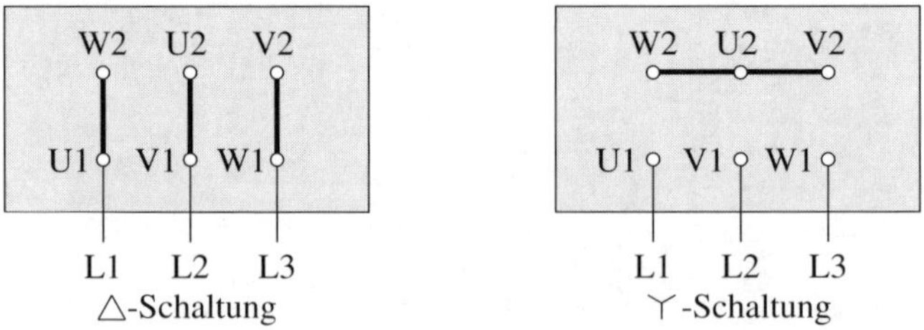

Bild K17 Klemmenanordnung für Niederspannung mit Schaltverbindungen bei sechs herausgeführten Wicklungsenden

oder das Umschalten von → Stern- auf → Dreieckschaltung mittels Schaltbrücken (**Bild K17**). Für größere Niederspannungsmaschinen ist die K. dem Hersteller überlassen. Bei besonders großen Strömen (etwa ab 2000 A) wird man Flachanschlüsse [N4.11] vorsehen. Bei Hochspannungsmaschinen ist für 6 kV und 10 kV die K. genormt [N4.5, N4.6]. Hier wird besonderer Wert auf Kurzschlußfestigkeit des Anschlusses gelegt (→ kurzschlußfester Anschluß, Tabelle K44).
→ Anschluß, → Verdrehschutz [N4.11 bis N4.19, N4.22 bis N4.25].

Klemmenbezeichnung {terminal marking}
→ *Anschlußbezeichnung*

Klemmenbrett {terminal board}
→ *Klemmenplatte*

Klemmenkasten {terminal box}
Teilbares Gehäuse für den elektrischen → Anschluß.
Enthält die Anschlußteile und die → Kabeleinführung. Ist bei → Normmotoren für Niederspannung meist um vier mal 90° drehbar, um das Kabel aus allen Richtungen einführen zu können; dabei ist es zweckmäßig, die Anschlußteile selbst (z. B. die → Klemmenplatte) unverdrehbar anzuordnen. Es muß genügend Platz für das Auftei-

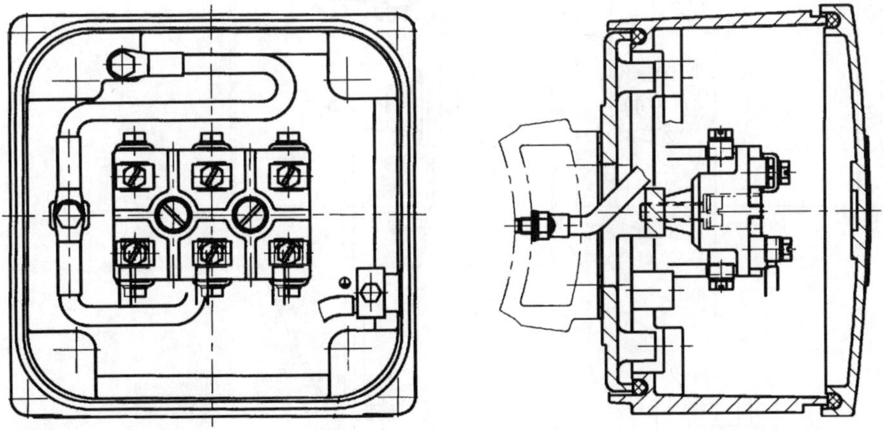

Bild K18 Klemmenkasten (Prinzip) für kleinere Niederspannungsmotoren. Der Anschluß von Wicklungsenden und Zuleitungen erfolgt an getrennten Klemmen. Die Zuleitung wird mit ihrem abisolierten Ende ohne weiteres Herrichten unter einen U-Bügel geklemmt, der den Verdrehschutz gewährleistet. Schutzart IP54.

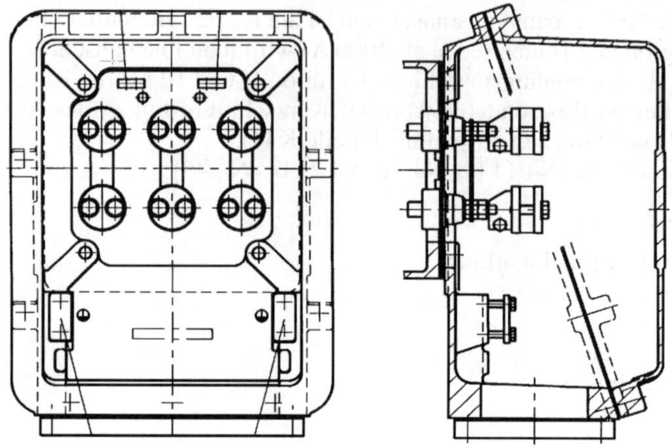

Bild K19 Klemmenkasten (Prinzip) für mittlere Niederspannungsmotoren. Wicklungsenden sind in die Durchführungsbolzen gequetscht oder gelötet. Der Anschluß der Zuleitungen erfolgt ohne besonderes Herrichten an Rundklemmen. Sind diese nicht vorhanden, erfolgt der Anschluß mittels Kabelschuhen an den Durchführungsbolzen. Schutzart IP54.

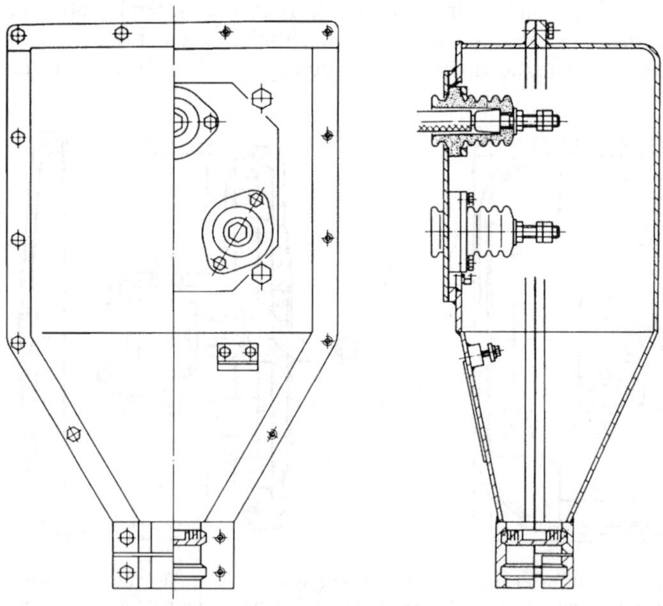

Bild K20 Klemmenkasten (Prinzip) für 6 kV und 315 A. Klemmenanordnung Form B2 nach DIN 42 962 Teil 1 [N4.5]. Schutzart IP 54.

len der Kabeladern auf die einzelnen Anschlußstellen sein. Da der K. blanke Anschlußteile enthält, müssen → Kriechwege und Luftstrecken zu Gehäuseteilen bestimmte Mindestwerte haben, und die → Schutzart muß der des Motors entsprechen, mindestens aber IP44 (sofern nicht verschärfende Bestimmungen für bestimmte Maschinenausführungen vorliegen). Bei Hochspannungsmaschinen ergeben sich Mindestabmessungen des K. aus der → Klemmenanordnung.
Nach erfolgtem Anschluß müssen Dichtungen und Deckel des K. sorgfältig nach Angabe des Herstellers montiert werden, um die erforderliche Schutzart zu gewährleisten.
Beispiele vollständiger Klemmenkästen vor dem Anschluß: **Bild K18** und **Bild K19** für Niederspannung, **Bild K20** für Hochspannung.
→ lichtbogensicherer Klemmenkasten [N4.11 bis N4.19, N4.22 bis N4.25].

Klemmenkastenlage {location of terminal box}
Wird meistens angegeben „gesehen auf Antriebsseite (AS)". Bei → Normmotoren mit Fußbefestigung (→ Bauform IM B3) ist die K. gesehen auf AS zwischen 0° zur Senkrechten („Klemmenkasten oben") und 100° im Uhrzeigersinn („Klemmenkasten rechts"). Die K. „Klemmenkasten links von AS" läßt sich durch Umdrehen (AS nach NS) des Ständers erzielen, auch an einem bestehenden Motor durch Um-Montieren. Voraussetzung: Aktivteile müssen längsmittig im Gehäuse sitzen. Nicht genormt ist die K. in axialer Richtung, die Lage der Kabeleinführungsöffnungen und die Richtung, aus der das Kabel zugeführt wird. Deshalb läßt sich der Klemmenkasten der meisten Maschinen um vier mal 90° drehen. Die nicht genormten Abmessungen und Details wird der gewissenhafte Hersteller in → Maßbildern angeben.
→ Anbaumaße, → Anschluß [N1.1, N1.2, N1.3, N1.5, N1.15, N1.16].

Klemmenplatte {terminal board}
Isolierplatte aus Kunststoff oder Keramik, die eingegossene oder eingeklebte Bolzenklemmen aus Messing oder Stahl für den Anschluß von Wicklung und Zuleitung trägt.
Verwendung nur bei Niederspannung und Strömen bis etwa 200 A. Der einfachste Fall für den Anschluß mit Kabelschuhen sowohl für die Wicklung als auch die Zuleitung sind rechteckige K. mit sechs Gewindebolzen nach [N4.17]. Ihre Hauptabmessungen sind bis zu einem Gewinde M10 (Anschlußquerschnitt maximal 120 mm^2) genormt (**Bild K21**). Ein Verdrehschutz ist nicht gewährleistet. Rechteckige K. mit Schlitzbolzen und entsprechenden Kabelschuhen nach [N4.18] erfüllen die Forderungen nach Verdrehsicherheit; sie sind deshalb auch für explosionsgeschützte Maschinen zugelassen. Ihr Nachteil ist die durch den Schlitz verringerte Festigkeit. Hier empfiehlt sich beim Anschließen die Verwendung eines Drehmomentschlüssels. Die Verwendung der genannten K. ist keineswegs bindend. Es gibt

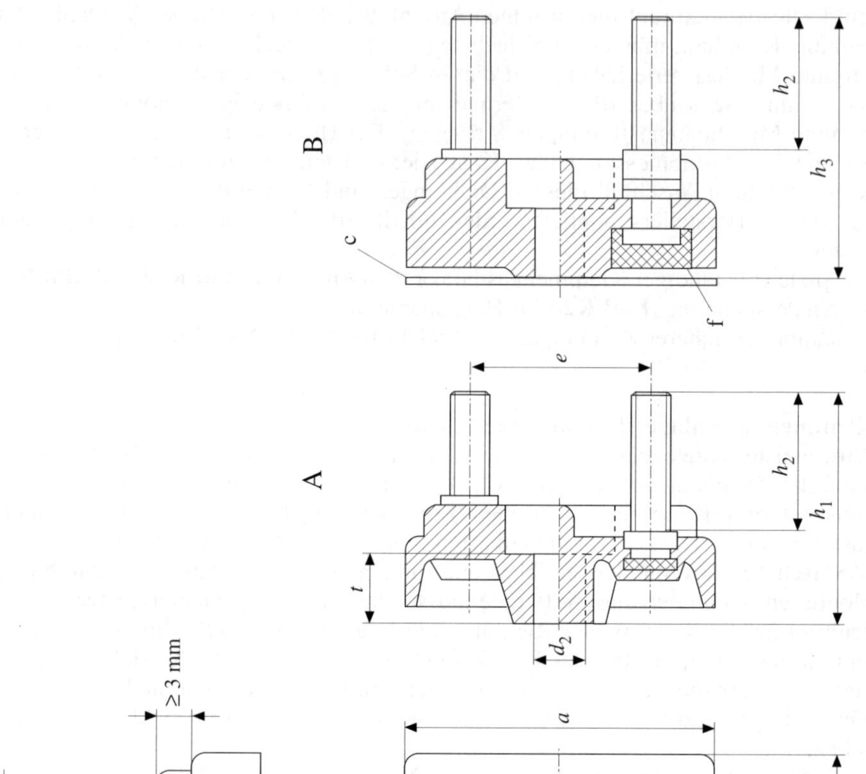

A
B
c
f
e
h_1
h_2
h_3
t
d_1
d_2
≥ 3 mm
a
b
s
g
U1
U2
V1
V2
W1
W2

← **Bild K21** Rechteckige Klemmenplatten mit sechs Anschlußbolzen. Es gibt fünf nach [N4.17] genormte Größen von M5 bis M10. Für jede Größe sind Werte für die eingetragenen Maßbezeichnungen festgelegt.
A Klemmenplatte aus Kunststoff-Formstoff
B Klemmenplatte aus keramischem Isolierstoff
c Isolierunterlage
f Vergußmasse
g Klemmenbezeichnung

deshalb eine Vielzahl unterschiedlicher K. Bild K18 zeigt eine Lösung mit getrennten Klemmen für Wicklungsenden und Zuleitungen. Die Zuleitung wird mit ihrem abisolierten Ende ohne weiteres Herrichten unter einen U-Bügel geklemmt, der den Verdrehschutz gewährleistet.

Klima {climate}
K. lassen sich unterscheiden in:
- Gebietsklimate aufgrund der geografischen Lage (z. B. feuchtwarmes Klima),
- Mikroklimate aufgrund örtlicher Einflüsse (z. B. Industrieklima),
- Transportklimate (z. B. Überseetransport),
- Prüfklimate zur Untersuchung klimatischer Beanspruchungen an technischen Geräten (z. B. Kondenswasser-Wechselklima mit schwefeldioxidhaltiger Atmosphäre).

Die Normen für drehende elektrische Maschinen berücksichtigen klimatische Einflüsse auf die → Kühlung. Für → Kühlmitteltemperatur, → Umgebungstemperatur und → Aufstellungshöhe sind nicht nur Grenzwerte angegeben, sondern auch Regeln, wie bei deren Überschreitung vorgegangen werden muß. Bei → Motoren für allgemeine Zwecke gibt es darüber hinaus Bezugsbedingungen für → Luftfeuchtigkeit, die von den Herstellern berücksichtigt werden müssen. Ganz allgemein kann man sagen, daß das Innere von elektrischen Maschinen durch Wahl einer geeigneten → Schutzart IP und → Kühlart IC gegen klimatische Einflüsse weitgehend geschützt werden kann. Die äußeren Flächen (z. B. Wellenende, Lüfterhaube) dagegen müssen unter Umständen mit Sondermaßnahmen gegen die Beanspruchungen geschützt werden.
→ Anstrich, → Außenraumaufstellung, → biologische, chemische und Strahlungseinflüsse, → Innenraumaufstellung, → Klimagruppen, → Kondenswasser, → Korrosionsschutz, → Lagerabdichtung
[A20, A21, E38, E41, N7.17, N8.2, N8.8 bis N8.15, N8.19, N8.20, N9.1, N9.2, N9.5, N9.6]

Klimagruppen {classes of climate}
Klassifizierung von natürlichen Umwelteinflüssen (Temperatur, Luftfeuchte) nach [N8.20].

Dient zur groben Beschreibung der klimatischen Beanspruchung. Wird bei elektrischen Maschinen für die Beschreibung von → Anstrichen benutzt.
K. reichen nicht aus, um die klimatischen Beanspruchungen vollständig zu beschreiben. Hersteller geben meist auch die → Prüfklimate an, gegen die der betreffende Anstrich beständig ist.
→ Klima

Kloss'sche Gleichung {Kloss' equation}
Analytische Darstellung der → Momentenkennlinie einer idealen → Asynchronmaschine (keine Verluste im Ständer, stromverdrängungsfrei).

$$M / M_\mathrm{b} = \frac{2}{(s / s_\mathrm{b}) + (s_\mathrm{b} / s)},$$

mit:
M Drehmoment bei beliebigem Schlupf s,
s beliebiger Schlupf,
M_b Kippmoment,
s_b Kippschlupf.

Die K .G. kann im Bereich zwischen Leerlauf und Kippunkt auch bei realen Maschinen und solchen mit Stromverdrängung näherungsweise verwendet werden. Sie ermöglicht auch die Berechnung des Kippschlupfs aus den üblichen Katalogdaten:

$$s_\mathrm{b} / s_\mathrm{N} \approx (M_\mathrm{b} / M_\mathrm{N}) + \sqrt{(M_\mathrm{b} / M_\mathrm{N})^2 - 1},$$

mit:
s_b Kippschlupf,
s_N Bemessungsschlupf,
$M_\mathrm{b}/M_\mathrm{N}$ Momentenüberlastbarkeit.
[A5]

Koaxialität {concentricity}
→ Rundlauf, Koaxialität und Planlauf

Körperschall {structure-born noise}
Unhörbare, manchmal jedoch spürbare mechanische Schwingungen in festen Bauteilen, die schädliche Auswirkungen auf Maschinen und Anlagen haben können.
Die Schwingungen werden beurteilt nach der → Schwingungsstärke; ihre Messung, Bewertung und Grenzwerte an drehenden elektrischen Maschinen sind genormt

[N9.11]. K. kann gelegentlich in → Luftschall umgewandelt werden (z. B. durch Resonanz in großflächigen, dünnwandigen Bauteilen). Vermeidung von schädlichem Körperschall durch vorschriftsmäßiges → Auswuchten, sorgfältige Gestaltung des → Fundaments, richtiges Aufstellen und Kuppeln, → bestimmungsgemäße Verwendung, zweckmäßige → Instandhaltung.
Betriebsbedingte Kräfte in Strukturen von Maschinen, Grundrahmen, Fundamenten usw. nicht „spazierenführen", sondern auf geradlinigem, kürzestem und steifem Weg leiten.
→ Geräusch, → Kuppeln zweier Wellen [E10, E13, E41]

Körperschluß (auch: Masseschluß) {fault to frame}
→ *Isolierungsfehler*

Kohlebürsten {brushes}
→ *Bürsten*

Kondenswasser (auch: Schwitzwasser) {condensate}
Wasserfilm, der sich bei feuchter Luft an Flächen bildet, deren Temperatur den Taupunkt unterschreitet.
Durch → Atmung kann auch in das Innere von völlig geschlossenen Maschinen feuchte Luft dringen, wo sich das Wasser bei ungünstigen Bedingungen niederschlägt, möglicherweise auch am Wickelkopf. Bei Maschinen mit → Wasserkühlung oder mit → Kreislaufkühlung über eingebaute Luft-Wasser-Wärmetauscher bildet sich an den kalten Flächen des Wärmetauschers immer K. Häufig wird Wasser bei der Fertigung der Maschine „eingebaut" (z. B. durch Gehäuseteile, die einer Druckprüfung mit Wasser unterworfen und nicht richtig getrocknet wurden, oder durch hygroskopische Isolierstoffe). Dieses Wasser verdunstet bei den betrieblichen Erwärmungsvorgängen an die Innenluft und wird durch die Atmung nach außen transportiert; die Maschine trocknet sich selbst. Gleiches geschieht mit dem eigentlichen K. Sammelt sich jedoch unter ungünstigen Bedingungen das K. am tiefsten Punkt in der Maschine, steht möglicherweise der Wickelkopf im Wasser – unter Umständen kommt es zu Überschlägen zwischen Wicklung und Masse. K.-Bildung wird allgemein verhindert durch → Heizung bei Maschinenstillstand.
Die größtmöglichen Wassermengen, die mit einem einmaligen Atmungsvorgang in die Innenluft von oberflächengekühlten Drehstrommotoren mit Käfigläufern gelangen können, sind erstaunlich gering (≈ 6 ‰ des Luftvolumens im Innern), auch bei Annahme ungünstigster Bedingungen (**Bild K22**).
Die meisten durch Wasser verursachten Schäden sind nicht auf K. zurückzuführen, sondern auf eingedrungenes Fremdwasser, d. h. mangelhafte Abdichtung, möglicherweise unpassende → Schutzart. Der Weg des eingedrungenen Wassers kann

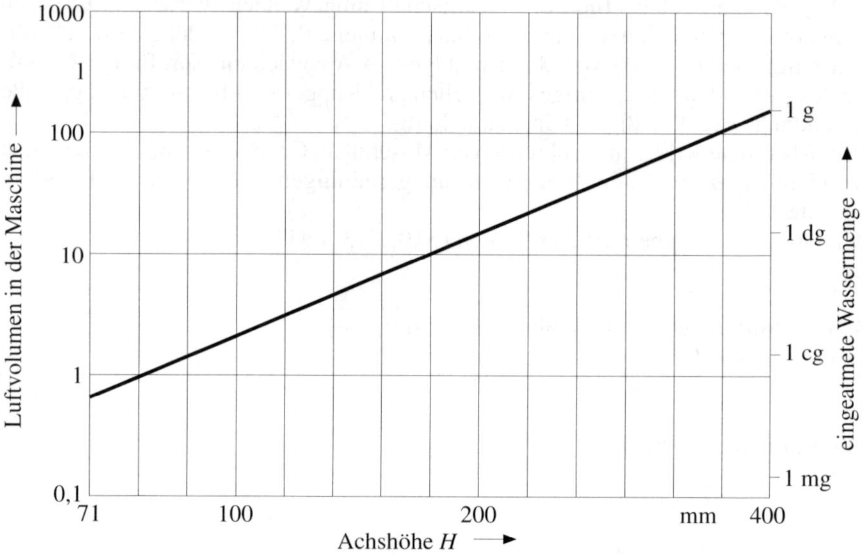

Bild K22 Luftvolumen im Innern einer ausgeführten Reihe von oberflächengekühlten Drehstrommotoren mit Käfigläufer und die bei einmaligem Abkühlungsvorgang in Dampfform eingeatmete Wassermenge (Streubereiche). Annahme: Umgebungsluft 20 °C mit 100 % relativer Luftfeuchte; Abkühlung der Innenluft um 100 K bis 110 K (entspricht Ausnutzung in Wärmeklasse F).

häufig durch eindeutig begrenzte Fließspuren mit starker Korrosion erkannt werden, während K. zu gleichmäßigem, aber geringem Korrosionsanflug aller metallischen Innenflächen führt.
→ Feuchtigkeit [E38]

Kondenswasser-Ablaufloch (auch: Schwitzwasserloch) {condensate drain hole}
Loch für den Ablauf des an der tiefsten Gehäusestelle gesammelten → Kondenswassers. Dieses soll die Ansammlung schädlicher Mengen von Kondenswasser an den tiefsten Stellen des Motors verhindern. Größter zulässiger Durchmesser: 8 mm (Gefahr des Zusetzens durch Schmutz, Rost, Insektenbauten). Gelegentlich werden Spezialstopfen zur Erhöhung der → Schutzart IP (auch in explosionsgeschützter Ausführung Zündschutzart Druckfeste Kapselung „d"*)) verwendet. Praxisgerechte Lösung für druckfest gekapselte Motoren: **Bild K23**.

*) Das „explosionsgeschützte Loch" – *Kurt Tucholsky* (deutscher Schriftsteller und Satiriker, 1890 – 1935; Verfasser des tiefsinnigen Essays „Zur soziologischen Psychologie der Löcher") kannte es noch nicht.

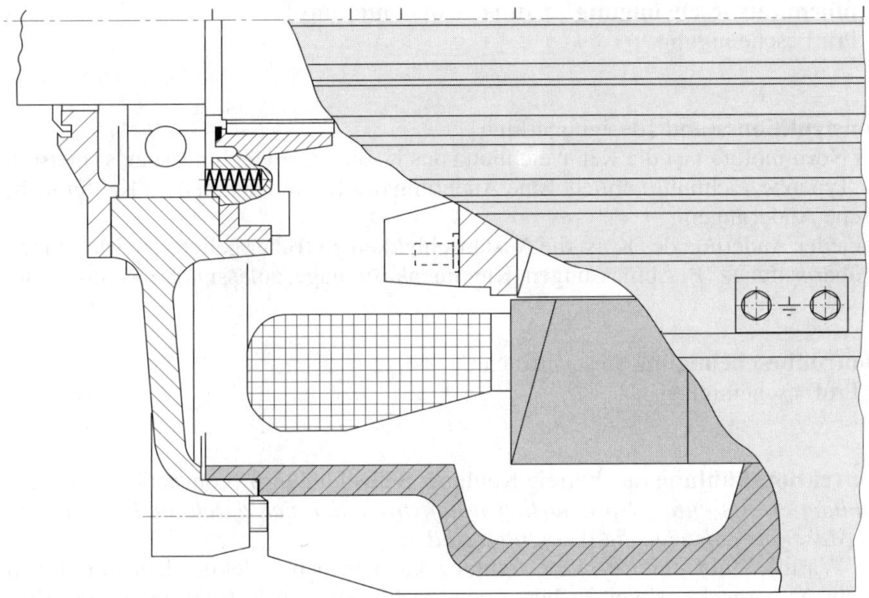

Bild K23 Sammelwanne für Kondenswasser in einem oberflächengekühlten Drehstrommotor der Zündschutzart Druckfeste Kapselung „d"

- Das K. muß bestimmungsgemäß verwendet werden; Aufstellung entgegen der ursprünglich bestellten → Bauform macht es möglicherweise zu einer Einlauföffnung, den Motor zu einem Wasserbehälter.
- Kondenswasser ist grundsätzlich nicht vermeidbar, führt aber nur in extremen Fällen zu fließfähigen Wassermengen, die ein K. brauchen.
- Bei gedrängten Raumverhältnissen zwischen Wickelkopf und Lagerschild oder Gehäuse kann auch ein K. Überschläge nicht verhindern.

Das K. muß, vor allem bei kleineren und mittleren Maschinen, kritisch gesehen werden*). Feuchtigkeitsfeste Isoliersysteme mit Werkstoffen geringer Wasseraufnahme, große Abstände der Wicklung zu möglichen Wasseransammlungen und im Extremfall Heizung werden sowohl den physikalischen Vorgängen als auch der Betriebspraxis besser gerecht.

→ Atmung, → Feuchtigkeit [E38]

*) Der Autor kann aus eigener Erfahrung die kritischen Bemerkungen *Greiner*s [E38] über den Wert des Kondenswasser-Ablauflochs nur unterstreichen – die Schlußfolgerungen auch.

Konformitätsbescheinigung {certificate of conformity}
→ Prüfbescheinigung

Konstruktionsstand {design marking}
Bei Normmotoren ist die Kennzeichnung des K. oder Entwicklungsstands (meist in der Typenbezeichnung) üblich. Eine Änderung des K. signalisiert dem Käufer technische Änderungen.
Bei jeder Änderung des K. ist die Austauschbarkeit zu früher gelieferten Maschinen zu überprüfen (z. B. Abmessungen, Klemmenkastenlage, zulässige Belastungen etc.

Kontrollbescheinigung {test certificate}
→ Prüfbescheinigung

Konvektionskühlung (auch: freie Kühlung, Selbstkühlung) {convection cooling}
Kühlung erfolgt durch den natürlichen Luftstrom, der sich durch die über oder in der Maschine aufsteigende Warmluft ausbildet.
Die Wärmeabfuhr durch Wärmestrahlung kann man bei elektrischen Maschinen durchweg vernachlässigen. Es hängt von der Maschinenkonstruktion und der Einbaulage ab, wie intensiv die Kühlung ist. Bei waagrechter Welle werden die oberflä-

IC-Code vereinfacht (vollständig)	Skizze	Kühlkreisanordnung
IC 00 (IC0A0)	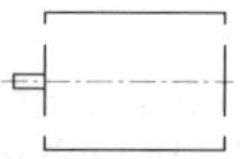	freier Kühlkreis
IC 410 (IC4A1A0)	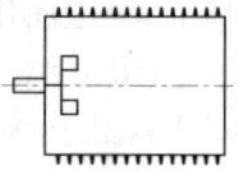	Oberflächenkühlung
IC 510 (IC5A1A0)	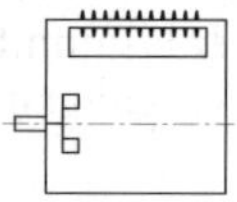	eingebauter Wärmetauscher
IC 610 (IC6A1A0)	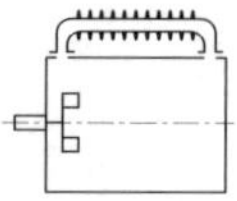	angebauter Wärmetauscher

Tabelle K24 Kühlarten von Maschinen mit freier Kühlung (Konvektionskühlung); Kühlmittel ist in jedem Fall die Umgebungsluft

chengekühlten Maschinen zweckmäßigerweise mit ringförmig angeordneten Rippen versehen (→ Ringrippen), zwischen denen die Luft ungehindert nach oben strömen kann. Werden oberflächengekühlte Maschinen ohne Lüfter, also mit K., betrieben, muß die Leistung einer bestimmten Baugröße auf rund 20 % bis 50 % verkleinert werden. Je höher die Polzahl der belüfteten Maschine ist, desto geringer wird der Unterschied zur K. → Kühlarten für Maschinen mit K.: **Tabelle K24**.
Maschinen mit K. sind groß und schwer. Wegen des fehlenden Luftstroms verschmutzen Maschinen mit K. leicht. Bei der → Wartung beachten!

Korrosionsschutz {protection against corrosion}
Maßnahmen zur Verhinderung von innerer und äußerer Korrosion.
Durch geeignete Wahl der → Schutzart IP kann das Innere von elektrischen Maschinen weitgehend vor dem Eindringen feuchter oder aggressiver Atmosphäre und damit vor Korrosion geschützt werden. Wichtig ist der K. vor allem für die Lager (Rost mindert die Lebensdauer) und dann für die blanken äußeren Teile (z. B. Wellen-ende). Die übrige Außenfläche kann durch Wahl des Werkstoffs (z. B. → Grauguß für Gehäuseteile) und durch zweckentsprechenden → Anstrich geschützt werden. Blechteile mit Stanzkanten (z. B. Lüfterhauben mit Luftgitter) werden erforderlichenfalls passiviert (z. B. durch Verzinken) oder bei besonders aggressiver Atmosphäre aus korrosionsbeständigem Werkstoff gefertigt (z. B. → Leistungsschilder aus V2A).
Die Überprüfung auf Korrosion sollte fester Bestandteil der → Instandhaltung sein.
→ Feuchtigkeit, → Klima, → Kondenswasser, → Passungsrost
[E38, E41, N7.17, N8.13 bis N8.15]

Kraftwirkung eines durchströmten Leiters {force of a current-carrying conductor}
Auf einen stromdurchflossenen Leiter wirkt im Magnetfeld eine Kraft (**Bild K25**).
„*Linke-Hand-Regel*“: Denkt man sich die Feldlinien in die Innenfläche der linken Hand eintretend und weisen die gestreckten Finger in Richtung des Stroms, dann zeigt der abgespreizte Daumen die Kraftrichtung:

$$F = i \cdot l \cdot B,$$

mit:
F gesamte am Leiter angreifende Kraft in N,
i Strom im Leiter in A,
l Länge des Leiters im magnetischen Feld in m,
B mittlere Flußdichte, senkrecht zum Leiter, in T.
Die Addition der in demselben Augenblick entstehenden Kräfte über alle Leiter am Umfang einer elektrischen Maschine ergibt mit dem Läuferradius das → Drehmoment. Der o. a. Zusammenhang gilt auch für zeitlich veränderliche Größen: Um bei periodischem Wechselstrom eine ständig in die gleiche Richtung wirkende Kraft zu

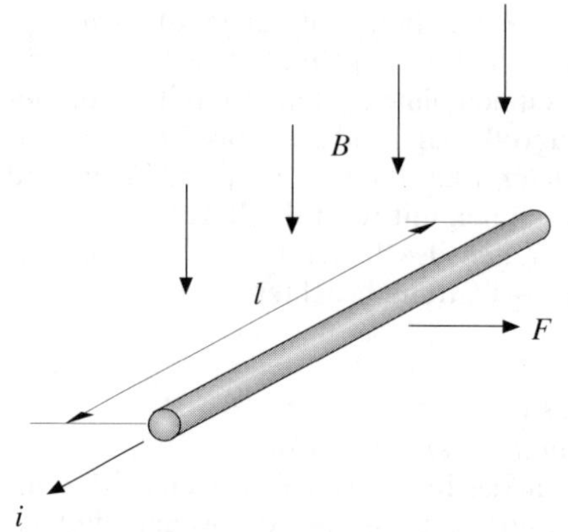

Bild K25 Kraft an einem stromdurchflossenen Leiter im Magnetfeld

erhalten, müssen Strom und Flußdichte immer in der gleichen Frequenz wechseln. Allerdings pulsiert die Kraft mit doppelter Frequenz des Stroms. Dieser Effekt führt bei losen Stäben von Käfigwicklungen unter dem Einfluß des Nutenquerfelds zu Schwingungen in radialer Richtung, möglicherweise zu Stabbrüchen. Dies tritt besonders bei kleinen und mittleren Leistungen auf, weil die dort verwendeten dünnen Stäbe verhältnismäßig viel Spiel in der Nut brauchen, um in das Läuferpaket eingesetzt werden zu können, und sich deshalb leichter bewegen lassen. Besonders gefährdet sind Maschinen mit großer Schalthäufigkeit und Schweranlauf, also Fälle, bei denen lange Zeit große Schlupffrequenzen (und damit hohe Wechselkräfte und eine große Anzahl solcher Schwingungen) auftreten. Im stationären Betrieb sind

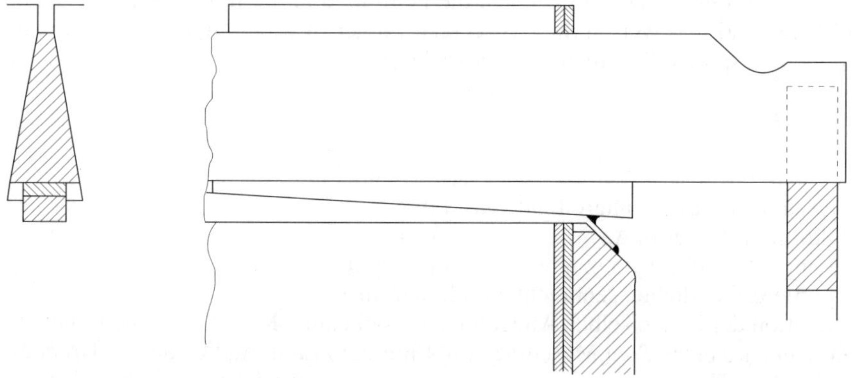

Bild K26 Keilstab mit Sicherung gegen radiale Schwingungen durch Keile am Nutgrund

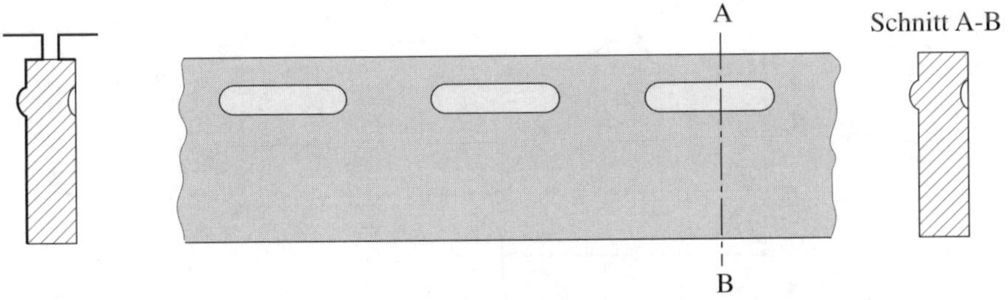

Bild K27 Hochstab mit Sicherung gegen radiale Schwingungen durch Prägesicken und entsprechende Aussparungen in der Nut

diese Schwingungen wegen des kleinen Schlupfs harmlos. Kein Problem sind diese Schwingungen bei → Druckgußläufern, weil das Stabmaterial die Nuten völlig ausfüllt und kein Schwingweg bleibt.

- Stäbe von gelöteten Stromverdrängungsläufern sind gegebenenfalls gegen radiale Schwingungen während des Anlaufs zu sichern.
- Bei Instandhaltung sind die Stäbe auf festen Sitz bzw. Verschleißerscheinungen zu überprüfen.

Die Sicherung kann auf vielerlei Art geschehen. Beispiele: radiales Unterkeilen (bei Keilstabläufern üblich; **Bild K26**), Prägestäbe (Prägesicken im Hochstab verklemmen sich in gestanzten Aussparungen des Blechs; **Bild K27**), Bauchbinden (umlaufende Nuten werden in das Läuferpaket gedreht und mit Schweißnaht zu durchgehenden Ringen aufgefüllt; Bild A26), Imprägnieren des fertigen Läufers, u. a. m.

Kran-Kennlinie {crane-torque characteristic}
→ Lastkennlinien

kreisförmiges Drehfeld {circular rotating field}
Magnetisches Feld, das entlang des Umfangs der Ständerbohrung läuft und eine räumlich sinusförmige Verteilung mit gleichbleibender Amplitude hat.
Das k. D. ist ein idealisierter Fall (**Bild K28**). Durch unstetige Wicklungsverteilung und → magnetische Unsymmetrien sind → Oberfelder enthalten, deren Auswirkung auf → Drehmoment, → Verluste und → Geräusch nicht vernachlässigt werden darf. Ein wesentliches Merkmal des Drehstrommotors ist die Bildung des k. D. über drei ruhende, aus dem Drehstromnetz gespeiste Wicklungsstränge

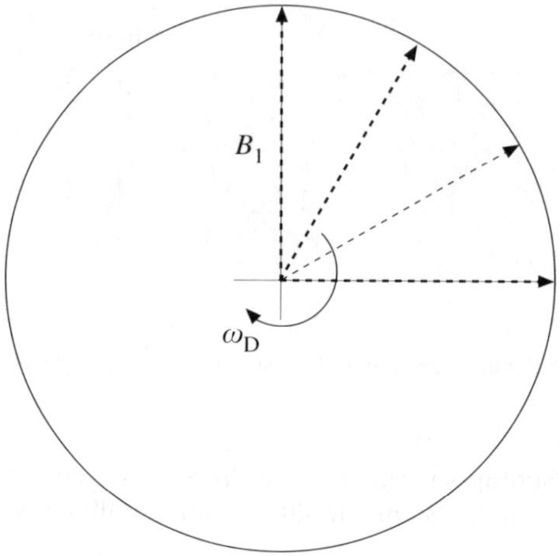

Bild K28 Kreisförmiges Drehfeld im Zeigerdiagramm; Amplitude B_1 des Drehfelds ist unabhängig von der Winkelstellung in der Ständerbohrung;
ω_D Winkelgeschwindigkeit des Drehfelds

Kreisfrequenz ω in s^{-1} {angular frequency}
Änderungsgeschwindigkeit einer periodischen → Wechselgröße.

$$\omega = 2 \cdot \pi \cdot f,$$

mit:
ω Kreisfrequenz in s^{-1},
f Frequenz in Hz.
(analog: → Winkelgeschwindigkeit bei kreisförmiger Bewegung)
[A8, N6.9, N6.10]

Kreislaufkühlung {closed-circuit cooling}
Kühlmethode, bei der das primäre Kühlmittel in einem geschlossenen Kreis fließt und die Wärme mittels Wärmetauscher auf das sekundäre Kühlmittel übertragen wird.
K. ermöglicht intensive Wärmeabfuhr trotz geschlossener Bauweise für die Maschine; damit kann eine hohe → Schutzart IP erzielt werden. Mit K. sind viele Kühlarten und damit viele Anpassungsmöglichkleiten an die Betriebs- und Aufstellungsbedingungen möglich:

- Der/die Wärmetauscher können in die Maschine eingebaut, an ihr angebaut oder getrennt angeordnet sein.

IC-Code vereinfacht (vollständig)	Skizze	Kühlkreisanordnung
IC 81W (IC8A1W7)	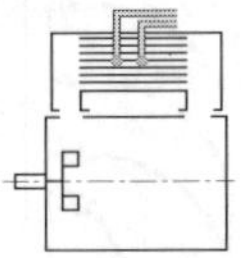	Eigenkühlung im Primärkreislauf
IC 85W (IC8A5W7)	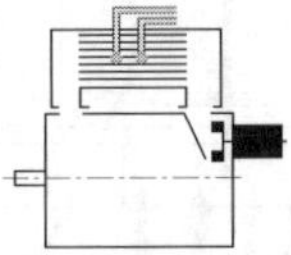	Primärkühlkreis durch eingebaute unabhängige Baugruppe
IC 86W (IC8A6W7)	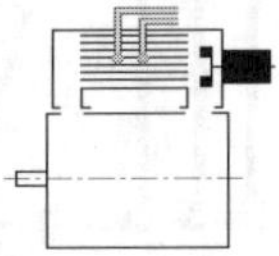	Primärkühlkreis durch angebaute unabhängige Baugruppe

Tabelle K29 Beispiele für Kühlmethoden mit geschlossenem primären Kühlkreislauf und angebautem Wärmetauscher. Dieser wird von einer unabhängigen Baugruppe getrennt versorgt.

Bild K30 Drehstrom-Käfigläufermotor für Hochspannung in Kühlart IC 86 W (IC 8 A6 W7); Motordaten: 1280 kW, 11 kV, 50 Hz, 497 min^{-1}, explosionsgeschützt in Zündschutzart EExeIIT3. Wegen der kleinen Drehzahl wird statt Eigenkühlung ein Belüftungsaggregat zur Erzeugung des primären Kreislaufs angebaut. Wärmeübertragung zum Sekundärkreislauf durch angebauten Luft-Wasser-Wärmetauscher.

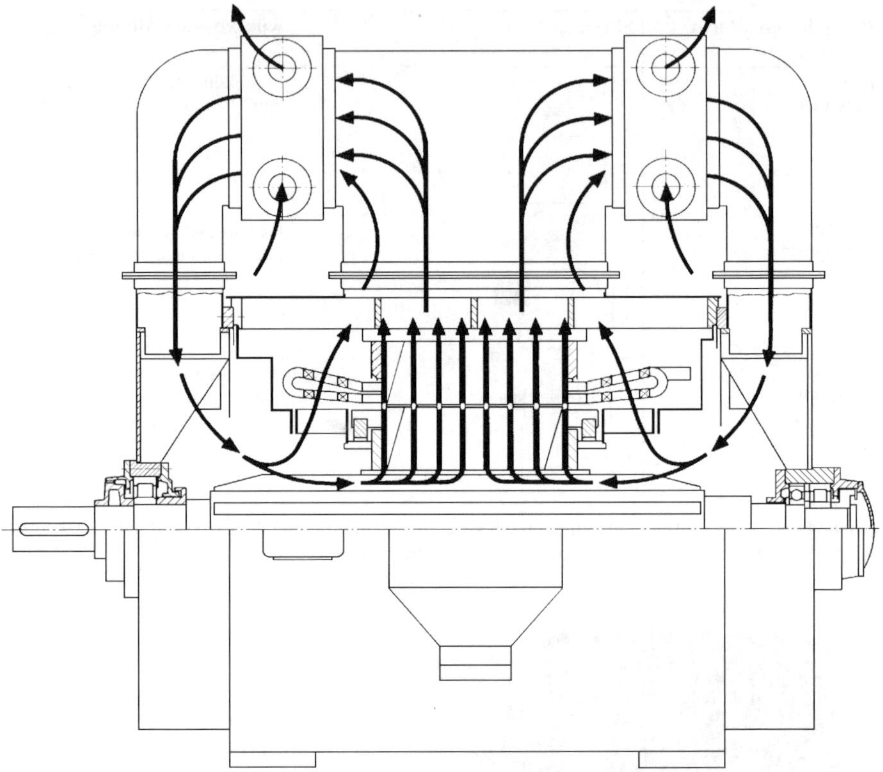

Bild K31 Beispiel für Kühlart IC 81 W (IC 8 A1 W7) im Schnittbild. Primärer Kühlkreislauf: doppelflutig in Eigenkühlung; Förderwirkung: Radiallüfter, Lüfterwirkung der Läuferschlitze des axial unterteilten Blechpakets. Sekundärer Kühlkreislauf: doppelter Luft-Wasser-Wärmetauscher; Kühlmittelströmung wird durch getrenntes Pumpenaggregat erzeugt.

- Das sekundäre Kühlmittel kann gasförmig oder flüssig, ein umgebendes oder anderes Medium sein.
- Der Kreislauf des primären Kühlmittels kommt durch einen maschineneigenen Lüfter zustande (Eigenkühlung) oder durch eine unabhängige Baugruppe, die ein-/angebaut oder getrennt aufgestellt sein kann – oder durch den Betriebsdruck des Kühlmittels.

Tabelle K29 gibt die Merkmale einiger häufig verwendeter Kühlarten für K. an. Ausführungsbeispiel mit größerer Leistung: **Bild K30**. Schnittbild mit Kühlströmungen eines doppelflutigen Primärkreislaufs: **Bild K31**.

Anschluß der Leitungen für das sekundäre Kühlmittel (Wasserleitungen, Rohre, Kanäle) sollte mit elastischen Verbindungsstücken erfolgen, um Verspannungen des Maschinengehäuses und Körperschallübertragung zu vermeiden.
→ Kühlart IC, → Kühlartwechsel während des Betriebs [A2, N9.6]

Kriechstrecken {creepage distances}
→ Luft- und Kriechstrecken

kritische Drehzahl {critical speed}
Drehzahl, bei der eine Welle in Biegeschwingungs-Resonanz oder ein Wellenstrang in Drehschwingungs-(Torsions)-Resonanz gerät.
Bei Drehschwingungen wirken Federsteife und Dämpfung von mindestens drei Bauteilen zusammen: der Motorwelle, der → Kupplung und der Welle der Arbeitsmaschine. Deshalb sind torsions-k.D. nur bei enger Zusammenarbeit aller beteilig-

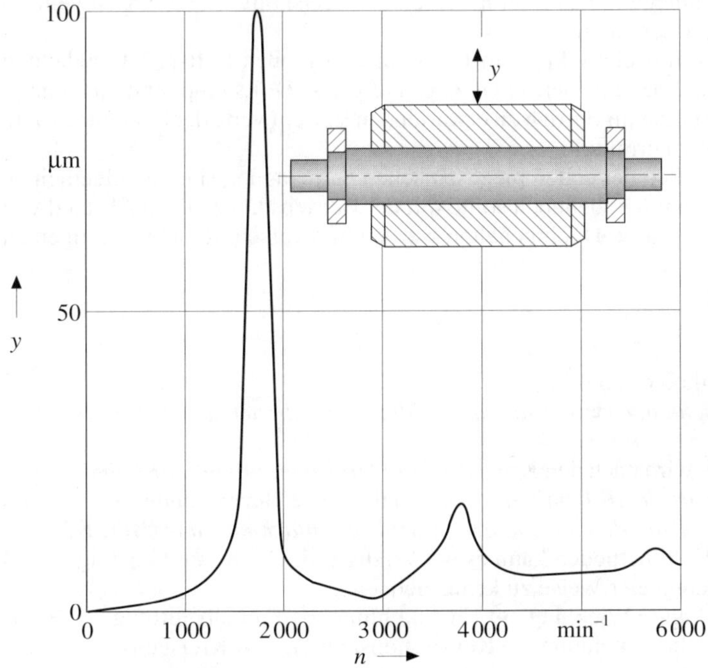

Bild K32 Gemessener Amplitudengang der Biegeschwingungen eines Läufers mit den kritischen Drehzahlen

ten Stellen (→ Schnittstelle) und auch dann nur mit Unsicherheit zu ermitteln (→ Drehschwingungen). Biegeschwingungsresonanzen dagegen sind eine von anderen Bauteilen nahezu unbeeinflußte Eigenschaft eines jeden Läufers (Ausführungsbeispiel: **Bild K32**). Liegt die maximale Betriebsdrehzahl unter der niedrigsten k. D. (auch: *erste biege-k. D.*), spricht man von „unterkritischem" Betrieb, im anderen Fall von „überkritischem" Betrieb. Letzterer muß häufig bei größeren zweipoligen Maschinen (ab rund 700 kW) gewählt werden, weil die Welle nicht so verstärkt und der Lagerabstand nicht so verkürzt werden kann, daß unterkritischer Betrieb möglich wäre. Soll dies trotzdem geschehen, würden entweder die elektrischen Daten (Wirkungsgrad, Leistungsfaktor) schlechter oder der Maschinentyp wesentlich größer.
Die k. D. kann annähernd berechnet werden mit:

$$n_{\text{krit}} \approx 300\sqrt{y_{\text{max}}},$$

mit:
n_{krit} erste biegekritische Drehzahl in min^{-1},
y_{ma} größte Durchbiegung des Läufers unter Gewichtskräften und einseitigem → magnetischen Zug in cm.

- Bei Maschinen mit relativ kleinem Luftspalt und großen Luftspalt-Flußdichten steigt der Einfluß des magnetischen Zugs auf die k. D. Es empfiehlt sich daher, die k. D. auch für die im Betrieb zu erwartenden Extremwerte der Spannung (d. h. der Flußdichte) zu ermitteln.
- Die Resonanzstellen der ersten biegekritischen Schwingung sind im allgemeinen zwar scharf ausgeprägt, dennoch sollte mit der Betriebsdrehzahl ein Abstand von mindestens 20 % zur k. D. eingehalten werden, um verstärkte Schwingungen zu vermeiden.

[A7, A8, E4, E9]

Kühlart IC {method of cooling}
Genormtes Bezeichnungssystem für die Kühlmethode drehender elektrischer Maschinen.
Die Kühlmethode wird nach den Kriterien *„Kühlkreisanordnung", „Kühlmittelart"* und *„Bewegungsart des Kühlmittels"* klassifiziert. Die Bezeichnung erfolgt nach [N9.6] in einem *vollständigen Code* oder einem *vereinfachten Code* (**Bild K33**).
Bei bestimmten Kühlmethoden kann es notwendig sein, die K. am Leistungsschild oder in anderer geeigneter Weise zu kennzeichnen.
→ direkt-leitergekühlte Wicklung, → Eigenkühlung, → Fremdbelüftung, → Hohlrippenkühlung, → Innenkühlung, → Konvektionskühlung, → Kreislaufkühlung, → Kühlung durch Relativbewegung, → Oberflächenkühlung, → Rippenkühlung, → Röhrenkühlung, → Wasserkühlung

vollständige Bezeichnung	IC 8 A 1 W 7
vereinfachte Bezeichnung	IC 8 1 W

1 Code-Kennbuchstaben
(IC International Cooling)

2 Kühlkreisanordnung
Art des Kühlmittelumlaufs und der
Art der Wärmeabgabe der Maschine

3 primäres Kühlmittel
A Luft, H Wasserstoff, U Öl, W Wasser etc.
„A“ entfällt bei vereinfachter Bezeichnung

4 Bewegungsart des primären Kühlmittels

5 sekundäres Kühlmittel
analog zu 3

6 Bewegungsart des sekundären Kühlmittels
analog zu 4
„7“ entfällt bei vereinfachter Bezeichnung,
wenn sekundäres Kühlmittel „W“

Bild K33 Aufbau des IC-Codes nach [N9.6]

Kühlartwechsel während des Betriebs {change of cooling during operation}
Bei Maschinen mit Kreislaufkühlung besteht gelegentlich die Notwendigkeit, ohne Abschalten des Motors den/die Luft-Wasser-Wärmetauscher zu reinigen oder instand zu setzen. Zu diesem Zweck kann mit Hilfe spezieller Luftklappen der innere Luftkreislauf abgesperrt und auf Durchzugsbelüftung umgestellt werden (**Bild K34**). Liegt die Umgebungstemperatur in den zulässigen Grenzen, kann auch mit offenem Kreislauf Dauerbetrieb gefahren werden, ohne daß die Grenz-Übertemperatur der Wicklung überschritten wird. Zweckmäßigerweise wird dies durch eine Erwärmungsprüfung kontrolliert.
[A14]

Kühlkreis {cooling circuit}
Kreis, in dem das → Kühlmittel strömt, die Verluste aufnimmt und abtransportiert.

- *Offener K.*: Das Kühlmittel erneuert sich ständig. Es wird einem Medium (z. B. der die Maschine unnmittelbar umgebenden Luft) entnommen, in das es zurückkehrt und an das es die Wärme abgibt. Beispiel: → Innenkühlung mit Kühlart IC 01.
- *Geschlossener K.*: Das Kühlmittel strömt in einem geschlossenen Kreis und gibt die Wärme über die Gehäuseoberfläche oder über einen Wärmetauscher an das nächste Kühlmittel ab. Beispiel: → Oberflächenkühlung mit Kühlart IC 411.

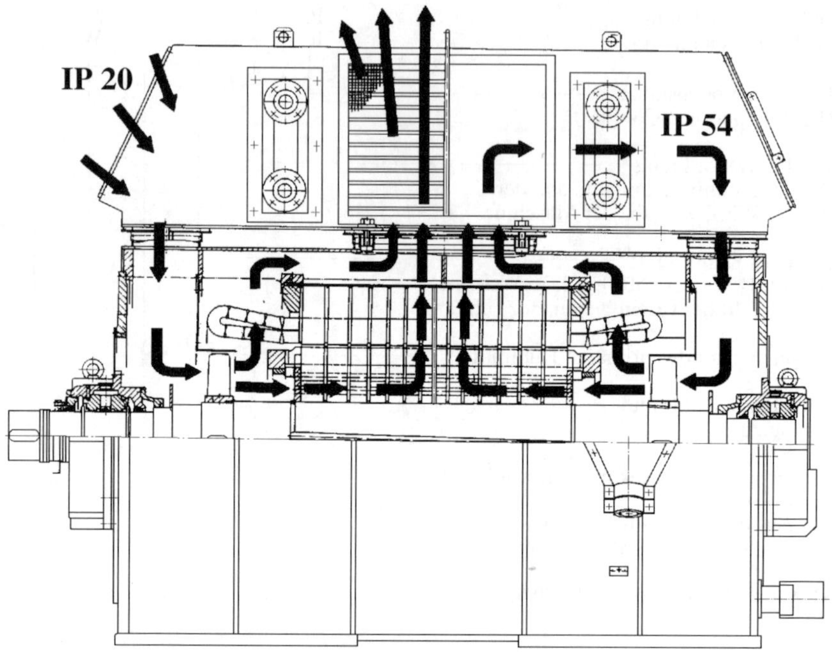

Bild K34 Drehstrom-Hochspannungsmotor mit Käfigläufer, der während des Betriebs von Kreislaufkühlung auf direkte Durchzugskühlung umgebaut werden kann.
Linke Bildhälfte: Kühlart IC 01, Schutzart IP 20
Rechte Bildhälfte: Kühlart IC 81W, Schutzart IP 54
Motordaten: 2200 kW, 5 kV, 50 Hz, 1495 min^{-1}, EExeII T1 ... T3

- *Rohr- oder kanalgeführter K.*: Das Kühlmittel erneuert sich ständig. Es wird durch Rohre oder Kanäle zu- und/oder abgeführt. Beispiel: → Innenkühlung mit Kühlart IC 11

[N9.6]

Kühlluftmenge und Druckabfall {cooling-air rate and pressure drop}
Bei Motoren mit → Eigenkühlung wird die Kühlluft bei bestimmten → Kühlarten über Rohre oder Kanäle zu- und/oder abgeführt. In diesen entsteht für die Luftströmung ein zusätzlicher Druckabfall, wodurch die Kühlluftmenge gedrosselt wird. Damit die zulässigen Temperaturen nicht überschritten werden, darf der Druckabfall bei vorgegebener Kühlluftmenge typspezifische Werte nicht überschreiten. Der Anlagenbauer muß dies durch entsprechend große Kanalquerschnitte und möglichst geradlinige Kanalführung sicherstellen, notfalls eine zusätzliche → Fremdbelüftung

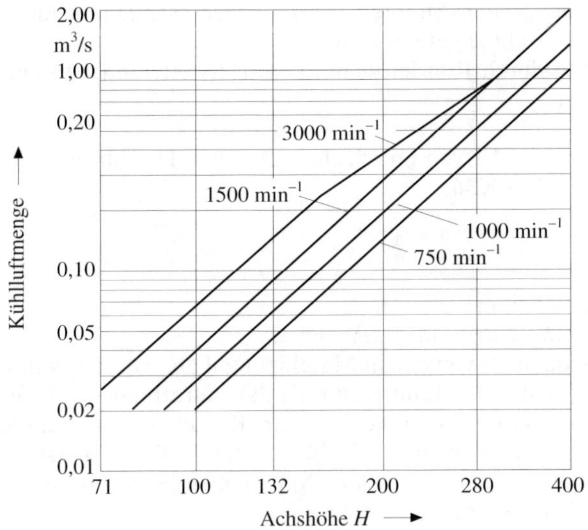

Bild K35 Kühlluftmenge (Richtwerte) einer ausgeführten Reihe oberflächengekühlter Drehstrom-Niederspannungsmotoren mit Käfigläufer

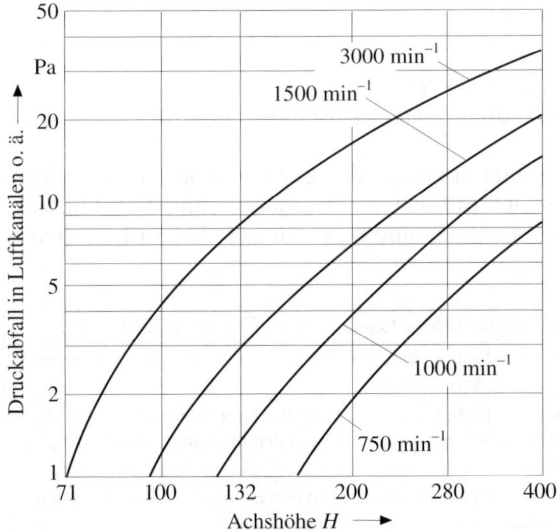

Bild K36 Druckabfall, der unter Einhaltung der in Bild K35 angegebenen Kühlluftmenge in zusätzlichen Luftkanälen o. ä. nicht überschritten werden darf (Richtwerte für die dem Bild K35 zugrunde liegende Motorenreihe.)

vorsehen. Analog gilt dies auch, wenn Motoren unter → Geräuschdämmhauben oder in das Innere der Arbeitsmaschine gesetzt werden.
Bei Behinderung der Kühlung durch Rohrleitungen u. ä. Herstellerangaben einholen und unbedingt einhalten.

Richtwerte für eine ausgeführte Reihe von oberflächengekühlten Drehstrommotoren mit Käfigläufer: **Bild K35**, **Bild K36**.
→ Kühlart IC, → Kühlung

Kühlmittel {coolant; cooling medium}
Flüssigkeit oder Gas, mit dem die Wärme abgeführt wird.
Primäres K. führt die Wärme dadurch von einem Maschinenteil ab, daß es mit ihm in Berührung steht und eine niedrigere Temperatur als das betreffende Teil hat. *Sekundäres K.* hat eine niedrigere Temperatur als das primäre K. und führt die Wärme von diesem mittels eines Wärmetauschers ab (→ Kühlart). DIN VDE 0530 legt für jedes → Kühlsystem ein *Referenz-K.* fest. Auf dessen Maximaltemperatur beziehen sich die → Grenzwerte der Übertemperatur.
Luft ist das billigste Kühlmittel; luftgekühlte Maschinen sind am einfachsten aufgebaut.
→ Kühlung, → Kühlkreis, → Kühlmitteltemperatur, → Kühlwassertemperatur [A1, N9.1]

Kühlmitteltemperatur Θ_{CS} {coolant temperature}
Maximale Temperatur des → Kühlmittels beim Eintritt in die Maschine am Aufstellungsort.
DIN VDE 0530 legt für jedes → Kühlsystem ein *Referenz-Kühlmittel* fest. Auf dessen Maximaltemperatur beziehen sich die → Grenzwerte der Temperatur und der Übertemperatur für die Aktivteile. Letztere sind unter Umständen zu korrigieren,

$\Theta_{CS} < 0$ °C	Hersteller und Käufer **müssen** die Grenzwerte der Übertemperatur vereinbaren
0 °C ≤ Θ_{CS} < 10 °C	Hersteller und Käufer **dürfen** eine Anhebung der Grenzwerte der Übertemperatur um maximal 30 K vereinbaren
10 °C ≤ Θ_{CS} < 40 °C	Hersteller und Käufer **dürfen** eine Anhebung der Grenzwerte der Übertemperatur um maximal den Betrag vereinbaren, um den die Kühlmitteltemperatur 40 °C unterschreitet
40 °C ≤ Θ_{CS} < 60 °C	Grenzwerte der Übertemperatur **müssen** um den Betrag vermindert werden, um den die Kühlmitteltemperatur 40 °C unterschreitet
60 °C ≤ Θ_{CS}	Hersteller und Käufer **müssen** die Grenzwerte der Übertemperatur vereinbaren

Tabelle K37 Umrechnung der Grenzwerte für die Übertemperatur der Wicklung bei abweichender Kühlmitteltemperatur (Θ_{CS}) für indirekt luftgekühlte Maschinen

wenn die K. vom Maximal- oder Minimalwert abweichen (**Tabelle K37**, [N9.1]). Der weitaus häufigste Fall ist die Verwendung der Umgebungsluft als Endkühlmittel; deren Temperatur gilt dann als Referenzwert für die K. (→ Umgebungstemperatur).
Messung und Berücksichtigung der K. während der Erwärmungsprüfung: → [N9.1] → Aufstellungshöhe, → Kühlwassertemperatur [A1].

Kühlsystem {cooling system}
Gesamtheit der Kühlkreise und der Kühlmittelströmung zur Abfuhr der in der Maschine entstehenden Verluste.
K. werden durch → Kühlarten gekennzeichnet [N9.6].

Kühlung {cooling}
Vorgang, bei dem die in der Maschine durch die → Verluste entstehende Wärme an ein → Kühlmittel abgegeben wird.
Das erwärmte Kühlmittel wird durch neues mit niedrigerer Temperatur ersetzt oder in einem Wärmetauscher durch ein weiteres (sekundäres) Kühlmittel gekühlt (→ Kühlart). Behinderung der K. erhöht die Übertemperaturen und vermindert die → Lebensdauer des Isoliersystems und der Lager (Schmiermittelgebrauchsdauer wird verkürzt).

- Ausreichende K. muß im Betrieb gewährleistet sein, um Schäden durch unzulässig hohe Temperaturen zu vermeiden. Bei Planung, Errichtung, Wartung und Inspektion berücksichtigen!
- Luftgekühlte Maschinen müssen so aufgestellt werden, daß die Kühlluft am Eintritt und am Austritt nicht behindert wird.
- Es muß verhindert werden, daß die ausgeblasene Warmluft wieder angesaugt wird.

Kühlung durch Relativbewegung {cooling by relative motion}
Kühlungsart, bei der die umgebende Luft als Kühlmittel durch die Relativbewegung zwischen Maschine und Umgebung bewegt wird.
K. d. R. kommt in Frage bei Fahrzeugen (Umgebungsluft steht; Fahrzeug mit Motor bewegt sich); die Wärmeabfuhr ist allerdings stark geschwindigkeitsabhängig. Häufig ist dies der Fall des in einem Luftstrom ruhenden Motors (z. B. → Schachtlüftermotor). Kühlarten IC für K. d. R.: **Tabelle K38**.
→ Kühlluftmenge und Druckabfall, → Luftführung bei eingebauten Motoren [N9.6]

IC-Code vereinfacht (vollständig)	Skizze	Kühlkreisanordnung
IC 08 (IC0A8)	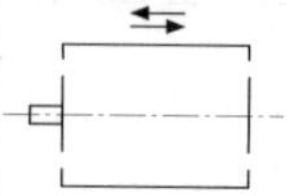	freier Kühlkreis Kühlmittel ist die Umgebungsluft
IC 38 (IC3A8)	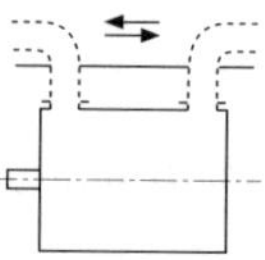	Zu- und Abführung über Rohr oder Kanal Kühlmittel ist das zugeführte Medium
IC 418 (IC4A1A8)	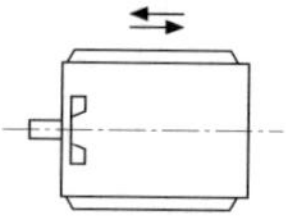	Oberflächenkühlung Kühlmittel ist die Umgebungsluft
IC 518 (IC5A1A8	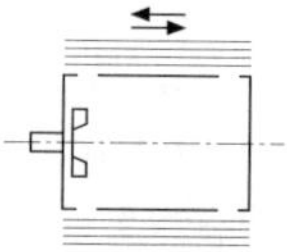	eingebauter Wärmetauscher Kühlmittel ist die Umgebungsluft
IC 618 (IC6A1A8)	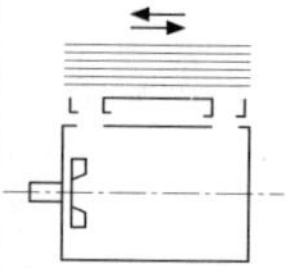	angebauter Wärmetauscher Kühlmittel ist die Umgebungsluft

Tabelle K38 Kühlarten, bei denen die Kühlmittelströmung durch relative Bewegung zwischen Maschine und Umgebung erzeugt wird

Kühlwassermenge {cooling-water flow rate}
Erforderlicher Mengenstrom des Kühlwassers, um im → Bemessungsbetrieb bei gegebener → Kühlwassertemperatur den → Grenzwert der Übertemperatur einzuhalten.
Die K. hängt im wesentlichen ab von der Höhe der abzuführenden → Verluste, der → Kühlwassertemperatur am Eintritt in den Kühler und der Kühlwassererwärmung. Zwischen K. und → Übertemperatur der Wicklung besteht kein linearer Zusammenhang; dieser wird vielmehr vom → Kühlsystem (→ Kühlart) insgesamt und den → Wärmewiderständen in der Maschine bestimmt:

$Q \approx 14{,}3 \cdot P_V / \Delta\vartheta_C$,

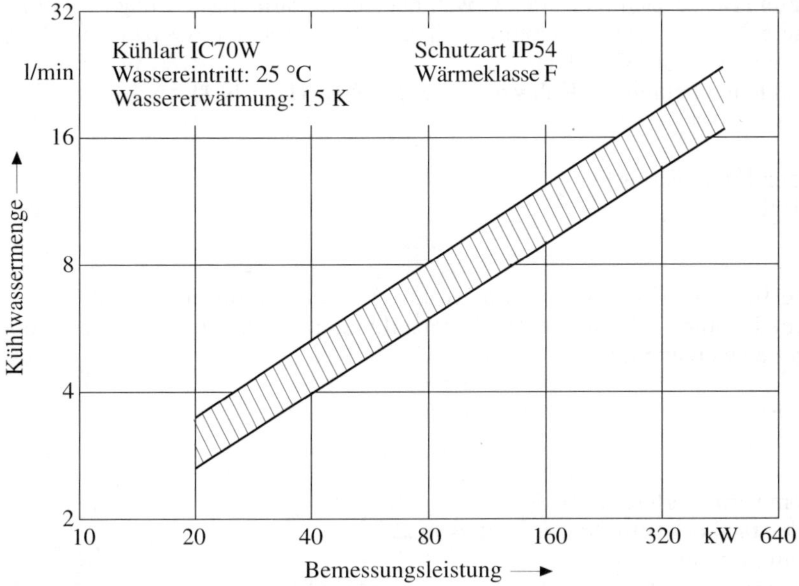

Bild K39 Kühlwassermenge einer Reihe von Drehstrom-Käfigläufermotoren mit wassergekühltem Gehäuse; Richtwerte (Streuband) für Polzahlen $2p = 2$ bis 8 bei 50 Hz; (Motoraufbau: Bild W6; → Wasserkühlung)

mit:

Q Kühlwassermenge in l/min,

P_V abzuführende Verluste in kW,

$\Delta\vartheta_C$ Kühlwassererwärmung in K.

Größenordnung für die K. bei Motoren mit wassergekühltem Gehäuse: **Bild K39**
→ Kühlung, → Wasserkühlung.

Kühlwassertemperatur ϑ_{CS} {cooling-water temperature}
Maximale Temperatur des Kühlwassers am Kühlereintritt am Aufstellungsort.
Wird bei einer Maschine die K. als Referenztemperatur für die Ermittlung der Übertemperatur benutzt, so sind bei allen indirekt gekühlten Maschinen die → Grenzwerte der Übertemperatur um 10 K zu erhöhen. Zusätzlich gilt:

K. > 25 °C: Minderung des Grenzwerts der Übertemperatur um den Differenzbetrag zu 25 °C.

K. < 25 °C: Zwischen Käufer und Hersteller darf eine Anhebung des Grenzwerts der Übertemperatur um maximal den Differenzbetrag zu 25 °C vereinbart werden.

Messung und Berücksichtigung der K. während der Erwärmungsprüfung → [N9.1]. Für wassergekühlte Drehstrommotoren mit Käfigläufer für den Bergbau unter Tage ist festgelegt: $\vartheta_{CS} = 30$ °C [N1.1].
→ Kühlmitteltemperatur, → Kühlwassermenge [A1, N1.1, N9.1].

Kugellager {ball bearing}
→ Wälzlager

Kupferverluste (genauer: Stromwärmeverluste) P_{cu} in W {copper losses}
Elektrische Leistung, die infolge der Wärmebildung in durchströmten Leitern vom Netz bezogen werden muß:

$$P_{Cu} = R \cdot I^2,$$

mit:
P_{Cu} Stromwärmeverluste in W,
R Widerstand des betreffenden Leiters in Ω,
I Strom im Leiter in A.
→ Ermittlung der Verluste und des Wirkungsgrads [A8].

Kupferzuschlag {copper charge}
Zuschlag zum Motorpreis bei Überschreiten eines bestimmten Börsenstands für elektrolytisch gewonnenes Barrenkupfer.
→ DEL-Notiz

Kuppeln zweier Wellen {coupling of shafts}
Das Ausrichten und K. z. W. ist ein wichtiger Teil der → Installation. Die Genauigkeit, mit der diese Arbeiten erfolgen, trägt wesentlich zur → bestimmungsgemäßen Verwendung bei. Wie ausgerichtet werden muß, hängt ab von der Art der Lager in Motor und Arbeitsmaschine, den betriebsbedingten Verlagerungen, den zulässigen Radial-, Axial- und Winkel-Verlagerungen der Kupplung und des Motors. **Bild K40** zeigt, daß starrre Kupplungen nur bei Gleitlagern in Motor und Arbeitsmaschine verwendet werden sollten. Bei starrer Kupplung zwischen gleit- und wälzgelagerter Welle können ganz erhebliche Kräfte an der Welle mit Wälzlagern und in den Wälzlagern selbst auftreten, die zu Lagerschäden und Ermüdungsbrüchen der Welle führen. Starre Kupplung in einem Wellenstrang, der mehr als zwei Wälzlager enthält, sollte ebenso vermieden werden; zumindest sollten die zwei der Kupplung benachbarten Lager erhöhte → Lagerluft haben, um dem Strang die Möglichkeit zur Verlagerung zu geben und dadurch Kräfte aus elastischer Verspannung zu vermeiden.

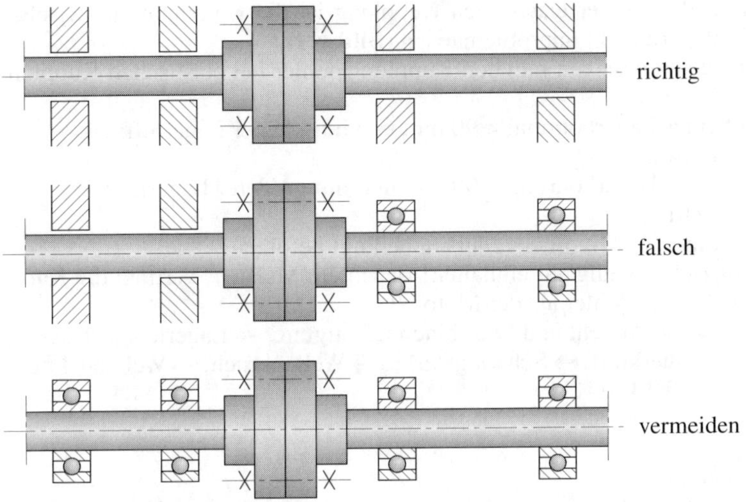

Bild K40 Verbindung zweier Wellen mit einer starren Kupplung

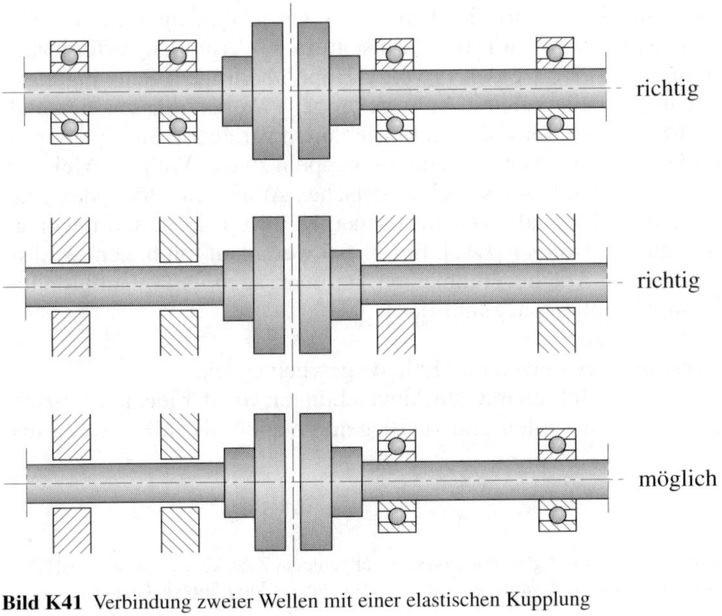

Bild K41 Verbindung zweier Wellen mit einer elastischen Kupplung

Auch bei Verwendung einer elastischen Kupplung ist die Kombination zwischen Wälz- und Gleitlagern nicht unproblematisch (**Bild K41**).
Faustregeln für den zulässigen radialen Kupplungsfehler bei elastischen Kupplungen:

- Motoren mit einer Lagerbohrung < 90 mm und mit kleiner Lagerluft: < 30 µm bis 40 µm.
- Motoren mit einer Lagerbohrung > 90 mm und mit größerer Lagerluft: < 40 µm bis 50 µm.
- Betriebsanleitung des Motorherstellers unbedingt befolgen!
- Zulässige Ausrichtgenauigkeit einhalten! Beachten: Meistens verträgt die Kupplung größere Ausrichtfehler als der Motor*)!

→ Fundament, → Fundament und Maschinenbefestigung, → Lagerlebensdauer, → Lagerschaden, → Querkraft, → Schwingstärke, → Wellenbruch, → Wellendehnung [A1, A2, A19, E12, **E13**, E41]

Kupplung {coupling}
Maschinenelement zur Drehmomentübertragung zwischen fluchtenden Wellen
Zwischen Motor und Arbeitsmaschine werden meistens *nicht-schaltbare (feste)* K. verwendet. Sie sollen alle Drehmomente während des Betriebs sicher übertragen; Drehmomentspitzen dämpfen; radiale, axiale und winklige Verlagerungen und Ausrichtfehler ausgleichen, ohne Richtkräfte auf Wellen und Lager zu erzeugen. Systematik der festen K.: **Bild K42**. Starre K. werden bei Antrieben eingesetzt, wo eine in jeder Hinsicht unnachgiebige kraft- und formschlüssige Verbindung erforderlich ist. Belastungs- und Kraftstöße werden in voller Höhe übertragen; Schwingungen werden aber ungedämpft weitergeleitet. Starr gekuppelte Wellen müssen einwandfrei fluchten und dürfen sich gegenseitig im Betrieb nicht verlagern. Sie sind nur für Wellenstränge mit Gleitlagern zu empfehlen (→ Kuppeln zweier Wellen). Meistens werden → *elastische (nachgiebige)* K. bei elektrischen Antrieben verwendet. Eine übersichtliche Bewertung der häufigsten elastischen K. nach Praxiserfahrungen an elektrischen Antrieben gibt *Greiner* [E41]. Bei → Schweranlauf mit hohen → Lastmomenten oder großen → Trägheitsmomenten kommen auch → Anlaufkupplungen, z. B→ Strömungskupplungen, zum Einsatz.
Bei der K.-auswahl beachten:

- Motor und K. müssen nach derselben Methode gewuchtet sein.
- Die Federsteifen einer K. führen mit den Abweichungen von der idealen Ausrichtung zu Radial- und Axialkräften und zu Biegemomenten, die Motorwelle und

*) Gilt auch bei Niederspannungs-Käfigläufermotoren für allgemeine Zwecke. Für diese gibt [N9.2] unvollständigerweise an: „*Die Ausrichtung erfolgt nach Angabe des **Kupplungs**herstellers.*“

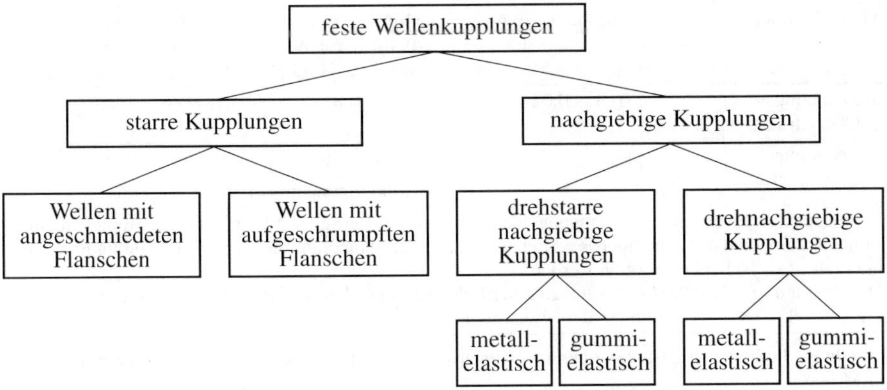

Bild K42 Ordnungsschema der festen Wellenkupplungen

Motorlager belasten. In der Antriebsplanung und beim Ausrichten die zulässigen Belastungen des Motors beachten!

- Gummi-elastische K. können durch den hohen Reibwert unter Drehmomentbelastung u. U. große Axialkräfte übertragen und damit die axiale Verschiebung einer Welle (z. B. durch Erwärmung) im Betrieb möglicherweise verhindern. Abhilfe: Festlager von Motor und Arbeitsmaschine auf der K.-seite (d. h. beim Motor auf AS)!

→ Auswuchten, → Drehschwingungen, →Strömungskupplung, → Querkraft, → Wuchtgüte [A7, A8, E12, **E13**, **E41**, N2.2, N2.3, N2.5, N2.18, N2.21, N9.2, N9.7].

Kupplungstrieb {coupling drive}
Kraftübertragung zwischen zwei fluchtenden Wellen mittels → Kupplung.

Kurvenform und Symmetrie von Spannungen und Strömen {wave-form and symmetry of voltages and currents}
Der zeitliche Verlauf der → Netzspannung kann von der Sinusform abweichen; in einem → Drehstromnetz können die drei Spannungen unterschiedlich groß sein und eine Phasenverschiebung von ≠ 120° haben. Die Abweichung von der Sinusform wird mit dem → Spannungs-Oberschwingungsfaktor *HVF* erfaßt, die Unsymmetrie durch die Größe der Gegenkomponente U_2 und Nullkomponente U_0 (→ symmetrische Komponenten). Die Auslegung von Motoren muß Abweichungen in der Kurvenform und Symmetrie nach **Tabelle K43** berücksichtigen. Abweichungen für Wechselstromgeneratoren: → [N9.1].

Maschinenart	Einphasenmotoren	Motoren der Ausführung N nach IEC 34-12 [N9.10]	alle anderen Drehstrommotoren
a) Spannungs-Oberschwingungsfaktor	$HFV \leq 0{,}02$	$HVF \leq 0{,}03$	$HVF \leq 0{,}02$
b) Spannungs-unsymmetrie	–	Gegenkomponente $U_2 < 0{,}02\ U_1$ Nullkomponente $U_0 < 0{,}01\ U_1$	
Treten die Grenzwerte der Bedingungen nach a) und b) bei Betrieb mit Bemessungsleistung gemeinsam auf, so sollten die zulässigen → Grenzwerte für Übertemperaturen oder Temperaturen um nicht mehr als etwa 10 K überschritten werden. Die Bedingung „$U_2 < 0{,}02\ U_1$“ kann zu einer Lebensdauerverkürzung der Motoren führen! U_1 Effektivwert der Spannung der Mitkomponente			

Tabelle K43 Grenzwerte des Spannungs-Oberschwingungsfaktors und der Spannungsunsymmetrie für Motoren

Kurzschluß

a) Verbindung einer Netzphase mit Masse/Erde {short circuit}.

Er entsteht in elektrischen Maschinen durch → Isolierungsfehler und muß zum Schutz des Netzes durch geeignete Schutzmaßnahmen (z. B. Schmelzsicherungen) in Dauer und Höhe des K.-stroms begrenzt werden.

b) Stillstandspunkt (Anzugspunkt) eines eingeschalteten → Asynchronmotors (Drehzahl $n = 0$, Schlupf $s = 1$) {locked-rotor}

Drehmoment im Stillstand = → Anzugsmoment
Strom im Stillstand = → Anzugsstrom
Scheinleistung im Stillstand = → Kurzschluß-Scheinleistung
Erwärmung im Stillstand = → Kurzschlußerwärmung

Kurzschlußerwärmung {locked-rotor temperature rise}

Zeitlicher Temperaturanstieg der Wicklungen von → Asynchronmaschinen im Stillstand.

Die K. verläuft fast linear (adiabatisch), weil die gesamte durch den → Anzugsstrom erzeugte Wärme nicht abgeführt, sondern in den Leitern gespeichert wird. Mit zunehmender Temperatur der Leiter fließt Wärme in die Umgebung (z. B. Blechpakete), wodurch der Temperaturanstieg allmählich abgeflacht wird. Sofern die betreffende Maschine nicht für den Stillstand bemessen ist (z. B. → Drehmagnet), muß sie vor zu großer Erwärmung durch geeignete Maßnahmen (z. B. Überstrombegrenzung) geschützt werden.

→ Schutz von Niederspannungsmotoren, → Schutz von Hochspannungsmotoren [A2, A6, A7, A14, A17, E41]

kurzschlußfester Anschluß {short-circuit-proof termination}
Elektrischer →Anschluß, der die mechanischen und thermischen Beanspruchungen im Falle eines maschinenseitigen → Kurzschlusses (verursacht durch → Isolierungsfehler der Maschinenwicklung, nicht durch Kurzschluß im Klemmenkasten) ohne Bruch oder Lösen der Anschlußteile und Zuleitungen – und deshalb ohne Lichtbogenbildung – übersteht.
Die Kurzschlußfestigkeit hängt von mehreren Faktoren ab:

- der mechanischen Festigkeit der Isolatoren bzw. Anschlußbolzen gegen die elektrodynamischen Umbruchkräfte,
- der Anschlußsicherheit, das ist die Festigkeit der Anschlußteile (Klemmenteile, Kabelschuhe) gegen die über die Leitungen ausgeübten elektrodynamischen Zugkräfte und Drehmomente,
- der thermischen Sicherheit von Anschlußteilen und Leitungen gegen die auftretenden Erwärmungen.

Die Kurzschlußfestigkeit ist nicht unbegrenzt; sie hängt vielmehr von der Höhe der vom Netz in die Kurzschlußstelle eingespeisten Kurzschlußleistung und der Dauer des Kurzschlusses ab.
Bei Niederspannungsmaschinen kann man davon ausgehen, daß die Kurzschlußleistungen im allgemeinen niedrig sind, weil sie von den in den elektrischen Anlagen vorgeschalteten Leitungen und Transformatoren begrenzt werden; außerdem ist Kurzschlußschutz meist mehrfach vorhanden. Werden Niederspannungsmaschinen vorschriftsmäßig angeschlossen (z. B. [N4.26, N4.27, Reihe N5], → Betriebsanleitung des Herstellers) und erfolgt eine ordnungsgemäße → Instandhaltung, so sind

Spannung	6 kV		10 kV	
Durchführungsbolzen	M16 – Ms			
Strom	315 A			
Isolator	Gießharz			
Klemmenanordnung		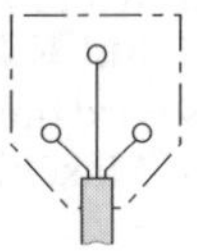		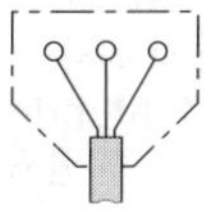
Form nach [N4.5, N4.6]	A2	B2	C2	D2
Kurzschlußleistung (Mindestwert)	400 MVA		700 MVA	
Kurzschlußdauer	0,2 s			

Tabelle K44 Ausführung von Klemmenanordnungen bei Hochspannungsmaschinen für große Kurzschlußfestigkeit

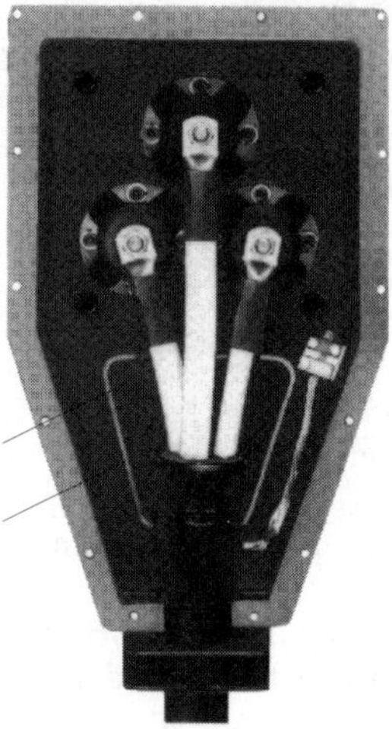

Bild K45 Ausführungsbeispiel eines Klemmenkastens, bemessen für 6 kV und 315 A. Der Anschluß ist kurzschlußfest und lichtbogensicher für eine Kurzschlußleistung von 400 MVA und eine Dauer von 0,2 s. Berstschutz durch Reißnaht 1 und Druckentlastungsklappe 2.

schädliche Folgen (Lichtbogen im Klemmenkasten verursacht raschen Druckanstieg; Folge: Bersten des Klemmenkastens) eines Kurzschlusses in der Maschine weitestgehend ausgeschlossen.
Die Kurzschlußleistungen in Hochspannungsnetzen sind dagegen höher. Dies wird bei den Normen für die → Klemmenanordnung von Hochspannungsmotoren [N4.5, N4.6], deren Anschlußteile und Prüfungen berücksichtigt. Die größte Kurzschlußfestigkeit wird mit Isolatoren aus Gießharz und Durchführungsbolzen M16 in Messing erreicht (**Tabelle K44**). Für noch größere Kurzschlußleistungen müssen Sonderkonstruktionen mit vergrößertem Klemmenabstand erstellt werden. Ausführungsbeispiel eines k. A. nach Norm: **Bild K45**.
Bei fehlenden Angaben des Bestellers wird die Durchführungsklemme vom Hersteller nach dem Bemessungsstrom der Maschine festgelegt, nicht nach der Kurzschlußleistung.
→ lichtbogensicherer Anschluß [A2]

Kurzschlußläufer {cage rotor}
→ *Käfigläufer*

Kurzschlußringe {short-circuit rings}
Ringförmige Verbindung der in den Läufernuten sitzenden Stäbe der → Käfigwicklung.
K. werden beim → Druckgußläufer in einem Schuß zusammen mit den Stäben gegossen.

Kurzschluß-Scheinleistung {locked-rotor apparent power}
Scheinleistung eines → Asynchronmotors bei festgebremstem Läufer.
Sie wird ermittelt aus dem → Anzugsstrom:

$$S_1 = \sqrt{3} \cdot U_N \cdot I_1,$$

mit:
S_1 Kurzschluß-Scheinleistung in VA,
U_N Bemessungsspannung (zwischen Außenleitern) in V,
I_1 Anzugsstrom in A.
Bei eintourigen Drehstrommotoren mit Käfigläufer der → Ausführung N und der → Ausführung NY gibt es nach [N9.10, N9.11] Grenzwerte für die K.-S. (**Tabelle K46**). Diese sind Maximalwerte bei Bemessungsspannung ohne Toleranz und sind unabhängig von der Polzahl. Mit diesen Grenzwerten wird indirekt der → Anzugsstrom begrenzt.

Bemessungsleistung P_N in kW	**normale Ausführung**	**Ausführung in Zündschutzart erhöhte Sicherheit „e"**
	maximale Kurzschluß-Scheinleistung $S_{1\,max}$ in kVA bezogen auf die Bemessungsleistung P_N in kW $S_{1\,max}/P_N \leq$	
$0{,}4 < P_N \leq 6{,}3$	13	12
$6{,}3 < P_N \leq 12$	12	11
$25 < P_N \leq 63$	11	11
$63 < P_N \leq 630$	10	10

Tabelle K46 Maximale Kurzschluß-Scheinleistung bei Drehstrom-Käfigläufermotoren der Ausführung N und NY. Die Werte gelten ohne Toleranz bei Bemessungsspannung

Kurzschlußschutz {short-circuit protection}
→ Schutz von Hochspannungsmotoren

Kurzzeitbetrieb {short-time duty}
→ Betriebsart S2

Kurzzeitlebensdauer {short-time life}
Bewußt begrenzte thermische Lebensdauer bei Motoren mit besonders hohen Temperaturen.
Nach Ablauf einer vorgegebenen Dauer mit üblichen Betriebsbedingungen darf die Maschine durch Wicklungs-, Lager- oder sonstige Schäden zerstört sein **Bild K47**.
Kriterium für die Bemessung auf K. ist die Funktionssicherheit während der vorgegebenen Dauer mit hoher Temperatur; alle anderen Betriebseigenschaften sind dabei nicht relevant.
→ Brandgaslüftermotor [E15]

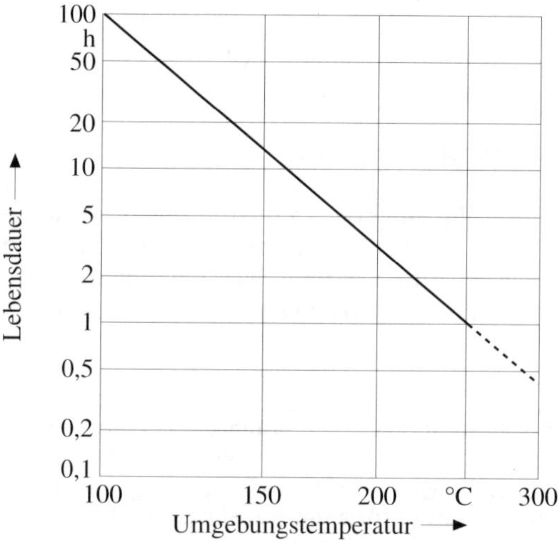

Bild K47 Typische Kurzzeitlebensdauer von oberflächengekühlten Drehstrom-Normmotoren mit Käfigläufer bei Belastung mit Bemessungsmoment. (Einzige Sondermaßnahme gegenüber der Normalausführung: Isoliersystem ausgeführt nach Wärmeklasse F.)

Kusa-Schaltung {stator resistance starting circuit}
Kurzschluß-Sanftanlauf-Schaltung
Beim Anlassen wird ein ohmscher Widerstand in eine der Zuleitungen gelegt (**Bild K48**). An den Motorklemmen entsteht ein unsymmetrisches Netz, wodurch das → Anzugsmoment verringert wird. Mit zunehmender Drehzahl wird die Momentenreduzierung kleiner. Die K. wird deshalb für Antriebe eingesetzt, die ruckfrei und ohne Stöße anlaufen sollen.
→ Anlassen von Käfigläufermotoren, → Anlauf [A2, A6, A21, E27]

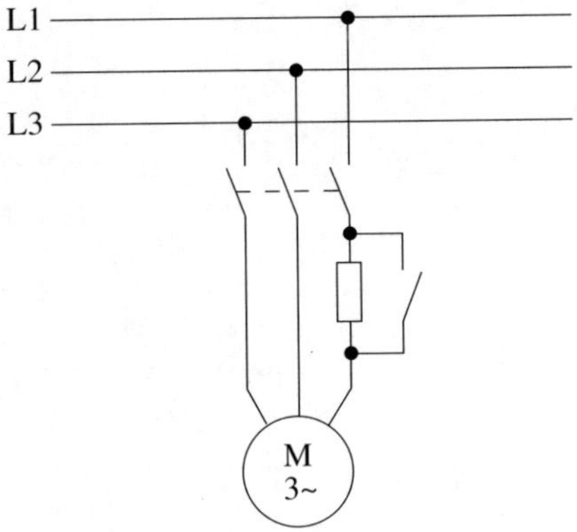

Bild K48 Kusa-Schaltung

L

Läufer (auch: Rotor) {rotor}
Drehender Teil der elektrischen Maschine.
Der L. besteht bei der Drehstrommaschine aus einem → Blechpaket mit → Käfig- oder → Schleifringwicklung und der → Welle. In den stromdurchflossenen Leitern der L.-Wicklung entstehen unter der Wirkung des → Drehfelds Kräfte, die das → Drehmoment bilden.
Die Art der L.-Wicklung bestimmt ganz wesentlich das Betriebsverhalten.

Läuferkennzahl k in Ω {characteristic rotor resistance}
Motorspezifische Rechengröße zur Bemessung der → Anlaßwiderstände:

$$k = \frac{U_{20}}{\sqrt{3} \cdot I_{2N}},$$

mit:
k Läuferkennzahl in Ω,
U_{20} → Läuferstillstandsspannung in V,
I_{2N} Läufer-Bemessungsstrom in A.
Die zulässige Schalthäufigkeit des Motors wird durch seine → Grenz-Übertemperatur bestimmt; diese durch den quadratischen Mittelwert des Stroms entsprechend dem Spielverlauf. Deshalb werden die Anlaßwiderstände so ausgelegt, daß bei der vorgesehenen Schalthäufigkeit der quadratische Mittelwert des Stroms den Bemessungsstrom nicht übersteigt.
→ Anlassen von Schleifringläufer-Motoren, → Anlasser, → Anlaßschwere, → Anlaßzeit, → Hebezeugmotoren [A2, A6, N4.10].

Läuferklasse (auch: Momentenklasse) {torque class}
Nicht genormtes, herstellerspezifisches Kurzzeichen für → Käfigform und → Momentenkennlinie von Käfigläufermotoren.
Soll eine Schnellbeurteilung ermöglichen, gegen welches Lastmoment direkt angelassen werden kann und ob → Stern-Dreieck-Anlauf möglich ist.
Anlaufuntersuchungen mittels der L. allein sind pauschal und deshalb problematisch, weil andere Einflußgrößen wie → Spannungsschwankungen, → Fremdträgheitsmoment, → Anlaufwärme dabei nicht berücksichtigt werden.
→ Anlassen von Käfigläufermotoren

läuferkritisch {thermally critical rotor}
Maschine mit einer Auslegung, bei der zulässige Grenzwerte für Übertemperaturen zuerst im Läufer erreicht werden.
Solche Zustände lassen sich im allgemeinen nicht mit Meßfühlern auf der Ständerseite erfassen. L. Maschinen können deshalb durch → thermischen Maschinenschutz (→ Kaltleiter im Ständer) allein nicht ausreichend geschützt werden. Es empfiehlt sich die Verwendung eines thermischen Überstromrelais, dessen Auslösestrom auf 1,3 · I_N eingestellt wird. Dadurch tritt im Bemessungsbetrieb keine Auslösung auf; der Motor wird durch den thermischen Maschinenschutz überwacht. Bei größeren Motorbelastungen dagegen (z. B. → blockierter Läufer) erfolgt die Abschaltung durch das Überstromrelais.
→ ständerkritisch [A2, A21, E41]

Läuferstillstandsspannung U_{20} in V {rotor standstill voltage}
An den Schleifringen bei offenem Läuferkreis des still stehenden Läufers gemessene Spannung.
Die L. wird bei der Bemessung von → Anlassern berücksichtigt. Sie ist bei → Hebezeugmotoren mit einer Toleranz von ± 15 % genormt [N1.17], um die Austauschbarkeit von Motoren unterschiedlichen Fabrikats zu ermöglichen.
→ Anlassen von Schleifringläufer-Motoren, → Asynchronmaschine [A2, A3, A5, A6]

Lager {bearing}
Bauelement zur Abstützung und Lageführung einer Welle im fest stehenden Maschinenteil.
L. sind wichtige Funktionselemente einer drehenden elektrischen Maschine und mit ihren → Lagerdichtungen neben Bürsten und Schleifringen oder Kollektoren die einzigen → Verschleißteile.
Die Zuverlässigkeit und Lebensdauer einer elektrischen Maschine hängt ganz wesentlich vom ordnungsgemäßen Zustand ihrer L. ab. Bei der → Instandhaltung ist den L. größte Aufmerksamkeit zu widmen.
→ Gleitlager, → Magnetlager, → Wälzlager [A12, E14]

Lagerbelastung (genauer: dynamisch äquivalente L.) {bearing load}
In Größe und Richtung konstante Axial- oder Radialkraft, unter deren Einwirkung die gleiche nominelle → Lagerlebensdauer erreicht würde wie unter den tatsächlich vorhandenen Belastungskräften:

$$P = X \cdot F_r + Y \cdot F_a,$$

mit:

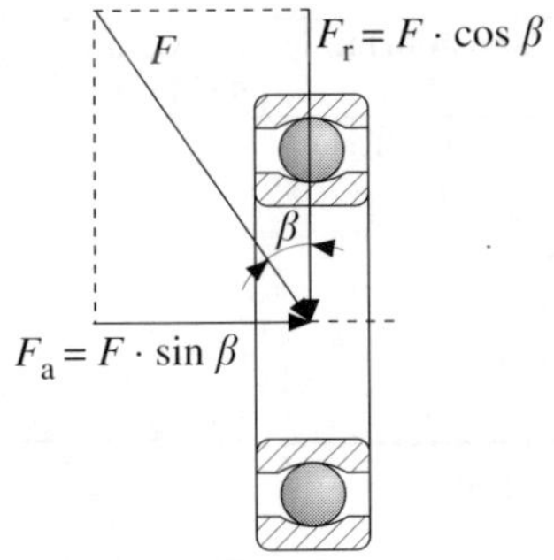

Bild L1 Zerlegung einer schräg angreifenden Kraft in Radial- und Axialkomponente
β Belastungswinkel

P dynamisch äquivalente Belastung in N,
F_r tatsächliche Radialkraft in N,
F_a tatsächliche Axialkraft in N,
X Radialfaktor nach [N7.15] oder Herstellerangaben; $X = 0$ für Lager, die nur Axialkräfte übertragen können, z. B. Axial-Rillenkugellager,
Y Axialfaktor nach [N7.15] oder Herstellerangaben; $Y = 0$ für Lager, die nur Radialkräfte übertragen können, z. B. Radial-Zylinderrollenlager.

Radialfaktor X und Axialfaktor Y hängen ab von Lagerbauart, Anzahl der Wälzkörperreihen, Belastungswinkel (**Bild L1**), Druckwinkel (→ Lagerluft, Bild L3). Bei Radial-Rillenkugellagern vergrößert sich der Druckwinkel mit wachsender Lagerluft; unter gleicher Axialbelastung werden die Belastungskräfte in den Berührungsflächen kleiner, die Lagerlebensdauer wird größer.
[A12]

Lagerdeckel {bearing cap}
Abschlußteil einer → Lagerung gegen das Motorinnere oder gegen die äußere Umgebung.
Bei kleinen oder mittleren Maschinen ist der L. häufig am → Lagerschild angegossen (Bild A0).

Lagerdichtung {bearing seal}
Maßnahme oder Bauelement zur Dichtung des → Lagers.
Aufgabe der L: Fernhalten äußerer Einflüsse (z. B. Wasser, Chemikalien, Fremdkörper) von Lager und Schmiermittel; Verhindern von Schmiermittelverlust. Häufig eingesetzte L. für → Wälzlager und ihre Eigenschaften: **Tabelle L2**. Die Reibungswärme durch L. soll möglichst klein sein; bei größeren Umfangsgeschwindigkeiten

	Filz-dichtring	Axial-dichtring	Radial-dichtring	Spaltdichtung	Labyrinth-dichtung
Prinzip	schleifend, kleine Vorspannung		schleifend, große Vorspannung	berührungslos	
Aufbau (Beispiel)	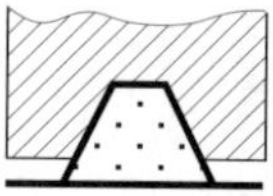	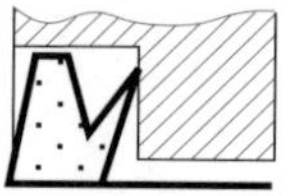	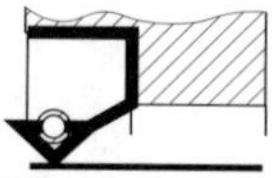	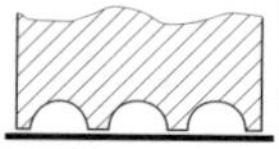	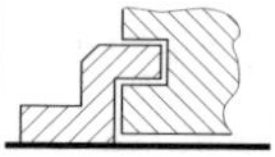
Schmierung	Fett		Öl (Fett nur bedingt)	Fett	
Umfangsgeschwindigkeit	< 4 m/s	< 15 m/s	< 15 m/s	unbegrenzt	
Temperaturen > 110 °C	evtl. Schrumpfung	evtl. Zerstörung	evtl. Zerstörung	unbegrenzt	
Temperaturen < – 25 °C	wenig empfindlich	evtl. Versprödung	evtl. Versprödung	unbegrenzt	
Fluchtungsfehler	unempfindlich		empfindlich	unempfindlich	
Reibungsverluste	klein		mäßig (bei Öl); groß/sehr groß (bei Fett)	0	
Verschleiß	klein	mäßig	mäßig (bei Öl); groß/sehr groß (bei Fett)	0	

Tabelle L2 Die wichtigsten Dichtungen für Wälzlager und ihre Eigenschaften

sind deshalb Dichtungen ohne Vorspannung zu bevorzugen. L. können mit dem Lager konstruktiv vereinigt sein (→ Lager RS, 2RS, Z, 2Z).
Die L. hat großen Einfluß auf die → Schutzart. Ihre Auswahl und Gestaltung liegt in der Verantwortung des Herstellers.
Die Beurteilung des Zustands der L. ist wesentlicher Bestandteil der → Instandhaltung.
→ Lager RS, 2RS, Z, 2Z [A12, E14]

Lagereinbau
→ *Lagerung*

Lagergeräusch {bearing noise}
Als Luftschall und/oderKörperschall ausgestrahltes Geräusch einer Lagerung.
L. entsteht durch herstellungsbedingte Formabweichungen, stellungsabhängige elastische Verformungen, Überrollungen, Gleitbewegungen u. a. m. Bei ordnungsge-

mäß bemessener und gefertigter → Lagerung beeinflussen L. das gesamte → Geräusch drehender elektrischer Maschinen nur wenig. → Gleitlager haben kleinere L. als → Wälzlager; bei Antrieben mit besonderen Ansprüchen an die Geräuschbildung werden deshalb auch bei kleineren Maschinen Gleitlager bevorzugt (z. B. bei → Aufzugmotoren). Wälzlager entwickeln die kleinsten L. bei spielfreiem Lauf; → angestellte Lager sind deshalb zu bevorzugen. Da bei Rollenlagern keine Spielfreiheit zu erreichen ist, sind sie immer lauter als gleich große Rillenkugellager.
Unregelmäßigkeiten in der Lagerung führen meist zu → Einzeltönen, aus deren Frequenz auf die Ursache geschlossen werden kann. Ein langer Schraubendreher, als Horchgerät an die Lagerung gehalten, ist deshalb ein wichtiges Diagnosewerkzeug für die → Instandhaltung.
[A12, E14]

Lagerlebensdauer L_{10} in h {bearing life}
Die nominelle L. ist die Lebensdauer, die 90 % einer genügend großen Menge offensichtlich gleicher Wälzlager erreichen oder überschreiten, bevor die ersten Anzeichen einer Werkstoffermüdung auftreten [N7.15]. Dabei wird eine ausreichende Schmierfilmbildung im Wälzkontakt vorausgesetzt.
Definitionsgemäß können also 10 % der betreffenden Lager vor Erreichen dieser nominellen Ermüdungslebensdauer ausfallen. Die L. kann deshalb nie als Garantiewert betrachtet werden.
Für die Bemessung eines Wälzlagers in drehenden elektrischen Maschinen werden fallweise unterschiedliche Werte für die L. eingesetzt. Im Normmotorenbereich (→ Motoren für allgemeine Zwecke) ist bei Riementrieb L_{10} = 20 000 h üblich, bei Kupplungstrieb 40000 h. Gelegentlich wird der Wert auch zwischen Hersteller und Besteller vereinbart. Berechnung der nominellen L. nach [N7.15]:

$$L_{10} = \left(\frac{C}{P}\right)^p \cdot \frac{10^6}{60 \cdot n},$$

mit:
L_{10} nominelle Ermüdungslebensdauer in h,
C dynamische Tragzahl des betreffenden Lagers (Angabe des Lagerherstellers) in N,
P dynamische äquivalente → Lagerbelastung in N,
p Exponent für die Art des Wälzkontakts (Kugellager $p = 3$; Rollenlager $p = 10/3$),
n Drehzahl in min^{-1}.
Die der Bemessung zugrunde liegende L. wird nur bei ordnungsgemäßer Schmierung und bestimmungsgemäßer Verwendung erreicht (→ Lagergebrauchsdauer).
Zur praxisgerechten Anpassung der Lebensdauerberechnung wird in [N7.15] eine → modifizierte Lagerlebensdauer angegeben. Sie kann für Fälle eingesetzt werden, in denen mit kleinerer Ausfallwahrscheinlichkeit als 10 %, mit anderen Werkstoffen

und mit anderen Betriebsbedingungen (z. B. schlechterer Schmierung) zu rechnen ist, als sie den Erfahrungswerten der o. a. Berechnungsmethode zugrunde liegen.
→ Zuverlässigkeit von Wälzlagern [A12, E12, E14, E15].

Lagerluft {internal bearing clearance}
Maß, um das sich der Außenring gegen den Innenring eines Wälzlagers von einer Endlage in die andere verschieben läßt. Radialluft: Verschiebung quer zur Welle; Axialluft: Verschiebung längs der Welle.
Die L. ist von Konstruktion und Herstellung des Lagers abhängig, von den Einbau-Passungen und von den Wärmedehnungen unter Betriebstemperaturen. Bei Rillenlagern und Zylinder-Rollenlagern sind mehrere Radialluftgruppen handelsüblich, wobei die normale L. so festgelegt ist, daß bei normalen Passungen und Betriebsverhältnissen eine zweckmäßig große L. bleibt. Bei drehenden elektrischen Maschinen kommen üblicherweise in Frage:

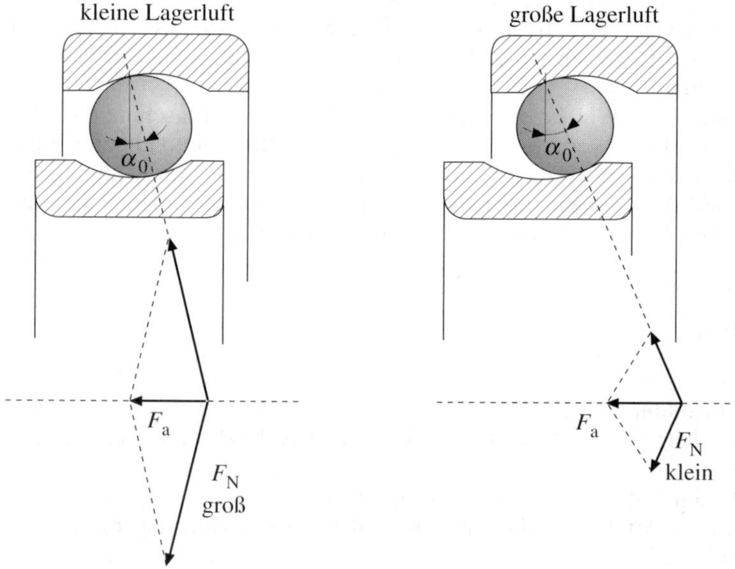

Bild L3 Übertragung einer Axialkraft im spielfreien Rillenkugellager bei unterschiedlicher Lagerluft (schematisch)
F_a Axialkraft
F_N Kraft auf den Berührungspunkt
α_0 Druckwinkel

Gruppe N: normale Lagerluft,
Gruppe C3: Lagerluft > N,
Gruppe C4: Lagerluft > C3.

Bei Rillenkugellagern sind radiale und axiale L. über die Lagergeometrie verknüpft: Je größer die radiale L. ist, desto größer wird auch die axiale. Dadurch vergrößert sich der Druckwinkel (**Bild L3**) an den Berührungsstellen von Laufbahnen und Kugeln; die Belastung verringert sich. Diese Tatsache vergrößert die axiale Tragfähigkeit bzw. verlängert die Ermüdungslebensdauer bei gleicher Belastung. Das ist ein Grund, warum bei Drehstrommotoren im Bereich von 50 kW bis 500 kW häufig C4-Lager verwendet werden. Der andere Grund ist die grundsätzlich kleinere Empfindlichkeit eines jeden Lagers mit erhöhter L. gegen Temperaturunterschiede zwischen Innen- und Außenring (**Bild L4**), wie sie durch erhöhte Läuferwärme (z. B. im → Schaltbetrieb oder bei → Schweranlauf) auftreten können. Rillenkugellager mit normaler L. weisen bei ungünstiger Toleranzkopplung (Welle dick, Innenring eng, L. vor dem Einbau klein, Außenring weit, Gehäuse eng) negative L. schon bei gleicher Temperatur von Innen- und Außenring auf; die Wälzkörper und Laufbahnen sind elastisch verformt – es kann zu vorzeitiger Materialermüdung kommen. Zylinderrollenlager mit L. C4 sind das andere Extrem; die Temperaturunterschiede müssen schon sehr groß werden, wenn das Lager verklemmen soll.

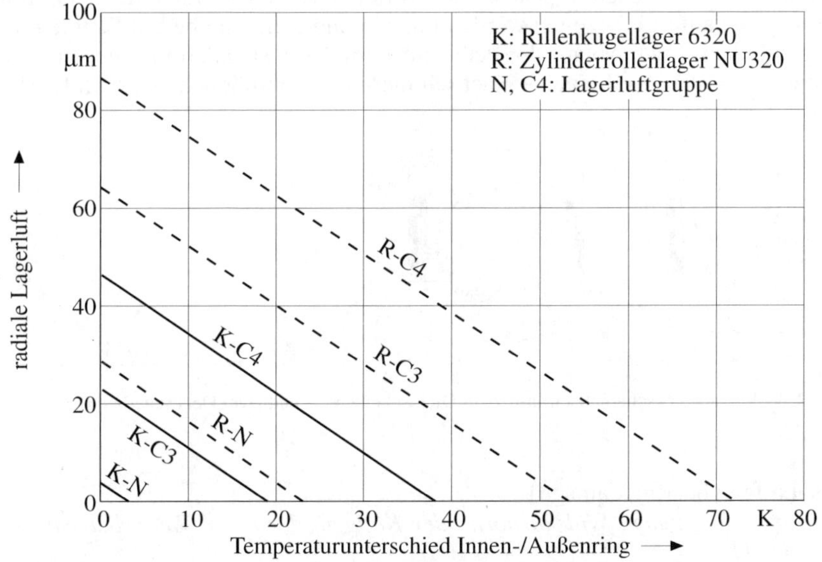

Bild L4 Radiale Lagerluft und Temperaturdifferenz zwischen Innen- und Außenring. Welle ∅ 100/k5; Gehäuse ∅ 215/K6; Toleranzkopplung von Welle/Lager/Gehäuse im Bereich größter Wahrscheinlichkeit. Bei Lagern anderer Größe ergeben sich ähnliche Verhältnisse.

Bei negativer L. werden Wälzkörper und Laufbahnen elastisch verformt. Wenn dies Dauerzustand ist: schnelle Materialermüdung! Normale Betriebsbedingungen: Rillenkugellager mit C3 und Zylinderrollenlager mit N ausreichend; Schweranlauf, Reversierbetrieb und ähnliche Bedingungen: evtl. die nächst größere Gruppe der L. wählen. Lager sollten grundsätzlich spielfrei laufen (→ angestellte Lager). Bei Radial-Zylinderrollenlager kann die radiale L. nicht beseitigt werden; sie weisen meistens erhöhte → Lagergeräusche auf.
→ Kuppeln zweier Wellen, → Lagerbelastung, → Lagerlebensdauer, → Lagerschaden [A12, E14].

Lager RS, 2RS, Z, 2Z {sealed (double-sealed) bearings}
Rillenkugellager mit eingebauten → Lagerdichtungen (Werkstattjargon: „gedeckelte" Lager).
Die Dichtung ist in das Lager integriert ohne Veränderung der Einbaumaße; die Lagerung für die Maschine wird dadurch konstruktiv sehr einfach.
RS schleifende Dichtscheibe auf einer Seite,
2RS schleifende Dichtscheibe auf beiden Seiten (**Bild L5a**),
Z berührungslose Deckscheibe (Spaltdichtung) auf einer Seite,
2Z berührungslose Deckscheibe (Spaltdichtung) auf beiden Seiten (**Bild L5b**).
Lager mit beidseitiger Dichtung haben den Vorteil, daß sie vom Lagerhersteller mit Fettfüllung einbaufertig bezogen werden können und daher die besten Schmierbedingungen bieten. Nach Ablauf der Fettstandzeit müssen sie allerdings gegen neue ausgetauscht werden, weil eine → Nachschmierung nicht möglich ist [A12, E14].

a)
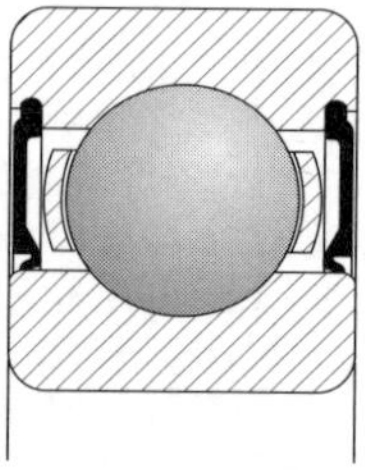
b)
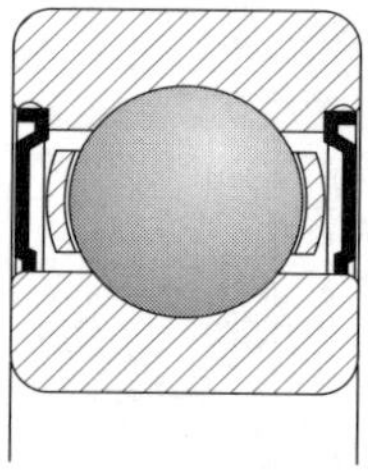

Bild L5 Rillenkugellager (schematisch) mit zwei Dichtscheiben (a) und zwei Deckscheiben (b)

Lagerschaden {bearing damage}
Schaden an Laufbahnen, Wälzkörpern oder Käfigen, der einen Weiterbetrieb unmöglich macht.
L. ist die häufigste Ausfallursache bei drehenden elektrischen Maschinen. Der L. wiederum entsteht zu rund 75 % wegen Schmiermangel und Verschmutzung [E41].

Bei Entwurf, Fertigung und Betrieb muß den → Lagern und der → Lagerung samt → Schmierung größte Aufmerksamkeit gewidmet werden.
Nicht rechtzeitig entdeckte L. können sich bei → Asynchronmaschinen wegen des kleinen → Luftspalts innerhalb weniger Sekunden zu Läufer-, Wicklungs- und Totalschäden auswachsen.
Aus der → Schadensanalyse können wertvolle Rückschlüsse auf die Ausfallursache gezogen werden, die bei → Instandsetzung oder Neufertigung berücksichtigt werden sollten.
Ausführliche Beispiele und Diagnosen zu L.: [A2, E41].
→ Schäden an Käfigläufermotoren [A12, E14, E15, E24]

Lagerschild {end shield}
Bauteil, das die → Lagerung trägt, den Läufer zentrisch zum Ständer hält und den Motor stirnseitig schließt (Bild A0).

Lagerschmierung {lubrication}
→ Schmierung

Lagerspiel
→ *Lagerluft*

Lagerstrom {bearing current}
Durch Wellenspannung verursachter Strom, der sich – nach Durchschlagen des isolierenden Ölfilms – durch die Lager über Welle und Gehäuse schließt (**Bild L6**).
Durch Unsymmetrien der Stirnverbindungen, Inhomogenitäten der Blechpakete, exzentrische Lage des Läufers können in Asynchronmaschinen auf dem Kreis Welle-Lagerschilde-Gehäuse Spannungen induziert werden [E48], die möglicherweise zu Strömen auf eben diesem Wege führen. Durch Kraterbildung entstehen dann meistens in kurzer Zeit schwere Lagerschäden. Abhilfe: Bei Konstruktion und Fertigung der → Blechpakete und Wicklungen Unsymmetrien vermeiden; Dämpferringe um das Joch; → isolierte Lager. L. können nur annähernd gemessen werden, wenn ein Lager isoliert und diese Isolierung über einen Strommesser kurzgeschlossen wird. Der so ermittelte Strom ist allerdings wegen der niedrigeren Widerstände im Meßkreis kein exaktes Maß für den L. Derartige Untersuchungen sind außerdem meistens auf das Prüffeld des Herstellers angewiesen. Die Wellenspannung dagegen kann mittels Kupferspitzen, an die Welle auf AS und NS gehalten, auch vor Ort und auch an Maschinen mit nicht isolierten Lagern gemessen werden. Exakte Grenzwerte können nicht angegeben werden, doch werden Effektivwerte der Wellenspannung von 150 mV für Wälzlager und 300 mV für Gleitlager als völlig unbedenklich angesehen; mit großer Wahrscheinlichkeit sind ab 350 mV für Wälz- und ab 500 mV für Gleitlager Lagerströme gefährlichen Ausmaßes vorhanden. Bei umrichtergespeisten Käfigläufermotoren mitt-

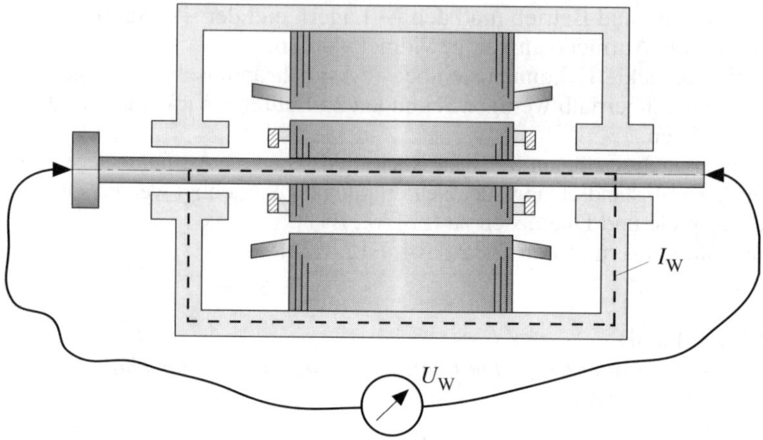

Bild L6 Wellenspannung und Lagerstrom (schematisch)

lerer Leistung wurden Erhöhungen der Wellenspannung gegenüber Netzbetrieb bis zu 50 % beobachtet, für die es noch keine Erklärung gibt.
Lagerströme können an einer gefertigten Maschine nachträglich nur schwer beseitigt werden; es obliegt der Sorgfaltspflicht des Herstellers, die Wellenspannung durch entsprechende Konstruktion und Fertigung zu unterdrücken.
→ Lagerschaden [A2, E5, E41]

Lagertemperatur {bearing temperature}
Verfahren zum Messen der Lagertemperatur: → [N9.1]. Beharrungswerte oder langsam veränderliche Werte der L. können mit Thermometern oder eingebauten Temperaturfühlern während des Betriebs oder während einer → Erwärmungsprüfung gemessen werden (→ Verfahren zur Ermittlung der Temperatur oder der Übertemperatur). Meßstelle soll möglichst nahe am äußeren Lagerring (bei Wälzlagern) oder im Druckbereich der Lagerschale (bei Gleitlagern) liegen. Die L. im Beharrungszustand beeinflußt die → Fettstandzeit ganz wesentlich. Deshalb wird oft eine → L.-Überwachung vorgesehen. Die L. entsteht nicht nur durch die eigene Wärmeerzeugung des Lagers (Roll-, Gleit-, Schmierstoffreibung [A12]) unter dem Läufergewicht und äußeren Kräften (z. B. Riemenzug), sondern auch durch die aus den → Aktivteilen der Maschine fließende Wärme. Vor allem die → Läuferverluste fließen zum großen Teil axial über die Welle nach beiden Seiten in die Lager. Dies tritt konstruktionsbedingt bei oberflächengekühlten Maschinen ein und betriebsbedingt an allen Maschinen bei → Schweranlauf, bei großer → Schalthäufigkeit und bei Störfällen (z. B. → blockierter Läufer). Der Innenring eines Wälzlagers kann sich dabei schneller erwärmen als der Außenring; das Lager kann klemmen (Abhilfe: größere → Lagerluft).

Grenzwerte für L. sind in Vorschriften nicht festgelegt. Der Hersteller der Maschine setzt die zulässigen Betriebsbedingungen für die Lager in eigener Verantwortung fest. Die thermische Auslegung der Aktivteile einer Maschine hat einen direkten Einfluß auf die L. Die Höhe der L. bestimmt überwiegend die Schmiermittelstandzeit.
Rasche Erwärmung von der Maschinenwelle her kann nur unzureichend gemessen und deshalb nicht überwacht werden. Solche Fälle müssen bei der Maschinenbemessung sorgfältig berücksichtigt werden.

Lagertemperatur-Überwachung {bearing-temperature monitoring}
In die Lagernabe (bei Wälzlagern) oder in den Druckbereich der Lagerschale (bei Gleitlagern) werden → Temperaturfühler oder → Lagerthermometer eingebaut, mit denen die → Lagertemperatur gemessen wird. Die Fühler werden an Geräte angeschlossen, die auch am Motor angebaut sein können. Das Signal wird verarbeitet; bei Überschreiten von Grenzwerten, die vorher festgelegt werden müssen, erfolgt Warnung oder Abschaltung. Damit lassen sich langsam veränderliche Temperaturen (durch z. B. allmählich entstehenden Schmiermittelmangel oder kleine Maschinenüberlastung) überwachen.
Wegen der Mehrkosten und der Unsicherheit bei Grenzwertgebung und Meßwertbeurteilung sollte eine L. nur bei betriebswichtigen Antrieben – und auch dort nicht als alleiniger Schutz – vorgesehen werden. Rasch veränderliche Lagertemperaturen können nur unzureichend erfaßt werden. Eine L. allein bietet keinen ausreichenden Schutz gegen Störfälle.
[A2]

Lagerthermometer {bearing thermometer}
→ Widerstandsthermometer zum Messen der → Lagertemperatur zwecks → Lagertemperaturüberwachung.
Meist wird ein Meßwiderstand PT100 in ein zweckentsprechendes Gehäuse eingegossen (**Bild L7**). Bei Verwendung von Thermoelementen erfolgt die Anzeige an Meßinstrumenten, die in direkter Lagernähe angebracht weden können und die Beurteilung am Objekt erlauben. Diese Anzeigeinstrumente können auch mit Kontakten ausgestattet sein, über die eine Steuerung erfolgt.
→ Lagerüberwachung, → Temperaturfühler

Lagerüberwachung {bearing monitoring}
Wälzlager sind kritische, lebensdauerbestimmende Bauteile elektrischer Maschinen. Bei wichtigen Antrieben wird deshalb eine L. vorgesehen. Zu diesem Zweck können verschiedene Größen für die Zustandsdiagnose herangezogen werden (**Tabelle L8**, **Tabelle L9**). Keine dieser Methoden erfaßt *alle* Störmechanismen, und nur wenige wirken selektiv genug, um Fremdstörungen von lagereigenen Störun-

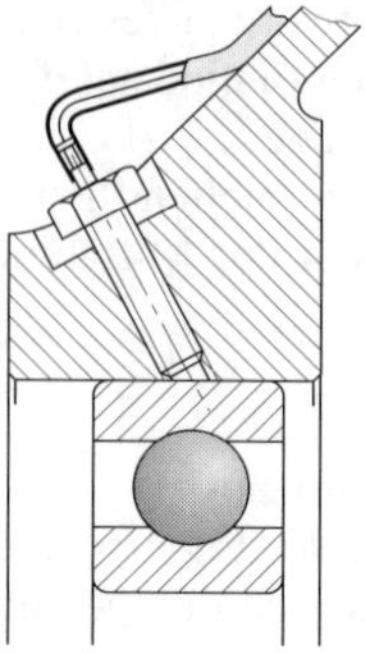

Bild L7 Lagerthermometer zum Einschrauben in das Gehäuse von Wälzlagern. Eine handelsübliche Sechskantschraube ist hohlgebohrt, darin ist ein Meßwiderstand eingegossen.

überwachte Größe	Meßprinzip	Kriterien	Durchführung, Eigenschaften
allgemeiner Lagerzustand	Augenschein	Verschmutzung, Rost, Abrieb, Verformung, Brüche	Nur bei → Inspektion oder → Revision. Falls keine deutlichen Schäden sichtbar: Bewertung zweifelhaft.
Füll-/Nachschmiermenge	Dosierung	Volumen	Siehe Bedienungsanleitung oder Schmierschild. Nur bei → Wartung oder → Revision.
Nachschmierfrist	Datum, Logbuch	Zeit	Siehe Bedienungsanleitung oder Schmierschild. Normale Maßnahme der → Instandhaltung.
Fettsorte	Augenschein	Kennzeichnung des Vorratsbehälters; Farbe des Fetts	Siehe Bedienungsanleitung oder Schmierschild. Normale Maßnahme der Qualitätssicherung bei Neufettung oder Nachschmierung.
allgemeiner Zustand des Altfetts	Augenschein des Altfetts und seiner Rückstände (nach Erhitzen und Filtern einer Probe)	Verfärbung, Verhärtung, Art und Größe der Rückstände (Fremdkörper, Rost, Abrieb)	Während des Betriebs, wenn Lager mit → Fettschieber ausgerüstet ist. Sonst nur möglich bei → Inspektion oder → Revision. Allmählich beginnende Lagerschäden durch Verschleiß werden eindeutig erkannt.
Schmierfähigkeit des Altfetts	Augenschein einer „Fingerprobe“	Gleitfähigkeit und Konsistenz	Während des Betriebs, wenn Lager mit → Fettschieber ausgerüstet. Sonst bei → Inspektion oder → Revision. Einfache, aber rein subjektive Bewertung.
Luftschall	Gehör, ohne Meßzeug	Stärke, Art und Tonhaltigkeit des Geräusches	Einfache Prüfung. Subjektive Bewertung. Treffsicherheit der Diagnose nur bei großer Erfahrung! (→ Einzeltöne)
Körperschall	Abhören mit Stethoskop oder Schraubendreher		

Tabelle L8 Subjektive Methoden zur Überwachung von Wälzlagern

überwachte Größe	Meßprinzip	Kriterien	Durchführung, Eigenschaften
Temperatur	Temperaturfühler in Lagernabe, mit Auswertgerät	Höhe und Tendenz der Lagertemperatur	Für betriebsbegleitende Diagnose einsetzbar. Besonders rasche Zustandsänderungen (im Sekundenbereich) werden nicht erkannt.
Schwingweg, Schwinggeschwindigkeit oder Schwingbeschleunigung	Schwingweg- oder Beschleunigungsfühler, mit Auswertgerät	Schwingweg, Geschwindigkeit, Beschleunigung nach Größe und Tendenz	Für betriebsbegleitende Diagnose einsetzbar. Eindeutige Bewertung mit einer Meßstelle allein ist nicht möglich. Tendenz gegenüber Ausgangszustand und gegenüber Referenzmeßpunkt an Arbeitsmaschine, am Fundament oder Grundrahmen bewerten!
Körperschall	Stoßimpulse durch die Überrollung von Laufbahn- und Wälzkörperschäden über Druckaufnehmer (Klopfsensoren) und Auswertgerät	Druckschwingungen werden innerhalb eines typischen Frequenzbereichs (→ Stoßimpulsmessung) oder nach Frequenzmustern (→ Hüllkurvenanalyse) bewertet	Für betriebsbegleitende Diagnose einsetzbar. Sehr selektive Verfahren für Lagerschäden, auch im Frühstadium. Eindeutige Bewertung mit einer Einmal-Messung ist nicht möglich! Jede Lagerung ist individuell zu betrachten und die Tendenz des Meßwerts gegenüber dem Ausgangszustand zu bewerten!
Stromaufnahme der Maschine	Stromstärkemessung in der Zuleitung	Höhe des aufgenommenen Stroms	Nur bei Maschinen kleiner Leistung. Bewertung des Meßwerts zweifelhaft!

Tabelle L9 Objektive Methoden zur Überwachung von Wälzlagern

gen unterscheiden zu können. Gleitlager für größere Maschinen können im Gegensatz zu Wälzlagern durch Augenschein, über Temperaturfühler und ggf. Ölströmungswächter relativ eindeutig und wirksam überwacht werden.
Wegen der Unsicherheit, Meßsignale eindeutig zu interpretieren, sollte eine L. nur für betriebswichtige Antriebe vorgesehen werden. Dann allerdings mehrere Größen überwachen und durch subjektive Methoden ergänzen! Ob mit oder ohne Geräte: Die *Bewertung* des Meßwerts ist immer subjektiv gefärbt.

Lagerung {bearing arrangement}
Konstruktive Gesamtheit aller Teile mit dem → Lager und den zum Einbau, zur → Lagerdichtung und zur → Schmierung erforderlichen Teilen.
Die L. kann nicht als Baugruppe getrennt gefertigt werden, sondern entsteht immer beim Zusammenbau der Maschine. Beispiele: Bilder A3, A4, F1, G16.
→ Lagerdeckel, → Lagerschild, → Gleitlager, → Schmierung, → Wälzlager
[A12, E14]

Lagerverriegelung {bearing block}
→ *Transportsicherung*

Lamellenbremse {multiple-disc brake}
Reibungsbremse, bei der mehrere scheibenförmige Stahllamellen (abwechselnd eine ruhend, eine drehend) das → Bremsmoment erzeugen.
→ Bremsmotoren, → Haltebremse

Langzeitlagerung {long-time storage}
Einlagerung elektrischer Maschinen für mehrere Jahre (z. B. als Ersatzmaschinen).
Trocken, sauber, erschütterungsfrei einlagern. Alle Öffnungen dicht verschließen (Insekten! Nagetiere! Vögel!). → Transportsicherungen an Zylinderrollenlagern belassen. Nach mehreren Jahren Lager schmieren. Vor Inbetriebnahme → Isolationswiderstand messen, evtl. → Trocknung vorsehen. Hinweise des Herstellers sorgfältig beachten!
→ biologische, chemische und Strahlungseinflüsse, → Feuchtigkeit, → Klima, → Schimmelbildung, → Termintenschutz, → Tropenschutz

Lastkennlinien {load torque characteristics}
Drehmoment-Drehzahl-Kennlinien von Arbeitsmaschinen, evtl. auf die Motorwelle umgerechnet.
Drehmoment-Drehzahlkennlinien der Arbeitsmaschinen ergeben sich aus ihrer Wirkungsweise, ihrem Belastungszustand, ihrer Konstruktion und evtl. ihrem Ver-

Arbeitsprinzip	Drehmoment	Leistung	Maschinenbeispiele
Wickelarbeit (Zugkraft und Zuggeschwindigkeit konstant)	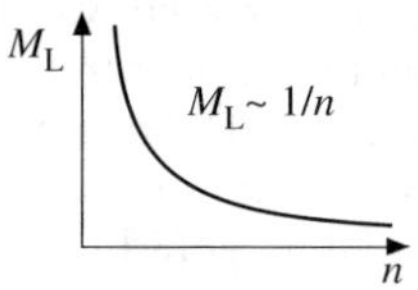	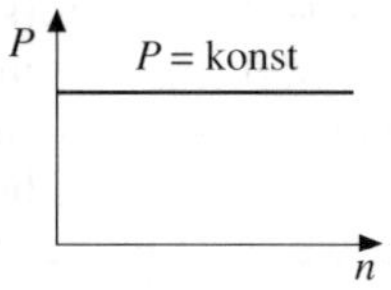	Haspeln; Drehmaschinen beim Plandrehen
Arbeit durch Heben, Gleit- und Rollreibung, Zerspanung, Verdichtung	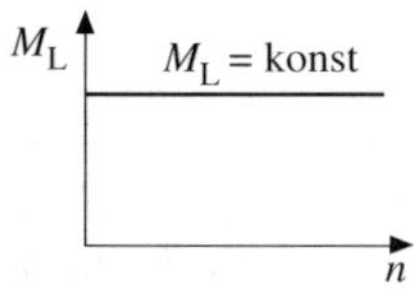	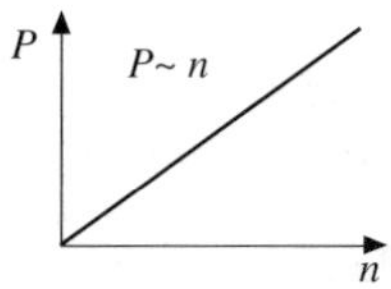	Kräne, Hebezeuge; Förderband (langsam laufend); Hobelmaschinen
Arbeit durch Formänderung	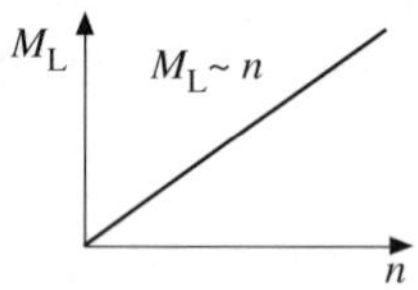	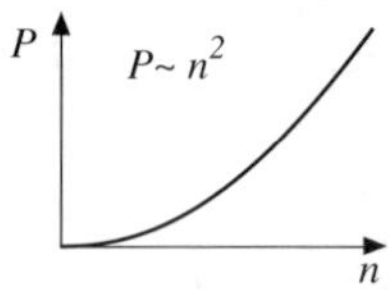	Walzen, Kalander, Extruder, Drahtziehmaschinen

Tabelle L10 Grundsätzliche, drehzahlabhängige Kennlinien für Drehmoment und Leistung bei Arbeitsmaschinen

Arbeitsprinzip	Drehmoment	Leistung	Maschinenbeispiele
Arbeit durch Gas- und Flüssigkeitsreibung	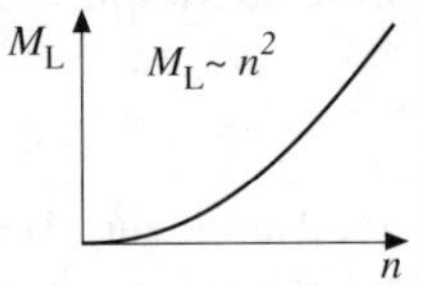 M_L; $M_L \sim n^2$; n	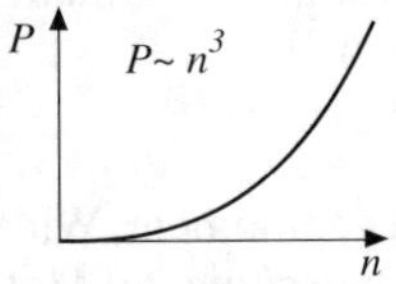 P; $P \sim n^3$; n	Ventilatoren; Kreiselverdichter, Kreiselpumpen; Luftwiderstand von Fahrzeugen

Tabelle L10 (Fortsetzung) Grundsätzliche, drehzahlabhängige Kennlinien für Drehmoment und Leistung bei Arbeitsmaschinen

schleißzustand. Grundsätzliche Eigenschaften der wichtigsten Arbeitsmaschinen nach ihrem Arbeitsprinzip: **Tabelle L10**. In Wirklichkeit haben die Arbeitsmaschinen Kennlinien, die man sich durch Überlagerung zweier oder mehrerer grundsätzlicher Kennlinien entstanden denken kann (Beispiel: **Bild L11**), und die konstruktions- und betriebsabhängig in weiten Grenzen variieren können (zahlreiche Beispiele: [B18]). Neben drehzahlabhängigen gibt es Arbeitsmaschinen, deren Drehmoment winkelabhängig ist (z. B. Kolbenverdichter und -pumpen, Exzenterpressen; Achtung: → Drehschwingungen!), wegabhängig (z. B. bei Bahnen) und zeitabhängig (alle nach Zeitprogrammen ablaufenden Prozesse). Bei der Antriebsplanung und Motorauswahl wird man Bemessungspunkt und Anlaßverfahren des Motors nach den Lastkennlinien der Arbeitsmaschine festlegen.

Der Besteller muß die Lastkennlinien und ihre möglichen Abweichungen angeben, damit der Motor zweckentsprechend bemessen werden kann.

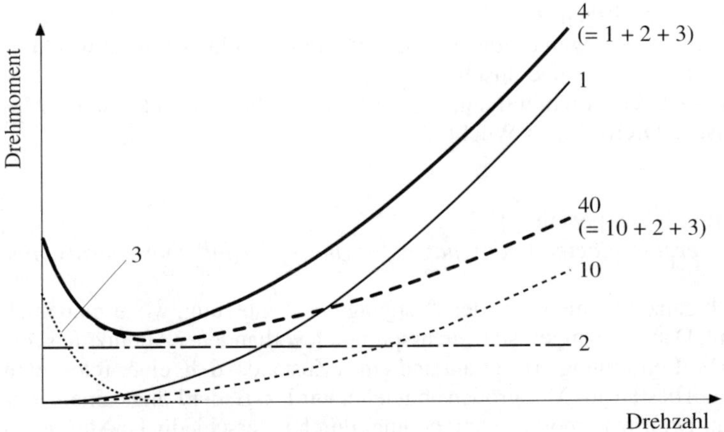

Bild L11 Kennlinie einer Kreiselpumpe. Der Flüssigkeitsreibung entsprechen 1 (Anlauf gegen offenen Schieber) oder 10 (Anlauf gegen geschlossenen Schieber). Dazu kommt das Reibungsmoment 2 der Dichtungen, dem im Stillstand und bei kleinen Drehzahlen das Moment durch Haft- und Mischreibung 3 überlagert ist. Durch Addition entstehen die tatsächlichen Lastkennlinien 4 bzw. 40.

→ Anlassen von Käfigläufermotoren, → Anlassen von Schleifringläufer-Motoren, → Anlauf, → Anlaufverhalten, → Anlaufwärme im Motor, → Anlaufzeit, → Schalthäufigkeit [A2, A4, A6, A7]

Lastmoment (auch: Gegenmoment, Widerstandsmoment) M_L in Nm {load torque}
Das von der → Arbeitsmaschine am Motorwellenende verlangte Drehmoment.
→ Lastkennlinie, → Lastkennlinien von Arbeitsmaschinen

Lastschalter
Schalter mit einem Schaltvermögen, das den beim Ein- und Ausschalten von Betriebsmitteln und Anlagenteilen in ungestörtem Zustand auftretenden Beanspruchungen entspricht.
Das Nenneinschalt- und Nennausschaltvermögen reicht bis ungefähr zum doppelten Nennstrom. Zum direkten Einschalten eines Drehstrommotors sind L. deshalb nicht geeignet.
→ Schaltvorgang [A20]

Laufruhe {running smootheness}
Undefinierter Begriff für die geräusch- und schwingungsarme Bewegung der drehenden Teile und für die Gleichmäßigkeit der → Winkelgeschwindigkeit.
Störungen der L. deuten möglicherweise auf beginnende Schäden und sind schnellstmöglich zu beseitigen.
Forderungen für die L. festlegen durch zulässige Werte für → Drehzahlschwankungen, → Schwingstärke und → Geräusch.
→ Auswuchten, → Drehschwingungen, → Geräusch drehender elektrischer Maschinen, → kritische Drehzahl, → Wuchtgüte

Lebensdauer {life, life expectancy}
Betriebsdauer unter festgelegten Bedingungen bis zum → Ausfall eines Geräts oder einer Anlage.
Die L. ergibt sich ganz allgemein aus dem Vorgang der Abnutzung, wozu man auch die Alterung zählt. Dabei verringert sich ein urspünglich vorhandener Abnutzungsvorrat (**Bild L12**). Die Beurteilung erfolgt anhand eines Zustands, d. h. einer relevanten Eigenschaft, die am besten aus Meßgrößen abgeleitet wird, z. B. der Länge einer Kohlebürste. In einem Drehstrommotor treten, bedingt durch unterschiedliche Alterungs- und Verschleißmechanismen, verschiedene Lebensdauern auf: Bürstenstandzeit (nur bei Schleifringläufer-Motoren), → Schmiermittelgebrauchsdauer, → Lagerlebensdauer, Lebensdauer des Isoliersystems. Die drei Erstgenannten sind überwiegend durch Verschleiß bestimmt und daher unter bestimmten Wahrscheinlichkeiten bere-

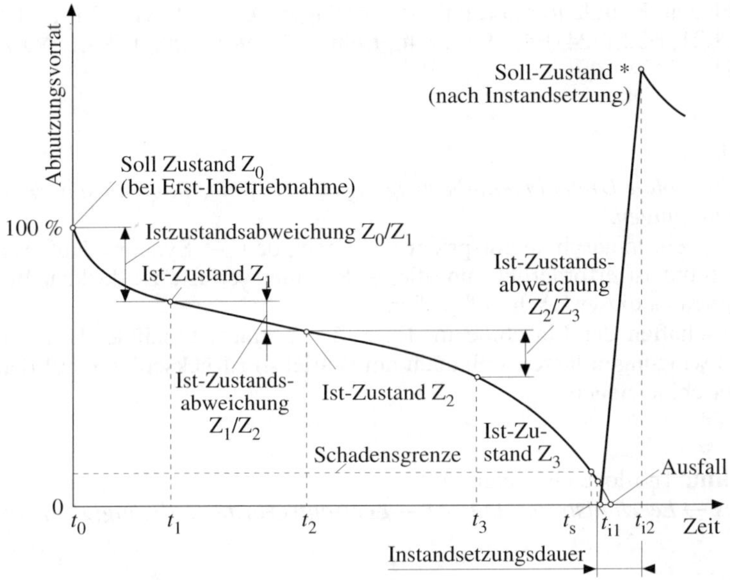

Bild L12 Vorgang der Abnutzung (schematisch). Der „Abnutzungsvorrat" ist ein für die Instandhaltung charakteristisches Merkmal zur Beschreibung des Zustands. Die Istzustände Z_1, Z_2 und Z_3 werden durch Inspektion festgestellt.

*) Eine Erhöhung des Abnutzungsvorrats über 100 %, bezogen auf den Ausgangszustand, ist durch Instandsetzung möglich, wenn diese Maßnahmen zu einer Verbesserung führen und diese Erhöhung als neuer Sollzustand für die Instandsetzung abgestimmt und festgelegt wurde. Die Lebensdauer endet mit dem Ausfall.

chenbar. Die L. des Isoliersystems dagegen entzieht sich einer Berechnung, weil sie alterungsabhängig ist und es keine Meßgrößen gibt, die zahlenmäßig auf die L. schließen lassen. In jedem Fall ist die Temperatur eine besonders wichtige Einflußgröße: Bei Erhöhung der Dauertemperatur um einen bestimmten Betrag (z. B. 15 K bei Fett, 8 K bis 10 K bei Isolierstoffen auf Zellulose-Basis) halbiert sich die Lebensdauer (sogenannte Montsinger-Regel). Deshalb kann die relative Verkürzung der L. bei Überschreiten von Grenztemperaturen abgeschätzt werden. Der Nutzen einer thermischen Überwachung besteht demnach darin, unzulässige Überlastungen und damit unzulässige Temperaturen zu vermeiden (d. h. die → bestimmungsgemäße Verwendung aufrecht zu erhalten) und somit den Zeitpunkt des Ausfalls nicht vorzuverlegen.

Grundsätzlich kann ein Ausfall auch bei Einsatz von Schutzsystemen nicht vermieden werden.

Die größte L. ergibt sich durch sorgfältige → Bemessung, → bestimmungsgemäße Verwendung einschließlich ordnungsgemäßer → Instandhaltung.

→ Gleitlager, → Isoliersystem, → Korrosionsschutz, → Lagerschaden, → Lagerüberwachung, → Motorschutz bei Hochspannung, → Motorschutz bei Niederspannung, → Schäden an Käfigläufermotoren, → Wälzlager [A2, A12, A17, A18, A19, E9, E14, **E15**, E21, E22, E24, E41, E44, E46, Reihe N7, N8.1, N8.39, **N9.1**, **N9.2**, N9.14 bis 9.17].

Leerlauf {no-load}

Lauf der Maschine ohne Drehmomentübertragung an der Welle, unter sonst normalen Betriebsbedingungen.

Der L. einer Asynchronmaschine entspricht nicht ganz dem → Synchronlauf. Ein gewisser → Schlupf ist erforderlich, um die → Reibungsverluste zu decken. Bei kleinen Maschinen ist dieser L.schlupf größer.

Aus den Eigenschaften der Maschine im L., z. B. Leistungsaufnahme, L.strom, L.geräusch, Schwingungen lassen sich auch am Betriebsort Rückschlüsse auf den Zustand der Maschine ziehen.

Leerlaufkennlinie {no-load characteristic}

Darstellung des → Leerlaufstroms und der → Leerlaufverluste in Abhängigkeit von der Spannung.

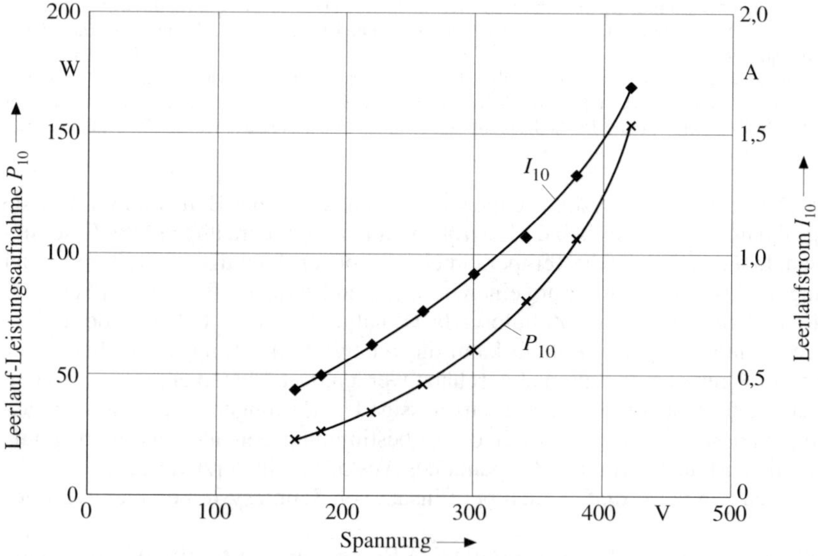

Bild L13 Leerlaufkennlinie mit Meßwerten eines Drehstrom-Käfigläufermotors (0,55 kW, vierpolig; 380 V; 50 Hz)

P_{10} Leistungsaufnahme im Leerlauf I_{10} Leerlaufstrom

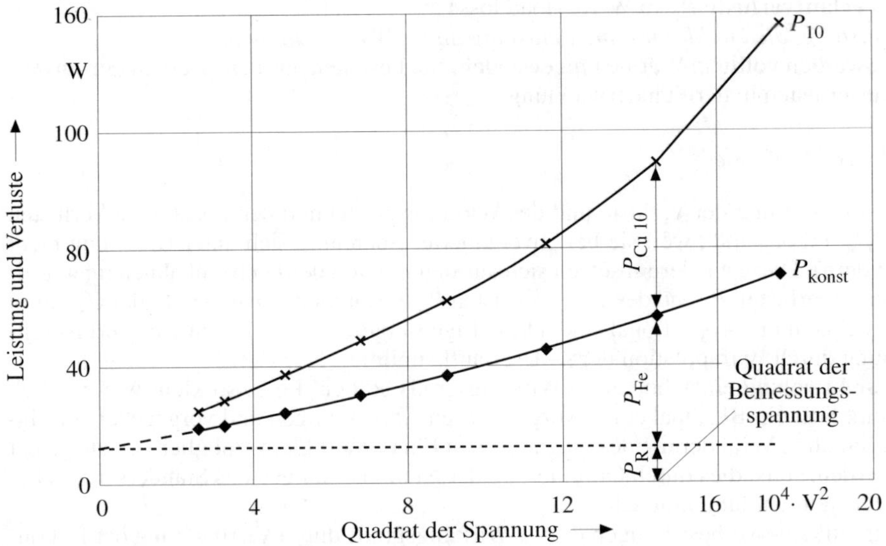

Bild L14 Trennung von Eisen- und Reibungsverlusten durch Extrapolation der Leerlaufkennlinie (Meßwerte des Prüflings von Bild L13)

P_{10}	Leistungsaufnahme im Leerlauf
P_{Cu10}	Stromwärmeverluste im Leerlauf
P_{konst}	konstante Verluste
P_{Fe}	Eisenverluste
P_R	Reibungsverluste

Beispiel für eine ausgeführte Maschine: **Bild L13**. Aus der L. können die → Eisen- und → Reibungsverluste ermittelt werden. Zu diesem Zweck werden die belastungsunabhängigen *konstanten Verluste* P_{konst} (→ Ermittlung der Verluste und des Wirkungsgrads) über der Spannung aufgetragen und auf Spannung Null extrapoliert. Diese Extrapolation wird nahezu linear und damit wesentlich genauer, wenn über dem *Quadrat der Spannung* aufgetragen wird (**Bild L14**). Dieser extrapolierte Wert entspricht den spannungsunabhängigen Reibungsverlusten P_R. Die Differenz zu den konstanten Verlusten bei beliebiger Spannung entspricht den dort auftretenden Eisenverlusten P_{Fe} (einschließlich evtl. Leerlaufzusatzverluste).
→ Leerlauf, → Leerlaufstrom, → Leerlaufverluste, → Leerlaufversuch [A16].

Leerlaufstrom I_{10} in A {no-load current}
Strom, den ein Motor ohne Belastung an der Welle aufnimmt.
→ Leerlauf, → Leerlaufkennlinie, → Leerlaufverluste, → Leerlaufversuch

Leerlaufverluste P_{10} in W {no-load loss}
Leistung, die ein Motor ohne Belastung an der Welle aufnimmt.
L. werden völlig in Wärme umgewandelt. Sie bestehen aus den Leerlauf-Stromwärmeverlusten in der Ständerwicklung:

$$P_{\mathrm{Cu10}} = 3 \cdot R_1 \cdot I_{10}^2.$$

(→ Ermittlung der Verluste und des Wirkungsgrads) und den konstanten Verlusten P_{konst} („konstant“, weil sie bei unveränderter Spannung sich unter Belastung nicht ändern). Diese wiederum setzen sich aus den nur von der Drehzahl abhängigen Reibungsverlusten P_{R} und den Eisenverlusten P_{Fe} zusammen, die ungefähr dem Quadrat der Spannung proportional sind. Diese Eigenschaften ermöglichen eine Verlusttrennung durch Extrapolation der → Leerlaufkennlinie.
Zur Erzielung eines hohen → Wirkungsgrads sollten die L. so klein wie möglich sein. Soll ein Blechpaket mit vorgegebenen Abmessungen und vorgegebenem Material ohne Veränderung des magnetischen Flusses auf kleinstmögliche L. ausgelegt werden, so ist dies durch Optimierung der Nutabmessungen des Ständers nur in begrenztem Umfang möglich.
Signifikante Verbesserungen des → Wirkungsgrads durch Verringerung der L. können nur durch verlustärmeres Blech (→ Verlustziffer) und verringerte Flußdichten, d. h. mehr aktives Material erreicht werden. In jedem Fall bedeutet dies höhere Herstellkosten.
→ Leerlauf, → Leerlaufstrom, → Leerlaufversuch

Leerlaufversuch {no-load test}
Betrieb einer Maschine ohne Leistungsabgabe an der Welle (beim Motor) oder mit offenen Klemmen (als Generator) zur → Ermittlung der Verluste und des Wirkungsgrads oder anderer relevanter Eigenschaften.
→ Leerlauf, → Leerlaufkennlinie, → Leerlaufstrom, → Leerlaufverluste
[A16, N9.4]

Leerschalthäufigkeit (auch: Leeranlaufschalthäufigkeit) z_{0A} in h^{-1} {no-load starting frequency}
Zulässige Häufigkeit periodisch aufeinander folgender Anlaufvorgänge ohne → Lastmoment und ohne → Fremdträgheitsmoment bei mechanischer oder Gleichstrom-Bremsung.
Die L. ist eine Motorkonstante und wird zur Ermittlung der zulässigen → Schalthäufigkeit bei periodischem Aussetzbetrieb mit Einfluß des Anlaufvorgangs (mit mechanischer Bremsung; → Betriebsart S4) oder bei ununterbrochenem periodischen Betrieb mit Gleichstrom-Bremsung (→ Betriebsart S7) benötigt. Werte einer ausgeführten Motorreihe: **Bild L15**.

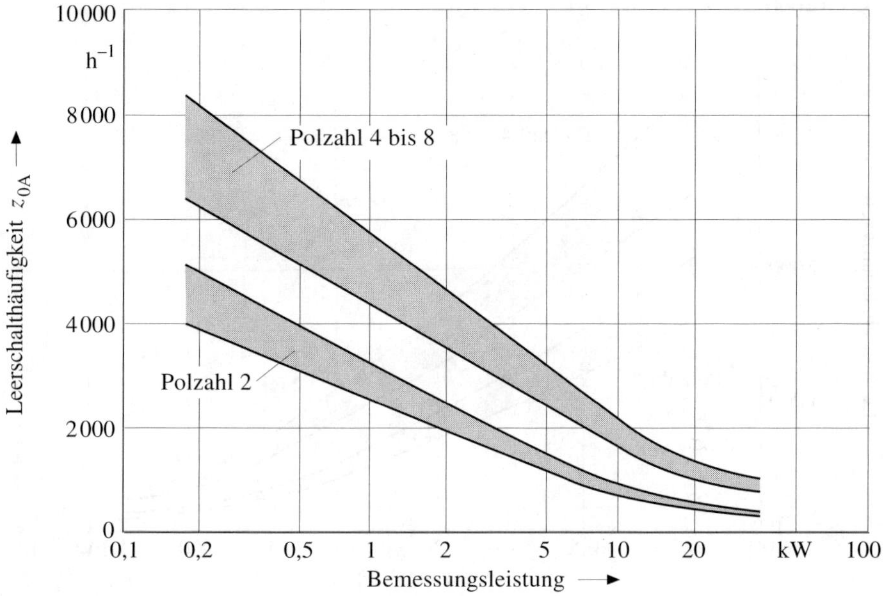

Bild L15 Leerschalthäufigkeit (Mittelwerte) einer ausgeführten Reihe von Drehstrom-Käfigläufermotoren für Niederspannung bei 50 Hz

→ Anlaufwärme im Motor, → Bremsmotor, → Bremswärme im Motor [A6, E34, E35].

Leerumschalthäufigkeit z_{0U} in h^{-1} {no-load reversing frequency}
Zulässige Häufigkeit periodisch aufeinander folgender Reversiervorgänge ohne → Lastmoment und ohne → Fremdträgheitsmoment.
Die L. ist eine Motorkonstante und wird zur Ermittlung der zulässigen → Schalthäufigkeit bei ununterbrochenem periodischen Betrieb mit Gegenstrombremsung (→ Betriebsart S7) benötigt. Werte einer ausgeführten Motorreihe: **Bild L16**.
→ Anlaufwärme im Motor, → Bremswärme im Motor [A6, E34].

Leistung P in W (kW) {power}
Arbeit in der Zeiteinheit
elektrische L. bei Gleichstrom: $P = U \cdot I$
elektrische L. (Wirk-L.) im → Wechselstromnetz: $P = U \cdot I \cdot \cos \varphi$
elektrische L. (Wirk-L.) im symmetrischen → Drehstromnetz: $P = \sqrt{3} \cdot U \cdot I \cdot \cos \varphi$

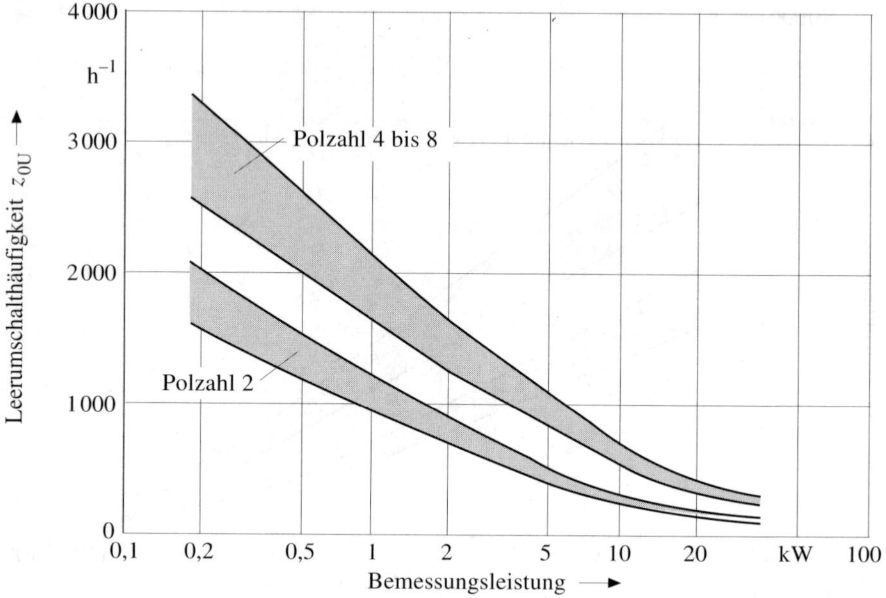

Bild L16 Leerumschalthäufigkeit (Mittelwerte) einer ausgeführten Reihe von Drehstrom-Käfigläufermotoren für Niederspannung bei 50 Hz

mechanische L. bei → geradliniger Bewegung: $P = F \cdot v$
mechanische L. bei Drehbewegung (→ Drehmoment): $P = M \cdot \Omega_m$

P Leistung (Wirkleistung) in W,
U Spannung (Effektivwert bei Wechselstrom; bei Drehstrom zwischen Außenleitern) in V,
I Strom in A,
$\cos\varphi$ Leistungsfaktor in 1,
F Kraft in N,
v Geschwindigkeit in m/s,
M Drehmoment in Nm,
Ω_m Winkelgeschwindigkeit in s^{-1}.

→ Verluste, → Wechselgrößen [A6, A7, A8]

Leistungsbedarf {power demand}
Tatsächlich erforderliche Leistung der Arbeitsmaschine.
Die Bemessungsleistung des Motors wird aus Sicherheitsgründen meistens etwas größer gewählt als der L., weil z. B. nach längerer Betriebszeit größere Reibung auf-

treten kann, Überlastungen vorgesehen werden müssen oder weil sich durch nachträgliche Verschärfung des Arbeitsablaufs oder der Bedingungen größerer Bedarf ergibt. Der Sicherheitszuschlag beträgt je nach Antrieb 1,05 bis 1,2. Ermittlung des L. aus dem physikalischen Prinzip der Arbeitsmaschine und der jeweiligen Konstruktion unter Berücksichtigung der Erfahrungen an früher gebauten Anlagen [A6, **A7**, A8].

Bemessungsleistung dem L. so knapp wie möglich anpassen: Kosten! Bei größerer Unsicherheit über mögliche betriebsbedingte Überlastungen: Schutz vorsehen! Nicht nur nach dem L. bemessen, sondern auch zeitlichen Belastungsverlauf, Anlauf, Bremsung, Drehzahlsteuerung. Früher aufgetretene Störungen und Schäden u. a. m. angemessen berücksichtigen!

→ Betriebsart, → Lastkennlinien, → Service Factor SF

Leistungsfaktor {power factor p. f.}

→ cos φ

Leistungsfluß des Asynchronmotors {power flow of the induction machine}

Darstellung der Wirkleistungen und Verluste als Mündungsdelta eines Flusses.

Diesem Schema liegt die → Ermittlung der Verluste und des Wirkungsgrads zugrunde. Es dient lediglich zur Veranschaulichung (**Bild L17**). Bei Käfigläufermotoren ab rund 50 kW betragen die Eisen-, Zusatz- und Reibungsverluste zusammen weniger als 3 % der Bemessungsleistung. Sie können für grundsätzliche Untersuchungen des Betriebsverhaltens vernachlässigt werden. Für diese idealisierte Maschine gilt:

$P_\delta = M \cdot \omega_s / p$	Luftspaltleistung in W,
$P_{Cu2} = s \cdot P_\delta$	Stromwärme-Verluste im Läufer in W,
$P_2 = (1 - s) \cdot P_\delta$	an der Welle abgegebene mechanische Leistung in W,
$\omega_s = 2 \cdot \pi \cdot f$	Ständerkreisfrequenz in s^{-1},
ω_s / p	Winkelgeschwindigkeit des Drehfelds in s^{-1},
M	an der Welle abgegebenes Drehmoment in Nm,
s	Schlupf in 1,
f	Frequenz des Ständerstroms in Hz,
p	Polpaarzahl der Ständerwicklung in 1.

[E4]

Leistungsgewicht {power-weight ratio}

Verhältnis des Gewichts der → Aktivteile (näherungsweise auch des Gesamtgewichts) eines Motors zur Bemessungsleistung.

Das L. ist ein grobes Maß für die Herstellkosten.

→ Boston-Effekt, → Erfahrungskurve [E19]

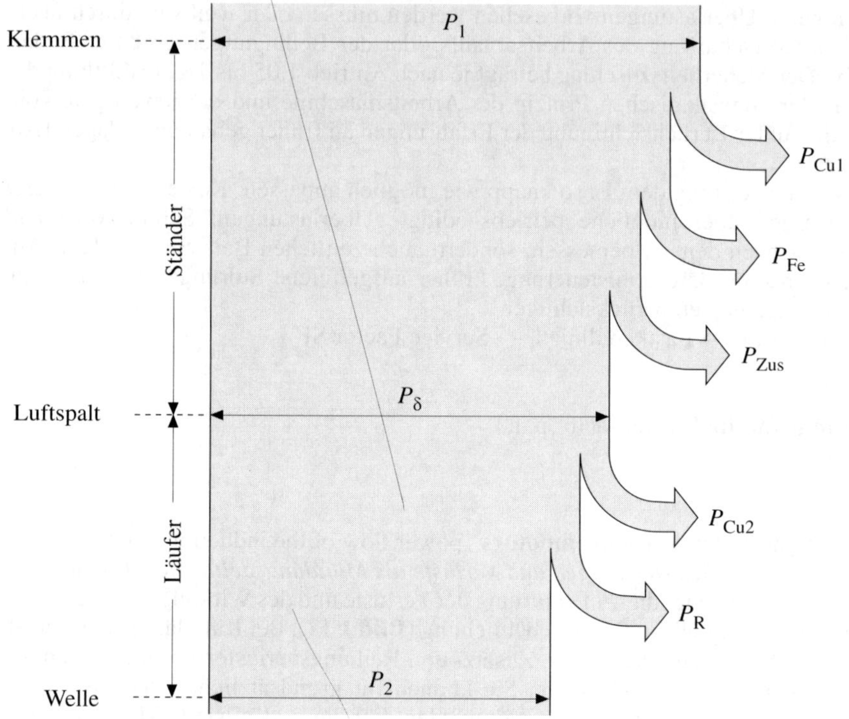

Bild L17 Leistungsfluß des Asynchronmotors (schematisch)
P_1 vom Netz aufgenommene elektrische Wirkleistung
P_{Cu1} Stromwärme-Verluste in der Ständerwicklung
P_{Fe} Eisenverluste
P_δ Luftspaltleistung
P_{Cu2} Stromwärme-Verluste in der Läuferwicklung
P_R Reibungsverluste
P_2 an der Welle abgegebene mechanische Leistung

Leistungsschalter {circuit breaker}

Schaltgeräte, die fähig sind, die unter festgelegten normalen und abnormalen Bedingungen (also auch im Kurzschluß) im Stromkreis auftretenden Ströme einzuschalten, über eine festgelegte Zeit zu führen und auszuschalten.

L. mit Überlast- und Kurzschluß-Schnellauslösung werden für das betriebsmäßige Schalten und den Überstromschutz von Verbrauchern und Anlagenteilen mit geringer Schalthäufigkeit eingesetzt.

→ Schaltvorgang [A20, N4.26]

Leistungsschild {rating plate}
Jede elektrische Maschine muß mit einem (oder mehreren) L. ausgerüstet sein. Das L. muß aus dauerhaftem Material und sicher befestigt sein, vorzugsweise am Gehäuse der Maschine. Es muß in der durch → Bauform und → Aufstellung festgelegten Verwendungslage leicht lesbar sein. Wird die Maschine so in ein Gerät eingebaut, daß die Lesbarkeit nicht mehr gegeben ist, muß der Hersteller auf Verlangen ein zweites L. liefern. Dieses ist am Gerät zu befestigen. Das L. dient der → Kennzeichnung. Sie muß dauerhaft sein und muß alle zutreffenden Angaben entsprechend VDE 0530 [N9.1] enthalten. Beispiel eines ausgeführten Leistungsschilds: **Bild L18.**
[A1, N9.1]

ABB Motors			
Type	QU 100 L4 AT		IEC 34-1
3 ~ Mot	GS 2229936 B		cos φ 0,84
	2,2 kW 50 Hz 1425 min^{-1}	2,6 kW 60 Hz 1720 min^{-1}	
220-240/380-420 △/Y V		250-280/440-480 △/Y V	
8,5 / 4,9 A		8,8 / 5,1 A	
I.Cl. F	IP 55		

Bild L18 Leistungsschild eines Drehstrommotors für einen Bemessungsspannungsbereich bei 50 Hz und 60 Hz

Leiter {conductor, lead}
In geeignete Form gebrachter Werkstoff zur Führung eines elektrischen Stroms. Analog angewandt auf magnetisches Feld, Wärmestrom u. a.

Leiterisolierung {conductor insulation}
Umhüllung eines elektrischen Leiters mit geeigneter Isolierung.
Bei Rund- oder Flachdrähten kommt im einfachsten Fall eine Lackierung in Frage [N10.8, N10.9, N10.11]; möglicherweise auch Umspinnung mit Glasseide, Folien, Glasseidengewebe mit Glimmer und Bindemittel. Die L. muß nicht nur die elektrischen und thermischen Betriebsbedingungen erfüllen, sondern auch die mechanischen Beanspruchungen bei der Wicklungsherstellung ohne Beschädigung aushalten. Beispiel für einen Runddraht: **Bild L19**.

Leitfähigkeit {conductivity}
Spezifische Größe zur zahlenmäßigen Beschreibung, wie gut oder schlecht ein bestimmtes Material elektrischen Strom leitet. Wird analog auch für andere Größen (magnetischen Fluß, Wärmestrom etc.) definiert.

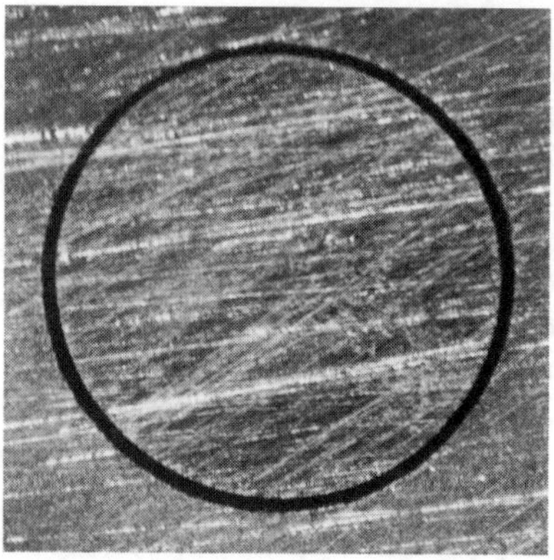

Bild L19 Querschliff eines lackierten Runddrahts von 0,8 mm Durchmesser. Der Draht wird in Zinn eingebettet, geschnitten und mikroskopiert. Ergebnis des vorliegenden Falls: glatte Oberfläche, ohne Riefen, gleichmäßiger Durchmesser, gleichmäßig dicke Lackschicht (Dicke etwa 20 μm).

Kehrwert der L. = spezifischer Widerstand.
Elektrische, magnetische, Wärme-L. für verschiedene Werkstoffe des Elektromaschinenbaus: **Tabelle L20**. Gute elektrische Leiter sind auch gute Wärmeleiter. Nach der elektrischen L. kann man die Stoffe scharf in Leiter und Nichtleiter unterteilen; der elektrische Strom läßt sich durch isolierte Leiter in gewünschten Bahnen lenken. Nach der magnetischen L. gibt es die ferromagnetischen Stoffe mit ausgezeichneter L. und alle anderen, mit der L. des Vakuums; magnetische Felder lassen sich also nicht nur auf Eisenteile begrenzen, sie haben vielmehr auch Anteile, die außerhalb ihres Hauptpfads verlaufen (Streufelder). Nach der Wärme-L. schließlich sind alle Stoffe mehr oder weniger gute Wärmeleiter; Metalle besonders gute, Gase besonders schlechte. Die Wärme fließt deshalb in einer elektrischen Maschine nahezu überall; die Wärmeströmung läßt sich wesentlich schwerer berechnen als die elektrische Strömung oder das magnetische Feld. Die eindeutige Temperaturabhängigkeit der elektrischen L. von Metallen ermöglicht Temperaturbestimmung über Widerstandsmessung (→ Widerstandsthermometer), bei Wicklungen durch deren eigenen Widerstand (→ Verfahren zur Ermittlung der Temperatur oder der Übertemperatur). Luftspalte quer zur Wärmeströmung bilden große Wärmewiderstände. Bei der Imprägnierung von Wicklungen muß die Luft durch Lacke oder Harze ersetzt werden, deren Wärme-L. rund zehnmal größer ist.
[A8, A20, N9.1]

	elektrische Leitfähigkeit (Konduktivität)	magnetische Leitfähigkeit (Permeabilität)	Wärmeleitfähigkeit
Formelzeichen (Einheit)	κ S m/mm^2	$\mu = B/H$ H/m	λ W/(K m)
wichtige Abhängigkeit	bei Leitern von Temperatur ϑ in °C $\kappa = \kappa_{20} \cdot [1 + \alpha \cdot (\vartheta - 20)]$	Art des Werkstoffs im Vergleich zum Vakuum $\mu = \mu_r \cdot \mu_0$	Gase: nichtlinear von Druck, Temperatur, Turbulenz; Feststoffe: geringfügig von Temperatur; reine Metalle: konstant
Vakuum	0	$\mu = \mu_0 = 4\,\pi\,10^{-7}$ H/m	0
Kupfer	$\kappa_{20} = 57$ S m/mm^2 $\alpha = 0{,}00392$ K^{-1}	$\mu_r = 1$	380 W/(K m)
Aluminium, niedrig legiert	$\kappa_{20} \approx 35$ S m/mm^2 $\alpha \approx 0{,}004$ K^{-1}	$\mu_r = 1$	≈ 220 W/(K m)
Stahl, unlegiert	$\kappa_{20} = (7 \ldots 10)$ S m/mm^2 $\alpha = 0{,}0045$ K^{-1}	$\mu_r \approx 1000 \ldots 4000$	≈ 60 W/(K m)
Elektroblech	$\kappa_{20} \approx (1{,}5 \ldots 6\,)$S m/mm^2 $\alpha \approx 0{,}0045$ K^{-1}	$\mu_r \approx 1000 \ldots 8000$	≈ 26 W/(K m) (stark abhängig von Siliziumgehalt)
Isolierstoffe, Harze	≈ 0	$\mu_r = 1$	≈ (0,1 … 0,5) W/(K m)
Luft, trocken, ruhend	0	$\mu_r = 1$	≈ 0,03 W/(K m)
κ_{20} Leitfähigkeit bei 20 °C, α Temperaturbeiwert, μ_r relative Permeabilität			

Tabelle L20 Elektrische, magnetische und Wärmeleitfähigkeit verschiedener Werkstoffe, die in elektrischen Maschinen eingesetzt werden

Leitwert

Kehrwert eines Widerstands

elektrischer Leitwert, Wirkleitwert (Konduktanz) $G = 1/R$ in S,
R → Wirkwiderstand (Resistanz) in Ω,
Blindleitwert (Suszeptanz) $B = 1/X$ in S,
X → Blindwiderstand (Reaktanz) in Ω,
Scheinleitwert (Admittanz) $Y = 1/Z$ in S,
Z → Scheinwiderstand (Impedanz) in Ω.
→ magnetischer Leitwert [A8]

Lichtbogen {arc}

Heiße Gassäule aus elektrisch geladenen Teilchen, die einen hohen Strom führt (sogenanntes Plasma).

L. entstehen betriebsmäßig in Schaltgeräten beim Ausschalten von Stromkreisen mit Induktivitäten. In elektrischen Maschinen treten sie nur im Störungsfall auf. Sie können gezündet werden z. B. durch → Glimmentladungen an Hochspannungs-

wicklungen, → Isolierungsfehler der Wicklung, Überschläge an feuchten verschmutzten → Kriechstrecken u. a. m. Sie bilden sich in der Endphase meist zwischen der Wicklung und Masse aus und führen zum Netzkurzschluß in der Maschine. Dadurch gefährden sie auch das Netz. Es ist deshalb ein entsprechender Kurzschlußschutz vorzusehen. Besonders wichtig ist dies bei Hochspannungsmaschinen, weil der Kurzschluß dort mit besonders großen Kurzschlußleistungen gespeist werden kann und lange ansteht, was bei Niederspannungsmaschinen nicht der Fall ist. L. in Maschinen sind meist mit schweren Zerstörungen verbunden: Die Temperatur des L. beträgt 4000 °C bis 10000 °C und führt zum Schmelzen von Metallteilen, Verkohlungen von Isolierteilen, evtl. zum Brand, Verrußen der ganzen Maschine. Eine Neuwicklung ist nicht zu umgehen, auch wenn kein Totalschaden vorliegt.
In kleinem Volumen (z. B. Klemmenkästen) kann der L. durch die entstehenden Temperaturen zu großem Druck mit steilem Anstieg führen, der das umschließende Gehäuse möglicherweise bersten läßt. Hochspannungsmaschinen werden deshalb grundsätzlich mit einem → lichtbogensicheren Klemmenkasten ausgestattet.
→ Kurzschlußfester Anschluß, → Schäden an Käfigläufermotoren
[A2, A18, A19, E46]

lichtbogensicherer Klemmenkasten {arcing-proof terminal box}
Klemmenkästen von Hochspannungsmaschinen erhalten einen → kurzschlußfesten Anschluß, der die im Kurzschlußfall auftretenden elektrodynamischen Kräfte beherrscht, ohne selbst durch Verformen oder Bruch einen → Lichtbogen zu zünden, und eine Druckentlastungsklappe, durch die der bei evtl. Lichtbögen entstehende Überdruck ohne Bersten des Klemmenkastens auf ungefährliche Weise abgeblasen werden kann (Bild K45).

Linearmotor {linear motor}
Elektrische Maschine zur Umwandlung elektrischer Energie in mechanische Arbeit mit geradlinig wirkender Antriebskraft.
L. arbeiten nach denselben physikalischen Prinzipien, wie die drehenden elektrischen Maschinen. Es gibt Gleichstrom-, synchrone und asynchrone L.
Asynchroner L.: Man denke sich den Querschnitt durch einen Käfigläufermotor an einer Stelle radial bis zum Mittelpunkt aufgeschnitten, Ständer und Läufer geradegebogen. Das → Drehfeld wird zum Wanderfeld. Anwendung für begrenzte hin- und hergehende Linearbewegungen (z. B. Türantriebe), Transportsysteme (z. B. Hochgeschwindigkeitsbahn; „Ständer" am Fahrzeugboden, Schiene bildet den „Läufer" oder umgekehrt), Induktionstrenner (Metallpartikel als „Läufer" werden aus Misch-Schrott ausgeworfen), elektromagnetische Pumpen (z. B. Pumpen für flüssige Metalle; die Metallschmelze bildet den „Läufer").
[A2]

Lochkreisdurchmesser {pitch circle diameter}
Kreis, auf dem Durchgangslöcher oder Gewindebohrungen für die Befestigung von Maschinenteilen liegen.
L. in Befestigungsflanschen drehender elektrischer Maschinen sind wie die anderen Abmessungen der Flansche nach IEC 72 [N1.21] festgelegt und nach Abmessungs- und Leistungsnormen [Reihe N1] den Baugrößen der Maschinen zugeordnet.

Losbrechmoment (auch: Losreißmoment) {breakaway torque}
Lastmoment im Stillstand, das größer ist als nach Beginn der Bewegung.
Tritt bei vielen Arbeitsmaschinen auf, die Elemente mit großer Haftreibung haben, z. B. Stopfbuchsendichtungen bei Pumpen.
→ Lastkennlinien

Loslager {non-locating bearing}
Lager, das eine bleibende oder wechselnde axiale Verschiebung der Welle gegenüber dem Ständer ermöglicht.
Fertigungstoleranzen und betriebsbedingte → Wellendehnungen machen in jeder drehenden elektrischen Maschine ein L. erforderlich. Typisches Beispiel für ein elementbedingtes L. ist das Rollenlager Reihe NU (**Bild L21**), bei dem sich die Wälzkörper gegen den Innenring axial verschieben können. Bei Maschinen mit Rillenkugellager auf beiden Seiten muß eines davon als → angestelltes Lager (Bild A3, Bild A4) ausgeführt sein.
→ Wälzlager [A12]

LRoS
Lloyds Register of Shipping
→ Schiffbauvorschriften

Lüfter {fan}
Maschinenelement zur Erzeugung eines Kühlluftstroms.
→ Radial-L. (Bild A0) saugen axial an und blasen überwiegend radial aus. → Axial-L. saugen und blasen axial. Es werden auch Mischbauformen (→ Halbaxial-L.) eingesetzt. Axial- und Halbaxial-L. sind drehrichtungsabhängig, haben aber meistens kleinere Reibungsverluste und kleinere Geräusche. Sie werden bevorzugt bei größeren Maschinen eingesetzt, die nur eine Drehrichtung haben. Bei kleineren Maschinen (z. B. Normmotoren) werden sie nur bei besonderen Geräuschforderungen in zweipoligen Motoren verwendet. Radial-L. sind dagegen für beide Drehrichtungen geeignet und werden bei → Motoren für allgemeine Zwecke bevorzugt. L. im In-

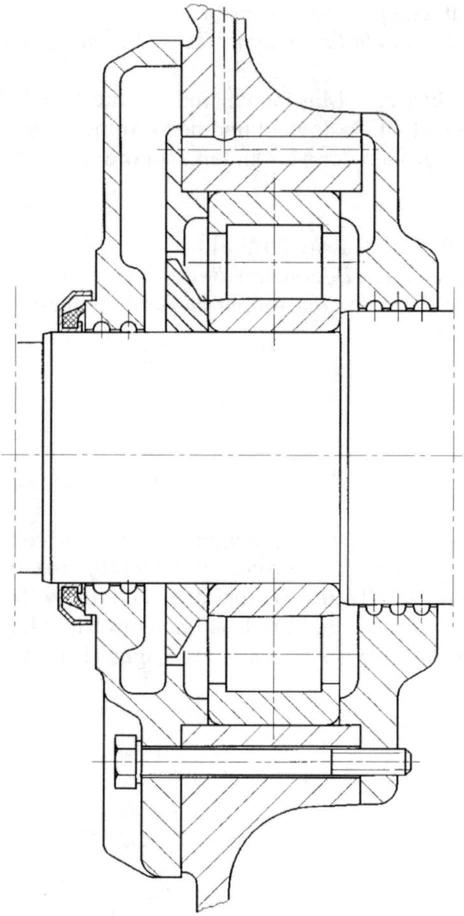

Bild L21 Lagerung mit Zylinderrollenlager Reihe NU (Rollen sind außenbordgeführt, Innenring verschiebbar) als Loslager

nern von Maschinen: Innenlüfter; L. außerhalb des Maschinengehäuses: Außenlüfter.
[A2, E42]

Lüfterhaube (auch: Lüfterkappe) {fan cover}
Abdeckung eines Außenlüfters als Berührungsschutz und zur Führung der Kühlluft (Bild A0) [E42].

Lüfterkennlinie {fan characteristic, square-law characteristic}
→ Lastkennlinien

Lüftermotor {fan motor}
Motor einer → Fremdbelüftung.

Luftfeuchte {atmospheric humidity}
→ *Luftfeuchtigkeit*

Luftfilter {air filter}
Maschinen mit → Innenkühlung, die ihre Kühlluft unmittelbar aus besonders staubiger Umgebung ansaugen, werden mit angebauten Luftfiltern (meist Trocken-L.) versehen (**Bild L22**), um ein Verschmutzen des Maschineninnern zu verhindern. Der Durchtrittsquerschnitt des L. muß ausreichend groß gewählt werden, damit auch in teilweise zugesetztem Zustand die erforderliche Kühlluftmenge gewährleistet ist. L. werden bemessen nach dem gewünschten Entstaubungsgrad (Staubmenge nach dem L.: ≤ 3 mg/m³), der Luftgeschwindigkeit im L. (≈ 1,7 m/s bis 4 m/s), der Korngröße des Staubs (ausgefilterte Korngröße bei Fein- oder Grobfiltern ≈ 1 µm bis 10 µm) und dem Fassungsvermögen des L. (bestimmt die Standzeit).
Motoren unbedingt mit → Temperaturüberwachung der Wicklung ausstatten! Regelmäßige → Wartung für L. vorsehen!
[A2]

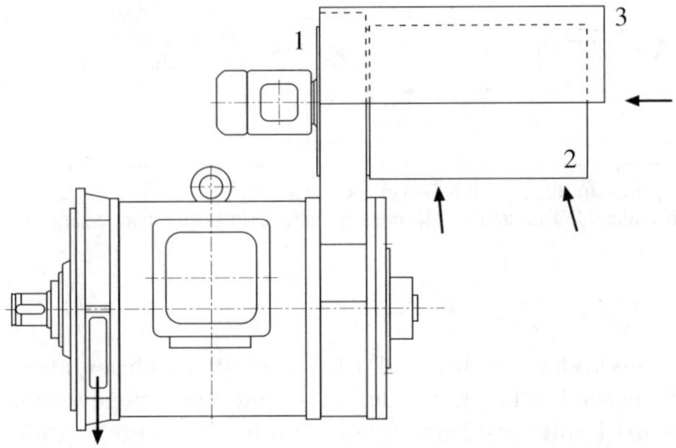

Bild L22 Motor der Kühlart IC 06 mit angebauter Fremdbelüftung 1 und Rundfilter 2 mit Schutzdach 3

Luftführung bei eingebauten Motoren {air circuit on built-in motors}
Motoren im Innern von Arbeitsmaschinen sind häufig durch mangelhafte → Kühlung thermisch gefährdet, weil die Kühlmittelströmung, die der Bemessung zugrunde liegt, gestört wird. Die häufigsten Fehler: **Tabelle L23**.
In allen Fällen → Kühlluftmenge und Druckabfall beachten! Temperaturüberwachung der Wicklung vorsehen!
→ Kühlmitteltemperatur, → Kühlung [A2]

	falsch	richtig	
Kühlluft wird im Kreis bewegt. Zulässige Kühlmitteltemperatur wird überschritten.	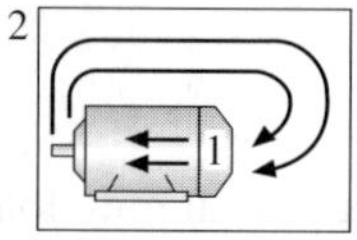	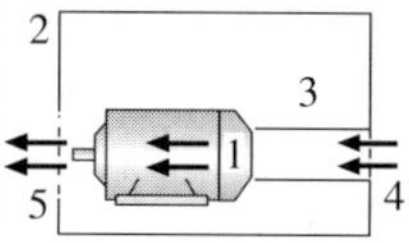	Zwangsführung mittels **3** von außen bis an die Lüfterhaube. Öffnungen **4** und **5** in **2** für direkten ungehinderten Luftaustausch.
Kühlluft wird in der Maschine vorgeheizt. Zulässige Kühlmitteltemperatur wird überschritten.	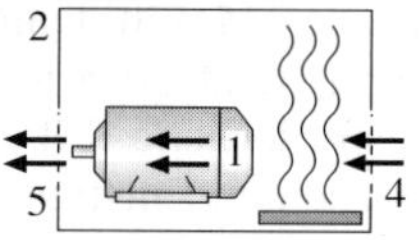	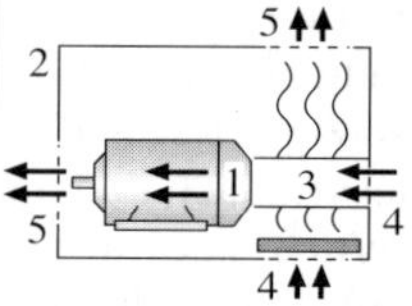	Zwangsführung mittels **3** von außen bis an die Lüfterhaube. Zusätzliche Öffnungen für Abfuhr der heizenden Luft.
Kühlluft wird durch Hindernisse gedrosselt. Zu hohe Übertemperaturen des Motors.	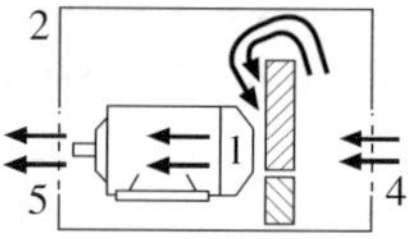	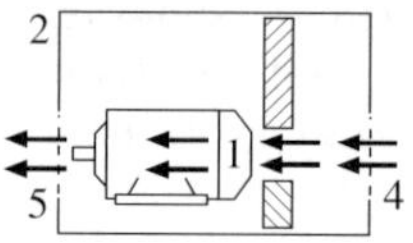	Hindernisse verlegen. Direkten Zustrom ermöglichen.
Fremderzeugte Kühlluft wird am Motor vorbeigeblasen. Zu hohe Übertemperaturen des Motors.	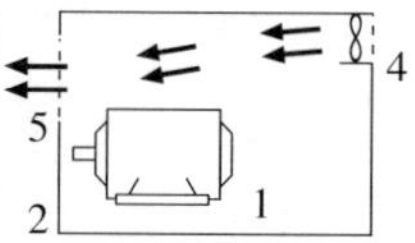	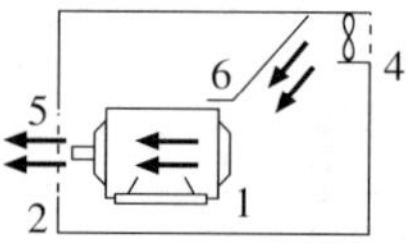	Mit Luftführung **6** Kühlluft auf die Motoroberfläche lenken.

Tabelle L23 Führung der Motorkühlluft im Innern von Arbeitsmaschinen
1 Motor; 2 Maschinengehäuse; 3 Kanäle; 4 Öffnungen im Maschinengehäuse für Lufteintritt (5 für Luftaustritt); 6 Luftleitbleche

Luftkanäle {air ducts}

Bei → Innenkühlung mit Zu- und/oder Abführung der Kühlluft über Rohrleitungen oder L. sollte der Anschluß dieser Leitungen an der Maschine über biegeweiche Zwischenstücke erfolgen. Sonst Laufruhestörungen, Geräusche oder Leitungsbrüche durch Verspannungen des Motors und Schwingungsübertragung vom Motor auf die Leitungen. Bei eigenbelüfteten Maschinen darf der Druckabfall in den L. bestimmte Werte nicht überschreiten, sonst kleinere Kühlluftmenge und höhere Wick-

lungserwärmung. Bei Bemessung der L. zulässige Werte für → Kühlluftmenge und Druckabfall beachten.
[A2]

Luftkühlung {air cooling}
Kühlung mit Luft.
Kühlkreisläufe im Innern von drehenden elektrischen Maschinen arbeiten meistens mit Luft; während für sekundäre Kreisläufe auch Flüssigkeiten, meistens Wasser, benutzt werden.
L. ist wirksam und konstruktiv einfach zu verwirklichen
→ Aufstellungshöhe, → Innenkühlung, → Kreislaufkühlung, → Kühlart IC, → Kühlung, → Kühlung durch Relativbewegung, → Oberflächenkühlung

Luftreibung {windage loss}
Bremsende Wirkung der umgebenden oder geförderten Atmosphäre auf drehende Teile.
Entsteht bei elektrischen Maschinen durch Lüfter und lüfterähnliche Einrichtungen, durch alle Teile, die von der Zylinderform abweichen, oder durch die Rauhigkeit der umlaufenden Flächen. Den größten Anteil an den Verlusten durch L. haben die Bauteile mit Lüfterwirkung. Bei mittleren und großen Maschinen wird deshalb großer Wert auf kleine L. gelegt. Bei kleinen Maschinen dagegen bietet die Luftreibung kein wesentliches Potential für Verlusteinsparung.
→ Ermittlung der Verluste und des Wirkungsgrads, → Reibungsverluste

Luftschall {air-borne noise}
→ hörbare Luftdruckschwingungen.
→ Einzelton, → Gehör, → Geräusch, → Körperschall, → Schalldruckpegel, → Schalleistungspegel

Luftspalt {air gap}
Spalt zwischen Läufer und Ständer (Bild A0).
Soll bei der → Asynchronmaschine aus magnetischen Gründen so klein wie möglich sein, aus mechanischen und schwingungstechnischen Gründen aber so groß wie möglich. Der L. liegt bei → Asynchronmaschinen im Bereich von 0,1 kW bis 1 000 kW bei 0,2 mm bis 4 mm, wobei er mit wachsender Polzahl abnimmt. Die → Hauptfeldreaktanz und damit der → Leerlaufstrom wird zum überwiegenden Teil vom Luftspalt bestimmt. Die → magnetische Flußdichte im L. ist für die Drehmomentbildung verantwortlich. Man könnte deshalb vereinfacht sagen: Der L. ist der wichtigste Teil eines Elektromotors.

Luftspaltfeld {air-gap field}
Magnetisches Feld im Luftspalt einer drehenden elektrischen Maschine.
Besteht aus dem → Grundfeld und überlagerten → Oberfeldern. Während das nutzbare Drehmoment vom Grundfeld erzeugt wird, rufen die Oberfelder meist unerwünschte Nebenwirkungen wie → Geräusche, → Sattelmomente, → Zusatzverluste hervor.

Luftspaltleistung (auch: Drehfeldleistung) P_δ in W {air-gap power}
Vom Ständer mittels des Drehfelds über den Luftspalt auf den Läufer übertragene Leistung.
→ Leistungsfluß des Asynchronmotors

Luftspaltüberwachung {air-gap monitoring}
Meßspulen in den Ständernuten mit zugehörigem Speise- und Auswertgerät zur Überwachung der Gleichmäßigkeit des Luftspalts.
Zweck: Rechtzeitiges Erkennen von Mittenverlagerung des Läufers (z. B. durch übermäßigen Lagerverschleiß). Wegen des Aufwands nur für betriebswichtige Großmaschinen eingesetzt.

Luft- und Kriechstrecken {clearances (in air) and creepage distances}
Kürzeste Luftabstände und kürzeste Wege entlang isolierender Flächen zwischen leitfähigen Teilen unterschiedlichen Potentials.
Bei leitfähigen Teilen, die nicht isoliert werden können (z. B. Anschlußstellen), erfolgt die Isolation zu Masse oder blanken Teilen anderen Potentials durch Abstände und Kriechwege (**Bild L24**). Dabei ist die Länge nach ordnungsgemäßem Anschluß

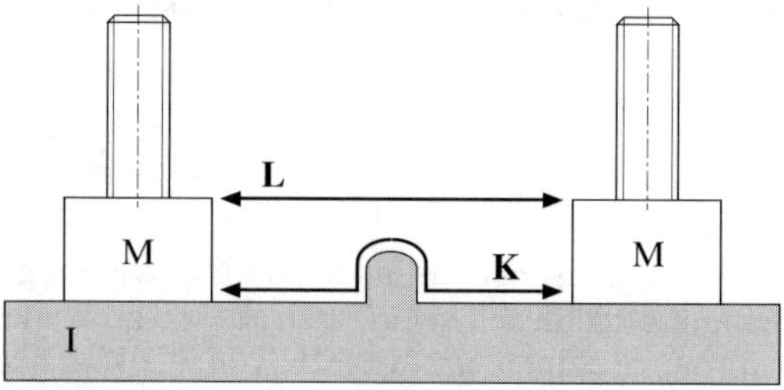

Bild L24 Luft- und Kriechstrecken (schematisch)
I Isolierstoff
M Metallteile unterschiedlichen Potentials
L Luftstrecke
K Kriechstrecke

der Leiter zu ermitteln. Mindestwerte der L. u. K. sind nach der Spannungshöhe genormt [N3.4, N4.22], für Kriechstrecken unter Berücksichtigung der Kriechstromfestigkeit. Diese wird in einem genormten Verfahren gemessen, der betreffende Stoff nach dem Ergebnis einem von vier Graden (*a*, *b*, *c*, *d*) zugeordnet. Beispiele für die L. u. K.: **Tabelle L25**.

Nennisolationsspannung in V	Mindest-Luftstrecke in mm	Mindest-Kriechstrecke für Grad *a* in mm
380	6	8
660	10	12
1000	14	20
3000	36	45
6000	40	85
10000	100	125

Tabelle L25 Luft- und Kriechstrecken (Grad *a*, z. B. Keramik) für explosionsgeschützte Betriebsmittel der Zündschutzart Erhöhte Sicherheit „e“ nach [N3.4, Auswahl]

Die Einhaltung der L. u. K. ist sicherheitstechnisches Gebot bei der Konstruktion und Installation des elektrischen Anschlusses. Aufgabe der → Instandhaltung: Kriechstrecken sauber und trocken halten!

M

magnetische Feldstärke H in A/m {magnetic field strength}
Maß für die Kraft, mit der ein → magnetisches Feld Elementarmagnete (gedacht als punktförmige magnetische Dipole) ausrichtet.
Mechanische Analogie: Dehnung ε bei einem auf Zug beanspruchten Stab.
Die m. F. in Elektromagneten ist deren → Durchflutung proportional. Den Zusammenhang beschreibt das *Durchflutungsgesetz*, das für einen geschlossenen Umlauf längs der magnetischen Feldlinien allgemein fordert:

$$\Theta = I \cdot N = \oint H \cdot \mathrm{d}l \approx \sum_i (H_i \cdot l_i),$$

mit:
Θ magnetische Durchflutung in A (Berechner-Jargon: „Ampèrewindungen"),
I elektrischer Strom in der konzentrischen Erregerspule in A,
N Zahl aller hintereinander geschalteten Windungen der Erregerspule,
H magnetische Feldstärke, allgemein, in A/m,
H_i magnetische Feldstärke in A/m eines Abschnitts i des magnetischen Kreises,
l_i Länge des Abschnitts i in m,
$\mathrm{d}l$ Längendifferential des geschlossenen Umlaufs in m,
i Zählnummer der Abschnitte beim geschlossenen Umlauf.
Für elektrische Maschinen liegen Abschnitte vor, in denen die m. F. zumindest angenähert konstant ist (z. B. der Luftspalt, die Zähne im Ständer und Läufer), und solche, in denen die m. F. örtlich große Unterschiede aufweist (z. B. Ständer- und Läuferjoch). Ausgehend von der m. F.wird der Durchflutungsbedarf für den gesamten magnetischen Kreis berechnet, daraus über die Wicklungsverteilung der → Magnetisierungsstrom; m. F. und → magnetische Flußdichte sind über Materialeigenschaften miteinander verknüpft (→ Magnetisierungskennlinie) [A5, A8].

magnetische Flußdichte B in T {magnetic flux density}
Größe für die Kennzeichnung der magnetischen Werkstoffbelastung und wichtigste Größe für die Berechnung der örtlichen Auswirkungen des magnetischen Felds.
Gedacht als Dichte der magnetischen Feldlinien (Anzahl der Feldlinien in der Querschnittseinheit). Mechanische Analogie: Zugspannung (Kraftliniendichte) σ in N/mm^2 in einem auf Zug beanspruchten Stab. Bestimmte Werte der m. F. dürfen in magnetischen Kreisen technischer Geräte nicht überschritten werden, um technisch und wirtschaftlich befriedigende Betriebseigenschaften zu erhalten. Im → Luftspalt elektrischer Maschinen liegen die mittleren Werte bei rund 0,5 T bis 0,6 T, die

Höchstwerte bei rund 7 T bis 9 T; in den → Blechpaketen treten Höchstwerte von rund 1,5 T bis 2,5 T auf; m. F. und → magnetische Feldstärke sind durch Werkstoffeigenschaften miteinander verknüpft (→ Magnetisierungskennlinie).
→ Induktionsgesetz, → magnetischer Fluß, → magnetisches Feld [A5, A8]

magnetischer Fluß Φ in Vs {magnetic flux}
Größe für die zahlenmäßige Beschreibung eines → magnetischen Felds und seiner Wirkungen.
Gedacht als Summe aller Feldlinien im betrachteten Querschnitt.
Mechanische Analogie: Kraft(-fluß) F in N in einem auf Zug beanspruchten Stab.

$$\Phi = B \cdot A,$$

mit:
Φ magnetischer Fluß in Vs (oder Wb),
B magnetische Flußdichte (Induktion) in T,
A Fläche, die der magnetische Fluß durchsetzt, in m^2.
→ magnetische Feldstärke, → magnetische Flußdichte, → Magnetisierungskennlinie [A5, A8]

magnetischer Leitwert Λ_m in H {magnetic permeance}
Kennzeichnende Eigenschaft eines → magnetischen Kreises, wie stark sich ein → magnetischer Fluß ausbilden kann; Kehrwert des magnetischen Widerstands.
Analogie zum elektrischen Leitwert oder Wärmeleitwert.

$$\Lambda_m = \mu \cdot A / l,$$

mit:
Λ_m magnetischer Leitwert in H,
μ magnetische Leitfähigkeit (Permeabilität) in H/m,
A von den magnetischen Feldlinien durchsetzter Querschnitt in m^2,
l Länge des betrachteten Abschnitts längs der magnetischen Feldlinien in m.
Der m. L. ist aus den Abmessungen des magnetischen Kreises und der → Magnetisierungskennlinie berechenbar. Mit Hilfe von m. L. oder magnetischen Widerständen können magnetische Kreise in Ersatzschaltbildern ähnlich elektrischen Netzen abgebildet und mit denselben Methoden berechnet werden.
→ Leitfähigkeit, → magnetische Feldstärke, → magnetische Flußdichte [A5, A8]

magnetisches Feld {magnetic field}
Gesamtheit aller magnetischen Feldlinien und der sie führenden Teile, hauptsächlich der → Blechpakete.
m. F. können in sogenannten Feldbildern (**Bild M1**) veranschaulicht werden. Das → Hauptfeld durchsetzt Ständer- und Läuferwicklung gleichermaßen; m. F., die nicht zur Drehmomentbildung führen, sind → Streufelder. M. F. werden gekennzeichnet durch → magnetischen Fluß und → magnetische Flußdichte. Die Berechnung m. F. ist wichtiger Bestandteil der Auslegung einer elektrischen Maschine. In m. F. ist Energie gespeichert. Beim Ausschalten einer Wicklung muß diese Energie ab-, beim Einschalten aufgebaut werden; beides führt zu elektrischen → Ausgleichsvorgängen.
[A5 bis A8, A20]

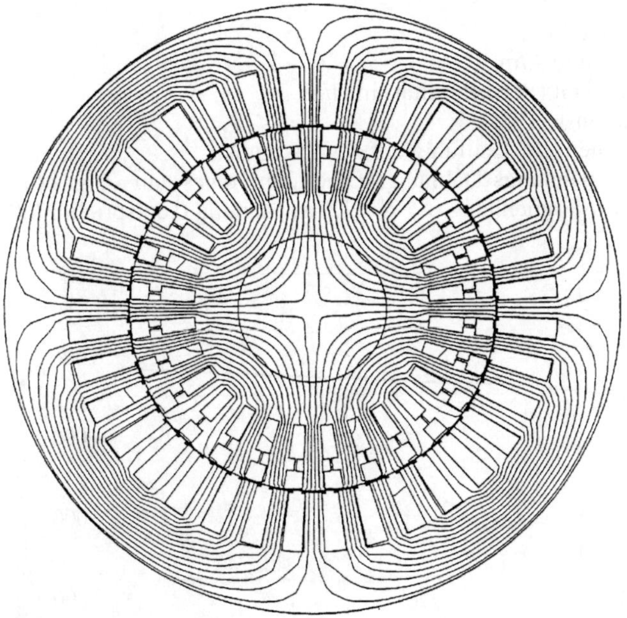

Bild M1 Rechnerisch ermitteltes Feldbild eines vierpoligen Asynchronmotors

magnetische Unsymmetrie {magnetic unbalance}
m. U. entsteht durch → Blechpakete, die durch Formgebung, Herstellung oder Materialeigenschaften nicht in allen Lagen des → Drehfelds gleichen magnetischen Leitwert haben. M. U. führen unter Umständen zu Schwankungen des → Drehmoments oder des Stroms, zu zusätzlichen → Verlusten, → Geräuschen oder zu Wel-

lenspannungen und → Lagerstrom. M. U. bei Drehstrommaschinen können durch gleichmäßiges Verdrehen der einzelnen Bleche gegeneinander beim Schichten des Blechpakets in ungefährlichen Grenzen gehalten werden (meistens erst bei größeren Leistungen und Verwendung von höhersilizierten Blechen erforderlich).

Magnetisierungskennlinie {magnetization curve}
Darstellung des materialbedingten Zusammenhangs zwischen → magnetischer Feldstärke und → magnetischer Flußdichte
Die M. gibt den für → ferromagnetische Stoffe nicht linearen Zusammenhang an:

$$B = \mu \cdot H = \mu_r \cdot \mu_0 \cdot H,$$

mit:
B magnetische Flußdichte in T,
H magnetische Feldstärke in A/m,
μ magnetische Leitfähigkeit (Permeabilität) in H/m,
μ_r relative Permeabilität in 1,
$\mu_0 = 4 \cdot \pi \cdot 10^{-7}$ H/m: magnetische Leitfähigkeit des Vakuums.
Mechanische Analogie: Spannungs-Dehnungs-Diagramm eines auf Zug beanspruchten Stabs mit dem Zusammenhang $\sigma = E\,\varepsilon$.. Zugspannung σ entspricht Fluß-

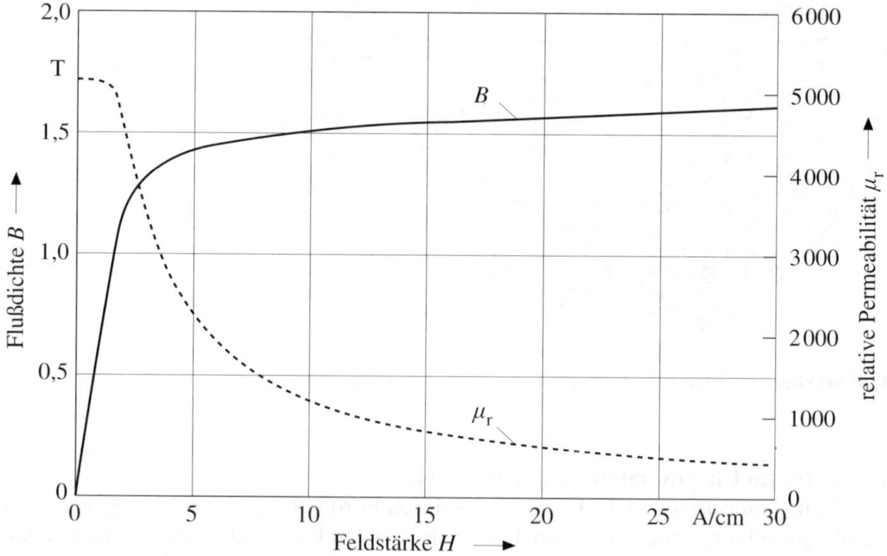

Bild M2 Magnetisierungskennlinie eines kaltgewalzten Elektroblechs

dichte B; Dehnung ε entspricht Feldstärke H; Elastizitätsmodul E entspricht Permeabilität μ. Unstetigkeiten analog zum Fließbereich nach Überschreiten der Streckgrenze und zum Bruch sind in der M. nicht vorhanden. Allerdings ist bei ferromagnetischen Stoffen im „ungedehnten" Zustand bereits eine „Vorspannung" vorhanden, die sogenannte *Remanenz*. Sie ist bei → Elektroblech vernachlässigbar klein. Beispiel einer M.: **Bild M2**.
→ magnetische Feldstärke, → magnetische Flußdichte, → magnetischer Fluß
[A5, A8]

Magnetisierungsstrom {magnetizing current}
Strom, der das magnetische Feld einer Maschine aufbaut.
Bei → Asynchronmaschinen entspricht er nahezu dem → Leerlaufstrom.

Magnetkupplung {magnetic clutch}
→ *Kupplung, deren Drehmomentübertragung durch ein Magnetfeld gesteuert, zumindest geschaltet werden kann.*

Magnetlager {magnetic suspension bearing}
Berührungsfrei arbeitende Lager; die Trag- und Führungskräfte werden magnetisch erzeugt.
Diese Lager benötigen eine Lagereglung; außerdem sind Kosten und Platzbedarf gegenüber → Wälzlagern oder → Gleitlagern wesentlich größer. Obwohl sie *berührungs-* und damit *verschleißfrei* arbeiten, sind sie nicht *verlustlos* (Erregerbedarf, evtl. → Wirbelströme). Anwendung möglicherweise für besonders schnell laufende Motoren (→ High-speed-Motoren, → Käfigläufermotoren mit → Umrichterspeisung)

Magnetton {magnetic tone}
→ Einzelton

Management
Kunst der erfolgreichen Unternehmensführung.
Erfolgreich ist M. dann, wenn bei Erfüllung der notwendigen sozial- und gesellschaftspolitischen Aufgaben das finanzielle Ziel des Unternehmens zufriedenstellend und langfristig gesichert ist. Im Elektromaschinenbau bedarf es dazu besonders großer Kunst: Die High-Tech-Zeit um die Jahrhundertwende ist längst vergangen – es handelt sich heute im wesentlichen um einen konventionellen Teil der Elektrotechnik mit ausgereiften Produkten und Technologien und einer ausgeglichenen

Wettbewerbssituation in einem europäischen Markt ohne Wachstum. Den Schwerpunkt des M. deshalb nur auf die Beherrschung der Kosten – d. h. heute im wesentlichen Personalkosten – legen zu wollen, geht am langfristigen Ziel vorbei. Um die Kreativität der Mitarbeiter eines Unternehmens*) entsprechend zu wecken, zu fördern und in Prosperität umzusetzen, bedarf der Manager des Elektromaschinenbaus fundierter Kenntnisse der Menschenführung und darüber hinaus neben betriebswirtschaftlichen auch eingehenden technischen Wissens über das Produkt und die Technologie**).
→ Boston-Effekt, → Erfahrungskurve [E19, B23]

Marine-Ausführung {marine design}
→ Schiffbauvorschriften

Maschinen-Richtlinie {machinery directive}
Richtlinie zur Angleichung der nationalen Rechtsvorschriften in der EU über grundlegende Sicherheits- und Gesundheitsanforderungen bei Konzipierung und Bau von Maschinen [N11.5, N11.6].
Die M.-R. legt nur allgemein gültige, wesentliche Sicherheits- und Gesundheitsanforderungen fest. Sie werden durch eine Reihe von detaillierten Anforderungen für bestimmte Maschinengattungen ergänzt, von denen besondere Gefahren ausgehen (z. B. Holzbearbeitungsmaschinen). Die Übereinstimmung mit dieser Richtlinie muß mit der → CE-Kennzeichnung erfolgen. Unter „Maschine" ist zu verstehen: Eine Gesamtheit von miteinander verbundenen Teilen oder Vorrichtungen, von denen mindestens eines beweglich ist, sowie gegebenfalls von Betätigungsgeräten, Steuer- und Energiekreisen usw., die für eine bestimmte Anwendung, wie die Verarbeitung, die Behandlung, die Fortbewegung und die Aufbereitung eines Werkstoffs zusammengefügt sind; oder eine Gesamtheit von Maschinen, die so angeordnet sind und betätigt werden, daß sie als Gesamtheit funktionieren.
Drehende elektrische Maschinen, Antriebsstromrichter und deren Zusammenstellung als elektrisches Antriebssystem sind keine „Maschinen" im Sinne der M.-R. und brauchen deshalb auch keine CE-Kennzeichnung, um die Konformität bezüglich dieser Richtlinie anzuzeigen. Bezüglich aller von ihnen ausgehenden Gefahren, nicht nur der elektrischen, sind sie der → Niederspannungs-Richtlinie zuzuordnen. Die harmonisierte Norm [N9.5] über Schutzarten drehender elektrischer Maschinen durch Gehäuse (→ Schutzart IP) befaßt sich auch mit dem Schutz von Personen gegen Berühren oder Annähern an gefährliche aktive Teile (z. B. Klemmen) und ge-

*) Nach Meinung des Autors ist die Kreativität der Mitarbeiter das größte Potential für die Sicherung eines Unternehmens.
**) Das vorliegende Buch möge helfen, dieses Wissen zu erwerben und zu vertiefen.

fährliche mechanische Teile (z. B. Lüfter). Bei Wahl eines entsprechenden Schutzgrads kann vermutet werden, daß die grundlegenden Bedingungen der M.-R. bezüglich dieser Gefahren erfüllt sind. Eine diesbezügliche Herstellererklärung (nicht Konformitätserklärung!) des Motorfabrikanten ist für den Hersteller der „Maschine“ sicherlich hilfreich.
→ CE, → EG-Richtlinien, → EMV-Richtlinie [E61, Reihe N11]

Maschinenwicklung {machine-made winding}
Wicklung einer elektrischen Maschine, die maschinell in das → Blechpaket eingebracht wird.
→ Einziehwicklung

Maßbild {dimension drawing, outline drawing}
Zusammenstellung der → Anbaumaße einer einzelnen Maschine (Einzelmaßbild, **Bild M3***) oder einer Reihe von Maschinen (Sammelmaßbild).*
Das M. sollte alle für den Käufer oder Betreiber relevanten Anbaumaße enthalten, einschließlich ihrer Toleranzen.

Masse m in kg {mass}
Eigenschaft eines Körpers, einer Bewegungsänderung in Größe und/oder Richtung einen Widerstand entgegenzusetzen.
Um den Körper zu beschleunigen, zu bremsen oder ihn aus seiner Bahn zu lenken benötigt man deshalb eine Kraft (→ Beschleunigung). Aus der Masse ergibt sich auch die Gewichtskraft, mit der der Körper unter der Erdanziehung auf seine Auflagefläche wirkt:

$$G = m \cdot g,$$

mit:
G Gewichtskraft in N,
m Masse in kg,
g Erdbeschleunigung ($g \approx 9{,}81$ m/s^2) in m/s^2.

Massenträgheitsmoment (kurz: Trägheitsmoment) J in kg m^2 {moment of inertia}
Summe der Produkte aus den Massen der Einzelelemente und dem Quadrat der jeweiligen radialen Entfernung zur Drehachse (**Tabelle M4**).
Das M. berücksichtigt die Trägheit eines drehenden Körpers gegenüber Änderungen der Winkelgeschwindigkeit; es hat für Drehbewegungen dieselbe Bedeutung wie die → Masse bei geradlinigen Bewegungen. Das M. drehender elektrischer Maschinen

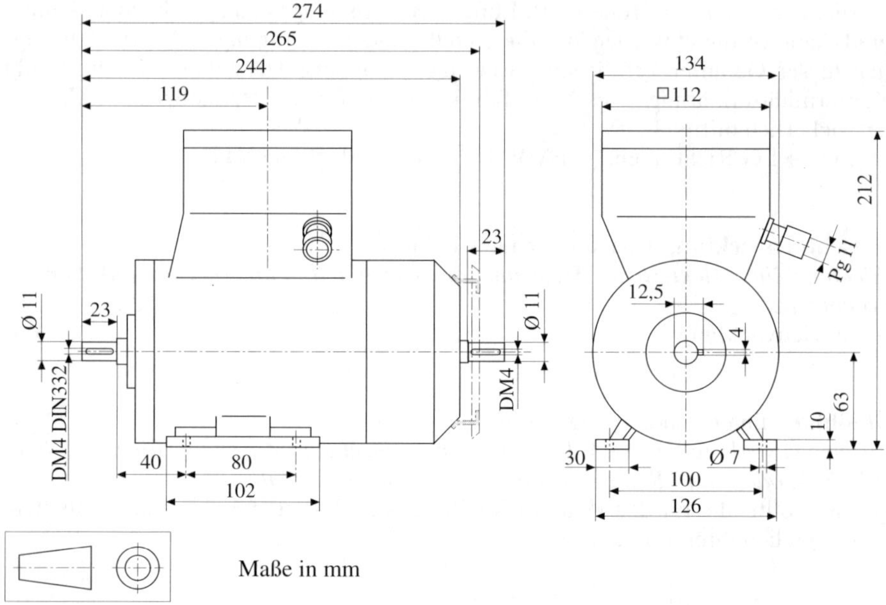

Schutzdeckel nur bei Bauform IM V 5.
Zweites Wellenende auf besondere Bestellung.
Riemenscheibe für das zweite Wellenende mit Speichen, damit Luft zum Ventilator strömen kann.

Toleranz für Wellenende ISO k6,
Paßfeder DIN 6885,
Verschraubung mit Zugentlastung.
Wahlweise Anschlußkasten EEx d IIC mit Kabeleinführung für Ø 11–14, abweichende Durchmesser bei Bestellung angeben.

Bild M3 Ausführungsbeispiel für ein Einzelmaßbild

wird von den Herstellern in Katalogen oder Datenblättern angegeben. Dieses und das M. der Arbeitsmaschinen und Übertragungselemente müssen u. U. in der Motorauslegung berücksichtigt werden.

Großes M. verlangsamt Beschleunigungs- und Bremsvorgänge und führt dabei zu großer Wärme, vor allem in der Läuferwicklung. Bei der Motorauswahl für Schaltbetrieb oder Schweranlauf alle M. des Antriebs berücksichtigen!

→ Anlauf, → Anlaufwärme im Läufer, → Bremsung

<table>
<tr><th>Drehkörper</th><th>Skizze</th><th>Massenträgheitsmoment J</th></tr>
<tr><td>allgemein</td><td>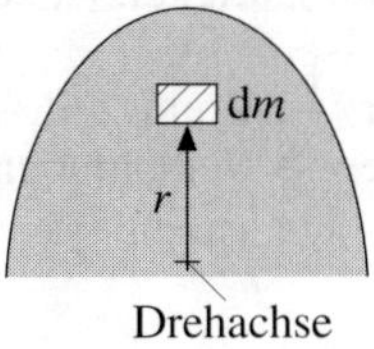
</td><td>$J = \int r^2 \cdot \mathrm{d}m$</td></tr>
<tr><td>punktförmig</td><td>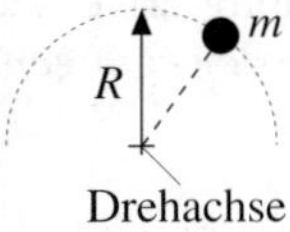
</td><td>$J = m \cdot R^2$</td></tr>
<tr><td>homogener Vollzylinder</td><td>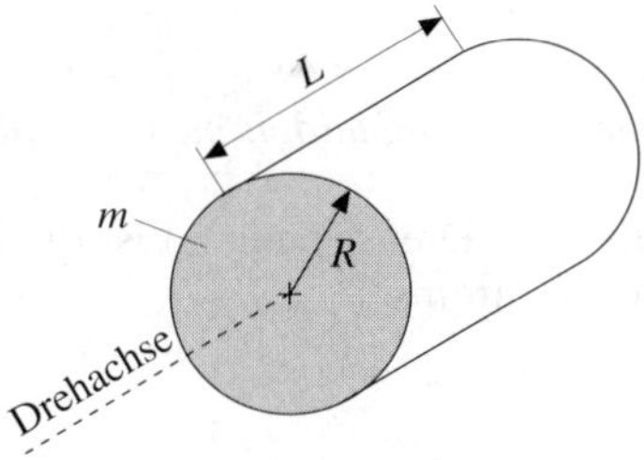
</td><td>$J = \frac{m}{2} \cdot R^2 = \frac{\pi}{2} \cdot \rho \cdot L \cdot R^4$</td></tr>
<tr><td>homogener Hohlzylinder</td><td>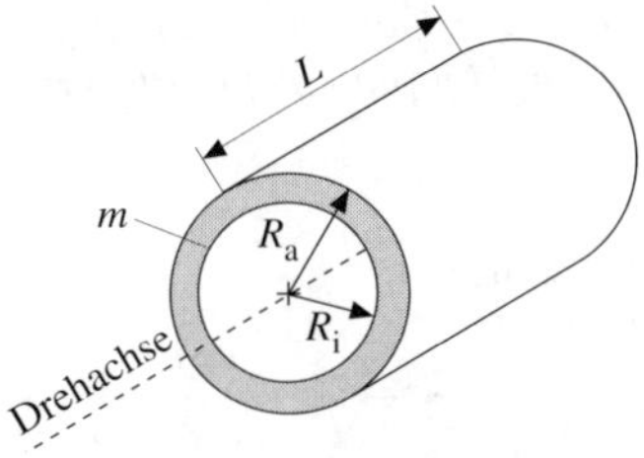
</td><td>$J = \frac{m}{2} \cdot \left(R_a^2 - R_i^2\right) = \frac{\pi}{2} \cdot \rho \cdot L \cdot \left(R_a^2 - R_i^2\right)^2$</td></tr>
</table>

Längen r, R, R_a, R_i, L in m; Masse m in kg; Dichte ρ in kg/m^3						
Material	Aluminium	Kupfer	Messing	Stahl	Holz	Glas, Granit, Marmor
ρ in 10^3 kg/m^3	2,7	8,92	8,1 … 8,6	7,85	0,33 … 1,0	2,4 … 3,1

Tabelle M4 Massenträgheitsmoment von Drehkörpern

mechanische Bremsung {mechanical braking}

Absichtliche Hemmung der Bewegung durch Reibung.

→ Stillstandbremse: Gerät, das die drehenden Teile nach Abschalten des Antriebs zum Stillstand bringt. Die Energie der drehenden Teile wird in der Bremse in Wärme umgesetzt; deshalb gibt es typenbedingte Grenzwerte für die → Schalthäufigkeit.

→ Haltebremse: Gerät, das die drehenden Teile bei abgeschaltetem Antrieb im Stillstand hält. Es wird keine Wärme entwickelt; die Schalthäufigkeit ist keine relevante Größe. Die Bremse wird nur auf Haltemoment bemessen.
→ Bremsmotoren, → Bremsung, → Bremswächter, → Bremszeit, → Lamellenbremse, → Scheibenbremse, → Sicherheitsbremse, → Verschiebeanker-Bremsmotor [A3, A6, A21, E40]

Mehrmotorenantrieb (auch: Gruppenantrieb) {multi-motor drive, sectional drive}
Jeder Motor treibt eine Gruppe miteinander verknüpfter Bewegungen.
Konsequente Weiterentwicklung des M.: → Einzelantrieb.
[A6]

Mehrphasensystem {polyphase system}
System zur Energieübertragung und -umwandlung mittels mehrerer phasenverschobener Wechselströme.
Das dreiphasige Wechselstromsystem (= → Drehstromnetz) ist die günstigste Art der Energieverteilung mittels elektrischen Stroms.

Meßfläche {measuring surface}
*Die M. denkt man sich dem Bezugsquader (→ Geräuschmessung, Bild G9) eines Prüflings umschrieben; auf ihr werden die Meßpunkte für die Geräuschmessung plaziert (***Bild M5***).*

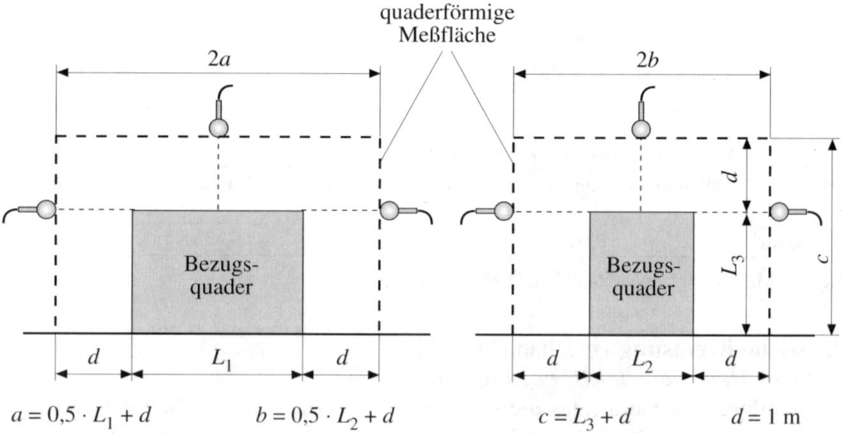

Bild M5 Mikrofonanordnung und Meßfläche bei der Geräuschmessung

Berechnung nach [N4.16]:

$$S = 4 \cdot (a \cdot b + b \cdot c + c \cdot a),$$

mit:
S Meßfläche in m^2,
a, b, c nach Bild M5 in m,
$d = 1$ m üblicher Meßabstand.

Meßflächenmaß {measuring-surface level}
Geometrische Rechengröße zur Ermittlung der Schalleistung:

$$L_S = 10 \cdot \log (S/S_0),$$

mit:
L_S Meßflächenmaß in dB,
S Meßfläche in m^2,
$S_0 = 1\ m^2$ (Bezugswert).
Unterschiede in der Meßfläche bis zu 25 % ergeben Unterschiede im M. von nur ≤ 1 dB. Das ist der Grund, weshalb man bei → Normmotoren Richtwerte für das M. angeben kann, die für alle Fabrikate zutreffen (**Tabelle M6**).
Bei Angaben des M. sollte der Hersteller die Norm nennen, deren Festlegung benutzt wurde ([N8.17] oder [N8.7]), weil die sich zwischen den Rechenverfahren ergebenden Differenzen rund 3 dB betragen und im → Schalleistungspegel Qualitätsunterschiede vortäuschen können!
→ Schalldruckpegel, → Schalleistungspegel [A2, A21]

Achshöhe *H* in mm	**56 bis 112**	**132**	**160 bis 200**	**225**	**250, 280**	**315**	**355, 400**
DIN EN 21680 [N8.17]	12	12	13	13	14	14	15
DIN 45635 Bl 10 [N8.7]	9	10	10	10	11	12	12

Tabelle M6 Richtwerte für das Meßflächenmaß L_S bei Normmotoren

Meßflächen-Schalldruckpegel {measuring-surface sound-pressure level}
Räumlich über einen → Meßpfad (in 1 m Abstand vom Maschinenumriß) gemittelter Wert des A-bewerteten → Schalldruckpegels.
Der M. ist der übliche Wert für die Angabe des → Geräusches. Er dient auch zur Ermittlung des → Schalleistungspegels.
Grenzwerte für M. sind international genormt [N9.9].

Meßwiderstand {resistance gauge}
→ *Widerstandsthermometer*

Mikroreibung {micro friction}
→ *Passungsrost*

Mitkomponente {positive sequence}
→ symmetrische Komponenten

Mitsystem {positive-sequence system}
→ symmetrische Komponenten

Mittelpunktleiter {neutral}
Sternpunktleiter eines → Drehstromnetzes

mittlerer Anlaßstrom {average starting current}
Geometrischer Mittelwert aus → Anlaßspitzenstrom und → Schaltstrom beim Anlauf mittels → Anlasser:

$$I_m = \sqrt{I_1 \cdot I_2},$$

mit:
I_m mittlerer Anlaßstrom in A,
I_1 Anlaßspitzenstrom in A,
I_2 Schaltstrom in A.
Der m. A. ist ein Maß für die → Anlaßschwere und Ausgangswert für die Dimensionierung des Anlassers.

Modifizierte Lagerlebensdauer {modified bearing life}
Rechenwert für eine Korrektur der nominellen → Lagerlebensdauer von Wälzlagern durch Materialermüdung:

$$L_{na} = L_{10} \cdot a_1 \cdot a_2 \cdot a_3 = L_{10} \cdot a_1 \cdot a_{23},$$

mit:
L_{na} modifizierte Lagerlebensdauer in h,
L_{10} nominelle → Lagerlebensdauer in h,

a_1 Lebensdauerbeiwert für die Ausfallwahrscheinlichkeit,
a_2 Lebensdauerbeiwert für den Werkstoff,
a_3 Lebensdauerbeiwert für Betriebsbedingungen,
a_{23} zusammengefaßter Lebensdauerbeiwert für den Werkstoff und die Betriebsbedingungen.

a_1 berücksichtigt, daß mit kleinerer Ausfallwahrscheinlichkeit als 10 % zwangsläufig die Lebensdauererwartung verringert werden muß (→ Zuverlässigkeit von Wälzlagern). a_2 berücksichtigt die Werkstoffeigenschaften, vor allem den Reinheitsgrad. Verbesserte Herstellungsverfahren führen zu verlängerter Lebensdauer. a_3 erfaßt alle Betriebsbedingungen, die sich positiv oder negativ auf die Ermüdungslebensdauer auswirken. Hier ist vor allem der Schmierfilm zu nennen und seine Abhängigkeit von der Art des Schmiermittels, der Temperatur und der Reinheit. a_2 und a_3 sind stark voneinander abhängig. Deshalb ist ihre Zusammenfassung im Beiwert a_{23} zweckmäßig. Werte von $a_{23} \geq 2$ ergeben sich bei hoher Zähigkeit des Schmiermittels, größter Sauberkeit, kleiner Belastung, Stählen größter Reinheit.

Solche Verhältnisse können bei drehenden elektrischen Maschinen durchaus vorliegen; als selbstverständlich können sie jedoch nicht vorausgesetzt werden. In der Praxis ist weitaus öfter eine Verringerung der Lebensdauer durch negative Einflüsse (starke Verschmutzung, keine Nachschmierung, Nachschmierung mit falschem Fett, hohe Temperaturen u. a. m.) zu beobachten.

→ Fett, → Lagerdichtung, → Lager RS, 2RS, Z, 2Z, → Lagerschaden, → Lagerstrom, → Lagertemperatur, → Schmierung
[A2, **A12**, E12, E13, E14, E24, E41, E45, **N7.17**]

Molkerei-Ausführung {dairy-proof design}
Mechanische Sonderausführung eines Motors für die besonderen Betriebsbedingungen der Lebensmittelindustrie.
Besondere Bedingungen: Glatte Oberfläche (keine Schmutzecken); hohe → Schutzart, vor allem gegen Wasser (Säuberung mit Hochdruckreinigern); Anstrich (physiologisch unbedenklich).

Momentenkennlinie des Motors {speed-torque characteristic of motor}
Verlauf des Motormoments über der Drehzahl.
Grundsätzliche Arten der M. von Drehstrommotoren im Arbeitsbereich: **Bild M7.**
→ Anlauf, → Arbeitspunkt, → Asynchronmaschine, → dynamische Momentenkennlinie [A2 bis A7]

Momentenklasse {torque class}
→ *Läuferklasse*

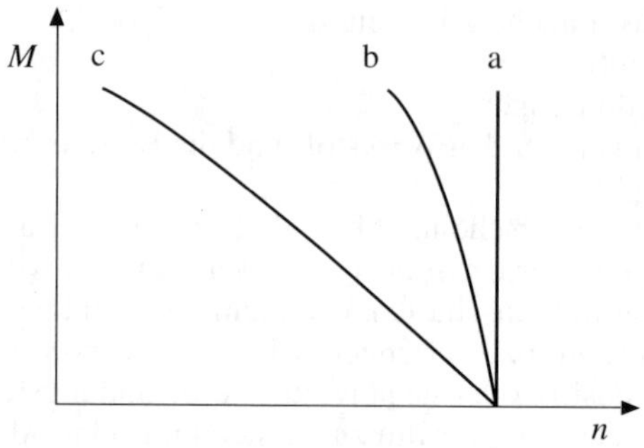

Bild M7 Grundsätzliche Drehmoment-Drehzahl-Kennlinien von Drehstrommotoren.
a Synchronkennlinie. Drehzahl konstant (bis zum synchronen Kippmoment); z. B. → Reluktanzmotor.
b Nebenschlußkennlinie. Drehzahl im Arbeitsbereich wenig von der Belastung abhängig; z. B. netzgespeister → Käfigläufermotor.
c Reihenschlußkennlinie. Drehzahl nimmt mit steigender Belastung stark ab; z. B. → Schleifringläufer-Motor mit großem Anlaßwiderstand.

Motor {motor}
Wandelt elektrische Energie mit Hilfe des magnetischen Felds in mechanische Arbeit um.
→ Asynchronmotor, → Drehstrommotor, → Einphasenmotor
[A2 bis A6, A13, A14]

Motorbemessung {motor rating}
Gesamtheit der → Bemessungsgrößen und → Betriebsbedingungen, nach denen ein Motor elektromagnetisch, thermisch und mechanisch ausgelegt wird.
Wer einen richtig bemessenen Motor will, muß den → Betrieb richtig und vollständig angeben.

Motor für allgemeine Zwecke {general-purpose motor}
Motor, der für übliche Betriebsverhältnisse ohne Einschränkung auf besondere Anwendungszwecke geeignet ist.
Bei M. f. a. Z. mit Käfigläufer, für Niederspannung, für Dauerbetrieb (Betriebsart S1), mit Leistungen bis 315 kW – d. h. → Normmotoren – sind die „üblichen Betriebsverhältnisse" in [N9.2] durch „Betriebs-Bezugsbedingungen" festgelegt. Diese bestehen aus den Bedingungen für die Bemessung nach VDE 0530-1 [N9.1], aus Bedingungen für die → Installation und den Betrieb.
Der Hersteller muß die → Isolierung, die → Lager und die → Schmierung nach diesen Bedingungen auslegen; der Betreiber muß sie zur → bestimmungsgemäßen Verwendung beachten. Damit soll eine angemessene → Lebensdauer erreicht werden.
→ biologische, chemische und Strahlungseinflüsse

Motormoment {motor torque}
Das vom Motor an der Welle abgegebene Drehmoment.
Das M. ist drehzahlabhängig (→ Momentenkennlinie des Motors).
→ Anlaufmoment, → Anzugsmoment, → Bemessungsmoment, → Käfigformen, → Kippmoment [A2 bis A6]

Motorschutz {motor protection}
Schutz eines Motors vor unzulässiger Überlastung.
Jeder Motor ist sowohl vor betriebsbedingter als auch störfallbedingter Überlastung zu schützen, um unzulässig hohe Wicklungstemperaturen (→ Lebensdauer der Wicklung wird verringert) zu vermeiden. Da die Schutzeinrichtungen selbst wiederum Störquellen sein können und den Aufwand für → Instandhaltung erhöhen, sollte ein Grundsatz beherzigt werden:
Soviel Schutz wie nötig – so wenig Schutz wie möglich. Deshalb Schutzumfang und Schutzeinrichtungen auf die Bedeutung des betreffenden Motors für den Prozeß bzw. die Arbeitsmaschine und die zu erwartenden Überlastungen und Störfälle abstimmen! An den Grenzen der → bestimmungsgemäßen Verwendung (z. B. bei zulässigen → Frequenz- und Spannungsschwankungen während des Betriebs) darf die Schutzeinrichtung keinesfalls ansprechen!
→ Kaltleiter, → Lagertemperatur-Überwachung, → Lagerüberwachung, → Leistungsschalter, → Motorschutz bei Niederspannung, → Motorschutz bei Hochspannung, → Thermischer Maschinenschutz, → Schütze, → Sicherungen
[A2, A21, E41]

Motorschutz bei Hochspannung {high-voltage motor protection}
In Hochspannungsnetzen stehen große Kurzschlußleistungen an; Fehler haben deshalb neben den Folgekosten durch Produktionsausfälle meist auch unmittelbare Auswirkungen durch Zerstörung der Betriebsmittel und Leitungen. Deshalb wird meistens ein umfangreicher Schutz vorgesehen. Er muß Fehler erkennen und diese selektiv und schnell vom Netz trennen. Grundsätzlich können ähnliche Geräte, über Wandler gespeist, wie bei Niederspannungsmotoren verwendet werden. Gegen Überlastungen können auch bei Hochspannung stromabhängige Relais eingesetzt werden. Schaltplan einer einfachen Schutzeinrichtung: **Bild M8**. Elektromechanische Schutzgeräte für Hochspannungsmotoren werden nur noch in beschränktem Umfang eingesetzt; in zunehmendem Maße werden statische Geräte, meist mit Mikroprozessor-Steuerung, verwendet. Kritische Betriebszustände oder Fehler werden erfaßt durch die Auswertung der Strangströme im Motor. Mit diesen Relais lassen sich folgende Störfälle überwachen:
- Phasenkurzschlüsse und Überströme durch Höchstwerterfassung,
- Erdschlüsse durch interne Summenstromerfassung oder mit I_0 -Wandler,
- Unsymmetrie der Strangströme durch Auswertung der Gegenstromkomponente,

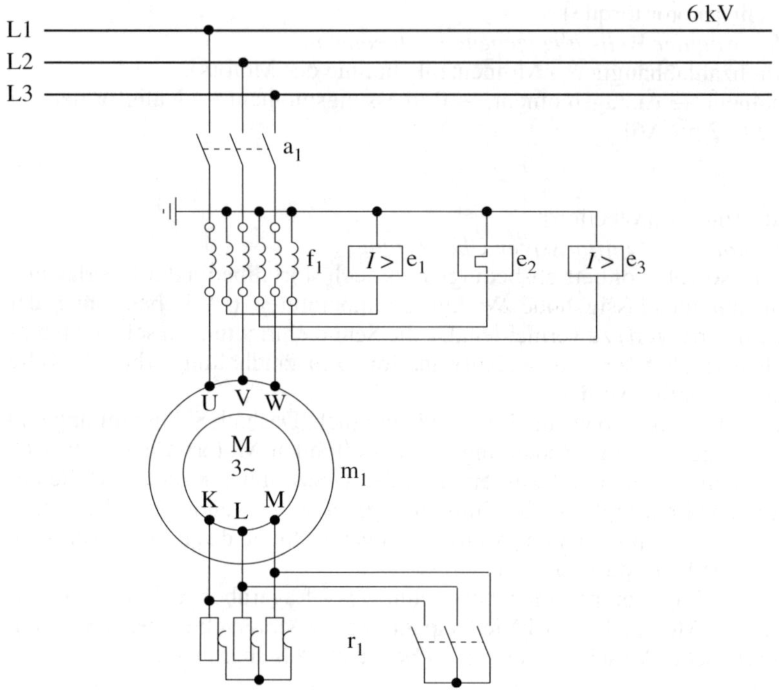

Bild M8 Prinzip-Schaltplan einer Schutzeinrichtung für einen Hochspannungs-Schleifringläufermotor

a_1 Hauptschalter
e_1 Maximalstrom-Zeitrelais (Kurzschlußschutz)
e_2 Thermorelais (Überlastschutz)
e_3 Maximalstrom-Zeitrelais (Kurzschlußschutz)
f_1 Stromwandler
m_1 Motor
r_1 Läuferanlasser

- Unterlast durch Minimalstromüberwachung,
- Überlast mittels thermischem Abbild des geschützten Motors,
- unzulässige Beanspruchung während des Anlaufs.

Schutz gegen Überspannungen aus der Zuleitung: → Überspannungsableiter.
Thermische Überwachung der Wicklung: → Nutthermometer
Überwachung von Hochspannungsmotoren in Kraftwerken: [N8.39]
→ Isolierungsfehler [A2, A17, A18, A20, A21, E41]

Motorschutz bei Niederspannung {low-voltage motor protection}
Der vom Motor aufgenommene Strom ist hauptsächlich die Ursache für die Erwärmung der Wicklungen. Schutz vor unzulässigen → Übertemperaturen kann deshalb durch ein vom Motor getrenntes Schutzorgan erfolgen, das den Strom in den Zulei-

	Kennbuchstabe	A	B	C	D	E
	Schutzelement	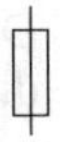		 2ph	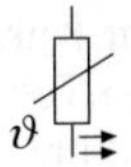	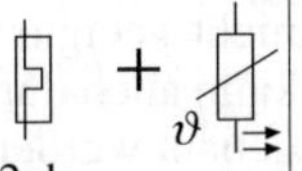 2ph
	Überlastungsart	träge Schmelzsicherung Nennwert (1,6 … 2,5) I_N	Überstromauslöser (Bimetallrelais) Einstellwert $I_E = I_N$	**B** mit Phasenausfall-Empfindlichkeit Einstellwert $I_E = I_N$	TMS	**B** mit Phasenausfall-Empfindlichkeit Trägheitsgrad TI; Einstellwert I_E: $1{,}5\,I_N < I_E < 0{,}3\,I_N$ (möglichst niedrig); kombiniert mit **D**
1	Überstrom $I \leq 2\,I_N$	–	+	+	+	+
2	Schalthäufigkeit ≤ 30/h	–	±	±	+	+
3	Schalthäufigkeit > 30/h	–	–	–	+	+
4	Anlaufzeit > 6 s	–	+	+	±	+
5	Blockierung bei $j_A \leq 40$ A/mm²	±	+	+	+	+
6	Blockierung bei $j_A > 40$ A/mm²	±	+	+	±	+
7	Zweiphasenlauf	–	±	+	+	+
8	Spannungsschwankung > ± 10 %	–	+	+	+	+
9	Frequenzschwankung > ± 5 %	–	+	+	+	+
10	Kühlmitteltemperatur > 50 °C	–	–	–	+	+
11	Behinderung der Kühlung	–	–	–	+	+
12	Umrichterbetrieb in unzulässigen Frequenzbereichen	–	–	–	+	+

Erläuterungen: I_N Bemessungsstrom, j_A Stromdichte in der Ständerwicklung beim Anzugsstrom; TMS thermischer Maschinenschutz (Temperaturfühler mit Auslösegerät), Ankopplungszeit < 6 s
Symbole: – kein Schutz; ± bedingter Schutz; + voller Schutz

Tabelle M9 Häufige Überlastungsarten und ihre Schutzmöglichkeiten bei Niederspannungsmotoren

tungen überwacht. Dazu werden die Schaltgeräte (→ Motorschutzschalter, → Schütze) mit Überstromrelais (→ Bi-Metallschalter) ausgerüstet. Diese sind jedoch nicht geeignet, um Kurzschlußströme zu unterbrechen. Die Wicklungserwärmung kann auch durch → Temperaturfühler erfaßt werden, die direkt in die Wicklung eingebaut werden und über ein → Auslösegerät warnen oder den Motor durch Eingriff in die Steuerung abschalten. Kein Schutzorgan allein kann alle vorkommenden Überlastungen überwachen. Dies ist nur durch geeignete Kombination verschiedener Geräte möglich. **Tabelle M9***) gibt häufig auftretende Überlastungsarten und ihre Schutzmöglichkeiten an. Daraus wird deutlich, daß Schmelzsicherungen nicht für den Motorschutz geeignet sind; ihre Aufgabe ist der Schutz der Zuleitungen vor Kurzschlußströmen. Betriebswichtige Antriebe mit besonderen Beanspruchungen sollten auch eine → Lagerüberwachung erhalten, die in die Steuerung einbezogen werden kann.
→ Kaltleiter, → Lagertemperatur-Überwachung, → Leistungsschalter, → Motorschutz, → Motorschutz bei Hochspannung, → Thermischer Maschinenschutz, → Schütze, → Sicherungen [A2, A21, E41]

Motorschutzschalter {motor circuit-breaker}
Dienen dem betriebsmäßigen Schalten und dem Schutz von Motoren.
M. müssen folgende Anforderungen erfüllen: Bemessungsstrom des Motors dauernd führen, ohne anzusprechen; Einstellbarkeit auf den Bemessungsstrom; → Auslösekennlinie dem thermischen Verhalten des Motors annähernd angepaßt; Stromüberwachung in allen drei Leitungen. M. sind mit einstellbaren, stromabhängig verzögerten thermischen Überstromauslösern (→ Bimetall-Schaltern) und elektromagnetischen Kurzschluß-Schnellauslösern ausgerüstet. Sie können auch mit weiteren

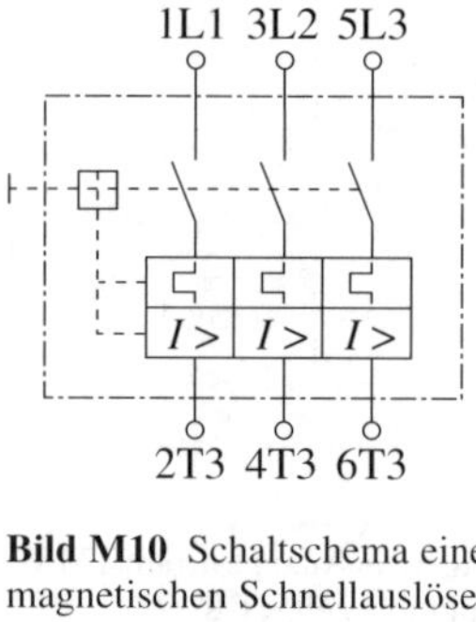

Bild M10 Schaltschema eines Motorschutzschalters mit thermischen Überstromauslösern und elektromagnetischen Schnellauslösern

*) Aus [A21] und [E41] mit freundlicher Genehmigung durch *H.Greiner*.

Schutzmöglichkeiten ausgerüstet werden, wie z. B. Unterspannungsauslösung oder Empfindlichkeit gegen Phasenausfall. Der Bimetall-Schalter eines bestimmten M. kann in gewissen Grenzen eingestellt und damit den Erfordernissen des Antriebs angepaßt werden. Er übernimmt den Überlastungsschutz des Motors. Die Abhängigkeit der Auslösezeit vom Strom wird in der → Auslösekennlinie (Bild A31) dargestellt. Schaltschema eines M.: **Bild M10**. Der elektromagnetische Schnellauslöser ist auf einen festen Wert eingestellt (soll zwischen dem acht- bis 16fachen Wert des oberen Einstellwerts liegen) und hat die Aufgabe des Kurzschlußschutzes. Nach den Bedingungen für das Einschalt- und Ausschaltvermögen werden M. und → Schütze für Wechselstrom in unterschiedliche Gebrauchskategorien eingeteilt:

AC-1 nicht-induktive oder schwach induktive Last, Widerstandsöfen; (für Motoren nicht geeignet),

AC-2 Schleifringläufermotoren für Anlassen, Gegenstrombremsen und Reversieren,

AC-3 Käfigläufermotoren für Anlassen und Ausschalten während des Laufs,

AC-4 Käfigläufermotoren für Anlassen, Gegenstrombremsen, Reversieren und Tippen.

→ Motorschutz [A2, N4.26]

Motorstarter

→ *Motorschutzschalter*

Musterprüfung

→ *Qualitätsprüfung an einem Muster*

Die M. kann auch als → Typprüfung dienen [N8.16].

N

Nachschmiereinrichtung {relubrication, relubricating device]
Gesamtheit aller Konstruktionsteile, mit denen ein → Nachschmieren erfolgt.
Besteht aus → Schmiernippeln, Kanälen, → Fettmengenreglern und dem Stauraum oder Fettaustritt.
Der Konstrukteur muß auf einen Zwangsweg achten, der das Fett durch das Lager führt, nicht an ihm vorbei. Kleinere und mittlere Maschinen mit verhältnismäßig langer → Nachschmierfrist erhalten häufig einen geschlossenen Stauraum (**Bild N1**) von geeigneter Größe, in dem das Altfett bis zur nächsten Revision verbleibt. Vorteil: kein Fettaustritt beim Nachschmieren, gute → Lagerdichtung. Bei Maschinen mit verhältnismäßig kurzer Nachschmierfrist sind offene Fettaustritte üblich (**Bild N2**) oder geschlossene und damit dichte Lager mit einer Fettentfernung (**Bild N3**). Darunter versteht man einen Schieber, mit dem das Altfett seitlich abgezogen werden kann. Rillenkugellager brauchen nur bedingt eine N., Rollenlager auf jeden Fall wegen der größeren Walkarbeit.

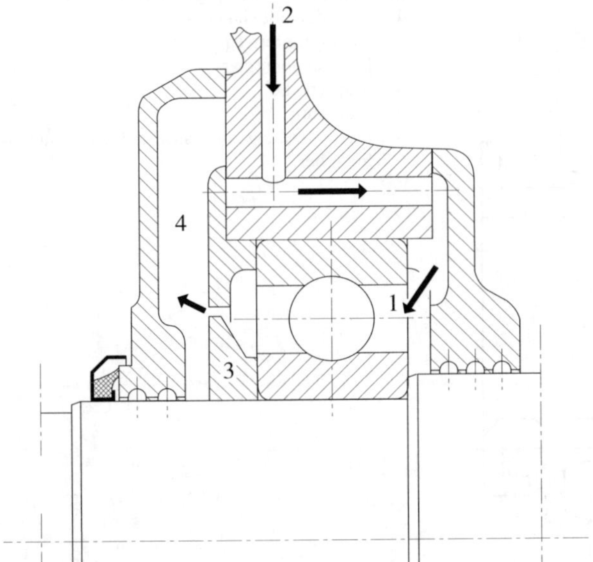

Bild N1 Rillenkugellager mit Nachschmierung und Stauraum für Altfett
1 Rillenkugellager
2 Nachschmierweg
3 Fettmengenregler
4 Sammelraum für Altfett

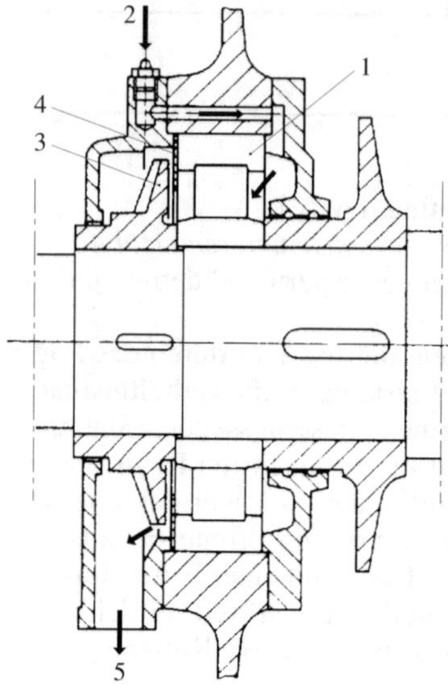

Bild N2 Zylinderrollenlager mit Nachschmierung und offenem Fettaustritt
1 Zylinderrollenlager
2 Nachschmierweg
3 Fettmengenregler
4 Stauscheibe
5 Fettaustritt

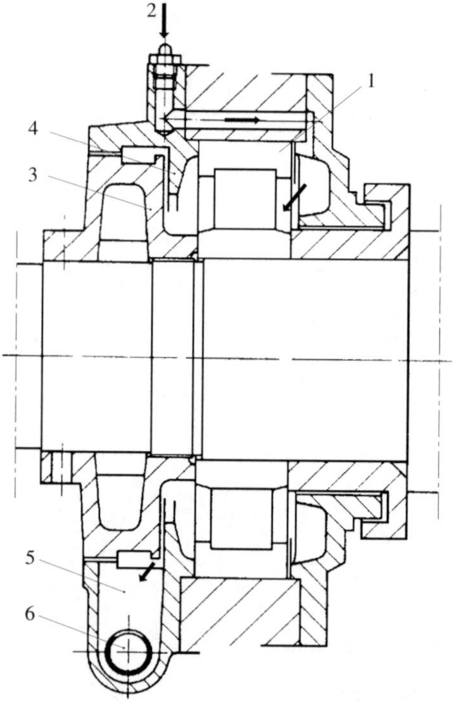

Bild N3 Zylinderrollenlager mit Nachschmierung und Fettentfernungsschieber
1 Zylinderrollenlager
2 Nachschmierweg
3 Fettmengenregler
4 Stauscheibe
5 Stauraum
6 Fettentfernung zur Seite durch eingebauten Schieber

N. sind wichtige Funktionsgruppen drehender elektrischer Maschinen. Pflegehinweise des Herstellers beachten!
→ Lagerschaden, → Wälzlager [A12, E14, E41, N7.11, N7.12, **N7.17**]

Nachschmieren {regreasing, relubrication}
Vorgang, bei dem ohne Betriebsunterbrechung die Fettfüllung in den Lagern erneuert wird.
N. soll im Lauf der Maschine erfolgen, damit durch die Funktion des → Fettmengenreglers (Bild N1) eine Überfüllung (große Reibungsverluste führen zu erhöhter Lagertemperatur) vermieden wird. Kurz nach dem N. steigt die Lagertemperatur durch erhöhte Walkarbeit zwar an, der Vorgang klingt aber nach einiger Zeit durch die Wirkung der Fettmengenregler ab (**Bild N4**). Bei Lagern mit offenem Fettaustritt (Bild N2) oder Fettentfernung (Bild N3) muß das austretende Altfett aufgefangen und sachgemäß entsorgt werden. Dabei kann es untersucht werden: Durch Erhitzen in einem sauberen Metallgefäß verflüssigt und durch ein Filterpapier gegossen besteht die Möglichkeit, die Rückstände mittels Lupe zu begutachten. Verschmutzungen durch Fremdkörper, beginnender Materialabtrag der Wälzkörper und Laufbahnen werden dadurch leicht entdeckt. Diese Informationen liefert kein Sensor!
N. nur bei Lauf der Maschine! Angaben des Herstellers zu Fettsorte, → Nachschmierfristen und -mengen sorgfältig beachten! Bei offenem Austritt oder Fettschiebern: N. bis neues Fett austritt. Auf guten Verschluß durch Fettpfropfen achten (Dichtung!)
→ Fett, → Nachschmiereinrichtung, → Schmierung
[A12, E14, E41, N7.11, N7.12, **N7.17**]

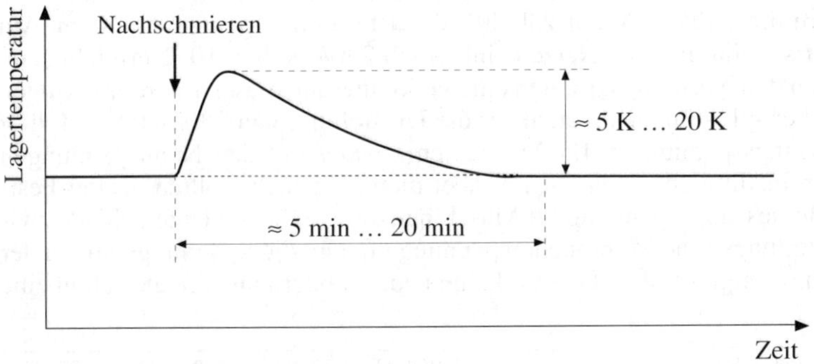

Bild N4 Überschwingen der Lagertemperatur nach dem Nachschmieren (schematisch)

Nachschmierfrist {lubrication interval}
→ *Schmiermittelgebrauchsdauer*

NAT
Nennansprechtemperatur von → Kaltleitern

Nebenschluß-Kennlinie {shunt characteristic}
→ Momentenkennlinie des Motors

NEMA
National ***E****lectrical* ***M****anufacturers* ***A****ssociation*
Verein elektrotechnischer Hersteller der USA. Erläßt auch Vorschriften für drehende elektrische Maschinen. Vergleichbar mit dem deutschen → VDE.

Nennspannungen für elektrische Netze {nominal voltages of supply-systems}
International vereinheitlichte Normspannungen nach IEC 38 [N4.20] für Übertragungs-, Verteilungs- und Verbrauchernetze.
N. für Niederspannungsnetze: **Tabelle N5**. Die Spannungen über 230/400 V sind ausschließlich für große Industriebetriebe und Großbauten vorgesehen. An der Übergabestelle vom Verteilungsnetz des Versorgungsunternehmens an den Verbraucher soll die Spannung nicht mehr als ± 10 % von der Nennspannung abweichen. Die vorhandenen Netze 220/380 V und 240/415 V müssen bis zum Jahre 2003 auf den Wert 230/400 V umgestellt werden. Während dieser Umstellungsfrist soll in Ländern mit 220/380 V die Nennspannungstoleranz auf 230/400 V + 6%/– 10 % und in Ländern mit 240/415 V auf 230/400 V + 10 %/– 6 % gebracht werden. Am Ende dieser Frist sollte in allen Netzen einheitlich 230/400 V ± 10 % erreicht sein. Danach soll von den Normungsgremien eine Verkleinerung dieser Toleranz erwogen werden. Gleiches gilt sinngemäß auch für die Umstellung von 380/660 V auf 400/690 V. Bemessungsspannungen für Maschinen *können* mit den Nennspannungen der Netze übereinstimmen; sie *müssen* es aber nicht. Vielmehr sollten bei der Festlegung einer Bemessungsspannung für Maschinen die möglichen Unterschiede zwischen den Verteilungs- und Verbraucherspannungen, d. h. die Spannungsfälle in der Anlage, berücksichtigt werden. Dies ist keine neue, sondern auch heute schon eine

Drehstrom-Vierleiter- oder Dreileiternetze	–	230/400 V	277/480 V	400/690 V	1000 V
Einphasen-Dreileiternetze	120/240 V	–	–	–	–

Tabelle N5 Nennspannungen für Wechselstromnetze von 100 V bis einschließlich 1000 V

normale Aufgabe der Anlagenprojektierung. Auch die betriebliche Spannungsschwankung (→ Spannungs- und Frequenzschwankungen während des Betriebs) ergibt sich nicht zwangsläufig aus der Toleranz der N., wie sie in [N4.20] festgelegt ist. Das Toleranzband der N. dadurch zu berücksichtigen, daß die Maschine für einen mit ihm identischen → Bemessungsspannungsbereich ausgelegt wird, führt zu einer Vergrößerung des Aktivteils der Maschine, höheren Kosten und ist wirtschaftlich wenig sinnvoll.
[A1, A14, E1, E2, E3,E8, E49]

Nennwert {nominal value}
Geeigneter, meist gerundeter Zahlenwert einer Größe, mit dem ein Element, eine Gruppe oder eine Einrichtung gekennzeichnet wird.
Beispiel: → Nennspannungen für elektrische Netze. Dieser N. sagt nichts aus über die Spannungsfälle in einer Anlage und nichts über die Spannung, für die der einzelne Verbraucher bemessen werden muß.
[N6.11]

Netz {line, supply system}
Das N. versorgt die Maschine mit elektrischer Energie. Aus seinen Eigenschaften müssen die elektrischen Bedingungen für die Maschinenbemessung abgeleitet werden, z. B. → Stromversorgung, → Netzfrequenz, → Netzspannung, → Kurvenform und Symmetrie von Spannungen und Strömen, → Spannungs- und Frequenzschwankungen während des Betriebs, → Sternpunkterdung.
Die vom Netz vorgegebenen elektrischen Bedingungen müssen vom Käufer angegeben und vom Hersteller bei der Bemessung der Maschine berücksichtigt werden.
→ Drehstromnetz

Netzfrequenz f in Hz {power-line frequency}
Die N. beträgt üblicherweise 50 Hz oder 60 Hz. Bei netzgespeisten Wechselstrommaschinen: N. = Bemessungsfrequenz.

Netzspannung U in V {line voltage}
Für Netze gibt es → Nennspannungen [N4.20]. Diese gelten für die Übergabestelle vom Verteilungsnetz des Elektrizitätsversorgers an die elektrische Anlage des Verbrauchers und haben eine bestimmte Toleranz. Die Spannungen werden an den Klemmen der Verbraucher i. a. Unterschiede zur Nennspannung des Netzes aufweisen.
Bei der Feststellung der → Bemessungsspannung und der → Spannungsschwankung während des Betriebs für die Maschine müssen vom Planer der elektrischen Anlage die Unterschiede zwischen den Netz- und Verbraucherspannungen berücksichtigt werden.

Netzumschaltung {system transfer}
Umschaltung eines laufenden Drehstrommotors auf ein anderes Netz.
Tritt häufig bei Antrieben im Kraftwerksbereich auf. Das magnetische Feld der Wicklungen ist noch nicht abgeklungen, daher ist noch eine Restspannung vorhanden. Diese wird möglicherweise in einer ungünstigen Phasenlage auf das neue Netz geschaltet. Es kommt zu → Ausgleichsvorgängen mit besonders hohen → Stoßmomenten und Stoßströmen. Der Wellenstrang muß das Stoßmoment ohne Schaden ertragen; die Wicklung, vor allem die Wickelköpfe, werden von dynamischen Kräften stark beansprucht. Deshalb muß die → Wickelkopfabstützung in geeigneter Weise ausgeführt sein.
[A5, E39]

Nicht-Antriebsseite (NS) {non-drive end, NDE}
entgegengesetzte Maschinenseite zur → Antriebsseite (AS)

nicht funkender Lüfter {non sparking fan}
Lüfter aus Werkstoff, der bei evtl. Reibung an Schadstellen der Lüfterhaube keine Funken zieht.
Nicht verwechseln mit der → Zündschutzart „non sparking“ oder → Zündschutzart „n“.

nicht periodischer Betrieb {non-periodic duty}
→ Betriebsart S9

Niederspannung {low voltage}
alle Spannungen ≤ 1000 V

Niederspannungs-Richtlinie {Low-Voltage Directive}
→ EG-Richtlinie [N11.1] mit dem Ziel des freien Warenverkehrs für alle elektrischen Betriebsmittel, welche die in der Richtlinie festgelegten elf Sicherheitsziele erfüllen. Gilt mit einigen Ausnahmen (z. B. elektrische Teile von Personen- und Lastenaufzügen, elektrische Betriebsmittel zur Verwendung in explosibler Atmosphäre) für elektrische Betriebsmittel zur Verwendung bei einer Nennspannung zwischen 50 V und 1000 V für Wechselstrom und zwischen 75 V und 1500 V für Gleichstrom.
Nur solche Erzeugnisse, die den elf Sicherheitszielen (**Tabelle N6**) entsprechen, dürfen in Verkehr gebracht werden. Dies ist die einzige rechtsverbindliche Vorschrift. Die Übereinstimmung der Erzeugnisse mit diesen Zielen darf *vermutet* werden, wenn entsprechende harmonisierte Normen (falls nicht vorhanden: internatio-

1	**Allgemeine Bedinungen**
a	Wesentliche Merkmale für die bestimmungsgemäße und gefahrlose Verwendung auf Betriebsmittel angeben (falls nicht möglich: Hinweis beigeben).
b	Herstellerzeichen/Handelsmarke deutlich auf Betriebsmittel angeben (falls nicht möglich: auf Verpackung).
c	Betriebsmittel/seine Bestandteile müssen sicher verbunden und angeschlossen werden können.
d	Betriebsmittel/seine Bestandteile müssen bei bestimmungsgemäßer Verwendung und ordnungsgemäßer Instandhaltung Schutz entsprechend Ziffer 2 und Ziffer 3 gewährleisten.
2	**Schutz vor Gefahren, die von elektrischen Betriebsmitteln ausgehen können** Technische Maßnahmen ergreifen, damit …
a	… Menschen und Nutztiere angemessen vor den Gefahren einer Verletzung oder anderen Schäden geschützt sind, die durch direkte oder indirekte Berührung verursacht werden.
b	… keine Temperaturen, Lichtbogen oder Strahlungen entstehen, aus denen sich Gefahren ergeben können.
c	… Menschen, Nutztiere und Sachen angemessen vor nicht-elektrischen Gefahren geschützt werden, die erfahrungsgemäß von Betriebsmitteln ausgehen.
d	… die Isolierung den vorgesehenen Beanspruchungen angemessen ist.
3	**Schutz vor Gefahren, die durch äußere Einwirkungen auf elektrische Betriebsmittel entstehen können** Technische Maßnahmen ergreifen, damit die elektrischen Betriebsmittel …
a	… den vorgesehenen Beanspruchungen so weit standhalten, daß Menschen, Nutztiere oder Sachen nicht gefährdet werden.
b	… unter den vorgesehenen Umgebungsbedingungen den nicht-mechanischen Einwirkungen soweit standhalten, daß Menschen, Nutztiere oder Sachen nicht gefährdet werden.
c	… bei den vorgesehenen Überlastungen Menschen, Nutztiere und Sachen in keiner Weise gefährden.

Tabelle N6 Sicherheitsziele der Niederspannungs-Richtlinie für elektrische Betriebsmittel

nale Normen; falls auch letztere nicht vorhanden: einzelstaatliche Normen des Herstellungslands) erfüllt werden. Die Übereinstimmung eines Erzeugnisses mit der N.-R. zu bewerten, liegt in der Verantwortung sowohl der Hersteller von antriebstechnischen Komponenten (z. B. Elektromotoren) und Systemen (z. B. Motor mit Umrichter und Steuerung) als auch der Maschinenhersteller oder Anlagenerrichter. Pflicht seit 1.1.1997 für die betroffenen elektrischen Ausrüstungen: → EG-Konformitätserklärung und → CE-Kennzeichnung.
[E61, N11.7, N11.10]

NLGI
→ *Fett*

non sparking
nicht funkend
Begriff wird mit unterschiedlicher Bedeutung benutzt.
→ nicht funkender Lüfter, → Zündschutzart „non sparking“, → Zündschutzart „n“

Normen, Vorschriften {standards, regulations}
Technische Regeln, teilweise mit Gesetzeskraft, für die Gestaltung und Bemessung von Geräten/Anlagen.
Damit sollen die Sicherheit und Zuverlässigkeit gewährleistet, die Sortenvielfalt auf ein wirtschaftlich vernünftiges Maß beschränkt und der freie Warenaustausch ermöglicht werden. Nationale Normen sind in zunehmendem Maße regional (z. B. in der → EU) oder international (weltweit) harmonisiert.
→ CE, → CE-Kennzeichnung, → CE-Kennzeichnung explosionsgeschützter Elektromotoren, → CENELEC, → DIN, → DIN EN, → DIN IEC, → DIN ISO, → DIN VDE, → DKE, → EG-Richtlinien, → EN, → VDE-Bestimmungen
[Reihe N1 bis N11]

Normmotoren {standard motors}
Drehstrommotoren mit Hauptabmessungen und Leistungen nach Normen der Reihe [N1] und [N9].
Viele Eigenschaften (z. B. → Klemmenkastenlage) sind nicht festgelegt und der Entscheidung des Herstellers oder der freien Vereinbarung überlassen. Polumschaltbare und umrichtergespeiste Motoren sind von den Normen unter [N1] nicht erfaßt. Es ist üblich, diese Motoren aus den mechanischen, womöglich auch → Aktivteilen der N. abzuleiten.

Normspannung nach IEC 38 {IEC standard voltages}
→ Nennspannung für elektrische Netze

Nulleiter {neutral}
Mittelpunktleiter
→ Drehstromnetz

Nullkomponente {zero sequence}
→ symmetrische Komponenten

Nullsystem {zero-sequence system}
→ symmetrische Komponenten

Nuten {slots}
Löcher im → Blech und → Blechpaket, meistens zur Aufnahme von → Wicklungen.
Form und Maße der Nuten müssen bei der Berechnung einer elektrischen Maschine sorgfältig festgelegt werden. Vor allem die Läufernuten bestimmen ganz wesentlich das Betriebsverhalten einer Käfigläufermaschine, hauptsächlich die → Drehmomentkennlinie.
→ Käfigformen

Nutisolierung {slot insulation}
Flächenisolierung in den Nuten zwischen → Blechpaket und Leitern,
Bei Niederspannungswicklungen eigenes Teil (**Bild N7**). Bei → Hochspannungswicklungen wird diese Funktion von der Kernisolierung der Spulen übernommen (Bild H9, **Bild N8**).
[A3, A5]

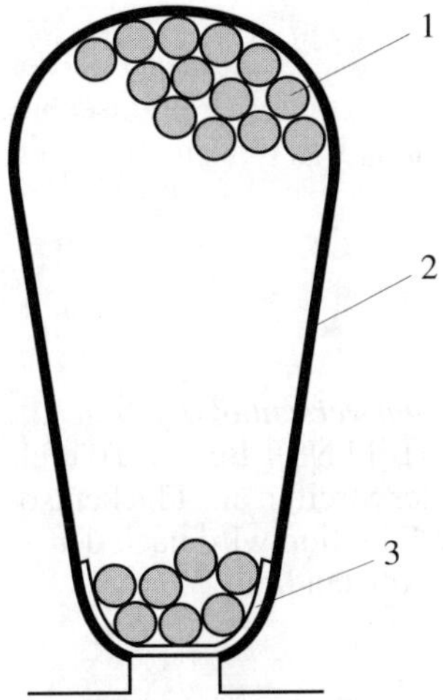

Bild N7 Beispiel des Nutaufbaus einer Einschicht-Träufelwicklung für Niederspannung
1 isolierte Runddrähte
2 Nutisolierung (Nuthülse)
3 Deckschieber als Nutverschluß

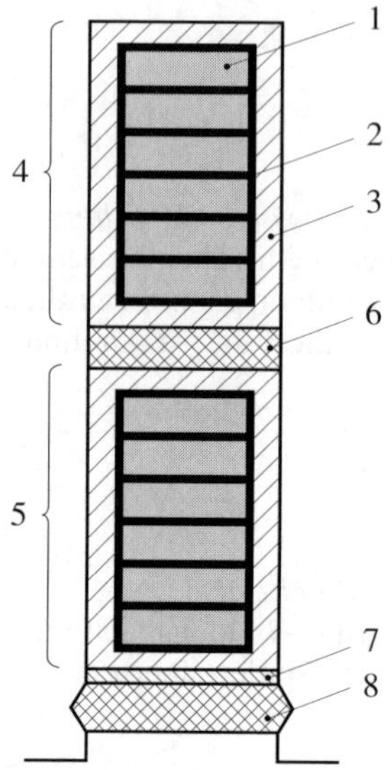

Bild N8 Beispiel des Nutaufbaus einer Zweischicht-Formspulenwicklung für Hochspannung 6 kV
1 isolierter Einzelleiter aus Profildraht (Kupfer-Flachdraht, lackiert, mit Glasseidenumspinnung)
2 Zwischenlagen (Glasseide, Glimmer, Harz)
3 Kernumpressung (Glasseide, Glimmer, Harz)
4 Unterlage
5 Oberlage
6 Zwischenschieber als Phasenisolierung (ggf. Einbau eines Nutthermometers)
7 Ausgleichstreifen
8 Nutkeil

Nutkeil (auch: Nutverschlußkeil) {slot wedge}
Profilstab (z. B. Halbrund, Trapez) aus Isoliermaterial zum Verschluß der Nuten. Damit wird die Wicklung in den Nuten festgeklemmt (Bild N8). Bei → Träufelwicklungen wird statt eines N. auch ein U-förmig gefalzter Streifen aus Flächenisoliermaterial (Deckschieber) verwendet (Bild N7). Diese Funktion wird nach der → Tränkung durch das Verbacken mit dem Tränkmittel vervollständigt.

Nutthermometer {slot thermometer}
*Flaches → Widerstandsthermometer aus Platindraht (PT 100) mit Isolierung zum Einbau in die Nuten von Hochspannungswicklungen zwischen Unter- und Oberlage (***Bild N9***, Bild N8).*

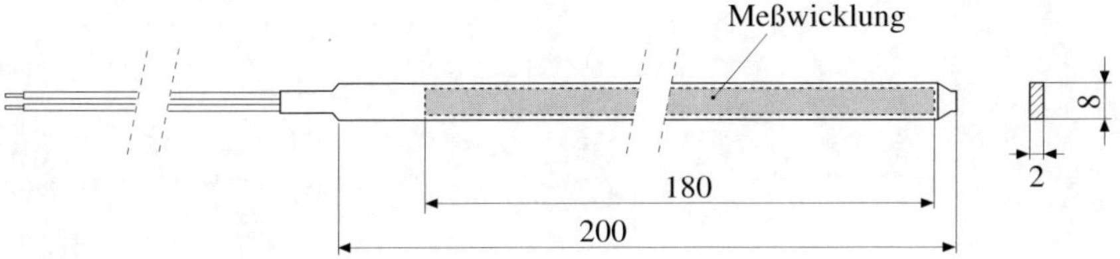

Bild N9 Nutthermometer mit Meßwiderstand aus PT 100

Nutzbremsung {regenerative braking}
→ *generatorische Bremsung*
Bei der N. wird kinetische Energie der Drehmassen größtenteils in elektrische Energie umgewandelt und ins Netz zurückgespeist.

O

Oberdeckaufstellung {deck installation}
Aufstellung von Motoren auf Deck von Schiffen
Die klimatischen und Wetterverhältnisse auf See erfordern meist eine besondere elektrische und konstruktive Bemessung der Maschinen. Meistens sind bestimmte Bauvorschriften einzuhalten.
→ brechersicherer Lüfter, → Kühlart IC, → Schiffbauvorschriften, → Schutzart IP

Oberfeld (veraltet: Oberwelle) {harmonic field}
Jedes Magnetfeld einer elektrischen Maschine erhält durch unstetige Wicklungsverteilung, → magnetische Unsymmetrien und Sättigungseinflüsse Abweichungen von der idealen (meist sinusförmigen) Gestalt. Dies wirkt sich ungünstig auf → Drehmomentkennlinie, → Verluste und → Geräusche aus. Die Abweichungen können durch O. höherer Polzahl erklärt werden, die sich dem → Grundfeld überlagern. Der Berechner einer Asynchronmaschine muß beim Entwurf der Blechpakete und der Wicklungen die O. berücksichtigen [A5].

Oberfelddrehmomente {harmonic torque}
Durch → Oberfelder können asynchrone und synchrone O. entstehen, die sich der Momentenkennlinie des → Grundfelds überlagern. *Asynchrone* O. sind stationäre Drehmomente, die meistens zu Einsattlungen (→ Sattelmoment) im Anlaufbereich führen (**Bild O1**); sie werden bei Momentenmessungen erfaßt und bei Untersuchungen des → Hochlaufs berücksichtigt. *Synchrone* O. dagegen sind eine Funktion der Winkelstellung des Läufers zum Drehfeld bei einer ganz bestimmten Drehzahl. Bei einer solchen Drehzahl kann (abhängig vom Läufer-Lastwinkel) das Beschleunigungsmoment sogar negativ werden. Damit ist jedoch kein → stabiler Betriebspunkt gegeben; der Hochlauf wird durch synchrone O. nicht behindert. Deshalb werden synchrone O. bei der Begriffsbestimmung des → Sattelmoments nicht berücksichtigt. [A1]

Oberflächenkühlung {surface cooling}
Die Wärme aus den → Aktivteilen wird über einen geschlossenen primären Kühlkreislauf (innerer Luftkreislauf und/oder Wärmeleitung) an die geschlossene äußere Oberfläche der Maschine geführt und von dort an das umgebende Kühlmittel (meist die Umgebungsluft) abgegeben (**Tabelle O2**). Zur Verbesserung der Wärmeabfuhr ist die Oberfläche meistens durch Rippen vergrößert (Bild A0). Maschinen mit O.

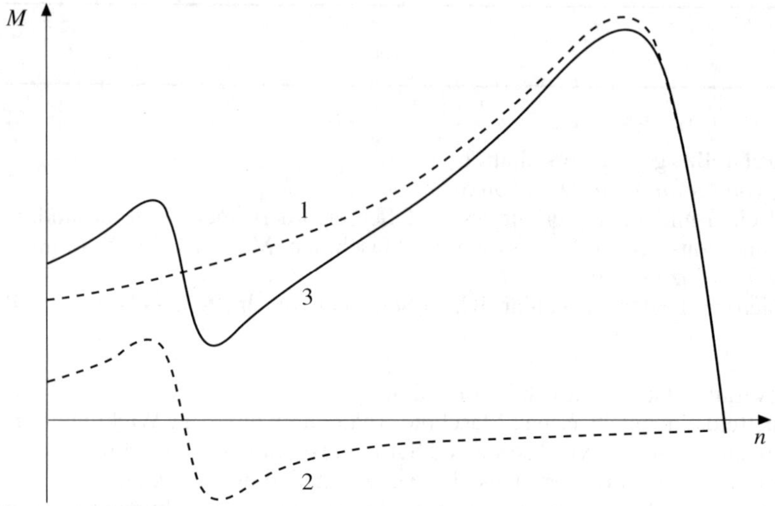

Bild O1 Sattelbildung durch ein asynchrones Oberfelddrehmoment (Prinzip)
1 Drehmoment des Grundfelds
2 Oberfelddrehmoment
3 tatsächliche Kennlinie

IC-Code vereinfacht (vollständig)	Skizze	Bewegung des sekundären Kühlmittels
IC 410 (IC4A1A0)	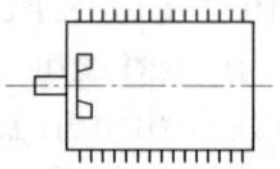	freie Kühlung (Konvektionskühlung, „stille“ Kühlung; kein Außenlüfter)
IC 411 (IC4A1A1)	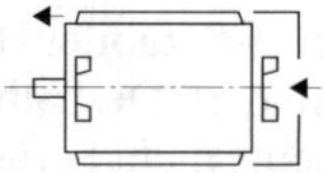	Eigenkühlung (Außenlüfter auf Motorwelle)
IC416 (IC4A1A6)	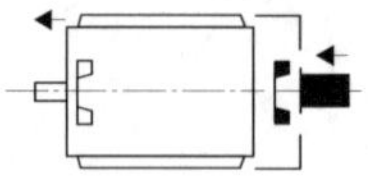	angebaute unabhängige Baugruppe (Fremdbelüftung)
IC418 (IC4A1A8)	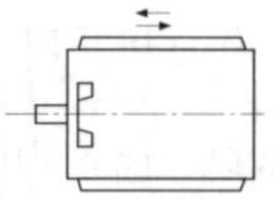	relative Bewegung zum umgebenden Kühlmittel (Maschine z. B. im Fahrtwind eines Fahrzeugs oder im Luftstrom des angetriebenen Axialventilators)

Tabelle O2 Kühlmethoden bei Maschinen mit Oberflächenkühlung [N9.6]

werden im industriellen Einsatz bis rund 500 kW trotz einer weniger intensiven Kühlung (deshalb größerem Bedarf an aktivem Material) gegenüber Maschinen mit → Innenkühlung bevorzugt. Maschinen für Leistungen über 500 kW werden meist mit → Röhrenkühlung gebaut.
Maschinen mit O. haben von Grund auf eine hohe → Schutzart, mindestens IP44, und sind gegen Umwelteinflüsse weitgehend unempfindlich.
→ Hohlrippenkühlung, → Kühlart IC, → Normmotoren
[N1.2, N1.5 bis N1.8, N1.11 bis N1.14, N1.16, N1.17, **N9.6**]

Oberschwingungen {harmonics}
Periodische → Wechselgrößen höherer Frequenz, die einer Grundschwingung von Netzfrequenz überlagert sind.
O. entstehen durch Nichtlinearitäten in Maschinen (z. B. Sättigungseffekte), verzerrte Netze, → Umrichterspeisung; sie können zusätzliche Drehmomente, Verluste und Geräusche verursachen.
→ EMV von Asynchronmaschinen, → Kurvenform und Symmetrie von Spannungen und Strömen, → Spannungs-Oberschwingungsfaktor, → Spannungsbeanspruchung bei I-(PWM-)Umrichterspeisung, → Umrichterspeisung und Motorgeräusch, → Umrichtervergleich I-PWM
[A1, A7, E4, E5, E32, E47, N9.1, N9.3]

Oberschwingungsgehalt {harmonic content}
Der O. einer von der Sinusform abweichenden → Wechselgröße wird durch den → Spannungs-Oberschwingungsfaktor *HVF* ausgedrückt.
[A1, N9.1]

öldichte Lagerung {oil-proof bearing}
Lagerung mit einseitiger Dichtung gegen druckloses Öl.
Dichtung der sonst normal aufgebauten Lagerung erfolgt meistens mit → Lagerdichtungen, die eine ausreichend große Vorspannung haben (z. B. Radial-Wellendichtring [N7.6]). Anwendung z. B. bei → Getriebemotoren.

offene Maschinen {open-type machine}
→ Innenkühlung

Ohmscher Widerstand (auch: Wirkwiderstand) R in Ω {resistance}
Eigenschaft zur zahlenmäßigen Kennzeichnung der stromhemmenden Wirkung eines elektrischen Leiters.

Der o. W. ist Proportionalitätsfaktor zwischen Spannung und Strom (→ Ohmsches Gesetz). In verschiedenen elektrischen Leitern ist dieser Faktor nicht konstant, weil der Zusammenhang von Spannung und Strom nicht linear ist (z. B. bei Lichtbögen, Halbleitern u. a.). Metallische Leiter dagegen haben einen konstanten o. W. (bei konstanter Temperatur), der zu einer linearen Spannungs-Strom-Kennlinie führt. Der o. W. eines metallischen Leiters mit konstantem Querschnitt ist:

$$R = l / (S \cdot \kappa),$$

mit:
R ohmscher Widerstand in Ω,
l Leiterlänge in m,
S Leiterquerschnitt in mm^2,
κ elektrische Leitfähigkeit des Leiterwerkstoffs in S m/mm^2.
→ Leitfähigkeit, → Widerstand [A5, A8]

Ohmsches Gesetz {Ohm's law}
Zusammenhang zwischen Spannung, Strom und Eigenschaften des durchströmten Leiters:

$$U = I \cdot R,$$

mit:
U elektrische Spannung oder Spannungsfall in V,
I elektrischer Strom in A,
R ohmscher Widerstand in Ω.
Schaltbild zum o. G.: **Bild O3**.
→ Ohmscher Widerstand, → Widerstand [A5, A8]

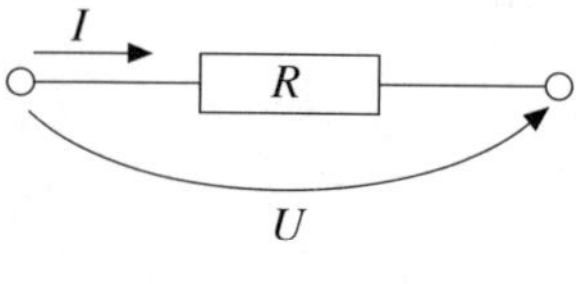

Bild O3 Schaltbild eines durchströmten Leiters
U Spannung
I Strom
R Widerstand

Oktavanalyse {octave band analysis}
*Darstellung des unbewerteten → Schalldruckpegels in Frequenzbändern von Oktavbreite (Beispiel: **Bild O4**).*
Die O. gibt Hinweise auf → Einzeltöne.

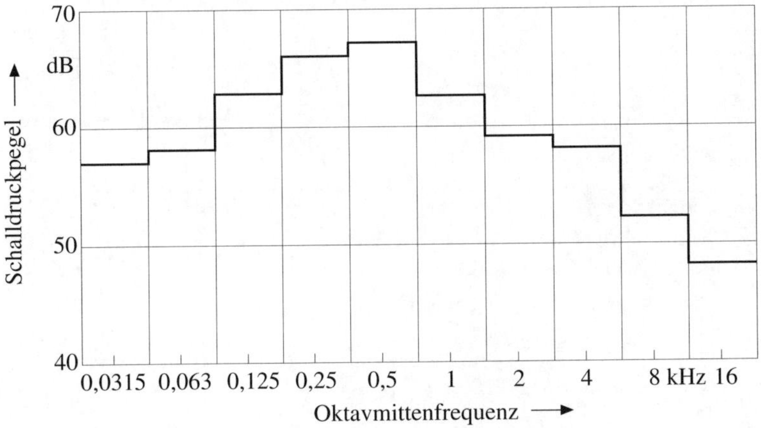

Bild O4 Oktavanalyse (Beispiel) eines oberflächengekühlten Drehstrom-Normmotors mit Käfigläufer; Motordaten: 75 kW; 400 V; 50 Hz; $2p = 4$

ORGALIME
Zusammenschluß von 23 Zentralverbänden aus den Bereichen Maschinenbau-, Elektro-, Elektronik- und metallverarbeitender Industrie aus 16 europäischen Ländern.
O. hat unter Beteiligung des → ZVEI internationale Lieferbedingungen erarbeitet („Allgemeine Bedingungen für die Lieferung von mechanischen, elektrischen und verwandten elektronischen Erzeugnissen", ORGALIME S 92). Diese bieten sich als ausgewogenes Regelwerk für Exportgeschäfte an, bei denen die vom ZVEI empfohlenen „Grünen Lieferbedingungen" nicht vereinbart werden können.

Ossanna-Kreis {Ossanna's circle diagramm}
→ Stromortskurve

P

PAM
→ Pol-Amplituden-Modulation

Parallelanschluß {line connection in parallel}
Netzanschluß einer Maschine mit parallelen Zuleitungen
Erforderlich z. B. bei Niederspannungsmaschinen großer Leistung und damit großen Strömen (z. B. → Strahlruderantrieben) oder um mit parallelen Kabeln kleineren Querschnitts größere Flexibilität beim Verlegen zu erreichen. Beispiel mit Kennzeichnung: **Bild P1.**
[N9.8]

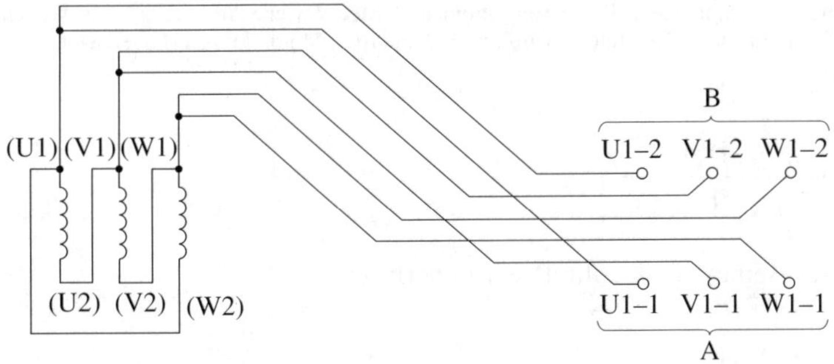

Bild P1 Wicklung mit Klemmenanordnung und -bezeichnung für parallelen Netzanschluß; Klemmenreihe A und B parallel mit dem Netz verbunden

Parallelbetrieb von Motoren {parallel running motors}
Zwei oder mehrere Motoren arbeiten auf ein und denselben Bewegungsvorgang einer Arbeitsmaschine.
Damit die Belastungsverteilung entsprechend den Bemessungsleistungen erfolgt, müssen die Motoren gleich großen Bemessungsschlupf haben, auch wenn ihre Bemessungsleistung unterschiedlich ist. *Beispiel*: Zwei parallel arbeitende Motoren unterschiedlicher Bemessungsleistung und unterschiedlichen Bemessungsschlupfes nach **Bild P2**. Kennlinien sind durch Geraden angenähert. Annahme: gesamtes Lastmoment = Summe der Bemessungsmomente. Arbeitsmaschine erzwingt Gleichlauf (Arbeitspunkt A). Motor 1 (größerer Bemessungsschlupf) wird entlastet um:

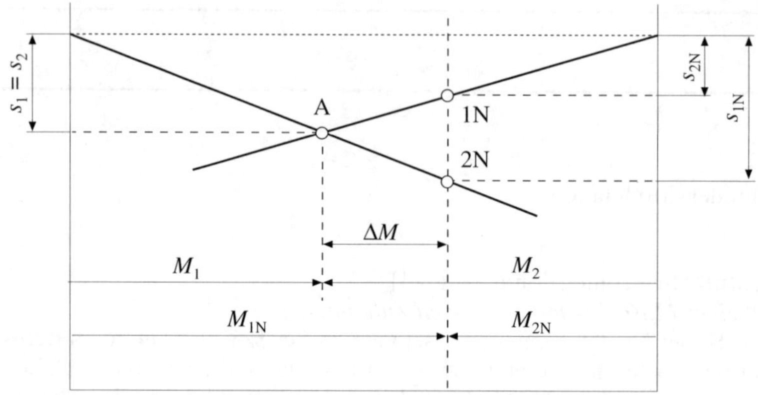

Bild P2 Parallelbetrieb zweier Motoren mit unterschiedlichem Bemessungsmoment und unterschiedlichem Bemessungsschlupf.
1N Bemessungspunkt für Motor 1
2N Bemessungspunkt für Motor 2
Annahme: Belastung mit Summe der Bemessungsmomente. Mechanische Verbindung der Wellen erzwingt Gleichlauf (Arbeitspunkt A). Motor 1 wird um ΔM entlastet, Motor 2 um ΔM überlastet.

$$\frac{\Delta M}{M_{1N}} = \frac{(s_{2N} / s_{1N}) - 1}{1 + (M_{1N} / M_{2N}) \cdot (s_{2N} / s_{1N})}.$$

Motor 2 (kleinerer Bemessungsschlupf) wird überlastet um:

$$\frac{\Delta M}{M_{2N}} = \frac{(s_{1N} / s_{2N}) - 1}{1 + (M_{2N} / M_{1N}) \cdot (s_{1N} / s_{2N})}.$$

Index N Bemessungswert,
Index 1 Motor 1,
Index 2 Motor 2,
M Drehmoment,
s Schlupf.

Nur Motoren mit gleichem Bemessungsschlupf (gleicher Bemessungsdrehzahl) parallel arbeiten lassen!

Paßfeder {key}

Maschinenelement zum Zentrieren von Teilen, die auf Wellen aufgesetzt werden, und zur teilweisen oder vollständigen Kraftübertragung bei einer Drehbewegung.

Form der Nut	Form der Paßfeder		
	rundstirnig	rund/geradstirnig	geradstirnig
rund-stirnig	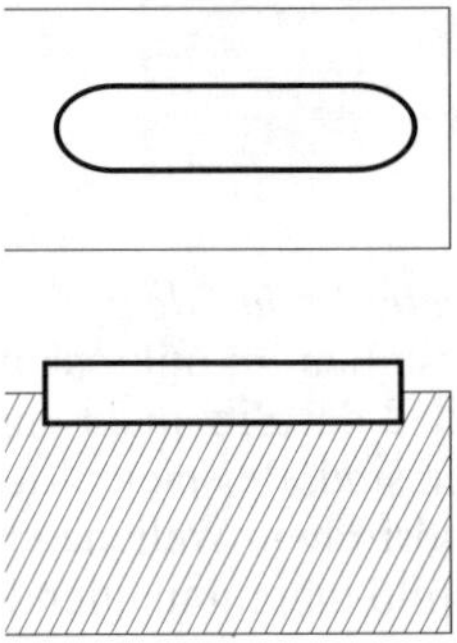		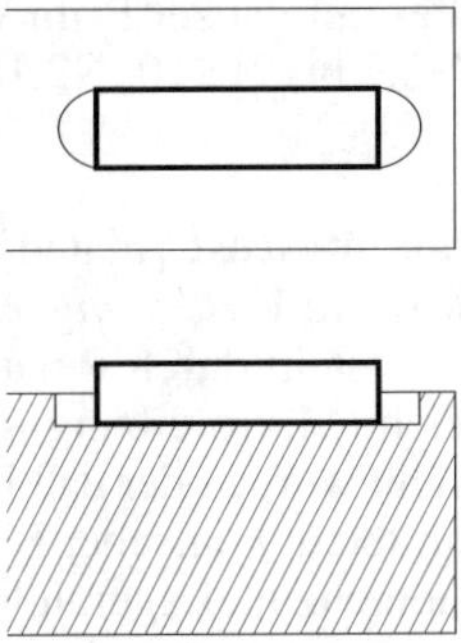
rund/gerad-stirnig	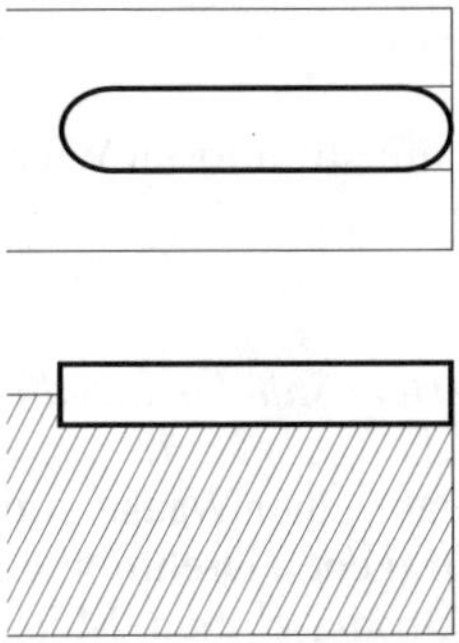	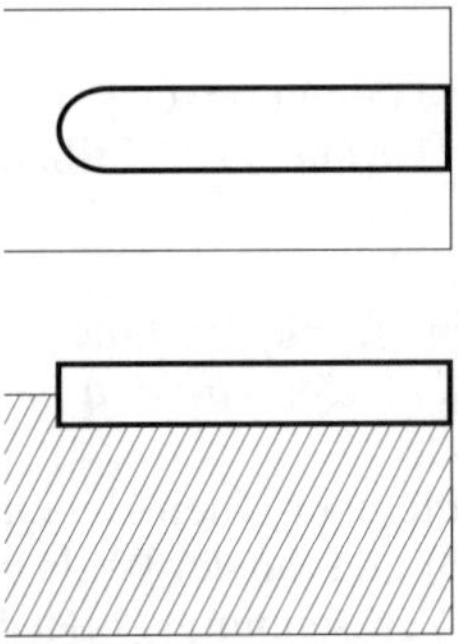	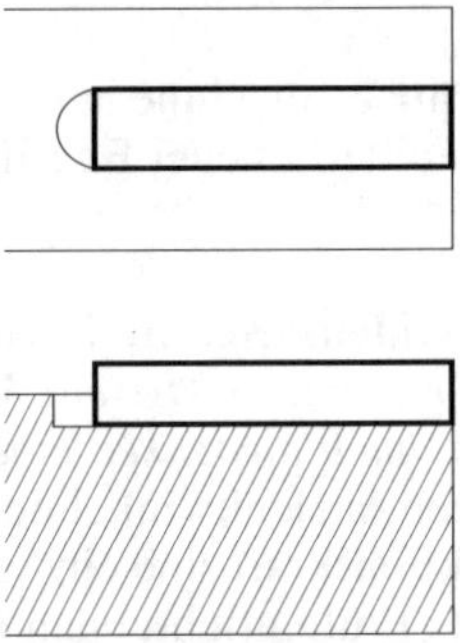
Schei-ben-fräsernut			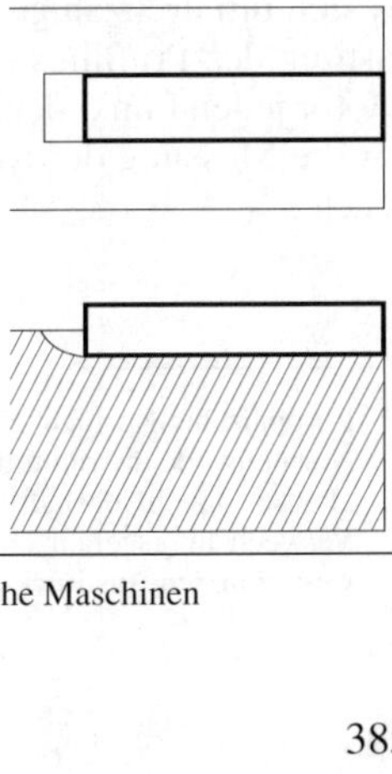

Tabelle P3 Kombinationen von Paßfedern und Paßfedernuten für elektrische Maschinen

P. ergeben einen Formschluß zwischen den zu verbindenden Teilen. Bei losem Sitz (fehlendem Kraftschluß) und wechselnden Kraftrichtungen (z. B. beim → Reversieren) schlägt die P. oder die P.nut in der Welle aus; es kommt zu → Schäden. Für zylindrische → Wellenenden von drehenden elektrischen Maschinen mit Durchmesser 7 mm bis 120 mm sind P. nach [N2.13] vorgesehen, deren Form der Hersteller frei wählen kann. Formen von P.: **Tabelle P3**.
Das → Auswuchten erfolgt mit halber P. Drehende elektrische Maschinen werden aber mit ganzer P. im Wellenende ausgeliefert.
[N2.7 bis N2.10, N2.18, N9.1]

Passungsrost {mated-surface rusting}
Rostrote Verfärbungen an der Berührungsstelle zweier Stahlteile.
P. entsteht durch Relativbewegung der Berührungsstellen im mikroskopischen Bereich (Mikroreibung) und ist immer ein Zeichen, daß der Sitz nicht eng genug gewählt wurde oder daß Formabweichungen vorhanden sind. Beispiele: Riemenscheibe mit leicht konischer Bohrung bewegt sich auf zylindrischem Wellenende unter dem Riemenzug. Lageraußenring dreht sich im Lagerschild unter umlaufenden Kräften.

Pause {machine at rest and de-energized}
veraltet*), neuer Begriff in Normen: → „Stillstand mit stromlosen Wicklungen“

Pendelmaschine {swinging frame machine}
Drehende elektrische Maschine mit drehbar gelagertem Ständer, den das Reaktionsmoment auslenken möchte.
Der Auslenkwinkel oder die über einen Hebelarm auf einer Waage gemessene Reaktionskraft sind ein Maß für das an der Welle übertragenen Drehmoment. P. dienen als Prüfeinrichtungen für Verbrennungs- oder Elektromaschinen. Meistens handelt es sich um drehzahlgeregelte Gleichstrommaschinen, die als Generator für die Belastung des Prüflings sorgen (z. B. Dauerbelastung im Bemessungspunkt) oder als Motor jeden Punkt der Momentenkennlinie des Prüflings anzufahren erlauben (z. B. für die Messung der Kennlinie im Gegenstrombereich).
[A2]

---

*) Europäische Normen *müssen* in wörtlicher, nicht nur sinngemäßer Übersetzung ins deutsche Normenwerk übernommen werden. Der prägnante und in der Antriebstechnik übliche Begriff „Pause“ taucht deshalb nicht mehr in deutschen Normen auf. Der Verfasser sieht jedoch keine Verwechslungsgefahr und bevorzugt in diesem Werk allein schon der leichteren Lesbarkeit wegen weiterhin den Ausdruck „Pause“.

Pendelmoment {oscillating torque}
Entsteht durch Arbeitsmaschinen mit winkelabhängigem Drehmoment (z. B. Kolbenarbeitsmaschinen) oder elektromagnetisch im Motor (z. B. bei umrichtergespeisten Asynchronmaschinen).
P. regen den Wellenstrang zu → Drehschwingungen an mit Drehzahlschwankungen, die sich bei kleinen Drehzahlen sehr störend bemerkbar machen können. Bei → Umrichterspeisung ist das Drehmoment der Asynchronmaschine wegen der nichtsinusförmigen Spannungen und Ströme zeitlich nicht konstant. Dem nutzbaren Mittelwert des Drehmoments sind P. überlagert (**Bild P4**). Frequenzen und Amplituden von P. bei Umrichterspeisung: **Tabelle P5**. Unterdrückung von P. und ihrer Folgen: → Drehzahlschwankungen, → Sechsphasenmotor

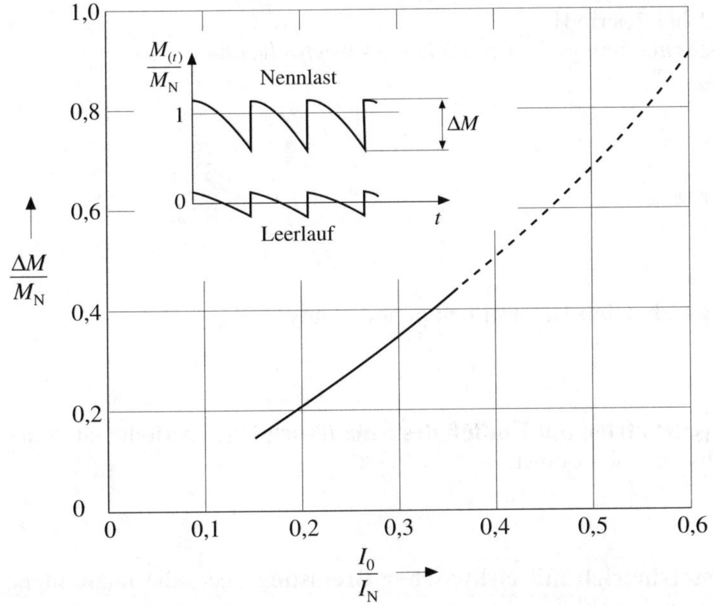

Bild P4 Typischer Verlauf des Drehmoments und Größe des Pendelmoments beim Betrieb mit sechspulsigem I-Umrichter
$M(t)$ Augenblickswert des Drehmoments
M_N Bemessungsmoment
I_0 Leerlaufstrom
I_N Bemessungsstrom

Umrichter	Pulsfrequenz f_p	Pendelmoment	
		Frequenz f_{PM}	**Amplitude ΔM**
I-Umrichter sechspulsig	(Blockbetrieb)	$= 6 f_1$	$\approx 0{,}15\ M_N$
		$= 12 f_1$	$\approx 0{,}05\ M_N$
U-Umrichter, gepulst	$= 3 f_1$	$\approx f_p$	kann wesentlich größer sein als bei I-Umrichter
	$> 21 f_1$	$= 6 f_1$	$< 0{,}1\ M_N$
		$= 12 f_1$	$< 0{,}1\ M_N$
f_1 Grundfrequenz; M_N Bemessungsmoment			

Tabelle P5 Pendelmomente bei umrichtergespeisten Drehstrom-Käfigläufermotoren (Übersicht)

Periodendauer T in s {period}
Zeit für eine volle Schwingung einer zeitlichen → Wechselgröße:

$T = 1/f,$

mit:
T Periodendauer in s,
f → Frequenz in Hz.

periodischer Aussetzbetrieb {intermittent periodic duty}
→ Betriebsart S3

periodischer Aussetzbetrieb mit Einfluß des Anlaufvorgangs {periodic intermittent duty with influence of starting}
→ Betriebsart S4

periodischer Aussetzbetrieb mit elektrischer Bremsung {periodic intermittent duty with electrical braking}
→ Betriebsart S5

Phasenausfall {phase failure}
Ausfall einer Netzzuleitung
Führt zum → Zweiphasenlauf

Phasenausfallschutz {phase-failure protection}
Einrichtung zum Schutz eines Drehstrommotors gegen → Zweiphasenlauf.
→ Motorschutz bei Niederspannung, → Motorschutz bei Hochspannung
[A17, A21, E41]

Phasenschluß {inter-phase short circuit}
→ *Isolierungsfehler*

Phasentrenner {inter-phase insulation}
Flächenisolierung, die im Wickelkopf die unterschiedlichen Spulengruppen und die unterschiedlichen Wicklungsstränge gegeneinander isoliert.

Phasenverschiebung {phase shift}
Unterschied der Nulldurchgänge zweier zeitlich wechselnder Größen gleicher → Frequenz.
Die P. wird meistens im Winkelmaß φ ausgedrückt. Sie kann zwischen zwei gleichen elektrischen Größen gewollt auftreten (z. B. beträgt die P. zwischen den Spannungen eines symmetrischen → Drehstromnetzes $\varphi = 120°$) oder zwischen unterschiedlichen Größen, z. B. zwischen Spannung und Strom, durch die Art des elektrischen → Widerstands. **Bild P6**, **Bild P7**.

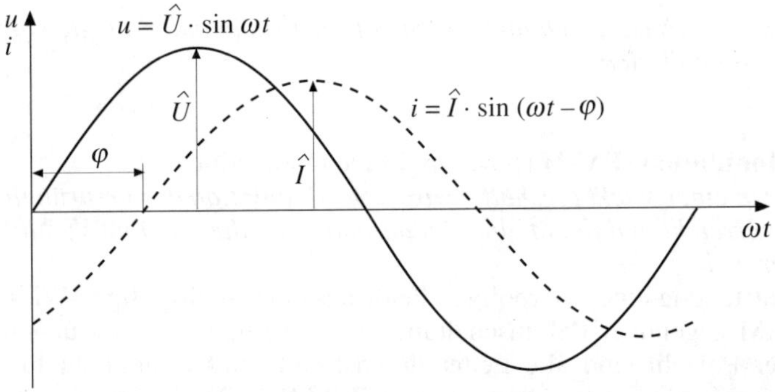

Bild P6 Phasenverschiebung zwischen Strom und Spannung beim Wechselstrom im Liniendiagramm

u	Augenblickswert der Spannung	i	Augenblickswert des Stroms
$\hat{U}$	Scheitelwert der Spannung	$\hat{I}$	Scheitelwert des Stroms
ω	Kreisfrequenz	t	Zeit
φ	Phasenverschiebungswinkel		

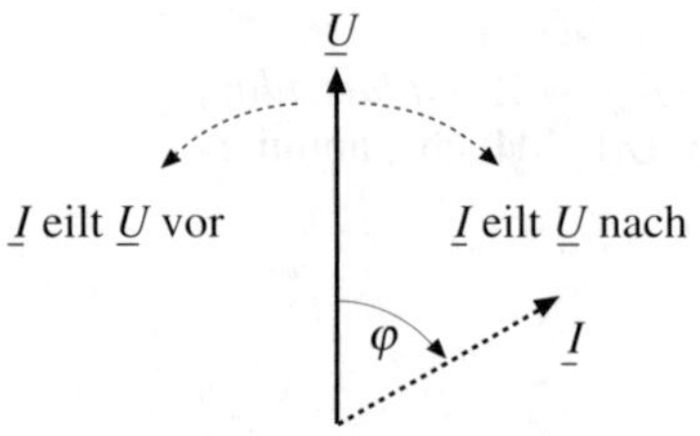

$$\underline{I} = \frac{\underline{U}}{\underline{Z}} = \frac{\underline{U}}{Z} \cdot e^{-j\varphi}$$

Bild P7 Phasenverschiebung zwischen Strom und Spannung beim Wechselstrom im Zeigerdiagramm

$\underline{U}$	Zeiger der Spannung
$\underline{I}$	Zeiger des Stroms
φ	Phasenverschiebungswinkel
$\underline{Z} = Z \cdot e^{j\varphi}$	komplexer Wechselstromwiderstand
Z	Betrag des Wechselstromwiderstands

pilzfeste Ausführung
→ biologische, chemische und Strahlungseinflüsse

Planlauf {axial runout}
→ Rundlauf, Koaxialität und Planlauf

Pol {pole}
Teil eines magnetischen Kreises, gebildet durch alle nebeneinander in gleicher Richtung verlaufenden Feldlinien.

Pol-Amplituden-Modulation (PAM) {pole-amplitude modulation}
Durch Stromumkehr in einer Wicklungshälfte wird eine Modulation der ursprünglichen Feldverteilung erreicht und damit eine Polumschaltung, die nicht im Verhältnis 1 : 2 zu stehen braucht.
Bild P8 zeigt die Entstehung eines vierpoligen Felds aus einer sechspoligen Wicklung. Vorteil der PAM gegenüber Polumschaltung mit → getrennten Wicklungen: Unabhängig von der Polzahl sind alle Leiter durchströmt; dies ermöglicht Leistungssteigerung bei unverändertem Aktivvolumen (**Bild P9**). PAM-Motoren sind anschlußtechnisch wie Motoren in → Dahlanderschaltung zu behandeln.
[A2]

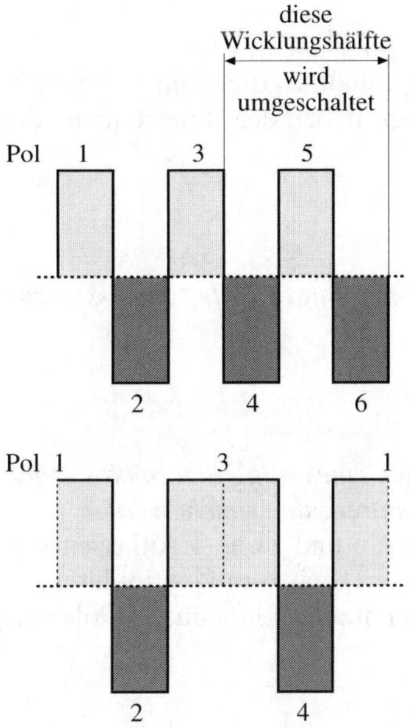

Bild P8 Feldverteilung (schematisch) eines 6/4-polig umschaltbaren PAM-Motors

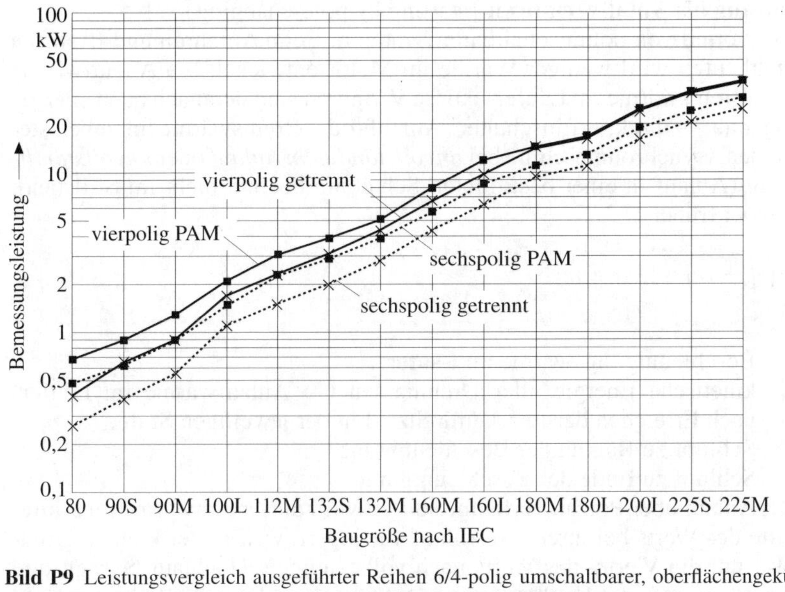

Bild P9 Leistungsvergleich ausgeführter Reihen 6/4-polig umschaltbarer, oberflächengekühlter Drehstromkäfigläufermotoren mit getrennter Wicklung und PAM-Schaltung

Polpaarzahl p {number of pole pairs}
Anzahl der Paare von magnetischen Polen eines magnetischen Felds.
Magnetische Pole können nur paarweise auftreten. Deshalb ist die kleinste Polpaarzahl $p = 1$ (ein Nordpol, ein Südpol). Die P. bestimmt neben der Netzfrequenz die → Synchrondrehzahl einer → Asynchronmaschine.

Polteilung {pole pitch}
Abstand der Polmitten zweier benachbarter ungleichnamiger Pole, gemessen am Umfang der Ständerbohrung

Polumschaltung {pole changing}
Durch Umschalten von Wicklungen oder Wicklungsteilen eines Käfigläufermotors kann eine andere Polzahl und damit eine andere → Synchrondrehzahl erreicht werden.
Wird benutzt zur grobstufigen Verstellung der Drehzahl und zum → Anlassen von Käfigläufermotoren; mit extremen Polzahlverhältnissen auch zum Positionieren.
→ Aufzugmotoren, → Dahlanderschaltung, → getrennte Wicklungen, → Pol-Amplituden-Modulation (PAM)
[A2 bis A6, A9, A21, E4]

Polumschaltung als Anlaßverfahren {starting by pole-changing}
Wesentlicher Vorteil von polumschaltbaren Motoren: Beim Anfahren und Bremsen über Drehzahlstufen wird weniger Wärme im Motor entwickelt (→ Anlaufwärme im Läufer, → Bremswärme im Läufer). Diese Verfahren sind demnach auch energetisch günstiger als → direktes Einschalten. Anlauf- oder Bremswärme im unbelasteten Läufer einer Asynchronmaschine bei *unvollständigem Anlauf* oder *unvollständiger Bremsung* (Anlauf in einer bestimmten Schaltung beginnt nicht im Stillstand; Bremsung endet früher):

$$W_2 \approx W_{\text{kin}} \cdot \left(s_1^2 - s_2^2\right),$$

mit:

W_2	Beschleunigungswärme im Läufer,
$W_{\text{kin}} = W_{\text{A20}}$	kinetische Energie aller Drehmassen (→ Anlaufwärme im Läufer) nach Erreichen der Leerlaufdrehzahl in der jeweiligen Stufe,
s_1	Schlupf zu Beginn der Beschleunigung,
s_2	Schlupf zu Ende der Beschleunigung.

Beispiel: Bei Anlauf über Polzahlverhältnisse 1 : 2 wird die Anlaufwärme im Läufer auf die Hälfte des Werts bei direktem Anlauf verringert, weil in der kleinen Drehzahlstufe W_{kin} nur ein Viertel des Werts nach vollständigem Hochlauf beträgt, und weil in der großen Stufe der Hochlauf mit $s_1 = 0{,}5$ beginnt. Diese Verhältnisse kann

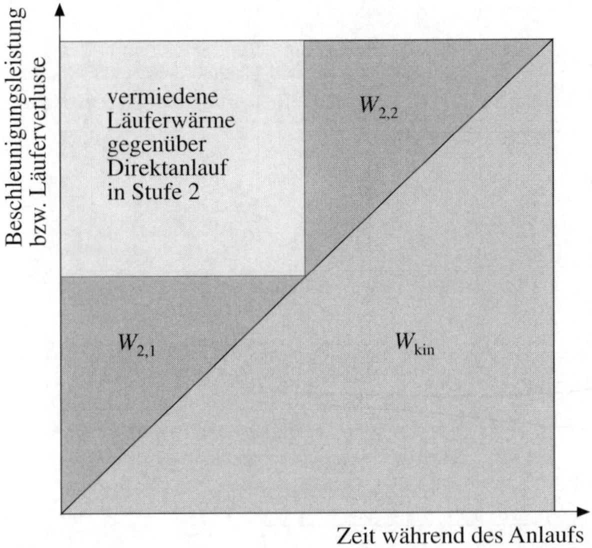

Bild P10 Kinetische Energie und Läuferwärme beim Anlauf einer im Verhältnis 2 : 1 polumschaltbaren Maschine

W_{kin} kinetische Energie aller Drehmassen nach erfolgtem Hochlauf
$W_{2,1}$ Läuferwärme bei Anlauf in der kleinen Stufe
$W_{2,2}$ Läuferwärme bei Anlauffortsetzung in der großen Stufe

man im Diagramm **Bild P10** veranschaulichen, indem die Flächen als Maß für die Wärme und Energie dienen. Geringste Wärme bei Anlauf: Polzahlverhältnis 2:1; beim Bremsen (generatorisch in der hohen Stufe, Gegenstrombremsung in der kleinen Stufe) 4 : 1 (**Bild P11**).
→ Dahlanderschaltung, → getrennte Wicklungen, → Pol-Amplituden-Modulation (PAM), → Aufzugmotoren
[A2 bis A6, A9, A21, E4]

Polzahl $2p$ {pole number}
Anzahl der magnetischen Pole eines magnetischen Felds.
Kleinste P.: $2p = 2$ (ein Nordpol, ein Südpol)
→ Polpaarzahl, → Polteilung

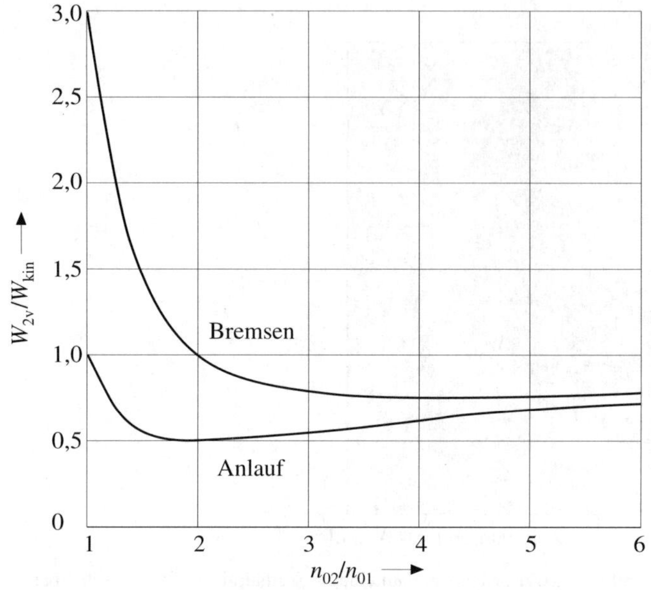

Bild P11 Läuferwärme beim Anlauf und Bremsen (generatorisch + Gegenstrom), abhängig vom Drehzahlverhältnis bei polumschaltbaren Käfigläufermotoren

W_{kin} kinetische Energie aller Drehmassen nach vollständigem Hochlauf

$W_{2,1}$ Läuferwärme bei Anlauf in der kleinen Stufe

$W_{2,2}$ Läuferwärme bei Anlauffortsetzung in der großen Stufe

Potential {potential}

Elektrische Spannung eines betrachteten Punkts in einem elektrischen Strömungsfeld oder in einem elektrostatischen Feld gegenüber einem Bezugspunkt.

Als Bezugspunkt mit dem P. null wird meistens Erde gesetzt.

→ Potentialdifferenz

Potentialdifferenz {potential gradient}

Verantwortlich für die Entstehung elektrischen Stroms in einem Strömungsfeld/ Netzwerk.

P. zwischen zwei Punkten ist als elektrische → Spannung meßbar.

Pratzenanbau {point fixing}

→ Dreipunktaufhängung

Prüfbescheinigung {inspection document}

Bescheinigung über Prüfungen an metallischen Erzeugnissen, die dem Besteller mit deren Lieferung zur Verfügung gestellt werden.

Die Art der P. ist bei Bestellung zu vereinbaren! Zu empfehlen: Eine der nach [N8.25] europaweit genormten P. (**Tabelle P12**).

<table>
<tr><th>Normbezeichnung der Prüfbescheinigung</th><th>Art der Prüfung</th><th>Inhalt der Bescheinigung</th><th>Lieferbedingungen</th><th>Bestätigung der Bescheinigung durch</th></tr>
<tr><td>Werksbescheinigung „2.1“</td><td rowspan="2">nicht spezifisch 1)</td><td>Bestätigung, daß Lieferung mit der Bestellung übereinstimmt. Keine Angabe von Prüfergebnissen.</td><td rowspan="3">Bestellgemäß. Falls vereinbart: Auch nach amtlichen Vorschriften und den zugehörigen Technischen Regeln.</td><td rowspan="3">den Hersteller</td></tr>
<tr><td>Werkszeugnis „2.2“</td><td>Bestätigung, daß Lieferung mit der Bestellung übereinstimmt. Angabe von Prüfergebnissen.</td></tr>
<tr><td>Werksprüfzeugnis „2.3“</td><td rowspan="5">spezifisch 2)</td><td>Bestätigung, daß Lieferung mit der Bestellung übereinstimmt. Angabe von Prüfergebnissen.</td></tr>
<tr><td>Abnahmeprüfzeugnis „3.1.A“</td><td rowspan="4">Angabe von Prüfergebnissen. Prüfungen nach technischen Lieferbedingungen und/oder amtlichen Vorschriften und den zugehörigen Technischen Regeln.</td><td>Nach amtlichen Vorschriften und den zugehörigen Technischen Regeln.</td><td>den in den amtlichen Vorschriften genannten Sachverständigen</td></tr>
<tr><td>Abnahmeprüfzeugnis „3.1.B“</td><td>Bestellgemäß. Falls vereinbart: Auch nach amtlichen Vorschriften und den zugehhörigen Technischen Regeln.</td><td>den vom Hersteller beauftragten, von der Fertigungsabteilung unabhängigen („Werk-Sachverständigen“)</td></tr>
<tr><td>Abnahmeprüfzeugnis „3.1.C“</td><td rowspan="2">Bestellgemäß</td><td>den vom Besteller beauftragten Sachverständigen</td></tr>
<tr><td>Abnahmeprüfprotokoll „3.2“</td><td>den vom Hersteller beauftragten, von der Fertigungsabteilung unabhängigen Sachverständigen und den vom Besteller beauftragten Sachverständigen</td></tr>
</table>

Tabelle P12 Arten von Prüfbescheinigungen nach EN 10204

1) Prüfmuster müssen nicht aus der Lieferung stammen.

2) Prüfmuster müssen aus der Lieferung stammen.

Prüfbescheinigung für explosionsgeschützte Betriebsmittel {test certificate for explosion-protected apparatus}
Prüfbescheinigung einer anerkannten → Prüfstelle der EU für ein explosionsgeschütztes elektrisches Betriebsmittel
Arten von P. :
„Prüfungsschein“ = „Vorschriften für explosionsgeschützte elektrische Betriebsmittel“ nach VDE 0171/02.61 sind erfüllt.
„Konformitätsbescheinigung“ = Jeweils zutreffende Bauvorschrift [N3.1] + [N3.2 bis N3.6] ist erfüllt.
„Kontrollbescheinigung“ = Sicherheit ist auf andere Weise mindestens gleichwertig erfüllt.
Die P. aller Prüfstellen in der EU sind gleichwertig und werden gegenseitig anerkannt.

Prüfen
Prüfen = Beobachten (Messen) + Beurteilen
→ Qualitätsprüfung

Prüfschild {test label}
Kennzeichnung explosionsgeschützter Maschinen mit Daten, die für den Explosionsschutz und die Prüfung des betreffenden Exemplars oder Typs relevant sind.
Meistens mit dem → Leistungsschild kombiniert

Prüfspannung {test voltage}
→ Prüfung der Isolierung

Prüfstellen der Europäischen Union {certification authority of EU}
Amtliche P. der EU für explosions- und schlagwettergeschützte Betriebsmittel: **Bild P13.** Die → Prüfbescheinigungen der genannten P. werden gegenseitig anerkannt.

Prüfung der Isolierung {high-voltage test}
= *Prüfung der Isolierung gegen Masse mit erhöhter, möglichst sinusförmiger Spannung bei Netzfrequenz.*
Die Prüfung erfolgt zwischen der zu prüfenden Wicklung und dem Gehäuse, wobei alle anderen Wicklungen und das Blechpaket mit dem Gehäuse verbunden sind. Höhe der Prüfspannung nach **Tabelle P14** gilt nur für die erstmalige Prüfung im Herstellerwerk an neuen und vollständig fertiggestellten, mit allen Teilen betriebsmäßig montierten Maschinen unter betriebsäquivalenten Bedingungen oder für vollständig erneuerte Wicklungen.

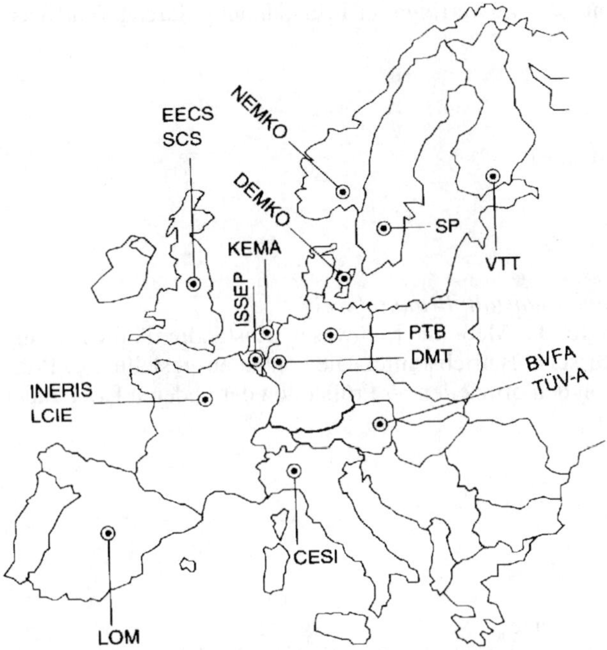

Bild P13 Amtliche Prüfstellen der Europäischen Union für explosions- und schlagwettergeschützte Betriebsmittel nach Europanorm (EN)

Wicklungsart	Anwendungsbereich	Prüfspannung (Effektivwert)
Ständerwicklung	$P_N < 1$ kW (kVA) und/oder $U_N < 100$ V	500 V + 2 U_N
	1 kW (kVA) $\leq P_N <$ 10 MW (MVA)	1000 V + 2 U_N mindestens 1500 V
	$P_N \geq$ 10 MW (MVA) für $U_N \leq$ 24 kV	1000 V + 2 U_N
Schleifringläufer-wicklung	nicht oder nur aus Stillstand reversierbar	1000 V + 2 U_{20}
	reversierbar aus dem Lauf oder ständiger Betrieb gegen das Drehfeld	1000 V + 4 U_{20}

Tabelle P14 Prüfspannungen für die Wicklungen von Drehstrommotoren nach VDE 0530 (Auszug)

P_N Bemessungsleistung
U_N Bemessungsspannung
U_{20} Stillstandsspannung bei offenem Läuferkreis; Ständerwicklung an U_N

Alle weiteren Prüfungen müssen mit verringerter Prüfspannung durchgeführt werden!
[A1, N9.1]

Prüfungsschein {test certificate}
→ Prüfbescheinigung

PTB
Physikalisch-Technische Bundesanstalt, Braunschweig
Amtliche deutsche Behörde für das Meß- und Eichwesen. Zuständig für die Prüfung explosionsgeschützter elektrischer Betriebsmittel. Die von ihr ausgestellten → Prüfbescheinigungen werden von den offiziellen → Prüfstellen der anderen EU-Länder anerkannt – und umgekehrt.

PTC
→ Kaltleiter

PT 100-Meßfühler {PT 100-gauge}
→ *Widerstandsthermometer aus Platindraht (PT), das bei 0 °C einen Widerstand von 100 Ω hat.*
Wird zur Messung von Temperaturen z. B. in Lagern (→ Lagerthermometer) oder Wicklungen (→ Nutthermometer) verwendet.

Pulsumrichter {pulse controlled inverter}
→ PWM-Umrichter

Pulsweitenmodulation (PWM) {pulse width modulation}
→ PWM-Umrichter

Pumpenkennlinie {pump characteristic}
→ Lastkennlinie

PWM-Umrichter {PWM converter}
Frequenzumrichter mit Gleichspannungszwischenkreis und Pulsbreitenmodulation.

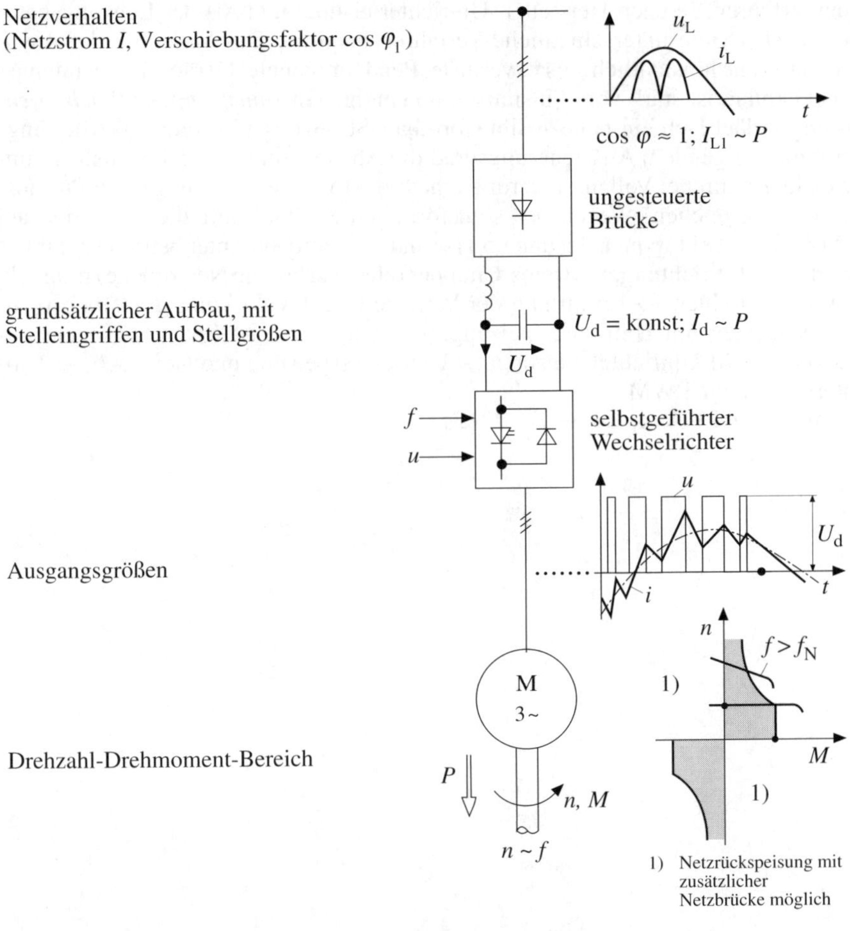

Bild P15 Grundsätzlicher Aufbau und Eigenschaften eines PWM-Umrichters

Grundsätzlicher Aufbau und Eigenschaften: **Bild P15**. Wesentliches Merkmal: Glättungskondensatoren im Zwischenkreis zur Einprägung der Gleichspannung. Infolge dieser Spannung wirken PWM-U. als *Spannungsquellen*; diese Umrichter sind deshalb leerlauffest und für Mehrmotorenantriebe geeignet. Die Gleichrichtung erfolgt netzseitig üblicherweise mit einer ungesteuerten Brückenschaltung; ausgangsseitig wird mit einem selbstgeführten Wechselrichter durch Weglassen von Spannungs-Zeit-Flächen (Pulsen) eine Wechselspannung einstellbarer Amplitude und Frequenz erzeugt. Für das Pulsen der Motorspannung gibt es kein einheitliches

Steuerverfahren. Je nach Hersteller, Umrichterleistung und Art der Leistungshalbleiter werden viele unterschiedliche Verfahren benutzt. Das Verhalten der Asynchronmaschine hinsichtlich Zusatzverluste, Pendelmomente, Geräusch, Spannungsbeanspruchung ist stark vom Pulsmuster abhängig. Mit *sinusförmiger Pulsbreitenmodulation* läßt sich ein nahezu sinusförmiger Stromverlauf erreichen. Allerdings nimmt mit steigendem Aussteuerungsgrad die Abweichung von der Sinusform immer mehr zu, um bei Vollaussteuerung eine blockförmige Spannung ohne Pulsausschnitte zu erreichen. Wegen der sinusförmigen Ströme läuft die Maschine am PWM-U. auch bei Frequenzen unter 5 Hz rund. → Vierquadrantenbetrieb ist nur mit zusätzlichen Einrichtungen (Brems-Chopper oder zusätzliche Netzbrücke) möglich. → Direktumrichter, → Ermittlung der Verluste und des Wirkungsgrads bei Asynchronmaschinen mit Umrichterspeisung, → *I*-Umrichter, → Spannungsbeanspruchung bei PWM-Umrichterspeisung, → Umrichterspeisung und Geräusch, → Umrichtervergleich *I*-PWM
[A2, A6, A7, A13, A14, **E4** bis E7, **N9.3**]

Q

Qualität {quality}
Gesamtheit von Merkmalen und Eigenschaften eines Produkts oder einer Dienstleistung, die sich auf deren Eignung zur Erfüllung gegebener Erfordernisse beziehen
Q. wird in der elektrischen Antriebstechnik vorwiegend durch zähl- und meßbare Größen festgelegt, z. B. durch Werte für Leistung, Strom, Spannung, Drehzahl. Ein großer Teil dieser Größen und ihrer Werte ist in nationalen und internationalen Normen festgelegt. Alle übrigen für einen Antrieb wichtigen Merkmale müssen vom Käufer bei Bestellung angegeben und vom Hersteller bestätigt werden.
Die Q. einer drehenden elektrischen Maschine wird am besten in Datenblättern vollständig festgelegt.
→ Qualitätssicherung, → Qualitätszertifikat [A21, E9, E24, N8.21, N8.22]

Qualitätsprüfung
→ Prüfen der → Qualität einer Einheit (Erzeugnis oder Tätigkeit) anhand von Prüfmerkmalen, indem deren Ist-Werte mit vorgegebenen Werten verglichen werden.
Arten von Q.: [N8.16]

Qualitätssicherung (QS) {quality control}
Alle Maßnahmen und Tätigkeiten organisatorischer und technisch-administrativer Natur, die geeignet sind, um eine vorgegebene → Qualität zu erreichen.
In einem Unternehmen wird die Aufgabe der Q. aus organisatorischen und grundsätzlichen Gründen zwar immer einer eigenen Abteilung (QS-Abteilung, Qualitätswesen) zugeordnet – und nur die Unternehmensleitung hat für diese Weisungsbefugnis –, trotzdem ist jeder am Zustandekommen des Produkts oder der Dienstleistung direkt oder indirekt Beteiligte in seinem Handlungsbereich verantwortlich für das Entstehen der Qualität*)!
QS ist eine alle → Schnittstellen übergreifende Denk- und Handlungsweise {Total Quality Management, TQM} und in jedem verantwortungsbewußten Unternehmen Bestandteil der Unternehmenspolitik.
In der elektrischen Antriebstechnik empfiehlt sich für den Hersteller das umfassende QS-System nach DIN ISO 9001 [N8.22], das vom Angebot bis zur Lieferung reicht.
→ Qualität, → Qualitätszertifikat [A21, E9, E24, N8.21 bis N8.24]

---

*) Dies gilt ohne Einschränkung, für den Topmanager ebenso wie für den Hilfsarbeiter.

Qualitätssicherungs-System (QS-System)
Gesamtheit aller Festlegungen und Maßnahmen der Aufbau- und Ablauforganisation eines Unternehmens, um eine → Qualitätssicherung durchzuführen.
[N8.21 bis N8.24]

Qualitätszertifikat {quality certificate}
Bestätigung eines unabhängigen sachkundigen Prüfers, daß das Qualitätssicherungssystem eines bestimmten Unternehmens die Anforderungen der entsprechenden Norm erfüllt.
Das Q. bestätigt nur den Aufbau und die Wirksamkeit des geprüften QS-Systems, nicht die Qualität irgendeines Produkts.
→ Qualität, → Qualitätssicherung

Querkraft (auch: Radialkraft) {radial force}
Kraft von Übertragungselementen (z. B. Riemen, Ritzeln), die einseitig quer zum Wellenende eines Motors angreift.
Die zulässige Q. wird bei schnell laufenden Motoren meist durch die Materialermüdung des AS-Lagers bestimmt; bei langsam laufenden Maschinen auch durch die zulässige Biegespannung in der Welle (Gefahr eines Ermüdungsbruchs; er tritt meist an der Wellenschulter oder unter dem AS-Lager auf) oder durch die zulässige Wellendurchbiegung innerhalb des Luftspalts (Läufer streift möglicherweise am Ständer; Folge: meist Totalschaden). Möglicherweise wechselt das Kriterium auch mit zunehmendem Abstand des Kraftangriffspunkts von der Wellenschulter zum Lagersitz.
Die Einhaltung zulässiger Werte der Q. ist ein wichtiger Bestandteil der Qualitätssicherung bei der Antriebsplanung, Motorauswahl und Maschinenaufstellung. Angaben des Herstellers sind unbedingt zu beachten!
→ Lagerlebensdauer, → Lagerschaden, → Lagertemperatur, → Lagerüberwachung, → Instandhaltung, → Schmierung, → Querkraftdiagramm
[A2, A12, A18, A19, E12 bis 15, E24, E25]

Querkraftdiagramm {radial capacity diagramm}
Angabe der zulässigen → Querkraft in Form eines Diagramms (**Bild Q1**).

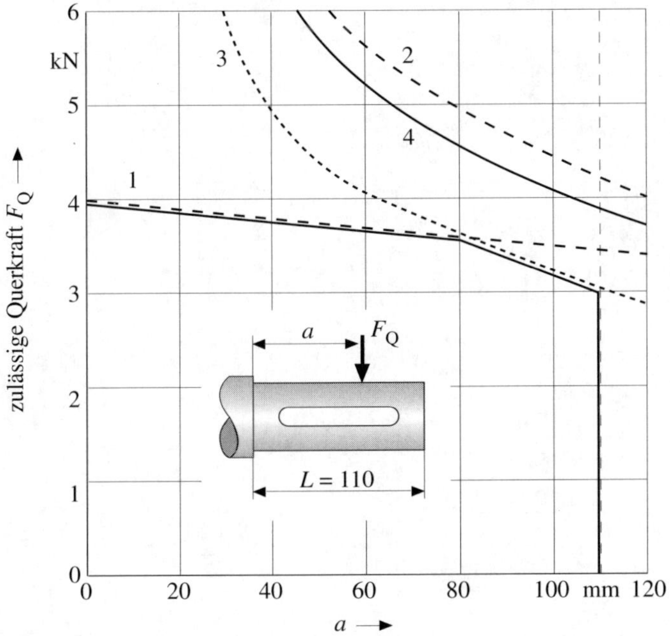

Bild Q1 Querkraftdiagramm eines ausgeführten oberflächengekühlten Drehstromnormmotors mit Käfigläufer für
15 kW, 1000 min^{-1}

1 Kriterium AS-Lagerlebensdauer
2 Kriterium NS-Lagerlebensdauer
3 Kriterium Wellendurchbiegung im Bereich des Luftspalts
4 Kriterium größte Biegespannung in der Welle

R

Radialkraft {lateral force}
→ *Querkraft*

Radiallüfter {radial fan}
Lüfter mit radial gestellten Flügeln, der die Luft parallel zur Drehachse ansaugt und überwiegend radial ausbläst.
Im Gegensatz zum → Axiallüfter ist ein und derselbe R. für beide Drehrichtungen geeignet; bei großen Umfangsgeschwindigkeiten nimmt er jedoch mehr Leistung auf und ist lauter. Bild A0.
→ Axiallüfter, → Einzelton, → Geräusch drehender elektrischer Maschinen, → Kühlluftmenge und Druckabfall, → Lüfter, → Reibungsverluste [E10, E11, E42]

Radial-Wellendichtring {radial sealing ring}
R. sind nach [N7.6] genormt. Sie schleifen unter großer Federvorspannung auf der Welle und sind deshalb bevorzugt bei kleinen Umfangsgeschwindigkeiten und einseitiger Ölschmierung einzusetzen. Als → Lagerdichtung (Tabelle L2) bei Motoren mit Fettschmierung eignen sie sich wegen ihrer großen Reibungsverluste in unmittelbarer Lagernähe (→ Lagertemperatur) weniger, außer es handelt sich um eine öldichte Lagerung.

RAL
RAL Deutsches Institut für Gütesicherung und Kennzeichnung e.V., D-53757 Sankt Augustin.
1925 gegründet als **R**eichs-**A**usschuß für **L**ieferbedingungen. Die heutigen Aufgaben des strikt neutralen R. (festgelegt in Übereinkunft der Spitzenverbände der Wirtschaft, der Verbraucher und der zuständigen Bundesministerien): Betreuung des deutschen Gütezeichenwesens, → RAL-Farben, informative Warenkennzeichnung durch RAL-Testate, geografische Herkunftsgewährzeichen, Vergabe des deutschen Umweltzeichens (Volksmund: „Blauer Engel“) u. a. m.

RAL-Farben {RAL colours}
Aus der Vielzahl von theoretisch möglichen Farbabstufungen legt der → RAL eine beschränkte Auswahl fest, registriert sie und hält sie fortan konstant. Unter einer vierstelligen *RAL-Nummer* ist ein genau bekannter Farbton mit Benennung definiert

(z. B. RAL 7011 eisengrau). Bei Farbfestlegungen in der Wirtschaft reicht zum zweifelsfreien Verständnis die Nennung dieser Nummer. Basis dieser Vereinheitlichung ist das *RAL-Farbregister*, das den technischen Ansprüchen der Praxis laufend angepaßt wird. Es ist eine Sammlung und Darstellung derjenigen Farben, die auf zahlreichen Gebieten der Wirtschaft für den Anstrich von Fahrzeugen, Anlagen, Maschinen usw. angewendet werden. Für den Praktiker gibt es die *Register 840-HR* mit halbmatten und *RAL 841-GL* mit glänzenden Originalmustern. Die RAL-F. stehen untereinander in keinem Zusammenhang; deshalb wurde 1993 ein den gesamten Farbraum umfassendes Farbsystem eingeführt. Dieses zusätzliche *RAL Design System* enthält 1688 nach farbmetrischen Gesichtspunkten geordnete Farbmuster.
RAL-F. haben sich national und international durchgesetzt.

Rationalisierung {rationalization}
Etwas verbessern durch vernünftiges Denken und methodisches Vorgehen.
Mindestens: Bessere Gebrauchseigenschaften bei gleichen Kosten oder kleinere Kosten bei gleicher Qualität. Der Begriff R. hat eine sprachliche Inflation erfahren und wird auch dann benutzt, wenn ein Vorgang oder ein Produkt lediglich (oder auch um jeden Preis) vereinfacht/verbilligt werden soll. Dabei erleidet derjenige häufig Schiffbruch, der die physikalischen Zusammenhänge in elektrischen Maschinen nicht kennt und die Marktakzeptanz geänderter Produkteigenschaften nicht abschätzen kann.
→ Boston-Effekt, → Erfahrungskurve, → Management

Reaktanz {reactance}
→ *Blindwiderstand*

Reaktionsmoment {torque reaction}
Drehmoment, das gleich groß ist wie das vom Ständer auf den Läufer übertragene Drehmoment, aber entgegengesetzt gerichtet. Mit dem R. stützt sich die Kraftübertragung durch die Befestigungsteile (Flansch, Füße) auf das → Fundament ab.
Befestigungsteile und Fundament müssen für die durch das R. hervorgerufenen Kräfte bemessen werden. Dabei sind auch dynamische Vorgänge zu berücksichtigen!
→ Fundamentbelastung, → Stoßmoment und Stoßstrom [E13]

Regelschleifring {regulator slipring}
Schleifring mit dauernd aufliegenden Bürsten für einen → Schleifringläufermotor, dessen Drehzahl durch Vorwiderstände im Läuferkreis verstellt werden soll.
→ Drehzahlverstellung

Reibungsverluste P_R in W {friction losses}
Entstehen als Lager-R. (Verformungsarbeit der Wälzkörper und Laufbahnen; Walkarbeit im → Fett) und Luft-R. (Förderleistung der Eigenlüfter und deren Verluste; Leistung zur Verwirbelung der Luft an allen drehenden Teilen).
Die Vorausberechnung der einzelnen Anteile ist schwierig [A12]. Am genauesten werden die gesamten R. durch Verlusttrennung aus dem → Leerlaufversuch bestimmt. Ihre Zusammensetzung kann aus Meßwerten nicht direkt ermittelt werden. Bei zweipoligen Drehstrommaschinen sind die Lüfterverluste der größte Anteil an den R. und bieten ein gewisses Potential zur Energieeinsparung.
→ Axiallüfter, → Ermittlung der Verluste und des Wirkungsgrads, → Halbaxiallüfter, → Radiallüfter [A16, E16, E42]

Reihenschluß-Kennlinie {series characteristic}
→ Momentenkennlinie des Motors

Reinigung {cleaning}
Entfernen von Verschmutzungen der äußeren ggfs. auch inneren Maschinenteile.
R. ist Bestandteil der → Instandhaltung.
Belüftungseinrichtungen, Kühlkreisläufe, Anschlußräume etc. müssen von Schmutz und Ablagerungen frei gehalten werden, um die → bestimmungsgemäße Verwendung nicht zu beeinträchtigen.
[E41, N9.2]

Reißnaht {pressure relief joint}
Sollbruchstelle in einem → lichtbogensicheren Klemmenkasten.
Bei der Entstehung eines Lichtbogens im Klemmenkasten infolge Klemmenkurzschlusses soll der entstehende Druckstoß die Reißnaht (Bild K45) öffnen und so das Bersten des Klemmenkastens verhindern. Nicht genormt, aber angebracht bei Hochspannungsmaschinen, vor allem in Kraftwerknähe.

relative Einschaltdauer in % (früheres Formelzeichen *ED*) {cyclic duration factor}
Verhältnis (in %) von Betriebszeit unter Belastung (einschließlich Anlauf- und Bremszeit) zur → Spieldauer.
→ Betriebsart S3 bis S6 und S8
[N9.1]

Reluktanzmotor {reluctance motor}
Läufer mit pollückenähnlichen Aussparungen, meist mit Käfigwicklung versehen.

Bild R1 Blechschnitt eines zweipoligen Reluktanzläufers (Ausführungsbeispiel). Die Pollücken entstehen in diesem Fall durch Abstanzen von Läuferzähnen aus dem Blech des Käfigläufers. Sie werden bei → Druckgußläufern üblicherweise mit leitfähigem Material ausgefüllt.

Das Läuferblech wird ausgestanzt oder der fertige Käfigläufer ausgefräst; es entstehen ausgeprägte Pole (**Bild R1**). Der R. läuft wie ein → Asynchronmotor an. Zwischen den magnetischen Polen des Läufers und dem Drehfeld entsteht ein Drehmoment, das den Läufer bei nicht zu großem → Lastmoment und → Trägheitsmoment

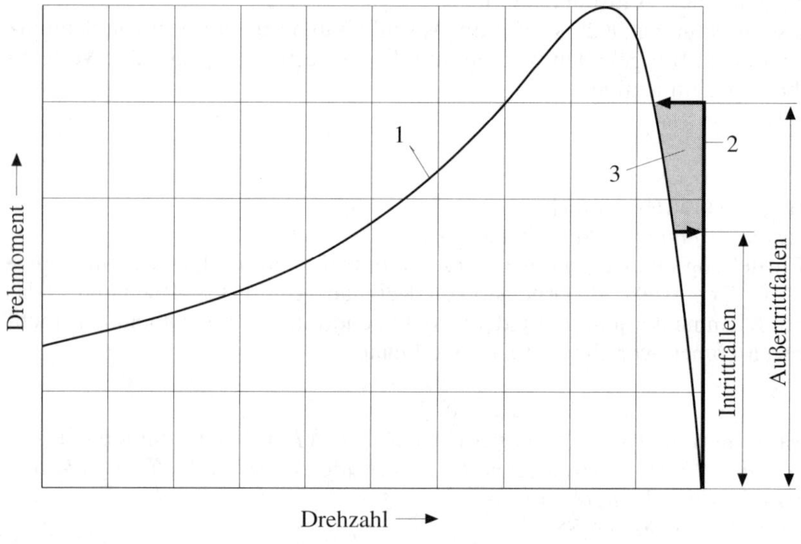

Bild R2 Momentenkennlinien eines vierpoligen Drehstrom-Käfigläufermotors und des aus gleich großem Läufer gewonnenen Reluktanzmotors (schematisch).
1 Momentenkennlinie des Käfigläufers
2 Momentenkennlinie des reinen Reluktanzmotors
3 Übergangsbereich vom asynchronen in den synchronen Lauf, verbunden mit Drehschwingungen

der Arbeitsmaschine in den → Synchronlauf zieht. Die Maschine arbeitet dann mit lastunabhängiger Drehzahl wie eine nicht erregte Synchronmaschine (**Bild R2**). Der Läufer hat gegenüber dem Drehfeld so viele stabile Lagen wie seine Polzahl. Die Aussparungen schnüren den magnetischen Fluß ein, der → magnetische Leitwert wird verkleinert. Dadurch steigt der → Blindstrom, und der → Leistungsfaktor wird wesentlich schlechter als beim reinen Asynchronbetrieb (**Bild R3a**). Ähnliches gilt für den → Wirkungsgrad (**Bild R3b**). Das synchrone Kippmoment ist ebenfalls kleiner als das asynchrone; die nutzbare Leistung deshalb geringer als beim asynchronen Ausgangstyp. Obwohl R. selten netzgespeist, sondern meistens für einen Spezialzweck in großer Zahl parallel an einem Umrichter betrieben werden, und deshalb eine → Drehmomentüberlastbarkeit $M_b/M_N \approx 1{,}3 \dots 1{,}5$ (**Bild R3c**) ausreichend ist, benötigt der R. mehr aktives Material als die Asynchronausführung (**Bild R3d**). R. sind auf kleine Leistungen (bis etwa 2 kW) beschränkt.
Der Läufer fällt nur bei kleinen Fremd-Trägheitsmomenten und kleinen Lastmomenten während des Anlaufs einwandfrei in den Synchronlauf („In-Tritt-Fallen"). Deshalb geben die Hersteller das maximal zulässige Fremd-Trägheitsmoment bei Anlauf gegen Bemessungsmoment bzw. den entsprechenden Trägheitsfaktor $(FI)_N$ an (**Bild R4**). Ein Lastfaktor k_{Jmax} (**Bild R5**) berücksichtigt den Einfluß eines beliebig großen Lastmoments $M_L/M_N \neq 1$ während des Anlaufs:

$$J_{ext,\,zul} = J_M \cdot (FI)_N \cdot k_{Jmax},$$

mit:

- $J_{ext,\,zul}$ größtes zulässiges Fremdträgheitsmoment in kgm^2,
- J_M Motorträgheitsmoment in kgm^2 nach Herstellerangaben,
- $(FI)_N$ zulässiger Trägheitsfaktor in 1 bei Anlauf gegen Bemessungsmoment nach Herstellerangaben (für die erwähnte Motorenreihe nach Bild R4),
- k_{Jmax} Lastfaktor in 1 zur Berücksichtigung eines vom Bemessungswert abweichenden Lastmoments nach Herstellerangaben (für die erwähnte Motorenreihe nach Bild R5).

Bei der Antriebsplanung maximal zulässiges Trägheitsmoment und seine Abhängigkeit vom Lastmoment beachten!

(Werden in den Läufer eines R. Dauermagnete eingebaut, so steigt das synchrone Kippmoment, und die Bemessungsleistung kann vergrößert werden. Der Blindstrom verkleinert sich. Leistungsfaktor und Wirkungsgrad verbessern sich ebenfalls. Das Betriebsverhalten gleicht dem einer erregten Synchronmaschine, allerdings ohne Möglichkeit zur Steuerung der Erregung. Solche Maschinen sind mehr als *Synchronmotoren mit Dauermagneterregung und asynchronem Selbstanlauf* zu bezeichnen. Reihen derartiger Maschinen sind marktüblich, wenn auch nicht mit genormten Leistungen und Abmessungen, z. B. für → Servomotoren.)
[A2, A3, A4, B18]

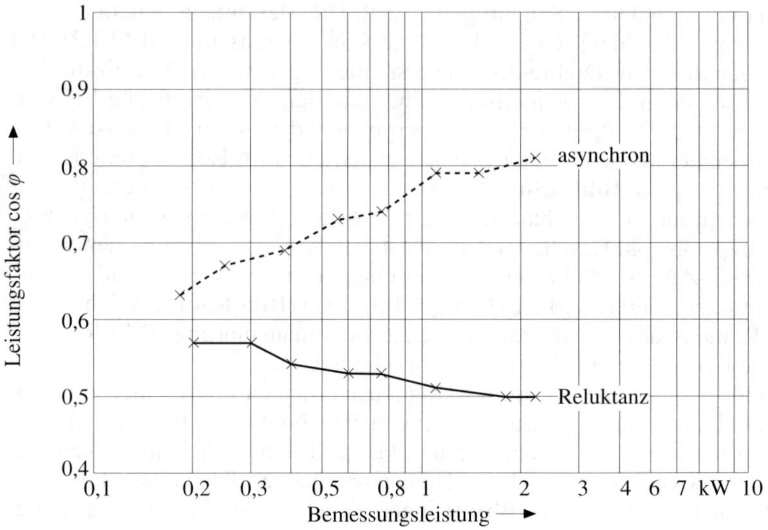

Bild R3a Datenvergleich von Reluktanzausführung zu Asynchronausführung einer Reihe ausgeführter vierpoliger Motoren am 50-Hz-Netz – Leistungsfaktor

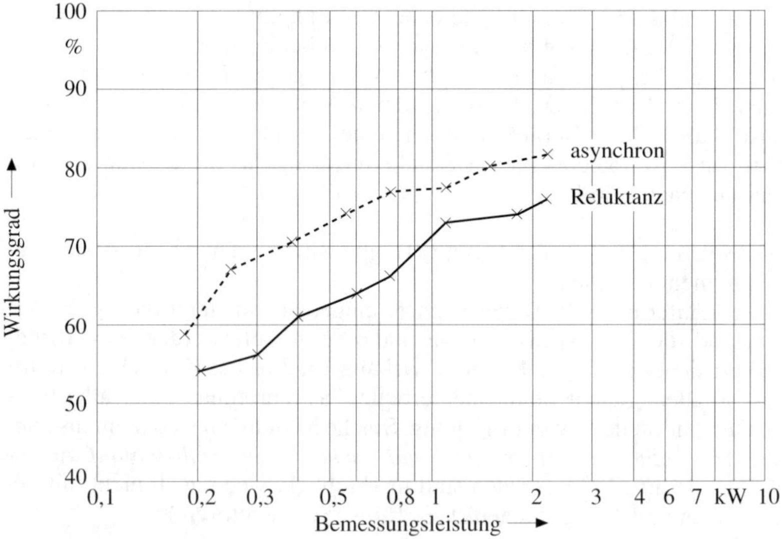

Bild R3b Datenvergleich von Reluktanzausführung zu Asynchronausführung einer Reihe ausgeführter vierpoliger Motoren am 50-Hz-Netz – Wirkungsgrad

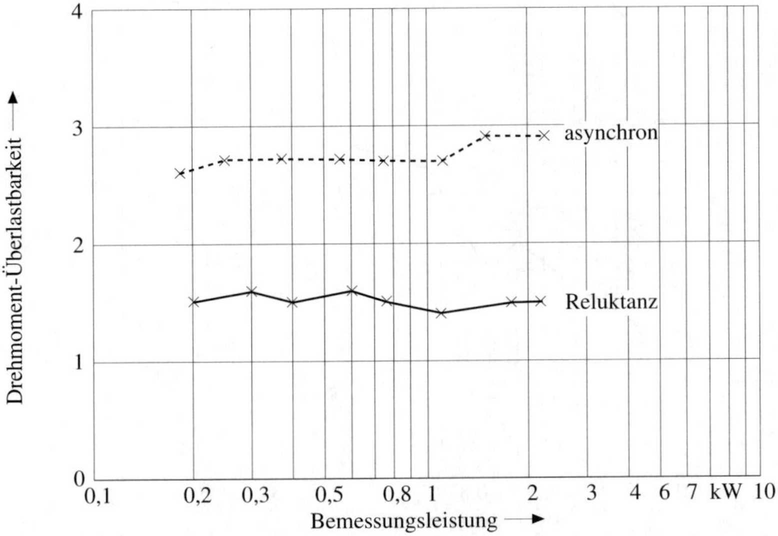

Bild R3c Datenvergleich von Reluktanzausführung zu Asynchronausführung einer Reihe ausgeführter vierpoliger Motoren am 50-Hz-Netz – Drehmoment-Überlastbarkeit

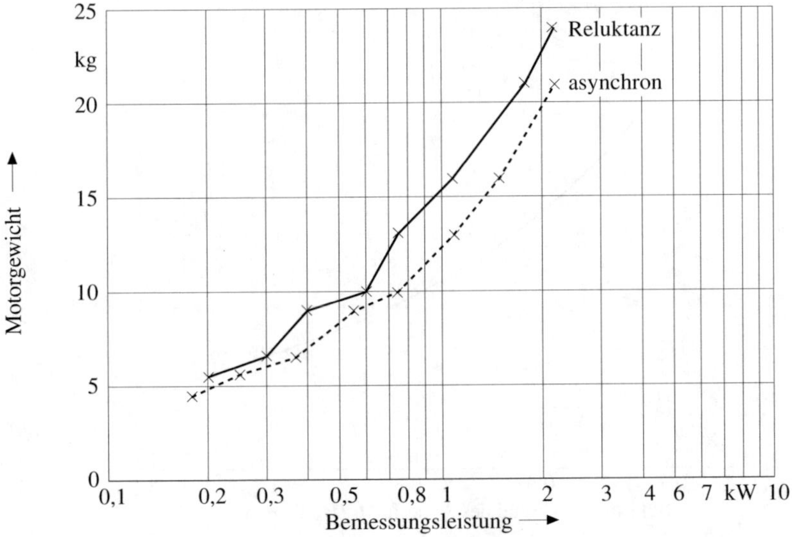

Bild R3d Datenvergleich von Reluktanzausführung zu Asynchronausführung einer Reihe ausgeführter vierpoliger Motoren am 50-Hz-Netz – Motorgewicht

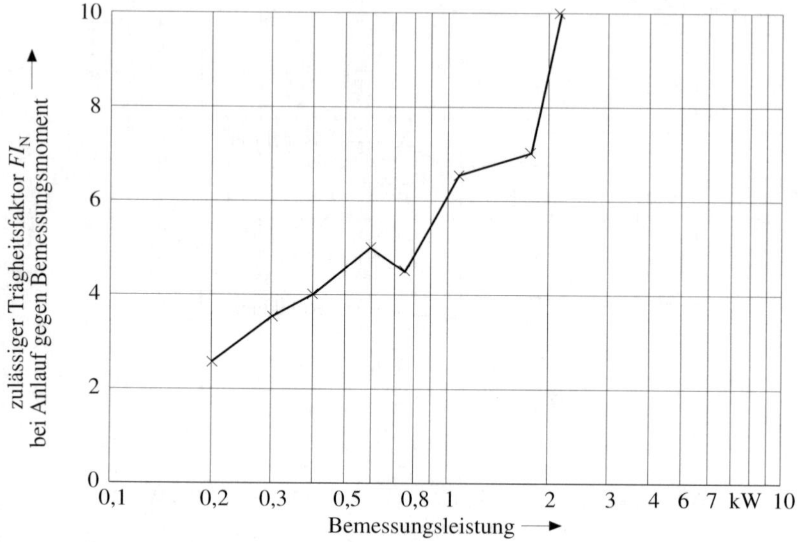

Bild R4 Größter zulässiger Trägheitsfaktor bei Anlauf gegen Bemessungsmoment einer Reihe ausgeführter vierpoliger Reluktanzmotoren

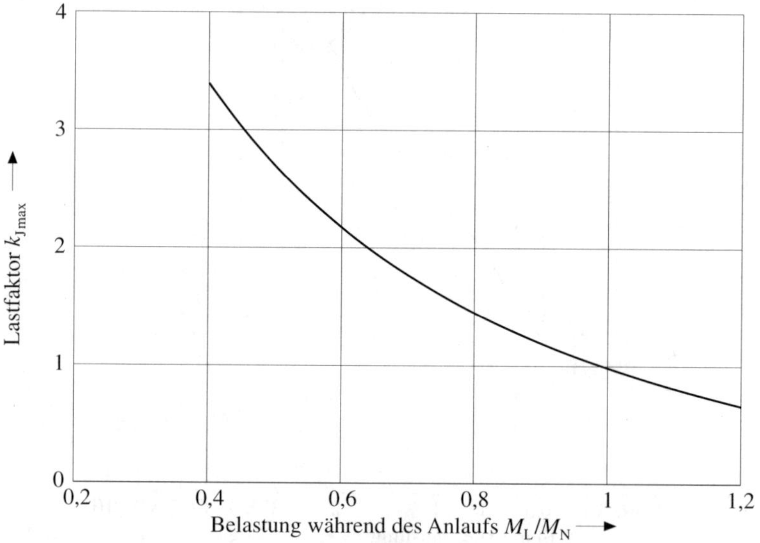

Bild R5 Lastfaktor zur Berücksichtigung eines beliebigen Lastmoments beim Anlauf einer Reihe ausgeführter vierpoliger Reluktanzmotoren

Reserveteile {spare parts}
Teile, die am Betriebsort ausreichend konserviert zur Verfügung stehen, um im Schadensfall gegen beschädigte, in der Maschine befindliche Teile ausgetauscht werden zu können.
Die Zustandsüberprüfung der betreffenden, in der Maschine befindlichen Teile während des Betriebs ist Teil der → Instandhaltung. R. sind bei Drehstrommaschinen die → Verschleißteile (Lager, Bürsten, Schleifringe) und alle weiteren Teile, die bei den gegebenen Betriebsbeanspruchungen (z. B. Korossion durch Seewasser) abgenutzt oder beschädigt werden können.
→ Ersatzteile

Restmagnetismus
Im Sinne von „Remanenz": → Magnetisierungskennlinie.
Im Sinne von „Restfeld": → Restspannung.

Restspannung {residual voltage}
Spannungssystem in der Wicklung einer elektrischen Maschine nach dem Abschalten, verknüpft mit dem nur langsam abklingenden magnetischen Feld.
Beim Wiedereinschalten der Maschine, möglicherweise auch Umschalten auf ein anderes Netz, entstehen Ausgleichsvorgänge mit elektrodynamischen Auswirkungen.
→ Netzumschaltung, → Wickelkopfabstützung, → Stoßmoment und Stoßstrom [E39]

Restunwucht {residual balance}
→ Wuchtgüte

Reversieren {reversing}
Drehrichtungswechsel im Lauf
Beim Drehstrommotor geschieht R. durch Vertauschen zweier Netzphasen.
→ Betriebsart S7, → Drehsinnumkehr

Revision {repair}
Instandsetzung
Liegen bei Niederspannungs-Asynchronmotoren mit Käfigläufer für allgemeine Zwecke und Betriebsart S1 keine Herstellerangaben über Revisionsabstände vor (dies dürfte in den seltensten Fällen zutreffen), so gibt [N9.2] folgende unverbindliche Informationen: Bei Außenraum-Aufstellung nicht mehr als 2,5 Jahre, bei Innen-

raum-Aufstellung nicht mehr als vier Jahre Revisionsabstand. Dies können nur Richtwerte sein, weil es entscheidend von den Beanspruchungen des tatsächlichen Betriebs abhängt, welche Wartungs-, Inspektions- und Revisionsfristen zweckmäßig sind. Im Zweifelsfall ist eine Abstimmung zwischen Betreiber und Hersteller ratsam.
→ Instandhaltung, → Instandhaltung explosionsgeschützter Elektromotoren
[A2, A13, A19, **A21**, B22, E8, E9, E15, E24, N5.7, N8.1, **N9.2**]

Riementrieb {belt drive}
Drehmomentübertragung mittels Riemen und Riemenscheiben.
| Bei R. treten große → Querkräfte auf. Zulässige Werte des Motors beachten!
→ Flachriemen, → Keilriemen [E12, E40, E41]

Rillenkugellager {deep-groove ball-bearing}
→ Wälzlager

RINA
***R**egistro **I**taliano **N**avale*
→ Schiffbauvorschriften

Ringrippen {circular fins}
Ringförmig angeordnete Kühlrippen auf dem Gehäuse von oberflächengekühlten Maschinen mit waagrechter Welle bei → Konvektionskühlung.
R. ermöglichen bei waagrechter Einbaulage eine natürliche Luftbewegung durch den Auftrieb der oben vorhandenen warmen Luft. Diese führt zu besserer Wärmeabfuhr. Gegen Ablagerungen sind die Kanäle zwischen den R. weniger empfindlich als längsverlaufende Rippen – wiederum nur bei waagrechter Einbaulage. Die → Wartung muß aber in jedem Fall eine Säuberung der Kanäle von Verschmutzungen enthalten. Die Biegesteifigkeit von Gehäusen mit R. ist kleiner als bei Gehäusen mit Längsrippen [E50]; die Betriebserfahrungen des Betreibers sind daher entscheidend, ob Gehäuse mit R. zum Einsatz kommen können. → Rollgangsmotoren sind häufig mit R. ausgestattet (Bild R9).

Rippenkühlung {cooling by ribbed frame}
Undefinierter Begriff. Drückt aus, daß ein Maschinengehäuse Rippen zur Vergrößerung der wärmeabgebenden Oberfläche hat. Bild A0.
→ Oberflächenkühlung, → Ringrippen

Ritzel {pinion}
Erstes Zahnrad im Getriebe, über das die Krafteinleitung erfolgt.
Sitzt bei → Getriebemotoren auf der Motorwelle. Da der Wirkdurchmesser meist sehr klein ist, entsteht eine hohe Radialkraft (→ Querkraft); bei Schrägverzahnung auch eine hohe → Axialkraft. Lager und Wellen müssen für die Kräfte bemessen werden.
→ Festlager, → Lagerlebensdauer, → Welle [A7, E12, E40, E41]

Röhrenkühlung {tube cooling}
Kühlmethode mit geschlossenem primären Kühlkreis, von dem die Wärme mittels ein- oder angebauter Röhrenbündel auf das umgebende Kühlmittel übertragen wird.
Diese Kühlmethode gestattet eine geschlossene Maschinenkonstruktion und damit hohe → Schutzart IP. Die Kühlung ist ähnlich wirksam wie bei Verwendung von Luft-Wasser-Wärmetauschern (→ Kreislaufkühlung). R. wird für mittlere und große Leistungen verwendet. Übliche → Kühlarten IC bei R.: **Tabelle R6**. Ausführungsbeispiel: **Bild R7**. Schnittzeichnung: **Bild R8**.
Obwohl die geradlinige Luftführung in den glatten Röhren für weitgehende Selbstreinigung durch den äußeren Kühlstrom sorgt, ist bei der → Instandhaltung auf mögliche Verschmutzung der Kühlrohre zu achten.
[A2, A3, N9.6]

IC-Code vereinfacht (vollständig)	**Skizze**	**Kühlkreisanordnung**
IC511 (IC 5 A1 A1)	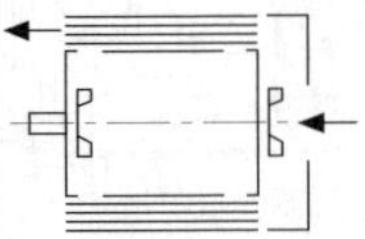	eingebaute Kühlröhren als Wärmetauscher; Eigenkühlung (primäres und sekundäres Kühlmittel werden von Lüftern auf der Motorwelle bewegt)
IC611 (IC 6 A1 A1)	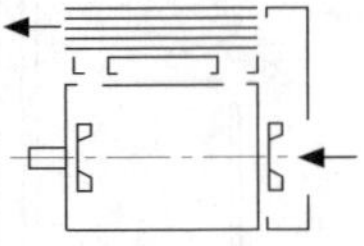	angebauter Wärmetauscher mit Rohrbündeln; Eigenkühlung (primäres und sekundäres Kühlmittel werden von Lüftern auf der Motorwelle bewegt)
IC516 (IC 5 A1 A6)	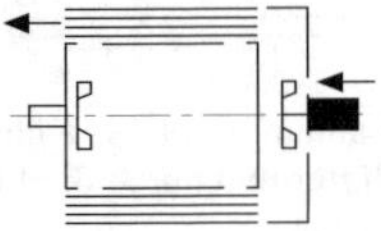	eingebaute Kühlröhren als Wärmetauscher; primäres Kühlmittel wird von einem Lüfter auf der Motorwelle bewegt; angebaute unabhängige Fremdbelüftung bewegt das sekundäre Kühlmittel

Tabelle R6 Kühlarten für röhrengekühlte Maschinen; sekundäres Kühlmittel ist die Umgebungsluft

Bild R7 Röhrengekühlter Hochspannungsmotor mit Käfigläufer in Kühlart IC 511 (IC 5 A1 A1); 1500 kW, 6 kV, 50 Hz, 3000 min^{-1}, Schutzart IP 54, Zündschutzart EExde IIB T4, Gleitlager mit Spülölschmierung. Als Größenvergleich steht eine Maschine mit 1,1 kW auf der Fußplatte.

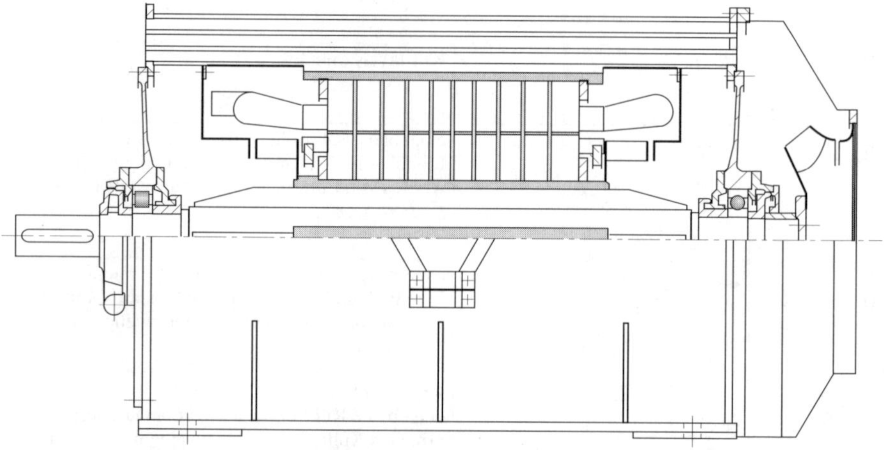

Bild R8 Schnittbild eines röhrengekühlten vierpoligen Hochspannungsmotors, Kühlart IC 511. Der primäre Kühlkreislauf ist zweiflutig; die Luft wird durch Radiallüfter und durch die Lüfterwirkung der Läuferschlitze im axial unterteilten Blechpaket bewegt.

Rohranschluß {pipe coupling}
Zuführung von Kühl- oder Schmiermitteln zur Maschine
Bei Gleitlagern mit Spülölschmierung z. B. müssen an der Maschine Rohrleitungen für die Zu- und Ableitung des Schmieröls angeschlossen werden (Bild R7). Bei Maschinen mit ein- oder angebauten Luft-Wasser-Wärmetauschern (→ Kreislaufkühlung, Bild K30, Bild K31) wird Wasser über Rohrleitungen zugeführt. Bei → Innenkühlung kann die Kühlluft über Rohre oder Kanäle zu- und/oder abgeführt werden. In jedem dieser Fälle können bei starrer Verbindung Verspannungen des Motors hervorgerufen werden, oder es werden Schwingungen vom Motor auf die Leitungen übertragen. Dies kann zu Laufruhestörungen und zu Leitungsbrüchen führen.
Rohrleitungen und Kanäle an drehenden elektrischen Maschinen über biegeweiche Zwischenstücke anschließen!

Rollenlager {roller bearing}
→ Wälzlager

Rollgangsmotor {roller table motor}
Antriebsmotor für Rollgänge in Walzwerken.
Die Rollen eines Rollgangs werden meist einzeln durch je einen R. angetrieben. *Transportrollgänge* fördern das Walzgut innerhalb der Anlage; ihre Rollen laufen mit konstanter Drehzahl und wechseln selten die Drehrichtung. Hier können Drehstrom-Käfigläufermotoren mit üblichem Drehmoment-Drehzahl-Verhalten eingesetzt werden. Ihre Auswahl und Bemessung erfolgt in erster Linie nach der Transportleistung und meistens für Dauerbetrieb (→ Betriebsart S1). *Arbeitsrollgänge* dagegen sind unmittelbar vor und hinter dem Walzgerüst angeordnet; sie wechseln die Drehrichtung mit jedem Walzstich. Dies stellt besondere Anforderungen an das Beschleunigungsvermögen der R. Außerdem stellt die Wasserdruckreinigung des Walzguts schwierige Bedingungen für die Abdichtung. R. für *Arbeitsrollgänge* sind deshalb elektrisch und mechanisch Sonderausführungen (hohe Polzahl, kleiner Läuferdurchmesser, → Widerstandsläufer, hohe → Schutzart IP, → Konvektionskühlung, **Bild R9**). R. werden bemessen nach dem erforderlichen mittleren Drehmoment, der relativen Einschaltdauer und der Beschleunigungszahl („B-Wert"). Letztere ist eine Kennzahl für die im Motor entstehende Wärme:

$$B = J \cdot z \cdot k,$$

mit:

B	Beschleunigungszahl in kgm^2/h,
J	gesamtes Trägheitsmoment in kgm^2 für Motor + Rolle + Last, bezogen auf die Motorwelle,
z	Schalthäufigkeit in 1/h,

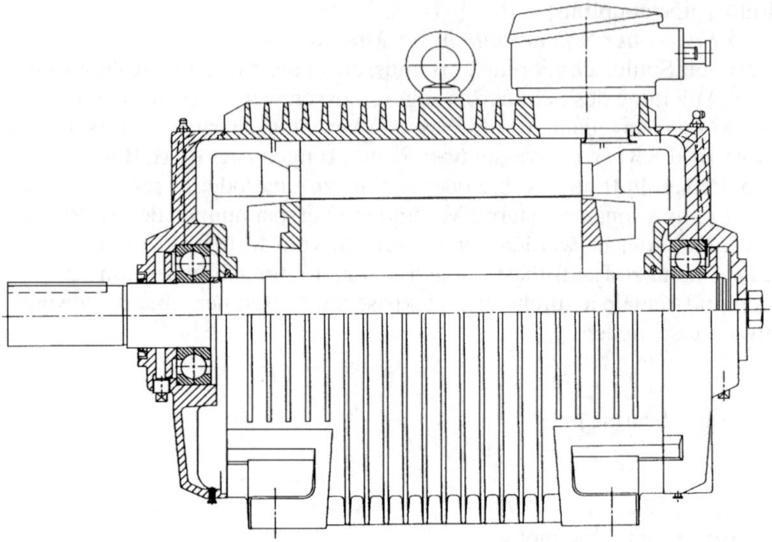

Bild R9 Unbelüfteter Drehstrommotor in Sonderausführung für Rollgangsantriebe (Ausführungsbeispiel); Gehäuse mit Ringrippen

k Faktor in 1 zur Berücksichtigung des Schaltbetriebs,
$k = 1$ bei reinem Anlauf,
$k = 4$ bei Reversierbetrieb.

Die zulässige Beschleunigungszahl der R. wird vom Hersteller angegeben. Arbeitsrollgänge werden ausnahmslos mit frequenzgesteuerten R. bestückt; dies ermöglicht eine optimale Anpassung an das Walzprogramm. Die Beschleunigungszahl ändert sich umgekehrt mit dem quadratischen Verhältnis der Frequenzen bzw. Drehzahlen.
[A2, E50]

Rotor
→ *Läufer*

Rücklaufsperre {non-reverse ratchet}
Maschinenelement, verhindert mit Kraft- oder Formschluß die Drehung in eine Richtung. Einsatz z. B. in Pumpenanlagen, in denen nach Abschalten des Motors die Flüssigkeitssäule beim Absinken die Pumpe als Turbine treibt und sie samt Motor durch Überdrehzahlen zerstören würde. Bemessung der R. meist für das Bemessungsmo-

ment des Motors. R. werden meist auf NS des Motors angebaut. Bei kleinen Sperrmomenten sind die R. häufig auch in ein Rillenkugellager integriert (kleine Bauweise).
→ Hohlwellenmotoren

rüttelfeste Ausführung {vibration-resistant design}
Motor, beständig gegen ständige Fremdschwingungen.
Derartige Schwingungen können durch Störungen an Triebwerksteilen und Lagern entstehen oder auch funktionsbedingt auftreten. Letzteres ist der Fall in allen Fahrzeugen und Schiffen, bei der Aufstellung in Stahlbauten wie Kränen, Baggern, Förderanlagen und erst recht bei allen Maschinen, deren Kräfte betriebs- und konstruktionsbedingt nach Größe und Richtung periodisch wechseln (z. B. Schwingsiebe, Shredder). Die Motoren werden mechanisch belastet; ihre Bauteile geraten möglicherweise in Resonanzschwingungen, die allmählich zu Schäden führen können (z. B. Dauerbrüche in Lagern, Füßen, Flanschen; Lockern von Schraubverbindungen; Drahtbrüche im Wickelkopf; Kabelbrüche in der Zuleitung u. a. m.). Die Beurteilung der Rüttelbeanspruchung erfolgt grundsätzlich anhand von Schwingungsanalysen, in der die Schwingamplitude über der Frequenz dargestellt wird. Erfah-

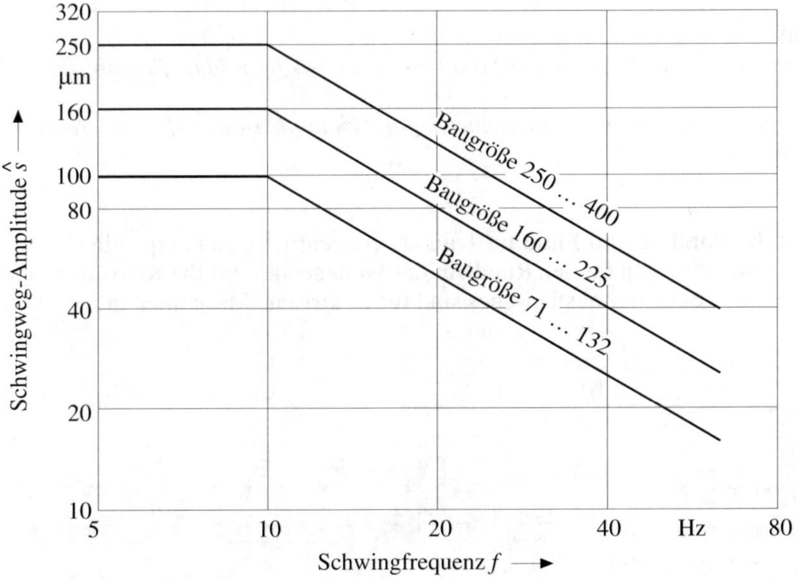

Bild R10 Zulässige Rüttelbeanspruchung (Sinusform) der Motorenreihe eines deutschen Herstellers (Drehstrom-Normmotoren, Käfigläufer, oberflächengekühlt, Normalausführung). Die Normalausführung ist durch Katalogangaben definiert. Liegt die Rüttelbeanspruchung auf oder oberhalb der betreffenden Kurven, ist Sonderausführung erforderlich.

rungsgemäß dominiert meistens eine Teilschwingung bestimmter Frequenz, aus der sich die mechanische Belastung ergibt. Ob Sondermaßnahmen für eine r. A. vorgesehen werden müssen, und gegebenenfalls welcher Art, ist immer hersteller- und typspezifisch und kann nie verallgemeinert werden. Als Beispiel gibt ein deutscher Hersteller Grenzkurven (**Bild R10**) für die Rüttelfestigkeit seiner Normmotoren in Normalausführung an, bei deren Überschreitung Sondermaßnahmen erforderlich sind.
→ Schockfestigkeit, → Schwingstärkestufe, → Schwingung

Rüttlermotoren {vibration motors}
→ Vibrationsmotoren

Ruhestrom-Prinzip {closed-circuit principle}
Elektromechanisches Gerät ruht (arbeitet nicht) bei fließendem Steuerstrom.
Beispiel: Elektromagnetisch gelüftete Federdruck-Bremse; Bremswirkung nicht vorhanden (ruht), wenn Lüftmagnet durch Steuerstrom erregt. Vorteil gegenüber → Arbeitstrom-Prinzip: Bei Stromausfall setzt Bremsung ein (→ Sicherheitsbremse).

Rundlauf
Mechanischer R. von Wellenenden {shaft run-out}: → Rundlauf, Koaxialität und Planlauf.
Im Sinne einer gleichförmigen Drehbewegung {smooth running}: → Drehzahlschwankungen.

Rundlauf, Koaxialität und Planlauf {runout, concentricity and perpendicularity}
Zulässige Abweichungen für den Rundlauf des Wellenendes, für die Koaxialität und den Planlauf des Befestigungsflansches sind für elektrische Maschinen in IEC 72-1

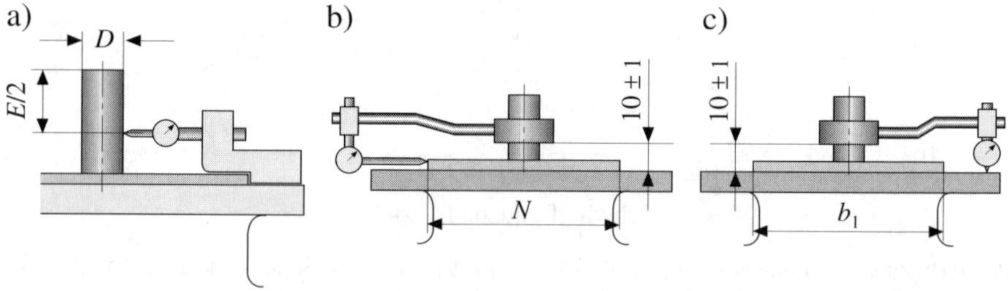

Bild R11 Messung des Rundlaufs (a), der Koaxialität (b) und des Planlaufs (c) bei Motoren mit Befestigungsflansch

festgelegt. Für die Grenzabmaße bestehen jeweils zwei Toleranzklassen: **N** mit normalen Werten, **R** mit reduzierten Werten (muß für die Lieferung besonders vereinbart werden; sonst Ausführung in **N**). Messung nach **Bild R11**, Koaxialität und Planlauf vorzugsweise bei senkrecht stehender Welle. Dabei ist zu beachten, daß bei Rollenlagern oder Gleitlagern das radiale Lagerspiel die Meßwerte erheblich beeinflussen kann.
[N1.21, N2.16]

Rundstabläufer {round bar}
→ Käfigformen

Rush-Moment {rush torque}
→ Stoßmoment und Stoßstrom

Rush-Strom {rush current}
→ Stoßmoment und Stoßstrom

S

Sanftanlauf {soft torque starting}
→ Anlassen von Käfigläufermotoren, → Kusa-Schaltung, → Sanftanlauf-Gerät

Sanftanlaufgerät {soft starter}
Elektronisches Leistungsgerät, das durch Spannungsverringerung einen → Sanftanlauf oder eine sanfte Bremsung ermöglicht.
Das S. ist ein → Drehstromsteller mit antiparallelen steuerbaren Halbleitern (z. B. Thyristoren). Über unterschiedlich großen Phasenanschnitt wird die Grundschwingung der Motorspannung verstellt (Bild D14), die für die Drehmomentbildung maßgebend ist. Diese → Grundschwingung kann an einer in gewissen Grenzen einstellbaren zeitlichen Rampe geführt werden (**Bild S1**). Damit ist eine individuelle Anpassung der → Drehmomentkennlinie des Motors an die → Lastkennlinie der betreffenden Arbeitsmaschine während des → Anlaufs möglich. Vorteile: Verringerung des → Anlaufstroms (Netzentlastung), Reduzierung der Einschaltstöße des Stroms und des Moments, Schonung der Teile zur Kraftübertragung, geführter Anlauf. Einsatzbereich: 2 kW bis 500 kW. Meistens können S. auch mit verschiedenen Überwachungsfunktionen ausgestattet werden, z. B. einer einstellbaren Begrenzung des Anlaufstroms.

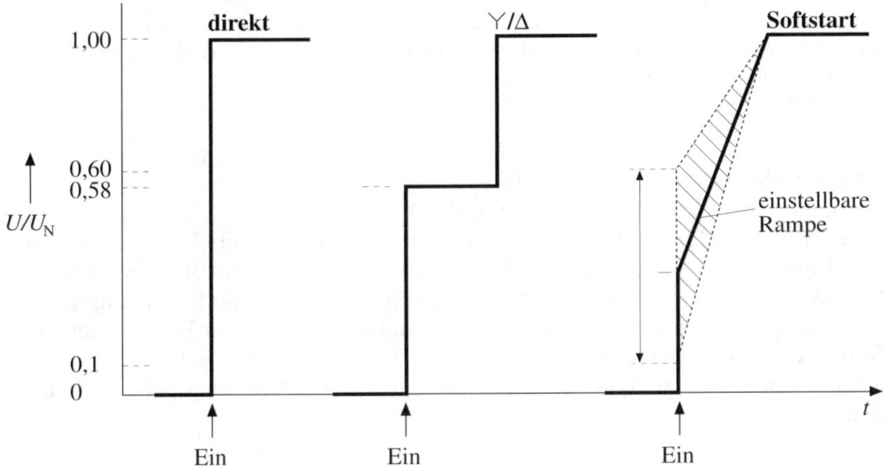

Bild S1 Zeitlicher Spannungsverlauf bei verschiedenen Anlaufmethoden (Prinzip)

S. nicht zur Drehzahlsteuerung im Dauerbetrieb verwenden! Wegen Oberschwingungen besteht die Gefahr von Wicklungs- und Läuferschäden! Für derartigen Betrieb müssen das Gerät und der Motor besonders bemessen werden (→ Aufzugmotoren).
→ Anlauf, → Anlaufart, → Sanftanlauf, → Stoßmoment und Stoßstrom
[E26, E27]

Sattelmoment M_u in Nm {pull-up torque}
Kleinstes stationäres asynchrones Drehmoment, das der Motor im Bereich zwischen Stillstand und Kippunkt bei Bemessungsspannung und -frequenz entwickelt. (Gilt nicht, wenn das Drehmoment mit zunehmender Drehzahl stetig abnimmt.)
Bei Drehstrom-Käfigläufermotoren mit Polzahlen 2 bis 8 für Spannungen bis 690 V, 50 Hz sind Mindestwerte für das S. bezogen auf das Bemessungsmoment festgelegt [N9.10, N9.11].
Für alle anderen Käfigläufer-Motoren: **Tabelle S2**.
Die Größe des S. beeinflußt den → Anlauf ganz wesentlich. Bei der Antriebsplanung beachten; vor allem berücksichtigen, daß sich auch das S. quadratisch mit der Klemmenspannung ändert!
→ Anlauf, → Drehmomentkennlinie, → Toleranzen

Drehstrommotoren ohne Polumschaltung		Einphasenmotoren und polumschaltbare Drehstrommotoren
< 100 kW	**≥ 100 kW**	
sowohl ≥ 0,5 M_N als auch ≥ 0,5 M_1	sowohl ≥ 0,3 M_N als auch ≥ 0,5 M_1	≥ 0,3 M_N

Tabelle S2 Allgemeine Mindestwerte für das Sattelmoment von Käfigläufermotoren nach [N9.1]
M_N Bemessungsmoment
M_1 Anzugsmoment

Schachtlüftermotor {duct-fan motor}
Motor, der einen Schachtlüfter direkt treibt.
Die Kühlung erfolgt durch die geförderte Luft; deshalb sind die Motoren meistens ohne Eigenlüfter (→ Kühlung durch Relativbewegung, Kühlart IC 418). Schema: **Bild S3**. Wichtig ist ein kleines Strömungsprofil; S. werden deshalb häufig mit → frei herausgeführten Kabeln angeschlossen, kleinere S. auch mit Pratzenanbau (→ Dreipunktaufhängung) befestigt.
Luft muß auch zwischen die Kühlrippen strömen (→ Luftführung bei eingebauten Motoren)!

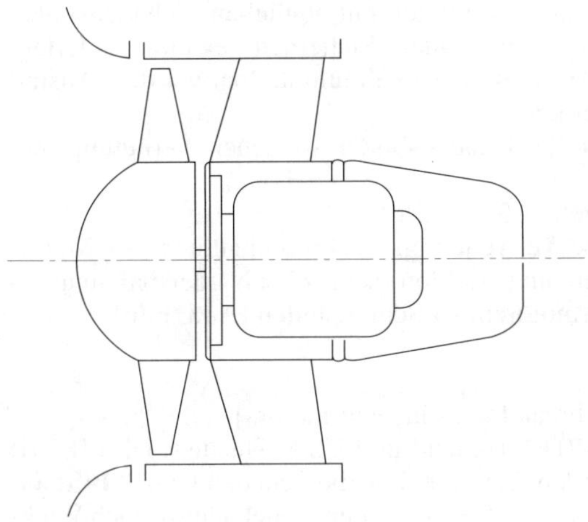

Bild S3 Einbaubeispiel eines Schachtlüftermotors

Schaden {breakdown}
Durch Alterung, Verschleiß oder gewaltsame Veränderung eintretender Zustand einer Maschine oder einer ihrer Komponenten, der zum →Ausfall führt.
→ Bestimmungsgemäße Verwendung verhindert weitgehend einen S., schließt ihn aber nicht völlig aus!
→ Instandhaltung, → Schäden an Käfigläufermotoren
[A2, A18, A19, E9, E15, E24, E38, E41, E44, E46, N9.2]

Schadensanalyse {breakdown analysis}
Untersuchung eines Schadens mit dem Zweck, seine Ursachen zu ergründen und sie bei oder nach erfolgter Instandsetzung/Neuinstallation zu vermeiden.
Dabei empfiehlt sich ein methodisches Vorgehen in vier Stufen:
- Befundbericht erstellen mit vollständiger Beschreibung des Schadens.
- Zusammenstellen der möglichen physikalischen Abläufe, die zum aufgetretenen Schadensbild führen können, unter Einbezug der betrieblichen Ereignisse vor und der Begleiterscheinungen während des Ausfalls.
- Zuordnen möglicher Auslöseursachen in Antriebskonfiguration und/oder Betriebsbedingungen, vor allem die Kombination möglicher Einflußgrößen.
- Erarbeiten von Änderungen für den Antrieb und seine Betriebsbedingungen, die bei oder nach Instandsetzung/Neuinstallation eine Wiederholung des Schadens verhindern.

S. sind meistens indirekte Beweisführungen. Oft sind allerdings die festgestellten Schadensbilder (z. B. Brand- und Bruchstellen, Verfärbungen, Ablagerungen) ein-

deutig zu interpretieren und führen durch Vergleich mit ähnlichen Schadensfällen zur eigentlichen Ursache des Versagens. Besondere Sicherheit gewinnt das Urteil, wenn die Vergangenheitsdaten des Antriebs in der Zeit unmittelbar vor dem Ausfall in die Überlegungen einbezogen werden.
Praxisgerechte Zusammenstellungen für Schadensbilder, Ursachen, Verhütungsmethodik: [A2, A18, E41].
Sammlung typischer Planungsmängel: [A51, A52].
→ Ausfall, → bestimmungsgemäße Verwendung, → Instandhaltung, → Motorschutz, → Motorschutz bei Hochspannung, → Motorschutz bei Niederspannung, → Schaden, → Schäden an Käfigläufermotoren, → Schnittstellen [A18, E46]

Schäden an Käfigläufermotoren {breakdowns in cage-motors}
Nach mehreren Schadensstatistiken (Deutschland und USA, Diskussion in [E24]) verteilen sich im Bereich von rund 1 kW bis 1 000 kW die Schäden gemäß **Bild S4**. Kritische Bauteile sind demnach die Lager. Lagerschäden ziehen häufig auch Wicklungs- und Käfigschäden nach sich; die Schadensschwere kann dadurch bis zum Totalschaden reichen.
Dem Lager muß deshalb in Bemessung, Fertigung, Antriebsplanung, Betrieb und Instandhaltung besonderes Augenmerk gewidmet werden!
→ bestimmungsgemäße Verwendung, → Gleitlager, → Instandhaltung, → Lager, → Lagerbelastung, → Lagerlebensdauer, → Lagerüberwachung, → Schaden, → Schnittstellen, → Wälzlager [A2, A12, E12 bis E15, E41]

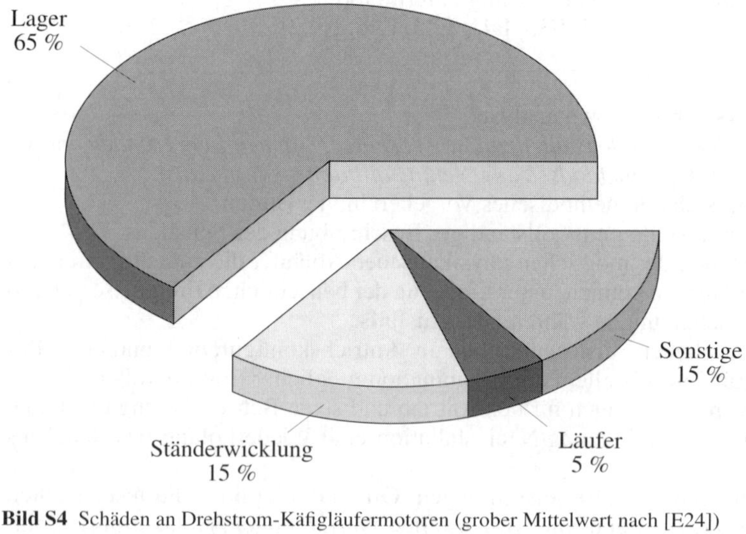

Bild S4 Schäden an Drehstrom-Käfigläufermotoren (grober Mittelwert nach [E24])

schädliche Staubablagerungen {dangerous dust-accumulation}
Ansammlung von Staub in solcher Menge oder an solchen Stellen, die das ordnungsgemäße Arbeiten des Motors oder die Sicherheit beeinträchtigt.
Staubablagerungen im Kühlsystem (z. B. verstopfte Rippenkanäle bei → Oberflächenkühlung, verstopfte Wickelköpfe bei → Innenkühlung) führen unabhängig von der Art des Staubes immer zu einer Erhöhung der Wicklungstemperaturen; über lang oder kurz deshalb auch zu Schäden. Sie sind durch geeignete Wahl der → Kühlart IC und durch → Instandhaltung zu vermeiden. Staubablagerungen in Lagernähe sind durch geeignete → Lagerdichtung und rechtzeitiges → Nachschmieren (sofern vorgesehen) am Eintreten in die Lager unschädlich zu machen. Ablagerungen elektrisch leitfähigen oder hygroskopischen Staubs auf Wickelköpfen und in Anschlußräumen können zu Überschlägen und Masseschlüssen führen. Sie sind durch Wahl einer geeigneten Kühlart IC und → Schutzart IP, durch ordnungsgemäßes Ausführen des elektrischen Anschlusses und durch Instandhaltung zu vermeiden.
Installations- und Betriebsanleitungen des Herstellers sorgfältig beachten!
→ Staubexplosionsschutz, → Staubschutz [E53]

Schallausbreitung {sound propagation}
Von einer punktförmigen Schallquelle breiten sich die Schallwellen kugelförmig aus; der Schalldruck nimmt deshalb quadratisch mit der Entfernung ab. Der im Ab-

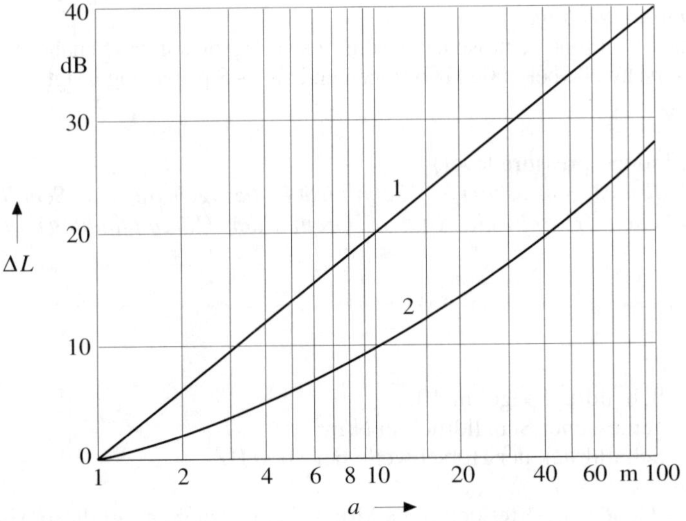

Bild S5 Abnahme ΔL des Schalldruckpegels mit zunehmendem Abstand a von der Schallquelle
1 ideales Freifeld 2 mit teilweiser Reflexion

stand a von der Quelle gemessene Schalldruckpegel ist um ΔL kleiner als der in 1 m Abstand gemessene Wert.

$\Delta L = 10 \cdot \log (1/a^2)$ in dB; a in m.

Mit Verdopplung des Abstands nimmt der Pegel um jeweils 6 dB ab; in geschlossenen Räumen weniger wegen der Reflexion an Fußboden, Wänden und anderen Maschinen (**Bild S5**). Bei räumlich ausgedehnten Schallquellen gilt die quadratische Abnahme nur in größerem Abstand, nicht im Nahfeld.
→ Geräusch drehender elektrischer Maschinen, → Geräuschmessung, → Gesamtgeräusch mehrerer Quellen [E11]

Schalldämmhaube {noise-reducing cover}
→ *Geräuschdämmhaube*

Schalldämpfer {muffler}
→ *Geräuschdämpfer*

Schalldruck p in N/m² {sound pressure}
Der Effektivwert des Schallwechseldrucks (→ Wechselgrößen) ist die eigentliche Meßgröße der Schallmeßtechnik.
Er wird über geeichte Mikrofone gemessen, in einem Auswertegerät auf den Schalldruck der menschlichen Hörschwelle bei 1000 Hz bezogen und als → S.pegel angezeigt.

Schalldruckpegel {sound pressure level}
Logarithmisches Maß des gemessenen → Schalldrucks bezogen auf den Schalldruck der menschlichen Hörschwelle (untere Grenze der Hörempfindung) bei 1000 Hz.

$L_p = 20 \cdot \log (p/p_0)$,

mit:

L_p	Schalldruckpegel in dB,
p	gemessener Schalldruck in N/m^2,
$p_0 = 2 \cdot 10^{-5}$ N/m^2	Schalldruck der Hörschwelle bei 1000 Hz.

Das menschliche → Gehör bewertet den Schalldruck frequenzabhängig; diese Abhängigkeit kann vom Meßgerät in verschiedenen Bewertungskurven A, B oder C (→ Bild G3) nachgebildet werden. Üblich ist die Bewertung nach dem A-Filter mit

der Angabe des S. in dB(A). Der S. hängt vom Abstand zur Schallquelle ab (→ Schallausbreitung); deshalb werden die S. von elektrischen Maschinen üblicherweise als Mittelwert (→ Meßflächen-Schalldruckpegel) mehrerer Meßpunkte auf einer → Meßfläche ermittelt, die in 1 m Abstand zum Prüfling gelegt wird.
Die Normen DIN EN 21680 [neu; N8.17] und DIN 45635 Teil 10 [überholt; N8.7] für die G. an elektrischen Maschinen unterscheiden sich in der Mikrofonanordnung und in der Ermittlung des Meßflächenmaßes. Bei Geräuschangaben die Norm vermerken, nach der gemessen und das Meßflächenmaß ermittelt wurde!
→ Geräusch drehender elektrischer Maschinen, → Geräuschgrenzwerte, → Geräuschspektrum, → Geräuschmessung, → Schalleistungspegel [E11]

Schalldruckpegel von Anlagen {sound pressure level on plants}
→ Gesamtgeräusch mehrerer Quellen

Schalleistungspegel {sound power level}
Ergibt sich aus dem → Schalldruckpegel und dem → Meßflächenmaß:

$$L_W = L_p + L_S,$$

mit:
L_W Schalleistungspegel in dB(A),
L_p Schalldruckpegel in dB(A),
L_S Meßflächenmaß in dB.

Die Normen DIN EN 21680 [neu; N8.17] und DIN 45635 Teil 10 [überholt; N8.7] für die G. an elektrischen Maschinen unterscheiden sich in der Mikrofonanordnung und in der Ermittlung des Meßflächenmaßes. Bei Geräuschangaben die Norm vermerken, nach der gemessen und das Meßflächenmaß ermittelt wurde.
→ Geräusch drehender elektrischer Maschinen, → Geräuschgrenzwerte, → Geräuschspektrum, → Geräuschmessung, → Meßflächenmaß, → Schalldruckpegel [E11]

Schallpegelabnahme mit der Entfernung {sound level reduction at distance}
→ Schallausbreitung

Schaltbetrieb
Undefinierter Sammelbegriff für Betriebsarten, in denen der Motor häufig ein- oder umgeschaltet wird.
→ Betriebsarten S4, S5, S7, S8, S9

Schalteranbau {built-on contactor}
Bei ortsveränderlichen Geräten mit elektrischem Antrieb (z. B. Baumaschinen, landwirtschaftliche Maschinen) wird das Schaltgerät häufig direkt (anstelle des Klemmenkastens) an den Motor angebaut.

Schaltgeräusche {switching noise}
Bei Schalthandlungen (z. B. Einschaltung) auftretende impulsartige Geräusche.
→ Impuls-Schalldruckpegel

Schalthäufigkeit z in h^{-1} {starting frequency}
Anzahl periodisch wiederkehrender Schalthandlungen in der Zeit.
Bei jedem Betrieb mit nennenswerter → Anlauf- und/oder → Bremswärme muß bei der Motorauswahl auch die S. berücksichtigt werden. Für periodischen Aussetzbetrieb mit mechanischer Bremsung (→ Betriebsart S4) und elektrischer Bremsung (→ Betriebsart S5) wie auch für ununterbrochenen Betrieb mit Reversierungen (→ Betriebsart S7) läßt sich die zulässige S. eines Käfigläufermotors nach einem einheitlichen Verfahren ermitteln:

$$z = z_0 \cdot k_L \cdot k_B / FI,$$

mit:

z	zulässige Schalthäufigkeit in h^{-1} des betrachteten Motors,
z_0	Leer(anlauf)- oder Leerumschalthäufigkeit in h^{-1} (Anlauf ohne Lastmoment und ohne Fremd-Trägheitsmoment), siehe unten,
k_B	Belastungsfaktor in 1 zur Berücksichtigung der relativen Einschaltdauer und Belastung nach dem Anlauf; kann in guter Näherung für Reihen ähnlicher Motoren in einem gemeinsamen Diagramm (nach Angabe des Herstellers; Beispiel: **Bild S6**) angegeben werden,
k_L	Lastmomentfaktor in 1; berücksichtigt den Einfluß des Lastmoments während des Anlaufs (und der Bremsung); siehe unten,
FI	→ Trägheitsfaktor in 1.

Bei mechanischer Bremsung:

z_0	→ Leer(anlauf)schalthäufigkeit in h^{-1} (Anlauf ohne Lastmoment und ohne Fremd-Trägheitsmoment); z_0 ist eine Motorkonstante; Werte nach Herstellerangaben (*Beispiel*: Bild L16):

$$k_L \approx 1 - M_L / M,$$

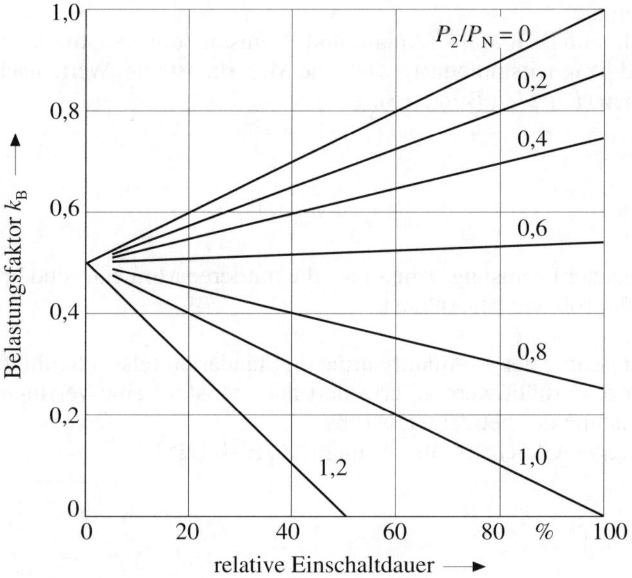

Bild S6 Belastungsfaktor k_B zur Berücksichtigung der relativen Einschaltdauer und Belastung nach dem Anlauf (Werte für eine ausgeführte Reihe von oberflächengekühlten Drehstrom-Käfigläufermotoren).
P_2 Belastung nach dem Hochlauf in kW
P_N Bemessungsleistung in kW

mit:
M_L mittleres Lastmoment in Nm während des Anlaufs,
M mittleres Motormoment in Nm während des Anlaufs (Motorkennlinie wird durch flächengleiches Rechteck ersetzt).

Bei Gleichstrombremsung:
z_0 → Leer(anlauf)schalthäufigkeit in h^{-1}, identisch mit dem Wert bei mechanischer Bremsung.

$$k_L \approx \frac{(1 - M_L / M) \cdot (1 + M_L / M_{Br})}{(1 - M_L / M) + (1 + M_L / M_{Br})},$$

mit:
M_L, M wie bei mechanischer Bremsung (Annahme: mittleres Lastmoment ist bei Bremsung gleich groß wie bei Anlauf),
M_{Br} mittleres Bremsmoment in Nm.

Bei Gegenstrombremsung:

z_0 → Leerumschalthäufigkeit in h^{-1} (Anlauf und Bremsung ohne Lastmoment und ohne Fremd-Trägheitsmoment); z_0 ist eine Motorkonstante; Werte nach Herstellerangaben (*Beispiel*: Bild L15).

$$k_L \approx \frac{1-(M_L / M)^2}{1-0,5 \cdot M_L / M},$$

mit:

M_L, M wie bei mechanischer Bremsung (Annahme: die mittleren Momente sind bei Bremsung gleich groß wie bei Anlauf).

Die S. kann durch Verringerung der → Anlaufwärme im Ständer mittels → Schlupfläufer in gewissen Grenzen erhöht werden, erfordert aber meistens eine Verringerung der Bemessungsleistung des betrachteten Typs.
→ Gegenstrombremsung, → Gleichstrombremsung [A6, E34, E35]

Schaltschütze {contactors}
→ *Schütze*

Schaltstrom {switching current}
Strom in einem → Anlasser unmittelbar vor dem Schalten einer → Stufe.
→ Anlasser, → Bild A8

Schaltungsfaktor {factor of connection}
→ Gleichstrombremsung

Schaltvorgang {switching operation}
→ Ausgleichsvorgänge

Schaltzahl
→ *Schalthäufigkeit*

Schaltzeichen {graphical symbol}
Symbolische Darstellung eines elektrischen Geräts.
Das S. soll die Art des Geräts, seine Funktion, die Verwendungsweise und den Zusammenhang zwischen Antriebs- und Schaltgliedern erkennen lassen. Es kann auch

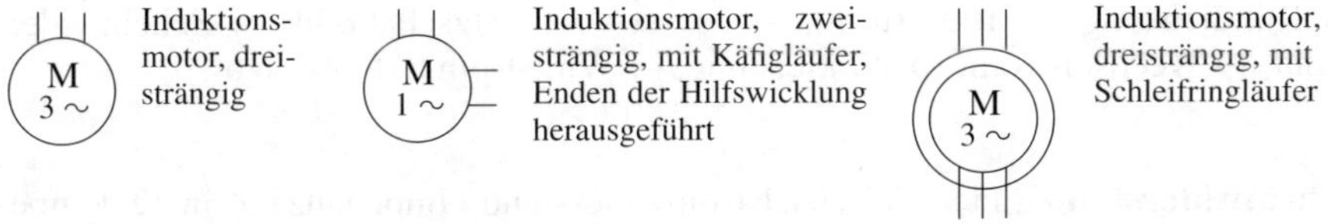

Bild S7 Schaltzeichen für Induktionsmotoren nach IEC

als *Schaltkurzzeichen* vereinfacht dargestellt werden. Beide werden zur Darstellung elektrischer Geräte oder Anlagen in *Schaltplänen* benutzt. S. für Induktionsmotoren: [N6.16]. *Beispiele*: **Bild S7**.
→ Anschlußbezeichnung

Scheibenbremse {disc brake}
Mechanische Reibungsbremse mit scheibenförmigem Rotor, der zur Erzeugung der Bremswirkung von einer axial verschiebbaren Druckscheibe gegen eine fest stehende Fläche gedrückt wird.
Beispiel für eine federbelastete, elektromagnetisch gelüftete S.: Bild B25.
→ Bremsmotoren

Scheinleistung *S* in VA (kVA) {apparent power}
Scheinbare Leistung, die sich als Rechengröße ergibt, wenn die gemessenen Effektivwerte der Wechselspannung und des Wechselstroms (ähnlich dem Gleichstrom) miteinander multipliziert werden.

Bei einphasigem Wechselstrom:

$$S = U \cdot I.$$

Bei symmetrischem dreiphasigem Wechselstrom (Drehstrom):

$$S = \sqrt{3} \cdot U \cdot I.$$

Die S. setzt sich zusammen aus der → Wirkleistung und der → Blindleistung:

$$S = \sqrt{P^2 + Q^2},$$

mit:
S Scheinleistung in VA (kVA),
P Wirkleistung in W (kW),
Q Blindleistung in VAr (kVAr).

→ Blindleistung, → Blindstrom, → cos φ, → Ersatzschaltbild, → Scheinwiderstand, → Wechselstrom, → Wirkleistung, → Wirkstrom [A5, A8, N6.10]

Scheinwiderstand (auch: Wechselstromwiderstand, Impedanz) Z in Ω {impedance}

Scheinbarer Widerstand, der sich als Rechengröße ergibt, wenn das → Ohmsche Gesetz auf die Effektivwerte von Wechselspannung und Wechselstrom angewendet wird:

$$Z = U/I,$$

mit:

Z Scheinwiderstand in Ω,
U Effektivwert der Wechselspannung (meßbar) in V,
I Effektivwert des Wechselstroms (meßbar) in A.

Der S. einer verlustbehafteten Spule setzt sich aus dem Wirkwiderstand (→ Ohmscher Widerstand) und dem → Blindwiderstand (induktiver Widerstand) zusammen (**Bild S8**):

$$Z = \sqrt{R^2 + X_L^2},$$

mit:

Z Scheinwiderstand (Impedanz) in Ω,
R Wirkwiderstand (Resistanz) in Ω,
X_L induktiver Blindwiderstand (Reaktanz) in Ω.

→ Blindleistung, → Blindstrom, → Ersatzschaltbild, → Induktivität, → Scheinleistung, → Wechselstrom, → Wirkleistung, → Wirkstrom [A5, A8, N6.10]

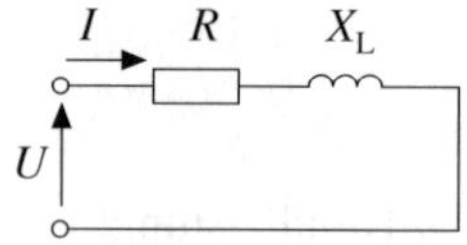

Bild S8 Darstellung einer verlustbehafteten Spule als zusammengesetzter Wechselstromwiderstand
R ohmscher Widerstand in Ω
X_L induktiver Blindwiderstand in Ω
U Wechselspannung (Effektivwert) in V
I Wechselstrom (Effektivwert) in A

Scheitelwert {peak value, amplitude}
→ Wechselgrößen

Schiffbauvorschriften {ship-building standards}
Bau- und Prüfvorschriften der verschiedenen Schiffs-Klassifikationsgesellschaften weisen Unterschiede auf (teilweise bedingt durch die unterschiedlichen Klima- und Wetterbedingungen der zu befahrenden Gewässer). Es werden grundsätzlich höhere Umgebungstemperaturen (= → Kühlmitteltemperaturen) vorausgesetzt und deshalb die → Grenz-Übertemperaturen der (Wärmeklassen nach IEC 34-1 (VDE 0530 Teil 1, [N9.1]) entsprechend oder auch darüber hinaus reduziert (**Tabelle S9**). Der Prüfumfang ist ebenfalls unterschiedlich. Eine Abnahme(-prüfung) durch einen Beauftragten der zuständigen Schiffs-Klassifikationsgesellschaft erfolgt nur in Sonderfällen, z. B. bei *betriebswichtigen* Maschinen. Darunter versteht man alle Maschinen, von deren Funktionsfähigkeit und Zuverlässigkeit der Antrieb, die Steuerung, die Sicherheit des Schiffs und die Sicherheit von Fahrgästen, Besatzung, und Ladung abhängt. Für solche Maschinen wird häufig auch ein → Wellentest vorgeschrieben.
Abnahme und Wellentest müssen bei der Bestellung vom Käufer angegeben werden!
→ Schiffsmotoren

Klassifikations-Gesellschaft	Kühlmittel-temperatur in °C	Grenzübertemperatur in °C	
		Wärmeklasse B	Wärmeklasse F
ABS American Bureau of Shipping	50	75 1)	95 1)
BV Bureau Veritas	50	70	90
GL Germanischer Lloyd	45	75	95
LRoS Loyd's Register of Shipping	45	70	90
NV Norske Veritas	45	70	90 2)
RINa Registro Italiano Navale	50	70	3)

Tabelle S9 Die häufigsten Schiffs-Klassifikationsgesellschaften und die von ihnen vorgeschriebenen Kühlmittel- und Grenz-Übertemperaturen
1) innengekühlt: 5 K weniger
2) Wärmeklasse F nur nach Genehmigung
3) Festlegung nur nach Genehmigung

Schiffsmotoren {ship motors}
Motoren für Antriebe auf Schiffen oder Offshore-Anlagen.
Motoren für Betrieb auf Handels- und Personenschiffen müssen den besonderen Aufstellungs-, Betriebs- und Sicherheitsbedingungen angepaßt sein. Es wird unterschieden zwischen → Oberdeck- und → Unterdeckaufstellung. Während Motoren für Oberdeckaufstellung gegen Brecher und kurzzeitiges Überfluten durch vollkommen geschlossene Bauweise der → Schutzart IP 55 oder IP 56 geschützt sein müssen, werden bei Unterdeckaufstellung auch offene Motoren der Schutzart IP 21 oder IP23 (kleineres Volumen bei vorgegebener Leistung!) eingesetzt. Beim Bau und der Prüfung der S. müssen die allgemeinen Vorschriften und Normen für drehende elektrische Maschinen eingehalten werden, die durch zusätzliche Vorschriften von Schiffs-Klassifikationsgesellschaften (→ Schiffbauvorschriften) ergänzt und verschärft werden. So sind Rollenlager nur in Ausnahmefällen zugelassen (Schäden durch Stillstandserschütterungen!). Die meisten Schiffe sind mit Netzen von 440 V, 60 Hz versehen, für die die Motoren bemessen werden müssen.

Schimmelbildung {fungi attack}
Schimmelpilze entstehen in feuchtem Klima bei ruhiger Luft und Temperaturen um + 30 °C. Ihre Ansiedlung auf Isolierteilen verringert die Kriechstrecken (möglicherweise Überschläge). Höhere Temperaturen unterbindet die S.; Motoren in regelmäßigem Betrieb brauchen deshalb nicht besonders geschützt zu werden. Möglicherweise müssen während Transport und längerer Lagerung Sondermaßnahmen ergriffen werden, z. B. Beutel mit Trocknungsmittel in Klemmenkasten, Säuberung und Trocknung vor Inbetriebnahme. Zweckmäßigerweise werden Isolierstoffe verwendet, die nicht oder nur geringfügig hygroskopisch sind. Vor allem ist eine sorgfältige → Tränkung anzustreben, evtl. ein zusätzlicher Überzug der Wickelköpfe mit besonderem Lack.
→ biologische, chemische und Strahlungseinflüsse, → Feuchtigkeit, → klimatische Beanspruchung, → Langzeitlagerung, → Luft- und Kriechstrecken [N9.2]

schlagwettergeschützte Motoren {firedamp motors}
→ Bergbaumotoren, → Explosionsschutz, → Explosionsschutz-Richtlinie

Schleichgang {crawling}
Bewegungsstufe mit besonders kleiner Geschwindigkeit/Drehzahl zum genauen Positionieren eines Antriebs, z. B. Aufzügen.
→ Aufzugmotoren, → Aufzugmotoren mit Regelung

Schleifring {slip ring}
Ringförmiger Teil aus elektrisch leitendem Material als elektrische Verbindung zur drehenden Läuferwicklung. Die Stromübertragung erfolgt mittels → Bürsten.
Für die Instandhaltung von B., B.haltern und Schleifringen die Anleitungen des Herstellers sorgfältig beachten! Bei B.wechsel immer die vom Hersteller festgelegte Qualität und Abmessung verwenden!
→ Bürstenabrieb, → Bürstenabhebevorrichtung, → Bürstenfeuer, → Bürstenhalter, → Schleifringe
[A2, N4.7, N4.8, N4.9]

Schleifringläufer {wound rotor}
Läufer einer → Asynchronmaschine, der eine mehrsträngige (meist dreisträngige) → Schleifringwicklung trägt.
Über → Schleifringe und → Bürsten besteht eine elektrische Verbindung nach außen. Es können äußere Widerstände eingeschaltet werden (benutzt zum → Anlassen oder zur → Drehzahlsteuerung) oder auf andere Art Eingriffe in den Läuferkreis erfolgen (z. B. → untersynchrone Stromrichterkaskade). Wird der Läufer gegen das Drehfeld angetrieben, kann die Maschine als → Frequenzumformer elektrische Energie aus dem Läuferkreis liefern; Spannung und Strom des Läuferkreises haben dann eine Frequenz > Netzfrequenz. Diese Anwendung der → Asynchronmaschine (z. B. für Schnellfrequenzwerkzeuge) wurde durch Einsatz statischer → Frequenzumrichter stark zurückgedrängt. Wurde ein S. wegen des → Anlassens gewählt, wird die Maschine meistens mit einer → Bürstenabhebevorrichtung versehen.
→ Senkbremsen [A2, A3, A5, A6, E4]

Schleifringwicklung {wound-rotor winding}
Mehrsträngige (meist dreisträngige) Läuferwicklung einer → Asynchronmaschine.

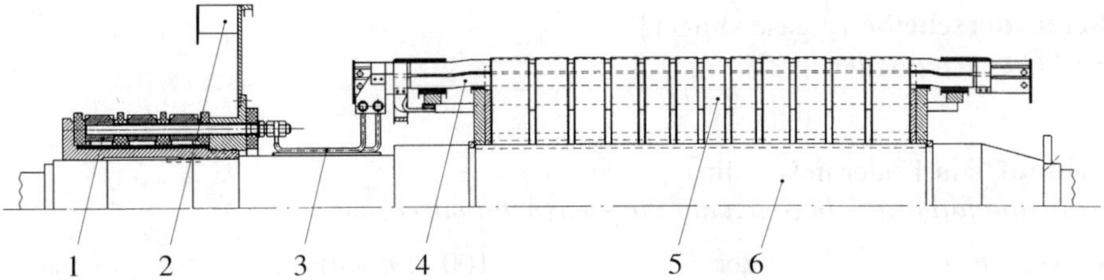

Bild S10 Schleifringläufer eines Drehstrommotors mit Stabwicklung
1 Schleifring-Körper, 2 Lüfter zur Kühlung der Schleifringe, 3 Verbindung Schleifring – Wicklung, 4 Läufer – Stabwicklung, 5 Läuferpaket, mit Luftschlitzen unterteilt, 6 Welle

Die S. ist bei kleineren Leistungen eine Runddraht-Träufelwicklung, bei größeren Leistungen meistens eine → Stabwicklung (**Bild S10**).

Schleuderdrehzahl {overspeed-test speed}
Größte Drehzahl, die eine drehende elektrische Maschine bei der → Schleuderprüfung aushalten muß. ***Tabelle S11.***
→ Schleuderprüfung [N9.1]

	Maschinenart	geforderte Schleuderdrehzahl
1	Generatoren mit Wasserturbinenantrieb sowie Hilfsmaschinen aller Art, die mit der Hauptmaschine direkt (elektrisch oder mechanisch) gekuppelt sind	höchste Überdrehzahl des Maschinensatzes (oder Vereinbarung), jedoch mindestens 1,2-fache höchste Bemessungsdrehzahl
2	Maschinen, die von der mit ihnen gekuppelten Belastungsmaschine angetrieben werden können	festgelegte Durchgangsdrehzahl des Maschinensatzes, jedoch mindestens 1,2fache höchste Bemessungsdrehzahl
3	alle übrigen	1,2fache höchste Bemessungsdrehzahl

Tabelle S11 Schleuderdrehzahlen für Induktionsmaschinen

Schleuderprüfung {overspeed test}
Prüfung einer Maschine mit → Schleuderdrehzahl
Prüfdauer: 2 min. S. gilt als bestanden, wenn keine bleibenden schädlichen Verformungen oder andere Mängel auftreten, die den normalen Betrieb der Maschine stören, und wenn (bei Schleifringwicklungen) anschließend die Wicklungsprüfung (→ Prüfung der Isolierung) bestanden wird.
Eine S. wird im Regelfall nicht als erforderlich betrachtet; sie wird nur nach Vereinbarung zwischen Hersteller und Käufer durchgeführt. [N9.1]

Schleuderscheibe {grease slinger}
→ *Fettmengenregler*

Schlupf s in 1 oder in % {slip}
→ *Schlupfdrehzahl, bezogen auf die* → *Synchrondrehzahl*

$s = (n_s - n)/n_s$ oder $s = 100 \cdot (n_s - n)/n_s$,

mit:

s	Schlupf in 1,	s	Schlupf in %,
n_s	Synchrondrehzahl in min^{-1},	n_s	Synchrondrehzahl in min^{-1},
n	Läufer(Wellen-)drehzahl in min^{-1},	n	Läufer(Wellen-)drehzahl in min^{-1}.

Der S. ist eine wesentliche Einflußgröße für das Betriebsverhalten der → Asynchronmaschine (→ Tabelle A21, → Bild A22).

Schlupfdrehzahl {slip speed}
Differenz zwischen → Synchrondrehzahl und Läuferdrehzahl

Schlupfläufer {high-resistance rotor}
Läufer mit erhöhtem Schlupf
Verwendung von Werkstoffen mit höherem spezifischen Widerstand für den → Käfig. Bei → Druckgußläufern: → Silumin. Bei gestabten Läufern: Messing oder Bronze. Der erhöhte Schlupf wird bei Antrieben mit stoßartigen Belastungen durch die Arbeitsmaschine (z. B. Schmiedemaschinen, Pressen) benötigt, um die in den Drehmassen gespeicherte kinetische Energie für den Belastungsstoß zu nutzen. Mit S. können auch → Drehzahlschwankungen gedämpft werden. Mit S. wird das Verhältnis Ständerwiderstand/Läuferwiderstand und damit die → Anlaufwärme im Ständer kleiner. Dies nutzt man gelegentlich zur Erhöhung der → Schalthäufigkeit.
[A3]

Schlupfsteuerung {slip control}
→ Drehzahlsteuerung, → Tabelle D16

Schmalbandanalyse {narrow-band analysis}
→ Geräuschmessung

Schmelzsicherung {fuse}
Schutzeinrichtung, die einen Stromkreis durch Abschmelzen eines oder mehrerer Schmelzleiter öffnen, wenn der Strom einen gegebenen Wert während einer bestimmten Dauer überschreitet.
S. sind nur als Kurzschlußschutz für Anlagen und Leitungen, nicht aber als → Motorschutz geeignet!
→ Motorschutz bei Hochspannung, → Motorschutz bei Niederspannung
[A20, A21]

Schmerzschwelle {threshold of pain}
→ Gehör

Schmiermittelgebrauchsdauer {lubricant life}
Zeitdauer, in der die Schmiermittelfüllung eines → Wälzlagers gebrauchstauglich ist. Bei Fettschmierung: S. = Fettstandzeit.
Sie hängt ab von den Eigenschaften des verwendeten Schmiermittels (meistens → Fett), dem Lager selbst und seinem konstruktiven Umfeld (→ Lagerdichtung) und den Beanspruchungen, die sich aus der Maschine und ihren Betriebsbedingungen ergeben (z. B. Drehzahl, → Lagerbelastung). Eine besonders wichtige Einflußgröße ist die → Lagertemperatur:
Dauernde Erhöhung der Lagertemperatur um rund 15 K halbiert die S.! Bei betriebswichtigen Antrieben wird deshalb häufig eine → Lagertemperatur-Überwachung vorgesehen, um thermische Überlastungen des Schmiermittels rechtzeitig zu erkennen. Weitere Einflüsse, welche die S. verringern, sind hohe Drehzahlen, Erschütterungen, Verschmutzung (Fremdkörper, Flüssigkeiten, Chemikalien), Nachschmieren mit ungeeignetem Fett!
Liegt die S. in der Größenordnung der → Lagerlebensdauer, dann erreicht man *Dauerschmierung*. Sie ist gegenüber einer Ausführung mit → *Nachschmieren* zu bevor-

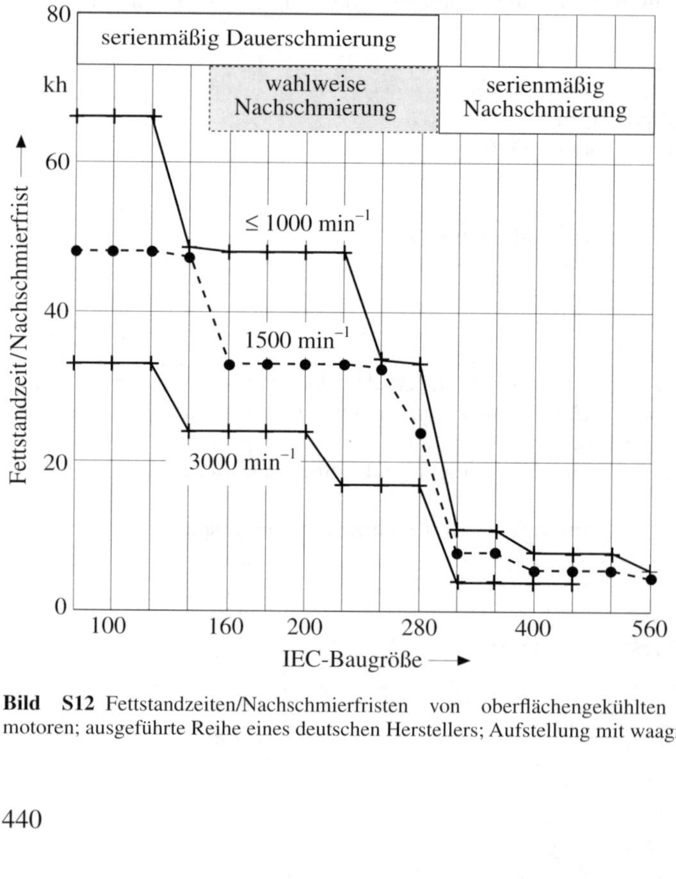

Bild S12 Fettstandzeiten/Nachschmierfristen von oberflächengekühlten Drehstrom-Käfigläufermotoren; ausgeführte Reihe eines deutschen Herstellers; Aufstellung mit waagrechter Welle

zugen, erfordert allerdings bestimmte Voraussetzungen, wie: Kugellager statt Rollenlager, Kupplungstrieb (mit sorgfältiger Ausrichtung), Dauerbetrieb (ohne Überlastungen, ohne Schalthäufigkeit, ohne → Anlauf- und → Bremswärme), → Spannungs- und Frequenzschwankungen während des Betriebs innerhalb der zulässigen Grenzen, keine sonstigen besonderen Beanspruchungen (z. B. Erschütterungen, → Lagerstrom). Ob Dauerschmierung möglich ist, muß individuell entschieden werden (Herstellerangaben). → Motoren für allgemeine Zwecke sind unter den → Betriebs-Bezugsbedingungen nach [N9.2] im allgemeinen für Dauerschmierung geeignet bis zu Leistungen von rund 100 kW; bei größeren Motoren werden die S. so kurz, daß auf Nachschmierung übergegangen werden muß (*Beispiel*: **Bild S12**). Dort ergibt sich die Nachschmierfrist ebenfalls aus der S. Bei der Festlegung von Nachschmierfristen ist zu beachten, daß auch unter vergleichbaren Betriebsbedingungen die S. bis zu einer Größenordnung von 1 : 10 streuen kann; Betriebserfahrungen an vergleichbaren Maschinen unter vergleichbaren Bedingungen sind deshalb eine notwendige Ergänzung bei der praktischen Anwendung der Schmiertheorie.

Herstellerangaben zum Nachschmieren (→ Betriebsanleitung, Schmierschild) sind sorgfältig zu beachten!

→ Axiallast, → Querkraft, → Schmierung

[A12, A21, E14, E15, E24, E41, N7.11, N7.12, **N7.16**, **N7.17**]

Schmierung {lubrication}

Reibungs- und verschleißmindernde Versorgung der Berührungsflächen von Lagern mit Schmiermittel.

Die Berührungsflächen im Lager sollen durch einen Schmierfilm getrennt werden; eine Schmierfilmdicke von wenigen 0,1 µm reicht dazu aus. Deshalb stören auch kleinste Verunreinigungen schon die S.

Peinliche Sauberkeit der Lagerung und des Schmiermittels während der Fertigung und des Betriebs ist Grundvoraussetzung einer langen → Lagerlebensdauer! Nicht umsonst wird bei der → modifizierten Lagerlebensdauer der Einfluß der S. mit einem getrennten Faktor [N7.16] berücksichtigt. Ein geeigneter Schmierzustand stellt sich nur bei elastischer Verformung der Rollkörper und Laufbahnen ein, d. h., das Lager muß eine bestimmte Mindestbelastung haben. Diese ist bei elektrischen Maschinen mit waagrechter Welle im allgemeinen schon durch das Läufergewicht gegeben. Bei senkrechter Welle muß das Loslager federnd vorgespannt sein (→ angestelltes Lager), was nur bei Kugellagern möglich ist. Rollenlager sind in dieser Aufstellung nur bei definierten → Querkräften zu empfehlen. Der tragfähige Schmierfilm bildet sich nur bei bestimmter Viskosität (Zähigkeit) des Ölanteils im Schmierstoff. Diese wiederum ist stark von der Temperatur und vom Druck abhängig. Beides ist bei der Wahl des Schmierstoffs und der Festlegung der → Schmiermittelgebrauchsdauer zu berücksichtigen.

→ Axiallast, → Fett, → Lagerbelastung, → Lagerdichtung, → Lagertemperatur, → Nachschmieren, → Nachschmiereinrichtung
[A12, A21, E14, E15, E24, E41, N7.11, N7.12, N7.16, **N7.17**]

Schnittstelle {interface}
Die Verantwortung für einen betrachteten technisch-physikalischen Sachverhalt (z. B. für die Funktionstüchtigkeit eines Motors) wechselt ***zwischen verschiedenen Menschen*** *(Einzelpersonen, Abteilungen oder Firmen),* ***zwischen Mensch und Maschine*** *(Bedienungspersonal und Überwachungs- oder Steuerorganen) oder direkt zwischen unterschiedlichen technischen Systemen.*
Jede S. birgt → Risiken infolge mangelhafter Kommunikation*). S. können deshalb nur beherrscht werden durch ausreichende Qualität der Kommunikation aller Beteiligten in der Kette zwischen Antriebsplaner, Hersteller, Transporteur, Errichter, Betreiber, Instandhalter und (notfalls) Entsorger. An jeder Kommunikation in dieser Kette sind Menschen beteiligt; die S. können deshalb nie automatisch beherrscht werden**). Technisch wichtige S. beim Drehstrommotor: **Bild S13**, **Tabelle S14**; kaufmännisch wichtige S.: der → Gefahrenübergang.

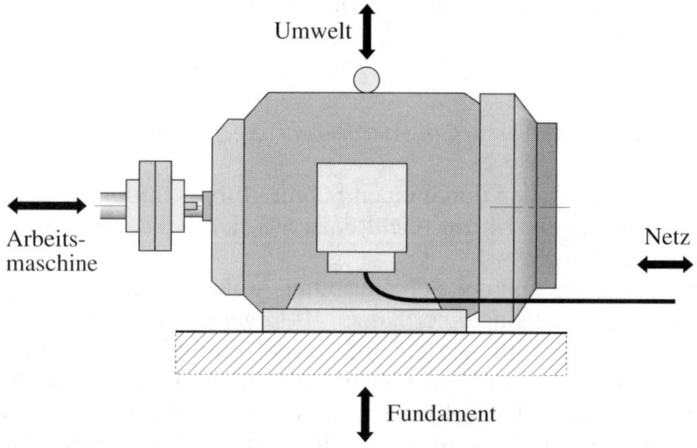

Bild S13 Technisch wichtige Schnittstellen beim Drehstrommotor

---

*) Kommunikation in diesem Zusammenhang = Vollständige Übermittlung relevanter Informationen zum richtigen Zeitpunkt an die richtige Adresse und vom Empfänger richtig verstanden.

**) Jede Generation von Mitarbeitern, die neu in die Antriebstechnik kommt, macht gerade in diesem Punkt dieselben Fehler wie alle Generationen vor ihr – den Autor ausdrücklich eingeschlossen. Vielleicht hat *Curt Goetz* (deutscher Schriftsteller und Schauspieler, 1888 – 1960) recht, daß die Menschheit zu dumm ist, den Erreger ihrer eigenen Dummheit zu entdecken. Das *Individuum* allerdings ist lernfähig, sonst hätte der geschätzte Leser dieses Buch nicht in der Hand. *Prosit*! das heißt wörtlich: *Es möge nützen*!

	Schnittstelle	zu beherrschen sind:
1	Motor – Arbeitsmaschine	Übertragung von Kräften und mechanischer Energie; Lage der Wellen zueinander; Zusatzkräfte und Zusatzmomente
2	Motor – Netz	sicherer Leiteranschluß; Überströme und Überspannungen; Spannungsfälle; Spannungs- und Frequenzschwankungen; Funkstörung; Umrichterspeisung
3	Motor – Fundament	Abstützung des Drehmoments und zusätzliche Kräfte; Position der Wellenmitte und Wellenlage; Körperschallemission; Fundamentresonanzen; Fremderschütterungen; Stöße
4	Motor – Umwelt	Schutz gegen Berührung, Fremdkörper, Wasser, Korrosion; Klimaeinflüsse; Wärmeabfuhr; Geräuschemission; EMV

Tabelle S14 Schnittstellen nach Bild S13 und die damit verbundenen Probleme

Schockfestigkeit {shockproofness}

Festigkeit einer Maschine oder eines Maschinensatzes gegen einen einzelnen, nicht häufig wiederholten Stoß (Schock).

Stöße können auftreten z. B. bei Erdbeben, Explosion, Fahrwerkkollision. Dadurch vergrößern sich die Gewichtskräfte mit dem *Lastvielfachen* (= Verhältnis der auftretenden Beschleunigungsamplitude zur Erdbeschleunigung). Es treten erhöhte mechanische Beanspruchungen auf, die von der Richtung des Schocks abhängig sind.

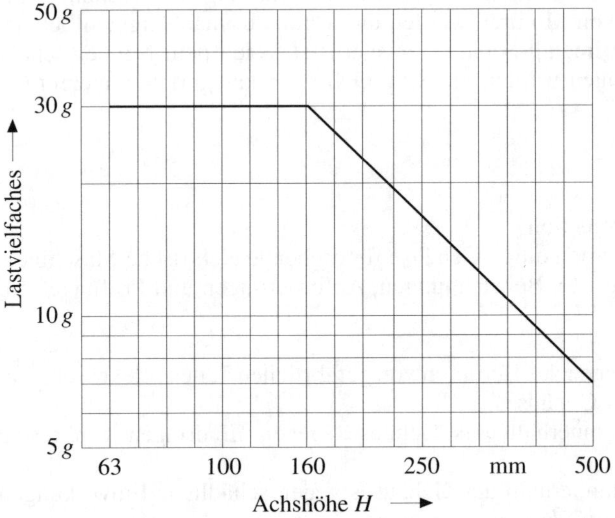

Bild S15 Schockfestigkeit einer ausgeführten Reihe von oberflächengekühlten Drehstrom-Käfigläufermotoren in katalogmäßiger Ausführung; $g = 9{,}81\ \mathrm{m/s^2}$ (Erdbeschleunigung)

Beispielsweise wird bei Belastung quer zur Längsachse die Welle durchfedern, und die radialen Lagerkräfte werden höher; bei Belastung in Richtung der Längsachse werden die axialen Lagerkräfte höher. Die S. einer Maschine wird als zulässiges Lastvielfaches (*Beispiel* **Bild S15**) unter ungünstigsten Bedingungen für das jeweils kritische Bauteil ermittelt, wobei man vereinfachend die Last als statisch betrachtet. Sollen der zeitliche Verlauf der Beschleunigung (oder evtl. des Schwingwegs wie bei einem Erdbeben) und dessen Auswirkung auf die Festigkeits- und elastischen Eigenschaften der Maschine genau untersucht werden, muß man unter anderem die Kopplung mit anderen Massen (z. B. der gekuppelten Arbeitsmaschine und dem Fundament) berücksichtigen. Der damit verbundene Rechenaufwand ist in den wenigsten Fällen gerechtfertigt!

Schrägkugellager {angular contact ball bearing}
→ *Wälzlager*

Schütze {contactor}
Fernschalter mit Rückstellkraft, die durch ihren Antrieb betätigt und gehalten werden.
Bestimmt für große Schalthäufigkeit zum Schalten von Strömen im ungestörten Zustand von Betriebsmitteln einschließlich betriebsmäßiger Überlast. Gegen Kurzschluß muß eine Schutzeinrichtung (z. B. → Schmelzsicherung) vorgeschaltet werden. Als Überlastschutz von Motoren werden die S. mit stromabhängigen Schutzeinrichtungen (z. B. → Bimetall-Schalter) ausgerüstet. Nach dem Nenneinschalt- und Nennausschaltvermögen werden die S. in Gebrauchskategorien eingeteilt (→ Motorschutzschalter).
[N4.26]

Schutzart IP {type of protection}
Klassifikation von Schutzarten durch Gehäuse für drehende elektrische Maschinen. IEC 34-5 [N9.5] legt Begriffe, Bezeichnungen, Anforderungen und Prüfungen für S. fest.
Schutzziel:
- Schutz von Personen gegen das Berühren von gefährlichen Teilen (elektrisch, mechanisch) innerhalb des Gehäuses,
- Schutz der Maschine innerhalb des Gehäuses gegen Eindringen von festen Fremdkörpern,
- Schutz der Maschine innnerhalb des Gehäuses gegen schädliche Einwirkungen durch das Eindringen von Wasser.

Bezeichnung durch IP-Code:

IP-Code (*Beispiel*)	IP	2	3	W
Bezeichnungsstelle	0	1	2	3

Stelle 0: Code-Buchstaben (**I**nternational **P**rotection; gleichbleibend),
Stelle 1: erste Kennziffer (Berührungs- und Fremdkörperschutz; Ziffern 0 bis 5; **Tabelle S16**)
Stelle 2: zweite Kennziffer (Wasserschutz; Ziffern 0 bis 8; **Tabelle S17**),
Stelle 3: Ergänzungsbuchstabe (zusätzliche Angaben; wahlweise; **Tabelle S18**).

erste Kennziffer	**gegen Eindringen von festen Fremdkörpern**	**gegen Berühren von gefährlichen Teilen mit …**
0	(nicht geschützt)	(nicht geschützt)
1	≥ 50,0 mm Durchmesser	Handrücken
2	≥ 12,5 mm Durchmesser	Finger
3	≥ 2,5 mm Durchmesser	Werkzeug
4	≥ 1,0 mm Durchmesser	Draht
5	staubgeschützt	Draht

Tabelle S16 Erste Kennziffer (Fremdkörper- und Berührungsschutz) des IP-Codes

zweite Kennziffer	**gegen Eindringen von Wasser mit schädlichen Wirkungen**	**Definition**
0	(nicht geschützt)	
1	senkrechtes Tropfen	senkrecht fallende Tropfen dürfen keine schädliche Wirkung haben
2	Tropfen (15° Neigung)	senkrecht fallende Tropfen dürfen keine schädliche Wirkung haben, wenn das Gehäuse um einen Winkel bis zu 15° beiderseits der Senkrechten geneigt ist
3	Sprühwasser	Wasser, das in einem Winkel bis zu 60° beiderseits der Senkrechten gesprüht wird, darf keine schädlichen Wirkungen haben
4	Spritzwasser	Wasser, das aus jeder Richtung gegen das Gehäuse spritzt, darf keine schädlichen Wirkungen haben
5	Strahlwasser	Wasser, das aus jeder Richtung als Strahl gegen das Gehäuse gerichtet ist, darf keine schädlichen Wirkungen haben
6	starkes Strahlwasser	Wasser, das aus jeder Richtung als starker Strahl gegen das Gehäuse gerichtet ist, darf keine schädlichen Wirkungen haben
7	zeitweiliges Untertauchen	(→ Untertauchen von drehenden elektrischen Maschinen)
8	dauerndes Untertauchen	

Tabelle S17 Zweite Kennziffer (Wasserschutz) des IP-Codes

Ergänzungsbuchstabe	ergänzende Informationen speziell für ...
H	Hochspannungsgeräte
M	Maschine dreht bei Wasserprüfung
S	Maschine ruht bei Wasserprüfung
W	Wetterbedingungen

Tabelle S18 Ergänzungsbuchstaben des IP-Codes

Die konstruktive Verwirklichung eines bestimmten Schutzgrads bleibt dem Hersteller überlassen. Welchen Kennziffern eine betrachtete Maschine entspricht, zeigen die Ergebnisse genormter Prüfungen, wenigstens an baugleichen Prüfmustern [N9.5]. Versagt eine Maschine bestimmter Schutzart unter bestimmten Umgebungsbedingungen, so kann daraus meistens geschlossen werden, daß eine *ungeeignete Schutzart bestellt* wurde (und nicht, daß die Maschine der bestellten Schutzart nicht entspricht). Welche S. bei gegebenen Einsatzbedingungen gewählt werden muß, ist in erster Linie eine Entscheidung des Käufers und orientiert sich an praktischen Erfahrungen mit ähnlichen Anlagen unter ähnlichen klimatischen Bedingungen; die Erfahrungen des Herstellers sollten dabei Berücksichtung finden (**Tabelle S19**).

Schutzart IP 44 und IP 54	Motoren können in staubiger oder feuchter Umgebung aufgestellt werden. Für Motoren, die bei sachgemäßer Lagerung oder Aufstellung im Freien mäßigen Witterungseinflüssen ausgesetzt werden, ist keine besondere Maßnahme erforderlich.
Schutzart IP 55 und IP 56	Bei extremen klimatischen Verhältnissen wird mindestens Schutzart IP55 empfohlen, z. B. bei andauernder Nässe (über 80 % relative Luftfeuchte), feuchtwarmem Tropenklima, aggressiver Industrieatmosphäre, ungeschützter Aufstellung im Freien mit Gefahr von Sturmregen und im Küstenklima.

Tabelle S19 Schutzart und klimatische Bedingungen
(Empfehlungen eines deutschen Herstellers für die Wahl der Schutzart von Drehstrommotoren)

→ Staubdichte Ausführung (Schutzgrad IP 6X) ist nach [N9.5] für drehende elektrische Maschinen nicht vorgesehen, weil Schutzgrad IP 5X vor schädlichen Auswirkungen eingedrungenen Staubes schützt.
→ Untertauchen von drehenden elektrischen Maschinen, → Wetterschutz
[**A21**, E53]

Schutzdach {protecting cover}
Verhindert das senkrechte Hineinfallen von Fremdkörpern in die Ansaugöffnungen der Lüfterhaube.

Für explosionsgeschützte Motoren mit senkrechter Welle (Lüfterhaube zeigt nach oben) zwingend vorgeschrieben.
→ Zündschutzarten [A13, E8, N3.1]

Schutzgrad {degree of protection}
Umfang des Schutzes durch die → Schutzart IP
Beispiel: *Schutzgrad IP X5* bietet Schutz gegen Strahlwasser; Buchstabe *X* drückt aus, daß der Fremdkörper- und Berührungsschutz bei dieser Betrachtung außer Acht gelassen wird.
[N9.5]

Schutzleiterklemme {protective conductor terminal}
→ Erdungsklemme

Schutzschalter {protective motor starter}
→ *Motorschutzschalter*

Schutz von Hochspannungsmotoren {protection of high-voltage motors}
→ *Motorschutz bei Hochspannung*

Schutz von Niederspannungsmotoren {protection of low-voltage motors}
→ *Motorschutz bei Niederspannung*

Schweranlauf {heavy starting}
Anlauf eines Antriebs mit besonders großen Trägheitsmomenten, der hohe Beschleunigungsmomente erfordert.
Die Motorbemessung für S. (z. B. bei Zentrifugen, Walzwerken, Fahrzeugen) erfolgt meist nach der erforderlichen Beschleunigung und nach der mit den großen → Trägheitsmomenten zwangsläufig verknüpften → Anlaufwärme (evtl. auch → Bremswärme).
→ Anlaßschwere [A6]

Schwinggeschwindigkeit {vibration velocity}
Augenblickswert der Geschwindigkeit einer mechanischen Schwingung
→ Schwingstärke, → Wechselgröße [A8, N2.17, N6.9, N9.12]

Schwingstärke {vibration severity}
Gemessener Effektivwert der Schwinggeschwindigkeit.
Aufstellungs- und Prüfbedingungen für drehende elektrische Maschinen ab Achshöhe 56: [N9.12]. Diese Norm ist nur anwendbar für Maschinen, die allein (ohne Arbeitsmaschine, Leerlauf) und bei freier Aufhängung (an Federn aufgehängt oder auf elastischer Unterlage aufgestellt) geprüft werden. Sie gilt nicht für bestimmte Maschinen, z. B. einphasig betriebene Drehstrommaschinen. Zweck dieser Norm ist es, das Schwingungsverhalten allein der Maschine unter definierten Bedingungen und damit reproduzierbar und vergleichbar darzustellen. Grenzwerte für die S. sind ebenfalls genormt (**Tabelle S20**). Ohne besondere Vereinbarung gilt *Qualitätsstufe (S.-Stufe) N (normal)*. Die S. hängt zwar von der → Wuchtgüte ab, aber ganz wesentlich auch von den elastischen Eigenschaften der → Lagerung und der sie tragenden Teile und auch von den möglicherweise vorhandenen elektromagnetischen Anregungen. Ein direkter Zusammenhang zwischen S. und Wuchtgüte besteht deshalb nicht.
Die S. der Maschine gibt im allgemeinen keinen Aufschluß über das Schwingungsverhalten des gesamten Antriebsaggregats. Werden dort unzulässig hohe Schwingungen festgestellt, bedarf es erfahrungsgemäß einer engen Zusammenarbeit von Hersteller, Maschinenbauer und Betreiber, um die Ursachen zu ergründen. Häufige Ursachen: falsch gewuchtete → Übertragungselemente (auf Wuchtmethode *Halbkeil/Vollkeil* achten!); ungenaue Ausrichtung Motor/Arbeitsmaschine (Betriebsanleitung beachten!); Resonanzen eines verwindungsweichen → Grundrahmens; Verspannung des Motors bei der Fundamentbefestigung. Besonders anfällig für Schwingungen sind erfahrungsgemäß stählerne Hochbauten, weil sie meistens nur nach statischer Belastung bemessen sind, ohne daß dynamische Gesichtspunkte berücksichtigt wurden.
→ angestelltes Lager, → Auswuchten, → Fundament, → Fundamentbelastung, → Fundament und Maschinenbefestigung, → Gehäuseschwingungen, → Installation, → Kuppeln zweier Wellen, → Kupplung, → Paßfeder, → Schwingstärkestufe, → Unwucht, → Wuchtgüte [A2, E10, E13, N2.16, N2.17 bis N2.20]

Qualitätsstufe	**Drehzahl** min^{-1}	$56 \le H \le 132$ [1]	$132 < H \le 225$ [1]	$225 < H \le 400$ [1]	$H > 400$ [1]	$H > 400$ [2]
N (normal)	$600 < n \le 3600$	1,80	2,80	4,50	4,50	2,80
R (reduziert)	$600 < n \le 1800$	0,71	1,12	1,80	3)	
	$1800 < n \le 3600$	1,12	1,80	2,80		
S (spezial)	$600 < n \le 1800$	0,45	0,71	1,12		
	$1800 < n \le 3600$	0,71	1,12	1,80		

Tabelle S20 Grenzwerte der Schwingstärke (in mm/s) für Drehstrommaschinen
1) freie Aufhängung
2) starre Aufstellung, wahlweise zu 1) (Ergebnisse nicht vergleichbar!)
3) keine Festlegung

Schwingstärkestufe {vibration severity grade}
Beurteilungsstufe für die → Schwingstärke einer Maschine
Allgemeine Empfehlungen für die Beurteilung mechanischer Schwingungen von Maschinen: [N2.19]. Diese Richtlinie enthält unverbindliche Werte für das Schwingverhalten verschiedener Maschinengruppen (**Bild S21**). Verbindliche Grenzwerte für die Schwingstärke drehender elektrischer Maschinen gibt allein [N9.12]; ohne besondere Vereinbarung gilt die dort spezifizierte *Qualitätsstufe N*. Für höhere Anforderungen an die Laufruhe können *Qualitätsstufe R* oder *S* vereinbart werden.

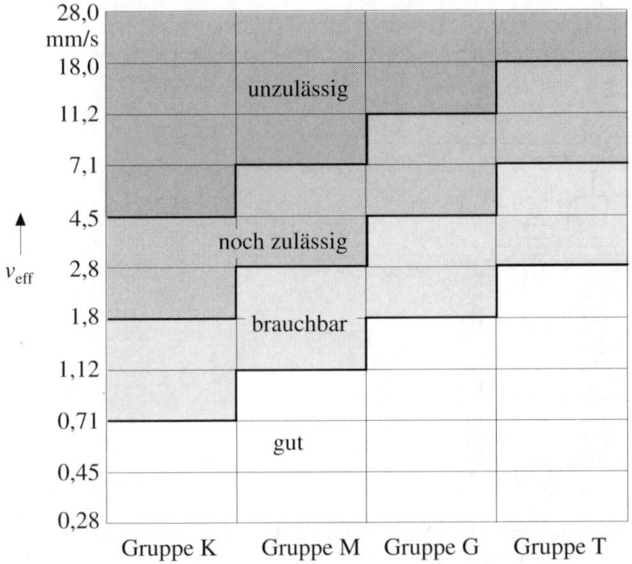

Bild S21 Empfohlene Beurteilungsgrenzen für das Schwingverhalten von Maschinen nach [N2.19]
Gruppe K Kleinmaschinen — Gruppe G Großmaschinen
Gruppe M mittlere Maschinen — Gruppe T Turbomaschinen

Schwingung {vibration}
Periodisch wiederkehrender Zeitverlauf einer physikalischen Größe.
Die ungedämpfte S. wird durch *Amplitude* und → *Kreisfrequenz* gekennzeichnet, ihr Energieinhalt oder Energietransport durch den *Effektivwert* (→ Wechselgröße, Bild W7). Mechanische Schwingungen können auch durch elektromagnetische Kräfte angeregt werden.
→ Ausgleichsvorgänge, → Drehschwingungen, → Körperschall, → kritische Drehzahl, → Schalldruck, → Schwingstärke, → Wechselstrom [N6.9]

Schwingungsdämpfer {vibration absorber}
Gummi-elastische Elemente zur schwingungsdämpfenden Aufstellung von Maschinensätzen mit gemeinsamem → Grundrahmen.
Für Maschinensätze, die schwingungsisoliert aufgestellt werden sollen, müssen verstärkte und besonders verwindungssteife Grundrahmen verwendet werden. Diese dürfen nicht ausgegossen werden! Der vom Maschinensatz erzeugte → Körperschall und die Schwingungen (z. B. durch Restunwucht) werden in den S. zum großen Teil in Wärme umgewandelt und dadurch nicht an den Baugrund oder die tragende Struktur weitergeleitet (**Bild S22**). Wenn Verwindungen in der tragenden Untergrundstruktur auftreten können (z. B. auf Schiffen), wird der Grundrahmen nur auf drei Punkten aufgestellt.

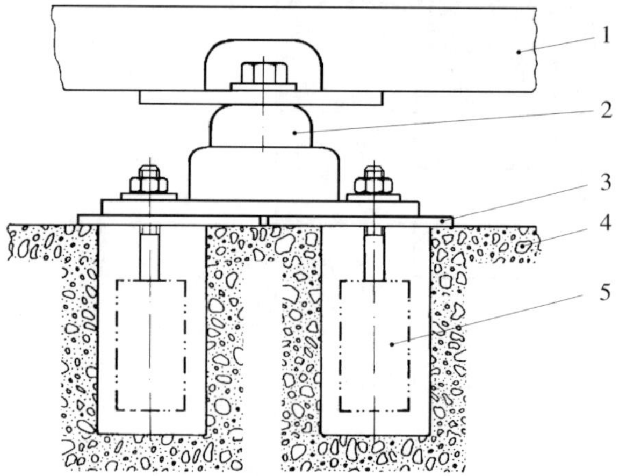

Bild S22 Aufstellen eines Grundrahmens für einen Maschinensatz auf Schwingungsdämpfern
1 Grundrahmen
2 Schwingungsdämpfer
3 Unterlegblech
4 Fundament
5 Steinschraube

Schwingwegamplitude {deflection amplitude}
→ Schwingung

Schwitzwasser {condensate}
→ Kondenswasser

Schwungmoment GD^2 in kpm^2 {fly-wheel effect, Wk^2}
veralteter Begriff. Ersetzt durch → Massenträgheitsmoment.

$GD^2 = 4\,J,$

mit:
GD^2 Schwungmoment in kpm^2,
J Massenträgheitsmoment in kgm^2.

Schwungrad {fly wheel}
Drehkörper zur gezielten Vergrößerung des → Trägheitsmoments.
S. sind Speicher für kinetische Energie und wirken bei Laststößen, ungleichförmigen Belastungen und → Drehschwingungen dämpfend; allerdings sollten sie möglichst nahe an der Quelle des winkelabhängigen oder → Pendelmoments sitzen. Ein S. wird auch verwendet, um Drehbeschleunigungen zu begrenzen (z. B. bei → Aufzugmotoren; Bild D5).
→ Drehzahlschwankungen, → Stoßmoment und Stoßstrom [A6]

Sechsphasenmotor {six-phase motor}
Motor mit zwei Drehstromwicklungen (sechs Wicklungssträngen)

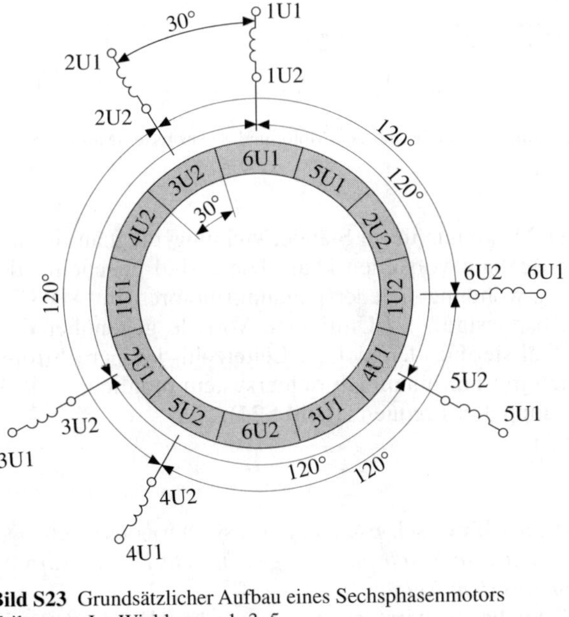

Bild S23 Grundsätzlicher Aufbau eines Sechsphasenmotors
Teilsystem I Wicklungen 1, 3, 5
Teilsystem II Wicklungen 2, 4, 6

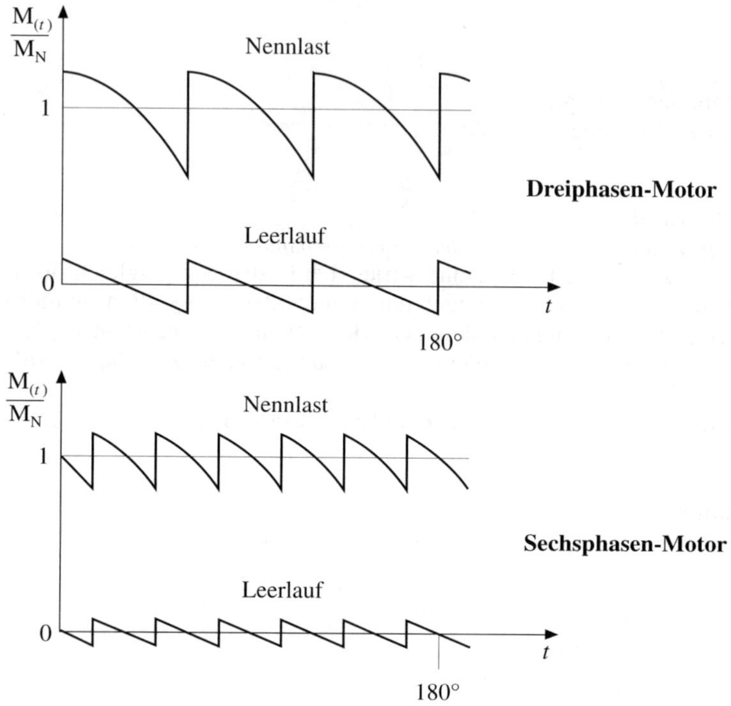

Bild S24 Zeitlicher Verlauf des Drehmoments von Dreiphasen-Motor und Sechsphasen-Motor am sechspulsigen *I*-Umrichter

Unterschiede zum dreiphasigen Motor nur in der Ständerwicklung, die man sich aus zwei Drehstromwicklungen aufgebaut vorstellen kann. Diese sind gegeneinander um 30° versetzt (**Bild S23**). Anwendung: Niederspannungsmotoren im MW-Bereich mit Speisung durch sechsphasige → *I*-Umrichter. Vorteile gegenüber dem Dreiphasenmotor: leichtere Realisierung der kleinen Leiterzahl, kleinere Ströme (sechs Zuleitungen), Notbetrieb mit nur einem Umrichtersystem möglich, → Pendelmomente halb so groß mit doppelter Frequenz (**Bild S24**).
→ Drehzahlschwankungen [E4]

Selbsterregung der Asynchronmaschine {self-excitation on asynchronous machines}
Erregung einer → Asynchronmaschine durch parallel geschaltete Kondensatoren ohne Lieferung von Blindstrom aus dem Netz.
Bei Inselbetrieb eines → Asynchrongenerators muß eine Kondensatorbatterie (**Bild S25**) bestimmter Mindestgröße vorgesehen werden, damit Selbsterregung ein-

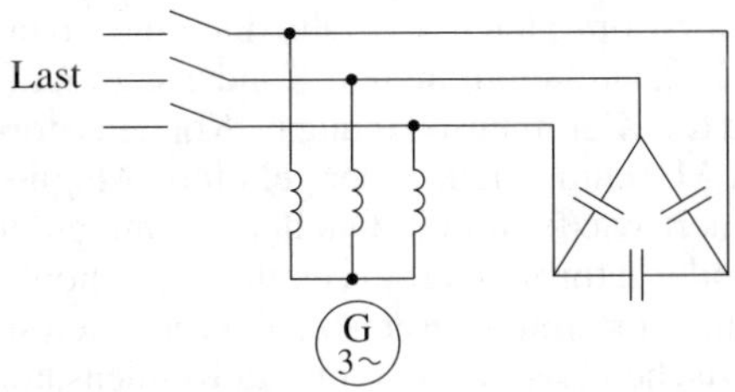

Bild S25 Asynchrongenerator im Inselbetrieb mit Selbsterregung durch Kondensatoren

tritt. Der Blindstrombedarf des Generators richtet sich nach seiner → Leerlaufkennlinie; die Blindstromlieferung des Kondensators dagegen erfolgt linear mit der Klemmenspannung (Kondensatorgerade, **Bild S26**). Im Leerlauf sind Magnetisie-

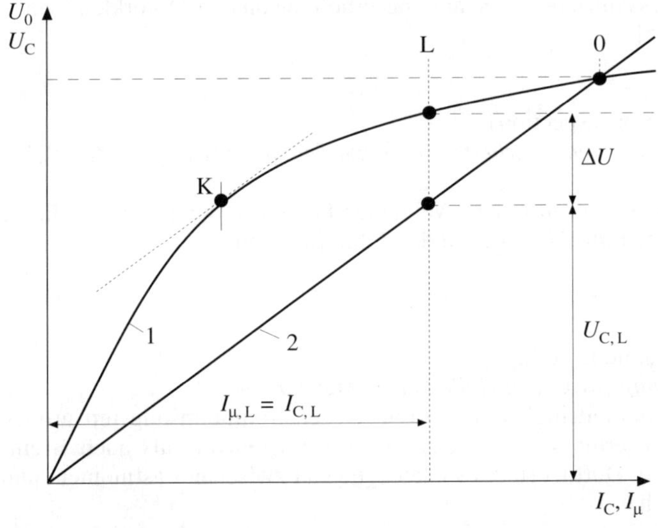

Bild S26 Spannungsschwankung eines selbsterregten Asynchrongenerators bei Änderung einer rein ohmschen Last (Prinzip)

1	Leerlaufkennlinie des Generators $U_0 = f(I_\mu)$
2	Kondensatorgerade $U_C = I_C/(\omega \cdot C)$
0	Leerlaufpunkt
L	Zustand bei Belastung
K	Kippgrenze
ΔU	Spannungsfall in der Ständerwicklung
$U_{C,L}$	Kondensatorspannung bei Last = Klemmenspannung des Generators
$I_{\mu,L}$	Magnetisierungsstrom bei Last
$I_{C,L}$	Kondensatorstrom bei Last

rungsstrom des Generators und Kondensatorstrom gleich; es stellt sich eine Spannung entsprechend dem Schnittpunkt von Leerlaufkennlinie und Kondensatorgeraden ein. Bei Belastung des Generators wird die Klemmenspannung (= Kondensatorspannung) durch die Spannungsfälle in der Maschine kleiner, der gelieferte Magnetisierungsstrom reduziert sich und verkleinert wiederum die Quellenspannung der Maschine. Außerdem geht ein Teil des Kondensatorblindstroms an den evtl. induktiven Verbraucher und damit für die Erregung verloren. Dieser Vorgang setzt sich so lange fort, bis Blindstromgleichgewicht zwischen Last, Generator und Kondensator herrscht. Die Belastung kann nur so lange erhöht werden, bis die Spannung auf den Wert der Kippgrenze abgesunken ist. Mehr Blindstrom kann der Kondensator nicht liefern; die Spannungserzeugung bricht zusammen. Mit festen Kondensatoren treten also abhängig von der Belastung große Spannungsschwankungen auf. Diese können nur durch eine regelbare Kondensatorbatterie verringert werden.
Bei *Motoren mit → Blindstromkompensation* muß die Kondensatorbatterie beim Abschalten durch ein eigenes Schütz von der Motorwicklung getrennt werden. Sonst Weiterlaufen des Antriebs mit Spannungserhöhung an den Motorklemmen!
→ Windgenerator [A5]

Selbstprüfung {operator inspection}
→ Qualitätsprüfung, die vom Bearbeiter selbst durchgeführt wird zum Zweck der Qualitätslenkung.
Beispiel: Messen eines geschliffenen Wellendurchmessers durch den Bediener selbst und erforderlichenfalls Nachstellen der Schleifmaschine.
[N8.16]

Senkbremsung {dynamic lowering}
→ Elektrische Bremsung zur Geschwindigkeitsbegrenzung
Bei Hebezeugen mit Schleifringläufermotoren: Gegenstrombremsung mit großen Läufervorwiderständen ermöglicht Geschwindigkeitsbegrenzung als auch Bremsung bis zum Stillstand. Dort ist stabiles Gleichgewicht zwischen Lastmoment und Motormoment möglich.

Serienprüfung {serial test}
Undefinierter Begriff; gemeint ist damit meistens die → Endprüfung an jedem einzelnen Stück (→ Stückprüfung) von Produkten einer Serienfertigung.
Bestandteil der → Qualitätssicherung ist die Festlegung der Prüfungen und ihres Umfangs, die an elektrischen Maschinen durchgeführt werden, wenn diese in Serie, in häufig wiederkehrender Ausführung oder mit unwesentlichen Modifikationen gegenüber bereits geprüften Produkten gefertigt werden.
[N8.16]

Service Factor *SF*
*Verhältniszahl einer unter festgelegten Bedingungen zulässigen Überlast zur Bemessungsleistung von **offenen, durchzugsbelüfteten Motoren** nach US-Norm**).
Bedingungen: Überlast im Dauerbetrieb verfügbar; Wicklungstemperatur darf um 10 K höher sein; Wirkungsgrad und Leistungsfaktor dürfen sich ändern; Angabe auf dem Leistungsschild nur bei SF $\neq$ 1. Danach beträgt für Maschinen, die im Bemessungsbetrieb die Grenz-Übertemperaturen z. B. der Wärmeklasse B haben, $SF \approx 1{,}06$ – ohne daß irgendeine Änderung an der Maschine erforderlich ist.
Abstimmung mit dem Besteller über die Definition des *SF* ist dringend erforderlich, um unnötige Überdimensionierung zu vermeiden!
[E57]

Servomotor {servo motor}
Motor mit besonderen Eigenschaften für Stell- und Regelantriebe.
Eigenschaften: kleines Trägheitsmoment, hohes Impulsdrehmoment (= kurzzeitig verfügbares Moment), hohe Regel- und Positioniergenauigkeit. Verwendung: Stell- und Positionierregelungen bei Werkzeugmaschinen, Handhabungs- und Transporteinrichtungen, Industrieroboter u. a. m. Neben Gleichstrom- und Synchronmotoren (meist mit Erregung durch Dauermagnete) werden auch → Asynchronmotoren mit Käfigläufer verwendet. Ihre Versorgung erfolgt aus einem → *U*-Umrichter mit Anpassung an den Verwendungszweck, meist bestehend aus: halbgesteuerter Drehstrombrückenschaltung mit Anlaufautomatik, Bremswiderstand für Vierquadrantenbetrieb, Wechselrichter (Leistungsteil, Führungssystem, Überwachung, Zusatzfunktionen). Eine Schnittstelle ermöglicht die Ankopplung an übergeordnete Prozeßleitsysteme.
[A2, A7]

Sicherheitsbremse {fail-safe brake}
Bremse, die bei Stromausfall automatisch einfällt.
Beispiel: Federdruckbremse mit elektromagnetischer Lüftung (→ Ruhestrom-Prinzip).
→ Bremsmotoren

Sicherheitskupplung {fail-safe coupling}
Kupplung, die bei Überschreiten eines bestimmten Drehmoments die Kraftübertragung begrenzt (Reibungskupplung, Rutschkupplung) oder unterbricht (Kupplung mit Sollbruchstelle).
→ Kupplung [A7]

---

*) NEMA MG1-14.36

Sichtprüfung {visual inspection}
Prüfung durch Anschauen.
Einfach durchzuführende Prüfung für sichtbare Merkmale (z. B. Wickelköpfe auf vereinzelt stehende Drähte, Anstriche auf Gleichmäßigkeit und Vollständigkeit). Teilweise kann die S. durch keine andere Prüfung ersetzt werden.

SI-Einheiten {SI units}
→ Einheiten

Silumin {silumin}
Aluminium-Druckgußlegierung mit verringerter elektrischer Leitfähigkeit.
Durch Beigabe von Silizium kann die → Leitfähigkeit des reinen Aluminiums von rund 37 Sm/mm^2 bis auf etwa 15 Sm/mm^2 verringert werden. Anwendung für → Druckgußläufer (→ Schlupfläufer) zur gezielten Erhöhung des Läuferwiderstands. Anwendung z. B. für hohe → Schalthäufigkeit oder Dämpfung von Drehmomentstößen.

Soft-Starter
→ *Sanftanlaufgerät*

Sonder-Ausführung {special design}
Undefinierter Begriff. Drückt aus, daß die für einen bestimmten Hersteller normale elektrische und/oder mechanische Auslegung einer Maschine speziellen Betriebsbedingungen angepaßt werden muß.
S.-A. sind vom Besteller oder Hersteller in geeigneter Weise anzugeben.

Sonderläufer {special rotor}
Undefinierter Begriff. Drückt aus, daß die für einen bestimmten Hersteller normale elektrische und/oder mechanische Läuferauslegung einer Maschine speziellen Betriebsbedingungen angepaßt werden muß.
Erforderliche oder mögliche Eigenschaften eines S.-L. sind vom Besteller oder Hersteller in geeigneter Weise anzugeben.

Sonneneinstrahlung {sun radiation}
Durch direkte S. können Maschinen schon im Stillstand erheblich höhere Temperaturen annehmen, als sie die Umgebungsluft hat. Nach dem Einschalten werden diese Temperaturen durch die Kühlung zwar schnell reduziert, trotzdem können kurzzei-

tig unzulässige hohe Temperaturen auftreten. Möglicherweise entsteht bei größeren Einheiten eine einseitige Wärmedehnung, die schädliche Verformungen hervorruft. Abhilfe: Sonnenschutzdächer, die zweckmäßigerweise vor Ort errichtet werden (Kühlluftströmung dadurch nicht behindern!).

Spaltpolmotor {shaded-pole motor}
Wechselstrom-Induktionsmotor mit Käfigläufer mit einer induktiv gespeisten Hilfsphase in Form eines Kurzschlußrings um einen Teil des Hauptflusses.
Anwendung: Kleine Leistungen für Hausgeräte u. ä. [A4]

Spaltrohr-Motoren {canned motor}
Motoren mit Trennung des Ständers samt Blechpaket und Wicklung durch ein unmagnetisches dünnes Rohr vom Luftspalt und dem Läuferraum, der mit dem Fördermedium gefüllt ist.

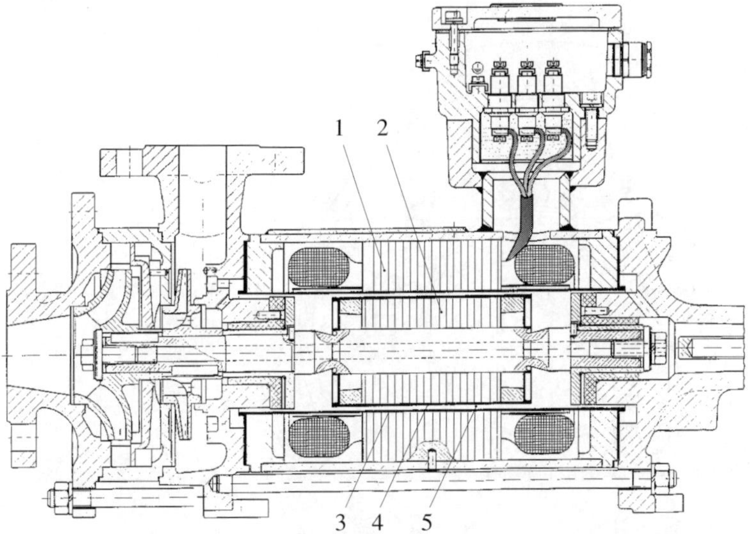

Bild S27 Drehstrom-Käfigläufermotor als Spaltrohrmotor in einer zweistufigen Hermetikpumpe für Ammoniak. Motordaten: aufgenommene Leistung 6 kW; abgegebene Leistung 4 kW; 3000 min^{-1}; Läuferaußendurchmesser 80 mm. Auch der Läufer ist in einem unmagnetischen Rohr gekapselt, um den direkten Kontakt mit dem Medium zu vermeiden (Korrosion des Läufers und Verschmutzung des Mediums). Spaltrohre und Luftspalt sind unmaßstäblich (≈ vierfach vergrößert) dargestellt, um das Prinzip deutlich zu machen. Wirkliche Abmessungen: Spaltrohre je 0,5 mm dick, mechanischer Luftspalt 1,0 mm, magnetisch wirksamer Luftspalt 1,5 mm. Der absolut druckdichte Gehäuseabschluß auf der Nebenseite ist nicht dargestellt (**1** Ständer mit Wicklung, **2** Läufer mit Käfig, **3** Ständer-Spaltrohr, feststehend, **4** Läufer-Spaltrohr mit Läuferkapselung, rotiert mit dem Läufer, **5** mechanischer Luftspalt).

Anwendung z. B. bei hermetischen Pumpen, die völlig geschlossen und ohne Leckverluste sind, bei denen der Läuferraum dafür bewußt mit dem Fördermedium gefüllt ist. Beispiel: **Bild S27**. Diese Pumpen sind für Stofftransport, dessen Dichtigkeit mit konventioneller Pumpenbauart wegen der Aggressivität des Mediums, wegen extremer Temperatur und/oder extrem hohen Drucks nicht gelöst werden kann. Temperaturen von 150 °C bis 350 °C bei Wärmetransport durch Thermalöle, bis zu 500 °C bei Schmelzen (z. B. Natriumchlorid, Aluminiumsulfat) und Drücke bis zu 1 200 bar (Förderung hochverdichteter Gase) erfordern teilweise hohen technischen Aufwand auch bei den S.-M. Das Isoliersystem und die mechanische Ausführung des S.-M. müssen der Temperatur und dem Druck des Fördermediums angepaßt werden: Hochtemperaturbeständige Isoliersysteme (→ Wärmeklassen H und höher – früher Isolierstoffklasse C) haben hier eine dauernde Anwendung gefunden.

Ungewöhnlich gestaltet wird auch der magnetische Kreis auf der Ständerseite für Anwendung in Hochdruckpumpen, um keine unzulässigen Verformungen zu erleiden (**Bild S28**).

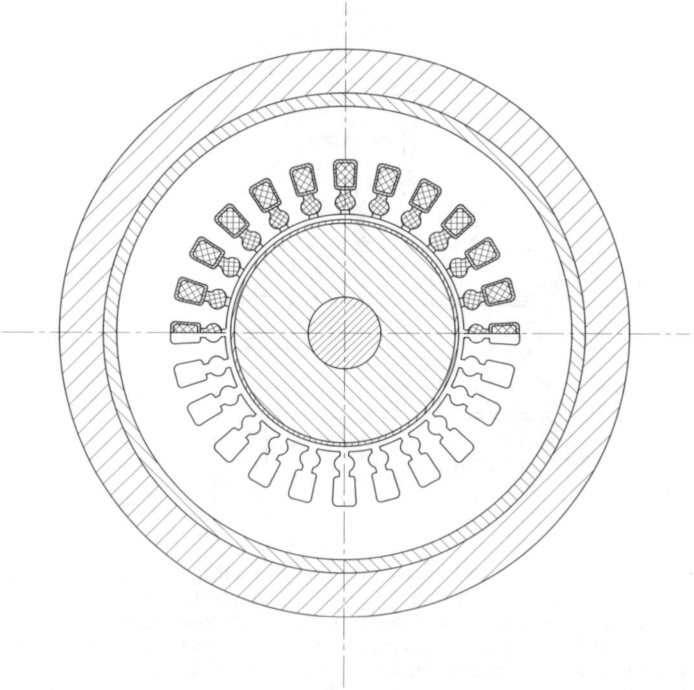

Bild S28 Ständerquerschnitt durch einen Spaltrohrmotor in Hochdruckausführung. Die eigentlichen Wicklungsnuten sind radial zurückgesetzt. Kreisrunde Nuten direkt am Luftspalt werden unter Vorspannung mit Isolierstäben gefüllt und stützen als druckstabiles Gewölbe das Spaltrohr.

Die Verwendung der Spaltrohre vergrößert den magnetisch wirksamen Luftspalt und bringt durch die Ummagnetisierung zusätzliche Verluste; die elektrische Bemessung muß darauf Rücksicht nehmen.
Ein großer Teil der S. wird an Pumpen eingesetzt, mit denen brennbare Stoffe transportiert werden oder die in Räumen arbeiten, in denen sich explosionsfähige Gemische bilden können; für diese Fälle sind die S. explosionsgeschützt ausgeführt.
Die hohen technologischen Ansprüche dieser Maschinen sind nur mit besonders intensiver Zusammenarbeit zwischen Pumpen- und Motorhersteller erfolgreich zu bewältigen.
→ Explosionsschutz, → Schnittstellen, → Zündschutzarten [A14, E54]

Spannschienen {slide rails}
Genormte Befestigungs- und Spannelemente für Motoren mit Riementrieb.
S. werden nach Ausrichten der Wellen und Riemenscheiben am → Fundament befestigt. Sie ermöglichen eine stufenlose seitliche Verschiebung des Motors mittels Spannschrauben zur Erzeugung der erforderlichen Riemen-Vorspannung.
Auf richtige Anordnung der Spannschrauben achten (**Bild S29**)! Riemenspannung richtig einstellen (falls zu hoch: → Lagerschäden, → Wellenbruch)!
→ Flachriemen, → Keilriemen, → Querkraft [A2, E12, N2.15]

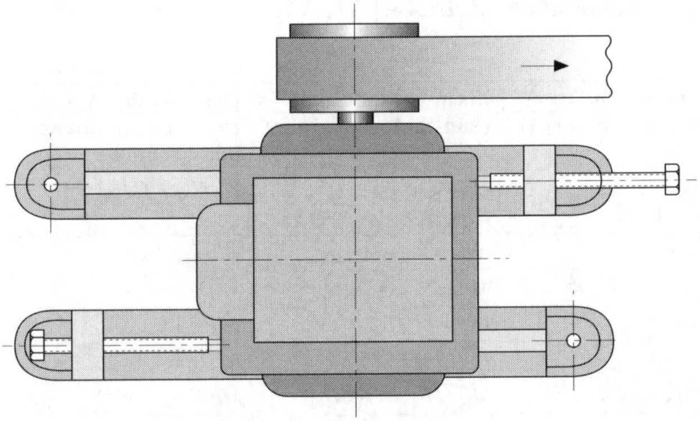

Bild S29 Spannschienen mit richtiger Anordnung der Spannschrauben (schematisch)

Spannung (genauer: elektrische Spannung) U in V {voltage}
Physikalische Größe zur Kennzeichnung der Arbeit, die zur Bewegung von elektrischen Ladungen zwischen zwei betrachteten Punkten erforderlich ist.
Man kann die S. als Ursache des elektrischen Stroms betrachten (analog dem Pumpendruck als Ursache einer Wasserströmung). Den Zusammenhang zwischen S., Strom und den Eigenschaften des Stromkreises (Leitungen und Verbraucher) gibt

das → Ohmsche Gesetz, das in abgewandelter Form auch für Wechselstrom und Wechselspannung gilt. Aus der S. zwischen zwei Punkten und der dazwischen liegenden Anordnung ergibt sich auch das → elektrische Feld.
→ Kirchhoffsche Gesetze [A5, A8, N6.10]

Spannungsänderung und/oder Frequenzänderung {changes of voltage and/or frequency}
S. u. F. können durch betriebliche Schwankungen des Netzes und der elektrischen Anlage entstehen, aber auch durch bewußten Betrieb einer Maschine an anderer Spannung und/oder Frequenz als den Bemessungswerten. Das veränderte Betriebsverhalten und die Belastbarkeit im Dauerbetrieb lassen sich überschläglich nach **Tabelle S30** ermitteln. Dabei sind verschiedene Änderungen in der Maschine vernachlässigt (Sättigung, Eisenverluste, Schlupf, Verhältnis Wirkwiderstand/Blindwiderstand, Wärmeabfuhr). Abhängig von der Auslegung der betrachteten Maschine sind durch die Veränderungen der Eisenverluste (vor allem bei Frequenzänderungen) individuelle Korrekturen des Moments und der Leistung im Dauerbetrieb erforderlich (z. B. → Frequenzänderung von 50 Hz auf 60 Hz; im Einzelfall siehe Herstellerangaben).
→ Ersatzschaltbild, → Frequenzsteuerung, → Induktionsgesetz, → Spannungs- und Frequenzschwankungen während des Betriebs [A2, A4]

	Spannungsänderung (konstante Frequenz) $U'/U_N \neq 1$ $f'/f_N = 1$	**Frequenzänderung (konstante Spannung)** $U'/U_N = 1$ $f'/f_N \neq 1$	**gleichsinnige Änderung von Spannung und Frequenz** $U'/U_N = f'/f_N \neq 1$
Drehzahl bei $s' = s$	$n'/n = 1$	$n'/n = f'/f_N$	$n'/n = f'/f_N$
Moment bei $s' = s$ 1)	$M'/M \approx (U'/U_N)^2$	$M'/M \approx 1\ (f'/f_N)^2$	$M'/M \approx 1$
Strom bei $s' = s$ 2)	$I'/I \approx U'/U_N$	$I'/I \approx 1/(f'/f_N)^2$	$I'/I \approx 1$
Strom 3)	$I_N'/I_N \approx 1$	$I_N'/I_N \approx 1$	$I_N'/I_N \approx 1$
Moment 3)	$M_N'/M_N \approx U'/U_N$	$M_N'/M_N \approx 1/(f'/f_N)$	$M_N'/M_N \approx 1$ 4)
Drehzahl 3)	$n_N'/n_N \approx 1$	$n_N'/n_N \approx f'/f_N$	$n_N'/n_N \approx f'/f_N$
Leistung 3)	$P_N'/P_N \approx 1$	$P_N'/P_N \approx 1$	$P_N'/P_N \approx f'/f_N$ 4)

Tabelle S30 Betriebsverhalten des Asynchronmotors bei veränderter Spannung und/oder Frequenz (überschlägige Werte für den Bereich $0{,}75 < n'/n < 1{,}25$)
1) also auch Anzugs-, Sattel-, Kippmoment
2) also auch Anzugsstrom
3) zusammengehörige Werte, zulässig für Dauerbetrieb
4) sehr grobe Näherung wegen starker Veränderung der Eisenverluste. Herstellerangaben beachten!
Formelzeichen ohne „ ' “: ursprüngliche Größen
Formelzeichen mit „ ' “: geänderte Größen
Index „N“: Bemessungswerte

Spannungsbeanspruchung bei *I*-Umrichter-Speisung {voltage stress by supply with constant-current-converter}
Beim Stromübergang von einem Stromrichterzweig zum nächsten (Kommutierung) sind der sinusförmigen Spannung Spitzen (sogenannte Kommutierungsnadeln) überlagert (**Bild S31**). Gegenüber Netzspeisung wird die Isolierung spannungsmäßig um rund 50 % höher beansprucht; Hauptsoliersystem und Anschluß müssen dafür bemessen werden. Der technische Mehraufwand bleibt bei Netzspannungen bis 500 V in vertretbarem Rahmen (Isolierung und Anschluß werden für 1 000 V ausgeführt); bei höheren Spannungen können erhebliche Änderungen erforderlich werden (Herstellerangaben).
→ Umrichterspeisung, → Umrichterspeisung und Explosionsschutz, → Umrichterspeisung und Motorgeräusch, → Umrichterspeisung und Netzrückwirkung, → Umrichtervergleich *I*-PWM [E4, E5, N9.3]

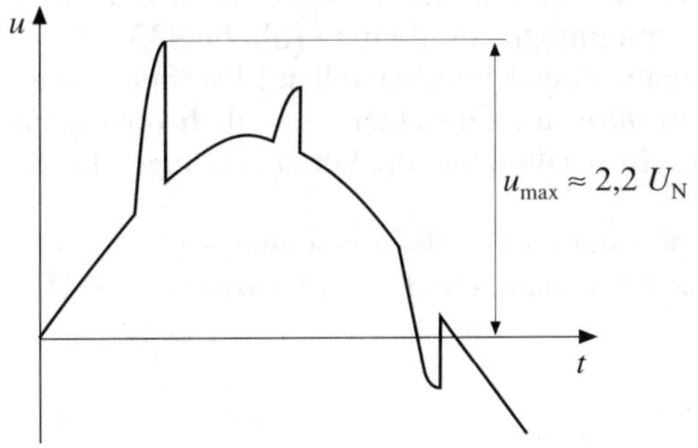

Bild S31 Spannungsspitzen beim *I*-Umrichter (schematisch)

Spannungsbeanspruchung bei PWM-Umrichter-Speisung {voltage stress by supply with PWM-converter}
Die Ausgangsspannung am Umrichter setzt sich aus rechteckigen Impulsen mit großer Anstiegsgeschwindigkeit (≈ 2,5 kV/µs) zusammen (**Bild S32**). Diese kann durch Einschwingvorgänge und Reflexionen („Wanderwelleneffekt"; tritt auf ab kritischen Leitungslängen, die von der Schnelligkeit der verwendeten Leistungshalbleiter abhängen. Siehe Herstellerangaben!) ansteigen auf Werte von 10 kV/µs bis 50 kV/µs. Die Spannungsspitze kann dabei den doppelten Wert der Zwischenkreisspannung erreichen. In den üblichen → Träufelwicklungen für Niederspannung kann unter diesen Umständen im ungünstigsten Fall die Isolation zwischen zwei Drähten mit der vollen Spannungsspitze beansprucht werden. Außerdem kann es in luftgefüllten Zwickeln zwischen den Drähten zu → Glimmentladungen kommen. Folge dieser Effekte: Phasen- und Windungsschlüsse, d. h. praktisch Totalschaden der Wicklung.

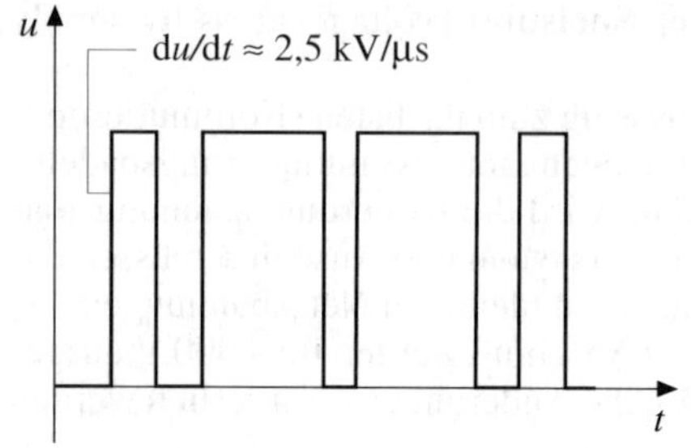

Bild S32 Flankensteilheit der Spannungsimpulse beim PWM-Umrichter (schematisch)

In einem umfangreichen Forschungsvorhaben [E58] wurden die Dauerfestigkeit der Isolierung von handelsüblichen Drehstrom-Normmotoren gegen diese Beanspruchungen untersucht und allgemeine Empfehlungen erarbeitet (**Tabelle S33**). Maßgebend im Einzelfall sind die Angaben des Motorherstellers! Die Spannungsbeanspruchung läßt sich durch *Ausgangsfilter* im Umrichter wesentlich verringern; gleichzeitig verbessern sich das Geräuschverhalten und die Voraussetzungen für die Einhaltung der → EMV-Richtlinie!

→ Umrichterspeisung, → Umrichterspeisung und Explosionsschutz, → Umrichterspeisung und Motorgeräusch, → Umrichterspeisung und Netzrückwirkung, → Umrichtervergleich *I*-PWM

[A21, E4, E5, E7, **E47**, **E58**, N9.3]

230 V	alle Leistungen bei allen Randbedingungen zulässig
400 V	kleine und mittlere Leistungen nur bei günstigen Randbedingungen zulässig, sonst nach Abstimmung mit dem Hersteller
500 V	große Leistungen nur bei günstigen Randbedingungen zulässig, sonst nach Abstimmung mit dem Hersteller
690 V	kleine Leistungen bei ungünstigen Randbedingungen nicht zulässig, sonst nach Abstimmung mit dem Hersteller

Tabelle S33 Empfehlungen für den Betrieb handelsüblicher Drehstrom-Normmotoren an PWM-Umrichtern, abhängig von der Bemessungsspannung. Zusammenfassende Interpretation aus [E58].
Randbedingungen*): Umrichtertyp, Taktfrequenz, Leitungslänge, Drahtdurchmesser, Drahtisolation, Qualität der Tränkung.

*) In der Praxis der Antriebsplanung lassen sich diese Daten nicht vollständig sammeln; in kritischen Fällen sei zu einem Ausgangsfilter geraten.

Spannungsfall {voltage drop}
Spannung an einem Teil eines Stromkreises.
Größe des S. ergibt sich aus dem → Ohmschen Gesetz. In einem geschlossenen Umlauf durch den elektrischen Stromkreis muß die Summe der S. gleich der Spannungssumme aller Stromquellen sein (→ Kirchhoffsche Gesetze).
[A5, A8, N6.10]

Spannungsfestigkeit {dielectric strength}
Fähigkeit eines Isoliersystems oder eines Wicklungsteils, eine Spannung bestimmten zeitlichen Verlaufs und bestimmter Höhe sicher zu ertragen.
Die S. muß mit Art und Daten der ertragenen Prüfspannung angegeben werden.
→ Durchschlagsfestigkeit, → Stoßspannung [N9.13]

Spannungs-Oberschwingungsfaktor *HVF* {harmonic voltage factor}
Mit dem S. wird die Abweichung einer Wechselspannung von der Sinusform ausgedrückt. Grenzwerte des S. für die Motorenbemessung: → Kurvenform und Symmetrie von Spannungen und Strömen.

$$HVF = \sqrt{\sum \frac{u_n^2}{n}},$$

mit:
u_n auf die Bemessungsspannung U_N bezogene Oberschwingungsspannung,
n Ordnungszahl der Oberschwingungen (bei Dreiphasenmotoren nicht durch drei teilbar; gewöhnlich reicht es aus, Oberschwingungen mit den Ordnungszahlen $n \leq 13$ zu berücksichtigen).
[N9.1]

Spannungsprüfung {high-voltage test}
→ Prüfung der Isolierung

Spannungsspitzen bei Umrichterspeisung {voltage-peaks at converter supply}
→ *Spannungsbeanspruchung bei Umrichterspeisung*

Spannungssteuerung {voltage control}
→ Drehzahlsteuerung, → Tabelle D16.

Spannungssystem {voltage system}
Jedes mehrphasige Wechselstromnetz arbeitet mit einem System phasenverschobener Spannungen.
→ Drehstromnetz

spannungsumrüstbare Motoren {voltage-conversion motors}
Motoren, die innerhalb des Gehäuses → Verbindungsstellen von Wicklungsteilen haben, an denen auf eine andere Spannung umgerüstet werden kann.
Die Umrüstung kann nur durch eine geeignete Werkstatt erfolgen (z. B. durch Umlegen von geschraubten oder gelöteten Laschen). *Anwendungsbeispiel*: Drehstrommotoren mit Käfigläufer für Bergbau unter Tage nach [N1.1] und [N1.2] müssen von der Bemessungsspannung 500 V auf 1000 V umrüstbar sein, wobei die Motoren selbstverständlich auch für 1000 V bemessen sein müssen. Die Klemmenanordnung im Klemmenkasten ändert sich nicht; die Umrüstung erfolgt innerhalb des druckfesten Gehäuses, das zu diesem Zweck mit einem abnehmbaren Verschlußdeckel versehen sein muß.
→ spannungsumschaltbare Motoren [A14]

spannungsumschaltbare Motoren {multi-voltage motors}
Durch Unterteilung jeden Wicklungsstranges in zwei oder mehrere Gruppen und Umschalten im Klemmenkasten können s. M. mit mehreren unterschiedlichen Spannungen betrieben werden.
Einfachste Umschaltung ist die von → Dreieckschaltung auf → Sternschaltung. Die Spannungen stehen in Verhältnis $1 : \sqrt{3}$. Mehrere Spannungen sind durch Parallel- oder Reihenschaltung von Wicklungsteilen möglich. Beispiel mit Aufteilung in zwei symmetrische Stranghälften: Bild S57. S. M. können auch verwendet werden, wenn mit den verschiedenen Spannungswerten unterschiedliche Frequenzen verbunden sind (z. B. 380 V 50 Hz YY/440 V 60 Hz Δ; Reduzierung der Bemessungsleistung bei 60 Hz beachten!). Die Spannungsumschaltbarkeit ermöglicht den Einsatz von Maschinen in Ländern unterschiedlicher Versorgungsnetze mit einer einzigen Motorausführung.
→ Frequenzänderung von 50 Hz auf 60 Hz, → Spannungsänderung und/oder Frequenzänderung [A2, A3, A4]

Spannungs- und Frequenzschwankungen während des Betriebs {voltage and frequency variations during operation}
Bedingt durch die Energieversorgung und die elektrische Anlage können an den Klemmen einer Wechselstrommaschine S. u. F. entstehen. Nach [N9.1] muß jede Wechselstrommaschine die Bedingungen nach **Tabelle S34** erfüllen. Hat eine Maschine *mehrere* Bemessungsspannungen oder einen → *Bemessungsspannungsbe-*

<table>
<tr><th>Bedingungen</th><th>Motoren</th><th>Generatoren</th></tr>
<tr><td>Grenzwerte für gleichzeitige Spannungs- und Frequenz schwankungen</td><td>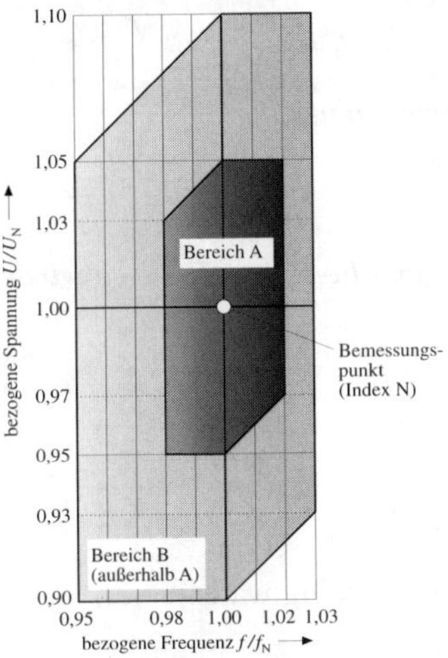

Bild S35 Spannungs- und Frequenzgrenzen für Motoren</td><td>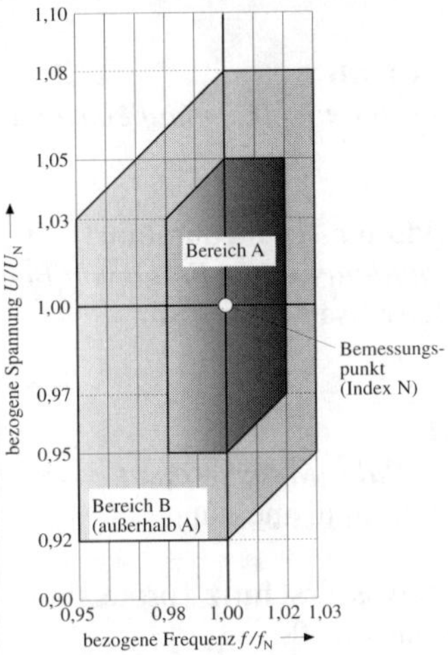

Bild S36 Spannungs- und Frequenzgrenzen für Generatoren</td></tr>
<tr><td>Funktionstüchtigkeit in den Bereichen A und B</td><td>Motor muß Bemessungsdrehmoment abgeben können</td><td>Generator muß Bemessungsscheinleistung beim Bemessungs-Leistungsfaktor abgeben können</td></tr>
<tr><td>im Bereich A</td><td colspan="2">Dauerbetrieb – von den Kenndaten des Bemessungsbetriebs darf abgewichen werden; die Erwärmungen dürfen höher sein als im Bemessungspunkt (an den Grenzen des Bereichs A um etwa 10 K).</td></tr>
<tr><td>im Bereich B</td><td colspan="2">Die Abweichungen von den Kenndaten des Bemessungsbetriebs dürfen größer sein als im Bereich A; die Erwärmungen dürfen höher sein als im Bemessungspunkt; Dauer und Häufigkeit des Betriebs im Bereich B sollten begrenzt werden; korrigierende Maßnahmen vorsehen (z. B. Leistungsverminderung). Längerer Betrieb an der Umgrenzung des Bereichs B nicht empfehlenswert.</td></tr>
</table>

Tabelle S34 Bedingungen für den Betrieb bei gleichzeitigen Spannungs- und Frequenzschwankungen

reich, dann gelten die zulässigen S. u. F. für *jeden einzelnen Wert der Bemessungsspannung*.

Soll eine Maschine für eine Spannung bemessen werden, die dauernd um mehr als ± 5 % von der Bemessungsspannung abweicht, erfordert dies mehr aktives Material und führt zu höheren Kosten. Bedingungen realistisch angeben! An der unteren Spannungsgrenze: → Anlauf überprüfen!

Spannungs-Unsymmetrie {voltage asymmetry}
→ Kurvenform und Symmetrie von Spannungen und Strömen

Sphäroguß
Handelsname für → Gußeisen mit Kugelgraphit.

Spieldauer {cycle duration}
Gesamtdauer einer Folge von Belastungen, die sich periodisch wiederholt.
→ Betriebsart S3 bis S8

SPM
Shock Pulse Measurement
→ Stoßimpulsmessung

Spritzwasserschutz {protection against splashing water}
→ Schutzart IP

Sprühwasserschutz {protection against spraying water}
→ Schutzart IP

Spülölschmierung {flood lubrication}
Ölumlaufschmierung
→ Gleitlager

Spule {coil}
Wicklungsteil aus einer oder mehreren in Reihe geschalteten Windungen.
Eine S. besteht aus zwei geraden, im Blechpaket liegenden → Spulenseiten und zwei → Spulenköpfen.

Spulenkopf {coil end}
Aus dem Blechpaket herausragender Teil einer → Spule.

Spulenseite {coil side}
Jeder in der Nut eines Blechpakets liegende Teil einer → Spule.

Spulenweite {coil pitch}
Ausdehnung einer Spule (ausgedrückt im Verhältnis Nutteilungen/Polteilung) entlang des Bohrungsumfangs.
Bei Weite 1 ist die S. gleich der Polteilung (sogenannte *Durchmesserwicklung*).

stabiler Betrieb {stable operation}
→ Arbeitspunkt

Stabisolierung {bar insulation}
Isolierung eines stabförmigen Leiters meist rechteckigen Querschnitts.
→ Stabwicklung

Stabschwingungen {bar vibration}
→ Kraftwirkung eines durchströmten Leiters

Stabwicklung {bar winding}
Wicklung, deren Leiter aus Stäben bestehen.
Verwendung: Ständerwicklung von Niederspannungsmaschinen hoher Leistung; Läuferwicklungen größerer Schleifringläufermaschinen. Die abgelängten Flachdrähte werden auf einer Seite zum Wickelkopfteil geformt, dieser mit Bändern und der Kernteil ähnlich einer → Formspule isoliert. In jede Nut (halbgeschlossen) werden diese Stäbe eingeschoben. Die geraden Schenkel werden abgebogen und ebenfalls mit Bändern isoliert. Die Stabenden werden mit Hülsen versehen und hartgelötet; die Lötstellen mit Bändern isoliert. Stabwicklungen sind mechanisch sehr stabil; ihre Wickelköpfe sehr luftdurchlässig (intensive Kühlung). **Bild S37**.
→ Stabisolierung [A3, A5]

Ständer {stator}
Feststehender Teil (Gehäuse mit Ständerblechpaket und Ständerwicklung) einer drehenden elektrischen Maschine.

Ständeranlasser {line resistance starter}
Dreiphasiger Vorwiderstand in der Zuleitung zum Anlassen von Käfigläufermotoren.
Die herabgesetzte Spannung beim Anlassen verringert den Strom, aber auch das Moment. Anwendung höchstens bei kleinen Motoren.
→ Anlassen von Käfigläufermotoren

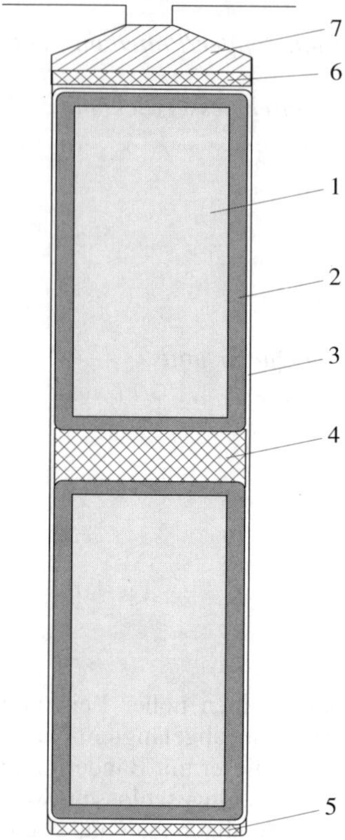

Bild S37 Typischer Nutquerschnitt einer Zweischicht-Stabwicklung für einen Schleifringläufer
1 Stab aus Kupfer-Flachdraht
2 Stabisolierung
3 Nutisolierung
4 Zwischenkeil
5 Schutzstreifen am Nutgrund
6 Ausgleichsstreifen
7 Nutverschlußkeil

ständerkritisch {thermally critical stator}
Maschine mit einer Auslegung, bei der zulässige Grenzwerte für Übertemperaturen zuerst im Ständer erreicht werden.
Solche Zustände lassen sich mit Meßfühlern auf der Ständerseite erfassen und überwachen.
→ läuferkritisch [A2, A21, E41]

Ständerwicklung {stator winding}
Wicklung im feststehenden Teil einer drehenden elektrischen Maschine (Bild A0).

Stahl (genauer: Baustahl) {steel}
Unlegiertes oder niedrig legiertes Eisen nach Warmverformung (Schmieden, Walzen).
Sortenkurzbezeichnung nach der Festigkeit (z. B. St 37 bei Zugfestigkeit 370 N/mm^2). S. wird nach zweckentsprechender Form (z. B. Blech, Flachstahl, Rundstahl), nach betriebsbedingten Beanspruchungen der fertigen Konstruktion (z. B. Festigkeit, Korrosionsbeständigkeit) und den Anforderungen bei deren Herstellung (z. B. Schweißbarkeit) festgelegt. Er wird für alle möglichen Teile (z. B. Wellen, Lagerschild, Gehäuse) bei drehenden elektrischen Maschinen eingesetzt. Es ist der Verantwortung des Herstellers überlassen (oder der Vereinbarung mit dem Käufer), welche S.-Sorte gewählt wird.
[N10.4, N10.5]

Stahlfundament {steel base}
Aus Stahl-Profilen und -Platten geschweißtes → Fundament bzw. → Grundrahmen.
Dient zur gemeinsamen Aufstellung von Maschinensätzen, meist größerer Leistung. Unter den statischen und dynamischen Beanspruchungen des Betriebs darf keine Verformung, vor allem keine Verwindung auftreten.
Resonanzfrequenzen sind außerhalb der umlauffrequenten Anregung durch die unvermeidbare Restunwucht der drehenden Teile zu legen. Die Reaktionskräfte von Motor und Arbeitsmaschine sind auf kürzestem Weg mit möglichst steifen Strukturteilen in das S. einzuleiten („Kräfte nicht spazierenführen!" [E10]).
→ Fundamentbelastung, → Fundament und Maschinenbefestigung, → Schwingungsdämpfer, → Schwingstärke, → Schwingstärkestufe [E13]

Stahlgehäuse {steel frame}
Aus → Stahl geformtes und/oder geschweißtes Maschinengehäuse.
Aus Festigkeitsgründen ist der Werkstoff Stahl nur in wenigen Fällen erforderlich. Bevorzugt eingesetzt bei größeren Maschinen (etwa ab 500 kW; kleineres Gewicht; leichtere Anpassung an spezielle Erfordernisse; keine Gußformen und Modelle erforderlich; einfache Vorratshaltung von Walzblechen mit geringer Kapitalbindung). Bis auf wenige Anwendungsfälle (z. B. Schlagbelastung) technisch gleichwertig zu → Graugußgehäusen. Nachteilig kann sich auswirken: Stahl ist im Gegensatz zu Gußeisen äußerst elastisch und hat keine Materialdämpfung, neigt infolgedessen leichter zu Schwingungen. Der Hersteller muß deshalb auf ausreichende Steifigkeit der Gehäusestruktur und geringe Anregung durch elektromagnetische oder unwuchtbedingte Kräfte achten.
→ Aluminiumgehäuse, → Gußeisen mit Kugelgraphit, → Stahl, → Stahlguß GS

Stahlguß GS {cast steel}
Gußwerkstoff aus niedrig legiertem Eisen.
Sortenkurzbezeichnung nach der Festigkeit (z. B. GS-38 für Zugfestigkeit 380 N/mm^2). Verwendung im Elektromaschinenbau für hochbeanspruchte Teile mit komplizierter Form (z. B. Polräder, → Schwungräder). Für Asynchronmaschinen selten gebraucht.
→ Grauguß GG, → Gußeisen mit Kugelgraphit, → Stahl [N10.1]

starre Kupplung {rigid coupling}
→ Kupplung

stationärer Betrieb {steady-state operation}
Betrieb eines Motors bei konstanter Drehzahl im eingeschwungenen elektrischen Zustand.
Die → Bemessung elektrischer Maschinen erfolgt für den Zustand des s. B. Auch die Kennlinien werden rechnerisch und/oder meßtechnisch so ermittelt, als läge in jedem Betriebspunkt s. B. vor. Langsam veränderlichen Vorgängen (z. B. Anlauf, Bremsung) werden üblicherweise diese stationären Kennlinien zugrunde gelegt.
→ Arbeitspunkt, → Ausgleichsvorgänge, → dynamische Momentenkennlinie, → dynamisches Verhalten

statistische Qualitätsprüfung
→ *Qualitätsprüfung, bei der statistische Methoden angewendet werden.*
Kann nur angewendet werden bei geeigneter großer Anzahl gleichartiger Einheiten, d. h. bei Fertigung in Serie oder größeren Losen [N8.16].

staubdichte Ausführung IP65 {dust-tight execution}
Nach der für die Schutzarten von drehenden elektrische Maschinen gültigen Norm [N9.5] nicht vorgesehen. Falls erforderlich: Definition und Prüfung nach [N8.30].
Prüfung in einer Staubkammer, in der Talkum-Puder (Korngröße 0,025 mm bis 0,075 mm) aufgewirbelt wird. Aus dem Prüfling wird Luft abgesaugt, so daß der Unterdruck bis zu 20 mbar beträgt. Die Luft der Prüfkammer dringt durch alle Fugen in den Prüfling ein, das Talkum darf es während einer achtstündigen Prüfdauer nicht. Diese Prüfung zu bestehen ist grundsätzlich möglich, aber mit einem relativ hohen Aufwand bei Konstruktion und Fertigung des Motors verbunden. Anwendung: z. B. Motoren für → Staub-Explosionsschutz in Zone 10.
→ Schutzart IP, → Zoneneinteilung in explosionsgefährdeten Bereichen
[**E53**, N8.30]

Staubexplosionsschutz {protection against dust-ignition}
Schutz gegen Zündung explosionsfähiger Staub-Luft-Gemische und gegen Entzündung abgelagerten Staubs.
Der S. hängt sehr stark von den jeweiligen örtlichen Bedingungen ab (Staubbildung und -ablagerung) und damit ganz entscheidend von der laufenden Überwachung und → Wartung. Europäische Bauvorschriften für staubexplosionsgeschützte Motoren gibt es (noch) nicht; die notwendigen Anforderungen sind derzeit national geregelt.
→ Bergbaumotoren, → Explosionsschutz, → Explosionsschutz-Richtlinie, → Zoneneinteilung in explosionsgefährdeten Bereichen
[A14, **E8**, E53, **N5.4**, N11.8]

Staubschutz {protection against dust}
→ Schutzart IP

Steckeranschluß {plug-in connection}
Besonders betriebssicherer Anschluß von → Hochspannungsmotoren (**Bild S38**): große Rüttelfestigkeit; kein Klemmenkurzschluß mit Lichtbogenbildung möglich. Einsatzbreite: bis 13,8 kV (in → Zündschutzart Erhöhte Sicherheit „e“ bis 10 kV); bis 1250 A. Sternpunktbildung ist ebenfalls über einen Stecker möglich.

Bild S38 Steckeranschluß für einen innengekühlten Hochspannungsmotor mit Käfigläufer (Motordaten: 2000 kW; 6,6 kV; 50 Hz; 203 A; 1500 min^{-1})

Steinmetzschaltung {Steinmetz' connection}
Schaltung für dreisträngige → Asynchronmotoren zum Betrieb am einphasigen Wechselstromnetz.

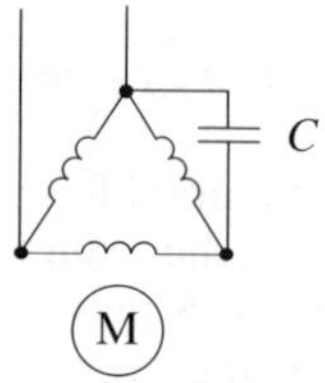

Bild S39 Dreisträngiger Motor in Steinmetzschaltung am Wechselstromnetz

Mit Hilfe eines Kondensators kann die für eine Drehfeldbildung erforderliche Phasenverschiebung in zwei Strängen erreicht werden (**Bild S39**). Eigenschaften im Bemessungsbetrieb etwa gleichwertig der Drehstromspeisung. Kleines → Anzugsmoment; kann erhöht werden durch einen parallelen Anlaufkondensator, der nach erfolgtem Hochlauf abgeschaltet wird. Um handelsübliche Drehstrommotoren in der S. zu betreiben, wird ungefähr eine Kondensatorkapazität von 70 µF/kW bis 100 µF/kW Bemessungsleistung benötigt. Ausführung der Wicklung meist für 230 V Δ/400 V Y; Betrieb am Drehstromnetz in Y, am Wechselstromnetz in Δ und der S.
[A4, A6]

Stellbereich {speed range}
Bereich der betriebsmäßig gefahrenen Drehzahlen bei gesteuerten Antrieben, angegeben als Verhältnis kleinste Drehzahl zu größte Drehzahl (z. B. 1 : 20).

Stern-Dreieck-Anlauf {star-delta starting}
Anlaßverfahren mit Wicklungsumschaltung für Käfigläufermotoren zur Netzentlastung.
Die betriebsmäßig in Dreieck geschaltete Ständerwicklung wird während des Anlaufs in Stern ans Netz gelegt (**Bild S40**). Dadurch verringert sich die Spannung an jedem Wicklungsstrang um den Faktor $1/\sqrt{3} \approx 0{,}58$. Der *Strom im Wicklungsstrang* nimmt im gleichen Maß ab, so daß der *Strom in der Zuleitung* gegenüber der Dreieckschaltung auf 1/3 zurückgeht. Das Drehmoment verändert sich quadratisch mit der Spannung, es reduziert sich also auch auf 1/3. Dies gilt für den gesamten Drehzahlbereich.
Bei jedem S.-D.-A. muß überprüft werden, ob der Antrieb auch bei den zulässigen → Spannungsschwankungen einwandfrei hochläuft! Bei großem → Lastmoment und kleinem → Fremdträgheitsmoment (z. B. Kreiselpumpen) ist S.-D.-A. in vielen Fällen nicht empfehlenswert, weil während des Umschaltens der Antrieb so weit abgebremst werden kann, daß beim Wiedereinschalten in Dreieck ein Strom nahezu in voller Höhe des → Anzugsstroms fließt, also keine Netzentlastung zustande kommt!

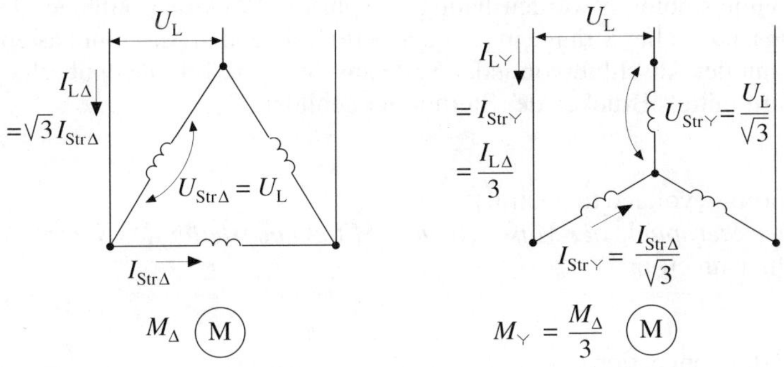

Bild S40 Stern-Dreieck-Anlauf

→ Anlassen von Käfigläufermotoren, → Anlauf, → Dreieckschaltung, → Sternschaltung, → verstärkter Stern-Dreieck-Anlauf [A2 bis A6, A21, E27]

Sternpunkt {star point}
Da die Summe der Strangströme in einer symmetrischen Drehstromwicklung bei symmetrischer Speisung jederzeit gleich null ist, kann man drei Wicklungsenden zum S. zusammenschalten.
Normalerweise werden alle sechs Wicklungsenden herausgeführt und der S. durch eine Verbindung (Sternpunktbrücke) an den Klemmen hergestellt. In der Wicklung gebildet und herausgeführt erhält er die → Anschlußbezeichnung *N* (Primärwicklung) oder *Q* (Sekundärwicklung).
→ Sternschaltung [A2, A5, N9.8]

Sternpunkterdung {earth-connection}
Normalerweise liegt der → Sternpunkt am oder nahe dem Erdpotential. Wechselstrommaschinen müssen für Dauerbetrieb unter dieser Bedingung geeignet sein. Außerdem müssen sie auch kurzzeitig (z. B. Zeitbedarf für eine Fehlerfreischaltung) an einem Netz mit nicht geerdetem Sternpunkt geeignet sein. Soll dieser Zustand jedoch länger oder dauernd anhalten, muß der Isolationspegel der Maschine dafür bemessen werden.
Werden die Sternpunkte von Maschinen verbunden oder geerdet, kann die Wicklung im Fehlerfall beschädigt werden. Deshalb vorher den Hersteller fragen!

Sternpunktkasten {neutral box}
Kasten für die Bildung des Sternpunkts einer Drehstrom-Hochspannungswicklung.

Bei → Hochspannungsmotoren werden häufig sowohl die Wicklungsanfänge als auch die Wicklungsenden aller Stränge in je einen seitlich sitzenden Anschlußkasten geführt. Damit kann der Anschluß von jeder Seite aus erfolgen. Im gegenüberliegenden Kasten wird mittels Brücken der Sternpunkt gebildet.

Sternpunktspannung {voltage to neutral}
Spannung zwischen Sternpunkt der Maschine und Mittelpunktsleiter des Netzes
Entsteht bei → Unsymmetrie.

Sternschaltung {star connection}
Dreisträngige Wicklung, bei der drei Wicklungsenden zusammengeschlossen sind (→ Sternpunkt); an den anderen Enden liegt das Netz.
Strangstrom und Leiterstrom sind identisch. Jede Außenleiterspannung zerlegt sich in zwei um 120° phasenverschobene Strangspannungen. Deshalb beträgt jede Strangspannung nur das $1/\sqrt{3}$-fache der Leiterspannung (**Bild S41**).
→ Drehsinn und Anschlußbezeichnungen, → Drehstromnetz, → Dreieckschaltung, → Stern-Dreieck-Anlauf [A2, A5]

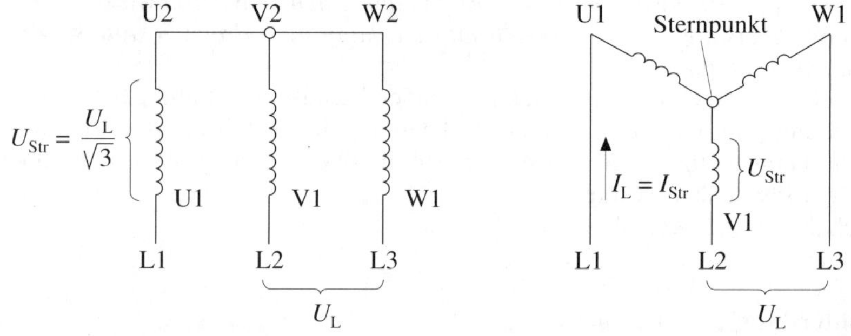

Bild S41 Dreisträngige Wicklung in Sternschaltung (zwei verschiedene Darstellungen)
U_L Netzspannung zwischen den Leitern L1, L2, L3
U_{Str} Strangspannung
I_L Netzstrom in den Leitern L1, L2, L3
I_{Str} Strangstrom

stille Kühlung
→ Konvektionskühlung

Stillsetzbremse {shut-down brake}
Mechanische Bremse zum Stillssetzen eines Antriebs.
Die kinetische Energie der bewegten Massen wird in der S. in Wärme umgewandelt. Die B. muß dafür bemessen sein.
→ Bremsmotoren, → Bremsung, → Bremszeit, → Haltebremse [A8]

Stillstand mit stromlosen Wicklungen {rest and de-energized}
Stillstand der Maschine ohne Zufuhr elektrischer Energie und ohne mechanischen Antrieb = → Pause.

Stillstandsheizung {anticondensation heater}
→ *Heizung*

Störpegel {background level}
→ Fremdgeräusch, → Funkstörung, → Funkstörgrad

Stopfbuchsverschraubung {cable screw plug}
→ *Kabeleinführung*

Stoßimpulsmessung {shock pulse measurement, SPM}
Überwachung von Wälzlagern durch Messung und automatische Bewertung des von Laufbahn- und Rollkörperschäden ausgehenden Körperschallspektrums.
Der Körperschall wird über fest installierte Aufnehmer erfaßt und ausgewertet oder mittels Handgerät, das auf Meßnippel (**Bild S42**) gehalten wird. Die Meßnippel

Bild S42 Meßnippelanbau am NS-Lager eines Drehstrommotors für die Lagerüberwachung mit SPM-Methode

müssen ohne Berührung zu anderen Bauteilen eine direkte Verbindung zur Lagernabe haben.
Einmal-Messungen sind nicht aussagefähig; es sollte wiederkehrend (bei Verschlechterung in verkürzten Abständen) gemessen und die Tendenz bewertet werden. Bei etwas Erfahrung im Umgang mit der SPM-Methode ist allerdings die Früherkennung eines → Lagerschadens möglich.
→ Hüllkurvenanalyse, → Lagerüberwachung

Stoßmoment und Stoßstrom {transient torque and current}
Bei Schalthandlungen und Störungen durch → Ausgleichsvorgänge auftretende dynamische Werte des Drehmoments und des Stroms.
Bei Schalthandlungen (z. B. Netzumschaltung) oder Störungen (z. B. Klemmenkurzschluß) treten Ausgleichsvorgänge in der Maschine auf, die sich auch in transienten Schwingungen des Drehmoments und des Stroms äußern. Durch diese werden der Antriebsstrang mit → Drehschwingungen belastet, die Zuleitungen und Anlagenteile durch vergrößerte Stromkräfte und Wärmebildung, die Motorbefestigung am Fundament mit zusätzlichen Reaktionskräften. In kritischen Fällen und bei größeren Antrieben hängt die Zuverlässigkeit auch von der Beherrschung dieser Übergänge ab. [E39] gibt praxisorientierte Formeln zur Berechnung von Stoßmoment und Stoßstrom an, die von den Impedanzen des stationären Betriebs, also dem üblichen → Ersatzschaltbild, ausgehen. Abschätzung der Maximalwerte: **Tabelle S43**.
Die Auswirkungen dieser dynamischen Vorgänge hängen von vielen Einflußgrößen des Wellenstrangs oder der elektrischen Anlage ab, die nicht immer genau bekannt sind. In solchen Fällen sollten vorbeugend Dämpfungsglieder und/oder Schutzeinrichtungen vorgesehen werden (z. B. → Anlaufkupplung, → Schwungrad, Kupplung mit Reibungsdämpfung, Transformator).
→ Drehschwingungen, → elastische Kupplung, → Fundamentbelastung, → kurzschlußfester Anschluß, → Netzumschaltung, → Sanftanlaufgerät, → Wellenbruch, → Wickelkopfabstützung [A6, A7, **E39**]

	Anlauf mit direkter Einschaltung	**Umschalten (100 % Restspannung, Phasenopposition)**	**dreipoliger Klemmenkurzschluß**	**zweipoliger Klemmenkurzschluß**
M_{max}/M_b	2	4	2	2,6
$i_{max}/\hat{I}_1$	2	4	2	2

Tabelle S43 Maximalwerte von Stoßmoment und Stoßstrom (Richtwerte) bei verschiedenen Schalthandlungen von Käfigläufermotoren
M_{max} Höchstwert des dynamischen Moments in Nm
M_b Kippmoment des stationären Betriebs in Nm
i_{max} Höchstwert des dynamischen Stroms in einem Strang in A
$\hat{I}_1$ Amplitude des stationären Anzugsstroms in A

Stoßprüfung {shock test}
Mechanische Prüfung für Gehäuseteile, Schutzvorrichtungen u. ä. bei explosionsgeschützten Betriebsmitteln.
Mittels eines Fallgewichts (Masse 1 kg), das in einer genormten Prüfanordnung senkrecht auf die kritischen Stellen der zu prüfenden Teile fällt, wird die Festigkeit (z. B. von Lüfterhauben elektrischer Maschinen) geprüft. Je nach Verwendungszweck wird über die Fallhöhe eine unterschiedlich große Schlagenergie eingestellt. Es dürfen keine Schäden auftreten, durch die die Zündschutzart des Prüflings beeinträchtigt wird (z. B. bewegte Teile dürfen an den durch die S. aufgetretenen Verformungen und Verlagerungen der Lüfterhaube nicht streifen).
→ Explosionsschutz [E8, N3.1]

Stoßspannung {impulse voltage}
Beim Auftreten einer steilen Überspannung zwischen den Maschinenklemmen und Erde (Ursache z. B. Blitzschlag, → Netzumschaltung) kann sich in der kurzen Anstiegszeit das Potential gegen Erde im Wicklungsstrang nicht mehr ausgleichen; es tritt eine Überspannung zwischen Leiter und Erde (Querspannung) auf und eine Spannung längs der Wicklung (Längsspannung). Jede Maschinenwicklung für Hochspannung von 3 kV bis einschließlich 15 kV mit → Formspulen sollte deshalb eine bestimmte Festigkeit gegen S. haben. Der Nachweis wird indirekt durch Stichproben an Probespulen mit entsprechendem Aufbau geführt. Prüfbedingungen und Bemessungswerte für die verschiedenen S.-Prüfungen: [N9.13].
→ Spannungsbeanspruchung bei Umrichterspeisung

Strahlungseinflüsse {radiation influences}
→ biologische, chemische und Strahlungseinflüsse

Strahlwasserschutz {protection against water jets}
→ Schutzart IP

Strangspannung {phase voltage}
Effektivwert der an einem Wicklungsstrang liegenden Wechselspannung.
→ Wechselgrößen

Strangstrom {phase current}
Effektivwert des in einem Wicklungsstrang fließenden Wechselstroms
→ Wechselgrößen

Strangzahl {number of phases}
Anzahl der Wicklungsstränge, die von unterschiedlichen → Strangspannungen gespeist werden

Streufluß {leakage flux}
Teil des magnetischen Flusses in der Ständer- oder Läuferwicklung, der sich auf Nebenwegen schließt und deshalb keinen Beitrag zur Drehmomentbildung liefert.
Gleichwohl ist zum Aufbau des S. ein Magnetisierungsstrom erforderlich und es werden durch den S. Spannungen induziert. Man betrachtet diese als Spannungsfall, den der Strom an induktiven → Blindwiderständen erzeugt und fügt diese → Streureaktanzen in das → Ersatzschaltbild ein. S. können Verluste in elektrisch leitenden Teilen (z. B. Wicklungsträgern) hervorrufen. Bei der Maschinenkonstruktion ist darauf zu achten, daß durch ferromagnetische Teile der S. nicht vergrößert wird.
→ Streuinduktivität, → Streuung [A5, A6]

Streuinduktivität {leakage inductance}
→ Induktivität des → Streuflusses, zu ermitteln aus den → magnetischen Leitwerten der Streuflußwege.
Läßt sich aus dem geometrischen Aufbau und der Wicklungsverteilung der Maschine ermitteln. Mit der S. ergeben sich die Streublindwiderstände (→ Streureaktanzen) [B1].

Streureaktanz {leakage reactance}
Streublindwiderstand
Mit den S. wird die Induktionswirkung von → Streuflüssen erfaßt. Vor allem die Größe und das Verhältnis von Läuferwirkwiderstand und Läufer.-S. bestimmen entscheidend Momentenkennlinien und Anzugsstrom einer Asynchronmaschine.
→ Ersatzschaltbild, → Streufluß, → Streuinduktivität, → Streuung [A5, A6, B1]

Streuung (genauer: magnetische Streuung) {leakage}
Zusammenfassende Bezeichnung für die Erscheinung, daß Teile des magnetischen Flusses nur mit einer von beiden Wicklungen (Ständer- oder Läuferwicklung) verknüpft sind oder sich auf anderen Nebenwegen schließen und deshalb nicht an der Umwandlung von elektrischer in mechanische Energie beteiligt sind.
→ Streufluß

Strömungskupplung {hydraulic coupling}
Durch hydraulisch erzeugten Kraftfluß arbeitende Kupplung.

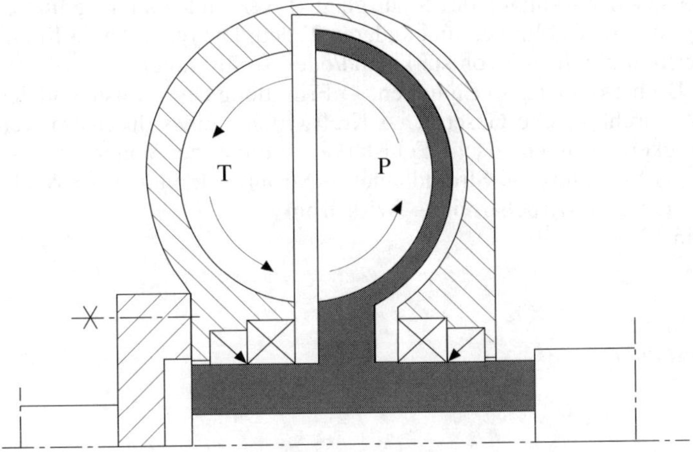

Bild S44 Strömungskupplung (Schema, Halbschnitt)
T Turbinenrad (angetriebene Welle)
P Pumpenrad (Motorwelle)

Drehmomentübertragung erfolgt durch einen Flüssigkeitsstrom, der die zwei Kupplungshälften durchfließt (**Bild S44**). Er kommt nur durch eine Relativbewegung zwischen den beiden Hälften zustande; die S. ist deshalb mit Schlupf behaftet. Zur Drehzahlregelung ist die S. wegen hoher Verluste und Erwärmung der Kupplungsflüssigkeit weniger gut geeignet; sehr gut dagegen als → Anlaufkupplung für Antriebe mit großen → Lastmomenten und großen → Trägheitsmomenten der Arbeitsmaschine. Der Anlauf erfolgt für den Motor gegen ein nur geringes Lastmoment und ohne Einfluß der Trägheitsmomente der Arbeitsmaschine, da diese zunächst noch ruht. Erst nach erfolgtem Hochlauf wird die Arbeitsmaschine beschleunigt, wobei der Motor im Arbeitsbereich praktisch stationär belastet wird. Die Anlaufwärme entsteht in der S., nicht im Motor; unter günstigen Umständen kann ein kleinerer Motor eingesetzt werden.
→ Anlassen von Käfigläufermotoren [A21, E13, E27]

Strom (genauer: elektrischer Strom) {current}
Definierte Bewegung elektrischer Ladungen.
S. kommt nur bei einem Potentialunterschied (d. h. einer → Spannung) und einer elektrisch leitfähigen Verbindung zustande. Er kann nur an seinen Wirkungen erkannt und beurteilt werden: Wärmebildung (z. B. Heizgeräte, Verluste), Lichterzeugung (z. B. Glühlampen, Lichtbogen), chemische Wirkung (z. B. Galvanik, Elektrolyse), physiologische Wirkungen (z. B. Muskelkontraktionen), magnetische und Kraftwirkung (z. B. Motoren, Generatoren). In drehenden elektrischen Maschinen

werden die magnetischen Wirkungen des S. ausgenutzt; verbunden sind sie immer mit Wärmebildung in den Wicklungen und anderen Teilen. Die quantitative Kennzeichnung des S. erfolgt durch → Stromstärke und/oder → Stromdichte.
→ Blindstrom, → Drehstromnetz, → Einheiten, → Ermittlung der Verluste und des Wirkungsgrads, → Kirchhoffsche Gesetze, → Kraftwirkung eines durchströmten Leiters, → Leitfähigkeit, → magnetische Feldstärke, → ohmscher Widerstand, → Ohmsches Gesetz, → Spannung, → Stromdichte, → Stromverdrängung, → Wechselgröße, → Widerstand, → Wirbelstrom, → Wirkstrom
[A5, A8, N6.10, N6.13]

Stromdämpfungsläufer
Stromverdrängungsläufer
→ Käfigformen

Stromdichte J in A/mm^2 {current density}
Physikalische Größe zur Kennzeichnung der Verteilung des elektrischen → Stroms in einem betrachteten Leiterquerschnitt.
(Hydraulisches Analogon: Der S. beim elektrischen Strom entspricht die Strömungsgeschwindigkeit einer Wasserströmung). Die S. ist für den Hersteller eine wichtige Kenngröße für die erwärmungsgerechte Bemessung von Leiterquerschnitten, die man aus bereits gebauten Maschinen mit ähnlichem Wärmehaushalt ableitet.
→ Stromstärke, → Stromverdrängung [A5, A6]

Stromstärke (genauer: elektrische Stromstärke) I in A {current intensity; current}
Physikalische Größe zur quantitativen Kennzeichnung des elektrischen → Stroms.
Die S. ist definiert durch die Ladungsmenge, die in einem betrachteten Leiterquerschnitt in der Zeit fließt (analog: Wasserstrom als Wassermenge in der Zeit). Bei → Wechselstrom ist der Effektivwert die für den Energietransport oder die Energieumsetzung maßgebende Größe.
→ Blindstrom, → Einheiten, → Ermittlung der Verluste und des Wirkungsgrads, → Kirchhoffsche Gesetze, → Kraftwirkung eines durchströmten Leiters, → magnetische Feldstärke, → Ohmsches Gesetz, → Stromdichte, → Stromverdrängung, → Wechselgröße, → Wirkstrom
[A5, A8, N6.10, N6.13]

Stromüberlastung {excess current}
VDE 0530 betrachtet S. als „gelegentlich“, d. h., die Maschine wird während ihrer Lebenszeit nur wenige kurze Zeitabschnitte mit den Überströmen betrieben. Die →

thermische Lebensdauer wird dadurch praktisch nicht beeinflußt. Die S. ist festgelegt, um Steuer- und Schutzeinrichtungen auf die Maschine abstimmen zu können. Drehstrommotoren mit $P_N \leq 315$ kW bei $U_N \leq 1$ kV : 1,5 I_N muß mindestens 2 min lang ausgehalten werden
Drehstrommotoren mit $P_N > 315$ kW und Einphasenmotoren: keine Festlegung. [N9.1]

Stromverdrängung {skin effect}
Der Wechselstrom in einem massiven Leiter wird von Wirbelströmen überlagert, die mit unterschiedlicher Phasenverschiebung durch die Induktionswirkung seiner eigenen Stromfäden entstehen. Dadurch wird er vom Leiterinnern in äußere Randzonen verdrängt (Skin-Effekt).
Diese S. ist umso stärker, je größer die Frequenz ist. Deshalb konzentrieren sich die bei umrichtergespeisten Käfigläufermotoren auftretenden → Oberschwingungen des Läuferstroms auf ein sehr kleines Volumen und können dort erhebliche Zusatzverluste und örtlich hohe Temperaturen hervorrufen. Zur Unterdrückung der durch S. entstehenden zusätzlichen Stromwärmeverluste in Ständerwicklungen von Groß-

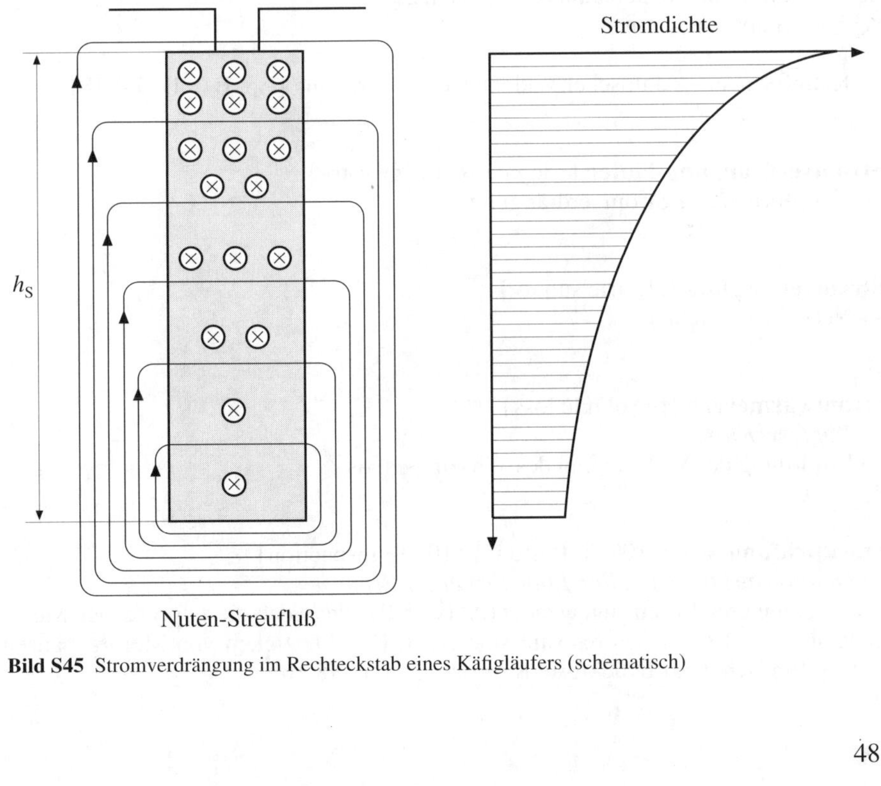

Bild S45 Stromverdrängung im Rechteckstab eines Käfigläufers (schematisch)

maschinen wird der Leiter unterteilt und die isolierten Teilleiter so gegeneinander verdrillt oder verschränkt, daß mit jeder Leiterschleife so wenig Fluß wie möglich verkettet ist (sogenannter *Roebelstab*). Bei → Asynchronmaschinen wird der S.-Effekt gezielt ausgenutzt: Bei Käfigläufern mit Hoch-, L- oder Keilstab erfolgt die S. einseitig zum Luftspalt hin (**Bild S45**), beim Doppelkäfigläufer in den Anlaufkäfig hinein. Dabei macht man sich die lineare Abhängigkeit der Läuferfrequenz vom Schlupf zunutze: Die S. ist beim Einschalten am größten und verschwindet praktisch im Arbeitsbereich. Unter dem Einfluß der S. erhöht sich der Wirkwiderstand des Stabs, sein Streublindwiderstand wird kleiner. Durch passende Ausbildung der Stabform und Stababmessungen lassen sich der → Anzugsstrom und die → Momentenkennlinie im Anlaufbereich weitgehend verändern.
Die Widerstandsvergrößerung eines rechteckigen Kupferstabs bei 50 Hz (50 Hz-Netz, Maschine im Stillstand) gegenüber Gleichstrom (≈ Maschine im Bemessungspunkt) entspricht ungefähr seiner Höhe in cm:

$$R_{\mathrm{S,50\,Hz}} \approx h_{\mathrm{S}} \cdot R_{\mathrm{S}},$$

mit:
$R_{\mathrm{S,50Hz}}$ Stabwiderstand in Ω mit Stromverdrängung bei 50 Hz,
R_{S} ohmscher Widerstand des Stabs in Ω,
h_{S} Stabhöhe in cm.

→ Käfigformen, → ohmscher Widerstand, → Streuung [A5, B1, B15, B18]

Stromverdrängungsläufer {eddy current cage rotor}
→ Käfigformen, → Stromverdrängung

Stromversorgung {electric supply}
→ Netz, → Umrichter

Stromwärmeverluste {ohmic loss}
→ *Kupferverluste*
→ Ermittlung der Verluste und des Wirkungsgrads

Stückprüfung (auch: 100-%-Prüfung) {100 % inspection}
→ *Qualitätsprüfung an allen Einheiten eines Prüfloses.*
Nur bei kleineren Losen angewendet (Aufwand!) oder wenn die zu prüfenden Merkmale sicherheitstechnisch relevant sind (z. B. Druckfestigkeit von Motorgehäusen der → Zündschutzart Druckfeste Kapselung „d“) [N8.16].

Stufenzahl {number of starter steps}
Anzahl der abschaltbaren Teilwiderstände eines →Anlassers.
Kleine S.: Große Strom- und Drehmomentsprünge. Große S.: Hohe Kosten für den Anlasser. Mindestanzahl für S.: [N4.10]

Symmetrie von Spannungen und Strömen {symmetry of voltages and currents}
→ Kurvenform und Symmetrie von Spannungen und Strömen

symmetrische Komponenten {symmetric components}
Mathematisches/zeichnerisches Verfahren zur Behandlung unsymmetrischer Zustände in Drehstromnetzen und -geräten.
Das unsymmetrische System (aus Spannungen, Strömen, magnetische Flüssen u. ä.) wird zerlegt in drei Komponenten:

1 Mitkomponente = symmetrisches Dreiphasensystem mit gleicher Phasenfolge wie das zu untersuchende unsymmetrische System; Index 1 oder p (von *positive sequence*).
2 Gegenkomponente = symmetrisches System mit entgegengesetzter Phasenfolge wie das unsymmetrische System; Index 2 oder n (von *negative sequence*).
3 Nullkomponente = System von drei gleichphasigen Größen; Index 0 oder h (von *homopolar*).

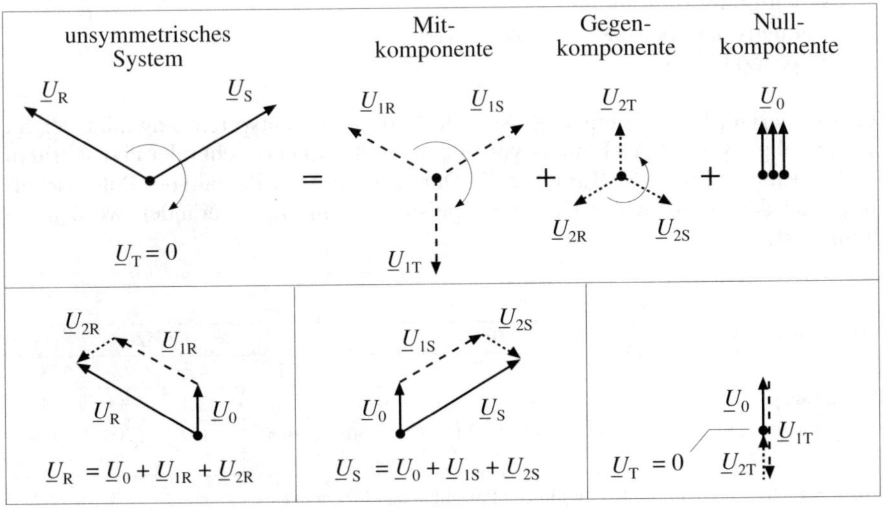

Bild S46 Zerlegung eines unsymmetrischen Systems in symmetrische Komponenten (Beispiel: Drehstromnetz mit Phasenausfall)

Die Größe der Komponenten kann grafisch oder mit Hilfe komplexer Rechnung aus dem unsymmetrischen System ermittelt werden.
S. K. dienen zur Quantifizierung der Netzunsymmetrie (→ Kurvenform und Symmetrie von Spannungen und Strömen [N9.1]), für die Wechselstrommotoren noch geeignet sein müssen. Auch unsymmetrische Schaltungen (z. B. → Steinmetzschaltung) oder unsymmetrische Speisung (z. B. → Zweiphasenlauf) von dreisträngigen Induktionsmotoren lassen sich mit s. K. untersuchen. Dabei läßt sich die reale Maschine und ihr Verhalten ersetzen durch einen Satz dreisträngiger, symmetrisch gespeister Maschinen, die gegeneinander drehen; diejenige gespeist vom Mitsystem dreht im gleichen Sinn wie die reale; die andere ist gespeist vom Gegensystem und dreht der Welle entgegen (d. h., sie wird im Gegenstrombereich betrieben). Das Betriebsverhalten, z. B. die Momentenkennlinie, läßt sich auf diese Weise ableiten aus dem bekannten Verhalten der realen Maschine bei Symmetrie.
Beipiel für die Zerlegung in symmetrische Komponenten: **Bild S46**.
[A1, A4, B15, N4.1]

Synchrondrehzahl n_s in min^{-1} {synchronous speed}
Drehzahl des → Drehfelds

$$n_s = 60 \cdot f / p,$$

mit:
n_s Synchrondrehzahl in min^{-1},
f Frequenz des speisenden Netzes in Hz,
p Polpaarzahl in 1.

Die → Leerlaufdrehzahl einer → Asynchronmaschine entspricht ungefähr der S.; sie kann ohne Antrieb des Läufers von außen nicht exakt erreicht oder überschritten werden. Einige übliche S.: **Tabelle S47**. Durch Ändern der Polzahl (→ Polumschaltung) oder der Frequenz (→ Umrichterspeisung) kann die S. verändert werden (→ Drehzahlsteuerung).

Netzfrequenz *f* in Hz	**50 Hz**				**60 Hz**			
Polzahl $2p$	2	4	6	8	2	4	6	8
Polpaarzahl p	1	2	3	4	1	2	3	4
Synchrondrehzahl n_s in min^{-1}	3000	1500	1000	750	3600	1800	1200	900

Tabelle S47 Synchrondrehzahlen für übliche Polzahlen und Frequenzen

synchronisierter Asynchronmotor {synchronized induction motor}
Motor mit → Schleifringläufer, der über dreiphasige Läufervorwiderstände angelassen und in der Nähe des → Synchronlaufs auf Gleichstromspeisung des Läuferkreises umgeschaltet wird. Die Maschine wird bei nicht zu großem → Lastmoment und Trägheitsmoment in den → Synchronlauf gezogen („Intrittfallen") und arbeitet wie eine Synchronmaschine mit deren Eigenschaften wie starre, lastunabhängige Drehzahl und Möglichkeit zur Blindstromkompensation des speisenden Netzes durch Anpassung des Erregerstroms im Läuferkreis (sogenannter Phasenschieber).
[A3]

Synchronlauf {synchronous operation}
Lauf mit → Synchrondrehzahl, d. h. mit der Geschwindigkeit des → Drehfelds.
Ist bei → Asynchronmaschinen nur bei Antrieb des Läufers von außen möglich, weil die Maschine selbst kein Drehmoment mehr erzeugt. S. ist der Übergang vom motorischen zum generatorischen Betrieb.

Synchronmaschine {synchronous machine}
Drehende Wechselstrommaschine, deren Erregerfeld im Läufer durch Dauermagnete oder eine Feldwicklung mit Gleichstromerregung entsteht.
Als Motor arbeitet die Maschine, wenn ihre Ständerwicklung mit Drehstrom gespeist wird. Der Läufer dreht synchron mit dem Drehfeld unabhängig von der Höhe des Lastmoments (Synchronmotor), bis das *Außertrittfallmoment* erreicht ist. Als Synchrongenerator muß die Maschine an der Welle angetrieben werden. Sie wandelt die mechanische Energie in elektrische um, die vom Ständer ins Netz gespeist wird.
[A2, A5, A7]

T

Tachodynamo {tacho-generator}
Gleichstromgenerator zur Erfassung von Drehzahl/Drehsinn als elektrische Spannung.
→ Drehzahlgeber

Taktfrequenz {timing-pulse frequency}
→ *U*-Umrichter

Tandem-Motor {tandem motor}
Mechanische Hintereinanderschaltung zweier gleich großer Aktivteile.
Die zwei Ständerpakete sitzen in einem gemeinsamen Gehäuse, die Läuferpakete auf einer gemeinsamen Welle. Diese Lösung wird gewählt, wenn ein bestimmter Einbaudurchmesser nicht überschritten werden kann und ein durchgehendes Läuferpaket wickel- und druckgußtechnisch nicht möglich ist oder wenn die Maschine ein besonders kleines Trägheitsmoment haben soll.

tan δ (auch: Verlustfaktor) {loss tangent}
Kein → Dielektrikum ist absolut homogen; Verunreinigungen führen dazu, daß im elektrischen Feld neben dem kapazitiven Strom auch ein Wirkstrom fließt (**Bild T1**). Die geometrische Summe beider Anteile ergibt den gesamten Strom. Dieser schließt mit dem kapazitiven Strom den Winkel δ ein, dessen Tangens dem Verhältnis Wirkstrom/Blindstrom entspricht und der ein Maß für die Verlustleistung (damit Wärmebildung) in der Isolationsanordnung ist.

$$P_d = U^2 \cdot \omega \cdot C \cdot \tan\delta,$$

mit:

P_d	Verlustleistung im Dielektrikum in W,
U	Spannung (Potentialdifferenz) am Dielektrikum in V,
$\omega = 2\pi f$	elektrische Kreisfrequenz in s^{-1},
f	Frequenz der Spannung in Hz,
C	Kapazität des Dielektrikums in F,
$\tan\delta$	Verlustfaktor.

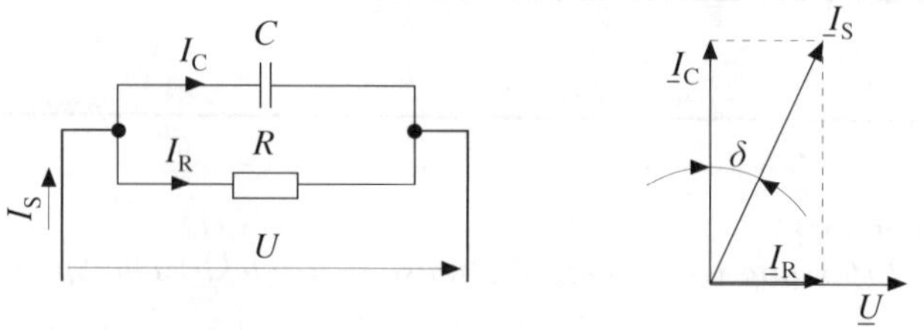

Bild T1 Ersatzschaltbild eines Dielektrikums und Zeigerdiagramm der Ströme mit dem Verlustwinkel δ

Der Verlustfaktor einer → Hochspannungswicklung kann mit einer besonderen Meßbrücke (Schering-Brücke) ermittelt werden. Der Wert des tan δ bei Anfangsspannung (= 0,2 U_N) und seine Veränderung mit zunehmender Spannung, möglicherweise auch zunehmender Temperatur, lassen eine grobe Beurteilung der Isolierung auf Unregelmäßigkeiten und Ionisationserscheinungen in der Isolierung zu (**Bild T2**).

Den Wert der tan δ-Messung nicht überschätzen! Sie ermöglicht in erster Linie eine Aussage über die Gleichmäßigkeit der Fertigung von Stäben und Spulen für Hochspannungsmaschinen und das Verhalten des Isolierstoffs während längerer Betriebszeit; Schlüsse über die Spannungsfestigkeit oder gar die verbleibende → Lebensdauer einer kompletten Wicklung können nicht gezogen werden. Deshalb sind im

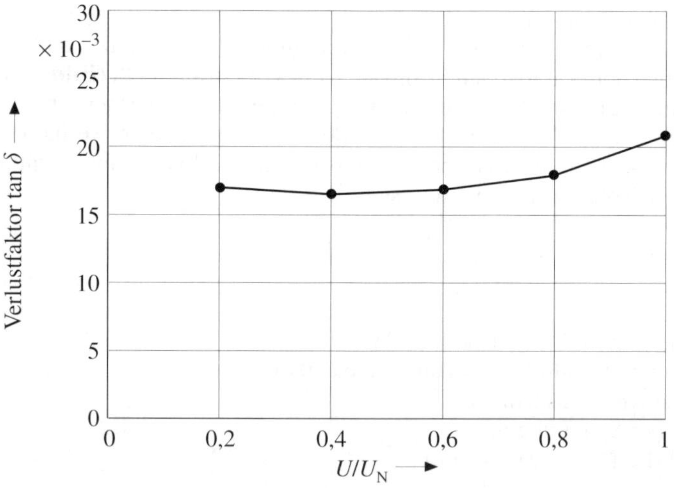

Bild T2 Verlustfaktor tan δ abhängig von der Spannung; Messung an einem Strang einer vollständigen Hochspannungswicklung für 10 kV

Gegensatz zu früheren Fassungen in der VDE 0530 [N9.1] keine Grenzwerte mehr festgelegt.

Tauchmotorpumpe {submersible motor-pump-unit}
Versenkbare Baueinheit von Motor und Pumpe.
→ Tauchpumpenmotor, → Tiefseemotor

Tauchpumpenmotor {submersible-pump motor}
Ein- oder angebauter Motor für eine Tauchpumpe.
Die Konstruktion des Motors richtet sich nach der Tauchtiefe, dem möglichen Innendruck, der Füllung des Motorinnern. Trockenläufer: Inneres mit Gas gefüllt; Naßläufer: Inneres mit Flüssigkeit gefüllt. *Ausführungsbeispiel* für einen großen Trockenläufermotor: **Bild T3** (aus [E59]).
→ Tiefseemotor

Taupunktskurve {dew point curve}
→ Feuchtigkeit, Bild F4

TEFC
Totally enclosed fan cooled.
Entspricht → Oberflächenkühlung mit Eigenbelüftung (→ Kühlart IC 411).

Teilentladung {partial discharge}
→ *Glimmentladung*

Teilwicklungsanlauf {part-winding starting}
Anlaßverfahren für Käfigläufermotoren, bei dem während des Anlaufs nur ein Teil der Ständerwicklung eingeschaltet wird.
Die Ständerwicklung hat mindestens zwei Gruppen, die nach erfolgtem Anlauf parallel geschaltet werden. Die Anlauf-Teilwicklung wird nach dem vorgegebenen Anlaufstrom (unter Beachtung eines ausreichenden Anlaufmoments) bemessen. Im einfachsten Fall mit zwei parallelen, identischen Wicklungen (**Bild T4**) werden (praktisch drehzahlunabhängig) alle Werte für das Drehmoment mit dem Faktor $\approx 0{,}5$ und für den Strom mit $\approx 0{,}7$ reduziert gegenüber den Werten der Betriebsschaltung.

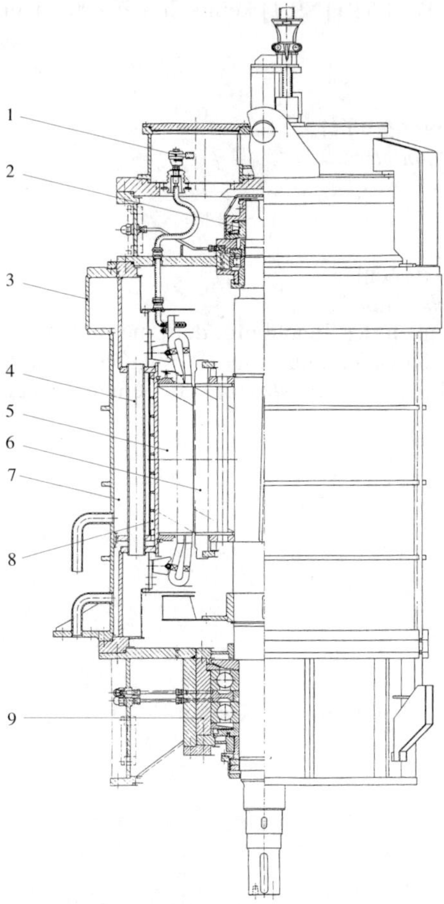

Bild T3 Luftgefüllter Tauchpumpenmotor für 80 m Wassertiefe; Drehstrom-Hochspannungsmotor mit Käfigläufer, 400 kW; 2,4 kV; 60 Hz; 1200 min^{-1} . Der Motor kann die Leistung im Dauerbetrieb auch im ausgetauchten Zustand fahren dank eines von der angetriebenen Pumpe gespeisten geschlossenen Wasserkreislaufs.

1 Hochspannungsklemmen
2 Rücklaufsperre
3 äußerer Wassermantel
4 Röhrenkühler für Innenluft; Bewegung der Luft durch Lüfter auf der Motorwelle
5 Motorständer mit Hochspannungswicklung
6 Käfigläufer
7 äußere Wasserkammer zur Kühlung der Innenluft, mit geschlossenem Kreislauf, von der angetriebenen Pumpe gespeist
8 innere Wasserkammer zur Kühlung des Ständerpakets, in Reihe zur äußeren Wasserkammer
9 gepaarte Rillenkugellager zur Aufnahme der Axialkräfte

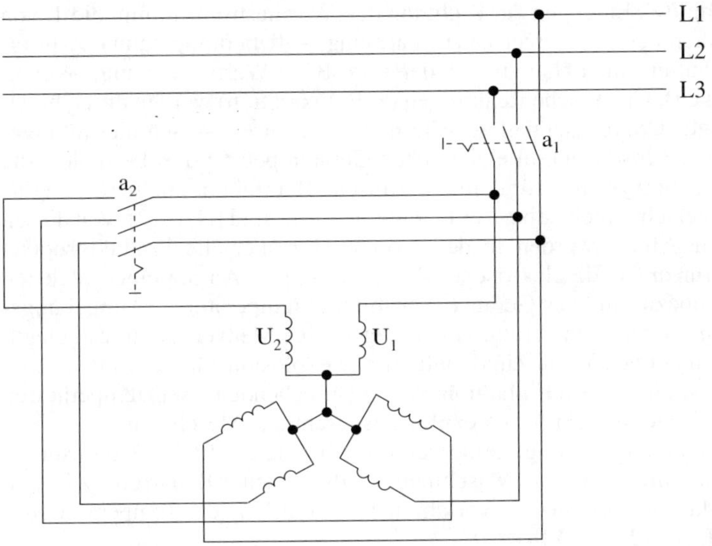

Bild T4 Teilwicklungsanlauf mit zwei parallelen Wicklungen
U_1 Teilwicklung für den Anlauf
U_2 Nach dem Anlauf zugeschaltete Wicklung
1 Hauptschalter
2 Parallelschalter
Stellung zum Anlauf: a_1 ein, a_2 aus
Stellung zum Betrieb: a_1 ein, a_2 ein

Vom Aufwand in Motor und Steuerung her ist T. ebenso einfach wie Stern-Dreieck-Anlauf; allerdings weniger wirksam in Moment- und Stromreduzierung. Sehr gebräuchlich in den USA.
→ Anlassen von Käfigläufermotoren, → Anlauf, → Anzugsmoment, → Anzugsstrom, → Softstarter, → Stern-Dreieck-Anlauf, → verstärkter Stern-Dreieck-Anlauf [A2, A21, E27]

Temperatur ϑ in K oder °C {temperature}
Maß für die kinetische Energie der Moleküle eines Stoffs, die sich in ständiger Bewegung befinden. Je größer ihre Geschwindigkeit, desto höher die T.
Absoluter Nullpunkt (0 K oder – 273,16 °C): Keine Molekülbewegung. Feste Stoffe: Moleküle regelmäßig angeordnet; sie schwingen um feste Ruhelagen. Flüssigkeiten: Bindung an feste Ruhelagen weitgehend aufgehoben; unregelmäßige Bewegungen. Gase: Freie, ungeregelte Molekülbewegung. → Wärme kann nur dann aus einer Wärmequelle abfließen, wenn diese eine höhere T. hat als die Nachbarteile

oder das → Kühlmittel. Entgegen der Richtung des Wärmestroms nimmt die T. von technischen Geräten deshalb immer zu (Erwärmung, → Übertemperatur). Zahlreiche Stoffeigenschaften sind abhängig von der T. (z. B. → Wärmedehnung, → elektrische Leitfähigkeit). Chemische Reaktionen (z. B. Oxidation) werden durch höhere T. beschleunigt; dadurch schnellere Alterung der Stoffe (→ Schmiermittelgebrauchsdauer, → Lebensdauer). In elektrischen Geräten betrifft dies besonders die Wicklungs- und Isoliersysteme, für deren thermische Beurteilung mehrere → Wärmeklassen mit unterschiedlich hoher Temperatur genormt sind [N10.12]. Von diesen Wärmeklassen ausgehend werden in den Normen für spezielle Produktgruppen (z. B. in [N9.1] für drehende elektrische Maschinen) unter Ansatz einer höchsten Temperatur im Ruhezustand des Geräts (→ Kühlmitteltemperatur, → Umgebungstemperatur) → Grenz-Übertemperaturen und zugehörige Meßverfahren festgelegt. Heiße Oberflächen können als → Zündquelle für → explosionsfähige Atmosphären wirken. Deshalb ist die sichere Einhaltung von entsprechenden Grenztemperaturen ein besonders wichtiger Aspekt für → explosionsgeschützte Maschinen!
→ Einheiten, → Kühlung, → Lagertemperatur, → thermische Ersatzzeitkonstante, → thermische Klassifizierung von Maschinen, → thermischer Beharrungszustand, → thermischer Maschinenschutz, → Verfahren zur Ermittlung der Temperatur oder Übertemperatur [A1, A2, A8, A14]

Temperaturanstieg (genauer: Temperatur-Anstiegsgeschwindigkeit) {temperature rise}
Temperaturzunahme in der Zeiteinheit.
Der T. ist gleich der Steigung der Erwärmungskurve; zu Beginn des Verlaufs dieser Kurve entspricht der T. der → adiabatischen Erwärmung.
→ Erwärmung, → thermische Zeitkonstante, → Stromdichte [A5]

Temperaturanstieg ohne Wärmeableitung
→ *adiabatische Erwärmung*

Temperaturfühler {temperature sensor}
Meßfühler zur Erfassung der Temperatur eines Maschinenteils
T. werden in drehenden elektrischen Maschinen hauptsächlich in Wicklungen und Lager eingebaut und lösen in Steuersystemen Meldungen oder Schalthandlungen aus (→ thermischer Maschinenschutz). Nach dem Temperaturverhalten ihres Widerstands unterscheidet man drei Gruppen von T. (**Tabelle T5**).
→ Bimetall-Schalter, → Heißleiter, → Kaltleiter, → Widerstandsthermometer [A2, A17, A21, E41, N8.3 bis N8.6, N9.18 bis N9.22]

Temperaturfühler mit …		Kennlinie	Bild
… Steuer-schalter	z. B. Bimetall-Schalter (Öffner)	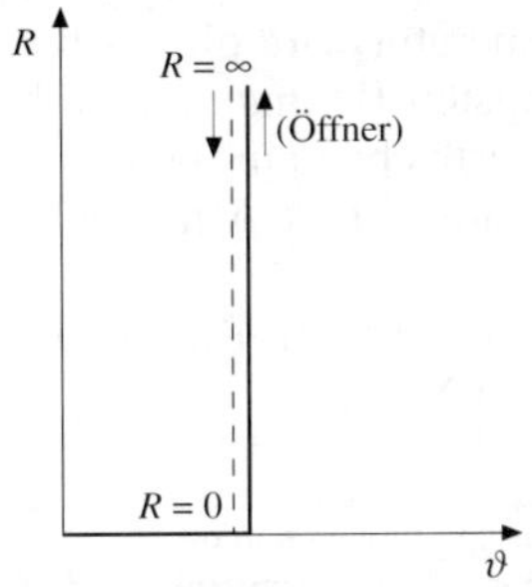	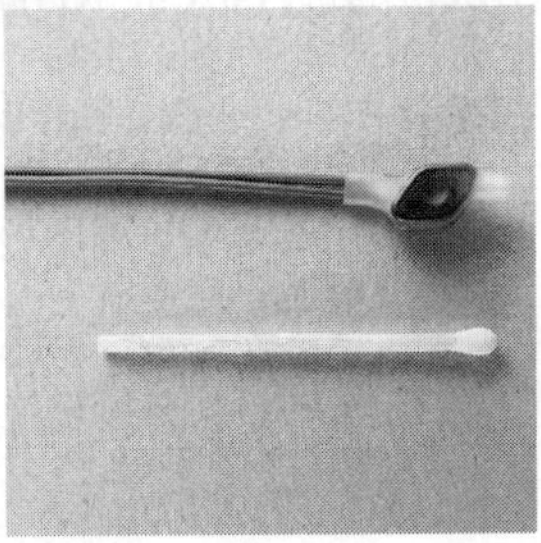
… Schalt-charakteristik	z. B. Kaltleiter	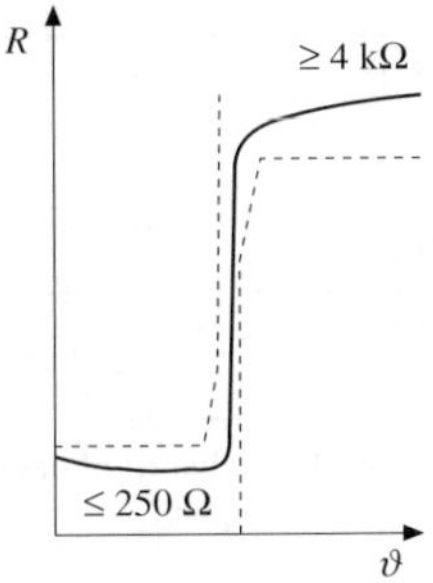	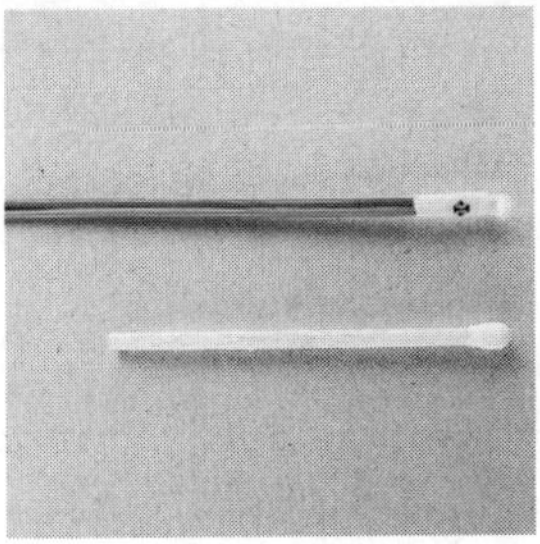
… stetiger Charakteristik	z. B. Meßwider-stand PT100	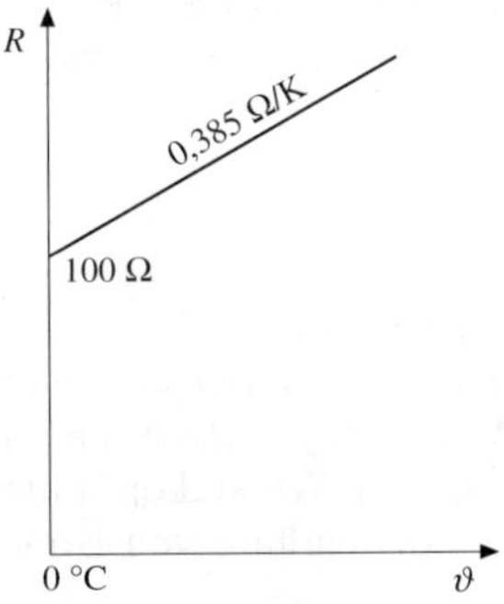	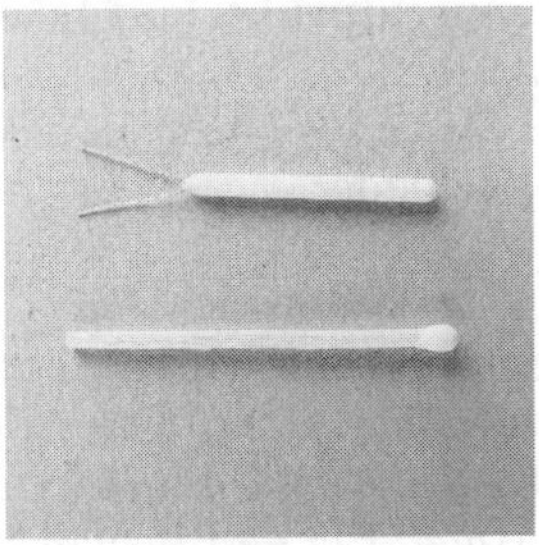

Tabelle T5 Die verschiedenen Arten von Temperaturfühlern
R Widerstand
ϑ Temperatur

Temperaturklasse T1 bis T6 {temperature class}
Einteilung der brennbaren Stoffe nach ihrer Zündtemperatur mit Zuordnung zulässiger Oberflächentemperaturen für explosionsgeschützte elektrische Betriebsmittel

der Gerätegruppe II (Verwendung in Bereichen, die durch eine explosionsfähige Atmosphäre aus Gasen, Nebeln, Dämpfen oder Staub-Luft-Gemische gefährdet sind).
Als maximale Oberflächentemperatur wird die höchste Temperatur verstanden, die im Betrieb unter den ungünstigsten Bedingungen (aber innerhalb der Toleranzen) von denjenigen Teilen oder Oberflächen eines elektrischen Betriebsmittels erreicht wird, die die umgebende explosionsfähige Atmosphäre zu zünden vermag.
Tabelle T6.
→ Explosionsschutz, → Explosionsschutz-Richtlinie, → Zündschutzart
[A2, A13 bis A15, E1, E8, Reihe N3]

Temperaturklasse	höchstzulässige Oberflächen-temperatur der Betriebsmittel °C	Zündtemperaturen der brennbaren Stoffe °C
T1	450	> 450
T2	300	> 300 bis ≤ 450
T3	200	> 200 bis ≤ 300
T4	135	> 135 bis ≤ 200
T5	100	> 100 bis ≤ 135
T6	85	> 85 bis ≤ 100

Tabelle T6 Temperaturklassen für elektrische Betriebsmittel der Gerätegruppe II

Temperaturüberlauf {excessive temperature rise}
Differenz einer Wicklungstemperatur zur Temperatur des Fühlers, der sie erfassen soll, nach dem Abschalten des Motors.
→ Kaltleiter

Temperaturwächter {thermal protector}
Baueinheit eines Temperaturfühlers mit einem Steuerorgan, das den heizenden Stromkreis ohne gesondertes Schaltgerät unterbricht oder wieder einschaltet.
Beispiel: Ein → Bimetall-Schalter im Wickelkopf eines → Einphasenmotors kann den Motor direkt schalten. Die Anwendung von Bimetall-Schaltern ist auf kleine Ströme beschränkt.
→ Temperaturfühler, → thermischer Maschinenschutz

TENV
Totally enclosed non-ventilated.
Entspricht → Konvektionskühlung

Termitenschutz {termite protection}
Nicht definierte Bezeichnung.
Termiten sind eine Gattung der Insekten mit über 1700 Arten, die hauptsächlich in den Tropen und Subtropen leben. Lichtscheu und wärmeliebend. Ihre Körperbreite beträgt je nach Art 0,5 mm bis rund 10 mm. Bevorzugte Nahrung: Organische Stoffe, wie Holz. Gefahr eines Termitenbefalls von drehenden elektrischen Maschinen besteht meistens nur während einer längeren Einlagerungsperiode, nicht während des Betriebs. Zweckmäßigerweise werden vollkommen geschlossene, oberflächengekühlte Motoren gewählt, äußere Konstruktionsteile (Klemmenkästen, Kabeleinführungen, Lüfter, Lüfterhauben etc.) in Metall ausgeführt, alle Öffnungen metallisch dicht verschlossen. Isolierstoffe auf Zellulosebasis (Papier, Preßspan etc.) sind zu vermeiden.
→ biologische, chemische und Strahlungseinflüsse, → klimatische Beanspruchung, → Langzeitlagerung [N9.2]

Terzanalyse {third band analysis}
→ Geräuschspektrum

Textilmotoren {textile motors}
Motoren mit besonderer Anpassung an die Betriebsverhältnisse in Textilmaschinen.
Der unvermeidliche Faserflug in Textilmaschinen kann zu Ablagerungen und Verstopfungen im Kühlsystem führen, wenn an Gittern, durch Oberflächenrauhigkeit, an engen oder fettverschmutzten Stellen der Textilstaub zum Kuchen verfilzt. Um die Kühlung nicht zu beeinträchtigen, sind entsprechende konstruktive Anpassun-

Bild T7 Lüfterhaube mit Schutzdach für Textilmotoren: Die Strömungsquerschnitte sind besonders groß, um eine kleine Luftgeschwindigkeit zu erzielen, und enthalten keine Gitter, um Verstopfungen zu vermeiden. Der Berührungsschutz wird durch das lange Schutzdach und die 180°-Umlenkung sichergestellt.

gen vorzusehen. Dazu zählen z. B. Lager ohne Fettaustritt (Dauerschmierung oder Nachschmierung mit Stauraum für Altfett, Bild N2), eine glatte Oberfläche mit entsprechendem → Anstrich, große Abstände zwischen Lüfterhaube und Gehäuserippen, großer Eintrittsquerschnitt in die Lüfterhaube ohne Gitter (der Berührungsschutz wird durch ein verlängertes Schutzdach mit Umlenkung verwirklicht, **Bild T7**).

t_E-Zeit

→ Zeit t_E

thermische Ersatzzeitkonstante T_{th} in min {equivalent time constant}

Bestimmt nach einer sprunghaften Stromänderung näherungsweise den Temperaturverlauf einer Wicklung.

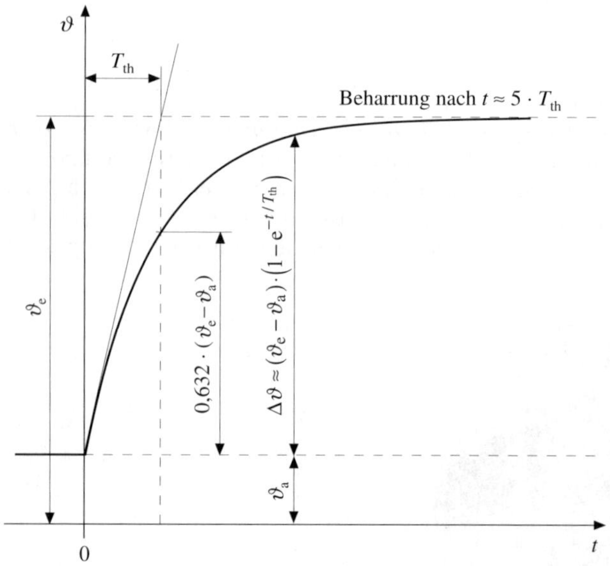

Bild T8 Temperaturanstieg nach einer sprunghaften Stromerhöhung (schematisch)

$t = 0$ Zeitpunkt der Stromänderung

$\Delta\vartheta$ Augenblickswert der Temperaturveränderung gegenüber dem Ausgangszustand in K

ϑ_e Temperatur des Endzustands (Beharrung) in °C

ϑ_a Temperatur des Anfangszustands in °C

t Zeit in min

T_{th} thermische Ersatzzeitkonstante, abhängig von der zutreffenden Kühlung bzw. Drehzahl, in min

Die t. E. wird aus einer → Abkühlkurve ermittelt. Sie beträgt das 1,44fache der Zeitspanne vom Abschalten des Motors bis zur halben Übertemperatur [N9.1]. Steht die Maschine dabei nach dem Abschalten still, ergibt sich die t. E. für → *Pausen*; bleibt nach dem Abschalten die Belüftung wirksam (z. B.durch externen Antrieb einer eigengekühlten Maschine) ergibt sich die t. E. für eine *betriebsmäßig gekühlte Maschine,* unter Umständen abhängig von der Drehzahl.
Nach sprunghaften Stromänderungen ergibt sich näherungsweise ein exponentieller Verlauf für die Temperatur.
Für Erwärmung (Stromanstieg): **Bild T8**.
Für Abkühlung (Stromrückgang): **Bild T9.**
Mit Hilfe der t. E. kann auf die Belastbarkeit einer bestimmten Maschine in anderen → Betriebsarten als Dauerbetrieb geschlossen werden, z. B. in → Betriebsart S2 (Kurzzeitbetrieb). Bei eigengekühlten Maschinen ist die Drehzahl nach der sprunghaften Stromänderung der bestimmende Parameter. Netzgespeiste Drehstrommotoren haben wegen ihres kleinen Drehzahlunterschieds zwischen Leerlauf und Vollast

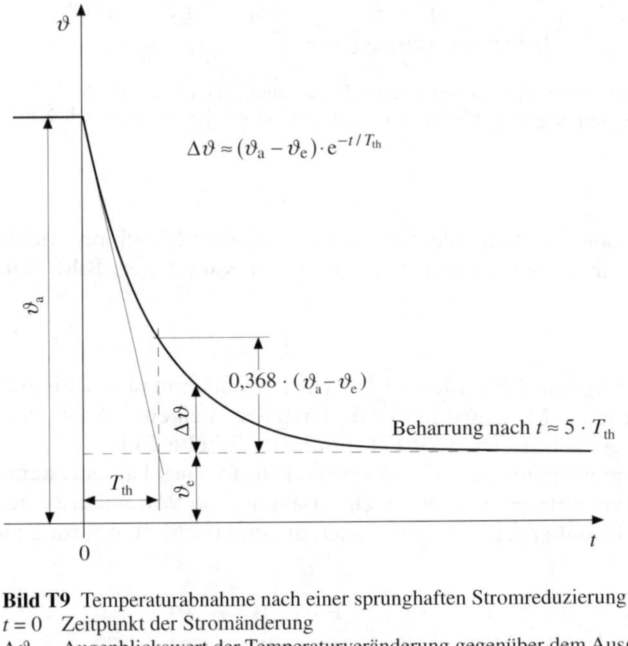

Bild T9 Temperaturabnahme nach einer sprunghaften Stromreduzierung (schematisch)
$t = 0$ Zeitpunkt der Stromänderung
$\Delta\vartheta$ Augenblickswert der Temperaturveränderung gegenüber dem Ausgangszustand in K
ϑ_e Temperatur des Endzustands (Beharrung) in °C
ϑ_a Temperatur des Anfangszustands in °C
t Zeit in min
T_{th} thermische Ersatzzeitkonstante, abhängig von der zutreffenden Kühlung bzw. Drehzahl, in min

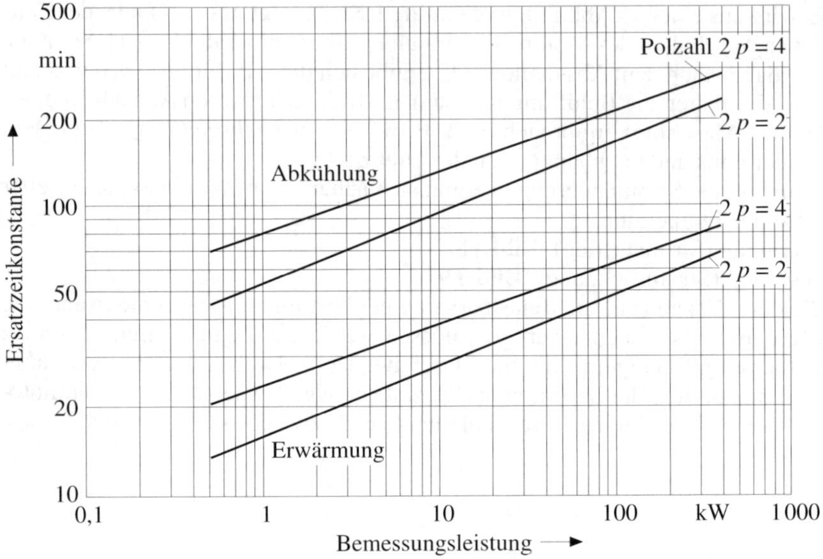

Bild T10 Thermische Ersatzzeitkonstante (Richtwerte) für die Erwärmung (im Lauf) und die Abkühlung (im Stillstand) von zwei- und vierpoligen oberflächengekühlten Drehstrom-Normmotoren mit Käfigläufer bei Netzspeisung

praktisch nur zwei t. E.: eine für drehende und eine für stehende Maschine. Richtwerte für oberflächengekühlte Drehstromnormmotoren mit Käfigläufer: **Bild T10.** [A6, A7, B18].

thermische Klassifizierung von Maschinen {thermal classification of machines}
Dem Isoliersystem einer jeden Maschine muß der Hersteller in eigener Verantwortung eine → Wärmeklasse nach IEC 85 [N9.17] zuordnen (**Tabelle T11**).
Aus den thermischen Eigenschaften der einzelnen Werkstoffe eines Isoliersystems (veralteter Begriff: „Isolierstoffklasse") kann nicht direkt auf die Wärmeklasse geschlossen werden. Der Hersteller wird vielmehr auch die praktische Bewährung an

Wärmeklasse	Y	A	E	B	F	H	200	220	250
Temperatur in °C	90	105	120	130	155	180	200	220	250

Tabelle T11 Wärmeklassen und die ihnen zugeordnete größte Temperatur.
Temperaturen über 250 °C sollten um 25 °C gestaffelt werden, die Kennzeichnung ihrer Wärmeklasse erfolgt mit dem entsprechenden Zahlenwert.

ähnlichen Systemen unter ähnlichen Betriebsbedingungen bei der Klassifizierung berücksichtigen.

thermischer Beharrungszustand {thermal steady state}
Übertemperaturen der relevanten Maschinenteile ändern sich während einer Stunde um höchstens 2 K.
T. B. wird nur im → Dauerbetrieb erreicht (Bild T8, Bild T23). Nach dem Einschalten aus dem kalten Zustand wird dazu eine Zeit von etwa dem Fünffachen der → thermischen Ersatzzeitkonstanten benötigt. Die im t. B. erreichten Temperaturen bestimmen weitgehend die → Lebensdauer der Isolierung und die → Fettstandzeit.

thermischer Maschinenschutz (TMS) {thermal motor protection}
Temperaturabhängige Maschinenschutzeinrichtung zur Vermeidung unzulässig hoher Temperaturen.
Besteht aus → Temperaturfühlern, die in die zu schützenden Maschinenteile (z. B. die Wicklung) eingebaut sind, und aus einem Steuersystem (**Bild T12**). Die Fühler

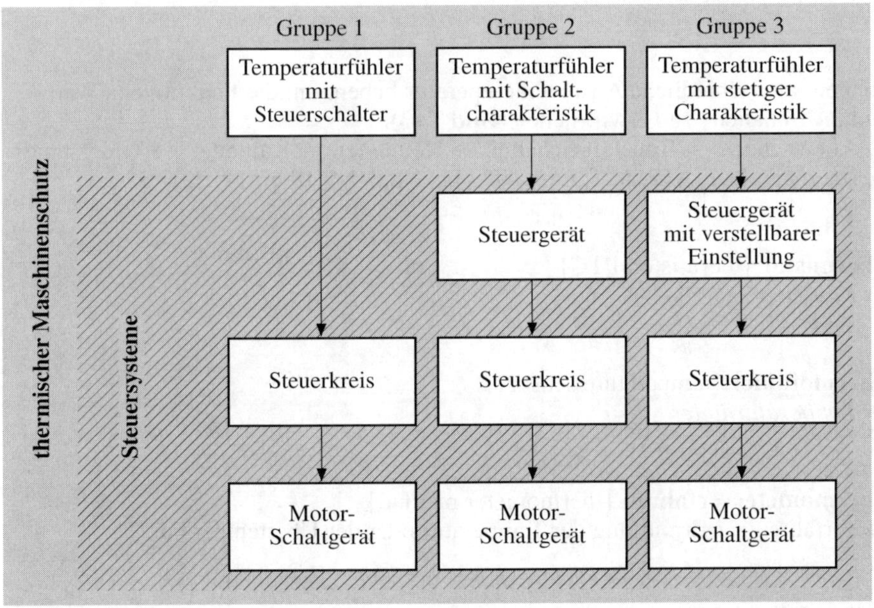

Bild T12 Thermischer Maschinenschutz
Temperaturfühler mit Steuerschalter: z. B. Bimetallschalter; Temperaturfühler mit Schalt-Charakteristik: z. B. Kaltleiterfühler; Temperaturfühler mit stetiger Charakteristik: z. B. Heißleiterfühler

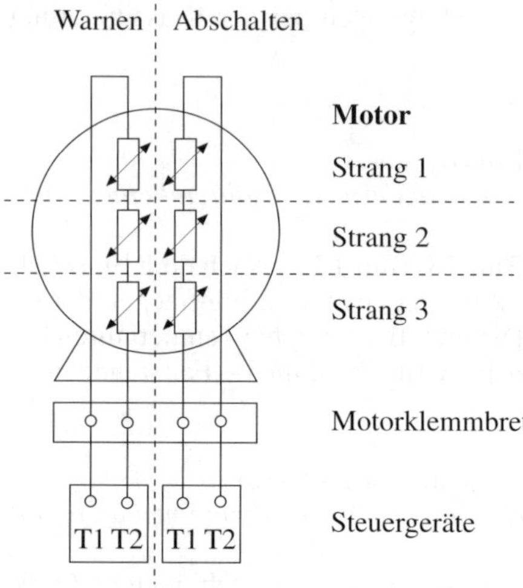

Bild T13 Thermischer Maschinenschutz eines Drehstrommotors über Temperaturfühler mit Schaltcharakteristik. Je drei Temperaturfühler (hier Kaltleiter) sind zu einem Satz hintereinander geschaltet; jeder Wicklungsstrang hat einen Fühler.

können unterschiedliche Ansprechtemperatur haben, um die Funktionen „Warnen“ und „Abschalten“ zu verwirklichen (**Bild T13**).
→ Alleinschutz, → Bimetall-Schalter, → Heißleiter, → Kaltleiter, → Widerstandsthermometer [A2, A17, A21, E41, N8.3 bis N8.6, N9.18 bis N9.22]

Thermistor {thermistor, PTC}
→ *Kaltleiter*

Thermofühler {temperature sensor}
→ *Temperaturfühler*

Thermometerverfahren {thermometer method}
→ Verfahren zur Ermittlung der Temperatur oder der Übertemperatur.

Tiefnutläufer {high bar-rotor}
→ Käfigformen

Tiefseemotor {deep-sea motor}
Motor für den Antrieb von Gas- oder Erdölförderanlagen am Meeresgrund in größeren Tiefen.
Erdgas- und Erdölförderung aus großen Meerestiefen erfolgt in Zukunft mit unbemannten Stationen. Zwischen Bohrloch und Plattform bzw. Land werden zur Überbrückung der großen Entfernungen Unterwasser-Pump- und Kompressorstationen erforderlich. Der Antrieb erfolgt durch umrichtergespeiste → Käfigläufermotoren für Hochspannung. *Ausführungsbeispiel* für einen gasgefüllten Motor: [E60], **Bild T14**, **Bild T15**. Die Versorgung dieser Maschine erfolgt über einen → *I*-Umrichter in Niederspannungsausführung mit nachgeschaltetem Transformator. Theoretische Untersuchungen und Feldversuche [E60] zeigen, daß mit diesem Konzept Kabellängen von etwa 20 km bis maximal 50 km (!) möglich sind.
→ Spannungsbeanspruchung bei *I*-Umrichterspeisung

Bild T14 Tiefseemotor zur Förderung von Erdgas aus Meerestiefen bis rund 300 m; die Maschine ist im Inneren mit dem Fördermedium gefüllt; das Gehäuse wirkt als Druckbehälter für 10 bar bis 60 bar Innendruck und 1 bar bis 30 bar Außendruck. Motordaten: 830 kW; 6 kV; 1800 min^{-1}; 10 t

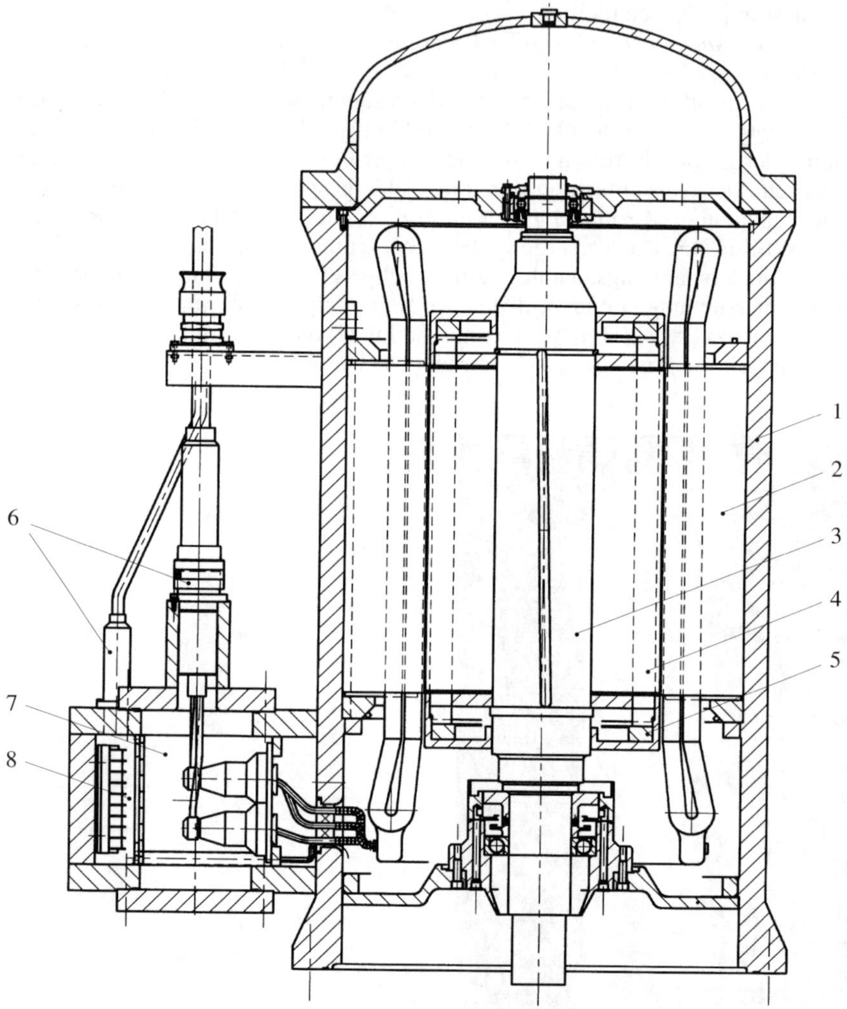

Bild T15 Schnittbild (schematisch) des Tiefseemotors nach Bild T14
1 Motordruckgehäuse
2 Ständerblechpaket mit Hochspannungswicklung
3 Welle
4 Läufer mit Käfigwicklung
5 Kurzschlußringe in unmagnetischen Kappen zur Minimierung der Reibung im verdichteten Gas
6 wasser- und gasdichte Leitungseinführung
7 Anschlußraum für die Wicklung
8 Anschlußraum für Meß- und Überwachungsorgange

Tippbetrieb {inching operation}
Einmaliges oder wiederholtes kurzzeitiges Einschalten eines Motors, um kleine Bewegungen der Arbeitsmaschine zu erreichen.
Wird beim Einfahren einer Anlage zur Überprüfung des Drehsinns, der Schaltfolge der Steuerung oder aus ähnlichen Gründen benutzt.
Die mit dem Einschalten eines Drehstrommotors verbundenen, besonderen thermischen und mechanischen Belastungen treten mehrfach auf. Gefahr von Motorschäden! Häufigkeit nicht übertreiben!

TMS
→ *thermischer Maschinenschutz*

Toleranzen {tolerances}
T. für Bemessungsgrößen: **Tabelle T16**. Ist die T. nur in einer Richtung angegeben, so ist der Wert in der anderen Richtung nicht begrenzt. Die Gewährleistung irgendeiner der Werte ist nach VDE 0530 [N9.1] nicht zwingend vorgesehen. Zugesagte Eigenschaften im Sinne des Handelsrechts müssen deshalb in Katalogen oder Angeboten ausdrücklich genannt werden, entweder durch Angabe des unteren und/ oder oberen Grenzwerts oder durch eindeutige Zuordnung einer T. zu dem genannten Wert der betreffenden Größe.

gewährleisteter Wert für	Toleranzen
Wirkungsgrad η Maschinen bis 50 kW Maschinen über 50 kW (Einzelverlustverfahren)	 – 15 % von $(1 - \eta)$ – 10 % von $(1 - \eta)$
Gesamtverluste P_V Maschinen bis 50 kW Maschinen über 50 kW	 keine Festlegung + 10 % von P_V
Leistungsfaktor cos φ	– 1/6 von $(1 - \cos\varphi)$ mindestens 0,02; höchstens 0,07
Schlupf s (Vollast, Betriebstemperatur) Maschinen unter 1 kW Maschinen ab 1 kW	 ± 30 % von s ± 20 % von s
Anzugsstrom I_1	+ 20 % von I_1
Anzugsmoment M_1	– 15 % bis + 25 % von M_1 (nach Vereinbarung auch mehr als + 25 %)
Sattelmoment M_u	– 10 % von M_u
Kippmoment M_b	– 10 % von M_b (→ Drehmoment-Überlastbarkeit beachten!)
Massenträgheitsmoment J	± 10 % von J

Tabelle T16 Toleranzen für Werte von Induktionsmaschinen nach VDE 0530

In [N9.10, N9.11] sind *Grenzwerte* für das → Anlaufverhalten von Drehstrommotoren mit Käfigläufer (nicht polumschaltbar) für Spannungen bis 690 V bei 50 Hz festgelegt: Mindestwerte für → Anzugsmoment, → Sattelmoment, → Kippmoment; Höchstwerte für die → Kurzschluß-Scheinleistung. Diese Grenzwerte müssen auch unter Anwendung der T. eingehalten werden. *Betriebliche Schwankungen* einer Größe nicht mit T. verwechseln!
→ Ausführung N, → Ausführung NY
[A1, N9.1, N9.10, N9.11]

Toleranz(-klasse) N {tolerance class N}
→ Rundlauf, Koaxialität und Planlauf

Toleranz(-klasse) R {tolerance class R}
→ Rundlauf, Koaxialität und Planlauf

TQM
Total quality management
→ Qualitätssicherung

Trägheitsfaktor *FI* {factor of inertia}
Verhältnis des gesamten Trägheitsmoments (bezogen auf die Motorwelle) eines Antriebs zum Trägheitsmoment des Motors allein:

$$FI = \frac{J}{J_M} = \frac{J_{ext} + J_M}{J_M},$$

mit:
FI Trägheitsfaktor in 1,
J gesamtes Trägheitsmoment in kgm^2,
J_M Trägheitsmoment des Motors in kgm^2,
J_{ext} Fremdträgheitsmoment, bezogen auf die Motorwelle, in kgm^2.

Trägheitsmoment {moment of inertia}
→ *Massenträgheitsmoment*

Tränkung (auch: Imprägnierung) {impregnation}
Füllung der Wicklung mit Isolierlack oder -harz und anschließende Aushärtung.

Zweck: Füllen von Hohlräumen im → Dielektrikum und in den Strömungswegen der Wärme (Vermeiden von → Glimmentladungen; Verkleinerung der Wärmewiderstände); Verbacken der Einzelleiter, Verschnürungen, Abstützungen etc. (mechanische Festigkeit); Überzug der Wickelköpfe (Feuchtigkeits- und Verschmutzungsschutz).
Verschiedene Verfahren abhängig von Durchsatz, Größe, Wicklungsart, Spannung: Träufelimprägnierung (Maschinen werden drucklos mit Harz beträufelt; Füllung erfolgt durch Kapillarkraft und/oder Schwerkraft); Tauchtränkung (gewickelte Ständerpakete werden in Harzbad getaucht); Vakuumtränkung (gewickelte Pakete werden in einem Kessel unter Vakuum getränkt); Vakuum-Druck-Imprägnierung (Druck auf Harzbad nach Vakuumtränkung).
Die Tränkung ist ein besonders wichtiger Fertigungsschritt! Erst dadurch erhält das Wicklungs- und Isoliersystem seine bestimmungsgemäßen Eigenschaften.

Träufelwicklung {random-wound winding}
→ Handwicklung

Tragösen {lifting eye}
Motoren (*meist* ab einem Gewicht von 30 kg) sind mit T. für das Einhängen der Lasthaken versehen.
T. müssen so bemessen und angebracht sein, daß der Transport in der vorgesehenen → Bauform und Aufstellung IM vorgenommen werden kann. Vor dem Anschlagen vergewissern, daß eingeschraubte T. fest sitzen! Bei größeren Maschinen haben auch Einzelteile (z. B. Lüfterhauben) eigene T., die nur für das Teilegewicht bemessen sind und nicht zum Anheben der gesamten Maschine benutzt werden dürfen. Bei verpackten Maschinen oder Maschinensätzen sind tragfähige Anschlagpunkte vorzusehen, die mit genormten Kennzeichen zu versehen sind. Außermittig liegende Schwerpunkte sind ebenfalls zu kennzeichnen. Die Hinweise des Herstellers für das Anheben und den Transport sind strikt zu beachten!

Transnormmotoren {trans-standard motors}
Alle Motoren, die größere Leistungen und/oder größere Abmessungen haben, als sie nach Norm [N1.1 bis N1.17] festgelegt sind.

Transport und Lagerung {transporting and stocking}
Bei T. u. L. darf keine nennenswerte Abnutzung von → Isolierung, → Lager und → Schmiermittel auftreten. → Verpackung, → Transportsicherung und die Einlagerungsbedingungen (→ Langzeitlagerung) müssen deshalb zweckentsprechend beschaffen sein.
Herstellerhinweise für Transport und Lagerung unbedingt befolgen!

Transportsicherung (auch: Lagerverriegelung) {bearing lock}
Sicherung gegen transportbedingte Relativbewegungen zwischen Ständer und Läufer.
Zweck: Vermeidung von Lagerschäden. Meistens wird der Läufer über das Wellenende oder die Lagerung fixiert (**Bild T17, Bild T18**). Motoren mit Rollenlagern sind im Stillstand gegen Erschütterungen besonders empfindlich, weil die Rollen auf den Laufbahnen in axialer Richtung schaben können.

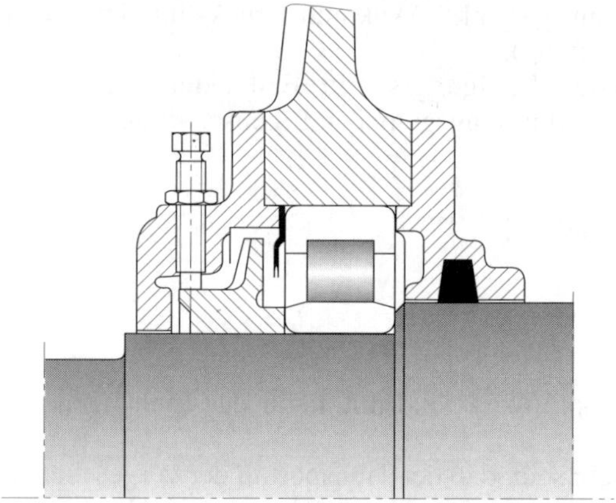

Bild T17 Transportsicherung durch Feststellschrauben. Die angezogenen Schrauben fixieren über den Fettmengenregler die Welle; sie müssen vor Inbetriebnahme gelöst und durch Kontermuttern festgehalten werden. Vorteil: Transportsicherung kann auch für den Maschinensatz Motor – Arbeitsmaschine benutzt werden.

Bild T18 Transportsicherung durch Distanzbüchse. Läufer wird in Achsrichtung durch Distanzbüchse (stützt sich auf AS am Motor ab) elastisch verspannt mittels Schraube, die in das Stirngewinde des Wellenendes greift. Vorteile: Distanzbüchse wirkt als Wellenschutz; Entfernen der Transportsicherung kann vor Inbetriebnahme nicht vergessen werden.

Trocknung {drying}
Feuchte Wicklungen, Kabel und Anschlußteile können zu Kriechströmen, Über- und Durchschlägen führen. Ob vor der Inbetriebnahme getrocknet werden muß, entscheidet man am besten nach Messung des → Isolationswiderstands. Ist dieser zu niedrig, muß die Maschine getrocknet werden. Zunächst, weil am einfachsten, öffnet man den/die Klemmenkästen und trocknet sie und die darin befindlichen Anschlußteile mit Warmluft (z. B. mit einem Haartrockner). Danach wiederholt man die Messung des Isolationswiderstands. Ist noch keine Besserung eingetreten, werden die Anschlußleitungen abgeklemmt und die Messung wiederholt. Damit wird deutlich, ob wirklich die Wicklung zu trocknen ist oder ob die Feuchtigkeit im Kabel sitzt. Für die T. der Wicklung gibt es verschiedene Möglichkeiten, z. B. Warmluftstrom aus Fremdlüfter, Ofentrocknung, Wicklungsbeheizung mit Gleichstrom oder kleiner Wechselspannung, Leerlauf bei verringerter Spannung (z. B. Stern- statt Dreieckschaltung). In jedem Fall muß die Trocknung langsam mit intensivem Luftaustausch aus dem Maschineninnern erfolgen, um Schäden durch unterschiedliche Wärmedehnung zu vermeiden. Dabei sollte in regelmäßigen Abständen der Isolationswiderstand gemessen werden. Erholt sich dieser rasch (innerhalb von Minuten), handelt es sich meist um einen oberflächlichen Feuchtigkeitsfilm.
Die Hinweise des Herstellers in → Betriebsanleitungen o. ä. sind zu beachten!
→ Feuchtigkeit, → Instandhaltung [A2]

Tropenschutz {tropic proofing}
Nicht definierte Bezeichnung.
Sondermaßnahmen richten sich nach den tatsächlichen klimatischen Bedingungen. Diese sind im einzelnen anzugeben.
→ biologische, chemische und Strahlungseinflüsse, → klimatische Beanspruchung

Tropfwasserschutz {drip-water protection}
→ Schutzart IP

t_6-Zeit {t_6-time}
Zulässige Einschaltdauer eines Drehstromkäfigläufermotors bei blockiertem Läufer mit sechsfachem Bemessungsstrom im Ständer.
Diese Zeit wird unter thermischen Gesichtspunkten festgelegt und dient der Einstellung bestimmter Motorschutzeinrichtungen. Bei Normmotoren liegt sie ungefähr zwischen 10 s und 25 s.

Typenbezeichnung {type designation}
Herstellerspezifische Kennzeichnung des Maschinentyps.

Es bestehen keine Normen. Üblicherweise wird bei Drehstrommaschinen die → Baugrößenbezeichnung (→ Achshöhe + Gehäuselänge) nach IEC 72 [N1.21, N1.22] für die T. benutzt.

Typprüfung {type test}
Prüfung festgelegter Qualitätsmerkmale an einem materiellen Produkt (z. B. Motor) zur Feststellung, ob die Qualitätsforderungen erfüllt sind.
Die T. schließt eine → Entwurfsprüfung *nicht* ein (im Gegensatz zur → Bauartprüfung). Die T. kann als → Musterprüfung durchgeführt werden [N8.16].

U

U-Bügel {U-bolt}
→ Verdrehschutz für elektrischen Anschluß mit mehrdrähtigen Leitern kleineren Querschnitts.

Überdruckkapselung „p“ {pressurized enclosure}
→ Zündschutzart

Überfluten {submersing}
→ Schutzart IP

Überlagerungsverfahren {superposition method}
→ Verfahren zur Ermittlung der Temperatur oder der Übertemperatur

überlastbar {overload}
Maschine kann ohne Betriebsstörungen mit erhöhten Belastungen betrieben werden.
→ Drehmoment-Überlastbarkeit, → Stromüberlastung

Überlastschutz {overload protection}
→ Motorschutz, → Motorschutz bei Hochspannung, → Motorschutz bei Niederspannung

Übersetzungsverhältnis {transformation ratio}
Verhältnis der induzierten Spannungen im Ständer- und Läuferkreis.
Im Gegensatz zum Transformator, bei dem das Ü. gleich dem Verhältnis der Windungszahlen ist, müssen bei der Asynchronmaschine die Wicklungsverteilungen durch einen Wicklungsfaktor berücksichtigt werden. Bei einer Schleifringläufermaschine kann das Ü. aus gemessener Primärspannung und gemessener → Läuferstillstandsspannung ermittelt werden. Werden die Impedanzen des Läuferstromkreises mit dem Quadrat des Ü. umgerechnet, so läßt sich gedanklich der Läuferkreis galvanisch an den Ständerkreis koppeln und führt damit zum → Ersatzschaltbild und zur → Stromortskurve.
[A7]

Überspannung {excess voltage}
→ Spannungs- und Frequenzschwankungen während des Betriebs

Überspannnungsableiter {lightning arrester}
Besteht aus einem spannungsabhängigen Widerstand mit oder ohne Funkenstrecke; spricht bei verhältnismäßig geringer Erhöhung der Spannung über den Nennwert an und begrenzt durch den Ableitwiderstand den Spannungspegel auf ein zulässiges Maß.

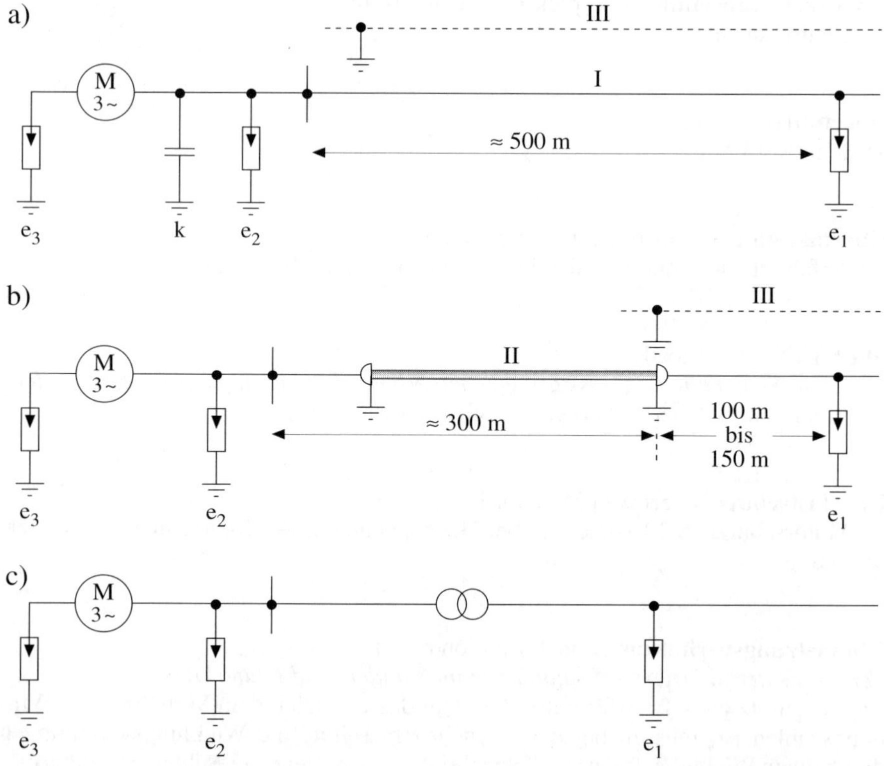

Bild U1 Überspannungsableiter zum Schutz von Hochspannungsmotoren bei Freileitungsanschluß (schematisch).
a) direkter Anschluß
b) Anschluß über Kabelstrecke
c) Anschluß über Umspanner
I Freileitung
II Kabel
III Blitzseil
e_1 Ableiter für die Freileitung
e_2 Maschinenableiter
e_3 Sternpunktsableiter
k Schutzkondensator

Gelegentlich müssen Hochspannungsmotoren an Freileitungen angeschlossen werden, in denen Überspannungen entstehen können (z. B. durch Blitzschlag). Die Maschinen werden in solchen Fällen durch Ü. an den Eingangsklemmen und im Sternpunkt der Ständerwicklung geschützt. Falls der Anschluß direkt (ohne Kabel, ohne Umspanner) an der Freileitung erfolgt, sollte ein Schutzkondensator parallel zum Ü. die Steilheit des Spannungsanstiegs verringern (**Bild U1**).
→ Motorschutz bei Hochspannung [A2, A20]

Überstromauslöser {excess current switch}
→ Bi-Metallschalter, → Motorschutzschalter, → Motorschutz bei Hochspannung, → Motorschutz bei Niederspannung

übersynchrone Bremsung {oversynchronous braking}
→ generatorische Bremsung

Übertemperatur (auch: Erwärmung) {temperature rise}
Unterschied zwischen der nach einem geeigneten → Verfahren gemessenen oder ermittelten Temperatur eines bestimmten Maschinenteils und der gemessenen → Kühlmitteltemperatur.
→ Grenzwerte der Übertemperatur

Übertemperatur beim Anlauf {starting-up temperature rise}
Übertemperatur nach erfolgtem Anlauf in den betrachteten Teilen des Motors.
Während des Anlaufs entstehen große Stromwärmeverluste in der Ständerwicklung und besonders im Stromkreis des Läufers (→ Anlaufwärme). Beim → Schleifringläufer entsteht die Anlaufwärme zum größten Teil im → Anlasser; deshalb besteht bei dieser Maschine normalerweise nicht die Gefahr einer zu großen Übertemperatur in Läufer- und Ständerwicklung. Anders beim → Käfigläufer: Seine Käfigwicklung wird mit der vollen Anlaufwärme belastet. Die Ü. b. A. des Läuferkäfigs ergibt sich aus seinen Verlusten und seiner Fähigkeit, Wärme zu speichern (Wärmekapazität). Durch den Einfluß des Läuferpakets ist der Temperaturanstieg nicht völlig linear, kann aber trotzdem bei großen Lastmomenten und besonders bei großen Trägheitsmomenten zu gefährlich hohen Temperaturen führen. Bei Maschinen ohne inneren Kühlkreislauf kriecht die Läuferwärme über die Welle auch in die Lager, wodurch → Schmierung und → Lagerluft beeinträchtigt werden können.
Bei Antrieben für hohe Schalthäufigkeit und /oder Trägheitsmomente erfolgt die Bemessung der → Aktivteile des Motors und seiner Lagerkonstruktion möglicherweise nach der Ü. b. A.

→ Anlassen von Käfigläufermotoren, → Anlaufwärme, → Grenzwerte der Übertemperatur, → Lagertemperatur [A3, A5, A6]

Übertragungselemente {torque-transmission components}

Alle Bauteile zur Drehmomentübertragung von der Motorwelle auf die Welle der Arbeitsmaschine.

Drehmomentübertragung erfolgt mittels *Formschluß* oder *Kraftschluß* oder beidem (z. B. bei vielen → Kupplungen).

Formschlüssige Ü. bei Drehstromantrieben: → Ritzel, Zahnräder, Schneckenräder; Zahnriemen; Ketten (nur bei ganz kleinen Drehzahlen).

Kraftschlüssige Ü. bei Drehstromantrieben: Riemen (→ Flachriemen, → Keilriemen); Seile (nur bei ganz kleinen Drehzahlen); Reibrädern; → Wirbelstromkupplung, → Strömungskupplung.

Ü. werden in erster Linie nach dem maximal zu übertragenden → Drehmoment bemessen. Dabei müssen → Pendelmomente und die von Schaltvorgängen oder Belastungsstößen hervorgerufenen → Stoßmomente berücksichtigt werden. Oft sind auch dämpfende Eigenschaften der Ü. erforderlich, um → Drehschwingungen zu begrenzen (→ elastische Kupplung; → Strömungskupplung). Nur bei ordnungsgemäß ausgerichteten Kupplungen sind die Übertragungskräfte ausgeglichen. In allen anderen Fällen treten funktionsbedingte Kräfte quer zur Welle auf. Sie beanspruchen die Lager radial und die Welle auf Biegung und verursachen über die elastische Biegelinie eine Mittenverlagerung des Läufers in der Ständerbohrung (→ magnetischer Zug). Die auftretenden → Querkräfte sind bei der Antriebsplanung, der Gestaltung des → Fundaments, der → Installation und → Instandhaltung zu beachten. Bei schrägverzahnten Ritzeln treten auch Axialkräfte auf, die vom → Festlager aufgenommen werden müssen (→ Axiallast).

Bei der Auswahl der Ü. sind die zulässigen Beanspuchungen für die Welle, die Lager und das Fundament des Motors zu beachten.

→ Paßfeder, → Passungsrost, → Wellenende

[A7, A8, E12, E13, E36, E39, E40, E41, N2.1 bis N2.3, N2.5 bis N2.14, N2.21, N9.2]

Überwachung

1. Im Sinne von → Inspektion = Teil der → Instandhaltung

2. Im Sinne von → Schutz: → Motorschutz bei Hochspannung, → Motorschutz bei Niederspannung, → Lagertemperatur-Überwachung, → Lagerüberwachung

UL

Underwriter's Laboratories Inc.

Laboratorien der US-Versicherungsgesellschaften. Erlassen Vorschriften für technische Werkstoffe und erteilen nach entsprechender Prüfung *Zulassung* (UL-Approbation).

Umformer {rotary converter}
Drehende Maschine oder Maschinensatz zur Umformung elektrischer Energie in solche anderer Form, Phasenzahl, Spannung oder Frequenz.
Die Anwendung der → Asynchronmaschine für U. hat seit Entwicklung der elektronischen → Umrichter stark abgenommen.
→ Frequenzumformer [A3]

Umgebungstemperatur {ambient temperature}
Temperatur der die betreffende Maschine unmittelbar umgebenden Luft.
Maximal: 40 °C [N9.1]. Bei → Aufstellungshöhen größer als 1000 m über NN kann von einer verringerten maximalen U. ausgegangen werden (Bild A24); minimal: **Tabelle U2**.
Für viele Antriebe, z. B. Schiffsmotoren unter Deck (→ Schiffbauvorschriften), beträgt die U. mehr als 40 °C. Dies muß bei der Bemessung des Motors berücksichtigt werden (**Bild U3**). Besonders hohe U. treten bei → Brandgaslüftern auf, allerdings wird dann nur eine begrenzte → Kurzzeitlebensdauer gefordert.
Die meisten luftgekühlten Maschinen entnehmen die Kühlluft unmittelbar aus ihrer Umgebung; die → Kühlmitteltemperatur entspricht damit auch der U.

Maschinenart	**kleinste Umgebungstemperatur**
Wechselstrommaschinen mit Bemessungsleistungen über 3300 kW (kVA) je 1000 min^{-1} Maschinen mit Bemessungsleistungen kleiner als 600 W (VA) alle Maschinen mit einem Kommutator oder Schleifringen Maschinen mit Wasser als primärem oder sekundärem Kühlmittel	+ 5 °C
alle anderen	– 15 °C
Treten Umgebungstemperaturen auf, die unterhalb der genannten Werte liegen, so muß der Käufer den kleinsten Wert festlegen und angeben, ob dies nur während des Transports und der Lagerung zutrifft oder auch im Betrieb.	

Tabelle U2 Kleinste Umgebungstemperaturen nach VDE 0530 [N9.1]

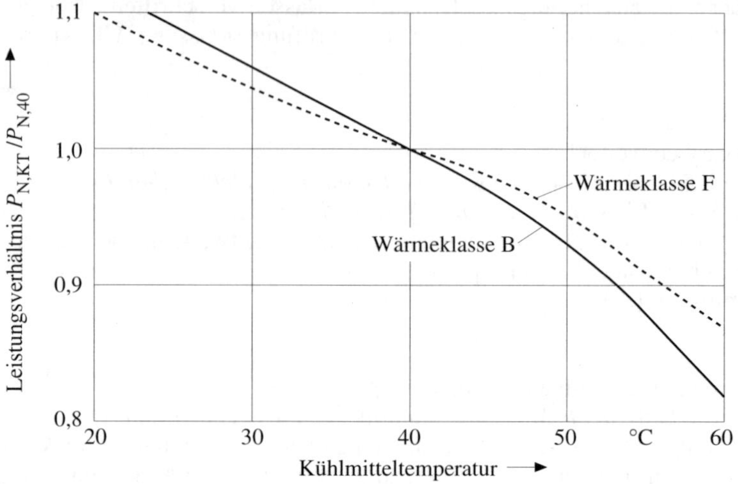

Bild U3 Typische Änderung der Bemessungsleistung einer Reihe von oberflächengekühlten Drehstrom-Normmotoren mit Käfigläufer [N1.5] bei anderer Umgebungstemperatur (= Kühlmitteltemperatur) als 40 °C
$P_{N,40}$ Bemessungsleistung bei 40 °C
$P_{N,KT}$ Bemessungsleistung bei anderer Kühlmitteltemperatur (Veränderung im Einzelfall: siehe Herstellerangaben)

Umrichter (genauer: Frequenzumrichter) {frequency converter}
Stromrichtergerät, mit dem die konstante Spannung und die konstante Frequenz des Netzes in eine variable Spannung mit variabler Frequenz umgewandelt wird.
Prinzipbild: **Bild U4**. Man unterscheidet → Direktumrichter und → Zwischenkreisumrichter; letztere gliedern sich in → *I*-Umrichter und → *U*-Umrichter. Die Eigenschaften eines Antriebs mit Speisung durch U. hängen ganz wesentlich von dem Steuerverfahren des Wechselrichters ab. Neueste Entwicklung auf diesem Gebiet ist das sogenannte Direct Torque Control (DTC, direkte Drehmoment-Regelung, [E56]), das ohne Drehzahlgeber arbeitet: Über ein mathematisches Modell der Maschine werden 40000mal in der Sekunde die optimalen Schaltzustände für die Leistungshalbleiter direkt aus den Zustandsgrößen (Drehmoment, Fluß, Drehzahl) ermittelt und nach Vergleich mit den Sollwerten in Steuersignale umgesetzt. Da jeder Schaltzustand einzeln ermittelt wird, entfällt der bisher übliche Pulsbreitenmodulator; die Signalverarbeitung wird schneller, die Dynamik wesentlich verbessert. Ein Teil der mit → Umrichterspeisung verknüpften Probleme wird durch ein derartiges Verfahren gemildert oder hinfällig*).

*) Dieser Prozeß wird sich durch das große Fortschrittspotential der Elektronik auch in Zukunft fortsetzen. Die → Erfahrungskurve der Umrichtertechnik steht noch im Anfangsbereich.

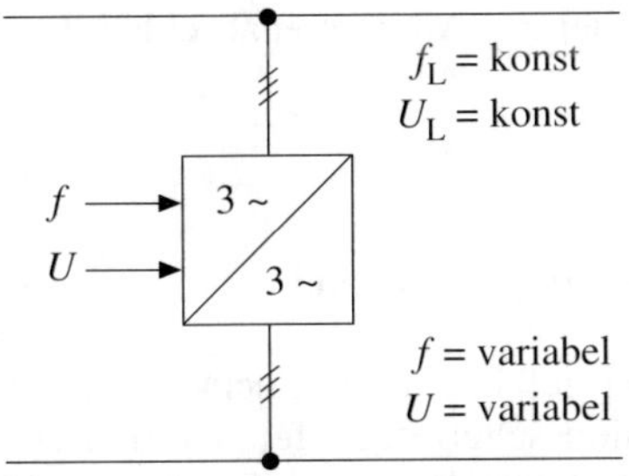

Bild U4 Prinzipbild eines Umrichters

→ Frequenzsteuerung, → Umrichterspeisung, → Umrichterspeisung und Explosionsschutz, → Umrichterspeisung und Momentenbelastbarkeit, → Umrichterspeisung und Motorgeräusch, → Umrichter und Netzrückwirkung, → Umrichtervergleich *I*-PWM
[A2, A5 bis A7, A10, A21, B19, E4, E47]

Umrichterspeisung {static converter supply}
Speisung einer → Asynchronmaschine mit Käfigläufer mit variabler Frequenz und variabler Spannung aus einem → Umrichter.
→ Frequenzsteuerung von Käfigläufermotoren erfolgt in der Regel über U. mit dem Vorteil, daß die Umrichtersteuerung in die Prozeßregelung eingebunden und damit leicht automatisiert werden kann. Bei Projektierung und Betrieb von umrichtergespeisten Käfigläufermotoren sind einige Besonderheiten zu beachten, die bei Netzspeisung nicht auftreten. Ursache sind einerseits die verzerrten (nicht sinusförmigen) Motorspannungen und Motorströme, andrerseits der erweiterte Drehzahlbereich. Zu berücksichtigen sind im wesentlichen:

- Zusatzverluste (→ Ermittlung der Verluste und des Wirkungsgrads bei Asynchronmaschinen mit Umrichterspeisung),
- Pendelmomente (→ Pendelmomente, → Sechsphasenmotor),
- Beanspruchung der Isolierung (→ Spannungsbeanspruchung bei Umrichterspeisung),
- Erweiterung/Einschränkung des Drehmoment-Drehzahl-Bereichs (→ Umrichterspeisung und Momentenbelastbarkeit, → High-speed-Motoren),
- zusätzliche Geräusche (→ Umrichterspeisung und Motorgeräusch),
- Umrichterbetrieb von explosionsgeschützten Motoren (→ Umrichterspeisung und Explosionsschutz),
- Lagerströme (→ Wellenspannungen und Lagerströme).

Neuerdings werden U. mit „intelligentem“ Steuerverfahren [E56] oder Ausgangsfilter eingesetzt, die bei zweckentsprechender Auslegung eine Reihe der zusätzlichen

Probleme (Zusatzverluste, Beanspruchung der Isolierung, Momentenabschlag, Geräusche) wesentlich entschärfen.
[A2, A10, **A21**, B18, **E4**, E5, **E47**, **N9.3**, N9.4]

Umrichterspeisung und Explosionsschutz {converter supply and explosion protection}
Der → Umrichter kann außerhalb des → explosionsgefährdeten Bereichs installiert werden und ist deshalb selbst nicht vom → Explosionsschutz betroffen. Bei umrichtergespeisten explosionsgeschützten Käfigläufermotoren dagegen müssen die mit der Drehzahl veränderliche Kühlung, die variablen und verzerrten Spannungen und Ströme und ihre Auswirkungen auf die Wärmebildung besonders berücksichtigt werden. Ausführungsmöglichkeiten: **Tabelle U5**.
[A2, A13, A14, A21, **E4**, E5, **E6**, **E7**, **N5.4**]

	Motor in Zündschutzart EEx e	**Motor in Zündschutzart EEx d**
1	Motor, Umrichter und Überwachungseinrichtung müssen gemeinsam geprüft, bescheinigt und als zusammengehörig gekennzeichnet sein.	
2	Keine besonderen Prüfungen erforderlich, wenn der Motor mit einem speziellen, auf die Bedingungen des Umrichterbetriebs abgestimmten Schutzsystem überwacht wird. Dieses Schutzsystem, in das die vorhandenen Überwachungsfunktionen des Umrichters einbezogen werden, muß von der Prüfstelle bauartgeprüft sein.	
3		Motor mit pauschaler *Konformitätsbescheinigung* (Explosionsschutz durch *druckfeste Kapselung* wird ohne Angabe von elektrischen Werten bescheinigt) für die Temperaturklassen T1 bis T4. Motorhersteller legt die bei Umrichterspeisung zulässigen Daten nach entsprechender Prüfung gemäß Vereinbarung mit der Prüfstelle fest.
4		Motor mit Bescheinigung für die Betriebsarten S1 bis S7 (S8) und Alleinschutz (thermischer Motorschutz durch Kaltleiterfühler) dürfen bis zur bescheinigten Maximalfrequenz ohne besondere Prüfungen betrieben werden. (Alleinschutz ist nur bei kleineren Motoren möglich, bis etwa 90 kW, vierpolig).
5	Speisung durch Umrichter mit *Ausgangsfilter*: Voraussetzungen für die Filterqualität und Bedingungen für den Schutz und die Prüfung des gespeisten Motors werden z. Z. durch die zuständigen Normengremien beraten.	

Tabelle U5 Möglichkeiten des Umrichterbetriebs von explosionsgeschützten Käfigläufermotoren in Zone 1

Umrichterspeisung und Momentenbelastbarkeit {converter supply and torque-loadability}
Die Belastbarkeit eines umrichtergespeisten Käfigläufermotors durch die Arbeitsmaschine findet eine thermische Begenzung im Motor und eine Strombegrenzung im Umrichter: Bei Eigenbelüftung wird mit abnehmender Drehzahl die Wärmeab-

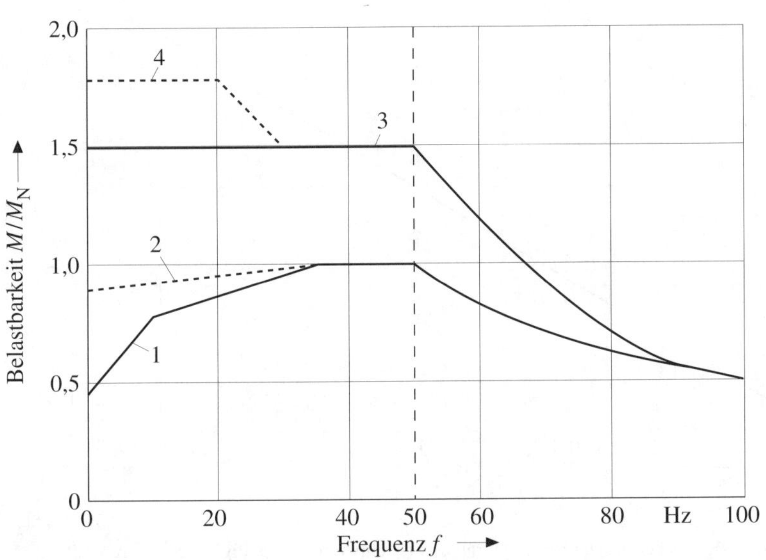

Bild U6 Momentenbelastbarkeit für Käfigläufermotoren gespeist aus einem PWM-Umrichter mit Taktfrequenz > 5 kHz, nach Angabe eines deutschen Herstellers.
1 Dauerbetrieb mit Eigenbelüftung, Kühlart IC 411
2 Dauerbetrieb mit Fremdbelüftung, Kühlart IC 416
3 kurzzeitig, Dauer 1 min, Pause 10 min
4 kurzzeitig während des Anlaufs

fuhr schlechter. Hinzu kommt, daß je nach Steuerverfahren und Taktfrequenz unterschiedlich große Zusatzverluste entstehen. Soll Dauerbetrieb bei verringerter Frequenz gefahren werden, muß das Lastmoment aus beiden Gründen gegenüber dem Bemessungswert bei Netzbetrieb verkleinert werden, und es muß evtl. eine → Fremdbelüftung eingesetzt werden. Die Stromüberwachung des Umrichters dagegen kann so gestaltet werden, daß eine wesentliche Momentenüberhöhung über das 50 Hz-Bemessungsmoment hinaus möglich ist; allerdings nur kurzzeitig (z. B. für Anlauf). *Beispiele* für die Momentenbelastbarkeit: **Bild U6**.

Die vom Hersteller angegebene Momentenbelastbarkeit bei veränderter Drehzahl muß in Antriebsplanung und Betrieb berücksichtigt werden!

→ Frequenzsteuerung, → Umrichter, → Umrichterspeisung
[A2, A10, A21, E4, E5, E47, N9.3, N9.4]

Umrichterspeisung und Motorgeräusch {converter supply and motor noise}
Das aerodynamisch erzeugte Geräusch (hervorgerufen hauptsächlich durch den Lüfter) ist drehzahlabhängig (**Bild U7**). Bei Erhöhung der Frequenz über 50 Hz hin-

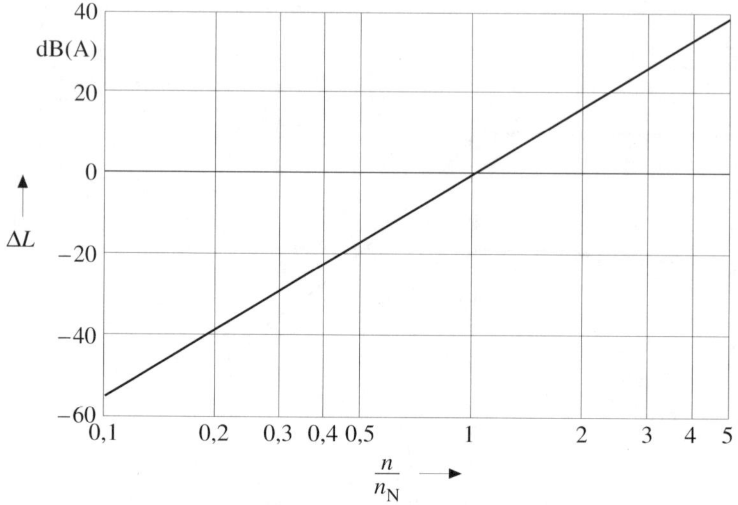

Bild U7 Veränderung des aerodynamischen Geräuschs (Richtwerte) bei Käfigläufermotoren mit Eigenbelüftung
ΔL Erhöhung/Verringerung des Schalldruckpegels in dB(A)
n tatsächliche Drehzahl in min^{-1}
n_N Drehzahl bei 50 Hz in min^{-1}

aus ist eine → Fremdbelüftung ratsam, sofern sie nicht ohnehin eingesetzt wird wegen besserer Kühlung bei kleinen Drehzahlen. Die → Oberschwingungen in Spannung und Strom verursachen zusätzliche Kraftwellen, die die Blechpakete verformen und zu → Einzeltönen führen können. Dies hängt auch von den Eigenfrequenzen der konstruktiven Teile (z. B. Lüfterhauben) ab. Besonders empfindlich sind hochpolige Maschinen wegen des relativ dünnen Jochs (→ Geräusch drehender elektrischer Machinen). Richtwerte für die Geräuscherhöhung bei 50 Hz gegenüber Netzspeisung: **Tabelle U8**. Durch Ausgangsfilter im Umrichter läßt sich das Geräusch verbessern.

Umrichtertyp	Geräuscherhöhung bei 50 Hz gegenüber Netzspeisung
I-Umrichter (ungepulst)	≈ 1 dB(A) bis 3 dB(A)
U-Umrichter (PWM-Sinus, Taktfrequenz 700 Hz bis 16 kHz)	≈ 2 dB(A) bis 7 dB(A)
U-Umrichter (PWM-Sinus, Taktfrequenz < 700 Hz)	≈ 7 dB(A) bis 15 dB(A)
U-Umrichter (mit Ausgangsfilter oder mit direkter Momentenregelung)	≈ 0

Tabelle U8 Geräuscherhöhung (Richtwerte) von Käfigläufermotoren im Umrichterbetrieb

→ Umrichter, → Umrichterspeisung, → Umrichtervergleich *I*-PWM
[A21, E4, E5, E47, N9.3]

Umrichter und Netzrückwirkung {converter and line perturbation}
Die in den Netzzuleitungen eines Umrichters fließenden Ströme sind durch die Arbeitsweise der Geräte nicht sinusförmig; es ergeben sich Rückwirkungen auf das Netz, nämlich:

- Oberschwingungen der Ströme und Spannungen,
- Spannungseinbrüche,
- Grundschwingungs- und Verzerrungsblindleistungen,
- Funkstörungen.

Die störenden Auswirkungen von Netzrückwirkungen können durch Filter in den zulässigen Grenzen gehalten werden.
→ EMV, → EMV-Richtlinie, EMV von Asynchronmaschinen, → Funkstörgrad, → Funkstörung, → Oberschwingungen, → Oberschwingungsgehalt
[**A7**, A10, A21, **E4**, E32, **N4.28**, **N8.32**]

Umrichtervergleich *I*-PWM {comparison of current-source converter to voltage-source converter}
In der Praxis werden sowohl der → *I*-Umrichter als auch der → PWM-Umrichter für bestimmte Antriebsfälle eingesetzt. Wichtige Gesichtspunkte für die Auswahl des Umrichtersystems: **Tabelle U9**. Ist kein wesentlicher technischer Unterschied zu erkennen, wird das System nach anderen herstellerspezifischen Merkmalen (Preis, Lieferzeit, Bauvolumen, Bedienungs- und Überwachungskomfort, Service etc.) festgelegt.
→ Umrichterspeisung und Motorgeräusch [A2, E4]

unbelüftete Motoren {non-ventilated motors}
→ Konvektionskühlung, → (Kühlung durch Relativbewegung

Unfallverhütungsvorschriften {safety regulations}
Der Schutz gegen Berührung bewegter Teile und gegen Berührung von Teilen, die unter elektrischer Spannung stehen, ist Bestandteil der → Schutzart IP von drehenden elektrischen Maschinen. Dieser Schutz wird weitgehend durch eine Begrenzung der Öffnungsweiten erreicht und läßt sich deshalb mit der ersten Ziffer des IP-Codes beschreiben. Eine Kennzeichnung des Berührungsschutzes mit einem Zusatzbuchstaben ist für drehende elektrische Maschinen deshalb nicht erforderlich. Mit einem der Zugänglichkeit des Betriebsraums entsprechendem Schutzgrad sind die Gesichtspunkte der U. meistens erfüllt. Weitergehende Anforderungen werden zweck-

Merkmal	PWM-Umrichter	*I*-Umrichter
Einzel- und Mehrmotorenantriebe mit kleiner Summenleistung (< 50 kVA)	+	– bis o 1)
Einzel- und Mehrmotorenantriebe mit großer Summenleistung (30 kVA bis 5000 kVA); Mehrzahl der Motoren verbleibt am Umrichter	o	+
Mehrmotorenantriebe mit großer Summenleistung (30 kVA bis 5000 kVA); Mehrzahl der Motoren (> 50 %) wird zu- und abgeschaltet	o	–
höchste Rundlaufgüte bei kleinen Drehzahlen (Stellbereich > 1 : 50)	+	o
hohe Feldschwächung (> 1 : 2)	+	o
geringer Blindleistungsbedarf	+	o 2)
Filterung der netzseitigen Stromoberschwingungen	–	o
geringes Geräusch	–	+
hoher Wirkungsgrad (auch bei Verwendung von Standardmotoren)	o	+
Anpassung des Motors für Umrichterbetrieb	o 3)	+
Energierückspeisung beim Bremsen (hohe Trägheitsmomente oder treibende Lastmomente)	o 2)	+

Tabelle U9 Vergleich der Betriebseigenschaften von PWM- und *I*-Umrichter
Zeichen:

+ gut geeignet	1) je nach Leistung
o geeignet	2) mit Mehraufwand verbesserbar
– weniger geeignet	3) je nach Pulsverfahren

mäßigerweise bei der Konstruktion oder Installation der Maschine oder Anlage berücksichtigt, in/an die der betreffende Motor ein-/angebaut werden soll.
[A21, N9.5]

Unsymmetrie {asymmetry}
→ Kurvenform und Symmetrie von Spannungen und Strömen, → symmetrische Komponenten

Unterdeck-Aufstellung {under-deck installation}
Installation und Betrieb von Elektromotoren auf Schiffen unter Deck.
Schutz vor Seewasser, Brechern, und Vereisung ist durch U.-A. gegeben. Deshalb können auch offene Elektromotoren (z. B. Schutzart IP 21) mit Durchzugsbelüftung (Kühlart IC 01) verwendet werden. Allerdings ist unter Deck mit erhöhten → Umgebungstemperaturen und hoher → Luftfeuchtigkeit zu rechnen, meistens auch mit großen Erschütterungen (hervorgerufen durch die Schiffsdieselmotoren).

Rollenlager vermeiden! Rillenkugellager mit axial federnder Vorspannung (→ angestellte Lager) verwenden!
→ rüttelfeste Ausführung, → Schiffbauvorschriften

Unterölmotoren {oil-immersed motors}
In Hydrauliköl betriebene Pumpenmotoren für hydraulisch angetriebene Aufzüge.
Aufzüge für geringe Förderhöhen und kleine Geschwindigkeiten werden oft hydraulisch angetrieben. Der U. wird direkt an die Hydraulikpumpe angeflanscht und mit dieser im Ölbehälter integriert, was zu einer kompakten Bauweise führt (**Bild U10**). U. sind meist zweipolige Drehstrom-Käfigläufermotoren in völlig offener Bauweise (Schutzart IP 00), die durch das Öl gekühlt werden. Um die Öltemperatur unter 70 °C zu halten (darüber wird das Öl zu dünn; die Hydaulik arbeitet nicht einwandfrei), müssen U. mit hohem Wirkungsgrad ausgelegt werden. Vor allem müssen die Reibungsverluste (Planschverluste) in der Flüssigkeit so klein wie möglich sein. Dies wird erreicht durch einen völlig glatten Läufer ohne zusätzliche drehende Teile und durch Gleitlager. Bei kaltem Öl erhöht sich der Momentenbedarf der Pumpe; die U. haben deshalb ein → Anzugsmoment von $M_1/M_N \geq 1{,}8$. Weitere typische Werte: Bereich der Bemessungsleistung 5 kW bis 50 kW; → Sattelmoment $M_U/M_N \geq 1{,}2$; → Kippmoment $M_b/M_N \geq 1{,}8$; → Anzugsstrom $I_1/I_N < 3{,}5$. Das → Isoliersystem in → Wärmeklasse B ist für Dauerbetrieb in heißem, aggressivem Hydrauliköl thermisch geeignet; es müssen spezielle Werkstoffe für Flächen- und Drahtisolation und die → Imprägnierung verwendet werden.
→ Aufzugmotoren. [E29]

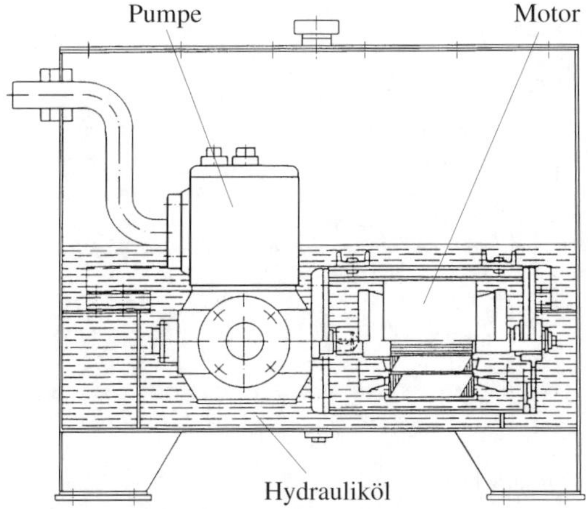

Bild U10 Ausführungsbeispiel eines Unterölmotors in Bauform IMB 15 mit angebauter Hydraulikpumpe im Ölbehälter

untersynchrone Stromrichterkaskade (USK) {subsynchronous static converter cascade}
Schleifringläufermotor mit Schlupfsteuerung, dessen Schlupfleistung im Läuferkreis über Stromrichter in das Netz zurückgespeist wird.
USK dienen zur Drehzahlsteuerung von Einmotoren-Antrieben im → Einquadrantenbetrieb bei großen Leistungen und beschränktem Stellbereich unterhalb der → Synchrondrehzahl. Die Momentenkennlinie des ungesteuerten Betriebs wird ungefähr parallel zu kleineren Drehzahlen hin verschoben. Prinzip der USK: **Bild U11**. Die Schlupfleistung $s \cdot P_\delta$ wird nicht in den Läufervorwiderständen in Wärme umgewandelt, sondern über einen ungesteuerten Gleichrichter in eine Gleichstromleistung und anschließend im Wechselrichter in eine Drehstromleistung mit Netzfrequenz umgeformt. Die Rückspeisung in das Netz erfolgt bei großen → Hochspannungsmotoren durch einen Anpaßtransformator. Das Netz braucht außer den geringen Verlusten in Ständer- und Läuferwicklung nur die an der Welle abgegebene Leistung $(1 - s) \cdot P_\delta$ zu liefern. Die USK ermöglicht deshalb eine verlustarme Drehzahlverstellung – allerdings nur bei kleinem Drehzahlstellbereich, weil dann der auftretende Schlupf und die Schlupfleistung klein genug sind. Der Anlauf erfolgt

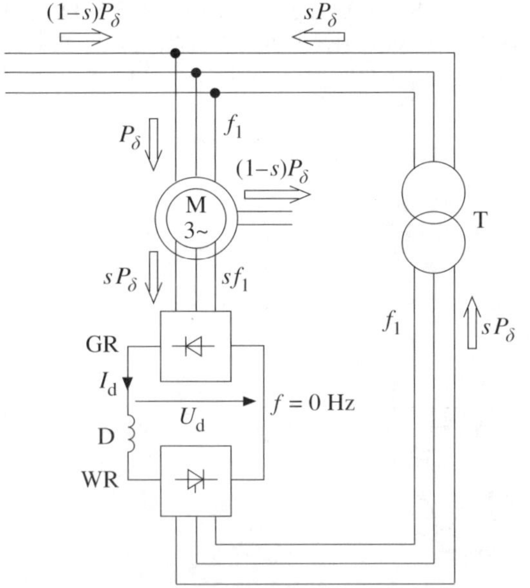

Bild U11 Prinzipaufbau der untersynchronen Stromrichterkaskade
GR ungesteuerter Gleichrichter
WR Wechselrichter
vereinfachter Leistungsfluß ohne Verluste

üblicherweise mit einem → Anlasser, der bei Erreichen höherer Drehzahlen abgeschaltet wird. Stromrichter und Anpaßtransformator müssen nur für die Schlupfleistung bemessen werden. Da bei größerem Stellbereich Schlupf und Schlupfleistung zunehmen, ist die Wirtschaftlichkeit der USK dort nicht mehr gegeben.
[A2, A5 bis A7, E4]

Untertagebetrieb {mining }
Betrieb im Bergbau unter Tage
→ Bergbaumotoren, → Explosionsschutz, → Explosionsschutz-Richtlinie
[A2, A13, A14]

Untertagemotoren {mining motors}
→ *Bergbaumotoren*

Untertauchen von drehenden elektrischen Maschinen {submersion of rotating electrical machines}
Auch bei nur kurzzeitigem Untertauchen muß die Maschine so gegen Wasser abgedichtet sein, daß damit automatisch der höchste Schutzgrad IP 6X für den Berührungs- und Fremdkörperschutz erfüllt ist. Konstruktionen, die lediglich dem Schutz-

Schutz gegen ...	... zeitweiliges Untertauchen	... dauerndes Untertauchen
Schutzgrad	IP X7 (praktisch: IP 67)	IP X8 (praktisch: IP 68)
Prüfung	niedrigster Punkt eines Gehäuses (Höhe < 850 mm): 1000 mm unter Wasseroberfläche oder höchster Punkt (bei Gehäusehöhe ≥ 850 mm): 150 mm Prüfdauer: 30 min Temperaturdifferenz Wasser/Gehäuse: ≤ 5 K	zu vereinbaren zwischen Hersteller und Anwender (jedoch schwerer als bei IP X7)
Abnahme-bedingungen	Eingedrungene Wassermenge darf sich auf den Betrieb nicht störend auswirken. Wicklungen und unter Spannung stehende Teile dürfen nicht naß sein (sofern nicht für Naßbetrieb ausgelegt); Wasseransammlung innerhalb der Maschine darf solche Teile nicht erreichen. Nach Tauchprüfung im Lauf: Hochspannungsprüfung mit 50 % der Prüfspannung einer neuen Maschine. Nach Tauchprüfung im Stillstand: 15 min Leerlauf bei Bemessungsspannung + Hochspannungsprüfung wie vor.	
Prüfung wahlweise (zu vereinbaren)	Maschine mit innerem Luftüberdruck von 0,1 bar. Prüfdauer: 1 min Während der Prüfung darf keine Luft austreten. Kontrolle durch Untertauchen (Maschine gerade bedeckt) oder Schaumbildung (Aufbringen einer Seifenlösung).	

Tabelle U12 Schutzgrade und Prüfungen beim Untertauchen in Wasser nach IEC 34-5

grad IP 5X (z. B. Schutzart IP 56) entsprechen, versagen erfahrungsgemäß beim Untertauchen. Dies wird auch in den Prüfbedingungen nach [N9.5] deutlich (**Tabelle U12**).
Motor- und Maschinenhersteller sollten schon beim Konstruktionsentwurf zusammen arbeiten und ihr Erfahrungen einbringen! Dies ist wirtschaftlicher und zeitsparender als Umbauten nach mißlungener Tauchprüfung!
→ Tauchpumpenmotoren, → Tiefseemotor

ununterbrochener Betrieb {continuous-operation duty type}
→ Betriebsart S6 bis S8

Unwucht U in gmm {unbalance}
Nicht ausgeglichene Fliehkräfte verursachen in einem drehenden System Schwingkräfte und -bewegungen in den Lagern. Größe und Richtung der Fliehkraft sind durch die U. bestimmt.

$U = u \cdot r,$

mit:
U Betrag der Unwucht in gmm,
u Unwuchtmasse in g,
r Abstand des Schwerpunkts der Unwuchtmasse von der Schaftachse (Verbindungslinie zwischen den Mittelpunkten der Lagerzapfen).

Statische U.: U. in der durch den Schwerpunkt eines vollkommen ausgewuchteten Rotors verlaufenden Radialebene (**Bild U13**). *Beispiel*: Exzentrisch sitzende Lagerzapfen. Auswirkungen: Schwerpunkt liegt außerhalb der Schaftachse; Fliehkraft infolge der statischen U. greift im Schwerpunkt an und erzeugt in beiden Lagern gleich gerichtete umlaufende Lagerkräfte. Gleich groß sind diese nur, wenn der Schwerpunkt in der Mitte zwischen den Lagern liegt.
Momenten-U.: Gleich große, aber gegenüber liegende U. in unterschiedlichen Radialebenen eines vollkommen ausgewuchteten Rotors (**Bild U14**). *Beispiel*: Schräg zum Rotor sitzende Lagerzapfen. Auswirkungen: Rotorschwerpunkt bleibt auf der Schaftachse; Fliehkraftmoment (U.moment) erzeugt in beiden Lagern gleich große, entgegengesetzt gerichtete Lagerkräfte.
Dynamische U.: Gesamter U.zustand eines Rotors; setzt sich aus statischer und Momenten-U. zusammen.
U.ausgleich: Korrektur der Massenverteilung des Rotors durch Wegnehmen oder Hinzufügen von Material (→ Auswuchten).
Rest-U.: Nach dem Auswuchten verbleibt eine U., die einen zulässigen Wert nicht übersteigen sollte; dieser darf um so größer sein, je größer die Rotormasse ist. Des-

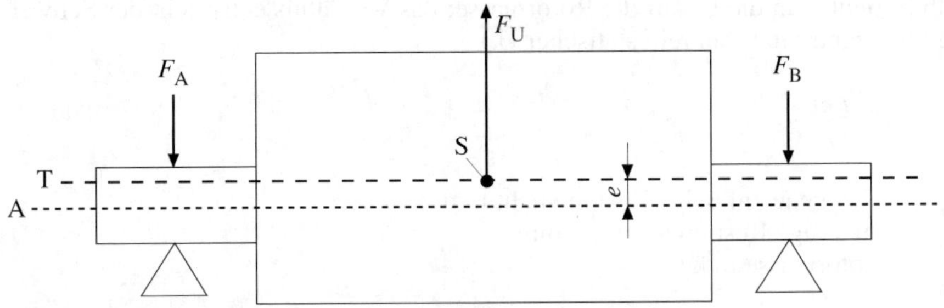

Bild U13 Beispiel für statische Unwucht: exzentrische Lagerzapfen
(Trägheitsachse eines starren, symmetrischen Zylinders ist parallel zur Schaftachse verschoben; Schwerpunkt liegt außerhalb der Schaftachse)

A	Schaftachse
S	Schwerpunkt des Rotors
T	Trägheitsachse des Rotors
F_U	Fliehkraft in N
F_A, F_B	Lagerkräfte in N (entgegengesetzt gerichtet, gleicher Betrag)
e	bezogene Unwucht (= Abstand Trägheitsachse – Schaftachse)

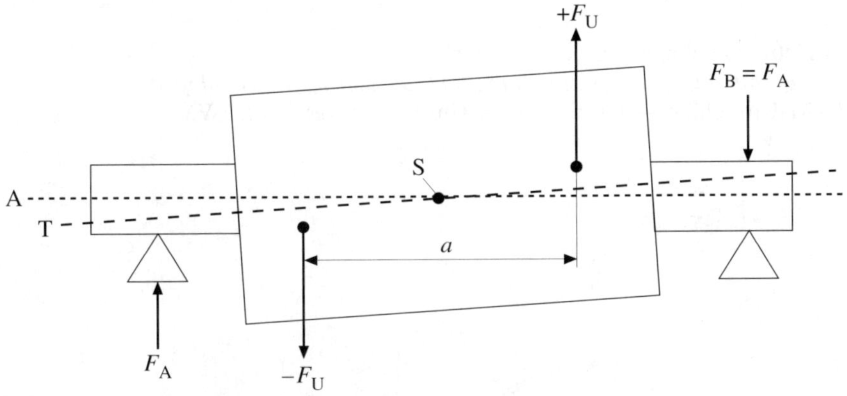

Bild U14 Beispiel für Momentenunwucht: schräg zur Welle sitzender Rotor
(Trägheitsachse eines starren, symmetrischen Zylinders verläuft schräg zur Schaftachse; Schwerpunkt liegt auf der Schaftachse)

A	Schaftachse
S	Schwerpunkt des Rotors
T	Trägheitsachse des Rotors
F_U	Fliehkraft in N
$M_U = F_U \cdot a$	Unwuchtmoment in Nm
F_A, F_B	Lagerkräfte in N

halb bezieht man die U. auf die Rotormasse; das Verhältnis entspricht der Schwerpunktsexzentrizität (bei rein statischer U.).

$e_{zul} = U_{zul} / m,$

mit:

e_{zul} bezogene zulässige Restunwucht in µm,
U_{zul} zulässige Restunwucht in gmm,
m Rotormasse in kg.

Der Wert von e_{zul} ergibt sich über die Winkelgeschwindigkeit aus der erforderlichen → Wuchtgüte.
Die Auswirkungen von Unwuchten hängen im wesentlichen von der Massenverteilung an den Rotoren ab und von Steifigkeit und Dämpfung der Lager und des Fundaments. Deshalb kann man von der Restunwucht nicht auf die Laufruhe des Aggregats schließen und umgekehrt! Aus diesem Grund sollten sich Vereinbarungen auf die → Schwingstärke des gesamten Motors beziehen. Nur in wenigen Fällen ist die Vereinbarung einer Restunwucht (oder → Wuchtgüte) sinnvoll.
[**A11**, E13, N2.17 bis **N2.19**, N9.12]

***U*-Umrichter** {voltage-source converter}
Umrichter mit eingeprägter Spannung im Gleichstromzwischenkreis
→ PWM-Umrichter, → Umrichter, → Umrichtervergleich *I*-PWM

V

VDE
VDE Verband Deutscher Elektrotechniker e. V. (Stresemannallee 15, 60596 Frankfurt am Main)
Gemeinnütziger Verein; Institution der Selbstverwaltung der an der elektrotechnischen Normung interessierten Kreise. Die Aktivitäten des VDE auf dem Gebiet der elektrotechnischen Sicherheitsnormen sind in der Tätigkeit des → DIN, der für das Bundesgebiet zuständigen Normenorganisation, eingeschlossen. VDE und DIN bilden gemeinsam die für elektrotechnische Normung zuständige → DKE. Die Normungsarbeit wird auf nationaler (VDE-Bestimmungen, DIN-VDE-Normen), regionaler (DIN-EN-Normen) und internationaler Ebene (DIN-ISO-Normen, DIN-IEC-Normen) durchgeführt. Für die Normung auf dem Gebiet drehender elektrischer Maschinen ist das Komittee K 311 „Drehende elektrische Maschinen“ der DKE zuständig.

VDE-Bestimmung
Sicherheitsnorm elektrotechnischer Natur
Fassungen von VDE-B., die mit europäischen Normen → EN harmonisiert sind, sind wörtliche Übersetzungen (→ DIN-EN). Auf dem Gebiet drehender elektrischer Maschinen gilt die VDE 0530 [Reihe N9]; sie stimmt, wie die entsprechenden EN oder → HD, weitgehend überein mit IEC 34.

Ventilatorkennlinie {fan characteristic}
→ Lastkennlinien

Verbindungsstellen {connecting points}
Alle Stromübergangsstellen einer drehenden elektrischen Maschine, die zur internen Verbindung von Wicklungsenden untereinander verwendet werden und ***nicht*** *in den Anschlußraum oder* ***nicht*** *aus der Maschine herausgeführt werden.*
V. sind in der Regel nicht-lösbare Verbindungen (z. B. Löt- oder Quetschverbindungen) und haben keine eigenen Bezeichnungen, da sie durch die Bezeichnung der zugehörigen Wicklungsenden bestimmt werden können.

Verdichterkennlinie {compressor characteristic}
→ Lastkennlinie von Arbeitsmaschinen

Verdrehschutz {torsion lock}
Konstruktive Maßnahme, die ein Verdrehen der Kabelschuhe und/oder Anschlußleitungen in den →Anschlußstellen verhindert.
Ausführungsbeispiele: Bild K18 (U-Bügel), Bild K19 (Rundklemmen)
→ Klemmenanordnung, → Klemmenkasten, → Klemmenplatte

Verfahren mit eingebauten Temperaturfühlern (ETF) {method with built-in temperature sensors}
→ Verfahren zur Ermittlung der Temperatur oder der Übertemperatur

Verfahren zur Ermittlung der Temperatur oder der Übertemperatur {determination methods for temperatures or temperature rise}
→ **Tabelle V1**. Die Wicklungstemperatur einer Maschine ist grundsätzlich im → Widerstandsverfahren zu ermitteln. Die verschiedenen Verfahren dürfen nicht zur gegenseitigen Kontrolle angewendet werden.

	Verfahren	Ermittlung der Temperatur oder Übertemperaturen aus …	Anwendung für
a	**Widerstands-verfahren (bevorzugtes Verfahren)**	… Widerstandszunahme der Wicklungen nach Prüfungsende	Wechselstrommaschinen mit: $P_N \leq 200$ kW (kVA) (nach Vereinbarung auch Verfahren d) Wechselstrommaschinen mit: 200 kW (kVA) $< P_N <$ 5000 kW (kVA) (nach Vereinbarung auch Verfahren b)
b	**Verfahren mit eingebauten Temperaturfühlern (ETF)**	… Messungen mit eingebauten Temperaturfühlern während der Prüfung	Wechselstrom-Ständerwicklungen mit: $P_N \geq 5000$ kW (kVA) (sofern nichts anderes vereinbart)
c	**Thermometer-verfahren**	… Messungen mit Thermometern an zugänglichen Oberflächenteilen während der Prüfung	Maschinen mit: $P_N \leq 600$ W (VA) mit ungleichen Wicklungen oder schwierigen Meßverbindungen (sonst Verfahren a)
d	**Überlagerungs-verfahren**	… Widerstandszunahme der Wicklungen durch überlagerten Meß-Gleichstrom, ohne Abschalten der Maschine während der Erwärmungsprüfung	Wechselstrommaschinen mit: $P_N \leq 200$ kW (kVA) nach Vereinbarung

Tabelle V1 Verfahren zur Ermittlung der Temperatur oder Übertemperatur von Wicklungen nach VDE 0530 [N9.1]

vergossene Ausführung {encapsulated machine}
Bei besonders korrosiver und feuchter Atmosphäre oder besonders starken Erschütterungen kann die Wicklung und/oder der Kabelkanal bzw. die Verbindung Ständerwicklung/Klemmenbrett und/oder der Klemmenkasten mit geeignetem Harz (meistens Silikon) vergossen werden. Besondere Vorteile: Das innere Luftvolumen wird beträchtlich verringert, damit der Einfluß der → Atmung (→ Kondenswasser); zusätzlicher Feuchtigkeitsschutz und rüttelfester Verbund der Wickelköpfe.
Eine v. A. bedingt eine besonders sorgfältige und aufwendige Fertigung und erhöht die Herstellkosten beträchtlich! V. A. ist für Schleifringläufer nicht geeignet (Vergußmasse erhöht die Fliehkraft; Wickelköpfe werden durch Fliehkraft zerstört!)
→ gekapselte Wicklung, → rüttelfeste Ausführung, → ätz- und säurefeste Ausführung, → Vibrationsmotoren

verkettete Spannung {line-to-line voltage}
Spannung zwischen den Außenleitern eines → Drehstromnetzes

Verluste {losses}
Differenz der aufgenommenen zur abgegebenen Wirkleistung einer Maschine.
Die V. werden überwiegend in der Maschine in Wärme umgewandelt und führen zu → Übertemperaturen.
→ Ermittlung der Verluste und des Wirkungsgrads, → Ermittlung der Verluste und des Wirkungsgrads bei Asynchronmaschinen mit Umrichterspeisung, → Leistungsfluß des Asynchronmotors,

Verlustfaktor {dielectric loss-factor}
→ tan δ

Verlusttrennung {loss segregation}
Aufteilung der Verluste in die einzelnen Anteile.
→ Ermittlung der Verluste und des Wirkungsgrads, → Leerlaufkennlinie

Verlustziffer v in W/kg {loss index}
Summe der Wirbelstrom- und Hystereseverluste in der Masseneinheit des → Elektroblechs vor dem Stanzen.
Die V. ist ein wesentliches Kennzeichen des → Elektroblechs und bestimmt überwiegend die Größe der → Eisenverluste. Der Wert für die bei drehenden elektrischen Maschinen verwendeten Sorten liegt zwischen 4,0 W/kg und 1,3 W/kg (bezogen auf eine Induktion von 1,5 T). Kleine V. werden im allgemeinen mit höheren

Materialkosten, größerer Härte, ungleichmäßiger Magnetisierbarkeit längs und quer zur Walzrichtung des Elektroblechs und größerer Empfindlichkeit gegen Kaltverformung erkauft. Es wurde oft beobachtet, daß eine kleine V. durch ein ungeeignetes oder stumpfes Stanzwerkzeug „kaputtgestanzt" wurde.

Die Wahl der V. (d. h. der Blechsorte) ist eine technisch und wirtschaftlich wichtige Optimierungsentscheidung des Herstellers einer elektrischen Maschine. Für den Betreiber ist die V. nicht interessant.

Verpackung {packing}

Schutz der Maschine vor mechanischer Beschädigung und den Klimaeinflüssen während des Transports.

Art und Ausführung der V. liegen in der Verantwortung des Herstellers, sofern keine andere Vereinbarung getroffen wurde. Es müssen Transportmittel, -weg, -beanspruchungen und Schutznotwendigkeit der Maschine selbst berücksichtigt werden; ebenso die Entsorgungsmöglichkeiten am Ort der Installation. *Beispiele*: **Tabelle V2**. Maschinen in empfindlicher Ausführung oder für besondere Transportbeanspruchungen (z. B. Seetransport) sind zweckentsprechend zu verpacken (→ Transportsicherung, Verschluß von Öffnungen, wasserdicht, Trocknungsmittel, u. a. m.).

Der verantwortungsbewußte Hersteller bezieht die V. in die → Qualitätssicherung ein!

Gewicht	**Baugröße**	**Verpackung**
< 20 kg	H ≤ 90 cm	geschlossener Karton
< 200 kg	100 cm ≤ H ≤ 200 cm	offener Kreuzverschlag
< 1000 kg	225 cm ≤ H ≤ 315 cm	offen auf zwei angeschraubten Bohlen oder direkt auf Europlatte gestellt
< 5500 kg	355 cm ≤ H ≤ 500 cm	zwei Bohlen längs unter die Füße geschraubt, zwei Bohlen quer dazu
> 5500 kg	560 cm ≤ H	zwei Bohlen längs unter die Füße

Tabelle V2 Ausführungsbeispiele für Verpackungen von geschlossenen Drehstrommotoren mit Füßen (Bauform IM B3) ohne besondere Anforderungen

Verschiebeläufermotor {sliding-rotor motor}

Motor mit konischem Läufer in einer konischen Ständerbohrung, der sich durch den axialen magnetischen Zug beim Einschalten verschiebt.

Der axial wirkende magnetische Zug entsteht durch die Kegelform des Luftspalts und wird zur Lüftung einer Bremse benutzt, die mit dem Motor eine Baueinheit bildet (**Bild V3**). Beim Ausschalten des Motors oder bei Stromausfall kommt die Bremse zum Eingriff (Sicherheitsbremse). Der Läufer kann als Käfig- oder Schleif-

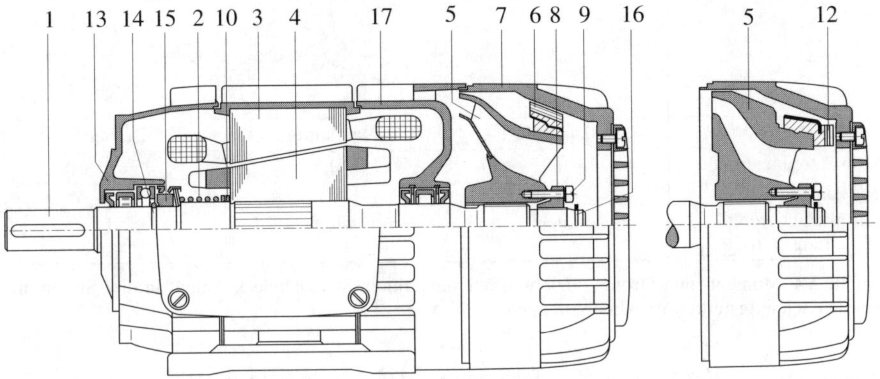

Bild V3 Verschiebeläufermotor – Ausführung mit Käfigläufer und Kegelbremsscheibe

1	Welle	9	Spannschrauben
2	Bremsfeder	10	Reduzierringe
3	Ständer	12	Flachbremsring
4	Läufer	13	Lagerschild AS
5	Bremsscheibe, zugleich Lüfter	14	Sprengring
6	Kegelbremsring	15	Druckring
7	Bremshaube	16	Sicherungsring
8	Spannmutter	17	Lagerschild NS

ringläufer ausgeführt sein; die Maschine wird deshalb häufig für Hebezeuge u. ä. eingesetzt.
→ Bremsmotor

Verschleißteile {wearing part}
Sind bei drehenden elektrischen Maschinen nur die mit mechanischer Reibung behafteten Teile: → Lager, → Schleifringe, → Bürsten.
→ Ersatzteile, → Reserveteile, → Instandhaltung

verstärkter Stern-Dreieck-Anlauf (auch: gemischter Stern-Dreieck-Anlauf) {combined star-delta starting}
Anlaßverfahren für Käfigläufermotoren über mehrstufige Wicklungsumschaltung.
Die Wicklungsstränge werden unterteilt und von reinem Stern über eine Stern-Dreieck-Kombination zum reinen Dreieck geschaltet (**Tabelle V4**). Dies kann in mehreren Zwischenstufen geschehen. Durch geeignete Lage der Wicklungsanzapfungen kann das Anlauf- und Umschaltverhalten der Zwischenstufen den Netz- und An-

Schaltung	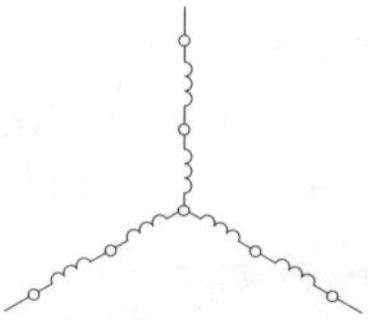	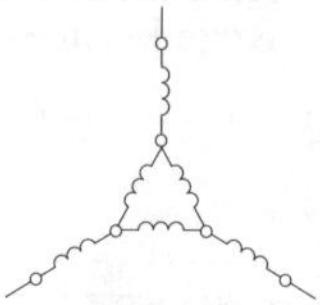	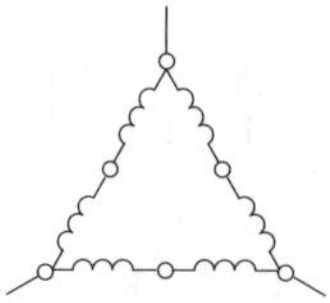
	Anlaufstufe 1	Anlaufstufe 2	Betrieb
Momentreduzierung M/M_{Dreieck}	$\approx 0{,}33$	$\approx 0{,}5$	$= 1$
Stromreduzierung (Zuleitung) I/I_{Dreieck}	$\approx 0{,}33$	$\approx 0{,}5$	$=1$

Tabelle V4 Moment- und Stromreduzierung bei verstärktem Stern-Dreieck-Anlauf in drei Stufen mit symmetrisch aufgeteilten Wicklungssträngen

triebsforderungen angepaßt werden. Die Drehmoment- und Stromreduzierung gegenüber den Werten der Dreieckschaltung ist praktisch unabhängig von der Drehzahl. Bei Stranghalbierung: Tabelle V4.
Bessere Anpassung des Anlaufverhaltens an Netz- und Antriebsforderungen als bei einfachem Stern-Dreieck-Anlauf. Jedoch hoher Aufwand für Wicklung, Anschluß, Schaltgeräte und Verdrahtung.
→ Anlassen von Käfigläufermotoren, → Anlauf, → Anzugsmoment, → Anzugsstrom, → Softstarter [A2, A21, E27]

Vibrationsmotoren {vibration motors}
Motoren, die durch eingebaute Unwuchtscheiben eine gezielte Schwingbewegung erzeugen.
Anwendung: Siebanlagen, Förderrinnen, Rütteltische, Verdichten von Schüttgütern etc. *Ausführungsbeispiel*: **Bild V5**.
Die mechanische Energie eines V. wird nicht in Form eines Wellendrehmoments an die Arbeitsmaschine übertragen; deshalb läßt sich auch keine abgegebene Leistung in W(kW) definieren. Die Motorauswahl erfolgt vielmehr nach einem *Arbeitsmoment*, das sich aus der gewünschten Schwingweite und der Gesamtmasse aller schwingenden Teile des Geräts ergibt:

$$M = s \cdot (m + m_{\text{V}}) \leq M_{\text{V}},$$

mit:
M Arbeitsmoment in cm kg,
s Schwingweite (doppelter Ausschlag um die Ruhelage) in cm,
m Masse in kg der bewegten Teile des Arbeitsgeräts,
m_{V} Masse des Vibrationsmotors in kg, nach Herstellerangaben,

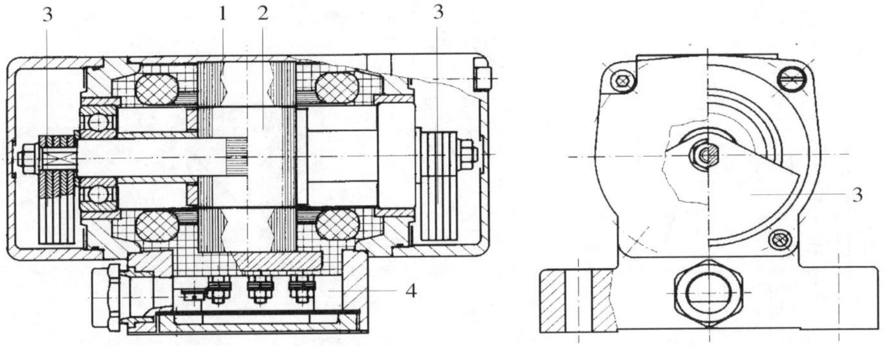

Bild V5 Ausführungsbeispiel eines kleineren Vibrationsmotors mit Drehstromwicklung und Käfigläufer. Daten: Arbeitsmoment 1 cm · kg; Fliehkraft 500 N (verstellbar in fünf Stufen); Synchrondrehzahl 3000 min^{-1}; 230/400 V, 50 Hz, 0,3/0,18 A, Leistungsaufnahme 95 W

1 Ständer mit gekapselter Wicklung
2 Käfigläufer mit Welle
3 Unwuchtscheiben
4 Klemmenkasten zwischen den Befestigungsfüßen

M_V zulässiges Arbeitsmoment in cm, kg des betreffenden Vibrationsmotors, nach Herstellerangaben (entspricht der doppelten → Unwucht der Unwuchtscheiben).

Außerdem darf die auftretende Beschleunigungsamplitude einen bestimmten Maximalwert (meist ausgedrückt als Vielfaches der Erdbeschleunigung), der die Schwingfestigkeit des betreffenden Motortyps charakterisiert, nicht überschreiten:

$$b_g = \frac{F}{(m + m_V)g} \leq b_{gmax},$$

mit:

b_g	auftretender Beschleunigungsfaktor in 1 (Vielfaches der Erdbeschleunigung),
F	Fliehkraft in N, die durch den betreffenden Vibrationsmotor erzeugt wird; nach Herstellerangaben,
m	Masse in kg der bewegten Teile des Arbeitsgeräts,
m_V	Masse des Vibrationsmotors in kg, nach Herstellerangaben,
$g = 9{,}81\ m/s^2$	Erdbeschleunigung,
b_{gmax}	maximal für den betreffenden Vibrationsmotor zulässiger Beschleunigungsfaktor in 1 (Vielfaches der Erdbeschleunigung); nach Herstellerangaben.

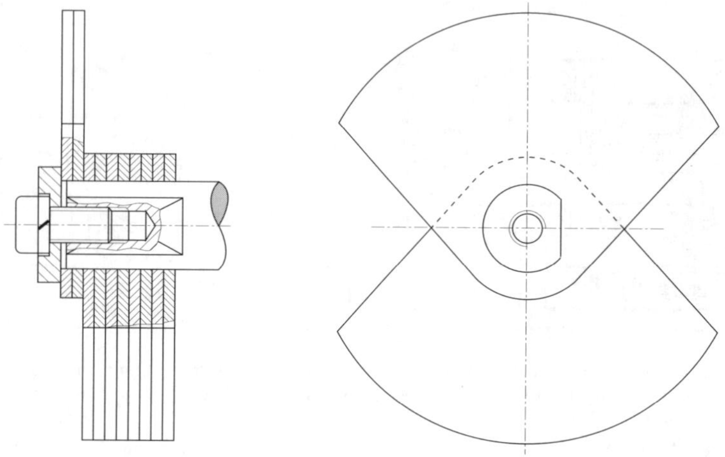

Bild V6 Mehrfach unterteilte Unwuchtscheibe eines Vibrationsmotors (Ausführungsbeispiel). Die Fliehkraft kann durch Umstecken einer oder mehrerer Teilscheiben in fünf Stufen verstellt werden.

V. sind auch in explosionsgeschützter Ausführung oder mit Drehzahlregelung durch → Umrichterspeisung möglich. Steuerung der Fliehkraft: unterteilte Unwuchtscheiben werden in Stufen oder stufenlos gegeneinander verdreht (**Bild V6**).
V. erzeugen bauartbedingt zerstörerische Kräfte, die bei unsachgemäßem Einsatz eine Gefährdung verursachen können. Betriebsanweisung des Herstellers unbedingt befolgen!
→ Schwingung [E55]

Vierpunktaufhängung {four-point fixing}
→ Dreipunktaufhängung

Vierquadrantenbetrieb {four-quadrant drive}
Drehrichtung und Momentenrichtung an der Welle eines Antriebs lassen sich im Drehmoment-Drehzahl-Kennlinienfeld nach **Bild V7** in vier Quadranten darstellen und danach benennen.
Einquadrantenbetrieb: Betrieb als Motor in nur einer Drehrichtung.
Zweiquadrantenbetrieb: Betrieb als Motor oder Bremse in nur einer Drehrichtung.
Vierquadrantenbetrieb: Betrieb als Motor oder Bremse in beiden Drehrichtungen.

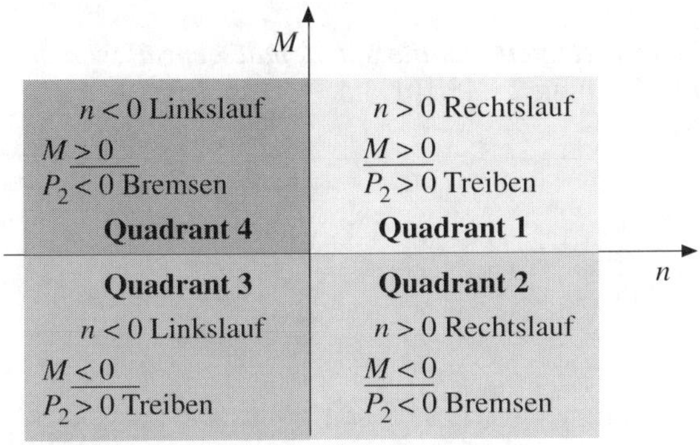

Bild V7 Drehmoment-Drehzahl-Betriebsbereiche mit vier Quadranten
n Drehzahl
M Drehmoment
P_2 Leistung an der Welle

VIK

VIK Verband der Industriellen Energie- und Kraftwirtschaft e. V., Essen
Herausgeber von „Technischen Anforderungen" für Drehstrom-Asynchronmotoren. Diese berücksichtigen die besonderen Einsatzbedingungen der Grundstoffindustrie und in Kraftwerksanlagen und berücksichtigen aus der dort vorhandenen betrieblichen Erfahrung heraus Bedingungen, die in bestehenden Vorschriften und Normen nicht enthalten sind – teilweise gehen sie darüber hinaus. Die Anforderungen sind eine „VIK-Empfehlung" für die Mitglieder des Verbands; für deren Lieferanten aber bindend, sofern sie Bestandteil der Motorenbestellung sind. Ihre Einhaltung ist bei den meisten Herstellern von → Normmotoren nur in gewisser Sonderausführung zu verwirklichen.

Vollast {full load}

Höchste festgelegte → Belastung für eine mit → Bemessungsleistung betriebene Maschine.

Vollastleistung {full-load duty}

Höchste festgelegte → Leistung für eine mit → Bemessungsleistung betriebene Maschine.
Diese Definition kann auf Leistung, Drehmoment, Strom, Drehzahl usw. angewendet werden.

vollständige Qualitätsprüfung
→ *Qualitätsprüfung, bei der **alle festgelegten** Qualitätsmerkmale geprüft werden.*
Nicht verwechseln mit → „100-%-Prüfung“! [N8.16]

V-Ring
→ Lagerdichtung

W

Wälzlager {anti-friction bearing}
Lager aus einem äußeren und einem inneren Stahlring, zwischen denen Rollkörper sitzen. Diese werden in einem Käfig auf Abstand gehalten und geführt und wälzen sich (rollen) mit nur geringer Reibung und kleinem Lagerspiel auf den Laufbahnen der Ringe ab.
Als Rollkörper dienen Kugeln, Nadeln, Zylinder-, Kegel- oder Tonnenrollen. In drehenden elektrischen Maschinen werden am häufigsten *Rillenkugellager* und *Zylinderrollenlager* verwendet; bei hohen Axialkräften oder Anforderungen an besondere Laufgenauigkeit auch *Schrägkugellager* (einreihig; gepaart in Tandem-, X- oder O-Anordnung; doppelreihig). Jede Lagerart steht in genormten Größenreihen abgestufter Tragfähigkeit zur Verfügung. Extreme → Axiallasten (z. B. bei → Hohlwellenmotoren) werden mit *Axial-Pendelrollenlagern* beherrscht. Grundsätzlicher Aufbau von Rillenkugel-, Zylinderrollen- und Schrägkugellager und ihre für elektrische Maschinen wichtigsten Eigenschaften: **Bild W1**, **Tabelle W2**. Der direkte Kontakt zwischen Rollkörpern und Laufbahnen wird durch einen mikroskopisch dünnen Schmierfilm vermieden (→ Schmierung); als Schmiermittel dient in den meisten Fällen → Fett; Ölschmierung ist auf Sonderfälle (kleine Reibung bei besonders hoher Drehzahl; gute Kühlung bei besonders hoher Belastung) beschränkt. W. sind (neben Bürsten und Schleifringen bei Schleifringläufermotoren) das einzige mit mechanischem Verschleiß behaftete Bauteil in Drehstrommotoren, das überdies empfindlich gegen zusätzliche Beanspruchungen (vor allem Schmiermangel und Verschmutzung) reagiert. In vielen Fällen wird deshalb die Nutzungsdauer der Ma-

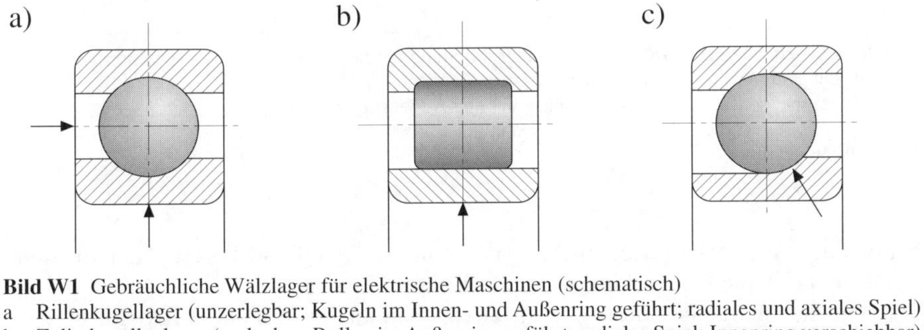

Bild W1 Gebräuchliche Wälzlager für elektrische Maschinen (schematisch)
a Rillenkugellager (unzerlegbar; Kugeln im Innen- und Außenring geführt; radiales und axiales Spiel)
b Zylinderrollenlager (zerlegbar; Rollen im Außenring geführt; radiales Spiel; Innenring verschiebbar)
c Schrägkugellager (einreihig; zerlegbar; Kugeln nur durch Axialkraft in Innen- und Außenring geführt; spielfrei)
Pfeile geben die möglichen Belastungsrichtungen an.

Lagerart	Rillenkugellager	Zylinderrollenlager	Schrägkugellager
Aufbau (schematisch)	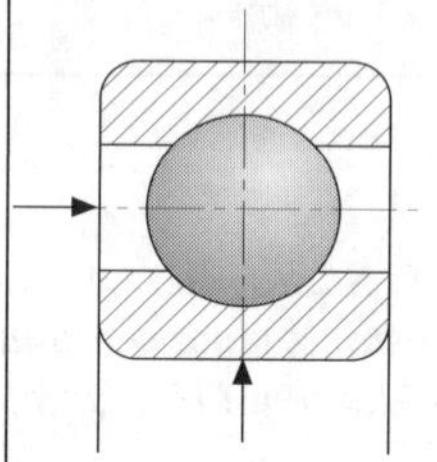	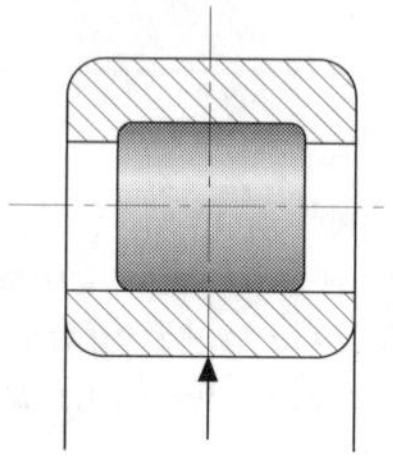	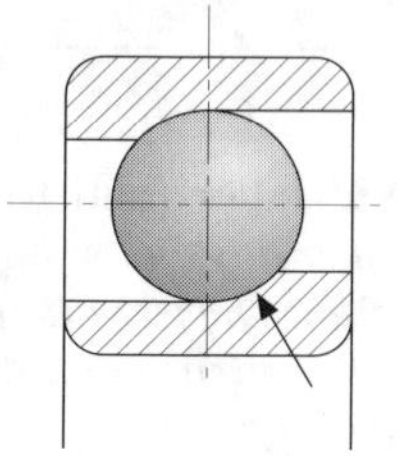
Bezeichnungsbeispiel (bei gleichen Einbaumaßen)	6312	NU312	7312
radiale Belastbarkeit	+	++	–/+ (1)
axiale Belastbarkeit	+	0	++
hohe Drehzahl	++	–	++
Festlager	+	0	++
Loslager	+/++ (2)	++	0
Laufruhe	+/++ (3)	–	++
Geräuschbildung	+/++ (3)	–	++
Ausgleich von Wellendehnung/Längenfehlern	–/+ (2)	++	0
Ausgleich von Wellenbiegung/Fluchtungsfehlern	++	–	–
Rundlaufgenauigkeit	+/++ (3)	–	++
Erschütterungsfestigkeit	++	0	+ (1)
Fettverbrauch/Schmierfrist	++	+	++

Tabelle W2 Gebräuchliche Wälzlager und ihre Beurteilung für die Verwendung in elektrischen Maschinen

++ sehr gut geeignet
+ gut geeignet
– weniger gut geeignet
0 völlig ungeeignet

(1) abhängig von Axiallast
(2) mit Verschiebung Außenring
(3) mit Vorspannung

schine durch die → Lagerlebensdauer bestimmt und sind → Lagerschäden die häufigste Ausfallursache an drehenden elektrischen Maschinen.

Der Bemessung der W., ihrem konstruktiven Einbau, der Behandlung bei Montage, Transport und Installation und vor allem der → bestimmungsgemäßen Verwendung einschließlich → Instandhaltung ist die größte Sorgfalt zu widmen! → Betriebsanleitung des Maschinenherstellers beachten!

Zur *Behandlung* von W.:
→ Aufziehen von Übertragungselementen, → Korrosionsschutz, → Lagertemperatur-Überwachung, → Lagerüberwachung, → Transportsicherung.
Zur *Bemessung* von W.:
→ Betriebs-Bezugsbedingungen, → Lagerbelastung, → Lagerluft, → Lagertemperatur, → modifizierte Lagerlebensdauer, → Querkraft, → Zuverlässigkeit von Wälzlagern.
Zum *Betrieb* von W.:
→ Einzelton, → High-speed-Motoren, → Kurzzeitlebensdauer, → Lagergeräusch, → Passungsrost, → Schäden an Käfigläufermotoren.
Zur *Konstruktion von Lagerungen* mit W.:
→ angestelltes Lager, → Bauform und Aufstellung IM, → Festlager, → Fettmengenregler, → isolierte Lager, → Lagerdichtung, → Lager RS, 2RS, Z, 2Z, → Lagerstrom, → Lagerthermometer, → Nachschmiereinrichtung, → öldichte Lagerung, → Radial-Wellendichtring.
Zur *Schmierung* von W.:
→ Anlaufwärme im Läufer, → Bremswärme im Läufer, → Dauerschmierung, → Fettmengenregler, → Lager RS, 2RS, Z, 2Z, → Lagertemperatur, → Nachschmieren, → Nachschmiereinrichtung, → Schmiermittelgebrauchsdauer,
[A2, **A12**, A21, E14, E15, E24, E41, **Reihe N7**, N9.2, W3]

Wärme {heat}
Form der Energie
Entsteht bei jedem Transport oder jeder Umwandlung von elektrischer Energie – auch bei der Asynchronmaschine: in Ständer- und Läuferwicklung durch den elektrischen Strom, in den Blechpaketen infolge von Ummagnetisierung und Wirbelströmen, im Belüftungssystem, den Lagern und an allen anderen drehenden Teilen durch Reibung. W. führt zu → Verlusten und Temperaturerhöhungen (→ Übertemperatur). Die W. muß durch → Kühlung aus der Maschine transportiert werden, um bestimmte → Grenztemperaturen nicht zu überschreiten.
→ Emissionen, → Ermittlung der Verluste und des Wirkungsgrads, → Lebensdauer, → Wirkungsgrad

Wärmedehnung {thermal expansion}
Alle Werkstoffe dehnen sich bei Erwärmung aus.
Grobe Faustregel für Längendehnung bei 100 K Temperaturänderung: Eisen 1 ‰; Kupfer 1,5 ‰; Aluminium 2 ‰. Da sich die Aktivteile einer elektrischen Maschine aus mehreren Stoffen mit unterschiedlich großem Längenausdehnungskoeffizienten bei unterschiedlicher Erwärmung und unterschiedlicher Dehnungsrichtung zusammensetzen, treten bei häufigem Temperaturwechsel mechanische Spannungen zwischen den einzelnen Teilen auf, die zur Alterung und damit Lebensdauerverminde-

rung beitragen. Motoren mit hoher Schalthäufigkeit altern deshalb auch bei Einhaltung der zulässigen Grenz-Übertemperaturen schneller als solche im Dauerbetrieb. Besonderes Augenmerk muß bei der Konstruktion der Maschine auf die → Wellendehnung gerichtet werden!

Wärmeklasse {thermal class}

Die Temperatur ist in elektrotechnischen Geräten sehr häufig der dominierende Faktor für die Alterung der Isolierstoffe und Isoliersysteme. Deshalb sind nach IEC 85 [N10.12] W. festgelegt und Temperaturen zugeordnet (**Tabelle W3**). Es handelt sich um die *Maximaltemperaturen*, die im betrachteten Gerät bei Bemessungsleistung und anderen festgelegten Bedingungen an der Isolierung auftreten dürfen. Die Temperaturbeständigkeit der Isolierung muß dieser Temperatur entsprechen; die Grenztemperatur für ein bestimmtes Isoliersystem läßt jedoch keinen direkten Schluß auf die erforderliche Temperaturbeständigkeit des einzelnen verwendeten Isolierstoffs zu. Vielmehr muß der Gerätehersteller in eigener Verantwortung geeignete Isolierstoffe und -systeme für die vorgesehene W. des betrachteten Geräts festlegen. Dabei soll er vorzugsweise von praktischen Betriebserfahrungen ausgehen. [N10.12] gibt Richtlinien, nach denen diese Festlegung getroffen werden kann, sofern nicht das einzelne Technische Komittee der → IEC für die von ihm betreuten Produktgruppen geeignete Verfahren normt.
Für drehende elektrische Maschinen sind (ausgehend von IEC 85) in IEC 34 (VDE 0530, [N9.1]) → Grenzwerte der Übertemperaturen festgelegt. Dabei wurden die bauart- und größenspezifischen Eigenschaften elektrischer Maschinen und der Einfluß des Meßverfahrens berücksichtigt (**Bild W4**). Für die funktionelle Bewertung von Isoliersystemen für drehende elektrische Maschinen liegen mehrere Normen/ Normentwürfe vor [N9.14 bis N9.17].

Wärmeklasse	Y	A	E	B	F	H	200	220	250
Temperatur in °C	90	105	120	130	155	180	200	220	250

Tabelle W3 Wärmeklassen nach IEC 85 und die zugeordneten Maximaltemperaturen; Wärmeklassen über 250 sollten in Temperaturstufen von 25 °C steigen und mit dem entstehenden Zahlenwert gekennzeichnet werden

Wärmetauscher {heat exchanger}

Gerät zur Übertragung von Wärme von einem (primären) → Kühlmittel auf ein anderes (sekundäres) Kühlmittel, ohne direkte Berührung der beiden Medien.
Die Trennung beider Medien ermöglicht geschlossene Bauweisen für die Maschinen. Für das primäre Kühlmittel wird meistens Luft, für das sekundäre Luft oder Wasser benutzt. Die Art des W. richtet sich nach der → Kühlart IC, seine Größe nach

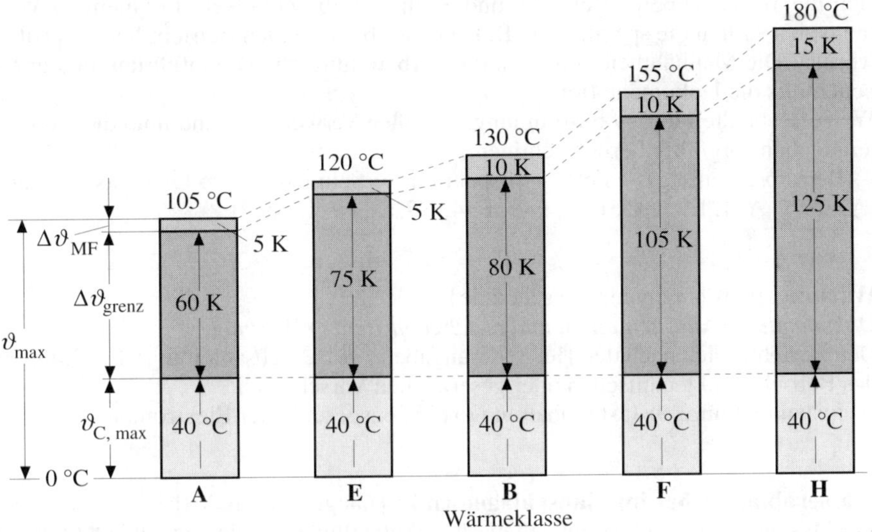

Bild W4 Wärmeklasse und Übertemperatur. Indirekt mit Luft gekühlte Wechselstromwicklungen; Bemessungsleistungen von 600 W(VA) bis 5000 kW(kVA); Temperaturermittlung nach dem Widerstandsverfahren.

den Kühlströmen und der übertragenen Wärme. *Beispiele* für Luft-Wasser-W.: Bild K30, Bild K31.
→ Kreislaufkühlung, → Kühlartwechsel während des Betriebs, → Kühlkreis, → Röhrenkühlung,

Warnung {alarm}
Akustisches oder optisches Signal bei Überschreiten von bestimmten Werten in Überwachungseinrichtungen.
Die Warn-Werte liegen unter den Grenzwerten für die betreffende Größe (häufig: Wicklungstemperatur); damit soll es ermöglicht werden, die Betriebsführung auf möglicherweise unzulässige Betriebszustände zu überprüfen, ggf. zu korrigieren und eine automatische Abschaltung des Prozesses zu verhindern.

Wartung {maintenance}
Alle Maßnahmen und Tätigkeiten zur Erhaltung des Sollzustands.
W. ist Teil der → Instandhaltung. Üblicherweise bleibt bei der W. die elektrische Anlage in Betrieb. Typische W.arbeiten sind: Reinigen, Konservieren, Schmieren, Ergänzen, Auswechseln, Nachstellen. Bei drehenden elektrischen Maschinen wird

sich die W. auf äußeres Reinigen und Schmieren beschränken. In einem → Wartungsplan sollten die spezifischen Belange des betreffenden Betriebs berücksichtigt werden. Die Maßnahmen umfassen die Vorbereitung, die Durchführung und gegebenenfalls die Dokumentation.

W. ist Bestandteil der → bestimmungsgemäßen Verwendung und muß die Herstellerangaben sorgfältig berücksichtigen.

→ Betriebsanleitung, → Fett, → Inspektion, → Schmierung, → Qualitätssicherung
[A2, A19, A21, E9, E15, E24, E41, E44, N7.17, N8.1, N9.2]

Wartungsplan {maintenance schedule}
Dokumentation der geplanten und durchgeführten → Wartung.
Der W. richtet sich nach den Herstellerangaben (→ Betriebsanleitung), Erfahrungen des Betriebs und technischen oder gesetzlichen Vorschriften.
→ Instandhaltung, → Instandhaltung explosionsgeschützter Elektromotoren

Wasserablauflöcher im Flanschlagerschild {flange drain-holes}
Bei Maschinen mit Befestigungsflansch in Aufstellung „Welle nach oben" (z. B. → Bauform IM V3) kann sich bei natürlicher oder künstlicher Beregnung Wasser im oberen Flanschraum sammeln. Da die Wellenschulter in einer Ebene mit der Planfläche des Flansches liegt, erreicht der Sumpf immer das Wellenende am Eintritt in die antriebsseitige Lagerung; mit der → Atmung wird das Wasser durch das Lager ins Motorinnere gesaugt. Dieser Vorgang ist unabhängig von der → Schutzart IP des

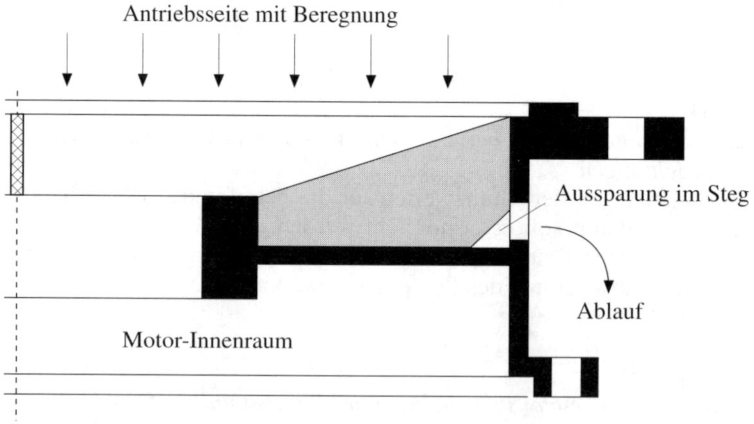

Bild W5 Flanschlagerschild mit Wasserablaufloch (Ausführungsmöglichkeit, schematisch); die Kammern zwischen den Versteifungsstegen sind durch Aussparungen mit dem Ablaufloch verbunden

Motors. Allein wegen der Korrosion im Lagerbereich (Folge: Lagerschaden) muß diese Wasseransammlung durch W. vermieden werden (**Bild W5**). Kammerbildung vermeiden!

Wasserkühlung {water cooling}
Kühlung von Maschinen, bei denen als sekundäres → Kühlmittel Wasser verwendet wird.
Häufige Ausführungen: → Kreislaufkühlung mit angebauten Luft-Wasser-Wärmetauschern bei größeren Leistungen; wassergekühltes Gehäuse (IC 70 W bzw. IC 7A0W7) bei kleineren Leistungen und für Spezialzwecke. Mit W. ist das Kühlsystem von der unmittelbaren Umgebung der Maschine (hohe Umgebungstemperatur, Verstopfen von Kühlkanälen durch Schlamm etc., Lüfterbruch, Verschüttung durch Geröll) weitgehend unabhängig. Andererseits wird die Umgebung der Maschine nicht durch Staubaufwirbelung und Verlustwärme belastet. Grundsätzlich ist mit W. eine Nutzung der abgeführten Motorwärme möglich, wird jedoch äußerst selten angewandt. Für Bergbau unter Tage sind sogar acht Baugrößen vierpoliger Käfigläu-

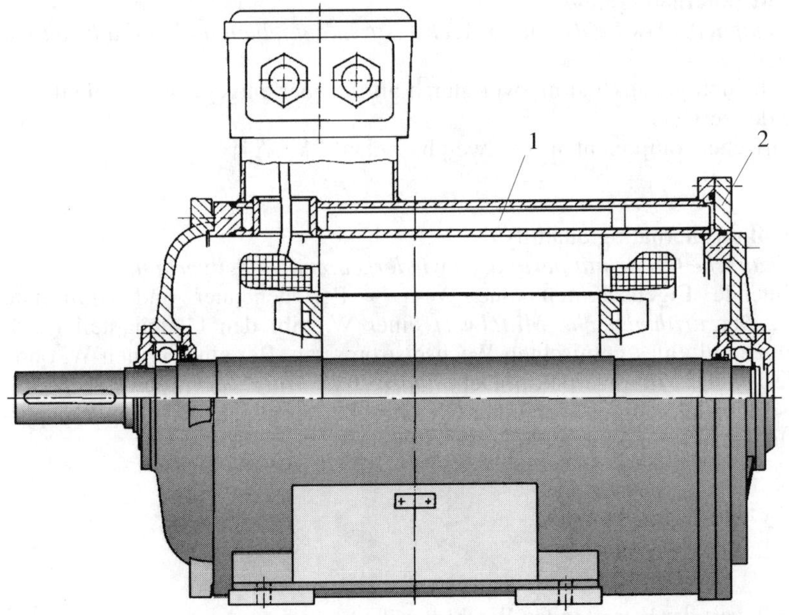

Bild W6 Ausgeführter Drehstrom-Käfigläufermotor der Baugröße 315 mit wassergekühltem Gehäuse, Kühlart IC70W (IC7A0W7); das Kühlwasser läuft mäanderförmig entlang des Gehäuseumfangs
1 stahlgeschweißtes, doppelwandiges Ständergehäuse
2 ringförmiger Putzdeckel mit Wasserzu- und -ablauf

fermotoren mit wassergekühltem Gehäuse (75 kW bis 315 kW) genormt [N1.1]. Sie werden in → Zündschutzart Druckfeste Kapselung „d“ für Schlagwetterschutz ausgeführt. *Ausführungsbeispiel* für einen Motor mit wassergekühltem Gehäuse: **Bild W6**.
Bei Überlandtransport oder ungeschützter Einlagerung im Winter: Kühlwasser aus dem Gehäuse ablassen; sonst Berstgefahr durch Frost!
→ Kühlart, → Kühlwassermenge [N9.6]

Wasserschutz {water protection}
→ Schutzart IP

Wassertemperatur {water inlet-temperature}
Beim Eintritt in wassergekühlte Wärmetauscher ist nach [N9.1] zulässig: maximal + 25°C; minimal + 5 °C.
→ Kühlwassermenge, → Wasserkühlung

Wechselfeld {alternating field}
Ortsfestes magnetisches Feld, von → Wechselstrom aufgebaut und deshalb zeitlich veränderlich.
Jedes W. läßt sich gedanklich in zwei gleich große, aber entgegengesetzt laufende → Drehfelder zerlegen.
→ symmetrische Komponenten, → Zweiphasenlauf [A3, A4]

Wechselgröße {alternating quantity}
Jede physikalische Größe mit periodisch wiederkehrendem Zeitverlauf.
Kennzeichnende Eigenschaften einer W.: → Periodendauer und Amplitude (**Bild W7**). Der *arithmetische Mittelwert* einer W. gibt den Gleichanteil (z. B. Gleichstromanteil eines gemischten Wechselstroms) an. Bei einer reinen W. ohne Gleichanteil ist der Mittelwert Null. Der *quadratische Mittelwert* (*Effektivwert*) dagegen entspricht demjenigen Wert einer Gleichgröße, der gleiche Leistung transportiert oder umsetzt wie die tatsächliche W. Allgemein:

$$Y = \sqrt{\frac{1}{T} \cdot \int_0^T y^2 \, \mathrm{d}t},$$

mit:
Y Effektivwert der betreffenden Wechselgröße,
y Augenblickswert der betreffenden Wechselgröße,
T Periodendauer der Wechselgröße in s,
t Zeit in s.

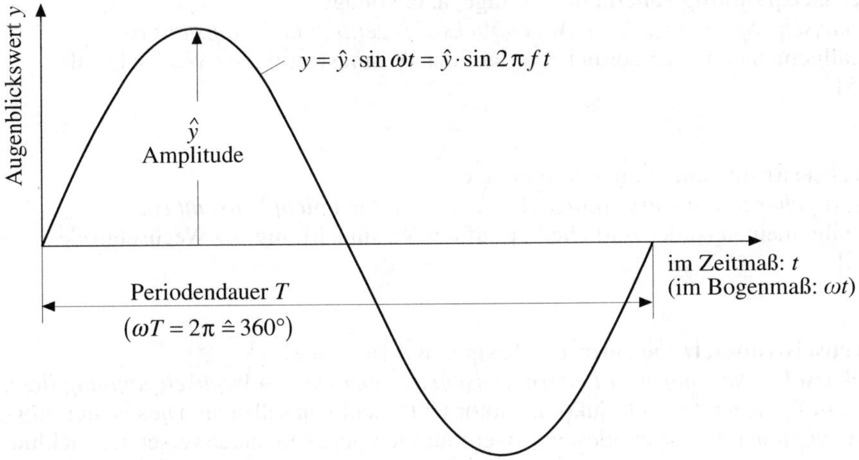

Bild W7 Sinusförmige Wechselgröße im Liniendiagramm

Sinusförmiger Verlauf:

$$Y = \hat{y} / \sqrt{2},$$

mit:

Y Effektivwert der betreffenden Wechselgröße,

$\hat{y}$ Amplitude des zeitlichen Verlaufs.

Angaben über W. ohne besondere Erklärung sind immer Effektivwerte (z. B. Strom, Spannung, → Schalldruck, → Schwingstärke). Darstellung einer W. im Liniendiagramm: Bild W7. Meistens wird die Darstellung im Bogenmaß bevorzugt. Das Liniendiagramm kann man sich entstanden denken als Projektion eines mit Kreisfrequenz drehenden Zeigers (Länge = Amplitude); der mitdrehende Beobachter kann demnach W. gleicher Frequenz als Zeiger darstellen und sie geometrisch veranschaulichen (*Beispiel*: → Phasenverschiebung, Bild P7). Wegen des festen Faktors $\sqrt{2}$ zwischen Amplitude und Effektivwert können die Zeigerdiagramme auch mit den Effektivwerten ausgeführt werden. Legt man Zeiger in die Gaußsche Zahlenebene mit Real- und Imaginärteil, dann lassen sich W. als komplexe Zahlen rein mathematisch behandeln. Anwendungsbeispiel: Berechnung der Betriebseigenschaften der → Asynchronmaschine aus dem → Ersatzschaltbild.
[N6.10]

Wechselspannung {alternating voltage, a. c. voltage}
Elektrische Spannung, deren Augenblickswert zeitlich nicht konstant ist.
Im allgemeinen ist der zeitliche Verlauf der W. sinusförmig: → Wechselgröße [A5]

Wechselstrom {alternating current, a. c.}
Elektrischer Strom, dessen Augenblickswert zeitlich nicht konstant ist.
Im allgemeinen ist der zeitliche Verlauf des W. sinusförmig: → Wechselgröße [A5]

Wechselstromnetz (genauer: einphasiges W.) {a.c. line}
Elektrisches Netz mit zwei Leitern, zwischen denen eine → Wechselspannung liegt.
Ein am W. liegender → Induktionsmotor läuft nicht von selbst an. Dies ist nur möglich, wenn der Motor mindestens zwei räumlich gegeneinander versetzte Wicklungen hat und die Spannung an einer von beiden Wicklungen eine Phasenverschiebung (zeitlicher Verlauf ist verschoben) erfährt (→ Einphasenmotor, → Spaltpolmotor).
→ Drehstromnetz, → Nennspannungen für elektrische Netze, → Netz

Weitbereichswicklung {varying-voltage winding}
Wicklung eines Drehstrommotors, die für einen → Bemessungsspannungs-Bereich ausgelegt ist.
Bemessung für einen ganzen Bereich von Spannungen erhöht den Bedarf an aktivem Material; die Maschine wird teurer. Diese Auslegung ist höchstens dort sinnvoll, wo innerhalb kürzester Frist von einem möglichst kleinen Vorratslager aus verschiedene Anlagen mit *unterschiedlicher* Bemessungsspannung bedient werden sollen! Bei der Antriebsplanung besonders beachten: Motormoment verändert sich quadratisch mit der Spannung!
→ Nennspannungen für elektrische Netze

Wellenbruch {shaft rupture}
Entsteht gelegentlich, z. B. bei Kraftübertragung durch falsch ausgelegten oder zu stark vorgespannten → Riementrieb.
Die → Querkraft führt zu Biegewechselbeanspruchung im Wellenmaterial; bei Überschreiten der Dauerfestigkeit kommt es zu Rißbildung infolge Ermüdung mit anschließendem Gewaltbruch des Restquerschnitts (feststellbar am typischen Aussehen der Bruchfläche [A2]). Bruchstellen sind Wellenabsätze zwischen Wellenende und Lagerinnenkante wegen der dort großen Biegespannung und der von den Kanten ausgehenden Kerbwirkungen.

Änderungen des Wellenwerkstoffs zu größerer Festigkeit und Verringerung der Kerbwirkung (z. B. durch größere Übergangsradien oder Polieren der Radien) sind physikalisch richtig, bleiben aber in ihrer Auswirkung nicht nachprüfbare technische Spielereien – wenigstens im Normmotorenbereich. Nur konstruktive Änderungen am Riementrieb (z. B. größere Scheibe, Riemen näher zum Lager hin) oder am Motor (z. B. dickere Welle) bringen die erforderliche Zuverlässigkeit.
Bei → Hochspannungsmotoren mit zu hoher Schalthäufigkeit (Einschalten/Wiedereinschalten/Umschalten), möglicherweise bei großen Fremdträgheitsmomenten, können durch die → Stoßmomente ebenfalls Dauerbrüche entstehen.
[A2, E12, E41, N2.8, N2.12]

Wellendehnung {shaft expansion}
Längendehnung der Welle infolge Erwärmung.
Auch die Welle nimmt im Betrieb höhere als die Ausgangstemperaturen an; sie dehnt sich in Längsrichtung aus. Gleiches macht der Ständer. Das → Loslager muß demnach in Achsrichtung einen Verschiebeweg haben, der sowohl die Toleranzadditionen der am Zusammenbau beteiligten Teile als auch die Differenz der unterschiedlichen → Wärmedehnung zwischen Welle und Ständer berücksichtigt. Besonders große W. : Motoren mit wassergekühltem Ständergehäuse (→ Wasserkühlung; Gehäuse wird nicht so warm wie bei luftgekühlten Motoren); Motoren bei Schweranlauf (Läufer und Welle erwärmen sich während des Anlaufs durch die → Anlaufwärme schneller als der Ständer).
Kann sich die Welle in Achsrichtung nicht dehnen, krümmt sie sich, und es entstehen durch die elastische Verspannung äußerst große Axialkräfte. Folge: Schäden an beiden Lagern innerhalb kurzer Zeit!

Wellenende {shaft end}
Überträgt das → Drehmoment vom Motor auf die Arbeitsmaschine. Im günstigsten Fall ist nur eine Torsionsbeanspruchung vorhanden (→ elastische Kupplung, gut ausgerichtet, ohne Verspannung). Ist die Kupplung abgenutzt und/oder schlecht ausgerichtet, treten undefinierte → Querkräfte auf. Dies ist naturgemäß auch der Fall bei allen → Übertragungselementen mit unausgeglichenen Tangentialkräften (z. B. → Riementrieb, → Ritzel). Neben den stationären treten auch stoßartige Belastungen auf, die durch → Ausgleichsvorgänge (Ein-/Aus-/Umschalten) entstehen; sie können sich als Torsions- und Biegebeanspruchung schädlich auswirken. Auch → Drehschwingungen (der Wellenstrang wird durch winkelabhängige Drehmomente von Arbeitsmaschinen oder elektromagnetisch erregte → Pendelmomente des Motors angeschwungen) haben zusätzliche Beanspruchungen des W. zur Folge.
Bei ungewöhnlichen Belastungen des W. ist eine Wellen- und Paßfederberechnung erforderlich!

Die Form des W. ist im Normalfall zylindrisch mit → Paßfeder (Kraftübertragung durch Kraft- und Formschluß). Für elektrische Maschinen sind den nach Normzahlen geordneten W.-Durchmessern Nenndrehmomente samt Paßfeder zugeordnet, wobei eine zusätzliche Biegebelastung berücksichtigt ist. Bei großen Leistungen und Antrieben mit besonderen Bedingungen (z. B. starre Kupplung) kann ein zylindrisches, glattes W. mit reinem Kraftschluß (z. B. durch Schrumpfsitz) vorteilhaft sein. Bei Schaltbetrieb mit häufigen Drehrichtungswechseln und stoßartigen Belastungen (z. B. → Hebezeugmotoren) wird ein → kegeliges W. bevorzugt. Für Befestigung und Montage haben die W. elektrischer Maschinen Innen- oder Außengewinde. Hat das W. einer elektrischen Maschine eine Keilnut, so muß es der Hersteller mit einer vollen Paßfeder ausrüsten!

→ Antriebsseite, → Auswuchten, → Flachriemen, → Keilriemen, → Kuppeln zweier Wellen, → Kupplung, → Passungsrost, → Rundlauf, Koaxialität und Planlauf, → Stoßmoment und Stoßstrom, → Wellenbruch, → Wellenschutz

[A2, A8, E12, E13, **E39**, E41, Reihe N1, N2.4, N2.6 bis N2.10, N2.13, N2.14, N2.16, N2.18, N2.22]

Wellenschutz {shaft-end guard}

Schutz des Wellenendes vor mechanischer Beschädigung während des Transports und der Einlagerung.

Kann mit einer Lagerverrieglung (→ Transportsicherung) kombiniert werden (Bild T18).

Wellenspannung {shaft voltage}

→ Lagerstrom

Wellentest {shaft test}

Prüfung der Festigkeit des Wellenstahls an einem Probestück derjenigen Stahlcharge, aus der die betrachtete Welle gefertigt wird oder das von der betreffenden Welle direkt abgesägt wird.

W. wird von verschiedenen Schiffs-Klassifikationsgesellschaften für → Schiffsmotoren vorgeschrieben, die Bestandteil betriebswichtiger Antriebe sind oder eine bestimmte Größe überschreiten. Handelt es sich um Stegwellen, so sind die Schweißnähte auf einwandfreien Zustand zu prüfen.

→ Schiffbauvorschriften

Werksbescheinigung {certificate of compliance with the order}

→ Prüfbescheinigung

Werksprüfzeugnis {specific test report}
→ Prüfbescheinigung

Werkszeugnis {test report}
→ Prüfbescheinigung

Wetterschutz {weather protection}
Schutzgrad „W“ nach [N9.5] für offene, durchzugsbelüftete Maschinen.
W. ist als zusätzlicher Schutzgrad nur für die → Kühlarten IC 0X bis IC3X [N9.6] bestimmt und definiert. Zweck: Eindringen von Regen und Schnee und von der Luft mitgeführten kleinen Fremdkörpern in die elektrischen Bauteile soll vermindert werden. Luftein- und -austritt müssen bestimmte Merkmale aufweisen (z. B. mehrfache Umlenkung; Prallflächen; Bereich mit Luftgeschwindigkeit < 3 m/s; Absetzkammern oder Filter). Falls erforderlich: Vereinbaren von weiteren Maßnahmen gegen Vereisung, Feuchtigkeit und anderen Einflüssen. Der Berührungs-, Fremdkörper- und Wasserschutz der Maschine muß der angegebenen → Schutzart entsprechen; Klemmenkasten: mindestens IP 54. Nachweis des W.: Im allgemeinen ist eine Prüfung der Zeichnungen ausreichend. Kennzeichnung mit Zusatzbuchstabe „W“ (z. B. „IP 23 W“). [A2, A3]

Wickelkopf {winding head}
Teil der aus dem Blechpaket herausragenden Wicklung.
→ Bild A0

Wickelkopfabstützung {coil-end bracing}
Mechanische Versteifung des Wickelkopfs von → Hochspannungsmotoren.
Erfolgt bei modernen Maschinen mit Glasseidesträngen, die beim Einlegen der → Formspulen in geeigneter Zahl und Lage eingeflochten werden (**Bild W8**); ihre Festigkeit erhalten sie durch Füllen mit Tränkharz und dessen Aushärtung beim Imprägnieren und Härten der Wicklung. Damit werden die mit Schalthandlungen (vor allem mit → Netzumschaltung) verbundenen elektrodynamischen Kräfte ohne schädliche Verformung des Wickelkopfs aufgenommen. Außerdem kann in ihnen im Gegensatz zu metallischen Konstruktionen keine Wärme durch → Wirbelströme entstehen.

Wickelkopfbandage {end-turn banding}
Verschnürung des Wickelkopfs von Niederspannungsmaschinen mit Isolierbändern oder -schnüren zur Formung und mechanischen Festigung.

Bild W8 Wickelkopfabstützung in Hochspannungswicklungen durch Einflechten von Glasseiden-Rovings beim Spuleneinbau

Wickelkopfisolierung {winding-head insulation}
Isolierung der im Wickelkopf liegenden Spulen, die gegeneinander gefährliche Spannung haben können.
Zumindest werden die Spulen der drei Stränge gegeneinander durch → Phasentrenner isoliert.

Wicklung {winding}
Gesamtheit elektrischer Leiter samt ihrer Isolierung.
W. sollen magnetische Felder erzeugen, oder es soll in ihnen durch Magnetfelder eine Spannung entstehen. Das W.- und → Isoliersystem ist in der fertigen Maschine praktisch eine untrennbare Einheit mit sehr komplexen Eigenschaften. Seine thermische Alterung bestimmt zum großen Teil die → Lebensdauer der Maschine. Durch unterschiedliche Kombination verschiedenartiger Betriebsbedingungen (von der Arbeitsmaschine und vom speisenden Netz her) sind vor allem bei jedem Typ von → Normmotoren zahlreiche Varianten einer W. erforderlich – eine physikalisch bedingte Zwangsläufigkeit, um jeden möglichen Antrieb mit kleinstmöglichem Materialeinsatz und kleinstmöglichem Energieverbrauch auf der Motorseite zu verwirklichen.
→ Aktivteile, → Bruchlochwicklung, → Dahlanderschaltung, → Durchziehwicklung, → Einziehwicklung, → Ganzlochwicklung, → gekapselte Wicklung, → getrennte Wicklungen, → Handwicklung, → Hochspannungs-Wicklung, → Induktionsgesetz, → Käfigwicklung, → Maschinenwicklung, → Schleifringwicklung, → Stabwicklung, → thermische Klassifizierung von Maschinen, → Weitbereichs-Wicklung, → Zweischichtwicklung [B1]

Wicklungserneuerung {winding renew}
Ob nach einem → Schaden die Wicklung erneuert wird, hängt ab vom Ausmaß des Schadens, von den Instandsetzungskosten und vor allem auch von der notwendigen Reparaturdauer und muß deshalb individuell entschieden werden. Grundsätzlich ist bei jeder W. dieselbe → Qualitätssicherung notwendig wie bei der Erstfertigung. Die durchgeführten Arbeiten und die anschließende Prüfung sollten in einem Protokoll dokumentiert werden. Besondere Anforderungen gelten bei W. von explosionsgeschützten Maschinen! [A21]

Wicklungsfaktor ζ in 1 {winding factor}
Gibt die Verkleinerung der induzierten Spannung an, die in einer Gruppe von verteilt angeordneten Spulen auftritt, im Vergleich zu einer konzentrierten Anordnung, bei der alle Leiter gemeinsam den vollen Fluß einer Polteilung umfassen.
Der W. setzt sich aus den Anteilen für die Zonenbreite, die Nutung und die Sehnung zusammen und hängt ganz wesentlich von der Ordnungszahl des betrachteten → Oberfelds ab. Deshalb hat die räumliche Verteilung der Wicklung bei der Maschinenbemessung besondere Bedeutung für die Erzeugung einer sinusförmigen Spannung (beim Generator) und eines sinusförmigen Drehfelds (beim Motor). Zusammengefaßt kann man diese Einflüsse so betrachten, als wäre die Spule der tatsächlichen Windungszahl N im → Induktionsgesetz durch eine Spule mit der korrigierten Windungszahl $N \cdot \zeta$ ersetzt.
→ Induktionsgesetz, → Oberfelddrehmomente [B1]

Wicklungsprüfung {high-voltage test}
→ Prüfung der Isolierung

Wicklungsstrang {winding phase}
Teil einer Wicklung, der von einer bestimmten Netzphase gespeist wird.

Widerstand {resistance, impedance}
Eigenschaft eines Stromkreises oder seiner Komponenten, dem elektrischen Strom einen Widerstand entgegenzusetzen.
W. in Reihe: W. addieren sich zum Gesamt-W.
W. parallel: → Leitwerte addieren sich zum Gesamtleitwert.
Bei zusammengesetzten W. (Schein-W.) erfolgt die Addition im Zeigerdiagramm oder mit komplexer Rechnung unter Berücksichtigung sowohl der Größe als auch der Art des einzelnen W.
→ Ersatzschaltbild, → Ohmscher Widerstand, → Blindwiderstand, → Scheinwiderstand [A8]

Widerstandsläufer {high-resistance rotor}
→ *Schlupfläufer*
→ Käfigformen

Widerstandsmoment {load torque}
→ *Lastmoment*

Widerstandssteuerung {resistance speed-control}
→ *Drehzahlsteuerung von Schleifringläufermotoren mittels Läufer-Vorwiderständen.*

Widerstandsthermometer {resistance thermometer}
Elektrisches Thermometer, bei dem die Temperaturabhängigkeit des Widerstands eines elektrischen Leiters aus besonderer Legierung zur Ermittlung der Temperatur benutzt wird.
→ Nutthermometer, → PT 100-Meßfühler

Widerstandsverfahren {resistance method}
Grundsätzlich anzuwendendes → Verfahren zur Ermittlung der Temperatur oder der Übertemperatur von Wicklungen drehender elektrischer Maschinen.
Nach dem Abschalten am Ende der → Erwärmungsprüfung wird die Maschine so rasch wie möglich stillgesetzt und der Widerstand der Wicklung gemessen. Liegt der erste Meßpunkt innerhalb der in **Tabelle W9** angegebenen Zeit, so gilt dieser Meßwert für die Temperaturermittlung im Abschaltzeitpunkt. Werden die angegebenen Zeiten überschritten, so muß eine sogenannte → Abkühlkurve mit Meßpunktsabstand von etwa 1 min aufgenommen werden und aus ihr auf den in Tabelle W22 angegebenen Zeitpunkt extrapoliert werden.
Zeigen sich nach dem Abschalten ansteigende Temperaturen, gilt der höchste Wert für die Temperaturermittlung.
[A1, N9.1]

$$\Delta\vartheta = \frac{R_2 - R_1}{R_1} \cdot \left(\frac{1}{\alpha} + \vartheta_1\right) + \left(\vartheta_1 - \vartheta_a\right),$$

mit:
$\Delta\vartheta$ Übertemperatur in K,
R_2 Widerstand am Ende der Prüfung in Ω,
R_1 Widerstand der kalten Wicklung vor der Erwärmungsprüfung in Ω,
$1/\alpha$ Kehrwert des Temperaturkoeffizienten für den Widerstand, in K,
Kupfer: $1/\alpha = 235$ K; Aluminium: $1/\alpha = 225$ K,

Bemessungsleistung P_N in kW (oder kVA)	Zeit nach dem Abschalten in s
$P_N \leq 50$	30
$50 < P_N \leq 200$	90
$200 < P_N \leq 5000$	120
$5000 < P_N$	nach Vereinbarung

Tabelle W9 Zeit für die Messung des Warmwiderstands nach dem Abschalten nach VDE 0530 [N9.1]

ϑ_1 Temperatur der kalten Wicklung vor der Prüfung in °C; die Temperatur der Wicklung, mit Thermometer gemessen, muß praktisch die des Kühlmittels sein,

ϑ_a Kühlmitteltemperatur am Ende der Erwärmungsprüfung in °C.

Mit diesem Verfahren wird ein Mittelwert der Übertemperatur errechnet; Temperaturunterschiede innerhalb der untersuchten Wicklung (Heißstellen, → Hot Spot) können damit nicht erfaßt werden. Dieses ist durch einen Erfahrungswert bei der Festlegung der → Grenzwerte der Übertemperatur nach [N9.1] berücksichtigt.
→ Wärmeklasse [N10.12]

Wiedereinschaltung bei Restspannung {restarting at residual voltage}
Einschalten eines nach Abschaltung noch laufenden Motors (magnetisches Feld noch nicht abgeklungen) auf dasselbe Netz.
Entspricht einer → Netzumschaltung.
→ Stoßmoment und Stoßstrom [E39]

Wiederholungsprüfung
→ *Qualitätsprüfung, die nach unerwünschtem Ergebnis der vorausgegangenen Prüfung an einer Einheit derselben Art oder einer nachgebesserten Einheit wiederholt wird.*
Beispiel: Messung des → Isolationswiderstands nach → Trocknung.
[N8.16]

Windgenerator {wind-driven generator}
Drehende elektrische Maschine zur Erzeugung elektrischer aus Windenergie.
Bei Einspeisung von Leistungen bis rund 800 kW in bestehende Netze wird der → Asynchrongenerator wegen seines einfachen Aufbaus bevorzugt (keine Erregerwicklung oder -einrichtung erforderlich, Wartungsfreiheit). Im Inselbetrieb (W. ist die einzige Stromquelle des Netzes) ist der Asynchrongenerator weniger gut geeignet wegen der mit der Belastung schwankenden Spannung. Die Wirtschaftlichkeit

eines W. ist in erster Linie eine Frage des geografischen Standorts (gleichmäßig starker Wind; kleine Entfernung zu bestehenden Netzen).
→ Selbsterregung der Asynchronmaschine [A5]

Windungsisolierung {interturn insulation}
Isolierung benachbarter Windungen.
Im einfachsten Fall (Niederspannungs-Drahtwicklungen) entspricht die W. der Drahtisolierung. Bei → Formspulen für Hochspannung werden dagegen beim Wickeln der Rohspule Isolierstreifen zwischen die einzelnen Windungen eingebracht.

Windungsschluß {interturn short circuit}
→ Isolierungsfehler

Winkelgeschwindigkeit Ω_m in s^{-1} {angular velocity}
Geschwindigkeitsangabe einer mechanischen Drehbewegung (z. B. einer Welle) ähnlich einer elektrischen → Kreisfrequenz.

$$\Omega_m = 2 \cdot \pi \cdot n/60,$$

mit:
Ω_m Winkelgeschwindigkeit in s^{-1},
n Drehzahl in min^{-1}.

Die W. ist an jeder Stelle eines drehenden Körpers gleich, während die Umfangsgeschwindigkeit ($v = r\,\Omega_m$) mit zunehmendem Abstand von der Drehachse wächst.

Wirbelstrom {eddy current}
Elektrischer Wechselstrom, der sich durch → Induktion von → Wechselfeldern in massiven metallischen Körpern in Form von geschlossenen Wirbeln ausbildet.
W. erzeugen große Wärme und starke Magnetfelder. Sie werden in wenigen Fällen bewußt erzeugt (z. B. bei → W.-Bremse oder → W.-Kupplung). Meistens sind sie als Begleiterscheinung unerwünscht und werden so weit wie möglich unterdrückt (z. B. Aufbau des → Blechpakets aus einzelnen → Blechen, die gegeneinander isoliert sind).
→ Eisenverluste, → Verlustziffer [A5]

Wirbelstrombremse {eddy current brake}
Drehende elektrische Maschine zur Erzeugung einer reibungs- und verschleißfreien Bremsung mit einstellbarem Bremsmoment.
Die W. arbeitet grundsätzlich wie eine Käfigläufermaschine bei → Gleichstrombremsung, nur mit vereinfachtem Aufbau: Ein rohrförmiger (große Leistungen) oder scheibenförmiger (kleine Leistungen) Rotor, meist aus Stahl, dreht sich in einem ruhenden Gleichfeld. Durch → Induktion entstehen → Wirbelströme, deren Kraftwirkung im Feld zu einem bewegungshemmenden Drehmoment führt. Der Ständer besteht ähnlich einer Gleichstrommaschine aus einem Magnetgestell mit Polen und Erregerspulen (**Bild W10**). Das Bremsmoment kann durch Ändern des erregenden Gleichstroms gesteuert werden. Im Stillstand kann die W. kein Moment bilden, da keine Induktionswirkung vorhanden ist. Die gesamte den drehenden Massen entzogene Energie wird im Rotor in Wärme umgewandelt; durch entsprechende Kühlung ist Dauerbetrieb möglich. Verwendung z. B. für → Hebezeugmotoren (Bild H1).

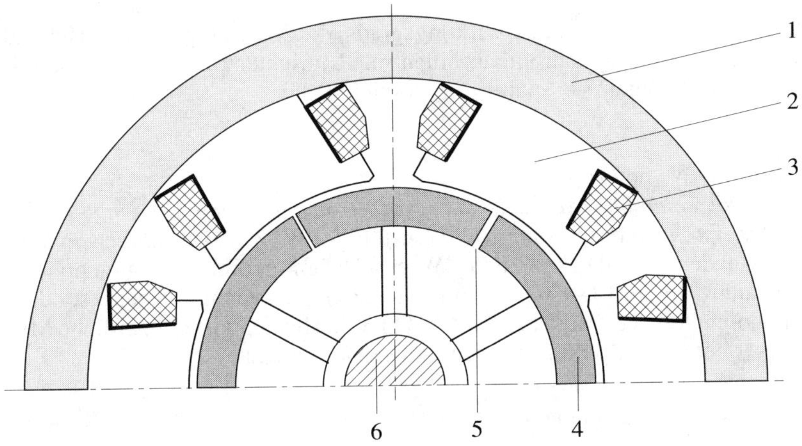

Bild W10 Wirbelstrombremse
1 Stahlgehäuse (= Joch)
2 Pol
3 Feldwicklung
4 Wirbelstromläufer
5 axial verlaufende Schlitze zum Ausgleich der tangentialen Wärmedehnung
6 Welle

Wirbelstromkupplung {eddy current coupling}
Elektrisch steuerbare Kupplung mit berührungsloser Kraftübertragung nach dem Induktionsprinzip.
Grundsätzlicher Aufbau wie → Wirbelstrombremse, jedoch drehen sich beide Teile. Der Erregerteil erhält seinen Strom über Schleifringe. Die W. arbeitet mit steuerbarem Kraftschluß; ist aber wegen des Induktionsprinzips mit Schlupf und Verlusten behaftet.

Wirbelstromläufer {deep-bar cage rotor}
Stromverdrängungsläufer
→ Käfigformen

Wirbelstromverluste {eddy-current loss}
→ Wirkleistung, die wegen der durch → Wirbelströme verursachten Wärme vom Netz bezogen werden muß.
→ Ermittlung der Verluste und des Wirkungsgrads, → Ermittlung der Verluste und des Wirkungsgrads bei Asynchronmaschinen mit Umrichterspeisung, → Oberfelder, → Oberschwingungen, → Spaltrohrmotoren [N9.1]

Wirkleistung {active power}
Nutzbarer Anteil einer im Wechselstromsystem transportierten Leistung. In den ohmschen Widerständen des Systems wird ein Teil der W. in Wärme umgewandelt.
W. wird nur von dem Anteil des gesamten Wechselstroms gebildet, der gleichphasig mit der Spannung verläuft (→ Wirkstrom); sie ist zeitlich nicht konstant, sondern pulsiert mit doppelter Netzfrequenz (**Bild W11**). Entscheidend ist der zeitliche Mittelwert. Dieser beträgt im symmetrischen → Drehstromnetz:

$$P = \sqrt{3} \cdot U \cdot I_{\mathrm{w}} = \sqrt{3} \cdot U \cdot I \cdot \cos\varphi = \sqrt{S^2 - Q^2},$$

mit:
P Wirkleistung (Mittelwert) in W,
U Leiterspannung (Effektivwert) in V,
I_{w} Wirkstrom (Effektivwert) in A,
I Leiterstrom (Effektivwert) in A,
φ Phasenwinkel in ° zwischen Spannung und Strom,
S Scheinleistung in VA,
Q Blindleistung (Mittelwert) in VAr.
Die vom Netz aufgenommene W. eines → Drehstrommotors ist um die Verluste größer als die nutzbare an der Welle abgegebene mechanische Leistung. Dies wird mit dem → Wirkungsgrad erfaßt.

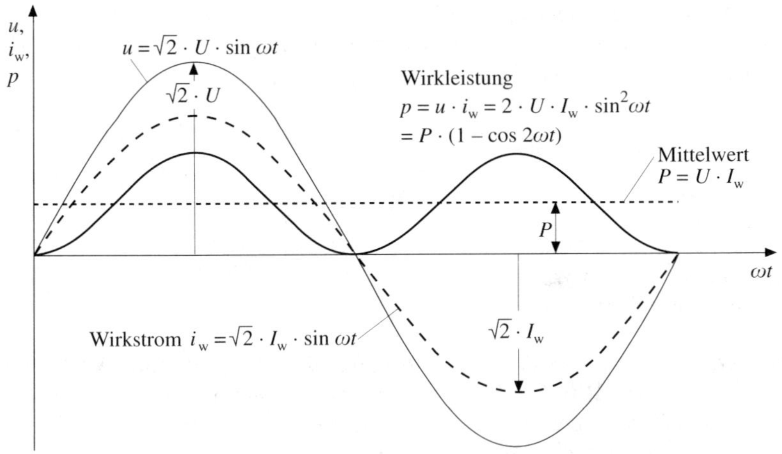

Bild W11 Zeitlicher Verlauf der Wirkleistung beim einphasigen Wechselstrom

u	Augenblickswert der Spannung	p	Augenblickswert der Wirkleistung
U	Effektivwert der Spannung	P	Mittelwert der Wirkleistung
i_w	Augenblickswert des Wirkstroms	ω	Kreisfrequenz
I_w	Effektivwert des Wirkstroms	t	Zeit

→ Blindleistung, → Blindstrom, → Drehstromnetz, → Scheinleistung, → Wechselgrößen [A8]

Wirkstrom {active current}
Anteil des meßbaren Wechselstroms, der mit der Spannung phasengleich ist. Nur dieser Anteil transportiert nutzbare und/oder wärmebildende Leistung.
Zerlegung des meßbaren Stroms in Wirk- und Blindstrom: Bild B22, Bild B23.
W. im symmetrischen → Drehstromnetz:

$$I_w = \frac{P}{\sqrt{3} \cdot U} = \frac{S \cdot \cos\varphi}{\sqrt{3} \cdot U} = I \cdot \cos\varphi,$$

mit:
I_w Wirkstrom (Effektivwert) in A,
P Wirkleistung (Mittelwert) in W,
U Spannung (Effektivwert) in V,
S Scheinleistung in VA,
φ Phasenwinkel in ° zwischen Strom und Spannung,
I meßbarer Wechselstrom (Effektivwert) in A.
→ Blindstrom, → Blindleistung, → Scheinleistung, → Wirkleistung [A8]

Wirkungsgrad η in % {efficiency}
Verhältnis der abgegebenen zur aufgenommenen Wirkleistung eines Energiewandlers (z. B. Motors).

$$\eta = \frac{P_2}{P_1} \cdot 100,$$

mit:
η Wirkungsgrad in %,
P_2 abgegebene Leistung in W,
P_1 aufgenommene Leistung in W.

Der W. von Drehstrommotoren ist belastungsabhängig (*Beispiel*: **Bild W12**) und größenabhängig (*Beispiel*: **Bild W13**). Grundsätzlich läßt sich feststellen:
- Elektromotoren haben größere W. als die meisten Arbeitsmaschinen.
- Größere Motoren haben höhere W. als kleinere.
- Zwischen Halblast und 5/4-Last ist der W. bei jeder Leistungsgröße nahezu konstant.

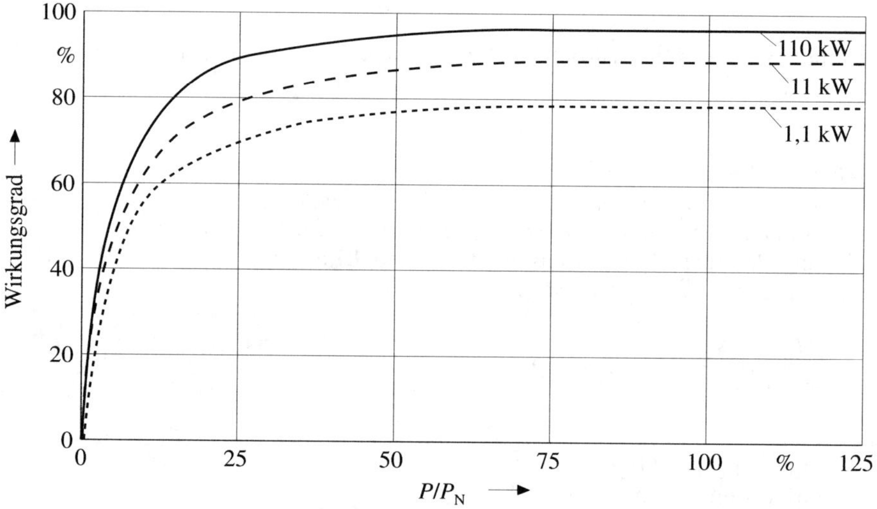

Bild W12 Typischer Verlauf des Wirkungsgrads ausgeführter Motoren, abhängig von der Belastung; oberflächengekühlte vierpolige Drehstrom-Normmotoren mit Käfigläufer in Wärmeklasse B eines deutschen Herstellers.
P tatsächliche Belastung in kW
P_N Bemessungsleistung in kW

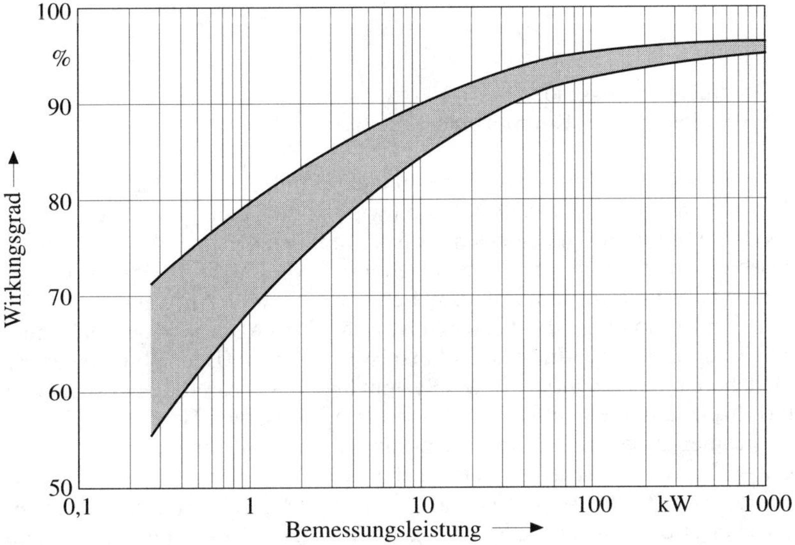

Bild W13 Wirkungsgrad bei Bemessungsleistung (Streubereich) einer ausgeführten Reihe oberflächengekühlter Drehstrom-Käfigläufermotoren für Niederspannung, Wärmeklasse B; kleine Polzahlen tendieren zur oberen Grenze, große zur unteren

Bei W.-Vergleichen auf die Meßmethode achten: Signifikante Unterschiede zwischen der *direkten Methode* und dem *Einzelverlustverfahren* (→ Ermittlung der Verluste und des W. [E18])!
Alle Motoren sind von der Energieausnutzung her gesehen relativ unempfindlich gegen Über- oder Unterlast. Eine geringfügige Überdimensionierung bezüglich der Bemessungsleistung (z. B. wegen Unsicherheiten des tatsächlichen Leistungsbedarfs) wirkt sich praktisch nicht in überhöhtem Energieverbrauch aus!
Erhöhung des W. ist bei kleineren Motoren leichter zu erzielen als bei großen; der erforderliche Mehraufwand für die → Aktivteile erhöht aber auch hier die Herstellkosten [E16]! Motoren in der Auslegung für erhöhten W. sind stärker teillastabhängig [E17]!
→ Leistungsfluß des Asynchronmotors, → Verluste [A2, A9, A14, E20, E43]

Wirkungsgrad und Energiesparen {efficiency and energy-saving}
Senkung des Energieverbrauchs ist eine Frage des gesamten Antriebssystems und seines Verhaltens, nicht nur des Motor-W. Der Gesamt-W. eines Antriebssystems ergibt sich aus seinen Komponenten:

$$\eta_{ges} = \eta_1 \cdot \eta_2 \cdot \eta_3 \cdot \ldots,$$

mit:

η_{ges} Gesamtwirkungsgrad,

$\eta_{1, 2, 3, \ldots}$ Wirkungsgrad der Komponente 1, 2, 3, …

Je mehr Komponenten im Antriebsstrang vorhanden sind, desto schlechter wird der Gesamt-W.; Motoren sollten deshalb so direkt wie möglich den Nutzprozeß treiben. Die Komponente mit dem schlechtesten W. bestimmt den Gesamt-W.; Erhöhungen des W. müssen deshalb an dieser ansetzen (sehr oft ist dies nicht der Elektromotor). Verbesserungen des W. erfordern grundsätzlich einen höheren Aufwand für die Aktivteile von Elektromotoren; die kostengünstigsten Lösungen sind je nach angestrebter Erhöhung immer typ- und herstellerspezifisch [E16]. Deshalb ist bei derartigen Maßnahmen eine *Ökobilanz* für das System über die gesamte Lebensdauer anzustreben [E20]. Handelt es sich um Prozesse, die mit variablen Geschwindigkeiten und Förderströmen arbeiten, ist eine verlustarme Drehzahlsteuerung (→ Polumschaltung, → Umrichterspeisung!) statt mechanischer Verstellung äußerst vorteilhaft [E4]. *Beispiel*: **Bild W14**. Der Energieverbrauch in Antrieben mit Schweranlauf und elektrischer Bremsung (z. B. Zentrifugen, Aufzüge, Hebezeuge) wird häufig nicht vom W. des stationären Betriebs, sondern von → Anlauf- und Bremswärme bestimmt. Auch hier bietet die verlustarme → Frequenzsteuerung energetische Vorteile [E4].

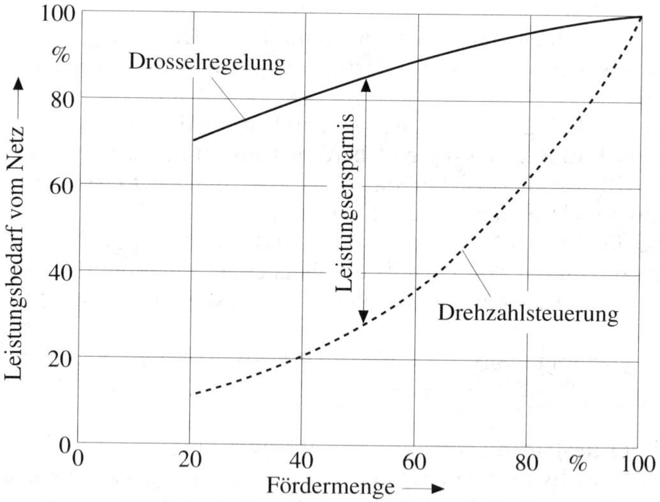

Bild W14 Leistungsaufnahme eines Pumpenantriebs mit Drosselventil und mit variabler Drehzahl über Frequenzsteuerung

Antriebe so konzipieren, daß im Prozeß kleinstmögliche Verluste entstehen! Die Energieersparnisse sind meistens größer, als sie durch W.-Verbesserungen des Antriebsmotors allein erzielt werden könnten! [**A9**]

Wirkwiderstand
→ *Ohmscher Widerstand*

Wuchten {balancing}
→ *Auswuchten*

Wuchtgüte {balance quality}
Bahngeschwindigkeit des Schwerpunkts eines Rotors mit Restunwucht.
Bedingung für gleiche Wellen- und Lagerbeanspruchung eines Rotors bei unterschiedlicher Drehzahl:

$e_{zul} \cdot \omega = \text{konst.},$

mit:

$e_{zul} \cdot \omega$	Wuchtgüte in mm/s (entspricht der Bahngeschwindigkeit des exzentrischen Schwerpunkts),
e_{zul}	zulässige bezogene Restunwucht in mm (→ Unwucht),
$\omega = n \cdot \pi/30$	Winkelgeschwindigkeit des Rotors in s^{-1},
n	Drehzahl des Rotors in min^{-1}.

[N2.20] gibt Beurteilungsmaßstäbe für den Auswuchtzustand drehender starrer Körper. Darin werden W.-Stufen festgelegt, um eine Klassifizierung nach unterschiedlich großen Anforderungen an die Genauigkeit des Auswuchtens zu ermöglichen. Jede Gütestufe (Kennbuchstabe *Q*) ist durch den Zahlenwert von $e_{zul} \cdot \omega$ in mm/s gekennzeichnet (*Beispiel*: *Q2,5*). Verschiedenen Arten von Rotoren wird die W.-Stufe zugeordnet, die erfahrungsgemäß zu einer befriedigenden Laufruhe führt. Für Läufer von Elektromotoren werden die W.-Stufen *Q6,3* (mittlere und große Motoren ohne besondere Anforderungen) und *Q2,5* (mittlere und große Motoren mit besonderen Anforderungen) empfohlen (**Bild W15**).
Durch betriebliche Einflüsse kann sich die W. verändern. Unwuchtgefährdet sind besonders:

- Motoren in staubigen Betrieben bei hoher Luftfeuchtigkeit durch einseitige Ablagerungen an den Lüftern.
- Gebläseräder, in deren Schweißkonstruktion durch Fliehkräfte und hohe Temperaturen Spannungen frei werden und Verformungen entstehen.

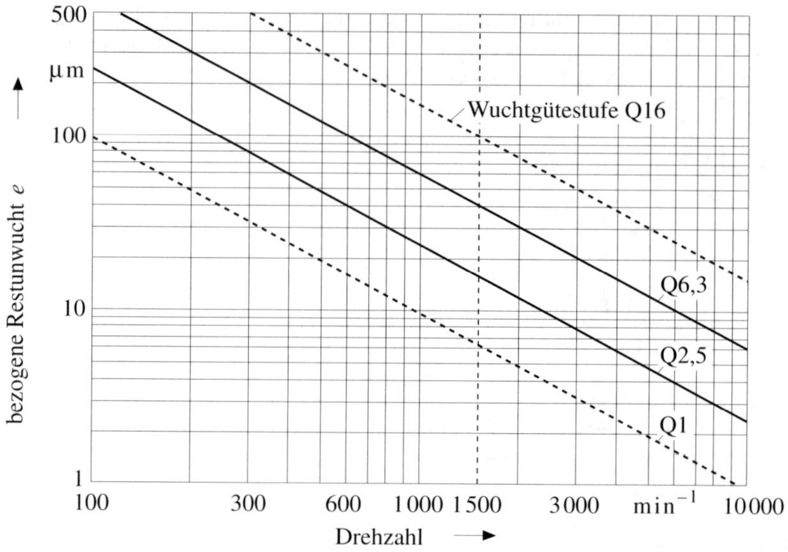

Bild W15 Wuchtgütestufen nach VDI-Richtlinie 2060 (Auswahl, für die elektrische Antriebstechnik relevant). Für Läufer von Elektromotoren werden Q 6,3 (keine besonderen Anforderungen an die Laufruhe) oder Q 2,5 (besondere Anforderungen an die Laufruhe) empfohlen.

- Abgasventilatoren, an denen sich Flugasche anbäckt und/oder Aschebrocken abplatzen.
- Pumpen für chemisch aggressive Medien durch ungleichmäßige Korrosion.

Bei unwuchtgefährdeten Antrieben ist deshalb eine regelmäßige Überprüfung der Laufruhe empfehlenswert.

[N2.20] ist eine Richtlinie, keine Vorschrift. Sie wird erst verbindlich, wenn sie vereinbart wird. Ratsam ist dies für folgende Fälle:

- Motoren ohne Lager mit Welle (Bauformen mit den Kennziffern IM5.0.) und Motoren ohne Lager ohne Welle (IM5.1.). Empfehlenswert ist jedoch eine Komplettwuchtung durch den Maschinenhersteller.
- Motoren mit nur einem Lager, z. B. Bauform IMB9 oder IMB15, meist verbunden mit einer zweifach gelagerten gemeinsamen Welle für Motor und Arbeitsmaschine. Empfehlenswert ist jedoch eine Komplettwuchtung durch den Maschinenhersteller.
- Alle starr gekuppelten Antriebe.

In allen anderen Fällen ist die Vereinbarung einer W. nicht sinnvoll, weil mit der W. allein die Laufruhe nicht beurteilt werden kann! Dies ist nur möglich durch Festlegung der → Schwingstärke!

[**A11**, E13, N2.17, N2.18, **N2.19**, **N2.20**, N9.12]

Z

Zeigerdiagramm
→ Wechselgröße

Zeitkonstante {time constant}
Kennzeichnende Größe einer exponentiell verlaufenden Änderung.
Bei exponentiellem Verlauf wird der Endwert praktisch nach vier bis fünf Zeitkonstanten erreicht (Bild T8).
→ Abkühlungskurve, → thermische Ersatzzeitkonstante, → Stoßmoment und Stoßstrom [A5, A6, E39]

Zeit t_E {temperature rise-time}
Erwärmungszeit, die ein blockierter Käfigläufermotor der → Zündschutzart erhöhte Sicherheit „e" braucht, um die für → Explosionsschutz zugelassene Grenztemperatur in der Ständerwicklung oder im Läuferkäfig zu erreichen.
Die eingesetzte Schutzeinrichtung (z. B. thermisch verzögertes Überstromrelais) muß den Motor bei seinem → Anzugsstrom innerhalb dieser Zeit abschalten. Zeit t_E und Anzugsstromverhältnis I_A/I_N *) sind für die betreffende → Temperaturklasse in

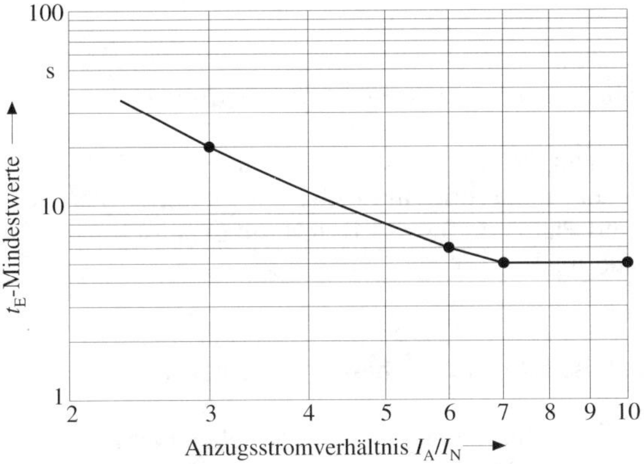

Bild Z1 Mindestwerte für die Zeit t_E bei Käfigläufermotoren der Zündschutzart „Erhöhte Sicherheit" EExe in Abhängigkeit vom Anzugsstromverhältnis I_A/I_N

*) Bei Motoren der Zündschutzart Erhöhte Sicherheit „e" wird der Anzugsstrom mit „I_A" bezeichnet, nicht mit „I_1".

der → Konformitätsbescheinigung angegeben und müssen auf das Leistungs- oder Prüfschild übertragen werden. Nach [N3.4] sind Mindestwerte für t_E vorgeschrieben (**Bild Z1**); größere Werte sind von den Betreibern teilweise gewünscht, um die Auswahl des Überstromrelais zu erleichtern.
Bei Maschinen mit einer Bemessungsleistung von 160 kW und darüber dürfen die Übertemperatur bei Bemessungsbetrieb und die Zeit t_E rechnerisch ermittelt werden. Für den Läufer ist die Temperaturzunahme aus der Stromwärme unter Berücksichtigung der Unterschiede in den Stäben und Ringen sowie deren Wärmekapazität zu errechnen. Einfluß der → Stromverdrängung **muß**, Wärmeableitung zum Blechpaket **darf** berücksichtigt werden.
In der Ständerwicklung (Kupfer) wird der Erwärmungsanstieg bei blockiertem Läufer unter pauschal berücksichtigter Wärmeableitung ermittelt zu:

$$\mathrm{d}\,\vartheta/\mathrm{d}\,t = (J/12{,}4)^2 \cdot b = (J/13{,}45)^2,$$

mit:
$\mathrm{d}\,\vartheta/\mathrm{d}\,t$ Temperaturanstieg der Ständerwicklung in K/s,
J Stromdichte in der Ständerwicklung bei blockiertem Läufer in A/mm²,
$b = 0{,}85$ Reduktionsfaktor zur Berücksichtigung der Wärmeableitung bei getränkten Wicklungen.
→ adiabatische Erwärmung, → VIK [A2, A13, A14, **A15**, A21, E8, N3.4, N5.4]

Zentralantrieb {centre drive}
→ Einmotorenantrieb

Zentrierrand (auch: Einpaß) {recess}
Fläche in Form eines Zylindermantels für koaxiales Zusammenfügen von Teilen (z. B. Gehäuse und Lagerschild).
Es werden bestimmte Anforderungen an die Genauigkeit von Z. gestellt, um z. B. den Läufer so zentrisch wie möglich in der Ständerbohrung zu führen oder zur Einhaltung bestimmter Werte für Koaxialität und Planlauf eines → Befestigungsflansches.
→ Rundlauf, Koaxialität und Planlauf

Zoneneinteilung in explosionsgefährdeten Bereichen {zone-classification of hazardous areas}
Explosionsgefährdete Bereiche werden in Zonen unterschiedlicher Gefährdungswahrscheinlichkeit eingeteilt (**Tabelle Z2**). Die abweichende Betrachtung von Staub-Luft-Gemischen wird in absehbarer Zeit den drei Zonen bei Gasen mit gleicher Bedeutung angeglichen. Die → Explosionsschutz-Richtlinie der EU hat diese Änderung in einer einheitlichen Einteilung in Gerätekategorie 1 bis 3 bereits vorweggenommen. Zulässige → Zündschutzarten für die einzelnen Zonen: **Tabelle Z3**.

Zone	umfaßt Bereiche, in denen gefährliche explosionsfähige Atmosphäre …
… aus brennbaren ***Gasen, Dämpfen, Nebeln*** *…*	
0	… ständig oder langzeitig vorhanden ist
1	… gelegentlich auftritt
2	… nur selten und dann auch nur kurzzeitig auftritt
… aus brennbaren ***Staub/Luft-Gemischen*** *…*	
10	… langzeitig oder häufig vorhanden ist
11	… gelegentlich durch Aufwirbeln abgelagerten Staubs kurzzeitig auftritt

Tabelle Z2 Zoneneinteilung für explosionsgefährdete Bereiche

Zone	mögliche Zündschutzarten für elektrische Maschinen
0	nur mit besonderer Genehmigung
1	EEx e, EEx d, EEx p, EEx o
2	wie für Zone 1; EEx n
10	nur mit besonderer Genehmigung
11	Maschinen mit Merkmalen nach DIN VDE 0165 [N5.4]

Tabelle Z3 Mögliche Zündschutzarten von elektrischen Maschinen für die einzelnen Zonen

Eine Anpassung der Bauvorschriften entsprechend den geänderten Zonen bei Staub-Luft-Gemischen ist in Vorbereitung.
→ Staub-Explosionsschutz [A2, A13, A14, A21, E8, N5.4, N11.8]

Zünddurchschlagsfähigkeit {ignition breakdown capacity}
→ Explosionsgruppe

Zündgruppe {explosion group}
veralteter Begriff; → Explosionsgruppe

Zündquelle {ignition source}
Gerät oder Vorgang, bei dem mittels heißer Oberfläche oder Funken eine → explosionsfähige Atmosphäre gezündet wird.
Drehende elektrische Maschinen können grundsätzlich durch heiße Oberflächen (diese können auch im Maschineninnern liegen) als Z. wirken. Funken als Z. sind betriebsmäßig z. B. bei → Schleifringläufermotoren vorhanden oder entstehen im Störfall (z. B. Leiterabschmelzen infolge von Windungsschlüssen, Überschlägen zwischen Klemmen). Die Bauvorschriften für explosionsgeschützte elektrische Be-

triebsmittel [Reihe N3] sollen mit hoher Wahrscheinlichkeit verhindern, daß solche Geräte als Z. wirken können.
→ Explosionsschutz, → Explosionsschutz-Richtlinie, → Zündschutzart
[A2, A13, A14, A21, E8]

Zündschutzart {types of protection}
Gesamtheit aller Merkmale, mit denen der → Explosionsschutz nach einem bestimmten Schutzgedanken an elektrischen Betriebsmitteln durch Konstruktion, Fertigung und Prüfung sichergestellt werden soll.
Es sind mehrere Z. mit unterschiedlichem Schutzgedanken genormt (**Tabelle Z4**), die bis auf eine Ausnahme als gleichwertig bezüglich des Explosionsschutzes betrachtet werden. Bau- und Prüfvorschriften für explosionsgeschützte elektrische Betriebsmittel sind europaweit durch mehrere → EN [Reihe N3] harmonisiert, die nationalen Rechtsvorschriften durch die → Explosionsschutz-Richtlinie angeglichen.
[A2, A13, A14, A21, E8]

Zündschutzart	**Bauvorschrift EN 50014 und ...**	**Bauprinzip**	**Schutzgedanke**	**Anwendung**
Öl-kapselung „o“	EN 50015	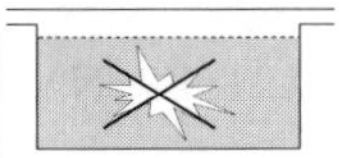	Die als Zündquelle wirkenden Teile werden unter Öl betrieben; explosionsfähige Gasgemische kommen nicht mit der Zündquelle in Berührung.	Schalter, Transformatoren, **Frequenzumrichter**
Überdruck-kapselung „p“	EN 50016	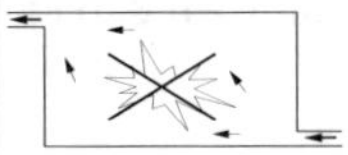	Die als Zündquelle wirkenden Teile werden in ein Gehäuse eingeschlossen. Dieses wird mit Frischluft oder inertem Gas unter leichtem Überdruck gehalten. Die umgebende explosionsfähige Atmosphäre kann deshalb nicht in das Betriebsmittel eindringen.	Schaltschränke, **alle Elektromotoren**
Sand-kapselung „q“	EN 50017		Die als Zündquelle wirkenden Teile sind in ein sandartiges Füllgut eingebettet. Eine unter der Füllung stattfindende Explosion setzt sich nicht in die umgebende explosionsfähige Atmosphäre fort.	Transformatoren, Kondensatoren

Tabelle Z4 Schutzgedanken und Anwendung verschiedener Zündschutzarten auf elektrische Betriebsmittel

Zündschutzart	**Bauvorschrift EN 50014 und …**	**Bauprinzip**	**Schutzgedanke**	**Anwendung**
druckfeste Kapselung „d“	EN 50018	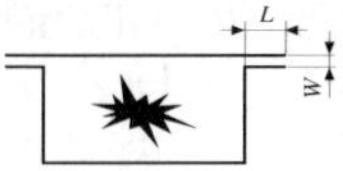	Die als Zündquelle wirkenden Teile werden von einem druckfesten Gehäuse umgeben. Alle Dichtflächen werden mit zünddurchschlagsicheren Spalten begrenzt. Eine Explosion im Innern des Gehäuses kann sich nicht nach außen fortsetzen.	alle Ausführungen und Betriebsarten elektrischer Betriebsmittel; z. B. Schalter, Transformatoren, **alle Elektromotoren**
erhöhte Sicherheit „e“	EN 50019	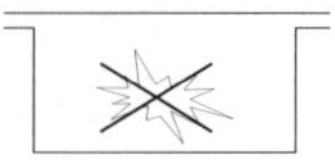	Bei normalem Betrieb ist die Entstehung von Funken, Lichtbögen oder unzulässig hohen Temperaturen verhindert. Erforderlich: Geeignetes Überwachungsgerät, das auch **im Störungsfall** vor einer Zündung bewahrt.	**Klemmenkästen; Motoren mit Käfigläufer**
Eigensicherheit „i“	EN 50020	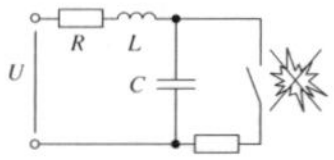	Energie < 20 μWs; keine zündfähigen Funken; keine unzulässig hohen Erwärmungen	**Meß-, Regel- und Überwachungseinrichtungen**
nicht funkend „n“	prEN 50021		Das Risiko des Auftretens von Lichtbögen, Funken oder heißen Oberflächen während des **normalen Betriebs** ist minimiert. *Normaler Betrieb: Durch Hersteller festgelegt.*	**Nur für Zone 2!** Alle elektrischen Betriebsmittel ohne Funken; z. B. **Motoren mit Käfigläufer**. ***Prüfbescheinigung ist nicht erforderlich. Herstellererklärung genügt.***

Tabelle Z4 Schutzgedanken und Anwendung verschiedener Zündschutzarten auf elektrische Betriebsmittel (Fortsetzung)

Zündschutzart n

Harmonisierte europäische Zündschutzart „Nicht funkend“.

Ersetzt in Zukunft auch → *Zündschutzart Non sparking* nach BS 5000.

Nur für Betriebsmittel in Zone 2!

→ Zoneneinteilung, → Zündschutzart [N3.6]

Zündschutzart Non sparking
Bauvorschrift für explosionsgeschützte Betriebsmittel nach britischer Vorschrift BS 5000. Für drehende elektrische Maschinen: BS 5000 Part 16 oder IEC 79-15 [N8.36]
Schutzgedanke und Merkmale wurden größtenteils in die harmonisierte europäische Norm [N3.6] für explosionsgeschützte Maschinen der → *Zündschutzart „n"* übernommen. Diese ersetzt europaweit innerhalb der nächsten Jahre die erwähnte nationale britische Norm.

Zündtemperatur {ignition temperature}
→ Temperaturklasse

zulässige Abweichungen {tolerances}
→ Toleranzen

Zuordnung von Spannungen und Leistungen {assignment of voltage to power}
→ Hochspannungsmotoren

zusätzliche Isolierung {additional insulation}
Unabhängige Isolierung, zusätzlich zur Grundisolierung vorgesehen.
Z. I. kommt praktisch nur für Maschinen in Frage, die in Geräte eingebaut werden. Falls die Grundisolierung versagt, soll die z. I. den Schutz gegen gefährliche Körperströme übernehmen.

Zusatzschilder {additional plates}
Alle Schilder, die zusätzlich zum → Leistungsschild an der Maschine angebracht werden (z. B. Schmierschild, Drehrichtungspfeil etc.), um die → Kennzeichnung zu vervollständigen.

Zusatzverluste {additional loss}
→ Ermittlung der Verluste und des Wirkungsgrads

Zuverlässigkeit {reliability}
Wahrscheinlichkeit, daß eine technische Einheit (Komponente, Gerät, Anlage) unter festgelegten Funktions- und Umgebungsbedingungen ihre Aufgabe während einer

*bestimmten Zeitspanne erfüllt. Anders ausgedrückt: Ihre **Überlebenswahrscheinlichkeit** unter gegebener Beanspruchung während dieser Zeitspanne.*
Drehende elektrische Maschinen für industrielle Anwendung sind im allgemeinen instandsetzbare Einheiten, d. h. nach Eintritt eines → Schadens oder vorher (dies ist aus Kosten- und Zeitgründen anzustreben!) kann die urspüngliche Z. wieder hergestellt werden. Die Grundregeln der Lehre von der technischen Z. können sehr wohl auf elektrische Maschinen und Antriebe angewendet werden, z. B. die der Redundanz (= betriebswichtige Funktionen sind mehrfach vorhanden.); nur bei wenigen Komponenten (→ Zuverlässigkeit von Wälzlagern) liegt statistisch gesichertes Zahlenmaterial vor, um diese Regeln auch zahlenmäßig anwenden zu können.
→ Lagerlebensdauer, → Lebensdauer [E24]

Zuverlässigkeit von Wälzlagern {reliability of anti-friction bearings}
Erlebenswahrscheinlichkeit eines Wälzlagers, die nominelle → Lagerlebensdauer zu erreichen oder zu überschreiten.
Die Ermüdungslebensdauer L_{10} eines Wälzlagers wird aufgrund einer Ausfallwahrscheinlichkeit von 10 % (d. h. einer Z. von 90 %) beurteilt. Von dieser Lebensdauer geht auch die Lagerbemessung drehender elektrischer Maschinen aus. Für bestimmte Anwendungsfälle kann es jedoch erwünscht sein, mit größerer Z. zu bemessen. Bei unveränderter Belastung und sonstigen Bedingungen muß dann zwangsläufig

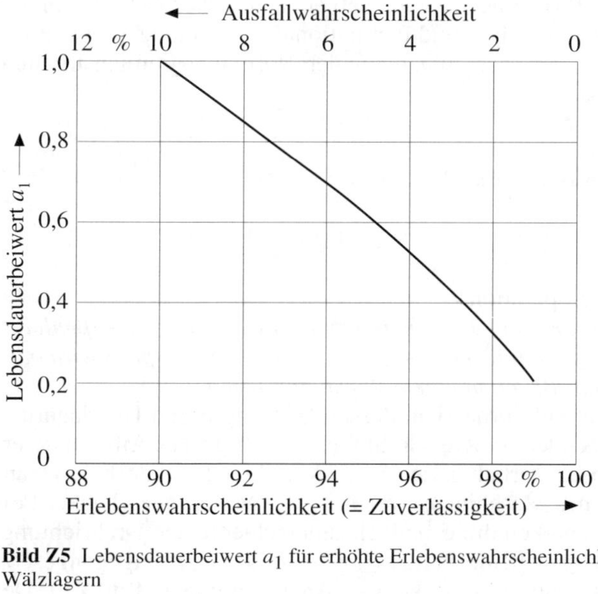

Bild Z5 Lebensdauerbeiwert a_1 für erhöhte Erlebenswahrscheinlichkeit (Zuverlässigkeit) von Wälzlagern

die Lebensdauererwartung reduziert werden. In der Berechnung der → modifizierten Lagerlebensdauer wird dieser Sachverhalt mit dem Lebensdauerbeiwert a_1 (**Bild Z5**) erfaßt.

Für die Lagerbemessung auf eine bestimmte Lebensdauer bedeutet erhöhte Z. praktisch eine Überdimensionierung der Wälzlager. Diese ist genauso schlecht wie eine Unterdimensionierung.

Bei aller mathematischen Sorgfalt im Umgang mit der Wahrscheinlichkeit: Dimensionierung der Lager nach der 90 %-Erlebenswahrscheinlichkeit ist bewährte Praxis. Am meisten leidet die Z. v. W. durch Nichteinhalten der → bestimmungsgemäßen Verwendung (Schmiermangel, Verschmutzung, erhöhte Kräfte, Erschütterungen, erhöhte Temperaturen u. a. m.).

→ Instandhaltung, → Schadensursachen an drehenden elektrischen Maschinen, → Schmierung [A2, A12, E14, E24, E41, N7.15 bis N7.17]

ZVEI

Zentralverband Elektrotechnik- und Elektronikindustrie e. V., Stresemannallee 19, 60596 Frankfurt am Main

Wirtschafts-, technologie- und umweltpolitische Interessenvertretung der deutschen Elektroindustrie. Mitglied u. a. in → CEMEP und → ORGALIME. Gegliedert in Fachverbände. Die elektrische Antriebstechnik (Motoren und Antriebsstromrichter) wird betreut im „Fachverband Elektrische Antriebe“. Dessen Technische Kommission nimmt sich technischer Probleme auf dem Gebiet elektrischer Antriebe an und stellt die Ergebnisse der Allgemeinheit und den nationalen Normungsgremien (→ DKE) zur Verfügung. Ein Teil der Fachleute, die in den Normungsgremien arbeiten, wird vom ZVEI vorgeschlagen.

Zweileiterbetrieb {two-phase operation}

→ Zweiphasenlauf

Zweiphasenlauf {two-phase operation}

Betrieb des → Drehstrommotors am → Drehstromnetz, dessen einer → Außenleiter unterbrochen ist, so daß die Maschine nur von zwei Netzsträngen gespeist wird oder Betrieb am Drehstromnetz mit Bruch in einem Wicklungsstrang.

Im Z. ist nur ein → Wechselfeld vorhanden, dessen Wirkung durch Überlagerung zweier entgegengesetzt laufender → Kreisdrehfelder gleich großer Amplitude erklärt werden kann. Das Betriebsverhalten der realen Maschine kann deshalb veranschaulicht werden als das eines Maschinensatzes mit zwei Maschinen gleicher Polzahl und gleicher Drehmomentkennlinie, jedoch unterschiedlicher Drehrichtung. Im Stillstand bei $s = 1$ erzeugen beide Felder gleich große, aber entgegengesetzt wirkende Drehmomente. Deshalb entsteht kein → Anzugsmoment (**Bild Z6**). Der

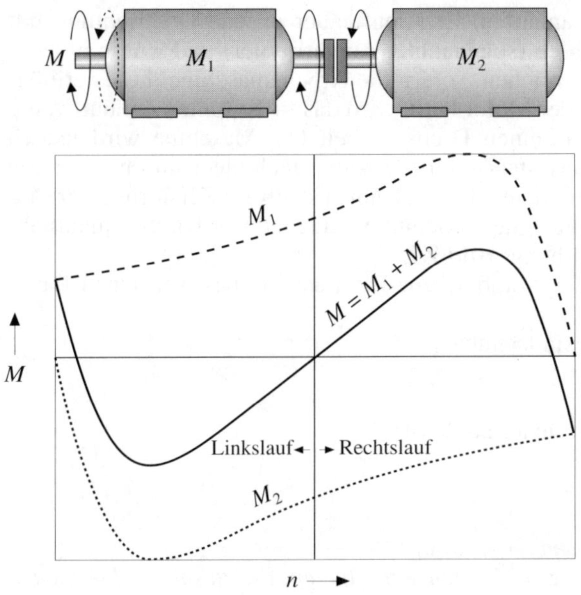

Bild Z6 Drehmomentkennlinie im Zweiphasenlauf

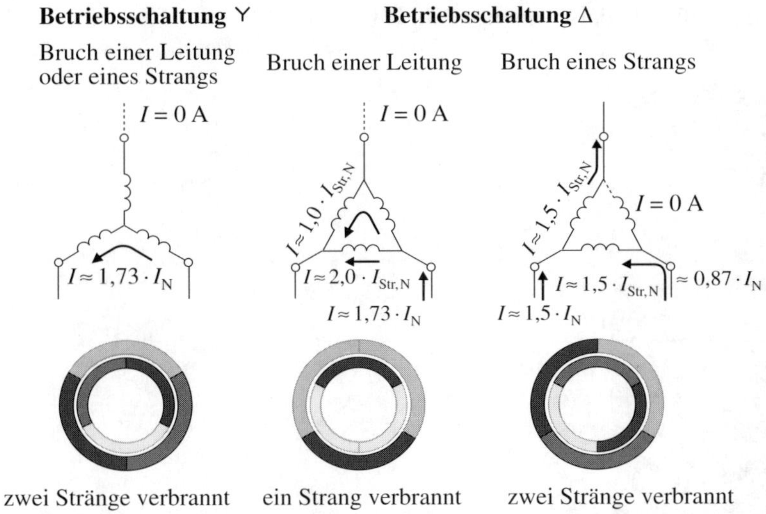

Bild Z7 Stromaufnahme bei Belastung mit Bemessungsmoment und Wickelkopfverfärbung (schematisch) im Zweiphasenlauf

Läufer kann nicht von selbst anlaufen. Er könnte aber in jede Drehrichtung mit fremder Hilfe angeworfen werden (sogenannter Anwurfmotor) und würde in jeder Richtung stationären Betrieb erreichen, sofern die Arbeitsmaschine dieses ermöglicht. Entsteht der Z., während der Motor läuft, wird das → Kippmoment nur wenig kleiner, und der Läufer behält seinen Drehsinn bei. Die Maschine wird jedoch strommäßig und thermisch überlastet, möglicherweise auch mechanisch durch die im Z. entstehenden → Pendelmomente. Der Z. kann deshalb zur Zerstörung der Maschine führen und muß durch geeigneten Schutz vermieden werden. Stromaufnahme im Z. und Wickelkopfverfärbung: **Bild Z7**.
Starkes Brummen mit doppelter Netzfrequenz kann akustisches Anzeichen für Z. sein.
→ Phasenausfall, → Phasenausfallschutz

Zweiquadrantenbetrieb {two-quadrant drive}
→ Vierquadrantenbetrieb

Zweischichtwicklung {double-layer winding}
Wicklung, bei der in jeder Nut zwei Spulenseiten liegen, die zu unterschiedlichen Spulen desselben Wicklungsstrangs, teilweise auch zu unterschiedlichen Strängen gehören.
Hochspannungswicklungen mit → Formspulen sind Z. (Bild W8).
Beispiel für eine Z. für Niederspannung: **Bild Z8**.

Bild Z8 Zweischichtwicklung für Niederspannung während des Einlegens (Runddraht-Träufelwicklung)

Zwischenkreisumrichter {d. c.-link converter}
Umrichter mit einem Zwischenkreis konstanter Gleich*spannung* (→ *U*-Umrichter) oder konstanten Gleich*stroms* (→ *I*-Umrichter).
→ Direktumrichter, → Umrichtervergleich *I*-PWM [A2, A7, A10, E4]

Zwischenprüfung
→ *Qualitätsprüfung während der Realisierung einer Einheit.*
Bei einem materiellen Produkt (z. B. Motor) bedeutet „Realisierung" die *Fertigung*; „Z." bedeutet also *Fertigungsprüfung*. Bestimmte Z. können auch im Beisein des Käufers oder seines Beauftragten durchgeführt werden (z. B. → Wellentest). [N8.16]

Literatur

Der hohe Reifegrad drehender elektrischer Maschinen dokumentiert sich in einer riesigen Zahl von Fachbüchern, Veröffentlichungen und Normen in aller Welt. Die folgende Aufzählung ist deshalb nur eine Auswahl von – nach Meinung des Autors – besonders typischer oder hilfreicher Werke der deutschsprachigen Literatur. Ihre Gliederung in die Abschnitte A (Anwendung), B (Berechnung), E (Einzelthemen), N1 bis N11 (Normen), W (Wörterbücher) und ihre Reihenfolge stellt keinen Wertmaßstab für die betreffenden Schriften dar, sondern schien dem Zweck des Buchs als Nachschlagewerk angemessen.
Bei der Anwendung von Normen und Richtlinien ist deren Fassung mit dem neuesten Ausgabedatum maßgebend.
Bezugsquellen:

- DIN-Normen und GfT-Arbeitsblätter bei Beuth Verlag GmbH, Burggrafenstraße 6, 10772 Berlin
- VDE-Bestimmungen bei VDE-VERLAG GMBH, Bismarkstraße 33, 10625 Berlin
- VDI-Richtlinien bei VDI-Verlag GmbH, Postfach 101054, 40001 Düsseldorf
- VDEW-Richtlinien bei der Verlags- und Wirtschaftsgesellschaft der Elektrizitätswerke m.b.H., Stresemannallee 3, 60596 Frankfurt am Main
- Richtlinien der EG, deutsche Rechtsverordnungen oder Gesetze bei der Bundesanzeiger-Verlagsgesellschaft m. b. H., Köln

A Bücher für Anwendung, Betrieb, Instandhaltung, Planung, Prüfung

[A1] Komitee 311: Drehende elektrische Maschinen – Erläuterungen zu DIN VDE 0530. VDE-Schriftenreihe Band 10. Berlin: VDE-VERLAG GMBH, 1993

[A2] *Rentzsch, H.*: Elektromotoren. ABB-Handbuch; Hrsg. ABB Drives AG, Turgi Schweiz, 1992

[A3] *Nürnberg, W.*; u. a.: Drehstrom-Asynchronmotoren. AEG-Handbücher, Band 1: Berlin: Allgemeine Elektrizitäts-Gesellschaft, 1965

[A4] R*ichter, A.*: Einphasenmotoren – Antriebstechnische Erläuterungen. AEG Handbücher, Band 4: Berlin: Allgemeine Elektrizitäts-Gesellschaft, 1964

[A5] *Ann, H.; u. a.*: Elektrische Energietechnik. Band 4 der Handbuchreihe Energie. Köln: Verlag TÜV Rheinland GmbH, 1987

[A6] B*ederke H.-J.* u. a.: Elektrische Antriebe und Steuerungen. Stuttgart: B. G. Teubner, 1967

[A7] *Stüben, H.*: Elektrische Antriebstechnik; Formeln, Schaltungen, Diagramme. BBC Fachbuch. Düsseldorf: W. Girardet Buchverlag GmbH, 1987

[A8] *Netz, H.; Paul A.* (Hrsg.): Formeln der Technik. München: Hanser-Verlag, 1983

[A9] *Walthert, R.*: Strom rationell nutzen – Umfassendes Grundlagenwissen und praktischer Leitfaden zur rationellen Verwendung von Elektrizität. Zürich: vdf Verlag der Fachvereine, 1992

[A10] *Brosch, F.*: Frequenzumformer; Prinzip, Aufbau und Einsatz. Landsberg/Lech: Verlag Moderne Industrie AG & Co., 1989

[A11] *Schneider, H.*: Auswuchttechnik. Düsseldorf: VDI-Verlag GmbH, 1992

[A12] *Eschmann, P.; u. a.*: Die Wälzlagerpraxis – Handbuch für die Berechnung und Gestaltung von Lagerungen. Hrsg. im Auftr. von FAG Kugelfischer Georg Schäfer & Co., Schweinfurt. München: R. Oldenbourg Verlag GmbH, 1978

[A13] *Olenik, H.; Rentzsch, H. ; Wettstein, W.*: Handbuch für Explosionsschutz. Hrsg. von BBC, Mannheim. Essen: Verlag W. Girardet, 1983

[A14] *Falk, K.*: Explosionsgeschützte Elektromotoren – Erläuterungen zu DIN VDE 0165, 0170/1 und 0530 sowie einschlägigen Normen mit Hinweisen für die technisch-wirtschaftliche Antriebsoptimierung. VDE-Schriftenreihe Band 64. Berlin u. Offenbach: VDE-VERLAG GMBH, 1995

[A15] *Dreier, H.; u. a.*: PTB-Prüfregeln. Band 3: Explosionsgeschützte Maschinen der Zündschutzart Erhöhte Sicherheit „e". Hrsg. Physikalisch-Technische Bundesanstalt, Braunschweig. Berlin: 1978

[A16] *Nürnberg, W.*: Die Prüfung elektrischer Maschinen. Berlin: Springer-Verlag, 1981

[A17] *Franken, H.*: Motorschutz, Überströme, Übertemperaturen. Berlin: Springer-Verlag, 1962

[A18] *Spieser, R.*: Krankheiten elektrischer Maschinen, Transformatoren und Apparate. Berlin: Springer-Verlag, 1960

[A19] Handbuch der Schadenverhütung. Allianz Versicherungs-AG, München, Berlin, 1979

[A20] *Boehle, B.; u. a.*: Schaltanlagen. Asea Brown Boveri Taschenbuch, 8. Aufl. Düsseldorf: CornelsenVerlag Schwann-Girardet, 1988

[A21] *Christner, V.; u. a.*: Jahrbuch für Elektromaschinenbau + Elektronik 1996. Heidelberg: Hüthig & Pflaum Verlag

[A22] *Just, W.*: Blindstrom-Kompensation in der Betriebspraxis. Berlin u. Offenbach: VDE-VERLAG GMBH, 1991

B Bücher für Berechnung, Entwicklung, Studium, Theorie, Vertiefung

[B1] *Nürnberg, W.*: Die Asynchronmaschine. Berlin: Springer-Verlag, 1979

[B2] *Schuisky, W.*: Berechnung elektrischer Maschinen. Wien: Springer-Verlag, 1960

[B3] *Vogt, K.; u. a.*: Elektrische Maschinen – Berechnung rotierender elektrischer Maschinen. Berlin u. Offenbach, VDE-VERLAG GMBH, 1985

[B4] *Moeller, F.; Vaske, P.*: Elektrische Maschinen und Umformer – Teil 1: Aufbau, Wirkungsweise und Betriebsverhalten. Stuttgart: Teubner-Verlag, 1976

[B5] *Moeller, F.; Vaske, P.* : Elektrische Maschinen und Umformer – Teil 2: Berechnung elektrischer Maschinen. Stuttgart: Teubner-Verlag, 1976

[B6] *Bödefeldt, Th.; Sequenz, H.*: Elektrische Maschinen – Einführung in die Grundlagen. Wien: Springer-Verlag, 1971

[B7] *Müller, G.*: Elektrische Maschinen – Grundlagen, Aufbau und Wirkungsweise. Berlin u. Offenbach, VDE-VERLAG GMBH, 1985

[B8] *Müller, G.*: Elektrische Maschinen – Betriebsverhalten rotierender elektrischer Maschinen. Berlin u. Offenbach, VDE-VERLAG GMBH, 1985

[B9] *Späth, H.*: Elektrische Maschinen. Berlin: Springer-Verlag, 1973

[B10] *Fischer, R.*: Elektrische Maschinen. München: Hanser-Verlag, 1977

[B11] Hütte Taschenbücher der Technik – Elektrische Energietechnik – Band 1: Maschinen. Berlin: Wilhelm Ernst u. Sohn, 1978

[B12] *Richter, R.*: Elektrische Maschinen – Band IV: Induktionsmaschinen. Stuttgart: Birkhäuser-Verlag, 1954

[B13] *Schuisky, W.*: Induktionsmaschinen. Berlin: Springer-Verlag, 1957

[B14] *Jordan, H.; u. a.*: Asynchronmaschinen. Braunschweig: Vieweg, 1975

[B15] *Küpfmüller, K.*: Einführung in die theoretische Elektrotechnik. Berlin: Springer-Verlag, 1965

[B16] *Rüdenberg, R.*: Elektrische Schaltvorgänge. Berlin: Springer-Verlag, 1974

[B17] *Rüffer, K.*: Schalten von Elektromotoren. Berlin: VEB Verlag Technik, 1990

[B18] *Kümmel, F.*: Elektrische Antriebstechnik. Teil 1: Maschinen. Berlin u. Offenbach, VDE-VERLAG GMBH, 1986

[B19] *Kümmel, F.*: Elektrische Antriebstechnik. Teil 2: Leistungsstellglieder. Berlin u. Offenbach, VDE-VERLAG GMBH, 1986

[B20] *Wiedemann, E.; Kellenberger, W.*: Konstruktion elektrischer Maschinen. Berlin: Springer-Verlag, 1967

[B21] *Gotter, G.*: Erwärmung und Kühlung elektrischer Maschinen. Berlin: Springer-Verlag, 1954

[B22] *Isermann, R. (Hrsg.)*: Überwachung und Fehlerdiagnose technischer Systeme. Düsseldorf: VDI-Verlag GmbH, 1994

[B23] *Henderson, B. D.*: Die Erfahrungskurve in der Unternehmensstrategie (übers. u. bearb.: Gälweiler, A.) Frankfurt am Main: Campus-Verlag, 1984

E Einzelthemen, Firmenschriften, Vorträge

[E1] *Engel, U.*; *Wickboldt, H.*: Explosionsgeschützte Drehstrommotoren und die neuen Normspannungen. etz Elektrotech. Z. 112 (1991) H. 20

[E2] *Graß, H.*: Verhalten explosionsgeschützter Drehstrommotoren bei 400 V. etz Elektrotech. Z. 113 (1992) H. 21

[E3] *Greiner, H.*: Neue Normspannung 400 V nach IEC 38 – Weiterbetrieb oder Umwickeln von Drehstrommotoren? ema Elektrische Maschinen (1993) H. 4

[E4] *Schörner, J.; Seifert, D.*: Drehzahlverstellung von Asynchronmaschinen. Technische Schrift 4, Loher AG, Ruhstorf/Rott, 1992

[E5] *Falk, K.; Schörner, J.*: Technisch-physikalische Effekte infolge nichtsinusförmiger Spannungen und Ströme. Vortrag im Rahmen des Erfahrungsaustausches „Auswirkungen der Umrichterspeisung auf Asynchronmaschinen“. ZVEI, Frankfurt am Main, 17.3.1993

[E6] *Engel, U.; Wickboldt, H.*: Umrichtergespeiste explosionsgeschützte Drehstromantriebe. PTB-Mitteilungen 98, 1/88, S. 52 – 62

[E7] *Engel, U.; Wickboldt, H.*: Explosionsschutz bei Umrichterantrieben. Vortrag im Rahmen des Erfahrungsaustausches „Auswirkungen der Umrichterspeisung auf Asynchronmaschinen“. ZVEI, Frankfurt am Main, 17.3.1993

[E8] *Greiner, H.*: Explosionsschutz bei Drehstrom-Getriebemotoren Druckschrift SD397, Eberhard Bauer GmbH & Co., Esslingen, 1997

[E9] *Falk, K.;. Kolmeder, W.*: Qualitätssicherung bei elektrischen Antrieben. Technische Schrift 5, Loher AG, Ruhstorf/Rott, 1983

[E10] *Föller, D.; Müller, H. W.*: Regeln für lärmarme Konstruktionen. Konstruktion 228 (1979) H. 9, S. 333 – 339

[E11] *Falk, K.*: Der Lärmschutz im Elektromaschinenbau. Technische Schrift 1, Loher AG, Ruhstorf/Rott, 1979

[E12] *Bancak, S.; Falk, K.*: Zulässige Kräfte am Wellenende von Drehstrommotoren. Technische Schrift 2, Loher AG, Ruhstorf/Rott, 1984

[E13] *Falk, K.; Hoffmann, J.*: Aufstellen und Kuppeln von Drehstrommotoren. Technische Schrift 3, Loher AG, Ruhstorf/Rott, 1980

[E14] *Conrad, H.*: Wälzlager im Elektro-Motor. Technische Information, Helmke und Co., Hannover, Juni 1995

[E15] *Falk, K.*: Störungsfrei – Maßnahmen zum Verlängern der Lebensdauer bei Niederspannungs-Käfigläufermotoren. Maschinenmarkt (1992) Nr. 29, S. 38 – 42

[E16] *Auinger, H.; Kracke, G.; Neuhaus, W.*: Wirkungsgrad elektrischer Maschinen – Möglichkeiten und Grenzen für eine Verbesserung. Siemens-Energietechnik 2 (1980) H. 7, S. 271 – 276

[E17] *Berg, F.*: Elektromotoren mit hoher Wirkungsgrad-Auslegung, Applikation und wirtschaftliche Aspekte. Bulletin SEV/VSE Nr. 4, 1987

[E18] *Greiner, H.*: Energiesparende Elektromotoren – eine Alternative? ema Elektrische Maschinen (1994) H. 12, S.20

[E19] *Falk, K.*: Im Aufschwung – zwischen Norm und Vielfalt: Zukunftsaspekte des Drehstrommotors. Maschinenmarkt (1992) H. 41, S. 84 – 88

[E20] *Falk, K.*: Ökologie und elektrische Antriebe – Problem oder Fortschritt. SMM Schweizer Maschinenmarkt (1993) Nr. 35, S. 62 – 65

[E21] Isoliersysteme der elektrischen Energietechnik – Lebensdauer, Diagnostik und Entwicklungstendenzen. ETG-Fachbericht 40. Berlin u. Offenbach, VDE-VERLAG GMBH, 1992

[E22] *Böning, W.; Schreiber, H.*: Isolationsakoordination bei Hochspannungsmotoren. ETG-Fachbericht 49. Berlin u. Offenbach, VDE-VERLAG GMBH, 1993, S. 195 – 210

[E23] *Blattner, J.; Gutt, H.-J.*: Instandhalten von elektrischen Maschinen und Antriebssystemen. In: Moderne Instandhaltungstechniken – aktuelle und zukunftweisende Lösungen für die betriebliche Praxis. Köln: Verlag TÜV Rheinland, 1995

[E24] *Falk, K.*: Zuverlässigkeit und Instandhaltung elektrischer Antriebe – eine Wechselwirkung. Quelle: wie vor

[E25] *Geropp, B.; Kessler, H.-W.*: Automatische Hüllkurvenanalyse – Neue Wege zur Realisierung praxistauglicher Wälzlagerüberwachungssysteme. Antriebstechnik 34 (1995) H. 10, S. 64 – 68

[E26] Softstart – The solution for mechanical and electrical problems when starting and stopping squirrel cage motors. Technische Schrift 1SFC18850, ed. 3 1994-10, ABB Control AB, Västeras, Schweden

[E27] *Greiner, H.*: Anlauf und elektrodynamische Auslaufbremsung bei Käfigläufermotoren. Druckschrift SD 3095, Eberhard Bauer GmbH & Co., Esslingen, 1995

[E28] *Schörner, J.; Zwack, J.*: Vergleichende Betrachtung von Aufzugsmotoren im konventionellen und im geregelten Betrieb. Lift-Report 10 (1984) H. 4, S. 19 – 25

[E29] *Schörner, J.; Seifert, D.*: Bessere Fahreigenschaften und geringerer Energieverbrauch bei Seilaufzügen durch drehzahlgeregelte Drehstromantriebe. Lift-Report 12 (1986) H. 1, S. 12 – 18

[E30] *Schörner, J.*: Der Aufzugantrieb – ein mechatronisches System. Vortrag im Rahmen des Symposiums „Der Seilaufzug – Eine Herausforderung für die elektrische Antriebstechnik“, 29.2.1996, Schloß Neuburg am Inn, Universität Passau und Flender ATB-Loher

[E31] *Stadler, H.*: Moderne Aufzugsantriebe. Vortrag im Rahmen der Heilbronner Aufzugstage '89

[E32] *Grötzbach, M.*: Netzrückwirkungen bei Aufzuganlagen. Vortrag im Rahmen des Symposiums „Der Seilaufzug – Eine Herausforderung für die elektrische Antriebstechnik“, 29.2.1996, Schloß Neuburg am Inn, Universität Passau und Flender ATB-Loher

[E33] *Schörner, J.*: Neue Generation von Aufzugmotoren in Modultechnik. Lift-Report 18 (1992) H. 2, S. 14 – 18

[E34] *Falk, K.*: Berechnung der periodischen Schalthäufigkeit von Drehstrommotoren bei Gegenstrom- und mechanischer Bremsung. ETZ-A Elektrotech. Z. 86 (1965) H. 23, S. 755 – 759

[E35] *Falk, K.*: Schaltbetrieb des Drehstrom-Käfigläufermotors bei Gleichstrombremsung. ETZ-A Elektrotech. Z. 88 (1967) H. 24, S. 598 – 602

[E36] *Pfaff, G.; Jordan, H.*: Dynamische Kennlinien von Drehstromasynchronmotoren. ETZ-A Elektrotech. Z. 83 (1962) H. 12, S. 388 – 392

[E37] *Falk, K.*: Kritische Drahtdurchmesser bei Einziehwickelmaschinen. ETZ-A Elektrotech. Z. 21 (1969) H. 26, S. 599

[E38] *Greiner, H.*: Kondenswasserbildung in elektrischen Maschinen: Ein Film, der nervt. ema Elektrische Maschinen (1996) H. 2, S. 18 – 20

[E39] *Seifert, D.; Strangmüller, T.*: Stoßmoment und Stoßstrom der Asynchronmaschine. etz-Archiv 11 (1989) H. 9, S. 283 – 289

[E40] *Greiner, H.*: Elektrische Antriebe mit Getriebemotoren. Druckschrift SD 496, Eberhard Bauer GmbH & Co., Esslingen, 1996

[E41] *Greiner, H.*: Installation und Instandhaltung von Getriebemotoren. Eberhard Bauer GmbH & Co, Druckschrift SD 2496, Esslingen, 1996

[E42] *Falk, K.; Kiefaber, J.*: Neue Generation oberflächengekühlter Drehstrom-Normmotoren. ABB Technik (1989) H.7, S. 19 – 22

[E43] *Budig, P.-K.*: Einsparung von Energie und Material durch hochtourige Antriebe. ETG-Fachbericht 47. Berlin u. Offenbach, VDE-VERLAG GMBH, 1993, S. 215 – 221

[E44] *Lessig, H.-J.*: Betrieb und Instandhaltung von explosionsgeschützten elektrischen Anlagen. Vortrag im Rahmen des Lehrgangs „Planen, Errichten und Betreiben von elektrischen Anlagen in explosionsgefährdeten Betriebsstätten", Technische Akademie Heilbronn, 1996

[E45] *Madzia, N. W.*: Elektrisch isolierte Wälzlager. Elektrotechnik und Maschinenbau 41 (1986) H. 10, S. 222 – 226 und H. 11/12, S. 252 – 254, zusammengefaßt als Sonderdruck Steyr Wälzlager Technik SWT 3.06

[E46] *Arlt, H.*: Schäden an Isoliersystemen. ETG-Fachbericht 40. Berlin u. Offenbach, VDE-VERLAG GMBH, 1992, S. 89 – 97

[E47] *Greiner, H.*: Umrichter-Motoren. Druckschrift SD 2696, Eberhard Bauer GmbH & Co., Esslingen, 1996

[E48] *Brach, K.*: Wellenspannungen bei Drehstrom-Induktionsmaschinen mit Käfigläufer. Fortschritts-Berichte VDI; Reihe 21: Elektrotechnik, Nr. 63. Düsseldorf: VDI-Verlag GmbH, 1990

[E49] *Seinsch, H. O.*: Besteht ein Zusammenhang zwischen den Normspannungen nach DIN IEC 38 und der Bemessungsspannung von Drehstrom-Induktionsmotoren nach VDE 0530 Teil 1? Elektrizitätswirtschaft 90 (1991) H. 11, S. 613 – 614

[E50] *Greiner, H.*: Rollgangsmotoren: Klassisch-unbelüftet oder modern-eigenbelüftet? Druckschrift SD 3196, Eberhard Bauer GmbH & Co., Esslingen, 1996

[E51] *Krauss, O.*: Falsch geplant, bald defekt. elektrotechnik 58 (1976) H. 21 S. 10 – 14

[E52] *Krauss, O.*: Planungsmängel beim Einsatz elektrischer Maschinen. Der Maschinenschaden 49 (1976) H. 3, S. 115 – 126

[E53] *Greiner, H.*: IP-Schutzarten bei Getriebemotoren. Druckschrift SD 197, Eberhard Bauer GmbH & Co., Esslingen, 1997

[E54] *Krämer, R.; Neumaier, R.*: Kreiselpumpen und rotierende Verdrängerpumpen hermetischer Bauart. Hermetic-Pumpen GmbH, Gundelfingen, 1995

[E55] *N. N.*: Wir bringen Bewegung in die Dinge. Druckschrift, Würges Vibrationstechnik GmbH, Neusäß, 1996

[E56] *Jetses, H.:* ACS 600 – die neue Frequenzumrichter-Generation mit Direct Torque Control. Antriebstechnik 34 (1995) H. 4

[E57] *Greiner, H.*: Betriebsfaktoren. Druckschrift SD 3296, Eberhard Bauer GmbH & Co., Esslingen, 1996

[E58] *Berth, M.; Eberhardt, M.; Kaufhold, M.; Speck, J.; Auinger, H.*: Elektrische Belastung und Ausfallverhalten der Wicklungsisolierung von Asynchronmaschinen mit Umrichterspeisung. Elektrie, H. 8/9 (1995) S. 336 – 344

[E59] *Falk, K.*: Elektrische Antriebe für extreme Bedingungen. asr digest für angewandte Antriebstechnik 7 (1977) H. 11, S. 31 – 35

[E60] *Grötzbach, M.; Schörner, J.*: Geregelter Unterwasser-Hochspannungsmotor mit langem Versorgungskabel für Off-shore-Anwendung. Antriebstechnik, März 1994, S. 49 – 53

[E61] *Doppelbauer, M.*: EG-Richtlinien und CE-Kennzeichnung in der elektrischen Antriebstechnik. Druckschrift SD3396, Eberhard Bauer GmbH & Co., Esslingen, 1996

N1 Normen und Richtlinien: Abmessungen, Leistungen

[N1.1] DIN 42669
Wassergekühlte Drehstrommotoren mit Käfigläufer, Bauform IM B3, IM B5, für Bergbau unter Tage;
Anbaumaße und Zuordnung der Leistungen bei Ausführung in Zündschutzart EEx d I

[N1.2] DIN 42671
Oberflächengekühlte Drehstrommotoren mit Käfigläufer, Bauform IM B3, IM B5, für Bergbau unter Tage;
Anbaumaße und Zuordnung der Leistungen bei Ausführung in Zündschutzart EEx d I

[N1.3] DIN 42672 Teil 1
Innengekühlte Drehstrommotoren mit Käfigläufer, Bauform IM B3, mit Wälzlagern; Anbaumaße und Zuordnung der Leistungen

[N1.4] DIN 42672 Teil 2
Innengekühlte Drehstrommotoren mit Käfigläufer, Bauform IM B3, mit Wälzlagern; Hüllmaße

[N1.5] DIN 42673 Teil 1
Oberflächengekühlte Drehstrommotoren mit Käfigläufer, Bauform IM B3, mit Wälzlagern; Anbaumaße und Zuordnung der Leistungen

[N1.6] DIN 42673 Teil 2
Oberflächengekühlte Drehstrommotoren mit Käfigläufer, Bauform IM B3, mit Wälzlagern;
Zuordnung der Leistungen bei explosionsgeschützter Ausführung in Zündschutzart Erhöhte Sicherheit „e“

[N1.7] DIN 42673 Teil 3
Oberflächengekühlte Drehstrommotoren mit Käfigläufer, Bauform IM B3, mit Wälzlagern;
Zuordnung der Leistungen bei explosionsgeschützter Ausführung in Zündschutzart Druckfeste Kapselung „d“

[N1.8] DIN 42673 Teil 4
Oberflächengekühlte Drehstrommotoren mit Käfigläufer, Bauform IM B3, mit Wälzlagern; Hüllmaße

[N1.9] DIN 42676 Teil 1
Innengekühlte Drehstrommotoren mit Käfigläufer, Bauform IM B5, mit Wälzlagern; Anbaumaße und Zuordnung der Leistungen

[N1.10] DIN 42676 Teil 2
Innengekühlte Drehstrommotoren mit Käfigläufer, Bauform IM B5, mit Wälzlagern; Hüllmaße

[N1.11] DIN 42677 Teil 1
Oberflächengekühlte Drehstrommotoren mit Käfigläufer, Bauform IM B5, IM B10 , IM B14, mit Wälzlagern;
Anbaumaße und Zuordnung der Leistungen

[N1.12] DIN 42677 Teil 2
Oberflächengekühlte Drehstrommotoren mit Käfigläufer, Bauform IM B5, IM B10 , IM B14, mit Wälzlagern;
Zuordnung der Leistungen bei explosionsgeschützter Ausführung in Zündschutzart Erhöhte Sicherheit „e“

[N1.13] DIN 42677 Teil 3
Oberflächengekühlte Drehstrommotoren mit Käfigläufer, Bauform IM B5, IM B10 , IM B14, mit Wälzlagern;
Zuordnung der Leistungen bei explosionsgeschützter Ausführung in Zündschutzart Druckfeste Kapselung „d“

[N1.14] DIN 42677 Teil 4
Oberflächengekühlte Drehstrommotoren mit Käfigläufer, Bauform IM B5, IM B10 , IM B14, mit Wälzlagern;
Hüllmaße für Bauformen IM B5, IM B14

[N1.15] DIN 42678 Teil 1
Innengekühlte Drehstrommotoren mit Schleifringläufer, Bauform IM B3, mit Wälzlagern; Anbaumaße und Zuordnung der Leistungen

[N1.16] DIN 42679 Teil 1
Oberflächengekühlte Drehstrommotoren mit Schleifringläufer, Bauform IM B3, mit Wälzlagern;
Anbaumaße und Zuordnung der Leistungen

[N1.17] DIN 42681
Oberflächengekühlte Drehstrommotoren mit Schleifringläufer, für Aussetzbetrieb, Bauform IM B3, mit Wälzlagern;
Anbaumaße und Zuordnung der Leistungen

[N1.18] DIN 42939 Teil 1 bis Teil 4
Elektrische Maschinen; Maßbezeichnungen

[N1.19] DIN 42948
Befestigungsflansche für elektrische Maschinen

[N1.20] DIN 42973
Leistungsreihe für elektrische Maschinen; Bemessungsleistungen bei Dauerbetrieb

[N1.21] IEC 72-1
Dimensions and output series for rotating electrical machines – Part 1: Frame numbers 56 to 400 and flange numbers 55 to 1080

[N1.22] IEC 72-2
Dimensions and output series for rotating electrical machines – Part 2: Frame numbers 355 to 1000 and flange numbers 1180 to 2360

N2 Normen und Richtlinien: Aufstellung, Kraftübertragung, Schwingungen

[N2.1] DIN 111
Antriebselemente; Flachriemenscheiben; Maße, Nenndrehmomente

[N2.2] DIN 115 Teile 1 und 2
Antriebselemente; Schalenkupplungen

[N2.3] DIN 116
Antriebselemente; Scheibenkupplungen, Maß, Drehmomente, Drehzahlen

[N2.4] DIN 332 Teil 2
Zentrierbohrungen 60° mit Gewinde für Wellenenden elektrischer Maschinen

[N2.5] DIN 740 Teile 1 und 2
Antriebstechnik; Nachgiebige Wellenkupplungen

[N2.6] DIN 743
Wellenberechnung (Entwurf wird zur Zeit vorbereitet)

[N2.7] DIN 748 Teil 1
Zylindrische Wellenenden; Abmessungen, Nenndrehmomente

[N2.8] DIN 748 Teil 3
Zylindrische Wellenenden für elektrische Maschinen

[N2.9] DIN 1448 Teil 1
Kegelige Wellenenden mit Außengewinde; Abmessungen

[N2.10] DIN 1449
Kegelige Wellenenden mit Innengewinde; Abmessungen
[N2.11] DIN 2211 Teil 1
Antriebselemente; Schmalkeilriemenscheiben; Maße, Werkstoff
[N2.12] DIN 2211 Teil 3
Antriebselemente; Schmalkeilriemenscheiben; Zuordnung zu elektrischen Maschinen
[N2.13] DIN 6885 Teil 1
Mitnehmerverbindungen ohne Anzug; Paßfedern, Nuten, hohe Form
[N2.14] DIN 6892
Berechnung von Paßfederverbindungen
[N2.15] DIN 42923
Spannschienen für elektrische Maschinen
[N2.16] DIN 42955
Rundlauf der Wellenenden, Koaxialität und Planlauf der Befestigungsflansche drehender elektrischer Maschinen; Toleranzen, Prüfung
[N2.17] DIN ISO 3945
Mechanische Schwingungen großer rotierender Maschinen mit Drehzahlen 10 s^{-1} bis 200 s^{-1}; Messung und Beurteilung der Schwingstärke am Aufstellungsort
[N2.18] DIN ISO 8821
Mechanische Schwingungen; Vereinbarung über die Paßfeder-Art beim Auswuchten von Wellen und Verbundteilen
[N2.19] VDI 2056
Beurteilungsmaßstäbe für mechanische Schwingungen von Maschinen
Richtlinie des VDI (Verein Deutscher Ingenieure), Düsseldorf
(Die VDI-Richtlinien sind keine Normen im strengen Sinn, sind aber oft Grundlage für solche.)
[N2.20] VDI 2060
Beurteilungsmaßstäbe für den Auswuchtzustand rotierender starrer Körper
Richtlinie des VDI (Verein Deutscher Ingenieure), Düsseldorf
[N2.21] VDI 2240
Wellenkupplungen; Systematische Einteilung nach ihren Eigenschaften
Richtlinie des VDI (Verein Deutscher Ingenieure), Düsseldorf
[N2.22] VDI 3840
Schwingungen von Wellensträngen; Erforderliche Berechnungen
Richtlinie des VDI (Verein Deutscher Ingenieure), Düsseldorf

N3 Normen und Richtlinien: Bauvorschriften für Explosions- und Schlagwetterschutz

[N3.1] DIN EN 50014
Elektrische Betriebsmittel für explosionsgefährdete Bereiche; Allgemeine Bestimmungen

[N3.2] DIN EN 50016
Elektrische Betriebsmittel für explosionsgefährdete Bereiche; Überdruckkapselung „p“

[N3.3] DIN EN 50018
Elektrische Betriebsmittel für explosionsgefährdete Bereiche; Druckfeste Kapselung „d“

[N3.4] DIN EN 50019
Elektrische Betriebsmittel für explosionsgefährdete Bereiche; Erhöhte Sicherheit „e“

[N3.5] DIN EN 50020
Elektrische Betriebsmittel für explosionsgefährdete Bereiche; Eigensicherheit „i“

[N3.6] pr EN 50021
Elektrische Betriebsmittel für explosionsgefährdete Bereiche; Betriebsmittel der Zündschutzart „n“

N4 Normen und Richtlinien: Elektrischer Anschluß, Netz, Schaltgeräte

[N4.1] DIN 13321
Elektrische Energietechnik; Komponenten in Drehstromnetzen, Begriffe, Größen, Formelzeichen

[N4.2] DIN 22412 Teil 3
Schlitzbolzen

[N4.3] DIN 22419 Teile 1 bis 3
Schlagwettergeschützte und explosionsgeschützte elektrische Betriebsmittel für den Bergbau; Einführungsstutzen

[N4.4] DIN 42925
Einführungen in den Klemmenkasten für Drehstrommotoren mit Bemessungsspannungen 400 V bis 690 V

[N4.5] DIN 42962 Teil 1
Klemmenanordnung für drehende elektrische Maschinen; 6 kV Bemessungsspannung

[N4.6] DIN 42962 Teil 2
Klemmenanordnung für drehende elektrische Maschinen; 10 kV Bemessungsspannung

[N4.7] DIN 42965
Schleifringe für elektrische Maschinen; Durchmesser

[N4.8] DIN 43000 Teile 1 bis 3
Kohlebürsten für elektrische Maschinen

[N4.9] DIN 43003 bis 43080
Die Reihe der DIN 43… enthält zahlreiche weitere Normen über Kohlebürsten und Bürstenhalter, deren Abmessungen, Aufbau und Prüfung. Siehe DIN-Verzeichnis.
[N4.10] DIN 46062
Anlasser für Gleichstrommotoren und Drehstrom-Schleifringläufermotoren
[N4.11] DIN 46206 Teil 2
Flachanschlüsse für elektrische Betriebsmittel
[N4.12] DIN 46223
Rundklemmen
[N4.13] DIN 46260 Teile 1 und 2 + DIN 46 262 Teile 1 bis 4
Bolzenklemmen für Niederspannung
[N4.14] DIN 46264
Durchführungsklemmen mit Gießharzisolator für Hochspannung
[N4.15] DIN 46265 Teile 1 und 2 + DIN 46 266 Teile 1 bis 3
Durchführungsklemmen mit keramischem Isolator für Hochspannung
[N4.16] DIN 46289
Klemmen für die Elektrotechnik; Einteilung, Begriffe, Fachwörter
[N4.17] DIN 46294
Rechteckige Klemmenplatten mit sechs Anschlußbolzen; Hauptmaße
[N4.18] DIN 46295 Teil 1 bis Teil 3
Rechteckige Klemmenplatten mit sechs Schlitzbolzen
[N4.19] DIN 89280 Teile 1 und 2
Einführungen für Kabel und Leitungen (Schiffbau)
[N4.20] DIN IEC 38
IEC-Normspannungen
[N4.21] Reihe DIN VDE 0109
Isolationskoordination für elektrische Betriebsmittel in Niederspannungsanlagen
[N4.22] DIN VDE 0110
Bestimmung für die Bemessung der Luft- und Kriechstrecken elektrischer Betriebsmittel
[N4.23] Reihe DIN VDE 0250
Isolierte Starkstromleitungen
[N4.24] DIN VDE 0609 Teil 1 (= DIN EN 60999)
Sicherheitsanforderungen für Schraubklemmstellen und schraubenlose Klemmstellen für elektrische Kupferleiter – Allgemeine Festlegungen
[N4.25] DIN VDE 0609 Teil 100 (IEC 23F(CO)28)
Sicherheitsanforderungen für Schraubklemmstellen und schraubenlose Klemmstellen für elektrische Kupferleiter
[N4.26] Reihe DIN VDE 0660
Niederspannungsschaltgeräte

[N4.27] Reihe DIN VDE 0670 (DIN IEC 17A)
Wechselstromschaltgeräte für Spannungen über 1 kV

[N4.28] DIN VDE 0875
Funk-Entstörung von elektrischen Betriebsmitteln und Anlagen

[N4.29] IEC 445
Identification of equipment terminals and of terminations of certain designated conductors, including general rules for an alphanumeric system

N5 Normen und Richtlinien: Errichtungsvorschriften für elektrische Anlagen

[N5.1] Reihe DIN VDE 0100
Errichten von Starkstromanlagen mit Nennspannungen bis 1000 V

[N5.2] Reihe DIN VDE 0105
Errichten von Starkstromanlagen mit Nennspannungen über 1 kV

[N5.3] Reihe DIN VDE 0118
Errichten elektrischer Anlagen in bergbaulichen Betrieben unter Tage

[N5.4] DIN VDE 0165
Errichten elektrischer Anlagen in explosionsgefährdeten Bereichen

[N5.5] Reihe DIN VDE 0166
Elektrische Anlagen und deren Betriebsmittel in explosivstoffgefährdeten Bereichen

[N5.6] DIN VDE 0168
Bestimmungen für das Errichten und den Betrieb elektrischer Anlagen in Tagebauen, Steinbrüchen und ähnlichen Betrieben

[N5.7] Verordnung über elektrische Anlagen in explosionsgefährdeten Räumen (ElexV)
(zu beziehen durch: Bundesanzeiger-Verlagsges. m. b. H., Köln)

[N5.8] Elektrovorschriften für den Bergbau unter Tage – Elektro-Bergverordnung (ElBergV)
(zu beziehen durch: Glückauf-Verlag GmbH, Essen)

N6 Normen und Richtlinien: Grundsätzliches, Einheiten, Kennzeichnung

[N6.1] DIN 323 Teil 1
Normzahlen und Normzahlreihen; Hauptwerte, Genauigkeitswerte, Rundwerte

[N6.2] DIN 1301 Teil 1
Einheiten, Einheitennamen, Einheitenzeichen

[N6.3] DIN 1302
Allgemeine mathematische Zeichen und Begriffe

[N6.4] DIN 1304 Teil 1
Formelzeichen; Allgemeine Formelzeichen

[N6.5] DIN 1304 Teil 7
Formelzeichen; Formelzeichen für elektrische Maschinen
[N6.6] DIN 1305
Masse, Wägewert, Kraft, Gewichtskraft, Gewicht, Last; Begriffe
[N6.7] DIN 1306
Dichte; Begriffe, Angaben
[N6.8] DIN 1313
Physikalische Größen und Gleichungen; Begriffe, Schreibweisen
[N6.9] DIN 5483 Teile 1 bis 3
Zeitabhängige Größen
[N6.10] DIN 40110
Wechselstromgrößen
[N6.11] DIN 40200
Nennwert, Grenzwert, Bemessungswert, Bemessungsdaten; Begriffe
[N6.12] DIN 42005
Umlaufende elektrische Maschinen; Begriffe
(= [W2] mit deutschen Erläuterungen)
[N6.13] DIN 54089
Richtungssinn und Vorzeichen in der Elektrotechnik; Regeln für elektrische und magnetische Kreise, Ersatzschaltbilder
[N6.14] IEC 27-1
Letter symbols to be used in electrical technology – Part 1: General
[N6.15] IEC 27-4
Letter symbols to be used in electrical technology – Part 4: Symbols of quantities to be used for rotating electrical machines
[N6.16] IEC 617-6
Graphical symbols for diagramms – Part 6: Production and conversion of electrical energy

N7 Normen und Richtlinien: Lagerung und Schmierung

[N7.1] DIN 611
Wälzlager; Übersicht
[N7.2] DIN 625 Teil 1
Wälzlager; Rillenkugellager, einreihig
[N7.3] DIN 625 Teil 3
Wälzlager; Rillenkugellager, zweireihig
[N7.4] DIN 628 Teil 1
Wälzlager; Radial-Schrägkugellager, einreihig, selbsthaltend
[N7.5] DIN 3404
Flachschmiernippel
[N7.6] DIN 3760
Radial-Wellendichtringe

[N7.7] DIN 5412 Teil 1
Wälzlager; Zylinderrollenlager, einreihig, mit Käfig

[N7.8] DIN 42966
Rillenkugellager für elektrische Maschinen; Maß-, Form- und Laufgenauigkeit, Lagerluft

[N7.9] DIN 43200
Zylinderrollenlager für elektrische Maschinen in Elektrofahrzeugen; Aufbewahrung, Einbau, Schmierung, Ausbau, Reinigung und Wiederverwendung

[N7.10] DIN 43283 Teil 1, Teil 1 Beiblatt 1 und Teil 5
Zylinderrollenlager für elektrische Maschinen in Elektroschienenfahrzeugen

[N7.11] DIN 51818
Schmierstoffe; Konsistenz-Einteilung für Schmierfette; NLGI-Klassen

[N7.12] DIN 51825
Schmierstoffe; Schmierfette K; Einteilung und Anforderungen

[N7.13] DIN 71412
Kegelschmiernippel

[N7.14] DIN ISO 76
Wälzlager; Statische Tragzahlen

[N7.15] DIN ISO 281
Wälzlager; Dynamische Tragzahlen und nominelle Lebensdauer

[N7.16] DIN ISO 281 Beiblatt 1
Wälzlager; Dynamische Tragzahlen und nominelle Lebensdauer; Lebensdauerbeiwert a3

[N7.17] GfT Arbeitsblatt 2.4.1
Tribotechnik Maschinenbau; Wälzlagerschmierung; Wechselbeziehungen Schmierstoff-Maschinenelemente
Gesellschaft für Tribologie e.V., Duisburg 1984

[N7.18] VDI 2204 Blätter 1 bis 4
Auslegung von Gleitlagerungen
Richtlinie des VDI (Verein Deutscher Ingenieure), Düsseldorf

N8 Normen und Richtlinien: Prüfung, Qualitätssicherung, Schutz, Sicherheit

[N8.1] DIN 31051
Instandhaltung; Begriffe und Maßnahmen

[N8.2] Reihe DIN 40046
Umweltprüfungen für die Elektrotechnik
(Diese Reihe enthält mechanische, klimatische und andere Umweltprüfungen. Sie wird in den nächsten Jahren Zug um Zug von der Reihe DIN IEC 68 [N8.18] abgelöst.)

[N8.3] DIN 44070
Temperaturabhängige Widerstände; Heißleiter, direkt geheizt, Technische Werte und Prüfbestimmungen
[N8.4] DIN 44080
Temperaturabhängige Widerstände; Kaltleiter; Technische Werte und Prüfbestimmungen
[N8.5] DIN 44081
Temperaturabhängige Widerstände; Kaltleiter; Thermischer Maschinenschutz, klimatische Anwendungsklasse HFF
[N8.6] DIN 44082
Temperaturabhängige Widerstände; Drillings-Kaltleiter; Thermischer Maschinenschutz, klimatische Anwendungsklasse HFF
[N8.7] DIN 45635 Teil 10
Geräuschmessung an Maschinen; Luftschallmessung, Hüllflächenverfahren, Rotierende elektrische Maschinen
[N8.8] DIN 50014
Klimate und ihre technische Anwendung – Normalklimate
[N8.9] DIN 50015
Klimate und ihre technische Anwendung – Konstante Prüfklimate
[N8.10] DIN 50017
Klimate und ihre technische Anwendung – Kondensklima
[N8.11] DIN 50018
Prüfung im Kondenswasser-Wechselklima mit schwefeldioxidhaltiger Atmosphäre
[N8.12] DIN 50019
Klimate und ihre technische Anwendung – Technoklimate, Kennzeichnung und kartografische Darstellung der Freiluftklimate
[N8.13] DIN 53151
Prüfung von Anstrichstoffen und ähnlichen Beschichtungstoffen – Gitterschnittprüfung von Anstrichen und ähnlichen Beschichtungen
[N8.14] DIN 53167
Lacke, Anstrichstoffe und ähnliche Beschichtungsstoffe – Salzsprühnebelprüfung an Beschichtungen
[N8.15] DIN 53168
Prüfung von Anstrichstoffen und ähnlichen Beschichtungstoffen – Bestimmung der Beständigkeit von Anstrichen und ähnlichen Beschichtungen gegen Chemikalien
[N8.16] DIN 55 350 Teil 17
Begriffe der Qualitätssicherung und Statistik – Begriffe der Qualitätsprüfungsarten
[N8.17] DIN EN 21680 Teile 1 und 2
Akustik; Verfahren zur Messung der Luftschallemission von umlaufenden elektrischen Maschinen

[N8.18] DIN EN 60204 Teil 1 (IEC 204-1, modifiziert)
Sicherheit von Maschinen; Elektrische Ausrüstung von Maschinen; Teil 1: Allgemeine Anforderungen

[N8.19] Reihe DIN IEC 68
Elektrotechnik; Grundlegende Umweltprüfverfahren
(In dieser Reihe werden mechanische, klimatische und andere Umweltprüfungen beschrieben. Sie löst nach mehreren Jahren des Übergangs die Reihe DIN 40046 [N8.2] ab.)

[N8.20] DIN IEC 721-2-1
Klassifizierung von Umweltbedingungen – Natürliche Einflüsse, Temperatur und Luftfeuchte

[N8.21] DIN ISO 9000
Leitfaden zur Auswahl und Anwendung der Normen zu Qualitätsmanagement, Elementen eines Qualitätssicherungssystems und zu Qualitätssicherungs-Nachweisstufen

[N8.22] DIN ISO 9001
Qualitätssicherungssysteme; Qualitätssicherungs-Nachweisstufe für Entwicklung und Konstruktion, Produktion, Montage und Kundendienst

[N8.23] DIN ISO 9002
Qualitätssicherungssysteme; Qualitätssicherungs-Nachweisstufe für Produktion und Montage

[N8.24] DIN ISO 9003
Qualitätssicherungssysteme; Qualitätssicherungs-Nachweisstufe für Endprüfung

[N8.25] EN 10204
Metallische Erzeugnisse – Arten von Prüfbescheinigungen

[N8.26] EN 50081-1
Electromagnetic compatibility – Generic emission standard
Part 1: Residential, commercial and light industry

[N8.27] EN 50081-2
Electromagnetic compatibility – Generic emission standard
Part 2: Industrial environment

[N8.28] EN 50082-1
Electromagnetic compatibility – Generic immunity standard
Part 1: Residential, commercial and light industry

[N8.29] EN 50082-2
Electromagnetic compatibility – Generic immunity standard
Part 2: Industrial environment

[N8.30] EN 60529
Schutzarten durch Gehäuse (IP-Code)

[N8.31] IEC 2/922/CDV:1995 (= E-DIN VDE 0530 Teil 1 A7/10.95)
EMC clause to be added to IEC 34-1

[N8.32] IEC 22G/21/CDV (= IEC 1800-3)
EMC Product Standard including specific test methods for power drive systems

[N8.33] IEC 34-11
Rotating electrical machines; Part 11: Built-in thermal protection – Chapter 1: Rules for protection of rotating electrical machines

[N8.34] IEC 34-11
Rotating electrical machines; Part 11: Built-in thermal protection – Chapter 2: Thermal detectors and control units used in thermal protection systems

[N8.35] IEC 34-11
Rotating electrical machines; Part 11: Built-in thermal protection – Chapter 3: General rules for thermal protectors used in thermal protection systems

[N8.36] IEC 79-15
Electrical apparatus with type of protection „n"

[N8.37] VDE 0660 Teil 302
Schaltgeräte; Thermischer Maschinenschutz für umlaufende elektrische Maschinen – Temperaturfühler und Auslösegeräte

[N8.38] VDE 0660 Teil 303
Schaltgeräte; Thermischer Maschinenschutz für umlaufende elektrische Maschinen – Kaltleiter-Temperaturfühler und Auslösegeräte

[N8.39] VDEW-Richtlinie
Richtlinien für den Schutz von Hochspannungsasynchronmotoren in Kraftwerken
Herausgegeben von der Vereinigung Deutscher Elektrizitätswerke VDEW e. V., 1984

N9 Normen und Richtlinien: VDE-Bestimmungen für drehende elektrische Maschinen

[N9.1] VDE 0530 Teil 1
Drehende elektrische Maschinen; Bemessungsdaten und Betriebsweise

[N9.2] VDE 0530 Beiblatt 1
Drehende elektrische Maschinen; Leitfaden für Installations- und Betriebs-Bezugbedingungen für Niederspannungs-Käfigläufer-Induktionsmotoren für allgemeine Zwecke und Betriebsart S1

[N9.3] VDE 0530 Teil 1, Beiblatt 2
Drehende elektrische Maschinen; Leitfaden für den Einsatz von umrichtergespeisten Induktionsmotoren mit Käfigläufer

[N9.4] VDE 0530 Teil 2
Drehende elektrische Maschinen; Ermittlung der Verluste und des Wirkungsgrads

[N9.5] VDE 0530 Teil 5
Drehende elektrische Maschinen; Schutzarten durch Gehäuse (IP-Code)

[N9.6] VDE 0530 Teil 6
Drehende elektrische Maschinen; Einteilung der Kühlmethoden (IC-Code)

[N9.7] VDE 0530 Teil 7
Drehende elektrische Maschinen; Bezeichnung für Bauformen und Aufstellung (IM-Code)

[N9.8] VDE 0530 Teil 8
Drehende elektrische Maschinen; Anschlußbezeichnungen und Drehsinn

[N9.9] VDE 0530 Teil 9
Drehende elektrische Maschinen; Geräuschgrenzwerte

[N9.10] VDE 0530 Teil 12
Drehende elektrische Maschinen; Anlaufverhalten von Drehstrommotoren mit Käfigläufer – ausgenommen polumschaltbare Motoren – für Spannungen bis einschließlich 690 V, 50 Hz

[N9.11] VDE 0530 Teil 12 A1
Drehende elektrische Maschinen; Anlaufverhalten von Drehstrommotoren mit Käfigläufer – ausgenommen polumschaltbare Motoren – für Spannungen bis einschließlich 690 V, 50 Hz – Änderung 1

[N9.12] VDE 0530 Teil 14
Drehende elektrische Maschinen; Mechanische Schwingungen von bestimmten Maschinen mit einer Achshöhe von 56 mm und höher; Messung, Bewertung und Grenzwerte der Schwingstärke

[N9.13] VDE 0530 Teil 15
Drehende elektrische Maschinen; Bemessungsstoßspannungen drehender Wechselstrommaschinen mit Formspulen im Ständer

[N9.14] VDE 0530 Teil 18-32
Drehende elektrische Maschinen; Teil 18: Funktionelle Bewertung von Isoliersystemen; Hauptabschnitt 32: Prüfverfahren für Wicklungen mit vorgeformten Elementen – Elektrische Bewertung von Isoliersystemen für Maschinen bis einschließlich 50 MVA und 15 kV

[N9.15] VDE 0530 Teil 20
Drehende elektrische Maschinen; Funktionelle Bewertung von Isoliersystemen für drehende elektrische Maschinen; Allgemeine Richtlinien

[N9.16] VDE 0530 Teil 21
Drehende elektrische Maschinen; Funktionelle Bewertung von Isoliersystemen; Prüfverfahren für Runddrahtwicklungen; Thermische Bewertung und Klassifizierung

[N9.17] VDE 0530 Teil 22
Drehende elektrische Maschinen; Funktionelle Bewertung von Isoliersystemen; Prüfverfahren für Wicklungen mit vorgeformten Elementen; Thermische Bewertung und Klassifizierung für Maschinen bis einschließlich 50 MVA und 15 kV

N10 Normen und Richtlinien: Werkstoffe

[N10.1] DIN 1681
Stahlguß für allgemeine Verwendungszwecke – Technische Lieferbedingungen

[N10.2] DIN 1691
Gußeisen mit Lamellengraphit (Grauguß) – Eigenschaften

[N10.3] DIN 1693
Gußeisen mit Kugelgraphit – Werkstoffeigenschaften unlegiert und niedrig legiert

[N10.4] DIN 17006
Baustahl – Kurzbezeichnung

[N10.5] DIN 17100
Baustahl – Gütevorschriften

[N10.6] Reihe DIN 46400
Flacherzeugnisse aus Stahl mit besonderen magnetischen Eigenschaften; Elektroblech und Elektroband

[N10.7] Reihe DIN 46416
Wickeldrähte, Runddrähte, isoliert, aus Kupfer

[N10.8] Reihe DIN 46434
Wickeldrähte, Flachdrähte, isoliert

[N10.9] DIN 46435
Wickeldrähte, Runddrähte, isoliert, aus Kupfer, lackisoliert; Maße und Gleichstromwiderstände

[N10.10] Reihe DIN 46448 und DIN 46449
Isolierlacke und Isolierharzmassen der Elektrotechnik

[N10.11] Reihe DIN EN 60317
Technische Lieferbedingungen für bestimmte Typen von Wickelddrähten

[N10.12] DIN IEC 85 (VDE 0301 Teil 1)
Bewertung und Klassifikation von elektrischen Isolierungen nach ihrem thermischen Verhalten

N11 Richtlinien der Europäischen Union u. a. (mit der elektrischen Antriebstechnik in Zusammenhang stehend)

[N11.1] 73/23/EWG „Niederspannungsrichtlinie“
Richtlinie des Rates vom 19. Februar 1973 zur Angleichung der Rechtsvorschriften der Mitgliedsstaaten betreffend elektrische Betriebsmittel zur Verwendung innerhalb bestimmter Spannungsgrenzen
EG-Amtsblatt: 73/L77/29 vom 26.3.1973
geändert durch [N11.7] (= „CE-Kennzeichnungs-Richtlinie“)

[N11.2] 89/336/EWG „EMV-Richtlinie“
Richtlinie des Rates vom 3. Mai 1989 zur Angleichung der Rechtsvorschriften der Mitgliedsstaaten über die elektromagnetische Verträglichkeit
EG-Amtsblatt: 89/L139/19 vom 23.5.1989
geändert durch [N11.3], [N11.7] (= „CE-Kennzeichnungs-Richtlinie“)

[N11.3] 92/31/EWG „Änderung der EMV-Richtlinie“
Richtlinie des Rates vom 28.April 1992 zur Angleichung der Rechts- und Verwaltungsvorschriften der Mitgliedsstaaten über Bauprodukte
EG-Amtsblatt: 92/L126/11 vom 12.5.1992

[N11.4] 89/106/EWG „Bauprodukte-Richtlinien“
Richtlinie des Rates vom 21. Dezember 1988 zur Änderung der Richtlinie 89/336/EWG zur Angleichung der Rechtsvorschriften der Mitgliedsstaaten über die elektromagnetische Verträglichkeit
EG-Amtsblatt: 89/L40/12 vom 12.2.1989
geändert durch [N11.7] (= „CE-Kennzeichnungs-Richtlinie“)

[N11.5] 89/392/EWG „Maschinen-Richtlinie“
Richtlinie des Rates vom 14. Juni 1989 zur Angleichung der Rechtsvorschriften der Mitgliedsstaaten für Maschinen
EG-Amtsblatt: 89/L183/9 vom 29.6.1989
geändert durch [N11.7] (= „CE-Kennzeichnungs-Richtlinie“)

[N11.6] 91/368/EWG „Änderung der Maschinen-Richtlinie“
Richtlinie des Rates vom 20. Juni 1991 zur Änderung der Richtlinie 89/392/EWG zur Angleichung der Rechtsvorschriften der Mitgliedsstaaten für Maschinen
EG-Amtsblatt: 91/L198/16 vom 22.7.1991

[N11.7] 93/68/EWG „CE-Kennzeichnungs-Richtlinie“
Richtlinie des Rates vom 22. Juli 1993 zur Änderung der … Richtlinie 89/106/EWG (Bauprodukte), 89/336/EWG (elektromagnetische Verträglichkeit), 89/392/EWG (Maschinen), … und 73/23/EWG (elektrische Betriebsmittel zur Verwendung innerhalb bestimmter Spannungsgrenzen)
EG-Amtsblatt: 93/L220/1 vom 30.8.1993

[N11.8] 94/9/EG „Explosionsschutz-Richtlinie“
Richtlinie des Rates vom 23. März 1994 zur Angleichung der Rechtsvorschriften der Mitgliedsstaaten für Geräte und Schutzsysteme zur bestimmungsgemäßen Verwendung in explosionsgefährdeten Bereichen
EG-Amtsblatt: 94/L100/1 vom 19.4.1994

[N11.9] Gesetz über die elektromagnetische Verträglichkeit von Geräten (EMVG)
Bundesgesetzblatt Nr.47, 8. Sept. 1995, S. 1119 – 1125

[N11.10] EG-Richtlinien – CE-Kennzeichnung und technische Normung (Empfehlungen zum Einsatz von elektrischen Antriebssystemen)
Empfehlungen von CEMEP für die europäischen Hersteller von elektrischen Maschinen und Antriebssystemen, Ausgabe 09.10.1995

W Wörterbücher

[W1] *Bezner, H.*: Elektromaschinen-Wörterbuch, Deutsch-Englisch, Englisch-Deutsch. Wiesbaden: Oscar Brandstetter Verlag KG, 1978

[W2] IEC 50 (411). International Electrotechnical Vocabulary (IEV) Part 411: Rotating machines ([N6.12] = [W2] mit deutschen Erläuterungen)

[W3] N. N.: Wörterbuch der Wälzlagertechnik – Deutsch-Englisch FAG Kugelfischer Georg Schäfer & Co., Schweinfurt, 1977

[N6.12] gibt die erläuterten Begriffe dreisprachig (D, E/A, F) an.

Die Bücher [A2] und [A13] sind zweisprachig (D/E) verfaßt und eignen sich ebenfalls als Wörterbücher.